U0345343

生态系统过程与变化丛书

孙鸿烈　陈宜瑜　秦大河　主编

"十三五"国家重点图书出版规划项目

生态系统过程与变化丛书

孙鸿烈　陈宜瑜　秦大河　主编

森林生态系统过程与变化

于贵瑞　等著

高等教育出版社·北京

内容简介

中国生态系统研究网络（CERN）是我国长期生态学研究的重要平台，本书系统梳理了 30 年来 CERN 13 个森林生态站在生态系统群落及演替过程、生物地球化学循环过程、水循环与水文生态过程、生态系统对气候变化的响应、生态系统管理调控等方面积累的长期数据及科学发现。本书着重于生态系统的长期变化，是中国森林生态系统生态学研究发展与建设历程的浓缩。可供林学、农学、生态、环境、水土保持、自然保护等专业的师生、科研人员以及从事生态系统保护、规划和管理的人员参考，用于了解该领域的发展现状或深入研究生态学过程机理。

图书在版编目（ＣＩＰ）数据

森林生态系统过程与变化 / 于贵瑞等著. -- 北京：
高等教育出版社，2019.11
（生态系统过程与变化丛书 / 孙鸿烈，陈宜瑜，
秦大河主编）
ISBN 978-7-04-052861-9

Ⅰ.①森…　Ⅱ.①于…　Ⅲ.①森林生态系统–研究
Ⅳ.①S718.55

中国版本图书馆 CIP 数据核字（2019）第 225665 号

策划编辑　李冰祥　柳丽丽　　责任编辑　柳丽丽　殷　鸽　关　焱　　封面设计　王凌波　　版式设计　童　丹
插图绘制　于　博　　责任校对　高　歌　　　　　　　　　责任印制　赵义民

出版发行	高等教育出版社	咨询电话	400-810-0598
社　　址	北京市西城区德外大街 4 号	网　　址	http://www.hep.edu.cn
邮政编码	100120		http://www.hep.com.cn
印　　刷	北京盛通印刷股份有限公司	网上订购	http://www.hepmall.com.cn
开　　本	787mm×1092mm　1/16		http://www.hepmall.com
印　　张	30		http://www.hepmall.cn
字　　数	750 千字	版　　次	2019 年 11 月第 1 版
插　　页	3	印　　次	2019 年 11 月第 1 次印刷
购书热线	010-58581118	定　　价	268.00 元

物 料 号　52861-00
审 图 号　GS（2019）1268 号
SENLIN SHENGTAI XITONG GUOCHENG YU BIANHUA

生态系统过程与变化丛书编委会

主要作者

丛 书 序

生态系统是地球生命支持系统。我国人多地少,生态脆弱,人类活动和气候变化导致生态系统退化,影响经济社会的可持续发展。如何实现生态保护与社会经济发展的双赢,是我国可持续发展面临的长期挑战。

20 世纪 50 年代,中国科学院为开展资源与环境研究,陆续在各地建立了一批野外观测试验站。在此基础上,80 年代组建了中国生态系统研究网络(CERN),从单个站点到区域和国家尺度对生态环境开展了长期监测研究,为生态系统合理利用、保护与治理提供了科技支撑。

CERN 由分布在全国不同区域的 44 个生态系统观测试验站、5 个学科分中心和 1 个综合中心组成,分别由中国科学院地理科学与资源研究所等 21 个研究所管理。CERN 的生态站包括农田、森林、草原、荒漠、沼泽、湖泊、海洋和城市等生态系统类型。学科分中心分别管理各生态站所记录的水分、土壤、大气、生物等数据。综合中心则针对国家需求和学科发展适时组织台站间的综合研究。

CERN 的研究成果深入揭示了各类生态系统的结构、功能与变化机理,促进了我国生态系统的研究,实现了生态学研究走向国际前沿的跨越发展。“中国生态系统研究网络的创建及其观测研究和试验示范”项目获得了 2012 年度国家科学技术进步奖一等奖,并被列为中国科学院“十二五”期间的 25 项重大科技成果之一。同时,CERN 已成为我国生态系统研究人才培养和国际合作交流的基地,在国内外产生了重要影响。

2015 年,CERN 启动了“生态系统过程与变化丛书”的编写,以期系统梳理 CERN 长期的监测试验数据,总结生态系统理论研究与实际应用的成果,预测各类生态系统变化的趋势与前景。

2019 年 6 月

目　录

第 1 章　绪论 [*]

森林是人类生存、生活、生产的资源供给和环境调节系统,无论是在人类起源和发展的漫长历史过程之中,还是在如今科技高度发达的新时代,从来都没有摆脱或减轻人类社会对森林生态系统的依赖,不仅需要从森林中获取食物、水源、能源、木材、药材等生活和生产资源,还需要享用森林所提供的维持生物多样性、固碳释氧、固土保肥、净化环境、文化孕育等方面的生态服务。然而,近代人类社会对森林的过度利用,已经和正在快速地改变着地球上自然森林生态系统的分布及结构和功能状态,其中不仅包括显而易见的森林面积萎缩、生境破碎化、物种丧失等变化,还包括不易识别的能量流动、水分循环、营养循环、种间关系等生态系统功能及其稳定性等方面的变化。辨识森林生态系统变化及成因,认知森林生态系统组分、结构、功能维持和变化的生物物理和生物化学过程机理及其模式,定量分析和预测生态系统功能及其服务状态与变化趋势,科学合理地利用与保护自然森林生态系统,不仅需要开展典型森林生态系统过程的长期定位研究,还需要开展区域变异机制的网络化观测、研究及科技示范。

中国生态系统研究网络(Chinese Ecosystem Research Network, CERN)始建于 1988 年,其长期目标是以分布式、网络化的观测和实验为技术手段,结合卫星和航空遥感技术、地理信息技术和数学模型等技术途径,实现对我国各主要气候区和主要类型生态系统和环境状况的长期监测和研究,为我国农林业发展、自然资源利用与生态环境保护提供生态学知识、科学数据及优化管理技术和模式服务。目前的生态系统观测研究网络包括 13 个森林生态站,分布在 22°N—43°N、101°E—128°E 的范围内,覆盖了中国典型的森林生态系统类型,其中有 9 个生态站的建站时间已经超过 30 年。这些森林生态站针对不同类型的森林生态系统演变、结构和功能改变、生态退化、生境污染、气候变化、生物多样性丧失等生态环境问题,开展长期定位监测、野外控制实验、优化管理和科技示范等科技工作,致力为我国的林业发展及森林生态系统保护提供科技支撑,为全国及全球的生态环境监测和科学研究积累科学数据和科学知识。

在 CERN 成立 30 周年之际,希望通过本书的编写,推动生态站的科学数据综合分析和知识挖掘,系统梳理 CERN 的各森林生态站长期观测研究科技成果。本书重点关注森林生态系统的群落结构与演替、生物地球化学循环、水循环与水文生态、生态系统对气候变化的响应等生态学基础研究领域,也同时总结了各类森林生态系统管理调控技术及其示范模式,生态系统利用、保护和区域发展的科学认知。本书集成展示了过去 30 年中国森林生态系统变化、关键生态过程机理以及人为管理的科学研究成果,可为中国森林资源现状评估、潜在风险预测、应对策略制定等方面提供科学依据,为我国生态文明建设提供科技支撑。

本书的编写是在 CERN "生态系统过程与变化丛书" 编委会领导和组织下,由 CERN 综合研

---

* 本章作者为中国科学院地理科学与资源研究所于贵瑞。

究中心与各生态站的科学家群体合作完成的。在此谨对所有支持关怀本书出版工作的领导和专家表示衷心感谢,也衷心感谢参与各章编写工作的作者、在各生态站的建设发展过程中做出贡献的前辈科学家及生态站的科技支撑人员。

CERN 的科学研究领域广泛,时间跨度长达 30 年,经历几代人。因此本书中所展现出来的成果也只能是全部成果中的一小部分,疏漏和不当之处在所难免,请读者及生态网络的前辈和同仁不吝指正。

第 2 章 中国生态系统研究网络森林生态系统科学研究 [*]

2.1 森林生态系统过程及其变化研究意义

森林生态系统是全球陆地生态系统的重要组成部分,面积近 40 亿公顷,占全球陆地面积的 30.6%,包含 36.95 亿公顷天然林与 2.91 亿公顷人工林 (FAO, 2016)。与其他陆地生态系统相比,森林生态系统的组成与结构更加复杂,物质能量循环的规模更大,具有更强的资源环境和生态效应,可提供更为多样的生态服务。

2.1.1 生态系统的功能与服务

生态系统 (ecosystem) 是地球表层的重要组成,是生物圈、大气圈、水圈、岩石圈、土壤圈和人类社会相互作用的自然地理单元。生态系统不仅仅是人类生存和生活的栖息地,食物、能源、纤维、药材、空气和水的供给者,也维持着自然资源再生产、人类生存环境 (温度、水分、气候) 调节及生活和生产垃圾降解净化等过程。

地球表面形形色色的生态系统都具有其特定的结构 (structure) 和功能 (function),为人类的生存、生活和生产及人类延续和发展提供多种多样的生态服务 (ecological service)。生态服务是指人类从生态系统获得的所有惠益,包括供给服务、调节服务、文化服务及支持服务。

供给服务 (supply service) 指从生态系统获得的各种产品,包括食物、淡水、纤维、燃料、基因资源、装饰资源、药材、杀虫剂、食品添加剂等。调节服务 (regulating service) 指从生态系统过程调节作用中获得的收益,包括调节空气质量、气候、水分、水质、侵蚀、自然灾害、疾病等。文化服务 (cultural service) 指人类通过精神满足、发展认知、思考、消遣和体验美感从生态系统获得的非物质收益,包括文化多样性、精神与宗教价值、知识系统、教育价值、灵感、美学价值、文化遗产、消遣与旅游等 (Millennium Ecosystem Assessment, 2005a)。支持服务 (support service) 包括土壤形成、养分循环、光合作用等生态过程,是供给服务、调节服务和文化服务生产和维持的基础,对人类的影响具有间接性和长期持续性。

人类社会的生存和发展高度依赖于生态系统提供的各类服务。从人类生存的栖息地、生活必需的氧气、水、食物、纤维、药材、能源,到人类生产需要的各种自然资源,以及各种享用的文化服务等,无一不是强烈地依赖于健康的生态系统。据统计,约 7000 多种植物和数百种动物可

---

[*] 本章作者为中国科学院地理科学与资源研究所于贵瑞、杨萌、郭学兵。

以被用作人类的食物资源,美国 15%~30% 的农业传粉依靠蜜蜂完成,中国约 50% 的 GDP 依赖于农业、林业及渔业,维持世界人口的饮水资源安全离不开湿地和森林等生态系统的保水功能(Millennium Ecosystem Assessment,2005b)。生物多样性携带着 35 亿年的生物进化、利用资源和适应环境的生存智慧,仿生学研究是引导科技突破的重要途径,对科技史的刷新功不可没。此外,人类社会文化发展与精神健康也依附于生态系统,从图腾、哲学、诗词歌赋到休闲、游憩等,无不是孕育于丰富多样、感召力十足的生态系统中。

然而,全球变化和人类干扰强烈地影响着生态系统组分、结构、功能、过程和服务及其空间格局。在气候变化和人为活动的双重压力驱动下,生态系统变化过程和机制变得更加复杂,生态系统退化严重,功能和服务能力正在快速下降。在过去的 300 年中,全球森林面积已经减少了 1/2,有 25 个国家的森林实际上已经消失,另有 29 个国家已经丧失了 90% 的森林覆被。在世界上的 14 种主要陆地生物群区中,占全球面积 50% 以上的温带草地、地中海森林、热带干森林、温带阔叶林、热带草地和洪水区草地已经发生改变,大多被转变为农业用地。在世界主要陆地生物群区中,只有沙漠、苔原和北方森林这些不太适合作物生长的生物群区的丧失和转换不太明显,但是已经开始受到气候变化的影响。水坝及其他基础设施建设导致世界上 60% 的大型河流水系的破碎化。在过去几百年中,相对于物种灭绝的背景速率,人类活动导致物种灭绝速率增加了 1000 倍(Millennium Ecosystem Assessment,2005b)。生态系统的退化起因于人口增长的压力,由此可见,人类的自救之路就是减缓退化、恢复生态系统健康,这就必须系统而深入地理解生态系统过程及变化机制,为建立人与自然和谐共生关系的行为及决策提供科学依据。

2.1.2　生态系统过程及其变化

生态系统(ecosystem)是依据生物学、生态学、物理学和化学机理组装和构造,遵循系统学原理的自组织生物群落(biological community)及生物地理群落(biogeocoenosis)。特定地理空间的生态系统都具有其特定组分、结构、功能属性,既具有生命有机体的生物学属性和机制(超级生命有机体),也具有非生物的环境物理和化学属性及特征。

生态系统组分(ecosystem component)包括组成生物系统(organ system)的生产者(植物)、消费者(动物)和分解者(微生物),组成资源系统(resource system)的能量、水分和养分资源要素及环境系统(environment system)的光照、温度、水分、氧气、盐度、pH 和栖息地环境条件。生态系统的各种组分依据生物学、物理学和化学机制的相互作用关系组织和构造了生态系统结构(ecosystem structure),生态系统结构决定生态系统功能(ecosystem function),产生生态系统服务(ecological service),但是这些功能维持和服务产生都必须通过各种生态学过程(ecological process)才能实现和完成。

生态系统结构是指组成生态系统整体的各部分(组分)的搭配和安排,可以理解为构成生态系统的生物组分(biological component),无机环境组成(environmental constituent)及其组织构成(相互作用关系的秩序安排)的系统组织学结构概念,也可以定义为构成生态系统的元件(element)、组/构件(subassembly)及空间组装(组/构件系统的搭配和建造)的系统构造学结构概念。

生态系统功能是指生态系统的各生物组分、系统元件和组/构件,以及生态学过程在生态系统中所具有的机能或能力,履行的组织职能或完成的工作使命,发挥的有利作用或达成的效果。

特定地理空间生态系统的生态系统功能是指作为系统整体对生物圈的生命系统维持、资源环境系统的资源再生和环境净化,地球系统的气候稳定和生物地球化学循环,以及人类社会系统的生态服务供给等方面的有利作用或达成的效果。

生态学过程是指构成生态系统的生物及非生物因素之间的相互作用关系及其生物学、物理学和化学过程,包括生物群落更新及扩散、群落的种间关系、生态系统的物质循环、能量流动及信息传输等。生态系统过程研究是生态系统科学研究的核心内容,是联系生态系统与人类福祉、资源和环境安全,以及理解生物圈、大气圈、水圈、岩石圈、土壤圈和人类社会相互作用关系及其机理的重要研究主题。

生态系统过程是认知生态系统组分、结构、功能和服务演变和变化的基本途径。生态系统服务是生态系统向人类社会的输出,而生态系统过程是系统的内部运转方式和程序,是输出服务的前提。生态系统过程模式和规模决定着生态系统提供服务的类型、质量和水平,是探讨生态系统功能与服务的基础。生态系统过程是一个复杂的整体系统,水循环、营养循环、碳循环、群落演替、土壤发育、捕食、迁移/迁徙等生态系统过程具有各自的运行机制,同时又彼此关联和相互影响。厘清生态系统过程机制及其对生态系统结构、功能和服务的影响,是指导自然资源可持续利用和生态系统管理的科学基础。

生态系统过程十分复杂,且迄今的了解和认知水平还十分有限。生态系统过程的复杂性及研究难度来源于不同过程之间的耦联、嵌套和反馈,正负效应的冲突和生态学的权衡,生物对资源的竞争、对环境的适应,以及生物间的共生和协同进化等。纵然生态学已历经了百余年的发展,但是对生态系统过程机制的理解还任重而道远。生态学研究通常是通过设立一系列的假设和问题的简化提高完成研究任务的可行性。过去的生态系统过程研究在很大程度上还停留在现象发现,对系统的运行机制的研究较弱,生态系统网络的长时间序列数据积累、生态过程模型的发展以及大型综合科研项目的推进,也给生态系统过程机理研究提供了机遇和信心。然而生态系统过程研究依然是一项艰巨的科研任务,同时也是迫在眉睫的现实需求。

2.1.3　森林生态系统及功能和服务

森林是人类生存、生活、生产的资源供给调节系统,无论是在人类起源的初期,还是在科技高度发展的当今,人类从来没有减轻对森林生态系统的依赖。据统计,2011 年林业部门为全球 GDP 贡献了约 6000 亿美元,约占全球 GDP 的 0.9%(FAO,2014)。然而森林的贡献绝不仅限于此,还体现在维持生物多样性、固碳释氧、固土保肥、涵养水源、提供林产品、净化大气、提供旅游休憩资源、孕育文化信仰等多种服务之中。

森林的生态功能首先体现在对生物多样性维持的贡献。构成生物多样性的物种、基因资源等是生态系统的重要组成部分,也是生态系统提供服务的载体。食物、木材供给等直接价值以及净化水质、水土保持等间接价值均是在生物多样性的基础上形成的。由于这一特性,生物多样性也是衡量可持续森林管理成效的量化指标。森林是陆地生态系统中生物多样性最高的生态系统类型,仅热带雨林就包括全球 50% 的脊椎动物及 60% 的植物(Burley,2002)。目前,全球有 13% 的森林主要被用于生物多样性保护(FAO,2016),以设立自然保护区、国家公园等方式为保护全球生物多样性做出了重要贡献。森林作为陆地生态系统中最大的碳库,在全球碳循环中具有重要作用。全球森林的碳储总量约为 6500 亿吨,其中有 44% 存贮在生物量中,11% 在枯死木和枯枝落叶中,45% 在土壤层(FAO, 2011)。森林总碳储量与大气碳储量(约 7600 亿吨碳)接近(参见 IPCC, 2007),森林蓄积量的增减会直接影响大气中 CO_2 浓度。森林生态系统的另一个重要价值体现在对全球水循环的影响,通过蒸散发、林冠截流、枯枝落叶层持水、土壤水分入渗等森林水文过程影响地表径流、水汽形成,最终影响地球水资源的时空分配。

在人为活动和气候变化的双重影响下,森林生态系统也在发生着持续的变化。在过去的 25 年里,森林面积从 41 亿 hm^2 下降至 40 亿 hm^2,减少了约 3%。虽然现在的森林砍伐速度与林地向农业、工业、居住用地的转换速度出现了减缓趋势,但全球每年的森林损失面积还依然在 1300 万 hm^2 左右(FAO, 2011)。除森林面积下降以外,森林生态系统质量也发生了深刻变化。对森林资源的过度开发、生态系统破碎化等问题导致物种多样性下降及种群数量下降。物种灭绝直接影响了生态系统的结构,影响森林中的生物竞争、捕食、共生等生态过程。天然林采伐、经济林种植等人类活动也改变着树种组成、密度、林龄等林分结构,加之气候变化的温度升高、大气 CO_2 浓度升高、氮和酸沉降等多因素叠加对森林生态系统碳循环、水循环、营养循环等过程产生复杂影响。据估计,1990—2015 年,全球森林生物碳储量减少了约 110 亿吨,相当于每年减少 4.42 亿吨碳或 16 亿吨 CO_2(FAO, 2011)。

2.1.4　我国的森林生态系统及其功能和服务变化

我国第八次全国森林资源清查结果显示,全国森林面积约 2.08 亿 hm^2,森林覆盖率 21.63%,森林蓄积量 151.37 亿 m^3,其中人工林面积 0.69 亿 hm^2,蓄积量 24.83 亿 m^3(国家林业局, 2014)。我国森林面积和森林蓄积量分别位居世界第 5 位和第 6 位,人工林面积居世界首位。我国大规模的植树造林活动,是平衡全球森林面积损失的主要贡献者。亚洲在 20 世纪 90 年代的森林年净损失约为 60 万 hm^2,而在 2000—2010 年,尽管南亚和东南亚许多国家的净损失率依然很高,但我国的天保工程、退耕还林工程、京津风沙源治理工程和三北及长江流域等重点防护林体系工程,使得亚洲森林面积净增长率超过 220 万 $hm^2 \cdot 年^{-1}$。根据我国历年林业统计年鉴,在 2000—2014 年的 15 年间,我国共计造林约 0.85 亿 hm^2。

我国森林资源的主要特点为:森林总量持续增长,森林质量不断提高,天然林稳步增加,人工林快速发展。但是森林资源总量相对不足、质量不高、分布不均的状况仍未得到根本改变。第八次全国森林资源清查显示,当前我国森林覆盖率远低于全球 31% 的平均水平;人均森林面积仅为世界人均水平的 1/4,人均森林蓄积量只有世界人均水平的 1/7,每公顷蓄积量为世界平均水平的 69%。由此可见,深入了解各类型森林生态系统特征,利用科学手段保护现有森林资源、提高林地质量、恢复受损生境是严守林业生态红线的重要途径,是林业科研战线的重点任务。

我国的森林生态系统类型多样、物种丰富,在供给林产品、调节环境、承载精神文化等方面扮演重要角色。我国复杂的自然地理环境,孕育了从寒温带针叶林到温带针阔叶混交林、暖温带落叶阔叶林、亚热带常绿阔叶林、热带季雨林、热带雨林多样化的森林生态系统,是地球上森林生态系统多样性最为丰富的国家之一。类型多样的森林生态系统也孕育了丰富的物种多样性。我国植物区系起源古老,植物种类丰富,特有种数量多。我国拥有高等植物 34000 多种,仅次于巴西、哥伦比亚,居世界第三位,约占全世界植物种的 10%。我国还是世界上裸子植物最丰富的国家,共 12 科 42 属 245 种,分别占世界现存裸子植物科、属、种数的 80%、51.22%、28.82%。我国华南、华中、西南大多数山地未受第四纪冰川影响,从而保存了许多在北半球其他地区早已灭绝的古老孑遗种，如水杉（*Metasequoia glyptostroboides*）、银杉（*Cathaya argyrophylla*）等。我国特有树种种类丰富，有金钱松（*Pseudolarix amabilis*）、白豆杉（*Pseudotaxus chienii*）等约 1100 种。我国也是动物物种非常丰富的国家之一。现已记录的脊椎动物共 6588 种，约占世界总种数的 14%。其中，哺乳动物 607 种，鸟类 1332 种，爬行动物 452 种，两栖类 335 种，鱼类 3862 种（国家林业局，2013）。

森林在涵养水源、保持水土、防风固沙和抵御自然灾害等方面发挥着生态屏障的作用。合理的森林经营能显著改善区域的大气、土壤、水质环境；而不合理的经营活动会导致土壤板结、土壤流失、河岸缓冲功能丧失，致使径流改变、流域环境质量下降。我国水蚀、风蚀、冻融侵蚀及滑坡、泥石流等灾害频繁，水土流失发生范围广、强度大。为了抵御自然灾害，我国以造林绿化、保护森林、增加植被覆盖、修复森林生态系统为战略措施，实施了系列重点生态工程，加强大江、大河流域、土地沙化/荒漠化/石漠化地区等重点区域水土流失综合治理，改善了区域生态环境，取得了举世瞩目的成就。全国有林地面积中，防护林面积 8308.38 万 hm^2，占有林地面积的 45.81%，占国土面积的 8.65%。其中，水源涵养林（3056.43 万 hm^2）、水土保持林（4371.77 万 hm^2）和防风固沙林（298.78 万 hm^2）面积最大，合计占防护林面积的 93.0%，占有林地面积的 42.6%。其中，水源涵养林和水土保持林以天然林为主，防风固沙林以人工林为主。全国森林生态系统每年的涵养水源总量为 4947.66 亿 m^3，全国森林生态系统每年的固土能力为 70.35 亿吨，减少 N、P、K 和有机质损失共计 3.64 亿吨（国家林业局，2013）。

森林生态系统是陆地生态系统重要的生物与土壤碳库，在全球碳平衡中起着至关重要的作用。在全球变化背景下，气温升高对温带和北方森林的结构、分布、生产力和健康产生了显著的影响，增强了森林生产力和固碳能力。而极端天气事件的增加又导致森林火灾、森林病虫害以及风暴灾害等发生频率和强度增加，从而导致碳排放增加。土地利用变化特别是毁林会造成森林生物量和土壤固持的碳被重新释放到大气中，加剧全球变暖趋势。因此，森林既是重要的 CO_2 吸收汇，又是重要的 CO_2 排放源。根据全国第七次森林资源清查结果测算，我国森林植被碳储量总量为 78.1 亿吨，其中乔木林 66.6 亿吨，占 85.29%；疏林地、散生木和四旁树为 5.9 亿吨，占 7.59%；灌木林 3.6 亿吨，占 4.58%；竹林 2.0 亿吨，占 2.54%（国家林业局，2010）。2001—2010 年的十年间，我国与森林相关的几项重要生态恢复工程（天保工程、长江珠江防护林工程、京津风沙源治理工程和三北防护林工程第四期）共增加碳吸收 4.54 亿吨（Lu et al., 2018）。

森林是人类生产生活的重要资源供给者，为工业生产提供原料，对缓解贫困和促进山区林区经济社会发展尤为重要。在营造林、木材加工等快速发展的推动下，我国林业产值自 2000 年以来显著增长。《2016 年中国林业发展报告》显示，林业产业总产值（包括营造林、木材加工及森林旅游等）从 2000 年的 3600 亿元增加到 2015 年的 5940 亿元，占国内生产总值的 8.8%。2017 年，我国林产品进出口贸易额达 1500 亿美元，是全球林产品生产、贸易第一大国，主要包括家具、纸及纸制品、胶合板、木制品等产品出口，以及原木、锯材、纸浆等产品进口。随着国民收入水平的提高，我国森林旅游业也迅速发展，森林旅游收入大幅增长。《中国林业统计年鉴》显示，2000 年森林旅游收入 12.93 亿元，2014 年林业旅游与休闲服务产值达 5321.24 亿元，服务人数达 19.83 亿人次。

2.2　我国的森林生态系统类型及其空间分布

我国自 1700 年后森林面积不断下降,到 20 世纪 60 年代降至最低点,此时我国现境内共减少 0.95 亿 hm²,此后在以三北防护林工程、退耕还林工程、天保工程为代表的一系列造林工程的作用下,我国的森林覆盖率逐渐回升。

我国植被区划系统将我国划分为 8 个植被区域,其中 5 个为森林类型的植被区(中国植物委员会,1980):

2.2.1　寒温带针叶林区域

我国的寒温带针叶林区域是横贯欧亚大陆北部的欧亚针叶林区域的最南端,属于东西伯利亚的南方明亮针叶林向南延伸的部分。本植被区域只包括东经 127° 20′(黑河附近)以西,北纬 49° 20′(牙克石附近)以北的大兴安岭北部及其支脉伊勒呼里山的山地,是我国最北的植被区域。

该区域降水量较少,年平均为 360～500 mm,80% 以上集中于 7—8 月。受西伯利亚冷气团的影响,冬季严寒而漫长,是我国最寒冷的地区,年平均气温在 0 ℃ 以下,冬季(候均温低于 10 ℃)长达 9 个月,最冷月平均气温为 −28～−38 ℃。土壤主要为棕色针叶林土,沼泽地为草甸土和沼泽土,境内有大片或呈岛状分布的永冻层。

在这种气候下,植被的组成种类较贫乏,植被类型也较单纯,主要由耐寒的针叶乔木组成,又称北方针叶林或泰加林。针叶林往往由单一物种构成纯林,立木端直,群落结构简单,林下植被不发达,层次分明。主要由落叶松属(*Larix*)、松属(*Pinus*)、云杉属(*Picea*)和冷杉属(*Abies*)构成,地带性植被有樟子松(*Pinus sylvestris* var. *mongolica*)等。该区域是我国重要的木材产区。

2.2.2　温带针阔叶混交林区域

温带针阔叶混交林是以我国为中心分布的,包括俄罗斯东南部的阿穆尔州和沿海地区,以及朝鲜半岛北部地区。在我国包括东北平原以北、以东的广阔山地,南端以丹东至沈阳一线为界,北部延至黑龙江以南的小兴安岭山地,地理上位于 40°15′N—50° 20′ N, 126° E—135°30′ E。

由于地处欧亚大陆东缘,具有海洋型温带季风气候特征。此外,由于南北纬度范围很大,面积辽阔,加之地势起伏,使得各地气候有较大差异。由于纬度偏高,大部分地区表现为冬季长夏季短,温差较大,1 月平均温低于 0 ℃,7 月平均温高于 20 ℃。无霜期约为 5～9 个月。降水量差异也较大,完达山以南至长白山一带年降水量为 600～800 mm,向风坡如鸭绿江下游可达 1000 mm 以上;而西北端小兴安岭一带由于地势较低,离海较远,年降水量为 400～700 mm。降水集中于 6—8 月,约占全年总量的 70% ～ 80%。全区有较厚的季节冻层,北部常有岛状永冻层存在。地带性植被为暗棕壤,低地则为草甸土和沼泽土。

较高的降水量和气温使得该区域生长季也较长,形成了适于植物生长的气候条件,因此该植被区域的植物种类丰富,且有不少特有种和孑遗种,形成独特的长白植物区系,其地带性植被是以红松(*Pinus koraiensis*)为主的温带针阔叶混交林。该区域林下灌木比较丰富,包括毛榛（*Corylus mandshurica*）、刺五加（*Acanthopanax senticosus*）、暴马丁香（*Syringa reticulata* var. *amurensis*）等。该区垂直分布带比较明显，基带的上线为海拔 700～900 m，其上分布山地针叶林带。该区也是重要的木材生产基地，用材树种达 30 余种，且多产珍贵药材。

2.2.3　暖温带落叶阔叶林区域

该区域位于 32°30′N—42°30′N，103°30′E—134°10′E。包括辽宁省南部、北京市、天津市、河北省（除坝上），山西省恒山至兴县一线以南，山东省、陕西省的黄土高原南部、渭河平原及秦岭北坡，甘肃省的徽成盆地，河南省伏牛山，淮河以北，江苏省和安徽省的淮北平原。

该区域东临渤海与黄海，北、西、南三面都是大陆，处于北半球的中纬度及东亚海洋季风边缘。冬季严寒晴燥，盛行西北风，夏季酷热多雨，雨量从海岸向西北递减。年平均温度 8～14 ℃，无霜期 5～7 个月，年降水量 500～1000 mm，由东南向西北递减。地带性土壤为褐色和棕色森林土，平原低洼地分布盐渍土和沼泽土。

在这种水热条件下，自然植被发育为落叶阔叶林，以多种栎林为主，主要有辽东栎（*Quercus liaotungensis*）、槲栎（*Q. aliena*）、栓皮栎（*Q. variabilis*）、麻栎（*Q. acutissima*）、锐齿槲栎（*Q. aliena* var. *acuteserrata*）等。该区森林覆盖率较低，且多为次生林，黄河流域受人为干扰很大，出现大面积次生性灌草丛。

2.2.4　亚热带常绿阔叶林区域

该区是我国面积最大的植被区域，约占全国总面积的四分之一。北界在淮河—秦岭一线，北纬 34°附近；南界大致在北回归线附近；东界为东南海岸和台湾岛以及所属的沿海诸岛；西界基本为沿青藏高原东坡向南延至云南。包括浙江、福建、江西、湖南、贵州全境，江苏、安徽、湖北、四川的大部分地区，河南、陕西、甘肃的南部，云南、广西、广东、台湾北部，以及西藏东部，共涉及十七个省区。本区范围辽阔，东西横跨经度 28°，可分为东、西两个亚区。

亚热带地区的气候特征在东、西部存在明显差别。东部地区具有明显的季风气候特征，四季分明，温暖湿润，春秋略短而夏冬较长；西部受印度洋西南季风影响，夏季多雨，冬春干暖。年平均气温 16～21 ℃，年降水量在 1400～2100 mm，但是降水的季节分配不均匀，个别地区最高可达 3000 mm 以上。霜期较短，一般无霜期为 250～350 天，基本上由南向北递增。土壤以酸性的红壤和黄壤为主，在北部主要为黄棕壤。

该区地形多样、水热条件跨度大，从而形成了多种植被带，包括北亚热带常绿落叶阔叶混交林、中亚热带常绿阔叶林、南亚热带季风常绿阔叶林。主要由壳斗科（Fagaceae）、樟科（Lauraceae）、山茶科（Theaceae）、木兰科（Magnoliaceae）、金缕梅科（Hamamelidaceae）和杜英科（Elaeocarpaceae）的常绿阔叶树种组成，可分为五个群系组，分别是栲类林、青冈林、石栎林、润楠林和木荷林。

2.2.5　热带季雨林、雨林区域

这是我国最南的植被区域，全区域幅员辽阔，东起东经 123°附近的台湾静浦以南；西至东经 85°的西藏南部亚东、聂拉木附近，横跨经度 38°；北界位于北纬 21°—北纬 24°；南界位于北纬 4°附近，为我国南沙群岛的曾母暗沙，属于赤道热带的范围。本区域从东南到西北呈斜长条状，包括台湾、广东、广西、云南和西藏等五省的南部,跨纬度达 25°。

该植被区域属于热带季风气候,高温多雨。年均温在 20~22 ℃,最冷月平均温在 12~15 ℃以上,全年基本无霜期。该区是我国年降水量最多的地区,大多超过 1500 mm,西藏东南端的河谷地,背靠青藏高原,受印度洋季风影响,地形雨特别丰富,年降水量可达 5000 mm 以上。降水多集中在 4—11 月,其余季节少雨,干湿季分明。典型土壤为砖红壤,在丘陵山地随着海拔升高逐步过渡为山地红壤、山地黄壤和山地草甸土等。

该区域纬度跨度较大,区域内自然条件复杂,因而植被类型较为多样。按植被类型及其组合特点,可划分为三个亚区,为东部热带季雨林、雨林亚区,西部热带季雨林、雨林亚区,以及南海诸岛热带常绿林亚区。热带雨林乔木层结构复杂,一般分为 3~4 层,乔木高大,一般可达 30~40 m,树干通直,分枝极高,树叶多为大中型,林内阴暗。季雨林结构较雨林简单,乔木层高度一般在 30 m 以下。海滨及珊瑚岛因基质条件特殊,分布有红树林及珊瑚岛植被。

2.3　我国生态系统研究网络的森林生态站及其代表性

中国生态系统研究网络是为了监测我国生态环境变化,综合研究我国资源和生态环境方面的重大问题,发展资源科学、环境科学和生态学而建立的,是我国的生态系统监测和生态环境研究基地,也是全球生态环境变化监测网络的重要组成部分。

2.3.1　中国生态系统研究网络

生态学研究自 20 世纪 80 年代开始进入网络观测的实施阶段,国际上出现了一批有影响力的国家／区域／全球尺度观测网络,如全球环境监测系统(GEMS)、全球陆地观测系统(GTOS)、全球气候观测系统(GCOS)、全球海洋观测系统(GOOS)、美国长期生态研究网络(LTER)、美国国家生态观测网(NEON),以及“研究网络的网络”——国际长期生态学研究(ILTER)、全球通量网(FLUXNET)等。

中国生态系统研究网络(Chinese Ecosystem Research Network, CERN)于 1988 年开始筹建,是与美国长期生态研究网络、英国环境变化网络齐名的三大国家网络之一。经过 30 年的发展建设,成为拥有 1 个综合中心,5 个学科分中心和 44 个野外生态站的综合研究体系。

CERN 的长期目标是以地面网络式观测和实验为技术手段,结合遥感、地理信息系统和数学模型等技术途径,实现对我国各主要类型生态系统和环境状况的长期、全面的监测和研究,为改善我国的生存环境,保证自然资源的可持续利用及发展作出贡献。在 CERN 的顶层设计中,提出的各台站长期稳定的科学研究领域包括:区域代表类型生态系统优化管理和示范,重要生态过程和人类生产活动影响长期实验和调控技术,环境变迁和生态系统演替长期观测。当前的主要科学研究任务为:① 通过对我国主要类型生态系统的长期监测,揭示其不同时期生态系统结构、功能和环境要素的变化规律及其动因;② 建立我国主要类型生态系统服务功能及其价值评价、生态环境质量评价和健康诊断指标体系;③ 阐明我国主要类型生态系统的功能特征和碳、氮、水等生物地球化学循环的基本规律;④ 阐明全球变化对我国主要类型生态系统的影响,揭示我国不同区域生态系统对全球变化的作用及响应;⑤ 阐明我国主要类型生态系统退化、受损过程的机理,探讨生态系统恢复重建的技术途径,建立一批退化生态系统综合治理的试验示范区。

CERN各野外台站是网络中的野外观测、科学研究、科技示范及科技服务的科技基地,其重要任务包括:① 从事本站所代表的典型生态系统结构功能的研究,为区域性生态环境的改善和资源的合理开发利用提出建设性意见;② 根据CERN确立的观测指标体系进行生态要素和重要生态过程的长期定位观测,积累观测和实验资料,建立数据集并对其进行系统分析、处理,为研究与建立模型提供基本数据;③ 为本站所代表的生态系统类型持续稳定协调发展进行优化模式示范,推广先进科技成果,使之尽快转化为生产力,服务于国家科技发展和国民经济建设战略需求;④ 负责完成本站土壤、生物、水及有关样品的常规分析任务,做到实验、观测方法和结果的规范化和标准化;⑤ 生态站应创造条件吸引国内外优秀科学工作者来站工作,进行高水平的综合研究,促进学术交流和合作研究,加强人才培养,推动我国生态资源与环境学科的发展。

2.3.2 CERN的森林生态站及其区域和类型代表性

森林生态站是CERN的主要组成部分,为了全面、深入地研究我国森林生态系统的结构、过程、变化、功能及持续利用等科学问题,综合考量生态系统类型代表性,区域代表性,从1988年最初的5个发展至现今的13个,详细信息见表2.1。

CERN的森林生态站分布在21° N—43° N, 101° E—128° E的范围内,覆盖了典型的中国森林生态系统类型(图2.1)。从林区代表性的角度,长白山站和清原站位于我国最大的天然林区东北林区,也是欧亚大陆东北部典型生境的代表。茂县站、贡嘎山站、哀牢山站和西双版纳站位于西南林区,是我国第二大天然林区。神农架站、普定站、会同站、千烟洲站、鼎湖山站及鹤山站位于东南林区,是我国主要的人工林区。北京站位于北方林区,该林区是我国森林覆盖相对稀疏的区域。

从森林状况的角度,长白山站、鼎湖山站、贡嘎山站、哀牢山站和神农架站均有保护良好的原始天然林,是研究原始天然林结构和价值的样板;人工林是我国森林资源的重要组成,代表性生态站有茂县站及会同站,担负着为提高林业经济效益提供科学依据及引导的使命;清原站发育有典型的温带次生针叶阔叶林,是研究次生林演替的代表性生态站;受人为活动影响较大,致使植被严重退化、水土流失、土壤贫瘠的鹤山站是退化森林生态系统恢复理论及实践研究的代表台站。

此外,由于特殊的地理及气候因素,部分生态站还肩负特殊研究使命。贡嘎山站位于青藏高原东缘,该站的研究区域拥有包括亚热带阔叶林至高寒草地的完整垂直带谱,在研究高山亚高山生态系统特征,揭示青藏高原形成的区域生态影响中具有独特优势。神农架站地处秦巴山地向东延伸的大巴山东段,位于我国三大台阶中第三台阶丘陵平原区向第二台阶山地的过渡带上,第四纪以来由于受北面秦岭山脉庇护免遭冰川直接侵袭,成为许多古老物种的避难所,第三纪孑遗植物丰富而完整,是世界上落叶乔、灌木种类最多的地区,是研究植物多样性和古老性的珍稀场所。普定位于贵州喀斯特的中心区域,石漠化问题突出,该站的特殊价值在于研究喀斯特生态特征,以及喀斯特森林的生态恢复。

表 2.1　CERN 的森林生态系统观测研究站基本信息

简称	全名	建站及加入 CERN 时间	代表的气候区	代表的植被类型	基础地理信息（经度，纬度；海拔）
长白山站	长白山森林生态系统定位研究站	1979 年建站，1992 年加入 CERN	中温带	针阔叶混交林	127° 5′ E，42° 24′ N；738 m
清原站	清原森林生态系统观测研究站	2003 年建站，2014 年加入 CERN	中温带	次生针叶阔叶林	124° 56′ E，41° 51′ N；1116 m
北京站	北京森林生态系统定位研究站	1990 年建站，1992 年加入 CERN	暖温带	落叶阔叶林	115° 26′ E，39° 58′ N；1248 m
茂县站	茂县山地生态系统定位研究站	1986 年建站，2003 年加入 CERN	高原温带，中亚热带	山地人工松林	103° 54′ E，31° 42′ N；1816 m
神农架站	神农架生物多样性定位研究站	1994 年建站，2008 年加入 CERN	北亚热带	常绿落叶阔叶混交林	110° 24′ E，31° 30′ N；1700 m
贡嘎山站	贡嘎山高山生态系统观测试验站	1987 年建站，1990 年加入 CERN	中亚热带，高山亚高山气候	西南亚高山暗针叶林	101° 53′ E，29° 36′ N；2950 m
会同站	会同森林生态实验站	1960 年建站，1989 年加入 CERN	中亚热带	常绿阔叶林、人工杉木林	109° 45′ E，26° 50′ N；541 m
千烟洲站	千烟洲红壤丘陵综合开发试验站	1983 年建站，1991 年加入 CERN	中亚热带	人工针叶林	115° 03′ E，26° 44′ N；76 m
普定站	普定喀斯特生态系统观测研究站	2007 年建站，2014 年加入 CERN	中亚热带	常绿与落叶阔叶混交林	105° 45′ E，26° 22′ N；1176 m
哀牢山站	哀牢山亚热带森林生态系统研究站	1981 年建站，2002 年加入 CERN	南亚热带	常绿阔叶林	101° 1′ E，24° 32′ N；2491 m
鼎湖山站	鼎湖山森林生态系统定位研究站	1978 年建站，1991 年加入 CERN	南亚热带	常绿阔叶林	112° 32′ E，23° 10′ N；90 m
鹤山站	鹤山丘陵综合开放试验站	1984 年建站，1991 年加入 CERN	南亚热带	人工林	112° 54′ E，22° 41′ N；90 m
西双版纳站	西双版纳热带雨林生态系统研究站	1958 年建站，1991 年加入 CERN	热带	热带雨林	101° 1′ E，21° 57′ N；560 m

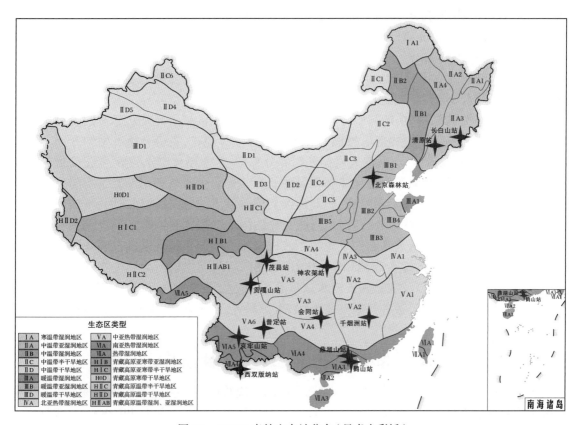

图 2.1　CERN 森林生态站分布（见书末彩插）

2.4　CERN 的森林生态系统科学研究内容

在本书的 13 个森林生态站之中,有 9 个生态站的建站时间已经超过 30 年,包括长白山站、茂县站、贡嘎山站、会同站、千烟洲站、哀牢山站、鼎湖山站、鹤山站和西双版纳站,其余的生态站建站时间也均超过 10 年。CERN 的森林生态站针对森林生态系统退化、生态环境污染、气候变化、生物多样性丧失等生态环境问题,开展了生态系统长期定位监测、野外长期控制实验、生态系统联网研究、生态系统优化管理和科技示范,以及科学数据管理与共享服务等工作,在解决所在区域内生态和环境问题中发挥了重要作用,也为国家尺度的联网科学研究及生态环境治理决策提供了重要科学依据。

2.4.1　生态系统组分与结构、功能与服务状态变化的生态过程机制

生态系统结构决定生态系统功能及服务,生态系统过程塑造生态系统结构。环境变化与生态系统的组分、结构及过程的相互作用驱动着生态系统动态变化,并在区域上塑造出具有地理分布规律的生态系统功能及服务格局。生态系统过程驱动的组分与结构、功能与服务变化包括时间变异(年际变异、长期变化、演替)、局地尺度的空间变异(组分、斑块和景观异质性)及大尺度

地理空间格局。地形地貌、环境与干扰是决定生态系统组分、结构和功能时间和空间变化的主要原因。其中,自然和人为干扰已逐渐成为我国森林生态系统变化的主导因素,不同区域的干扰类型、频率、时长和强度差异导致了生态系统组分、结构、功能和服务变化的区域差异。干扰影响生态系统组成和结构的直接后果是引发生态系统的次生演替,影响生态系统的碳平衡、营养循环、营养级动态以及水分与能量交换等生态过程。

生态系统组分与结构、功能与服务状态变化的生态过程机制研究是 CERN 的森林生态站长期坚持的基础性科学研究内容。按照 CERN 的总体设计要求,各森林生态站均开展了群落结构与演替、碳循环与碳收支、营养元素循环与养分平衡、水循环与水分平衡、能量交换等方面的动态监测、科学评估及动态变化规律和机制的研究工作。生态站利用设置于不同典型生境的固定样地,采用本底调查、定期复查、长期连续监测等技术途径,从地理成因、气候成因及生物成因等角度揭示生态系统组分、结构与功能变化的生态过程机制(图 2.2a)。利用中国通量观测研究联盟(ChinaFLUX)、基本气象观测系统以及水文观测系统等基础设施开展生态系统能量交换及碳氮水循环的综合观测(图 2.2b)。观测内容包括生物组分和生物多样性,水文、土壤、气象等环境要素,以及能量和碳氮水通量及相关生物环境因素,综合研究主要包括树种更新动态和植被动态演替,各种气象灾害干扰、水源涵养、水土保持、养分平衡、植被和土壤固碳等科学问题。

2.4.2　生物物种及群落生态学与生物多样性维持

在一定的时间和空间内,不同物种以协调有序的方式共存,构成生态系统的生物群落。生物群落既是生态系统的组分和结构单元,又是能量和物质传递与转化的基本功能单元。一般而言,生物多样性越高的生态系统稳定性越强,提供服务的能力也越强。生物多样性与生态系统功能是一个古老的话题,同时也是一个热点研究领域。自 20 世纪 90 年代以来,受全球变化和人为干扰的共同影响,全球生物多样性的快速降低令世人担忧,这使得生物多样性与生态系统稳定性关系问题再次成为生态系统生态学讨论的重点。生物多样性维持既是生态学研究的应用目标,也是生态系统生态学的重要研究领域。

CERN 各森林生态站均开展了生物多样性与生态系统功能关系的研究工作,广泛地开展了植物、动物、微生物多样性的本底及动态变化调查。为了获取更为翔实扎实的数据,中国科学院生物多样性委员会启动中国森林生物多样性监测网络建设项目,基于 CERN 的生态站建成若干大样地(图 2.3),其中拥有超过 20 hm² 森林大样地的生态站包括长白山站、北京站、鼎湖山站及西双版纳站。在这些大样地中,对直径大于 1 cm 的木本植物进行了挂牌监测,并设立了 150 个以上的种子雨收集器及 450 个以上的幼苗监测样方。在此基础上还深入开展了种间关系、种面积曲线、生态位理论、集合种群理论、物种定居与入侵规律、物种起源与分化、物种多样性与遗传多样性间的关系等基础生态理论研究。

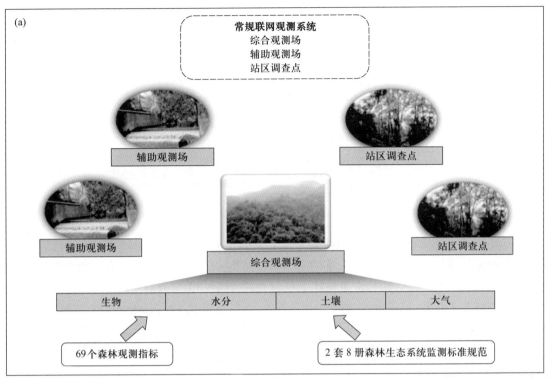

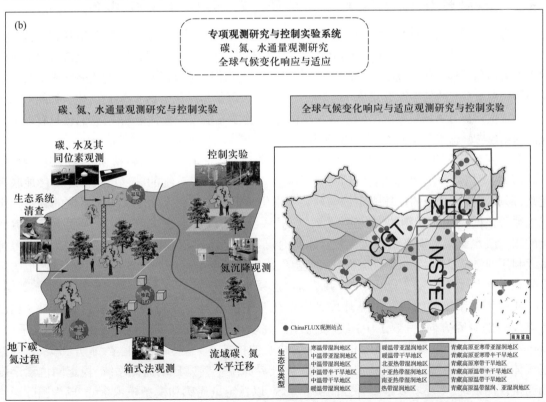

图 2.2　CERN 森林生态系统长期监测指标及样地分布 (见书末彩插)

固定样方长期监测

辅助样方野外控制实验

图 2.3   CERN 的生物多样性研究体系

扰动是影响生物多样性与生态系统稳定性关系的重要因子,主要包括非正常的外力干扰和环境因子时间异质性影响的波动性干扰两大类。这两类不同的干扰对生物多样性与生态系统稳定性的影响不同,其影响机制和定量描述也是过去三十年 CERN 森林生态站关注的重点,包括风雪、洪水、高温/低温、采伐方式、林窗、生境破碎化、气候变化(增温、大气 CO_2 浓度升高、氮沉降、酸沉降)等干扰因子。针对不同干扰设计开展了多种多样、不同规模的生物多样性与生态系统功能关系的野外控制实验。

2.4.3   生物地球化学及生态系统碳、氮、水循环过程机制

生态系统的生物地球化学循环可以简单地描述为各种生源要素在土壤、大气、植物和枯枝落叶中的迁移与转化过程,从更完整的角度还应考虑动物和微生物的利用与调控作用以及流域水文过程的水平运动和迁移转化。在实际的研究中,人们通常将其简称为养分循环、矿物质循环或生命元素循环等。生态系统的各生物组分及环境中的化学元素大多都是以化合物形式存在,化合物的形态在生态系统生物组分和环境系统之间迁移和转化,各种化学元素很少会独来独往,它们也只有以结伴成群的化合物形态才会在生命系统中发挥作用,这意味着元素之间存在广泛的耦合关系。

陆地生态系统通过植物和土壤微生物等生理活动和物质代谢过程,将植物、动物、微生物、植物凋落物、动植物分泌物、土壤有机质、大气和土壤的无机环境系统的碳、氮、水循环有序地联系起来,形成了极其复杂的连环式生物物理和生物化学耦合过程关系网络。生态系统的碳、氮、水三大循环之间彼此相互制约,在植被–大气、根系–土壤以及土壤–大气三个界面上进行着活跃的碳、氮、水交换。生态系统碳–氮–水耦合循环的生态过程及维持机制是实现森林资源可持续利用的科学基础,生态系统碳循环、氮循环、水循环既影响生态系统本身的健康程度,也决定着生态系统木材产量、碳汇能力、水分调节等生态系统服务。

陆地生态系统的碳、氮、水循环的动态变化和空间分异及其过程机理是近 15 年来 CERN 重点发展的研究方向,发展了中国通量观测研究联盟(ChinaFLUX)专项科学观测研究平台。ChinaFLUX 整合以气象学的涡度相关技术为核心的植被–大气界面的能量、水分和碳、氮等温室气体通量观测系统,基于箱式法的土壤–大气界面温室气体自动监测系统、稳定同位素丰度和通量观测系统,多环境要素野外控制实验系统,以及定量遥感和模型模拟系统,成为国际通量观测网络的重要组成部分。CERN 的森林生态站是 ChinaFLUX 的重要组成部分和核心骨干

（图 2.4），有 13 个生态站参与了生态系统碳氮水及能量通量、土壤 $CO_2\backslash CH_4\backslash N_2O$ 等温室气体排放通量的动态观测研究工作，其中长白山站、鼎湖山站及千烟洲站已经进行了 15 年的连续碳水通量观测（Tang et al., 2016a; Tang et al., 2016b; Xu et al., 2017; Yan et al., 2013）。针对气候变化，长白山、千烟洲、鼎湖山和清原等观测研究站建立了模拟增温、CO_2 浓度升高、氮沉降、酸沉降等野外控制实验。基于这些观测和实验研究工作，在中国森林生态系统碳－氮－水通量观测数据积累（于贵瑞等，2014; Yu et al., 2006），中国、亚洲及全球尺度的碳－氮－水循环及时间格局形成机制（Chen et al., 2013; Chen et al., 2015a; Chen et al., 2015b; ），生态系统碳－氮－水通量与全球变化的正负反馈（Zhang et al., 2014a; Zhang et al., 2014b; Zheng et al., 2009; Zheng et al., 2014），陆地生态系统生产力对环境变化的响应与适应（Gao et al., 2014; Liu et al., 2014; Zhu et al., 2016; Li et al., 2016）等方面取得了重大进展。

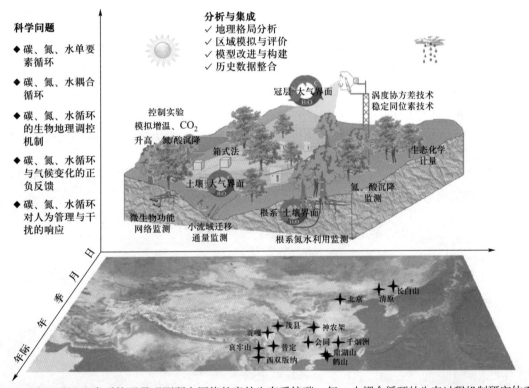

图 2.4 中国陆地生态系统通量观测研究网络的森林生态系统碳－氮－水耦合循环的生态过程机制研究体系

2.4.4 全球变化生态学及生态系统对全球变化的响应与适应

全球变化是指由自然和人文因素引起的全球尺度地球系统及各个圈层的结构和功能的变化，主要包括大气成分变化、气候变化、土地利用和土地覆盖变化、生物多样性丧失、植被与生态系统退化、海洋酸化及海平面上升等。全球变化生态学是在全球变化背景下发展起来的生态学新兴领域，是地球科学、生物学、环境科学、大气科学、化学、信息科学等相互交叉的学科，主要研究全球变化的生态过程、生态关系、生态机制、生态后果及适应对策等内容。

气候变暖、降水变化、CO_2 浓度升高以及氮沉降增加被认为是四种最具影响的全球变化事件,对生物物候、植物多样性、生态系统过程、生态系统生产力、碳固定功能产生深刻影响。生物物种及生态系统对环境变化具有一定的弹性和适应能力,可通过调整器官形态、物质合成、能量分配、繁殖策略等方式对环境变化做出响应,以抵御环境变化可能带来的不良影响。当小幅度的环境变化持续时间较长时,物种、群落或生态系统对气候变化也可能形成再适应,形成新的代谢过程、能量平衡、种间关系、繁殖效率等。然而,如若环境变化超出物种或生态系统可承受的变化范围,则会引起种群的组成变化,生态系统功能下降,甚至会导致物种灭绝及生态系统崩溃。

近 30 年来,CERN 的森林生态站采用长期观测与野外调查(如通量观测、样带研究)、大型野外控制试验、生态系统过程模型、遥感反演等技术手段,结合生态站对水分、土壤、气象、生物长期连续的监测,围绕气候变化的生态学后果,生物和生态系统对气候变化的响应和适应,全球变化对生物地球化学过程的影响,减缓和适应全球变化的生态系统管理等问题开展了广泛的科学研究。其中东北样带(Northeast China Transect, NECT)和东部南北样带(North–South Transect of Eastern China, NSTEC)被国际地圈 – 生物圈计划(IGBP)纳入 15 条标准样带,布设了众多全球变化生态学观测和实验设施,其中依托 ChinaFLUX 分布在东部南北样带上森林生态站的观测和实验研究(图 2.5),以及大格局的全球变化适应性研究最为系统,取得系列性重要科技成果,具有较高的国际学术影响力(Wang et al., 2016a; Wang et al., 2016b; Sheng et al., 2011; Zhan et al., 2014; Zhan et al., 2015; Niu et al., 2018; He et al., 2018; Wang et al., 2018a; Liu et al., 2018; Zhao et al., 2018; Zhang et al., 2018a; Tian et al., 2018; Wang et al., 2018b; Wang et al., 2018c; Li et al., 2018; Zhang et al., 2018b)。

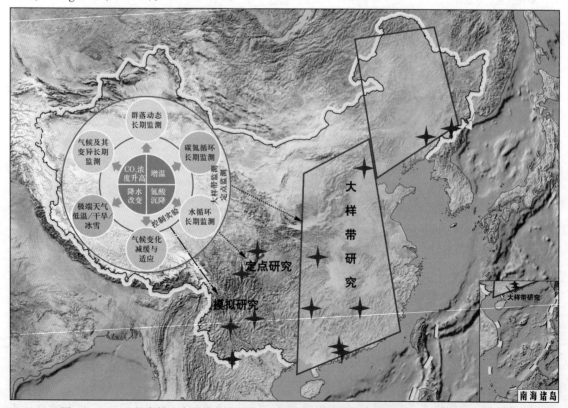

图 2.5　CERN 的森林生态系统与全球变化的观测研究样带及控制实验系统(见书末彩插)

2.4.5 流域水文生态学与生态系统的水资源利用

水文生态学主要研究水文与生态系统的双向相互作用关系,既包括水文过程对生态系统结构、格局、功能的影响,也包括生态系统的水资源利用,以及物种、群落结构、健康状况等变化对水循环的影响。森林生态系统的物种组成、群落结构等因素影响大气降水的截留及利用率,调节小流域的水文过程,同时也可能通过影响地表径流及云的形成影响流域或更大空间尺度上的水分分配。因此,流域水文生态学研究,是认知森林生态系统生产力及其资源环境效应、区域水分循环和水量平衡,优化区域水资源利用与分配的重要基础。

CERN 生态站的流域水文生态学研究以森林小流域为主要研究对象,以定量评估水量平衡、水土流失和水质及其变化为主要研究内容,对流域的土壤含水量、地下水位、地表径流、地表蒸发、树干茎流和穿透降水量、枯枝落叶层含水量、积水水深等水文指标及流动地表水水质、静止地表水水质、地下水水质、雨水水质等水化学指标开展常规监测。

基于森林生态系统的特点和功能,CERN 的森林生态站水文生态学研究更偏重于林冠水文过程、森林植被在降雨 – 径流过程中的作用(图 2.6)。研究内容包括森林冠层结构对降水的截流、径流的拦阻、地被物的水文效应及对入渗的影响等。基于森林生态系统水分平衡的研究及观测,可以进一步扩展研究陆地蒸发散模式、流域的产流和水土保持机制,森林生态系统水源涵养功能评估,以及水资源对生产力影响等科学问题。水热通量作为 ChinaFLUX 观测研究的重要组成部分,各森林生态站均进行了生态系统水热通量的长期高频监测,系统分析了典型森林生态系统及东部样带的蒸发散和水分利用的动态变化和空间分布特征(Zhu et al., 2014; Zhu et al., 2015a; Zhu et al., 2015b; Zheng et al., 2017; Zheng et al., 2016; Zheng et al., 2014; Xu et al., 2014)。

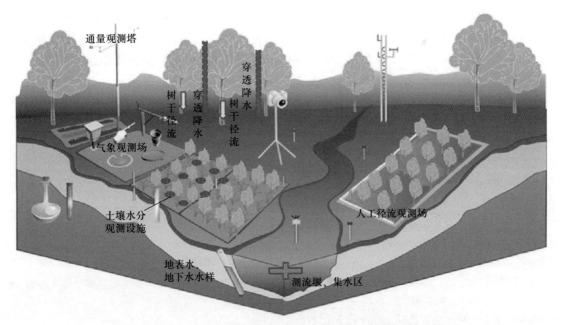

图 2.6　CERN 森林生态站的流域水文观测及水资源利用研究主要设施

2.4.6　恢复生态学与退化森林生态系统的恢复与重建技术和模式

退化生态系统的恢复和重建是恢复生态学研究的应用目标,重点研究生态系统退化原因和机制、退化生态系统的恢复途径和技术原理等科学问题。中国森林生态系统退化具有长期的历史背景,而改革开放以后的高速经济发展又导致了生态系统退化的加速。CERN 的鹤山、茂县、普定、千烟洲、鼎湖山等森林生态站针对各自区域森林生态系统存在的问题及特点,开展了大量的生态系统退化过程机理研究、恢复与重建技术方法研发,以及恢复模式示范与推广工作。例如,鹤山站在南方红壤丘陵恢复实践中筛选出了抗贫瘠、光合效率高、固氮活性强的速生豆科树种,并进行大面积推广;研制的丘陵山地的林－果－苗集水区和林－果－草－鱼集水区土地利用模式,在珠江三角洲地区大面积推广,获得了极为显著的生态效益、经济效益和社会效益。茂县站基于镶嵌格局演替理论,提出并建立了亚高山森林恢复的“复式镶嵌群落配置模式”。

2.4.7　生态系统管理学与生态系统保护和利用优化模式

生态系统管理的目的是通过合理经营管理,维持、恢复生态系统的整体性和稳定性,以保证资源可持续性供给。科学的生态系统管理需要深入地理解生态系统生产力、生物多样性维持、水文、生物地球化学循环等过程机理。CERN 的森林生态站针对人工林、次生林及退化的天然林生态系统功能提升、增加社会经济效益的管理模式开展了大量研究工作,包括新型人工植物群落模式开发,人工林的生态、经济和社会效益协调提升,林分结构和凋落物土壤管理,可持续发展的农林复合结构构建,人工用材林的可持续经营等。例如,千烟洲站自1983 年建站以来,长期致力于红壤丘陵区生态恢复与农林业可持续发展,创建了著名的“丘上林草丘间塘,河谷滩地果鱼粮”的“千烟洲模式”,森林覆盖率由 0.43% 大幅提升至目前的78.81%,显著促进了南方红壤丘陵山区的生态恢复和经济发展。鹤山站的生态恢复研究成果支持了当地营造针阔混交林近 2 万 hm^2,对区域气候、水源、森林病虫害防治有明显作用。西双版纳站针对当地的关键技术问题,通过营建多层次、多物种生态茶园,以蛛治蝉,间、套种,生物农药等综合措施,使思茅区的茶叶产量和品质得到提高,为地方经济发展做出了巨大的贡献。

参 考 文 献

国家林业局 . 2010. 中国林业发展报告 . 北京:中国林业出版社 .

国家林业局 . 2013. 中国森林可持续经营国家报告 . 北京:中国林业出版社 .

国家林业局 . 2014. 中国森林资源报告(2009—2013). 北京:中国林业出版社 .

于贵瑞,张雷明,孙晓敏 . 2014. 中国陆地生态系统通量观测研究网络(ChinaFLUX)的主要进展及发展展望 . 地理科学进展,33(7):903-917.

中国植物委员会 . 1980. 中国植被 . 北京:科学出版社 .

Burley J. 2002. Forest biological diversity: An overview. Unasylva, 53(209): 3-9.

Chen Z, Yu G R, Ge J P, et al. 2013. Temperature and precipitation control of the spatial variation of terrestrial ecosystem carbon exchange in the Asian region. Agricultural and Forest Meteorology, 182: 266–276.

Chen Z, Yu G R, Ge J P, et al. 2015a. Roles of climate, vegetation and soil in regulating the spatial variability in ecosystem carbon dioxide fluxes in the Northern Hemisphere. PLoS ONE, 10(4): e0125265.

Chen Z, Yu G R, Zhu X J, et al. 2015b. Covariation between gross primary production and ecosystem respiration across space and the underlying mechanisms: A global synthesis. Agricultural and Forest Meteorology, 203: 180–190.

FAO. 2011. 2010 年森林资源评估主报告. 罗马: 联合国粮食及农业组织.

FAO. 2014. 世界森林状况——提高森林的社会经济效益. 罗马: 联合国粮食及农业组织.

FAO. 2016. 2015 年全球森林资源评估报告——世界森林变化情况(第二版). 罗马: 联合国粮食及农业组织.

Gao Y, Zhu X J, Yu G R, et al. 2014. Water use efficiency threshold for terrestrial ecosystem carbon sequestration in China under afforestation. Agricultural and Forest Meteorology, 195: 32–37.

He N P, Liu C C, Tian M, et al. 2018. Variation in leaf anatomical traits from tropical to cold-temperate forests and linkage to ecosystem functions. Functional Ecology, 32: 10–19.

IPCC. 2007. Couplings Between Changes in the Climate System and Biogeochemistry. In: Climate Change 2007: The Physical Science Basis. Cambridge University Press, Cambridge, United Kingdom and New York, NY, USA.

Li Y, Niu S L, Yu G R. 2016. Aggravated phosphorus limitation on biomass production under increasing nitrogen loading: A meta-analysis. Global Change Biology, 22(2): 934–943.

Li Y, Tian D S, Yang H, et al. 2018. Size-dependent nutrient limitation of tree growth from subtropical to cold temperate forests. Functional Ecology, 32(1): 95–105.

Liu C C, He N P, Zhang J H, et al. 2018. Variation of stomatal traits from cold temperate to tropical forests and association with water use efficiency. Functional Ecology, 32(1): 20–28.

Liu Y C, Yu G R, Wang Q F, et al. 2014. How temperature, precipitation and stand age control the biomass carbon density of global mature forests. Global Ecology and Biogeography, 23(3): 323–333.

Lu F, Hu H, Sun W, et al. 2018. Effects of national ecological restoration projects on carbon sequestration in China from 2001 to 2010. Proceedings of the National Academy of Sciences, 201700294.

Millennium Ecosystem Assessment. 2005a. Ecosystems and Human Well-being: Synthesis. Washington DC: Island Press.

Millennium Ecosystem Assessment. 2005b. Ecosystems and Human Well-being: Current Status and Trends. Washington DC: Island Press.

Niu S L, Classen A T, Luo Y Q. 2018. Functional traits along a transect. Functional Ecology, 32(1): 4–9.

Sheng W P, Ren S J, Yu G R, et al. 2011. Patterns and driving factors of WUE and NUE in natural forest ecosystems along the North–South Transect of Eastern China. Journal of Geographical Sciences, 21(4): 651–665.

Tang Y K, Wen X F, Sun X M, et al. 2016a. Contribution of environmental variability and ecosystem functional changes to interannual variability of carbon and water fluxes in a subtropical coniferous plantation. iForest, 9: 452–460.

Tang Y K, Wen X F, Sun X M, et al. 2016b. Variation of carbon use efficiency over ten years in a subtropical coniferous plantation in Southeast China. Ecological Engineering, 97: 196–206.

Tian J, He N P, Hale L, et al. 2018. Soil organic matter availability and climate drive latitudinal patterns in bacterial diversity from tropical to cold-temperate forests. Functional Ecology, 32(1): 61–70.

Wang C H, Wang N N, Zhu J X, et al. 2018a. Soil gross N ammonification and nitrification from tropical to temperate forests in Eastern China. Functional Ecology, 32(1): 83–94.

Wang J S, Sun J, Xia J Y, et al. 2018b. Soil and vegetation carbon turnover times from tropical to boreal forests. Functional Ecology, 32(1): 71–82.

Wang Q F, He N P, Yu G R, et al. 2016a. Soil microbial respiration rate and temperature sensitivity along a north-south forest transect in Eastern China: Patterns and influencing factors. Journal of Geophysical Research: Biogeosciences, 121: 399–410.

Wang R L, Wang Q F, Zhao N, et al. 2018c. Different phylogenetic and environmental controls of first-order root morphological and nutrient traits: Evidence of multidimensional root traits. Functional Ecology, 32: 29–39.

Wang R L, Yu G R, He N P, et al. 2016b. Latitudinal variation of leaf morphological traits from species to community along the North-South Transect of Eastern China. Journal of Geographical Sciences, 26(1): 15–26.

Xu M J, Wang H M, Wen X F, et al. 2017. The full annual carbon balance of a subtropical coniferous plantation is highly sensitive to autumn precipitation. Scientific Reports, 7: 10025.

Xu M J, Wen X F, Wang H M, et al. 2014. Effects of climatic factors and ecosystem responses on the inter-annual variability of evapotranspiration in a coniferous plantation in subtropical China. PLoS One, 9(1): e85593.

Yan J H, Zhang Y P, Yu G R, et al. 2013. Seasonal and inter-annual variations in net ecosystem exchange of two old-growth forests in Southern China. Agricultural and Forest Meteorology, 182–183: 257–265.

Yu G R, Wen X F, Sun X M, et al. 2006. Overview of ChinaFLUX and evaluation of its eddy covariance measurement. Agricultural & Forest Meteorology, 137(3): 125–137.

Zhan X Y, Yu G R, He N P, et al. 2014. Nitrogen deposition and its spatial pattern in main forest ecosystems along north-south transect of Eastern China. Chinese Geographical Science, 24(2): 137–146.

Zhan X, Yu G R, He N, et al. 2015. Inorganic nitrogen wet deposition: Evidence from the North-South Transect of Eastern China. Environmental Pollution, 204: 1–8.

Zhang F M, Ju W M, Shen S H, et al. 2014a. How recent climate change influences water use efficiency in East Asia. Theoretical and Applied Climatology, 116(1–2): 359–370.

Zhang J H, Zhao N, Liu C C, et al. 2018a. C : N : P stoichiometry in China's forests: From organs to ecosystems. Functional Ecology, 32(1): 50–60.

Zhang M, Lee X H, Yu G R, et al. 2014b. Response of surface air temperature to small-scale land clearing across latitudes. Environmental Research Letters, 9(3): 206–222.

Zhang X Y, Yang Y, Zhang C, et al. 2018b. Contrasting responses of phosphatase kinetic parameters to nitrogen and phosphorus additions in forest soils. Functional Ecology, 32(1): 106–116.

Zhao N, Liu H M, Wang Q F, et al. 2018. Root elemental composition in Chinese forests: Implications for biogeochemical niche differentiation. Functional Ecology, 32(1): 40–49.

Zheng H, Wang Q F, Zhu X J, et al. 2014. Hysteresis responses of evapotranspiration to meteorological factors at a diel timescale: Patterns and causes. PloS One, 9(6): e98857.

Zheng H, Yu G R, Wang Q F, et al. 2016. Spatial variation in annual actual evapotranspiration of terrestrial ecosystems in China: Results from eddy covariance measurements. Journal of Geographical Sciences, 26(10): 1391–1411.

Zheng H, Yu G R, Wang Q F, et al. 2017. Assessing the ability of potential evapotranspiration models in capturing dynamics of evaporative demand across various biomes and climatic regimes with ChinaFLUX measurements. Journal of Hydrology, 551: 70–80.

Zheng Z M, Yu G R, Fu Y L, et al. 2009. Temperature sensitivity of soil respiration is affected by prevailing climatic conditions and soil organic carbon content: A trans-China based case study. Soil Biology & Biochemistry, 41(7): 1531–1540.

Zhu X J, Yu G R, Hu Z M, et al. 2015a. Spatiotemporal variations of T/ET(the ratio of transpiration to evapotranspiration) in three forests of Eastern China. Ecological Indicators, 52: 411–421.

Zhu X J, Yu G R, Wang Q F, et al. 2014. Seasonal dynamics of water use efficiency of typical forest and grassland ecosystems in China. Journal of Forest Research, 19(1): 70–76.

Zhu X J, Yu G R, Wang Q F, et al. 2015b. Spatial variability of water use efficiency in China's terrestrial ecosystems. Global & Planetary Change, 129(129): 37–44.

Zhu X J, Yu G R, Wang Q F, et al. 2016. Approaches of climate factors affecting the spatial variation of annual gross primary productivity among terrestrial ecosystems in China. Ecological Indicators, 62: 174–181.

第3章 温带原始针阔叶混交林生态系统过程与变化*

阔叶红松林是我国东北温带针阔叶混交林最具有代表性的典型森林类型,主要分布于长白山和小兴安岭等地区。目前东北地区未受人为干扰的原始针阔叶混交林的面积不足原来的1%,零星分布在少数几个自然保护区内。长白山自然保护区拥有面积最大、保存最为完整的原始针阔叶混交林生态系统。在过去的30多年中,以长白山森林生态系统定位研究站为依托,国内外学者对原始阔叶红松林生态系统的物种组成、生物多样性、群落动态、生物地球化学循环、生态系统结构、功能、过程变化等方面开展了大量的研究工作。本章基于以往的研究,对生态系统的过程与变化进行概括总结,主要内容包括温带原始针阔叶混交林生态系统概述、群落结构及演替过程、生物地球化学循环过程、水循环与水文生态过程、对全球变化的响应以及管理与示范模式共六个方面。

3.1 温带原始针阔叶混交林生态系统概述

3.1.1 温带原始针阔叶混交林生态系统的分布与现状

我国东北温带地带性森林类型主要以红松为主,还包括其与紫椴、蒙古栎、水曲柳、春榆及白桦、色木槭等形成的针阔叶混交林(阔叶红松林)。分布于我国东北的黑龙江省、吉林省和辽宁省东部山地,即长白山和小兴安岭地区。

大约在19世纪初期,东北林区的绝大多数地区还被广袤的原始森林所覆盖,然而近200年来,由于不合理的采伐和利用导致自然生态系统受到严重的干扰和破坏。原始针阔叶混交林中的珍贵树种,如红松、紫椴、水曲柳、黄波罗、胡桃楸等树种已经被列入需要保护的物种名录。少数药用价值为人所知的、引人注目的、形态奇特的物种,如人参、瓶尔小草和草苁蓉等,菌物中的桑黄、松茸、猴头蘑、灵芝等,也已濒临灭绝。

长白山区(41° N—43° 30′ N)是我国阔叶红松林的中心分布区。长白山是我国东北最高山系,海拔高达2691 m,气候温和,地形复杂。自上而下,随着海拔下降,雨量减少,气温升高,形成明显的森林植被垂直带。通常可以划分为高山岳桦林、暗针叶林和阔叶红松林等单个垂直分布带。各种珍稀濒危植物依据自己的特性和对环境的不同适应,分布在海拔不同的植被类型中。

---

* 本章作者为中国科学院沈阳应用生态研究所郑兴波、齐麟、叶吉、戴冠华、吴家兵、于大炮、王安志。

其中阔叶红松林分布于海拔 $500 \sim 1100$ m 的玄武岩台地上,在不同海拔的植被带中红松针阔叶混交林带分布的珍稀濒危种类最多,达到 19 种,占总种数的 67.86%。高山苔原带 4 种,仅占总种数的 14.29%(国家林业局和农业部,1999)。

3.1.2   温带原始针阔叶混交林生态系统的特点和生态意义

温带原始针阔叶混交林生态系统是天然形成的,未遭到人为破坏的完整的顶极群落。原始特性包括多样化的与树有关的结构,多样化的野生动物栖息地,森林生态系统的生物多样性,是"物种基因库"和"天然博物馆"。不仅有重要的生态价值,还是众多野生动植物的原产地,其生态意义和作用更是难以估计。

长白山和小兴安岭所处地区受第三纪和第四纪初冰川影响不严重,这使得温带原始针阔叶混交林保存了许多古老的第三纪孑遗植物,如水曲柳、胡桃楸、钻天柳、人参等,它们对研究古生物与现代生物的进化及相互关系有重要学术价值。在长白山特定地质历史条件的长期作用与影响下,又分布了一些在中国仅产于长白山区的特有种类,如朝鲜崖柏、长白松、长白柳、山楂海棠、长白碎米荠、高山乌头及对开蕨等,占长白山珍稀濒危植物物种的 21.1%。它们对研究植物地理学及植物区系等方面有重要价值。如山楂海棠对研究长白植物区系和蔷薇科的属间亲缘关系有指导意义。稀有植物对开蕨是我国在长白山首次发现的新记录种,填补了我国地理分布上的空白。

3.1.3   温带原始针阔叶混交林生态系统的主要科学问题

原始针阔叶混交林是一个综合的生态系统,在原始森林中,某一物种的减少,可能影响其他物种的生存。人们在破坏原始森林以后,即使人工补种了大量树林,也无法弥补森林被破坏对生态带来的影响。因此,明确温带原始针阔叶混交林生态系统的主要生态过程,阐明生态系统结构与功能的关系,揭示原始针阔叶混交林功能形成机制及驱动因素;为构建温带受干扰后森林结构调控、功能和生态过程的恢复技术体系提供参照,从而实现温带针阔叶混交林资源的科学和快速恢复。

3.1.4   长白山站的生态系统及其区域代表性与科学研究价值

3.1.4.1   长白山站的地理位置及区域代表性

长白山森林生态系统定位研究站(简称长白山站)位于吉林省安图县二道白河镇,长白山自然保护区北坡山底,是以长白山自然保护区为对象,长期从事温带原始森林生态系统结构、功能及其调控机制研究的科研基地。

长白山自然保护区($127°\ 42'\ 55''$ E—$128°\ 16'\ 48''$ E, $41°\ 41'\ 49''$ N—$42°\ 51'\ 18''$ N)位于吉林省东南部,地跨安图县、抚松县和长白县。东南与朝鲜毗邻。始建于 1960 年,面积为19.6 万 hm^2。长白山是世界上公认的欧亚大陆北半部最具代表性的典型自然综合体,山地森林生态系统保存着最完好和最丰富的物种基因库,也是世界上同纬度地区保存最完好、面积最大的原始森林分布区。

巨大的海拔差异,导致水热条件明显不同,从而形成了长白山从上而下明显的环境梯度,造就了长白山类型多样的自然植被,构成了独特的自然景观格局。在水平距离仅 40 多千米的坡面上,包罗了从温带到极地水平上数千千米的植被景观,是欧亚大陆从中温带到寒带主要植被类型的缩影,是研究森林生态系统对气候变化响应的天然实验室。低海拔分布的原始阔叶红松林是我国目前温带面积最大、保护最完整的森林生态系统,一直以来作为东北温带森林资源保护、恢复和可持续经营的重要参照系,备受国内外学者关注(韩士杰等,2016;郝占庆等,2008;代力民等,2012;赵秀海等,2005;郭忠玲等,2006)。

3.1.4.2　森林类型及分布

长白山生物区系复杂,植被垂直带分布明显,自下而上,分为四个森林带。

海拔 700 ~ 1100 m:阔叶红松林带。主要建群种有红松(*Pinus koraiensis*)、紫椴(*Tilia amurensis*)、蒙古栎(*Quercus mongolica*)、水曲柳(*Fraxinus mandshurica*)和色木槭(*Acer mono*)。由于干扰和林分状况的不同,其中还有不同数量的长白落叶松(*Larix olgensis*)、臭冷杉(*Abies nephrolepis*)、春榆(*Ulmus japonica*)、山杨(*Populus davidiana* Dode.)等。灌木层主要有毛榛(*Corylus mandshurica*)、东北溲疏(*Deutzia parviflora*)、刺五加(*Acanthopanax senticosus*)、五味子(*Schisandra chinensis*)等。常见草本有山茄子(*Brachybotrys paridiformis*)和各种蕨类、薹草等。

海拔 1100 ~ 1700 m:云冷杉林带,又称暗针叶林带。主要树种包括鱼鳞云杉(*Picea jezoensis*)、红皮云杉(*Picea koraiensis*)、臭冷杉等,混生稀少的花楸(*Sorbus pohuashanensis*)等,林下灌木和草本植物非常稀少,有七筋姑(*Clintonia udensis*)、红果类叶升麻(*Actaea erythrocarpa*)、唢呐草(*Mitella nuda*)、独丽花(*Moneses uniflora*)等。此外还有蕨类,如猴腿蹄盖蕨(*Athyrium multidentatum*)等在林下呈小片状分布。除此之外,云冷杉林下是苔藓和地衣的世界,林下倒木较多,由于林下阴暗潮湿,在腐朽的倒木上有针叶树的更新是云冷杉林的一个显著特点。

海拔 1700 ~ 2000 m:岳桦林带。林内绝大多数是岳桦(*Betula ermanii*),常有少量的东北赤杨(*Alnus mandshurica*)和长白落叶松混生,灌木和草本植物有高山桧(*Juniperus sibirica*)、紫枝忍冬(*Lonicera maximowiczii*)、长白金莲花(*Trollius japonica*)、星叶蟹甲草(*Cacalia komaroviana*)和小叶章(*Calamagrostis angustifolia*)等。

海拔 2000 m 以上:高山苔原带。没有乔木生长,只有多种低矮的小灌木和高山草本植物以及苔藓、地衣,如牛皮杜鹃(*Rhododendron aureum*)、苞叶杜鹃(*Rhododendron redowskianum*)、毛毡杜鹃(*Rhododendron confertissimum*)、宽叶仙女木(*Dryas octopetala*)、高山笃斯越桔(*Vaccinium uliginosum* var. *alpinum*)和白山罂粟(*Papaver pseudo-radicatum*)等(傅沛云等,1995)。

3.1.5　长白山站观测设施及其科学研究

3.1.5.1　定位观测内容

按照 CERN 的要求,长白山站定位观测的主要内容涵盖气象、生物、水分、土壤共四个方面。

气象监测主要是生态系统的气象要素观测,包括辐射、温度、降水、相对湿度、冻土观测等。

生物监测内容包括生境要素、植物群落种类组成与分层特征、树种的更新状况、群落特征、叶面积指数、林地凋落物回收量季节动态、林地凋落物现存量、物候、各层优势植物和凋落物的元素含量与能值、鸟类种类与数量、大型野生动物种类与数量、微生物、植被季相变化等。

水分监测内容包括降雨、降雨再分配过程、土壤含水量、地下水位测定、枯落物含水量测定、地表水和地下水现场指标测定、生态系统的水环境物理要素和水环境化学要素等。

土壤监测包括土壤容重、土壤养分组成、机械组成、矿质全量、微量元素等。

3.1.5.2　观测点布局

定位站根据长白山自然保护区的植被分布,并依照 CERN 的要求(图 3.1),在站区设置 1 个气象观测场,在海拔 738 m 设置阔叶红松林固定监测标准地,并在该样地周围设置综合观测场,通量塔和塔吊等观测设施;在海拔 1200 m 左右设置红松云冷杉林 1 hm² 固定监测标准地;在海拔 1600 m 附近设置了岳桦云冷杉林 1 hm² 固定监测标准地,在海拔 1800 m 左右设置亚高山岳桦林 1 hm² 固定监测标准地,在海拔 2100 m 设置了苔原植被观测样地。此外,还在海拔 740 m 左右设置一块经过人工干扰后形成的白桦次生林地。

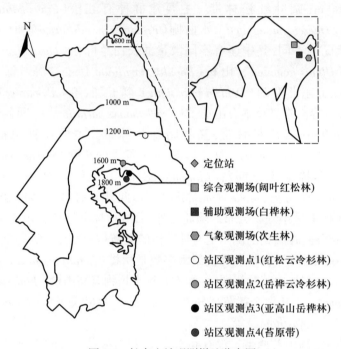

图 3.1　长白山站观测样地分布图

3.2　群落结构及演替过程

3.2.1　结构特征

3.2.1.1　树种组成

阔叶红松林中有乔木 28 种,样地内 DBH(树木胸径)≥ 1 cm 的个体的总胸高断面积(basal area, BA)为 43.23 m²·hm⁻²,郁闭度为 0.8。胸高断面积(大于 1 m²·hm⁻²)由大到小依次为紫椴、红松、蒙古栎、水曲柳、色木槭、春榆、大青杨和假色槭,累计占样地总胸高断面积的 95.3%(图 3.2)。在这 8 个物种中,前 6 个物种的胸高断面积占总胸高断面积的 90.0%,在该群落中占据了绝对优势。所有个体的平均胸径为 10.52 cm,其中紫椴和红松平均胸径为 32.0 cm,蒙古栎和水曲柳分别为 41.3 cm 和 47.9 cm。大青杨个体数少,但平均胸径最大,达到 104.0 cm。

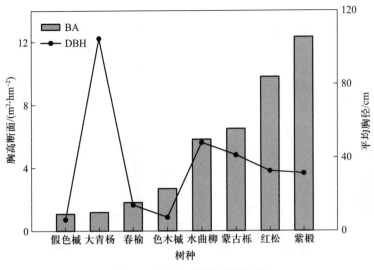

图 3.2 阔叶红松林树种组成

3.2.1.2 径级结构

样地中所有个体的总的径级分布呈明显的倒 "J" 形,胸径 1~4 cm 的个体数占总个体数的 56.22%(图 3.3a)。主林层物种的径级分布呈偏正态分布(图 3.3b),以胸径 40 cm 为峰值向两边 递减,66% 的个体集中在胸径 20~60 cm;次林层物种的径级分布呈倒 "J" 形(图 3.3c),68% 的 个体分布在胸径 1~7 cm,另外径级 7~25 cm 的个体数随径级增大逐渐减少,没有出现明显的断 层;林下层物种 90% 以上的个体集中在 1~3 cm 的范围内,而胸径大于 3 cm 的只有少量个体, 且径级分布出现明显断层现象,即呈 "L" 形分布(图 3.3d)。

从主要树种的径级结构分析可以看出,红松的径级结构近似于正态分布(图 3.4a),53% 的个 体集中在胸径 20~40 cm,DBH<10 cm 只有 25 棵,DBH>80 cm 只有 15 棵。紫椴和蒙古栎的径级 结构呈现出双峰现象:在胸径 1~15 cm 呈现出倒 "J" 形,而在较大的径级近似于正态分布,分别 在胸径 25~60 cm 和 30~70 cm 出现两个明显的峰(图 3.4b 和 c)。水曲柳的个体主要集中在胸径 40~70 cm,约占该物种总数的 59%,形成一个明显的峰,而在胸径 1~10 cm 仅 34 棵(图 3.4d)。

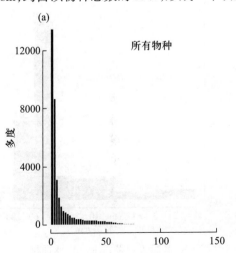

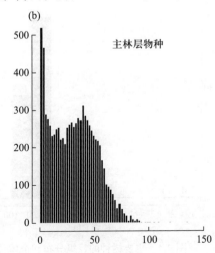

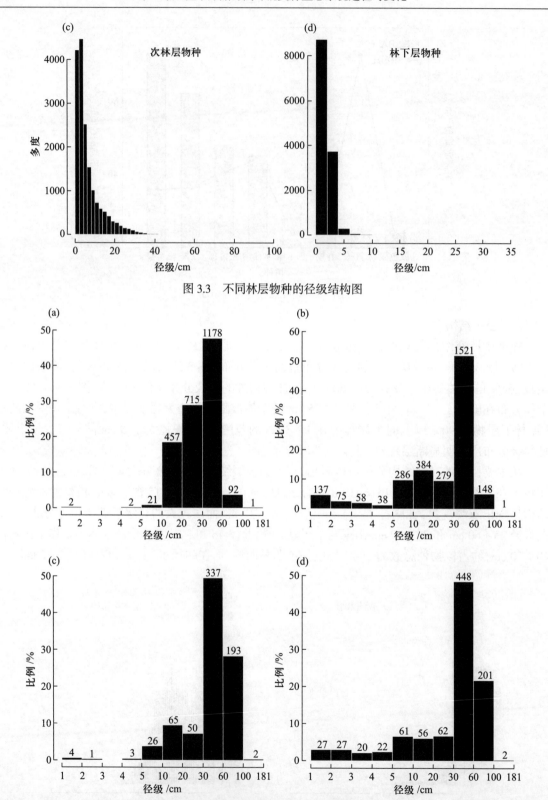

图 3.3 不同林层物种的径级结构图

图 3.4 主要树种的径级分布和个体数:(a)红松;(b)紫椴;(c)蒙古栎;(d)水曲柳

3.2.1.3 垂直结构

按照胸径和树高分布,可分为 3 个林层:主林层,个体数最多的有水曲柳、紫椴、红松和春榆,集中分布于胸径 30~50 cm,平均树高 25 m,平均胸径 32.2 cm,蓄积量达到 330 m³·hm⁻²;次林层,以红松、色木槭、假色槭、暴马丁香为主,集中于胸径 4~30 cm 的较大范围内,平均胸径为 6.8 cm,蓄积量为 55 m³·hm⁻²;林下层,以毛榛、簇毛槭等为主,生长多呈灌木状,胸经主要集中于 1~3 cm,平均胸径为 1.9 cm,这些树种的个体数之和占到了样地总个体数的 83.38%。

3.2.2 温带针阔叶混交林生态系统生物多样性

3.2.2.1 植物

样地的木本植物共 52 种,其中乔木 28 种、灌木 22 种、藤本 2 种,隶属于 19 科 32 属,包括裸子植物 1 科 2 属 3 种、双子叶植物 18 科 30 属 49 种。针叶树种主要是红松,阔叶树种主要有紫椴、蒙古栎、水曲柳、春榆(*Ulmus japonica*)、裂叶榆、大青杨(*Populus ussuriensis*)及槭属的色木槭、拧劲槭等,这些都是长白植物区系的代表种。其中红松、水曲柳、春榆和白桦(*Betula platyphylla*)等属于第三纪子遗种(郝占庆等,2002)(表 3.1)。

表 3.1　长白山阔叶红松林样地的物种组成

物种名	科	多度	胸高断面积 /(m²·hm⁻²)	平均胸径 /cm
毛榛(*Corylus mandshurica*)	Betulaceae	7834	0.0814	1.73
色木槭(*Acer mono*)	Aceraceae	6609	2.6855	7.45
假色槭(*Acer pseudo-sieboldianum*)	Aceraceae	5984	1.0953	6.14
簇毛槭(*Acer barbinerve*)	Aceraceae	3911	0.0812	2.3
紫椴(*Tilia amurensis*)	Tiliaceae	2927	12.3123	31.27
红松(*Pinus koraiensis*)	Pinaceae	2468	9.7889	32.58
暴马丁香(*Syringa reticulata*)	Oleaceae	1598	0.0893	3.77
春榆(*Ulmus japonica*)	Ulmaceae	1109	1.8115	14.14
蒙古栎(*Quercus mongolica*)	Fagaceae	926	6.5008	41.25
青楷槭(*Acer tegmentosum*)	Aceraceae	846	0.1075	4.62
怀槐(*Maackia amurensis*)	Leguminosae	753	0.3346	10.53
水曲柳(*Fraxinus mandshurica*)	Oleaceae	681	5.8084	47.94
稠李(*Prunus padus*)	Rosaceae	515	0.0784	4.85
东北山梅花(*Philadelphus schrenkii*)	Saxifragaceae	470	0.0026	1.27
糠椴(*Tilia mandshurica*)	Tiliaceae	410	0.3035	9.81
拧劲槭(*Acer triflorum*)	Aceraceae	276	0.1123	8.67
白牛槭(*Acer mandshuricum*)	Aceraceae	251	0.0896	7.07
裂叶榆(*Ulmus laciniata*)	Ulmaceae	192	0.0546	5.85

续表

物种名	科	多度	胸高断面积 /(m² · hm⁻²)	平均胸径 /cm
毛山楂（ *Crataegus maximouwiczii* ）	Rosaceae	121	0.002	2.08
乌苏里鼠李（ *Rhamnus ussuriensis* ）	Rhamnaceae	118	0.0354	7.57
茶条槭（ *Acer ginnala* ）	Aceraceae	108	0.0054	3.41
山丁子（ *Malus baccata* ）	Rosaceae	106	0.0377	6.85
白桦（ *Betula platyphylla* ）	Betulaceae	96	0.16	21.45
山梨（ *Pyrus ussuriensis* ）	Rosaceae	74	0.0414	9.08
黄檗（ *Phellodendron amurense* ）	Rutaceae	60	0.0809	19.85
鸡树条荚蒾（ *Viburnum sargenti* ）	Caprifoliaceae	43	0.0003	1.38
小楷槭（ *Acer tsckonoskii* ）	Aceraceae	39	0.0028	4.1
卫矛（ *Euonymus alatus* ）	Celastraceae	38	0.0003	1.5
瘤枝卫矛（ *Euonymus pauciflorus* ）	Celastraceae	37	0.0003	1.49
刺五加（ *Acanthopanax senticosus* ）	Araliaceae	35	0.0002	1.25
大青杨（ *Populus ussuriensis* ）	Salicaceae	30	1.1943	104.85
单花忍冬（ *Lonicera monantha* ）	Caprifoliaceae	27	0.0002	1.38
山杨（ *Populus davidiana* ）	Salicaceae	27	0.0781	23.68
鼠李（ *Rhamnus davarica* ）	Rhamnaceae	26	0.0045	6.2
暖木条荚蒾（ *Viburnum burejaeticum* ）	Caprifoliaceae	23	0.0001	1.28
接骨木（ *Sambucus williamsii* ）	Caprifoliaceae	19	0.0003	2.07
水榆花楸（ *Sorbus alnifolia* ）	Rosaceae	19	0.0038	6.67
山樱桃（ *Cerasus maximowiczii* ）	Rosaceae	18	0.0027	5.44
枫桦（ *Betula costata* ）	Betulaceae	16	0.0484	25.33
辽东楤木（ *Aralia elata* ）	Araliaceae	12	0.0002	2.01
翅卫矛（ *Euonymus macropterus* ）	Celastraceae	10	0.0001	1.56
花曲柳（ *Fraxinus rhynchophylla* ）	Oleaceae	10	0.0042	9.88
金刚鼠李（ *Rhamnus diamantiaca* ）	Rhamnaceae	7	0.0007	4.6
香杨（ *Populus koreana* ）	Salicaceae	5	0.1541	91.86
臭冷杉（ *Abies nephrolepis* ）	Pinaceae	4	0.0221	38.1
珍珠梅（ *Sorbaria sorbifolia* ）	Rosaceae	4	0	1.28
松杉冷杉（ *Abies holophylla* ）	Pinaceae	3	0.0166	35.53
东北茶藨（ *Ribes mandshuricum* ）	Saxifragaceae	2	0	1.35
山葡萄（ *Vitis amurensis* ）	Vitaceae	2	0.0001	2.5
狗枣猕猴桃（ *Actinidia kolomikta* ）	Actinidiaceae	1	0	2.5
花楸（ *Sorbus pohuashanensis* ）	Rosaceae	1	0.0005	13.1
山刺玫（ *Rosa davurica* ）	Rosaceae	1	0	1
总计		38902	43.23	

注：引自郝占庆等，2002。

3.2.2.2 土壤动物

土壤动物共72科,其中线虫26科,甲螨16科,昆虫类15科,多足类8科,弹尾目类7科。优势类群(按数量)依次为蜱螨(36%)、弹尾目(25%)、线虫(24%);常见类群为线蚓(4%)、蚯蚓(2%)、双翅目幼虫(2%)、腹足纲(1%)、蜘蛛(1%)。1995年的调查(不计线虫)以蜱螨(58%)为优势类群,其次是弹尾目(35%),其他类群中只有双翅目幼虫(1%)为常见。不同时期的调查差异较大,如2001—2002年的调查以线虫(80.2%)为优势类群;常见类群为线蚓(4.7%)、轮虫(4.7%)、蜱螨(2.6%)、弹尾目(1.7%)、腹足纲(1.5%)和双翅目幼虫(1.2%)。

3.2.2.3 土壤微生物

每克干土中细菌、真菌和放线菌三个类群的总数为2265.87万个,其中细菌为1359.14万个,放线菌为477.13万个,真菌为431.6万个。三个类群的比例大致为3∶1∶1。微生物活动活跃,有利于有机物质的分解和腐殖质再合成,因此具有较高的生物生产力。在细菌中,芽孢细菌的数量是氨化细菌生命活动状况的重要指标,芽孢细菌中营养细胞为5.01万个/克(干土),静止细胞为2.347万个/克(干土),比值为0.47,说明在土壤中细菌活性高。

3.2.3 典型的阔叶红松林生物多样性的维持机制

3.2.3.1 种–面积分布

基于物种的相对频度、相对优势度和相对多度计算各物种的重要值。结果表明,重要值最大的两个树种为紫椴和红松,分别为14.82和12.35。重要值大于5的物种共8个,从高到低依次为紫椴、红松、色木槭、毛榛、假色槭、蒙古栎、水曲柳、簇毛槭。

从种–面积曲线及个体数–面积曲线可以看出,种–面积曲线的斜率在开始阶段随取样面积的增加而迅速降低(图3.5a),当取样面积超过5 hm² 时,曲线斜率趋于稳定,物种数随取样面积增加缓慢;而个体数–面积曲线的斜率基本保持恒定(图3.5b),个体数随取样面积呈线性增加。当取样面积达5 hm² 时,有41个物种,7940多个个体,约占样地总物种数的80%,总个体数的20%。

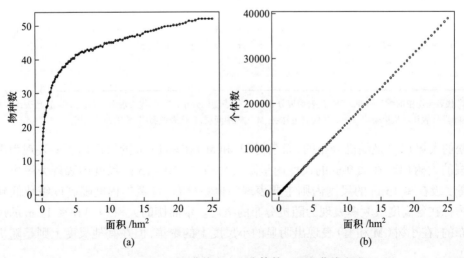

(a)   (b)

图 3.5 种 – 面积曲线(a)和个体数 – 面积曲线(b)

3.2.3.2　树种空间格局

从表 3.2 中可以看出,物种在较低的林层中呈明显的聚集分布,而在较高的林层则表现为随机或者规则性的分布格局。聚集度也随林层的增高而降低,红松和各个林层紫椴之间的空间格局也符合这一规律。主林层的红松在 1~2 m 尺度呈规则分布,表明在阔叶红松林中红松种群存在激烈的种内竞争,树木死亡较多。相反,由于小径级个体需要的资源较少,竞争相对较弱,以及种子散布的限制,导致低林层中红松和紫椴的聚集性分布。

表 3.2　主要树种的空间格局分析

		0	1	2	3	4	5	6	7	8	9	10	11	12	13	14	15	16–30	31–50	51–100
A	U	r	–	–	–	r	–	r	r	r	+	r	r	r	r	r	r	r	r	r
	M	+	r	r	r	r	r	r	r	r	r	r	r	r	r	r	r	r	r	r
	L	+	+	+	+	+	+	+	+	+	+	+	+	+	+	+	+	+	+	+
	S	+	+	+	+	+	+	+	+	+	+	+	+	+	+	+	+	+	+	+
红松	U	r	r	r	r	r	r	r	r	r	r	r	r	r	r	r	r	r	r	r
	M	+	r	r	r	r	r	r	r	r	r	r	r	r	r	+	r	r(+)	r(+)	(+)r
	L	r	+	+	+	+	+	+	+	+	+	+	r	+	r	+	r	r(+)	(+)r	r(+)
	S																			
紫椴	U	r	r	r	r	r	r	r	r	+	r	+	+	r	+	+	+	r(+)	r(+)	r(+)
	M	+	r	r	r	r	r	r	r	r	r	r	r	r	r	r	r	r	r	r
	L	+	+	+	+	r	+	+	+	+	+	+	+	+	+	+	+	r(+)	r(+)	(+)r
	S	+	+	+	r	+	r	r	r	+	r	r	r	+	r	r	+	r(+)	r(+)	(+)r
蒙古栎	U	r	r	r	r	r	r	r	r	r	r	r	r	r	r	r	r	r	r	r
	M	r	r	r	r	r	r	r	r	r	r	r	r	r	r	r	–	r	r	r
	L	r	r	r	r	r	r	r	r	r	r	r	r	r	r	r	r	r	r	r
	S	+	r	r	+	r	r	r	r	r	r	r	r	r	r	r	r	r	r	r
水曲柳	U	r	r	r	r	r	r	r	r	r	r	r	r	r	r	+	r	+(r)	+(r)	+(r)
	M	+	r	+	+	+	+	r	r	r	r	r	r	r	r	r	r	r	r	r
	L	+	+	+	+	+	+	+	r	+	r	+	r	r	r	r	r	r	r	r
	S																			

注:"A" 代表一层中的所有树种。"+" 代表聚集分布,"r" 代表随机分布," – " 代表规则分布。"r(+)" 代表比聚集分布更随机一点,"+(r)" 代表比随机更聚集一些。U 代表主林层,M 代表中间层,L 代表地面层,S 代表幼苗层。

红松的大树(U)是随机分布的,而小树(L 和 M)在 ≤ 15 m 的尺度内主要表现为聚集性分布。紫椴的大树(U)在 ≤ 9 m 的尺度内呈随机分布,在 10~15 m 尺度内表现为聚集,而在 M、L 和 S 高度级在 ≤ 15 m 的尺度内则主要表现为聚集分布,且聚集程度随高度级从低到高而下降。蒙古栎在各高度级大多表现为随机分布的格局。水曲柳的大树(U)在 ≤ 15 m 的尺度内是随机分布的,在小树(M 和 L)表现出明显的小尺度上的聚集,但在其他尺度上则是随机分布的(表 3.2)。

3.2.3.3 种间关系

从图 3.6 中可以看出,红松与紫椴在整体上表现为正相关,表明紫椴是红松良好的伴生树种。主林层的红松和各个林层的紫椴都无显著关联性,表明紫椴的生长并不依赖于红松。次林层的红松与次林层的紫椴之间呈负关联,表明这个林层的红松与紫椴之间存在比较强烈的种间竞争。而主林层的紫椴与次林层的红松呈正相关表明,红松可以在紫椴的林冠下较好地存活与生长。水曲柳的大树与紫椴和蒙古栎的小树表现出正相关,表明紫椴和蒙古栎的小苗可以在水曲柳的林冠下较好地存活和生长。

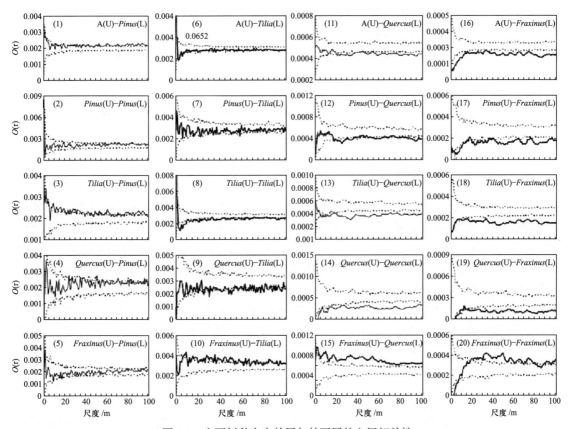

图 3.6 主要树种在主林层与林下层的空间相关性

3.2.3.4 基于固定监测样地的生产力

根据长白山站阔叶红松林固定监测样地连续调查的结果,1981 年、2010 年和 2016 年的总蓄积量分别为 336.8 $m^3 \cdot hm^{-2}$、433.8 $m^3 \cdot hm^{-2}$ 和 516.8 $m^3 \cdot hm^{-2}$。1981—2016 年蓄积量共增加 180.0 $m^3 \cdot hm^{-2}$,年增长量为 5.14 $m^3 \cdot hm^{-2}$。

（1）蓄积生产力的树种差异

除色木槭外,阔叶红松林其他树种在过去 35 年里蓄积量都呈增加的趋势（图 3.7）。其中红松、紫椴、水曲柳的蓄积量由 1981 年的 98.1 $m^3 \cdot hm^{-2}$、60.8 $m^3 \cdot hm^{-2}$、106.3 $m^3 \cdot hm^{-2}$ 增加到 2016 年的 169.3 $m^3 \cdot hm^{-2}$、128.0 $m^3 \cdot hm^{-2}$、121.5 $m^3 \cdot hm^{-2}$。

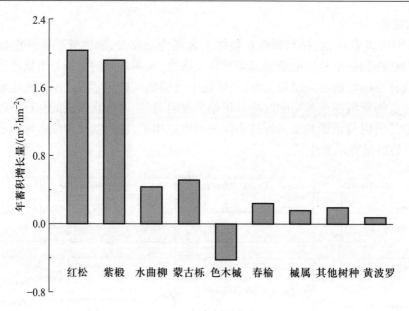

图 3.7　1981—2016 年各树种每年蓄积增长量

（2）蓄积生产力的径级差异

按 DBH<10 cm、10 cm≤DBH<20 cm、20 cm≤DBH<30 cm、DBH≥30 cm 分为四个径级，分别计算每个径级的蓄积增长量。结果表明，过去 35 年间，DBH<10 cm 的蓄积增长量为 1.1 m³·hm⁻²，10 cm≤DBH<20 cm 为 3.1 m³·hm⁻²，DBH≥30 cm 为 185.7 m³·hm⁻²，而 20 cm≤DBH<30 cm 为负增长，增量为 –9.9 m³·hm⁻²。四个径级总蓄积增长量为 180.0 m³·hm⁻²，年蓄积增长量分别为 0.03 m³·hm⁻²、0.09 m³·hm⁻²、–0.28 m³·hm⁻² 和 5.30 m³·hm⁻²（图 3.8）。其中大于 30 cm 的大径级林木贡献了年蓄积生长量的 103.1%，20 cm 以下的树木的蓄积增量仅占 2.33%，这说明阔叶红松林生产力的提高主要靠大径级林木的贡献。

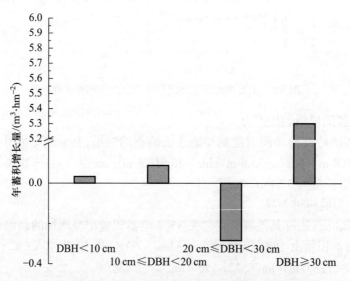

图 3.8　1981—2016 年不同径级林木的年蓄积增长量

3.2.4 温带针阔叶混交林生态系统生物量

3.2.4.1 乔木生物量

乔木层主要树种有红松、紫椴、色木槭、簇毛槭等,其中紫椴生物量最大,达到 39279.88 kg·hm^{-2},生物量最小的为暴马丁香,只有 221 kg·hm^{-2}。具体生物量见图 3.9。

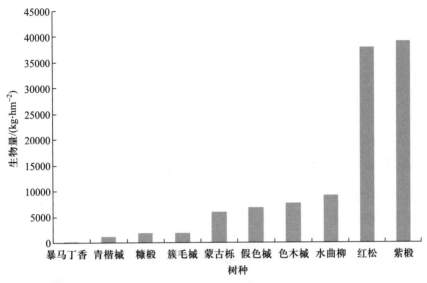

图 3.9　乔木层各树种生物量

3.2.4.2 灌木生物量

灌木树种主要包括东北山梅花、长白忍冬、榛 3 个树种。平均生物量为 28.42 kg·hm^{-2}。由高到低顺序为东北山梅花 > 长白忍冬 > 榛(图 3.10)。

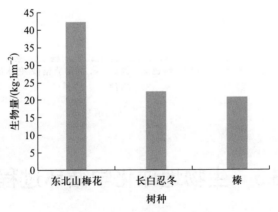

图 3.10　灌木层各树种生物量

3.2.4.3 凋落物生物量

长白山阔叶红松林凋落量具有明显的季节变化,生长季凋落量最高月份在 9 月,占整个生长季凋落量的近 50%(图 3.11)。7 月为最低值。

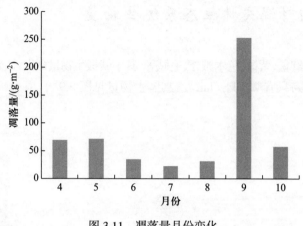

图 3.11　凋落量月份变化

3.2.5　长白山阔叶红松林林下林木更新

长白山阔叶红松林林下更新以阔叶林为主,主要树种为水曲柳、簇毛槭、假色槭、色木槭等,其中水曲柳幼苗更新数量最大,红松幼苗更新最少。林下更新幼苗数量见图 3.12。

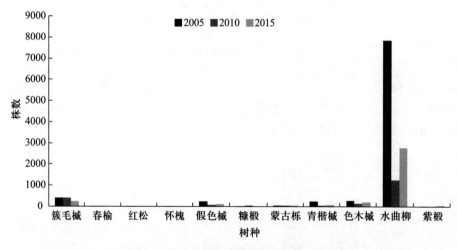

图 3.12　林下更新幼苗数量

3.3　生物地球化学循环过程

3.3.1　阔叶红松林碳循环

3.3.1.1　碳密度及树种间分配格局

从 1981 年开始,对阔叶红松林综合观测场(面积 1 hm^2)进行了三次调查。其中红松、紫椴、水曲柳、蒙古栎和色木槭 5 个树种的碳储量总计为 168.5 t,占调查树种总碳储量(180.7 t)的 93.3%。春榆、槭属树种、黄檗以及其他树种占调查树种碳储量 180.7 t 的 6.7%(表 3.3)。

表 3.3 阔叶红松林碳密度及分配

树种	DBH(SD)/cm	碳密度 /(t·hm⁻²)	林分密度 /(株·hm⁻²)
红松	35.5(12.5)	42.1	135
紫椴	33.4(18.8)	39.4	111
水曲柳	54.9(21.5)	52.1	43
蒙古栎	50.6(18.2)	17.1	22
色木槭	22.0(8.4)	17.8	77
春榆	25.5(19.6)	6.1	23
其他槭树类	12.0(4.2)	3.0	112
黄檗	27.5(7.6)	1.1	7
其他树种	17.1(7.9)	2.0	35

3.3.1.2 碳密度径级分配格局

按 DBH<10 cm、10 cm≤DBH<20 cm、20 cm≤DBH<30 cm、DBH≥30 cm 分为四个径级,分别计算每个径级的碳密度。结果表明,DBH<10 cm 为 0.9 t·hm⁻²、10 cm≤DBH<20 cm 为 4.2 t·hm⁻²、20 cm≤DBH<30 cm 为 12.6 t·hm⁻²,而 DBH≥30 cm 高达 150.8 t·hm⁻²(图 3.13)。红松、紫椴、水曲柳、蒙古栎和色木槭的碳储量共计为 168.5 t,其中径级小于 30 cm 的碳储量占 10.5%,DBH≥30 cm 的碳储量占总量的 89.5%。由此可见 30 cm 及以上的乔木对生物碳储存的贡献最大。

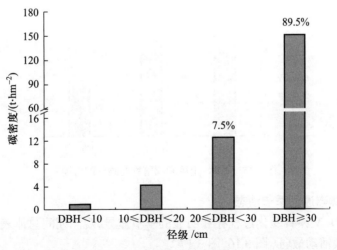

图 3.13 碳储量径级分配格局

在五个优势树种中,不同树种不同径级间的碳分配格局相差悬殊,以 DBH ≥ 30 cm 的径级为例,水曲柳所占比重最大,而色木槭最小(图 3.14)。

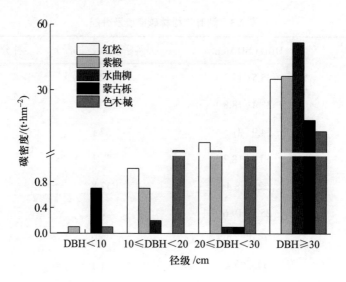

图 3.14　红松、紫椴、水曲柳、蒙古栎和色木槭不同径级间的碳密度

3.3.1.3　乔木、土壤和凋落物的碳分配格局

乔木、土壤和凋落物的碳密度分别为 180.6 t·hm^{-2}、72.3 t·hm^{-2} 和 5.2 t·hm^{-2}。乔木对于碳储存的贡献最大,其次是土壤,凋落物最小(图 3.15)。

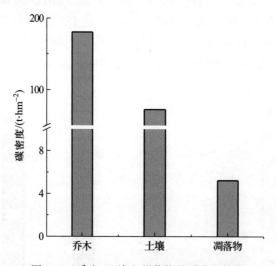

图 3.15　乔木、土壤和凋落物的碳分配格局

3.3.1.4　阔叶红松林碳通量季节动态

森林 - 大气 CO$_2$ 交换日变化过程存在明显的季节差异,观测期间总体表现为夏季活跃,秋、春季次之,冬季交换活动最弱(图 3.16,图 3.17)。

春季,森林 - 大气 CO$_2$ 通量较弱,且通量变化相对恒定,通常小于 0.1 mg CO$_2$·m^{-2}·s^{-1},特别是在积雪覆盖的 1 月和 2 月,几乎恒定在 0.02 ～ 0.03 mg $CO_2 \cdot m^{-2} \cdot s^{-1}$,期间无明显的日变化。

夏季,通常在林冠上层光合有效辐射(PAR)达到 $100\mu mol \cdot m^{-2} \cdot s^{-1}$ 时,相当于日出后 30 min 左右,CO_2 通量转变为负,即森林转变为 CO_2 的吸收汇。但森林的最大吸收速率却多出现在上午 11:00—12:00,而不是出现在太阳辐射最强的 12:30—13:30。至日落前 1 小时左右,森林再次达到碳收支平衡,并很快转变为 CO_2 的释放源。夜间为持续的呼吸释放过程,呼吸速率一般在 0.2～0.5 mg $CO_2 \cdot m^{-2} \cdot s^{-1}$ 范围内,一般在 20:00—22:00 呼吸速率达到最大值,最大不超过 1.0 mg $CO_2 \cdot m^{-2} \cdot s^{-1}$。

秋季,CO_2 光合吸收与呼吸释放速率均较夏季显著减弱。秋季上午 10:00 左右,森林 – 大气 CO_2 交换才达到收支平衡,森林生态系统转变为净吸收。至午间,CO_2 交换速率达到最大,但未超过 0.2 mg $CO_2 \cdot m^{-2} \cdot s^{-1}$;日落前 2 小时左右(约 15:00—15:30)再次达到收支平衡,森林转变为大气 CO_2 的源;夜间,CO_2 通量波动范围通常在 0.1～0.4 mg $CO_2 \cdot m^{-2} \cdot s^{-1}$。从净光合和净呼吸通量的数量大小及持续时间来看,森林在秋季是以土壤、植被的呼吸通量为主。与春季比较,日间碳吸收强度减小,而夜间释放强度却大于春季,这表明,秋季是个显著的碳释放过程。虽然空气温度相似,但 5～20 cm 深土壤的温度在秋季高于春季,这可能是其仍维持较高呼吸速率的原因(吴家兵等,2007;王森等,2003;刘允芬等,2004)。

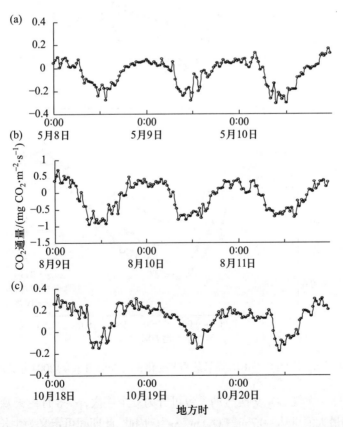

图 3.16　典型观测日 CO_2 通量过程:(a)春季;(b)夏季;(c)秋季

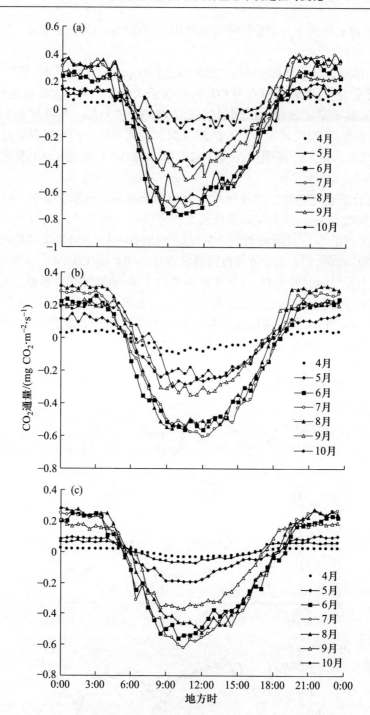

图 3.17　长白山阔叶红松林 CO_2 通量的季节变化:(a)2003 年;(b)2004 年;(c)2005 年

　　长白山全年森林 – 大气 CO_2 交换活动大致可分为三个层次,6—8 月白天森林吸收 CO_2 强度较大,CO_2 通量月平均最大值可达 -0.7 mg $CO_2 \cdot m^{-2} \cdot s^{-1}$。因此,此期间可定义为生长旺季。这一时段夜间的 CO_2 呼吸释放强度也较高,CO_2 通量平均最大值可达 0.36 mg $CO_2 \cdot m^{-2} \cdot s^{-1}$。5 月和 9 月,即生长季初和生长季末,森林–大气 CO_2 通量强度次之,白天和夜间的 CO_2 通量平均值通常介于 $-0.4 \sim 0.2$ mg $CO_2 \cdot m^{-2} \cdot s^{-1}$(图 3.17)。

10 月下旬日平均温度已低于 0 ℃,仍然有负的通量出现。分析日最高气温在 5 ℃以下的午间(10:00—15:00)观测数据,发现其与光合有效辐射有较好的相关性(图 3.18)。考虑到林内阔叶树及冠下草本均已落叶,据此推测,尚未落叶的红松在温度低于生物学最低温度时仍可能存在微弱的光合吸收作用。由于负值持续时间较短,且绝对值较小,期间森林总体表现为微弱的碳源(关德新等,2006)。

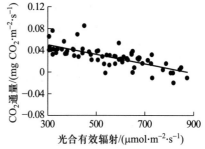

图 3.18 CO_2 通量与光合有效辐射的关系
(10 月 20 日—30 日)

3.3.2 温带原始针阔叶混交林生态系统碳汇功能动态

3.3.2.1 碳通量年际动态

长白山阔叶红松林表现为明显的碳汇(韩士杰等,2016)。日净碳交换量的变化范围在 $-7.0 \sim 2.3$ g C $\cdot m^{-2} \cdot d^{-1}$。冬季,森林具有微弱但相对恒定的 CO_2 排放;3 月下旬,随积雪融化、土壤解冻,净生态系统碳交换(NEE)出现一正的峰值,但随后呈显著下降趋势。进入 4 月,随着植被的萌动,特别是林下草本的出现,在晴好天气里,开始有零散的负值出现。至 4 月下旬,森林 CO_2 日交换以吸收为主。5 月,由于叶面积指数的迅速增加,群落的光合能力增强,NEE 的绝对值也迅速增加,到 6 月达到最大值,然后又逐渐减小。9 月末到 10 月末随着生长季的结束,NEE 开始由负转为正,由于土壤及凋落物层仍维持较高的呼吸速率,期间出现一个小的碳释放高峰。11—12 月森林又表现为持续的碳释放过程(吴家兵等,2007)。通过累计碳通量计算得到,长白山阔叶红松林 2003—2005 年碳吸收量分别为 -188 g C $\cdot m^{-2}$、-157 g C $\cdot m^{-2}$ 和 -186 g C $\cdot m^{-2}$,平均为 -177 g C $\cdot m^{-2}$(图 3.19)。

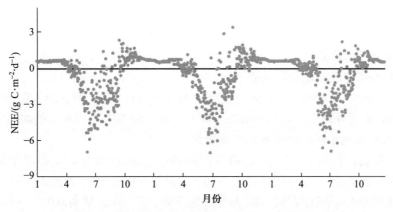

图 3.19 长白山阔叶红松林净碳固定能力(2003—2005 年)

2003—2005 年三年的森林生态系统生产力(GPP)分别为 1441 g C $\cdot m^{-2}$、1312 g C $\cdot m^{-2}$ 和 1502 g C $\cdot m^{-2}$(表 3.4)。由于长白山雨热同季,虽然没有明显的土壤干旱胁迫出现,但从月尺

度的统计量可以看出,在相对干旱的 2004 年生长季,年生态系统与土壤呼吸多小于 2003 年和 2005 年,特别是该年 6 月,由于降水偏少,土壤含水量甚至降低到 0.2 $m^3 \cdot m^{-3}$ 以下,期间生态系统呼吸(R_e)和土壤呼吸(R_s)相对于 2005 年 6 月,降幅均超过了 20%。

表 3.4   2003—2005 年逐月及年碳收支统计(单位:$g\,C \cdot m^{-2}$)

月份	2003				2004				2005			
	NEE	R_e	R_s	GPP	NEE	R_e	R_s	GPP	NEE	R_e	R_s	GPP
1	16.5	18.3	16.6	1.8	15.7	18.9	11	3.2	15.3	17.6	14.6	1.3
2	16.1	20.0	19.1	3.9	16.1	18.5	14.9	2.4	15.1	17.5	14.1	2.4
3	21.3	28.3	28.0	7.0	19.1	26.0	19.2	6.9	17.7	25.1	20.6	7.4
4	7.3	53.4	39.8	46.1	3.1	48.8	35.2	45.7	2.7	37.8	29.9	35.1
5	−43.3	105.2	83.7	148.5	−34.0	98.6	76.1	132.6	−5.7	89.3	73.4	95
6	−114.4	170.2	151.7	284.6	−95.0	152.3	124.7	247.3	−105.4	194.2	162.2	299.6
7	−81.5	236.4	204.4	317.9	−87.5	225.9	193.1	313.4	−98.8	283.0	226.4	381.8
8	−67.1	245.6	184.1	312.7	−49.0	230.2	202.3	279.2	−58.6	311.2	239.2	359.8
9	−24.3	190.6	144.2	214.9	−14.9	168.1	126.5	183.0	−28.9	183.6	148.9	212.5
10	23.7	97.5	71.9	73.8	22.0	90.1	65.8	68.1	13.7	82.1	62.2	68.4
11	31.3	54.9	46.8	23.6	24.6	48.6	36.4	24.0	24.4	55.3	36.4	30.9
12	26	31.8	26.4	5.8	23.2	29.0	22.9	5.8	22.1	29.8	26.5	7.7
合计 (保留 整数)	−188	1252	1017	1441	−157	1155	928	1312	−186	1326	1054	1502

3.3.2.2   生物量碳年际动态

(1)不同树种的生物量碳年际动态

根据长白山站阔叶红松林 1 hm^2 固定监测样地连续调查数据(图 3.20),在 1981 年、2010 年和 2016 年乔木碳密度分别为 146.9 $t \cdot hm^{-2}$、192.4 $t \cdot hm^{-2}$ 和 202.5 $t \cdot hm^{-2}$,年均固碳量中红松、紫椴、水曲柳、蒙古栎和色木槭碳储量所占比重最大。

红松、紫椴和蒙古栎的生物碳密度 30 年间在持续增加,样地年均固碳速率为 1.59 $t \cdot hm^{-2}$。其中红松碳密度持续增加,年均固碳量为 0.57 $t \cdot hm^{-2}$;紫椴碳密度增加 23.2 $t \cdot hm^{-2}$,年均增加 0.66 $t \cdot hm^{-2}$;水曲柳的碳密度在这期间先上升后下降,年均固碳量为 0.029 $t \cdot hm^{-2}$。蒙古栎碳密度增加 14.9 $t \cdot hm^{-2}$,年均固碳量为 0.43 $t \cdot hm^{-2}$;而色木槭的固碳量一直在减少,累积减少 11.2 $t \cdot hm^{-2}$,年均减少 0.32 $t \cdot hm^{-2}$(图 3.20)。固碳速率或碳密度的下降,可能与调查时死亡树木个体的数量有关。

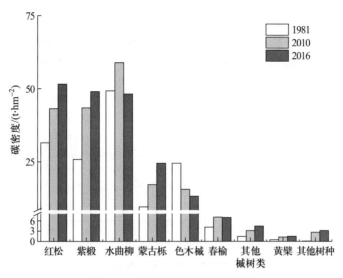

图 3.20 乔木碳密度的变化情况

（2）乔木、土壤和凋落物生物量碳的年际动态

根据固定监测数据，从 1981 年到 2010 年的 30 年间，阔叶红松林生态系统碳密度由 245.8 t·hm⁻² 增加到 325.9 t·hm⁻²，年均固碳量为 2.29 t·hm⁻²。其中，乔木贡献 56.8%，土壤贡献 43.9%（图 3.21）。

（3）不同径级间乔木生物量碳的年际动态

总的来看，径级为 DBH<10 cm 和 DBH≥30 cm 的树木在 30 年间碳密度持续增加，径级为 10 cm≤DBH<20 cm、20 cm≤DBH<30 cm 的树木在 30 年间碳密度持续降低（图 3.22）。

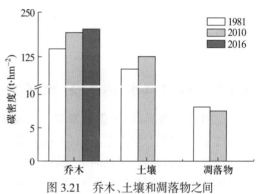

图 3.21 乔木、土壤和凋落物之间生物量碳的年际动态

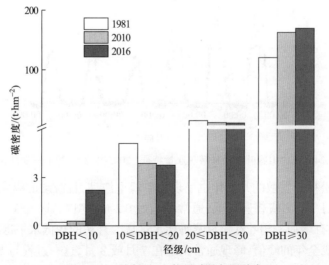

图 3.22 不同径级生物量碳的年际动态

（4）碳汇年际变化

碳汇年际变化呈现出波动性（图 3.23）。总体上来看，从 1980 年到 1990 年，碳汇量增加趋势明显，1990 年到 2000 年前后，碳汇量明显下降，从 2000 年至 2010 年间，又出现增加的趋势。

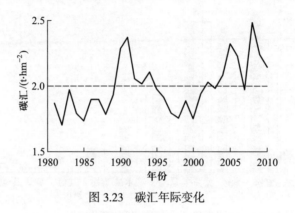

图 3.23　碳汇年际变化

3.4　水循环与水文生态过程

3.4.1　阔叶红松林的蒸散发变化

受植被生理活动、气象要素变化以及土壤水分条件的综合影响，阔叶红松林的蒸发散（即潜热通量）日变化过程复杂多样（陈妮娜等，2011）。晴天森林蒸发散日变化呈现锯齿状的单峰波动形式（图 3.24）。凌晨时分，随着太阳辐射的增强，森林的水汽交换也迅速增强，通常在午间 14∶00 左右潜热通量达到最高，之后又随着太阳辐射的减少而快速降低。

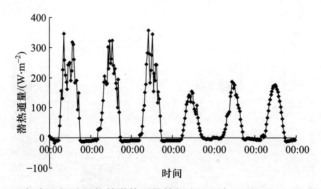

图 3.24　长白山阔叶红松林潜热通量特征（2003 年 8 月 29 日—9 月 3 日）

长白山阔叶红松林蒸发散的月变化也呈现出单峰型波动，且波动的幅度更大（图 3.25）。冬季（12 月至次年 2 月）观测值普遍较低，通常不超过 0.2 mm·d^{-1}。进入 3—4 月后，随着气温的逐渐升高，蒸发散略有增加。阔叶红松林蒸腾耗水量从 5 月初的较低水平迅速上升，在 6 月中旬至 8 月下旬之间形成全年的峰值，峰现通常出现在 7 月或 8 月，这一过程与太阳辐射的季节变化动态极为相似；6—8 月生长旺季，3 个月的森林蒸发散占到了全年观测值的 60% 以上。

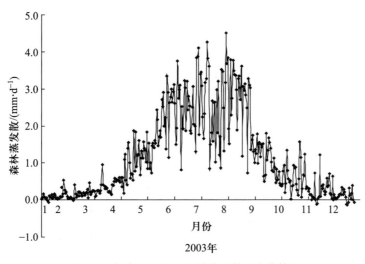

图 3.25　长白山阔叶红松林蒸发散月变化特征

　　整体上,不同观测年之间具有相似的变化过程(图 3.26)。生长旺季(6—8 月)长白山阔叶红松林每日的蒸发散耗水量通常在 2.0~3.5 mm·d⁻¹ 变化,一天的累计蒸发散可以达到 6.1 mm·d⁻¹。日蒸腾耗水量在晴天和阴雨天相差显著。非生长季,森林蒸发散值较低,个别观测日,由于晨间叶面和地表的水汽凝结成霜露,蒸发散实测值为负值,即水平降水要高于垂直蒸散,这一现象在秋末和早春时段尤为常见。由于相对郁闭(观测期间阔叶红松林的叶面积指数可以达到 6.0 m²·m⁻²)的冠层截留作用、林下枯枝落叶层的持水、保水作用,加之研究区地势相对平缓,都增加了系统的贮水能力和森林垂直方向水与水汽的输运量,使得阔叶红松林水平方向的地表径流相对较小。阔叶红松林内所建坡面径流场的观测资料显示,单次降水 <10 mm 时 V 形槽几乎没有产流发生。在监测期间,长白山阔叶红松林的蒸发散年均耗水量为 411.7 mm,占到年均降水量的 60%,说明该地区的主要水分支出项为土壤蒸发和植被蒸腾的垂直输运(关德新等,2004;施婷婷等,2006)。

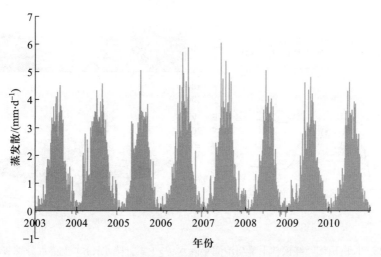

图 3.26　长白山阔叶红松林森林蒸发散年际变化特征

3.4.2　阔叶红松林的水文过程

阔叶红松林的蒸发散存在年际变异,但变异强度较弱(变异系数 CV=0.10)(图 3.27)。通过对观测期间蒸发散的变化趋势分析发现,虽然阔叶红松的蒸发散在季节尺度上主要受到太阳辐射和空气温度的影响,但森林的蒸发散耗水并没有因为气候变暖出现明显的增加趋势。这里以 2004 年和 2005 年两个典型观测年的蒸发散动态分析为例,阐明阔叶红松林森林蒸发散过程与环境驱动机制。

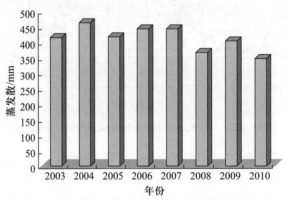

图 3.27　长白山阔叶红松林蒸发散年际变化

研究期间,2004 年降水量为 508.7 mm,低于多年均值 29.2%,虽然并没有出现气象学意义上的干旱事件,但从图 3.28 可以看出,在 2004 年的 6 月和 8 月有两段明显的降水偏少时段,分别为 65.7 mm 和 35.2 mm,显著低于 2005 年的 144.0 mm 和 121.7 mm。2005 年的累计降水量为 761.6 mm,超过多年均值 10.4%,降水相对充沛且在生长季分布较为均匀。

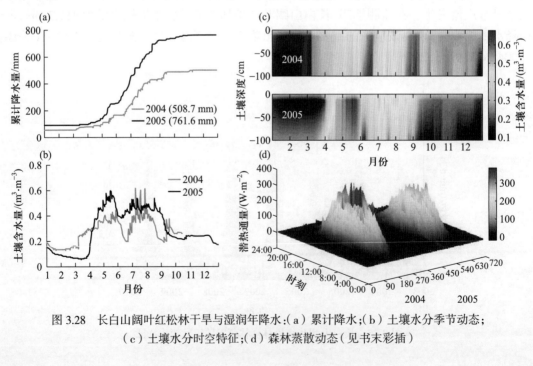

图 3.28　长白山阔叶红松林干旱与湿润年降水:(a)累计降水;(b)土壤水分季节动态;
(c)土壤水分时空特征;(d)森林蒸散动态(见书末彩插)

　　水汽通量的观测结果显示,在相对干旱的月份,森林的蒸发散反而要高于相对湿润的月份。由于干季饱和水汽压差(VPD)观测值通常较高(图3.29),存在较强大气水分需求,VPD对蒸发散的促进作用要显著高于气孔关闭导致的抑制作用,加之深层土壤水分的持续补给,整体上森林蒸发散不但没有降低,反而要高于湿季的蒸发散。由于长白山阔叶红松林总体上雨热同季,年均降水相对充沛(695.3 mm),且干季通常持续时间有限,因此,土壤贮水成为重要的补给源。图3.28中2005年的观测数据显示,第一个短期干旱(6月3日—27日)观测到的林内降水量为45.6 mm,蒸发散为92.2 mm,系统损失水量为46.6 mm。而通过5层土壤水分梯度估算的1 m深土壤水分消耗达到了150 mm,除了植被生长需水外,完全可以满足森林的蒸发散需求。

　　上述分析结果表明,在干旱的年份或月份,长白山阔叶红松林森林蒸散量不但没有降低,反而略有增加。这预示着,在未来降水减少的气候变化情景下,森林的蒸腾耗水不但不会减少,反而会有增加趋势。基于水量平衡原理,这会导致森林流域对下游河道径流补给的降低,进而造成下游农业可利用水资源的减少,降低森林的水源涵养效应。相关现象的认识对于准确评价森林的生态水文功能具有重要的意义,对于气候变化背景下森林流域的水资源评价也具有重要的参考价值。

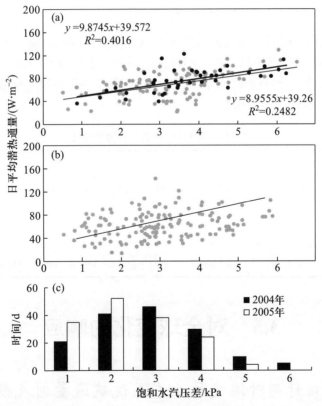

图 3.29　长白山阔叶红松林饱和水汽压差(VPD)和潜热通量关系:(a)2004 年,黑色点为干季观测数据,灰色点为湿季观测数据;(b)2005 年;(c)2004 年和 2005 年 5—10 月观测数据

3.4.3　阔叶红松林林冠的水文过程

长白山原始阔叶红松林降水年截流率约为 17.6%,其中单次降水事件后(降水开始至降水结束后 4 小时内无降水记录,则期间降水过程定义为一次降水事件)林冠截留量在 0.5~2.0 mm 出现的频率最高,这与长白山地区雨季降水事件多,但雨强相对较小有关。对森林的降水截留效应进行分析表明该森林类型对降水截留的过程服从指数函数关系(图 3.30):Pinterc=2.58 × exp(−1.45/P),其中 P 为降雨量,Pinterc 为截留量。根据公式,夏季长白山地区单次降雨事件中林冠的最大截留量约为 3.6 mm,以 2003—2010 年的降水数据估算,年冠层截留量在 67.2~90.5 mm,约占年降雨量的 12.1%~19.3%(王安志等,2006)。

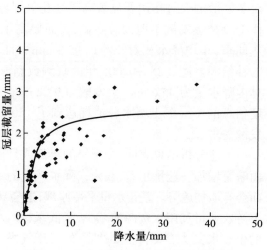

图 3.30　长白山阔叶红松林林冠截留特征

3.4.4　阔叶红松林凋落物的水文过程

表 3.5 列出了长白山阔叶红松林凋落物现存量及其持水特征。就一次降水过程而言,当前期地表层较为干旱时,阔叶红松林凋落物层理论上最大持水量为 4.2 mm,也就是在不考虑冠层截留和土壤贮水的效应下,当林内降雨小于 4.2 mm 时,枯落物层可以完全截留降水,起到涵养水源、消洪减峰的作用(林茂森等,2012)。

表 3.5　阔叶红松林凋落物持水特征

	半分解层	枝	阔叶	针叶	杂物	合计
凋落物量 /(g·m⁻²)	433.7 ± 27.6	34.7 ± 25.0	302.3 ± 27	282.4 ± 39.4	88.5 ± 18.9	1141.6 ± 137.9
平均含水量 /(%)	46.7	30.4	37.5	58.8	32.4	45.74
最大持水率 /(%)	305.8	212.5	346.1	422.7	589.9	—
最大持水量 /(g·m⁻²)	1326.2 ± 84.4	73.7 ± 53.1	1045.2 ± 93.4	1194.0 ± 166.5	522.1 ± 111.5	4162.0 ± 509.8

3.5　对全球变化的响应

3.5.1　温带原始针阔叶混交林生态系统碳通量对气候变化的响应

基于长白山通量观测站长期观测结果,定量分析长白山温带针阔叶混交林生态系统生产力动态及其与气候因子间的关系。温度是长白山阔叶红松林土壤呼吸的主要驱动因子和限制因子,但过于干旱或湿润的土壤也会抑制呼吸的进行。基于呼吸对温度的依赖关系对森林总初级生产力（GPP）和呼吸的估算显示（图3.31），长白山阔叶红松林的GPP可以达到$15.1\,t\,C\cdot hm^{-2}\cdot$年$^{-1}$，而平均呼吸消耗为$13.2\,t\,C\cdot hm^{-2}\cdot$年$^{-1}$，其中，土壤呼吸排放占76%左右。与国内外其他温带森林相比，长白山阔叶红松林具有较强的碳固定效应，同时属于同化吸收和呼吸代谢都比较活跃的森林。但作为林龄超过200年的成熟天然林，森林GPP持续增加趋势的机制并不明晰（赵晓松等，2006；王淼等，2006）。

3.5.2　长白山阔叶红松林固定监测样地树木生长对气候变化的响应

对长白山阔叶红松林固定监测样地主要树种红松、水曲柳和紫椴的树木年轮宽度变化与气候关系的研究表明（图3.32），自1981年以来的气候变暖，造成红松的径向生长速度减缓，累积减少固碳$4.42\,t\cdot hm^{-2}$，减少20.1%；水曲柳受益于气候变暖的影响，累积增加固碳$4.14\,t\cdot hm^{-2}$，增加33.4%；紫椴变化不大，减少了$0.68\,t\cdot hm^{-2}$，减少4.9%。从整体上看，气候变暖增加了阔叶红松林乔木的碳固存，在1981—2010年间共增加了$0.96\,t\cdot hm^{-2}$。

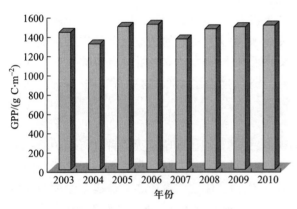

图3.31　长白山阔叶红松林总初级
生产力（GPP）年际变化

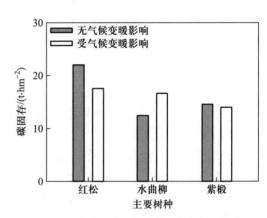

图3.32　气候变化对阔叶红松林主要树种
碳固存的影响（1981—2010年）

3.6　管理与示范模式

生态系统管理是在对生态系统组成、结构和功能过程充分理解的基础上，制定适应性管理（adaptive management）策略，以恢复或维持生态系统的整体性和可持续性。原始森林生态系统是植被长期与环境相互适应和自然演替的结果，对于根据立体条件选择生态系统的可持续管理方法具有重要的参考意义。

3.6.1　温带针阔叶混交林生态系统利用与管理示范模式

要加强对温带原始针阔叶混交林生态系统的保护，首先要在生态系统水平（立地尺度），根据群落结构、功能现状和立地条件，借助森林演替模型，筛选科学合理的采伐、利用和更新、恢复措施；其次在经营单元内（景观或流域尺度），根据对森林生态系统服务的需求，借助GIS平台进行功能区划,并依据森林景观模型,进行功能区的格局配置与优化,提出立地尺度的森林培育目标和调控途径;最后在一个经营单元内建立相应的精准科学管理技术展示平台。目前在东北温带林区构建的森林资源管理与决策支持系统,如 FORESTAR、ForData 等,已经取得了良好的效果(吴刚等,2015;谢小魁等,2011)。

3.6.2　温带针阔叶混交林生态系统管理的发展方向与科技问题

对目前残存在长白山自然保护区等少数保护区内的原始森林生态系统,要严格加以保护。而对于已经遭到人为采伐干扰的天然林,应在目前只保护红松的基础上,加大对其他珍稀濒危树种及生境的保护和恢复。原始森林生态系统是一个巨大的、复杂的知识库,生态系统中物种的共存关系、物种与生境的互作机制、生境的演化与演变等都是未来的研究重点。当前受干扰森林生态系统管理的目标是以原始林生态系统物种组成、群落结构、系统功能和生态过程及其演变为参照,以珍稀濒危植物及生境恢复为核心,逐步恢复到原始森林生态系统(于大炮等,2015)。

(1)加强就地保护,减少干扰,维持生态系统的持续供给能力

长白山自然保护区内的植被自然恢复表明,如果没有较大的收获性人为干扰,采伐迹地完全可以自我正向演替和恢复。如果这种状况得到保持,则能维持良好的植被状况和生态系统的生产力,维持生态系统的持续供给能力。另外,在保护区内外,努力建立一批具有特殊地史时期的孑遗植物,濒危、稀有或特有的地下芽、地面芽、地上芽植物禁区,以确保这些资源的存在性,如玫瑰、长白柳、草苁蓉、长白碎米荠、狭叶瓶尔小草等。

(2)积极开展迁地保护

迁地保护是就地保护的补充,是人类对生物种源,尤其是对已濒临绝灭物种进行保护的一个重要手段。目前,长白山保护区已设立专项研究,其最终结果是通过迁地保存方式对珍稀物种进行复壮、增殖,使其更好地在自然界中生存下去,维持生物多样性。途径之一是建立珍稀濒危植物繁殖基地,进行引种、驯化,完成其归化自然的试验。在此基础上建立长白山生物园,为珍稀濒危植物的保护、科研、宣传和公共教育服务,参与旅游景点增加经济收入,达到以区养区的持续发展目的。

(3)建立现代化种子基因库

采用先进科学技术手段对植物的种子、组织或不同繁殖体进行低温贮藏。基因库的建设是自然保护工作的一项重要任务,也是衡量一个国家自然保护工作的具体指标。基因库的建设,可以将物种的保护建立在更加稳固的基础上,是保护遗传多样性的重要途径。

(4)加强生态监测与管护,建立现代化的科研与管理体系

生态监测的目的是为管理提供必要的基础数据,其实施范围应包括管理目标内的所有区域;监测指标应包括植物、动物、土壤和小气候,但不同区域的监测指标应做适当调整。在监测的基础上,应建立现代化的信息数据库,提高监督检查和经营管理的能力,确保最佳管理措施的实施。

(5)合理利用物种资源是自然保护的必由之路

保护与利用是对立统一的。利用的目的在于通过开发自然而为人类所用;保护的目的则是要保证这种利用能持续下去从而满足人类长期需求。正确理解这对矛盾是处理自然保护问题的关键,是保护自然使其持续发展的飞跃。因此,在制定开发规划时必须同时提出具体的保护措施,使有限资源变为无限资源,实现生态系统的良性循环。

参 考 文 献

陈妮娜, 袁凤辉, 王安志, 等 . 2011. 气候变化对长白山阔叶红松林冠层蒸腾影响的模拟 . 应用生态学报, 22（2）：
    309–316.
代力民, 赵伟, 于大炮, 等 . 2012. 三区式森林经营管理模式对天然林资源保护工程的启示 . 世界林业研究, 25
    （6）：8–12.
傅沛云, 李冀云, 曹伟, 等 . 1995. 长白山种子植物区系研究 . 植物研究, 15（4）：491–500.
关德新, 吴家兵, 金昌杰, 等 . 2006. 长白山红松针阔混交林 CO_2 通量的日变化与季节变化 . 林业科学, 42（10）：
    123–128.
关德新, 吴家兵, 王安志, 等 . 2004. 长白山阔叶红松林生长季热量平衡变化特征 . 应用生态学报, 15（10）：1828–
    1832.
郭忠玲, 郑金萍, 马元丹, 等 . 2006. 长白山几种主要森林群落木本植物细根生物量及其动态 . 生态学报, 26（9）：
    2855–2862.
国家林业局和农业部 . 1999. 国家重点保护野生植物名录 .
韩士杰, 袁志友, 方运霆, 等 . 2016. 中国北方森林和草地生态系统碳氮耦合循环与碳源汇效应研究 . 北京林业大
    学学报, 38（12）：108–110.
郝占庆, 李步杭, 张健, 等 . 2008. 长白山阔叶红松林样地（CBS）：群落组成与结构 . 植物生态学报, 32（2）：238–
    250.
郝占庆, 于永德, 叶吉, 等 . 2002. 长白山北坡不同海波植物群落物种丰富度估计 . 林业科学, 13（3）：191–195.
林茂森, 关德新, 金昌杰, 等 . 2012. 枯落物覆盖对阔叶红松林土壤蒸发的影响 . 生态学杂志, 31（10）：2501–2506.
刘林馨 . 2012. 小兴安岭森林生态系统植物多样性及生态服务功能价值研究 . 东北林业大学博士论文 .
刘允芬, 宋霞, 孙晓敏, 等 . 2004. 千烟洲人工针叶林 CO_2 通量季节变化及其环境因子的影响 . 中国科学（D 辑：地
    球科）, 34（增刊Ⅱ）：109–117.
钱宏 . 1989. 长白山种子植物区系地理分析 . 地理科学, 9（1）：75–84.
施婷婷, 关德新, 吴家兵, 等 . 2006. 用涡动相关技术观测长白山阔叶红松林蒸散特征 . 北京林业学学报, 28（6）：
    1–8.
王安志, 裴铁璠, 金昌杰, 等 . 2006. 长白山阔叶红松林降雨截留量的估算 . 应用生态学报, 17（8）：1403–1407.
王淼, 关德新, 王跃思, 等 . 2006. 长白山红松针阔叶混交林生态系统生产力的估算 . 中国科学：D 辑, 36（A01）：
    70–82.
王淼, 姬兰柱, 李秋荣, 等 . 2003. 土壤温度和水分对长白山不同森林类型土壤呼吸的影响 . 应用生态学报,
    14（8）：1234–1238.
吴钢, 谭立波, 冯秀春, 等 . 2015. 露水河林业局森林多目标经营规划设计 . 生态学报, 35（1）：18–25.
吴家兵, 关德新, 张弥, 等 . 2007. 长白山阔叶红松林碳收支特征 . 北京林业大学学报, 29（1）：1–6.
谢小魁, 苏东凯, 代力民, 等 . 2011. 森林经营决策支持系统的设计与实现及在采伐中的应用 . 生态学杂志,
    30（10）：2381–2388.
于大炮, 周旺明, 包也, 等 . 2015. 天保工程实施以来东北阔叶红松林的可持续经营 . 生态学报, 35（1）：10–17.
赵晓松, 关德新, 吴家兵, 等 . 2006. 长白山阔叶红松林 CO_2 通量与温度的关系 . 生态学报, 26（4）：1008–1013.
赵秀海, 张春雨, 郑景明 . 2005. 阔叶红松林林隙结构与树种多样性关系研究 . 应用生态学报, 16（12）：2236–
    2240.

第4章 东北温带次生林生态系统过程与变化*

世界森林面积约 39.9×10^8 hm^2，占全球陆地面积的 30.6%（FAO, 2016）。其中，温带森林（寒温带针叶林、温带针阔叶混交林和温带落叶阔叶林）面积约占森林总面积的 24%，主要分布在北半球中纬度地带，包括亚洲东部、欧洲和北美大西洋沿岸三大区域，其中，在我国主要分布于东北、华北等地。

4.1 东北温带次生林生态系统概述

我国温带森林包括寒温带、中温带和暖温带三个区。其中，寒温带森林区位于大兴安岭北部及其支脉伊勒呼里山地（49°20′N 以北，127°20′E 以西），寒温带针叶林为该区地带性植被类型；中温带森林区位于东北平原以北、以东的广阔山地，南端以丹东至沈阳一线为界，北部延伸至小兴安岭山地（40°15′N—50°20′N, 126°E—135°35′E），包括小兴安岭及长白山等山脉，阔叶红松混交林为该区地带性植被类型；暖温带森林区分布于辽宁南部、河北、北京、天津、山东、山西东部至陕西秦岭北坡、河南伏牛山及淮河以北地区（32°30′N—42°30′N, 103°30′E—124°10′E）（吴征镒等，1980），落叶阔叶林为该区地带性植被类型。

由于对温带森林的利用和破坏历史较长，大多数的原生温带森林已被破坏殆尽，形成大面积的次生林（secondary forest 或 second-growth forest）。次生林是由于人为破坏性干扰或极端天气事件（自然干扰），使得温带森林的林分结构、建群物种组成或基本功能发生了显著变化，经过天然更新或人工诱导天然更新恢复形成的林分（朱教君，2002）。温带次生林虽与原始林同属天然林，但其失去了原始林的森林生境，在结构组成、生产力和生态功能等方面与原始林有着显著的不同（朱教君，2002）。本章重点介绍中国东北温带次生林生态系统（次生林与镶嵌其内的人工林，下同）的主要生态过程及其变化规律。

4.1.1 东北温带次生林生态系统的分布与现状

东北温带次生林主要分布于东北平原以东、以北的广阔山区，行政范围涉及黑龙江省、吉林省、辽宁省、内蒙古自治区 4 省（区）248 个县（市、区、旗、局）。在长白山主要分布于海

---

* 本章作者为中国科学院沈阳应用生态研究所、中国科学院清原森林生态系统观测研究站朱教君、于立忠、闫巧玲、杨凯、宋立宁、高添、张金鑫、孙一荣、刘利芳。

拔 500～1150 m,向北则随纬度的升高海拔逐渐下降,在张广才岭低于 900 m,但在小兴安岭则分布于 700 m 以下的低山丘陵。该区受日本海影响,具有温带大陆性季风气候的特征,年平均气温 0～6 ℃,最冷月为 1 月,月平均气温多在 –10 ℃ 以下,最热月为 7 月,月平均气温在 20 ℃ 以上;生长季 125～150 天,大于 10 ℃ 有效积温在 2000～3000 ℃;多年平均降水量 600～800 mm,多集中在 6—8 月;年相对湿度 60%～75%。地带性土壤为棕色森林土和暗棕色森林土(辽宁省林学会等,1982)。东北温带次生林分布区现有林地总面积 3972.43×10^4 hm²,森林总面积 3326.88×10^4 hm²,混交林面积比例为 52.25%(国家林业局,2016)。

东北温带次生林区的主要林型有云冷杉针叶混交林、云冷杉针阔叶混交林、硬阔叶混交林、阔叶红松(*Pinus koraiensis*)混交林、长白落叶松(*Larix olgensis*)林、兴安落叶松(*L. gmelinii*)林,樟子松(*P. sylvestris* var. *mongolica*)林、杨桦林、蒙古栎(*Quercus mongolica*)林等(国家林业局,2016)。主要树种有红松、沙松(*Abies holophylla*)、槭属、蒙古栎、紫椴(*Tilia anurensis*)、枫桦(*Betula costata*)、水曲柳(*Fraxinus mandshurica*)、花曲柳(*F. rhynchophylla*)、黄檗(*Phellodendron amurense*)、白桦(*B. platyphylla*)和胡桃楸(*Juglans mandshurica*)等;林下灌木比较丰富,主要有毛榛(*Corylus mandshurica*)、忍冬(*Lomicera chrysantha*)、千斤榆(*Carpinus cordata*)、东北山梅花(*Philadelphus schrenkii*)、春榆(*Ulmus propinqua*)、卫矛(*Evonymus sacrosancta*)、拧筋槭(*A. triflorum*)、山桃稠李(*Padus maackii*)、茶条槭(*A. ginnala*)、刺五加(*Acanthopanax senticosus*)和暴马丁香(*Syringa reticulata* var. *mandshurica*)等;藤本植物有软枣猕猴桃(*Actinidia arguta*)、山葡萄(*Vitis amurensis*)、五味子(*Schisandra chinensis*)和南蛇藤(*Celastrus orbiculatus*)等,草本植物主要有羊胡薹草(*Carex callitrichos*)、萎陵菜(*Potentilla chinensis*)、鸡腿堇菜(*Viola acuminata*)、玉竹(*Polygonatum odoratum*)、小苞黄精(*P. nakaianum*)、宽叶薹草(*C. siderosticta*)、蹄盖蕨(*Athyrium* spp.)、尾叶香茶菜(*Plectranthus excisus*)、球果堇菜(*V. collina*)和掌叶铁线蕨(*Adiantum pedatum*)等,其中包括多种药用植物,如人参(*Panax ginseng*)和细辛(*Asarum sieboldii*)等(辽宁省林学会等,1982)。

4.1.2 东北温带次生林生态系统的特点和生态学意义

东北温带次生林是经过长期人为与自然干扰(如 20 世纪 30—40 年代的掠夺性采伐,20 世纪 50—60 年代的大规模炼山,近期发生的雪/风害等)后,由原来以温带“阔叶红松林”为代表的顶极群落演变成了现有的温带落叶阔叶混交次生林(简称次生林);目前这些次生林的特点是:① 起源多为无性繁殖,龄组结构不合理,中、幼林多,成、过熟林少;② 中、幼林密度高,成、过熟林密度低,次生林密度低于经营密度,达到经营密度 80% 的只有 35% 左右;③ 林分水平结构多样而复杂,垂直结构简单,林分早期生长迅速,衰退早,动态演替稳定性低(朱教君,2002);④ 林分质量差,经济产出少,生态功能弱;⑤ 林分天然更新能力较差,珍贵阔叶树种稀少,针叶树种天然更新困难,依靠自然演替较难形成演替层(陈国荣,2016)。

由于大部分次生林生产力低下,不能像原始林那样提供大量木材,因此,为满足国家对木材日益增长的需求,自 20 世纪 50 年代以来,大面积次生林被皆伐,营造了落叶松人工林;同时,为恢复顶极群落中的关键建群物种——红松,还营造了少量红松人工林,从而形成了东北地区独具特色的次生林生态系统。

东北温带次生林区是我国森林资源的主要分布区,森林面积占全国林地面积的 1/3,次生林占该区森林总量的72%。虽然次生林的木材生产功能低于原始林,但在涵养水源、防止土壤侵蚀、减少径流、减弱温室效应、减少水灾、保护遗传资源、构成生物多样性的庇护场所和生态走廊等方面都具有重要价值;而且这些森林主要分布在江河源头、山地、丘陵,是东北平原(辽河平原、松嫩平原、三江平原)城市群的重要生态屏障,对维系区域生态安全,保障资源、环境和经济的可持续发展具有无可替代的作用。为此,国家实施了天然林保护工程,以更加有效地保护现有次生林生态系统。

4.1.3　东北温带次生林生态系统的主要问题

次生林是原始林经过干扰后形成的森林,它既保持着原始森林的物种成分与生境,又与原始森林在组成结构、环境特征、生产和生态功能等方面有显著差异。次生林可以理解为是原始森林生态系统的一种退化,是于一定的时空背景下,在自然、人为或二者共同干扰下,导致生态要素和生态系统整体发生的不利于生物和人类生存的变化,生态系统的结构和功能发生与原有平衡状态或进化方向相反的位移。具体表现为生态系统的基本结构和固有功能改变,生物多样性下降,稳定性和抗逆能力减弱,系统生产力降低等(朱教君,2002)。

东北温带次生林同样是经过多次干扰后形成的次生阔叶混交林,而且绝大部分是中、幼龄林,据第八次全国森林资源清查结果,东北林区中、幼龄林面积占62.3%,蓄积仅占44.7%;而成、过熟林面积仅占18%,蓄积占28.4%(国家林业局,2014);中、幼龄林密度过高,抚育严重缺失,影响次生林生长与生态功能发挥;成、过熟用材林资源少,可利用资源面临枯竭;现有次生林结构简单,部分林型出现衰退趋势,导致生长与生态功能下降;关键树种更新困难,次生林恢复生长缓慢,影响次生林演替进程;林内卫生条件差,森林火灾危害严重(国家林业局,2016)。另外,东北温带次生林生态系统中的落叶松人工林出现地力衰退(土壤微生物量碳降低32%,酶活性降低20%~50%)、水质酸化(地表径流pH<5.2)、生态服务功能下降等问题(Yang et al.,2010a,2013)。因此,如何提高东北温带次生林的生产与生态功能,促进次生林生态系统的可持续经营,是保障国家木材供给和提供稳定、高效生态功能的战略需求,是当前该区域次生林生态系统管理的关键问题。

4.1.4　清原站的区域代表性与科学研究价值

中国科学院清原森林生态系统观测研究站(以下简称"清原站")位于辽宁省抚顺市清原满族自治县(以下简称"清原县")大苏河乡国营大苏河林场大湖工区(地理坐标:41°51′9.94″N,124°56′11.22″E),属长白山余脉龙岗山脉北麓,以山地为主。最高峰为龙岗山(海拔1116 m),是清原县第一高峰。该区属温带大陆性季风气候,具有冬季寒冷而漫长、夏季炎热多雨而短暂的特点。近10年,清原站的年平均气温4.11 ℃,大于10 ℃的年活动积温2800~3100 ℃,最冷月为1月,最热月为7月,极端最高气温36.7 ℃,最低气温−32.3 ℃,无霜期143 d,平均年日照2161 h,平均年降水量718 mm,降雨集中在6—8月。

清原站地处我国温带典型次生林生态系统中心分布区,拥有东北地区典型的次生林生态系统类型,包括蒙古栎林、胡桃楸林、山杨(*Populus davidiana*)-白桦林、山杨-蒙古栎林等,以及残存的天然阔叶红松林;另外,还有落叶松人工林、红松人工林和人工针阔叶混交林等,基本代表了东北温带典型次生林生态系统。清原站木本植物100余种,草本植物280余种。主要乔木树种有红松、冷杉、蒙古栎、水曲柳、胡桃楸、黄檗、花曲柳、色木槭、紫椴、枫桦和山杨等。主要灌木树种有山梅花、乌苏里鼠李（*Rhamnus ussuriensis*）、毛榛、翅卫矛（*Euonymus macropterus*）、暴马丁香、金银忍冬（*Loniceram aackii*）、稠李（*Prunus padus*）和青楷槭（*Acer tegmentosum*）等。

自 2003 年建站以来,清原站始终根植于东北温带次生林生态系统,开展水、土、气、生等生态要素的长期监测,森林生态学和森林培育学等基础研究,以及次生林生态系统保护、恢复和林下资源高效利用等应用研究,为我国东北温带次生林生态系统经营管理、维护区域生态安全等提供理论基础与技术支撑。同时,以取得的创新成果为依托,系统集成森林可持续经营与管理技术,构建水源涵养林结构调控模式、林下资源高效利用模式,主动与地方政府配合,开展科技培训及咨询等服务,在完善农村科技推广服务体系、提高地方林业经营管理水平、发展林区特色产业、促进林区经济发展等方面做出重要贡献。

4.1.5 清原站观测实验设施及科学研究

清原站站区占地面积 12000 m²,建有实验楼、综合楼、食堂等科研、生活基础设施,有会议室、办公室、活动室、资料室等辅助设施约 2300 m²;建有移动基站、100 MB/s 光纤宽带等通信网络设施;实验室包括数据中心、常规分析室、精密分析室、标本室及水分、土壤、生物专用实验室;主要配备和运行的实验、监测仪器 / 设备有实验室常规分析仪器（紫外分光光度计、水质仪、AA3 流动分析仪、LI–6400 光合测定系统、LINTAB 树木年轮分析仪、Picarro 碳同位素分析仪等）50 余件 / 套,野外监测设施（凋落物动态、土壤水分动态、大气干湿沉降、森林小流域径流观测、森林降水监测等）30 余件 / 套,现保存植物、土壤样品 796 份,植物、动物标本 207 份。上述仪器与设备基本满足野外试验的监测与试验需求。

清原站拥有典型次生林生态系统研究、试验、监测林地 1350 hm²,自建站以来,围绕次生林生态系统结构与功能、干扰与过程、功能提升与资源利用三个研究方向,已建成:雪 / 风害干扰、自然演替、林窗动态、植物多样性、次生林与人工林主要树种更新动态、水源涵养功能等 18 种不同类型样地,次生林生态系统科研样地（包括次生林生态系统结构功能与调控研究样地、动物（鼠类）与树木种子及更新关系研究样地、水源涵养林（防护林）结构与功能研究样地、林下经济利用技术研究 / 试验与示范样地等）,次生林生态系统水源涵养功能长期监测样带等研究样地共计 260 余 hm²,建有次生林生态系统氮沉降平台、次生林生态系统野外增温平台、次生林生态系统水文监测平台、次生林生态系统结构塔群 LiDAR 监测平台、次生林生态系统氮氧化物排放通量监测平台、综合数据中心等;同时还建有次生林综合观测场 1 个,落叶松人工林、红松人工林辅助观测场各 1 个,气象观测场 1 个,森林水文径流观测站 1 个（536.4 hm²）,小流域水文观测站 3 个（20~30 hm²）,地表径流观测场 3 个（0.52 hm²）,气象场建有空气质量在线监测系统（负氧离子、PM$_{2.5}$）。

同时,清原站作为中国科学院森林生态与管理重点实验室重要野外研究平台,不仅开展温带次生林生态系统科学研究,还建立了相关的试验、示范基地,主要包括:与美国坎贝尔科学公司联合建立"科尔森林痕量气体与同位素通量监测研发联合实验室（科尔联合实验室）",与美国克莱姆森大学联合建立"中美森林培育与生态联合实验室",与辽宁省林业厅共建"辽宁省林业可持续发展研究与示范基地",与辽宁省科技厅共建"中国科学院沈阳应用生态研究所清原农林科技试验示范推广基地""辽宁省生态公益林经营管理重点实验室试验基地",与大苏河林场共建

"清原森林生态院士专家工作站"。清原站作为重要的研究、试验、示范平台,支撑了国家重点基础研究发展计划(973计划)项目、国家重点研发计划项目、国家水体污染控制与治理重大科技专项、国家科技支撑技术项目、国家自然科学基金项目等科研项目的实施。

自2003年建站以来,清原站以我国东北温带典型次生林生态系统为对象,从个体、种群、群落、生态系统到景观尺度,开展次生林生态系统的长期野外定位观测与试验;重点开展以下三方面研究:① 次生林生态系统结构、功能与调控;② 干扰条件下次生林生态系统主要生态过程;③ 次生林生态系统功能提升与资源高效利用。其中,在次生林生态系统结构调控与生产/生态功能关系,干扰对次生林生态系统主要生态过程的影响,干扰条件下种子传播、种群动态、群落演替过程,物质循环、能量流动过程、生物多样性、人工林退化机制与恢复,以及森林可持续经营等方面进行了长期定位观测与研究,并取得较好的研究基础,在次生林生态系统生态学研究方面形成了独特优势,具有典型代表性。

4.2 东北温带次生林生态系统群落结构及演替过程

当前,次生林已成为全球现有森林管理的热点,"我们正处于一个次生森林植被的时代"(朱教君和刘世荣,2007)。次生林生态系统是我国森林资源的主体。阐明次生林生态系统的群落组成和生物多样性、自然干扰过程、更新演替过程等,对于促进次生林的正向演替,科学认识、合理改造和有效利用次生林,发挥次生林的生产和生态功能具有重要意义。

4.2.1 东北温带次生林生态系统群落组成结构

森林生态系统是具有复杂时空结构的陆地生态系统类型,因而也具有较强的反馈调节能力。森林结构决定功能,研究森林的结构对于深入了解各种森林植物与环境的关系,以及森林的生长发育和更新、演替规律具有重要意义,并可为制订科学的经营措施,最大限度地发挥森林效益提供理论依据。

陈大珂(1993)曾将小兴安岭的次生林划分为4种类型:蒙古栎林、山杨林、软阔叶林、硬阔叶林;也有人将其只划分为硬阔叶林、软阔叶林、针阔叶混交林(孙洪志等,2003)。孔祥文等(2002)应用数学模糊聚类方法对辽东山区次生林进行数量分类,只划分为:柞木林、阔叶混交林、硬阔叶林和杨桦林。胡理乐等(2005)应用去趋势对应分析(detrended correspondence analysis, DCA)和双向指示种分析(TWINSPAN)方法对东北温带次生林生态系统典型次生林(清原站)进行排序和类型划分,主要类型如下:

(1)花曲柳林:多分布于阳坡的中坡及中上坡。中坡的花曲柳林多为纯林,中上坡的花曲柳林中多与蒙古栎混生,两者为群落优势种。色木槭和假色槭(*A. pseudo-sieboldianum*)为群落亚优势种。蒙古栎、花曲柳、色木槭是灌木层优势种。草本层优势种为毛缘薹草(*C. pilosa*)和宽叶山蒿(*Artemisia stolonifera*),常见种还有歪头菜(*Vicia unijuga* var. *unijuga*)和莓叶委陵菜(*P. fragarioides*)等(胡理乐等,2005)。

(2)蒙古栎林:阳坡的蒙古栎林,多与假色槭、糠椴混生;阴坡的蒙古栎林,多与花曲柳、色木槭混生。色木槭是蒙古栎林中的常见种。假色槭与色木槭是灌木层优势种。不同坡向蒙古栎群落草本层优势种不同:阳坡蒙古栎群落草本层优势种为羊胡薹草、苦荬菜(*Ixeris denticulata*)和北重楼(*Parix verticillata*),阴坡蒙古栎群落草本层优势种为羊胡薹草、荨麻叶龙头草(*Meehania urticifolia*)、中华蹄盖蕨(*A. sinense*)和白花碎米荠(*Cardamine leucantha*)(胡理乐等,2005)。

(3)阔叶混交林:乔木层没有稳定和绝对优势种,为多物种共存,多以假色槭、枫桦、色木槭为优势种,假色槭主要位于乔木层第二亚层。灌木层常见乔木幼树主要有假色槭、色木槭,其他常见种均为灌木,包括东北山梅花、毛榛和翅卫矛等;草本层常见种有荨麻叶龙头草、木贼(*Equisetum hyemale* var. *hyemale*)、掌叶铁线蕨、粗茎鳞毛蕨(*Dryopteris crassirhizoma*)和短柱大叶芹(*Spuriopimpinella brachystyla*)(胡理乐等,2005)。

(4)水曲柳林:水曲柳是乔木层优势种,色木槭、千金榆、裂叶榆(*U. laciniata*)和胡桃楸是亚优势种。稠李是灌木层的绝对优势种,还有青楷槭、暴马丁香和东北山梅花等。草本层优势种包括荨麻叶龙头草、珠芽艾麻(*Laportea bulbifera*)、北重楼、北乌头(*Aconitum kusnezoffii*)和木贼等(胡理乐等,2005)。

(5)胡桃楸林:胡桃楸为优势树种,亚优势种为拧筋槭、暴马丁香和榆树。暴马丁香和毛脉卫矛是灌木层优势种,常见种还有拧筋槭和金银忍冬。草本层优势种为荨麻叶龙头草和珠芽艾麻,亚优势种有白花碎米荠和宽叶山蒿等(胡理乐等,2005)。

(6)红松人工林:为天然次生林皆伐后人工栽植的红松人工纯林,林龄一般在 17~30 年,林分密度在 440~1300 株·hm^{-2},林分郁闭度在 0.6~0.9;林下灌木层植物较少,主要有金银忍冬、刺五加和瘤枝卫矛(*E. pauciflorus*)等;草本层主要有水金凤(*Impatiens noli-tangere*)、黄精(*P. sibiricum*)、酢浆草(*Oxalis corniculata*)、透骨草(*Speranskia tuberculata*)、蓝萼香茶菜(*Rabdosia japonica*)和鸡腿堇菜等(于立忠等,2010)。

(7)落叶松人工林:为天然次生林皆伐后人工栽植的长白落叶松或日本落叶松纯林,林龄一般在 30~40 年,林分密度在 1000~2000 株·hm^{-2},只有少数中龄林和幼龄林;林下灌木层植被较少,主要有金银忍冬、刺五加、乌苏里鼠李、接骨木(*Sambucus williamsii*)、瘤枝卫矛、东北山梅花和暴马丁香等;草本层主要有白屈菜(*Chelidonium majus*)、穿龙薯蓣(*Dioscorea nipponica*)、二苞黄精(*P. involucratum*)、鸡腿堇菜和尖萼耧斗菜(*Aquilegia oxysepala*)等(于立忠等,2010)。

综上所述,东北典型温带次生林生态系统的群落组成多样,树种丰富,主要包括蒙古栎林、水曲柳林、胡桃楸林、花曲柳林、阔叶混交林等,其中阔叶混交林数量最多,色木槭在其中分布广泛,是多种林型的重要组成成分(胡理乐等,2005)。同时,少量分布的红松和落叶松人工林镶嵌分布在天然次生林中,构成该区域独特的次生林生态系统群落结构。

4.2.2 东北温带次生林生态系统植物多样性

东北温带次生林经历了数次干扰,其生物多样性发生了明显的变化,分析其植物多样性变化,以及与原始林的差异,对于科学评价次生林演替进程,正确认识次生林恢复阶段,合理改造和有效利用次生林具有重要意义(毛志宏等,2007;Yan et al.,2017)。

对东北温带次生林生态系统 4 种典型类型(杂木林、硬阔叶林、蒙古栎林和桦木林)的植物物种组成及其多样性 2 个生长季(2004 和 2005 年)调查表明(毛志宏等,2007):共采集植物 378 种,分别隶属于 78 科 215 属。除主要乔木树种,如蒙古栎、枫桦、胡桃楸、水曲柳和花曲柳外,常见的植物有色木槭、假色槭、毛脉卫矛、山楂叶悬钩子(*Rubus crataegifolius*)、荨麻叶龙头草、白花碎米荠、宽叶薹草、粗茎鳞毛蕨和掌叶铁线蕨等;仅从 Shannon-Wiener 指数来看(表 4.1),该地区次生林生态系统总体植物多样性水平较高,多样性指数为 3.2~3.6,特别是杂木林高达 3.567;但就各层次多样性而言,不同次生林类型差异较大,在多数次生林类型中乔木层多样性水平不高,且均小于灌木层、草本层多样性。

表 4.1 辽东山区典型次生林植物多样性指数

多样性指数	杂木林	硬阔叶林	蒙古栎林	桦木林
物种数	119	110	93	117
Simpson 指数	0.059	0.097	0.068	0.073
Shannon-Wiener 指数	3.567	3.203	3.246	3.311
Pielou 指数	0.746	0.681	0.716	0.695

注:多样性样地设置及调查方法:在 4 个次生林类型中设置面积为 24 m × 24 m 的样地共 32 块,其中杂木林 8 块样地,硬阔叶林 6 块样地,蒙古栎林 6 块样地,桦木林 12 块样地。将各样地划分成 9 个 8 m × 8 m 的乔木样方,并在其左下角和中心位置布设 2 m × 2 m 的灌木样方和 1 m × 1 m 的草本样方。乔木样方共 288 个,灌木样方和草本样方各 576 个(毛志宏等,2007)。

在温带次生林的形成过程中,干扰起了至关重要的作用。人为活动,尤其是人为的采伐活动决定了次生林发展方向,导致温带次生林生物多样性不同于原始林(张彩虹等,2009)。对长白山北坡原始阔叶红松林、次生杂木林和次生桦木林植物物种多样性的比较表明,原始林共记录植物物种 91 种,分别隶属于 46 科 72 属;杂木林共记录植物物种 128 种,分别隶属于 53 科 92 属;桦木林共记录植物物种 108 种,分别隶属于 52 科 87 属。仅从 Shannon-Wiener 指数看,桦木林乔木层、草本层和总体多样性均最小,而灌木层多样性最大;原始林乔木层多样性小于杂木林,但是在灌木层、草本层和总体多样性均大于杂木林。原始林与次生林草本层多样性较高,均大于相应的乔木层和灌木层。以原始林为参照,较大干扰强度降低次生林乔木层多样性,而较小干扰强度不仅不会降低次生林乔木层多样性,反而可以增加其多样性;灌木层、草本层多样性受干扰的变化与乔木层相反(张彩虹等,2009)。

可见,温带次生林的物种虽然丰富,但是由于受到干扰等因素的影响,其总体生物多样性小于原始林(Zhu et al.,2007)。当前,生物多样性保护已经成为国际社会最关注的全球问题之一,次生林是原始林的一种衰退,因而,需要对温带次生林生态系统采取措施,恢复其生物多样性,促进温带次生林生态系统的正向演替,发挥其应有的经济、生态和社会效益。

4.2.3 东北温带次生林生态系统演替驱动力

干扰作为森林生态系统演替的驱动力之一,在维持森林生态系统物种多样性、群落稳定性和景观异质性等方面起着极其重要的作用,它是森林生态系统的正常行为,甚至是种群维持的机制之一(朱教君和刘足根,2004)。面对森林退化、干扰加剧等问题,阐明温带次生林生态系统自然干扰过程与森林经营的关系,并对干扰过程进行合理调控,对于促进温带次生林正向演替、发挥次生林的生产和生态功能具有重要意义。目前,东北温带次生林生态系统面临的主要自然干扰包括以下几方面。

（1）雪/风干扰

雪/风干扰是森林生态系统重要的自然干扰因子之一，不仅对林业生产产生重大影响，同时还影响森林生态系统服务功能的发挥（李秀芬等，2006）。研究表明，对于人工用材林，风/雪害产生的根本原因在于不适当的森林经营引起的林木抗性减弱。例如，营造大面积的纯林或容器育苗技术不当会引起林木根系病害或树体不平衡，从而在强风、大雪等气候条件下易倒、易折。而对于次生林生态系统，由于其结构复杂，有关风/雪害的研究较少，迄今为止，很多次生林内的风/雪害都与自然灾害有关（李秀芬等，2004）。

2003年早春，辽东山区的次生林生态系统发生了严重的干折、冠折和掘根等灾害（李秀芬等，2004）。其发生是在一个大的降水天气过程基础上，由于气温的异常变化形成。受灾严重区多分布于海拔高、坡度大、林型比较单一的桦树、柞树、槭树、胡桃楸和杨树等林分。林分密度和受灾率、土层厚度和受害株数均呈显著的线性负相关；受灾数量与径级和树高分别呈指数负相关和指数正相关。从受灾情况来看，虽然自然因素占很大的比重，但也不能排除次生林结构变化造成受害的因素。长期以来，东北温带次生林一直受到人为与自然的严重干扰，对现有次生林的不合理经营，致使该区大面积的天然次生林得不到及时保育，森林的功能降低，抵抗灾害能力减弱，使次生林生态系统易遭到破坏（李秀芬等，2006）。

（2）低温霜冻干扰

低温霜冻是一种时间尺度很短的农业气象灾害。近年来，全球变暖已成为人们共识，但全球变暖并不意味着霜冻发生概率和潜在危险的减弱，甚至霜冻的发生有增加的趋势（李秀芬等，2013）。因此，明确低温冻害的时空分布、发生发展规律，进而采取对策，对于温带次生林生态系统的更新及幼苗生长发育具有重要意义，也为森林生态系统的健康发展提供一定理论依据（朱教君和刘世荣，2007）。

对辽东山区1957—2004年初、终霜冻出现日期的统计表明，初霜冻日有推后出现趋势，而终霜冻日则有提早出现趋势。霜冻对林木的危害主要表现在对幼苗生长和更新的影响上。2003年5月，辽东山区次生林生态系统典型林分内许多天然更新的幼苗（包括人工林内天然更新的幼苗）和人工种植的幼苗都出现了枯梢或死亡现象，初步认为是由霜冻造成的危害。调查还发现，不同地形受害程度也有很大差异。其中，以皆伐后的低洼地受害程度最重，而密度较大的有林地受害较轻（朱教君和刘世荣，2007）。

（3）洪水干扰

洪水是一种剧烈的自然干扰类型，能显著改变森林的林冠开阔度和地被物微生境，是影响森林结构和组成的重要因素（Myster，2007）。2013年8月16日，辽东山区发生了特大洪涝灾害，降雨过程呈现出雨势强、降雨总量大的特点，造峰降雨历时仅11小时，1小时最大降雨量达106 mm，为有记录以来最高值，对辽东山区次生林生态系统造成严重影响。研究表明，洪水干扰对次生林生态系统的影响呈两极分化。一方面小林窗总面积、密度显著增加，且新形成的林窗多集中于上坡区域。该区域洪水强度相对较低，树木的受损形式主要是由水流冲击引起树木的掘根。因而，胸径小、根系相对不发达的小树更容易受到损害而形成小林窗。另一方面大、中林窗总面积、密度降低，并形成大量林间空地，当洪水流经陡坡、下坡时流速增加，强度变大，超过了森林的抵抗力时易引发毁灭性的泥石流，造成次生林的带状滑坡从而形成空地，特别是大、中林窗（2003年风雪害形成）的更新植被发育时间较短，抵抗力较低，易扩展成为空地（Zhu et al., 2017）。总体来看,洪水干扰降低了次生林生态系统的异质性,引起了次生林生态系统的逆向演替。因此灾害过后森林的经营应着重于如何通过人为措施加速林间空地的恢复与森林的重建。

由于全球气候变化的影响及人类对自然系统破坏的不断加剧,东北温带次生林生态系统遭受自然干扰变得更加频繁且更具破坏性。例如,辽宁省清原县（包括清原站）2005 年经历了 50年一遇的洪水,2008 年经历了 50~100 年一遇的洪水,2010 年经历了 100 年一遇的洪水（徐天乐等,2011；Zhu et al., 2017）。

4.2.4 东北温带次生林生态系统主要树种天然更新

天然更新是森林培育、森林生态与管理的重要内容之一,是充分依靠生态系统自身的力量,实现森林自然恢复的过程。在此过程中,如给予合乎自然规律的人为干预,则能够培育出高产、高效和高生态品质的森林（Kerr, 2000；Jarosław, 2005）；而其育林成本仅为人工造林的 1/3（Zhu and Matsuzaki, 2001；Yan et al., 2013）；同时,天然更新更适合现代森林可持续经营及生物多样性保护的基本原则（Zhu et al., 2004, 2006）。对影响森林天然更新的各个因子分析后发现,光环境是影响东北温带次生林更新的关键因子。

（1）明确了光对次生林主要树种种子萌发作用机制

明确次生林主要树种种子的光特性、种子萌发对光环境的响应机制,对了解温带次生林树种更新光障碍因子及人工促进次生林更新恢复具有重要的理论与实际意义。

林分光环境（光强和光质）对红松种子萌发的影响:光环境显著影响东北温带次生林生态系统关键种——红松种子的萌发。早春展叶前的林下光环境是红松种子萌发的关键时机；早春时期约 70% 郁闭度（30% 开阔度）是土壤表层红松种子萌发的最适光环境。展叶后,光强和光质均明显下降,55%~95% 郁闭度下凋落物下方或凋落物与土壤下方的红松种子萌发率明显受到抑制。因此,采取适宜的结构调控（如采伐,凋落物移除）,制造合适的光环境条件,可有效促进红松种子萌发（影响天然更新过程）（Zhang et al., 2012）。

光质对种子萌发的影响:通过分析光质对次生林生态系统 5 个主要树种（红松、落叶松、水曲柳、色木槭和黄檗）种子萌发试验表明,黄檗种子萌发率在稳定的白光下达到最大,只有达到一定面积的林窗才能提供较为稳定的复合白光,这与该树种幼苗的喜光特性相符。较大粒的色木槭、水曲柳和红松等种子萌发的需光性说明了光敏性并非只存在于小粒种子中,大粒种子也具有光敏性。另外,这类种子在变化光质下萌发率较高,表明其对林下光斑环境的长期适应特性。频繁的小林窗干扰能够提供丰富的光斑,可为该类型种子萌发提供合适的光环境（张敏等,2012）。

（2）揭示了次生林主要树种幼苗存活、生长规律

种子萌发形成幼苗后,能否存活、生长是天然更新最重要的环节之一。光环境在影响主要树种幼苗存活和生长中起着关键作用,但光影响幼苗存活和生长的机制不清,对理解主要树种的天然更新产生重要影响。以温带共存树种（红松、蒙古栎）幼苗为对象,探讨实际光环境（不同林分郁闭度）对幼苗存活、生长的影响,及幼苗存活、生长的内在机制。

研究发现,① 林分光梯度显著影响红松及蒙古栎幼苗的存活率,两树种幼苗存活率均随透光率的下降而下降,在 1% 透光率下,两树种幼苗存活率均直线下降,两个月后全部死亡；在全光

下红松幼苗 100% 存活,蒙古栎幼苗 96% 存活。红松幼苗存活率在 20% 和 10% 光梯度下显著高于 5% 光梯度,蒙古栎幼苗存活率在 20%、10% 和 5% 光梯度下无显著差异。② 两树种幼苗相对生长率(RGR)均随着光梯度的减小逐渐降低,100% 透光率下两树种 RGR 最大,且显著高于其他光条件;在全光下蒙古栎幼苗 RGR 显著高于红松幼苗,而在其他光梯度下,两树种幼苗 RGR 无显著差异。③ 红松具有低光下存活优势,蒙古栎具有高光下生长优势。随光照减弱,两树种各器官的生物量积累、结构性碳(SC)和非结构性碳(NSC)浓度或库均有所下降;红松幼苗的存活与叶片的 NSC 库相关性最强,而蒙古栎幼苗的存活与根的 NSC 浓度相关性最大;光梯度显著影响两个树种幼苗 NSC、淀粉和可溶性糖的季节动态。高光下,NSC 等物质的峰值出现在监测第一生长季的 9 月;低光下,NSC 等物质的峰值转移至监测第二生长季的 7 月。高低光下不同的 NSC 季节动态可能是由于不同的碳分配、NSC 积累和消耗的权衡或 NSC 的迁移能力造成的(Zhang et al., 2013)。

(3)提出了基于光响应的人工促进红松天然更新措施

依据红松的生物学特性,阔叶林冠下或人工落叶松林下栽植红松已成为现有次生林恢复为阔叶红松混交林(包括将落叶松人工林诱导成阔叶 – 落叶松 – 红松混交林)的可行途径。由于红松在幼年时期具有一定耐阴性,适合林冠下生长,但随着红松年龄的增加,其对光照的需求也逐渐增加,此时需要进行合理调控,以保障红松的正常生长。

研究发现,对于 4 年生红松幼苗在林冠开阔度(canopy openness, CO)为 7% 林分下的存活率约为 20%,且随时间推移有继续降低的趋势(CO 7% 变小),表明红松幼苗长期生活在 CO 7% 林分下将很难保证其存活;7% 处理林下幼苗的基径、苗高、冠幅及主、侧枝显著低于 15% 和 30% 处理,光合速率、光合色素含量、荧光动力学参数和生长/形态对开阔度的响应佐证了红松更新幼苗存活、生长的光环境(在 2～3 年生时林冠开阔度不能低于 7%)。当红松幼苗在郁闭度过密的林分下,需要对林分进行适当疏伐,林冠开阔度应大于 30%(Sun et al., 2016)。

综上所述,光是影响东北温带次生林主要树种天然更新过程的关键环境因子。系统揭示了光环境(光质和光强)对温带次生林生态系统主要树种种子萌发的作用机制及其对温带共存树种(红松、蒙古栎)幼苗存活、生长的影响机制,提出了基于光响应的人工促进主要树种天然更新的经营措施,为实现温带次生林生态系统恢复提供重要科学参考。

4.2.5　林窗对东北温带次生林生态系统更新的影响

林窗(forest gap,亦译为林隙)是森林生态系统最普遍、最重要的小尺度干扰类型之一,是森林演替的主要驱动力(梁晓东和叶万辉,2001)。林窗是群落中一株以上主林层(林冠层)树木死亡而形成的林间空隙(Watt, 1947),是森林循环(forest cycle)的一个重要阶段(臧润国和徐化成,1998)。在林窗更新过程中,除前期更新幼苗和幼树的生长以及受损树木的萌蘖更新外,原土壤中种子和新传播进入林窗种子的萌发更新,是林窗填充的重要途径(Forrester and Leopold, 2006; Yan et al., 2010),但是关于种子更新在林窗填充中的作用仍未有准确定论,这主要是由于目前还不清楚林窗干扰对种子更新潜力的影响机制。

无论林窗内还是林下,种子库密度均随土层深度增加而显著减少,除中林窗外,种子库物种丰富度与密度变化规律一致;大林窗内种子库最小密度出现在林窗边缘,最大密度未出现在林窗中心;中林窗内种子库最大密度、最小密度分别出现在林窗边缘和林窗中心。土壤种子库物种丰富度与林窗面积呈显著正相关,林窗大小、土层深度及其交互作用显著影响土壤种子库密度。季节显著影响土壤种子库密度,从秋季到第二年夏季,种子库密度逐渐减小,夏季降至最小。次生林林窗在某种程度上可以促进土壤种子库积累,林窗内的种子种类是林内的 1.25 倍,但林窗形成不能改变种子库数量(密度)。而且林窗面积增加有利于更多物种的种子进入土壤,但是林窗内土壤种子与地上植被的相似性与林窗面积成反比,因此,温带次生林生态系统适合种子入侵和种子库发展为地上植被的最佳林窗面积为 $150 \sim 500 \ m^2$(Yan et al., 2010)。

通过对林窗土壤种子萌发形成幼苗以及种子未来的命运研究发现,温带次生林生态系统建群树种蒙古栎和色木槭等是"林窗依赖种",即林窗形成能促进上述树种种子形成幼苗,其作用机制是由于林窗内光照增加,打破了种子形成幼苗的土壤温度这一主要限制因子。研究还发现,尽管林窗形成可以促进"林窗依赖种"幼苗出现,但种子库对幼苗出现的贡献不足 10%(Yan et al., 2012)。

综上所述,林窗干扰对东北温带次生林种子更新潜力的影响主要是通过改变林窗大小(面积)和改变限制更新的环境因子实现的,并据此提出了促进温带次生林主要树种种子更新的最佳林窗面积,并发现了次生林"林窗依赖种",为解除次生林主要树种更新障碍、实现温带次生林生态系统恢复提供科学参考。

4.2.6 间伐对东北温带次生林生态系统中落叶松林更新的影响

目前落叶松人工林存在群落结构单一、林下植被发育差、生物多样性低(Yan et al., 2013)以及地力下降趋势明显(Yang et al., 2013)等问题,严重影响了落叶松人工林木材生产功能和生态功能的正常发挥(Zhu et al., 2010)。通过间伐将落叶松人工纯林诱导/定向培育形成近自然状态的异龄落叶松–阔叶混交林,是在维持木材高产的基础上解决落叶松人工纯林问题的关键措施(Yan et al., 2013, 2016;Zhu et al., 2010)。但间伐对阔叶树种在落叶松人工林内的早期更新过程的影响机制尚不清楚,限制了对人工林可持续经营的理解。

为此,以清原站设置的落叶松人工林间伐样地(10 hm²)为研究平台,以与落叶松能互利共生、与落叶松叶片混合能改善人工林土壤的阳性阔叶树种(蒙古栎、胡桃楸)和中性阔叶树种(水曲柳、色木槭)为对象,采用人为埋藏法确定种子持久性,人为模拟种子脱落后的命运确定种子萌发特征,人工栽植幼苗确定 4 个间伐强度处理(对照的开阔度为 11% ± 1%、25% 间伐强度的开阔度为 21% ± 1%、50% 间伐强度的开阔度为 25% ± 1%、皆伐)林分内的幼苗存活、生长特性,最终确定间伐(林分密度结构调控)对次生林主要阔叶树种早期更新能力的影响机制,为改变现有大面积落叶松人工纯林经营模式,实现落叶松人工林生态系统功能可持续发展提供参考。

(1)明确了间伐对落叶松人工林内阔叶树种种子持久性和种子萌发的影响

阔叶树种种子持久性:随着埋藏时间增加(埋藏半年到一年),胡桃楸活力种子比例显著下降,从 90% 降为 82%,属于持久种子库类型;水曲柳活力种子比例显著下降,从 30% 降为 12%,属于短暂种子库类型。埋于对照样地、5 cm 土层的胡桃楸种子更利于活性保存;在土壤中埋藏 1 年后,皆伐样地内的活力种子比例最低(56%),显著低于其他间伐样地内的比例(>91%)。水曲柳种子埋藏 6 个月活性保存较高(50.6% ± 1.8%);埋藏 1 年后,对照样地内的水曲柳活力种子比例最低(12%),显著低于其他间伐样地内的比例(18% ~ 27%)。可见,在种子贮藏过程中,从利于种子活性保存的角度,应充分考虑种子自身生理特性和萌发特性,对于硬皮种子(胡桃楸)

应增加林分光环境,埋于林冠开阔度 <100%(非皆伐)样地,易于种子打破自身休眠而萌发;而对于软皮种子(水曲柳),由于种子易于萌发和腐烂,应埋于林冠开阔度 >11%(非对照)样地、缩短贮藏时间。

阔叶树种种子萌发 / 幼苗早期存活:对于胡桃楸种子,在 25% 和 50% 间伐样地内的种子萌发 / 幼苗存活率(15.6% ± 1.8%)显著高于皆伐和对照样地(8.7% ± 1.8%);埋藏于土壤下的种子萌发 / 幼苗存活率(19.2% ~ 21.3%)显著高于埋于土壤 / 凋落物上(5.4% ~ 6.4%)。对于水曲柳种子,皆伐样地内的种子萌发 / 幼苗存活率(17.7%)显著低于其他间伐样地(28.6% ~ 34.7%);埋藏于土壤下的种子萌发 / 幼苗存活率(33.7% ~ 37.7%)显著高于埋于土壤 / 凋落物上(20.3% ~ 22.0%)(Gang et al., 2015)。

(2)揭示了间伐对落叶松人工林内阔叶树种幼苗存活和生长的影响

阔叶树种幼苗存活:幼苗存活率随着栽植时间的增加呈递减趋势。在所有的间伐样地内,阳性树种(蒙古栎、胡桃楸)幼苗的存活率显著高于中性树种(色木槭、水曲柳)幼苗。中性树种幼苗在 50% 间伐强度(开阔度 25% ± 1%)处理下呈现"慢生长 – 高存活"特征,而阳性树种幼苗在皆伐处理下呈现"快生长 – 低存活"特征。

阔叶树种幼苗生长:在对照和 25% 间伐强度处理下与阳性树种相比,中性树种幼苗拥有较高的相对生长率、叶片氮含量、叶片灰分含量和比叶面积,以及较低的叶建成消耗,表明中性树种幼苗能在低光环境中更加有效地利用资源、投入更少的能量促进生长,同时在最小消耗的基础上能达到较高的光合能力并增强幼苗的抗逆性。在 50% 和 100% 间伐强度处理下,与中性树种相比,阳性树种幼苗拥有较高的相对生长率、叶片灰分含量、比叶面积和 C:P,表明在高光环境中,阳性树种幼苗具有较强的抗逆性、光合能力和养分利用效率(Yan et al., 2016)。

综上所述,通过间伐改变落叶松人工林内的环境因子进而影响阔叶树种种子持久性、种子萌发和幼苗存活生长,并提出了促进不同耐阴性阔叶树种更新的最适落叶松人工林间伐强度,同时明确了采用间伐、人工添加种源和人工栽植幼苗等人工诱导方式,具有将落叶松人工纯林诱导形成落叶松 – 阔叶混交林的可能。

4.2.7　东北温带次生林生态系统林窗变化过程与更新演替

干扰是温带次生林生态系统演替的主要驱动力,而林窗是自然干扰的最重要表现形式之一(Muscolo et al., 2014)。林窗的大小、密度和总面积反映了次生林生态系统受到干扰的强度与频率(张志国等, 2013),空间分布决定了森林资源的异质性和可利用性(Gray et al., 2012),而林窗的形成速率、周转率等动态指标反映了森林结构的发展方向(Tanaka and Nakashizuka, 1997)。因此,研究林窗格局动态可以为人工促进次生林生态系统的演替提供依据。

以清原站 1350 hm² 典型次生林生态系统试验林为研究对象,获取了该区近 50 年(1964—2014 年)6 期(1964 年、1976 年、1986 年、1994 年、2003 年、2014 年)高清影像(分辨率范围:0.7 ~ 10.0 m),解译并分析各时期林窗分布格局动态。研究表明,1964 年出现的林间空地(>3275 m²)在 50 年间有 97.0% 已闭合,其中 79.2% 被落叶松人工林填充,表明人为干扰(林间空地造林)是次生林生态系统林间空地闭合的主要驱动力。次生林生态系统林窗的空隙率、数量与平均面积处在不断波动中(表 4.2,注:受限于影像分辨率,1986 年和 1994 年未能解译小林窗),其中小林窗的数量和面积最大,其次是大林窗和中林窗(图 4.1)。林窗形成速率与林窗闭合速率在 1964—1976 年每年分别为 0.12% 和 0.20%，在 2003—2014 年每年分别为 0.14% 和 0.37%。

表 4.2 东北温带典型次生林 50 年林窗动态特征

特征指标	类别	年份					
		1964	1976	1986	1994	2003	2014
林窗空隙率 /%	大林窗	0.3	1.3	1.8	0.7	0.5	0.6
	中林窗	1.5	0.9	1.3	1.4	1.9	0.7
	小林窗	2.0	1.9	—	—	2.7	1.3
	汇总	3.8	4.1	—	—	5.1	2.6
林窗数量 / 个	大林窗	33	81	164	59	50	35
	中林窗	647	524	342	457	691	231
	小林窗	4369	4012	—	—	4578	4257
	汇总	5049	4617	—	—	5319	4523
林窗平均面积 /m^2	大林窗	1227	2167	1482	1601	1350	2314
	中林窗	313	231	513	413	371	409
	小林窗	62	64	—	—	80	41
	汇总	101	120	—	—	129	74

注："—" 代表受限于影像分辨率无法获取。

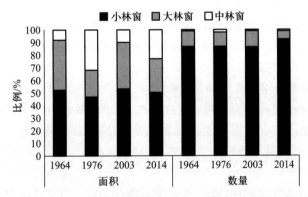

图 4.1 次生林内 50 年间大、中、小林窗面积和数量比例

以上林窗格局动态特征与其他温带森林生态系统明显不同，但在量级上具有可比性（Kenderes et al., 2008；Rugani et al., 2013）。其原因主要在于：① 外源性干扰的频率和强度不同，从而影响林窗的数量和总面积；② 内源性死亡发生的可能性不同，从而影响林窗的大小分布；③ 森林的年龄影响树木的侧向生长过程，进而影响林窗的闭合速率；④ 研究间隔期不同也会

影响林窗的形成和闭合速率,通常间隔期越短,动态速率越大。次生林生态系统独特的林窗动态特征,表明了温带森林生态系统林窗动态特征的多样性。

4.3　东北温带次生林生态系统的
生物地球化学循环过程

在地球表层生物圈中,生物有机体经由生命活动,从其生存环境的介质中汲取元素及其化合物,通过生物化学作用转化为生命物质,同时排泄部分物质返回环境,并在其死亡之后又被分解为元素或化合物返回环境介质中的循环往复过程,称为生物地球化学循环。东北温带次生林主要是由于自然干扰与人类不合理的强烈干扰导致原始林退化而形成。作为生态系统的重要组成,大量元素和微量元素对于地上树木存活、竞争和生长,乃至植被长期演替具有决定性作用,因而,对东北温带次生林生态系统大量元素和微量元素的生物地球化学循环研究可为森林生态系统经营管理提供养分方面的科学依据。

4.3.1　东北温带次生林生态系统碳循环

森林生态系统是陆地生态系统碳库的主体,维持着陆地生态系统植被和土壤碳库,每年固定的碳约占整个陆地生态系统的 2/3,在调节全球碳平衡、减缓大气 CO_2 等含碳温室气体浓度上升以及调节全球气候方面具有不可替代的作用。全球森林土壤碳库的地理分布格局按纬度划分,以高纬度地区森林土壤碳储量最大,约占全球森林土壤碳储量的 60%,中纬度地区森林土壤碳储量占13%,低纬度地区森林土壤碳储量占 27%。森林土壤平均碳密度也呈类似规律,在高纬度的北方森林土壤碳密度最大,中纬度的温带森林次之,低纬度的热带森林最小(Houghton, 1995)。东北森林是中国的重要林区(林地面积占全国的 1/3),在我国碳汇管理和生态建设中起着举足轻重的作用。

以东北温带次生林生态系统典型群落(蒙古栎林、胡桃楸林、杂木林和落叶松人工林)为研究对象,探索次生林典型群落土壤呼吸规律及影响因素,揭示次生林(杂木林)和落叶松人工林土壤有机质积累机制,为温带森林土壤碳循环的研究提供基础数据,还将为温带次生林生态系统对气候变化的响应预测提供重要依据。

(1)次生林主要群落土壤呼吸规律及影响因素

分析研究东北温带次生林典型群落(蒙古栎林、胡桃楸林和杂木林)土壤总呼吸、根系呼吸和微生物呼吸,以及地下 5 cm 土壤温度和含水量等。结果表明,蒙古栎林、胡桃楸林、杂木林土壤总呼吸不同,土壤总呼吸基本表现为杂木林(2.33 $\mu mol\ CO_2 \cdot m^{-2} \cdot s^{-1}$)>蒙古栎林(2.25 μmol $CO_2 \cdot m^{-2} \cdot s^{-1}$)>胡桃楸林(1.90 $\mu mol\ CO_2 \cdot m^{-2} \cdot s^{-1}$)。杂木林、蒙古栎林和胡桃楸林土壤总呼吸和微生物呼吸与土壤温度变化同步,整个生长季呈单峰曲线形状。次生林主要群落土壤总呼吸最大值为 7 月,变化幅度从 2.43 $\mu mol\ CO_2 \cdot m^{-2} \cdot s^{-1}$ 到 3.26 $\mu mol\ CO_2 \cdot m^{-2} \cdot s^{-1}$。蒙古栎林和混交林最小值为 4 月,分别为 0.81 $\mu mol\ CO_2 \cdot m^{-2} \cdot s^{-1}$ 和 0.94 $\mu mol\ CO_2 \cdot m^{-2} \cdot s^{-1}$,胡桃楸林最小值为10 月(1.52 $\mu mol\ CO_2 \cdot m^{-2} \cdot s^{-1}$)。根系呼吸占土壤总呼吸的比例也随着季节变化而波动,杂木林4 月最低(占总呼吸 14%),7 月最高(29%),蒙古栎林 6 月最低(17%),5 月最高(35%),胡桃楸林 5 月最低(28%),10 月最高(43%)。

土壤温度和土壤含水量对土壤总呼吸的影响程度受植被类型和季节控制,土壤温度是影响温带次生林主要群落土壤表面 CO_2 通量的主要非生物因子(Zhou et al., 2013);土壤微生物是影响土壤 CO_2 通量的主要生物因子之一,蒙古栎林、杂木林和胡桃楸林土壤微生物呼吸与土壤微生物量碳、氮显著正相关,土壤总呼吸与土壤微生物量氮的相关性高于与土壤微生物量碳的相关性,说明土壤微生物量大小决定了土壤微生物呼吸的强弱。根系生物量作为影响土壤 CO_2 通量的另一个主要生物因子,其对土壤 CO_2 通量影响受植被类型影响,具体表现为,蒙古栎林根系呼吸与细根生物量、杂木林根系呼吸与粗根生物量及根系总生物量、胡桃楸林根系呼吸与根系总生物量之间分别具有显著相关性。由此可见,温带次生林土壤呼吸速率是温度、微生物和根系生物量等因子协同作用的结果(Zhu et al., 2009)。

(2)次生林和落叶松人工林土壤有机碳积累机制

土壤有机质是联系土壤 – 植被 – 大气环境的枢纽,对维持森林生态系统稳定性具有重要作用。微生物是土壤有机质的重要来源,影响有机质的数量和质量。然而,以往关于次生林生态系统土壤有机质的研究样地面积小、缺乏重复性,限制了对土壤有机质积累机理的深入理解。为此,选择毗邻的天然次生林和落叶松人工林(每对样地面积达 $3 \sim 5 \ hm^2$)为研究对象,通过分析落叶松人工林(以毗邻次生林为参照)土壤有机碳、微生物碳/氮、碳氮矿化速率、酶活性和土壤结构的变化,揭示落叶松人工林取代次生林后对土壤有机质的影响机制。

落叶松人工林栽种约 40 年后 $0 \sim 15 \ cm$ 土层土壤有机碳降低了 30%,土壤微生物量碳、碳氮矿化速率和水解酶活性分别降低 40%、35%、$20\% \sim 50\%$(图 4.2 和图 4.3),土壤微生物量和微生

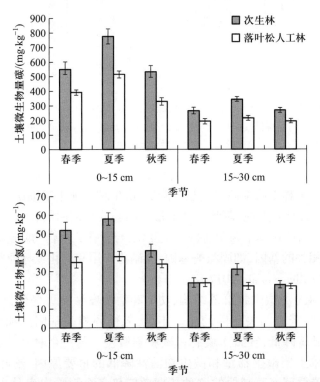

图 4.2 次生林和落叶松人工林土壤微生物量碳、氮变化(Yang et al., 2010b)

注:次生林和落叶松人工林各重复 3 次,土壤取样分 2 层,取样季节分为春、夏、秋 3 季,样品数量为 $n=36$。

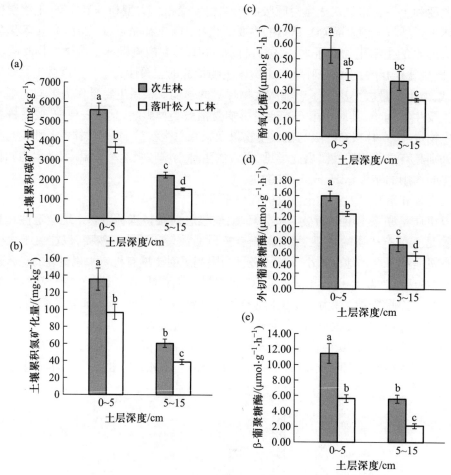

图 4.3   次生林和落叶松人工林土壤碳矿化（a）、氮矿化（b）、酚氧化酶（c）、
外切葡聚糖酶（d）、β- 葡聚糖酶（e）活性（Yang et al., 2013）

注：次生林和落叶松林各重复 3 次，土壤取样分 2 层，样品数量为 n=16。

物活性的降低是导致落叶松林土壤有机碳降低的主要原因之一（Yang et al., 2010b, 2013）。和次生林相比，落叶松人工林土壤细菌丰度显著降低，次生林样地土壤细菌 16S rRNA 基因丰度是落叶松林土壤的 1.7 倍，具体来说，落叶松林变形菌门和放线菌门的相对丰度降低，酸杆菌门的相对丰度较高。另外，落叶松林细菌功能群发生变化，与芳香类化合物降解相关基因的相对丰度显著降低，与氮循环相关的基因，如固氮酶基因、反硝化作用和异化氮还原相关基因的相对丰度在落叶松林显著降低（Zhang et al., 2017）。

总体来讲，人工林土壤微生物群落结构、功能和活性发生显著变化，具体表现为土壤细菌丰度、与芳香类化合物降解相关基因的相对丰度、氮循环相关基因的相对丰度、碳氮矿化速率和水解酶活性均显著降低，导致土壤有机碳积累缓慢。与次生林相比，落叶松人工林凋落物品质的降低是导致土壤微生物量和微生物活性降低的重要原因，落叶松人工林土壤微生物多样性的降低和碳循环速率减弱的这种长期效应势必会影响次生林生态系统碳汇功能的发挥。

4.3.2 东北温带次生林生态系统氮循环

森林生态系统作为陆地最大的氮素贮存库,在维系氮素的生物地球化学循环方面起到举足轻重的作用。土壤中的氮素从形态上可以划分为两种类型:有机氮和无机氮,森林土壤中85%以上的氮素以有机氮形式存在,其中可溶性有机氮(SON)占到可溶性总氮(TSN)的60%以上,是土壤氮素较为活跃的组分之一,与土壤氮素的供应和植物吸收有密切联系,也是维系森林生态系统氮素营养与平衡的控制库。明确东北温带次生林生态系统土壤可溶性有机氮现状、分配及影响的关键因素,是保障次生林生产力稳定发挥的关键。

以温带次生林生态系统内的次生林和落叶松人工林为研究对象,对不同季节土壤可溶性有机氮含量和酶活性的研究表明,次生林和落叶松人工林土壤可溶性有机氮均随着土层的加深而降低(表4.3),落叶松人工林土壤可溶性有机氮的降低势必影响长期生产力的维持和生态系统的稳定性。进一步对与氮循环相关的酶活性研究发现,次生林土壤脲酶和蛋白酶活性是落叶松人工林的2倍,次生林土壤 N-乙酰- β-葡萄糖苷酶和 L-天冬酰胺酶活性分别是落叶松人工林的1.2和1.7倍,四种酶活性均随着土层的加深而降低。对次生林和落叶松人工林土壤可溶性有机氮和酶活性、微生物生物量碳/氮的相关分析表明,土壤可溶性有机氮与酶活性均呈极显著正相关,因此,在次生林生态系统土壤氮转化过程中,落叶松人工林土壤酶活性(与氮素转化相关的酶)的降低限制了难溶性有机氮转化为可溶性有机氮,进而影响土壤有效氮素的供应(Yang et al., 2012)。

表4.3 次生林和落叶松人工林土壤可溶性有机氮、无机氮含量

取样时间	土层深度 /cm	林型	SON/($\mu g \cdot g^{-1}$)	NH_4^+-N/($\mu g \cdot g^{-1}$)	NO_3^--N/($\mu g \cdot g^{-1}$)	SON/TSN/%
2010年 6月	0~5	次生林	123.4 ± 22.4*	6.3 ± 0.9	56.8 ± 7.8	64.9 ± 4.0
		落叶松林	71.1 ± 25.5	6.4 ± 0.9	39.7 ± 3.1	53.4 ± 11.3
	5~15	次生林	19.4 ± 4.8	5.4 ± 0.3	20.4 ± 1.4*	41.0 ± 6.8
		落叶松林	7.4 ± 1.7	5.2 ± 0.8	10.9 ± 1.3	30.6 ± 4.2
2010年 10月	0~5	次生林	97.5 ± 9.4*	1.9 ± 0.3	34.5 ± 8.1	73.0 ± 4.4
		落叶松林	61.1 ± 5.5	1.5 ± 0.3	25.3 ± 1.2	69.1 ± 2.5
	5~15	次生林	11.7 ± 3.3	1.7 ± 0.2	11.9 ± 2.1*	44.8 ± 7.5
		落叶松林	4.8 ± 1.1	2.4 ± 0.4	6.4 ± 0.7	33.8 ± 5.2

注:分别在春、夏、秋对土壤取样(分2层),各重复4次,样品数量 n=48;* 代表同一土层两个林型间差异显著(P<0.05)(Yang et al., 2012)。

森林生态系统凋落物分解矿化是最主要的氮输入过程,决定着土壤有机氮库的大小和周转过程。不同树种的凋落物在分解过程释放氮素的模式和速率各不相同,从而影响土壤氮素的供应。研究发现,① 胡桃楸、蒙古栎、色木槭和落叶松的凋落物分解速率存在明显差异,阔叶树种凋落物分解率明显高于针叶树种;② 在 2 年分解期内,各树种凋落物碳氮比均随分解时间延长而降低,氮释放为:色木槭 > 蒙古栎 > 胡桃楸 > 落叶松;③ 凋落物分解试验发现凋落物分解速率与底物初始氮浓度、木质素 / 氮显著相关,影响氮素的释放。上述结果表明,次生林生态系统土壤氮素的供应能力与地上凋落物组成密切相关,在次生林生态系统土壤养分恢复过程中,树种组成、树种比例是影响土壤氮素供应的关键要素。

4.3.3   东北温带次生林生态系统磷循环

在森林生态系统中,植物与土壤之间构成了具有周期性的生物循环,植物养分元素以吸收、贮存和归还等形式参与这个循环,包括磷循环。磷素参与或控制了养分生物循环诸多过程,是生物有机体不可或缺的重要元素,也是细胞内一切生物化学作用的基础,其在生态系统内的迁移转化是生态系统结构和功能的决定性因素之一。

目前森林土壤质量存在不同程度的下降趋势,自 19 世纪中叶以来,氮沉降量不断增加,土壤中碳磷比、氮磷比失调,土壤性质发生变化,土壤中的磷素有效性不足以平衡氮素有效性,因此系统中磷有效性成为物质循环和能量流动的限制因子。人为活动影响森林生态系统土壤磷素状况、有效性及其转化过程,关于落叶松人工林取代次生林后土壤磷素形态的变化特征及其转化过程的研究较少,本研究以温带次生林生态系统为研究对象,分析次生林转变为落叶松人工林对土壤磷素含量、形态特征等的影响,并探讨影响森林土壤磷素的相关因素,旨在为进一步研究温带森林生态系统磷素循环提供参考。

研究发现,落叶松人工林土壤总磷和总无机磷显著高于次生林,这可能与落叶松林下灌木较多有关。两个林型总有机磷含量在观测的各个季节无显著差异,取样季节对土壤总磷、总无机磷和总有机磷无显著影响,在取样的三个季节,土壤总有机磷占总磷 53% ~ 64%,次生林总有机磷占总磷的比例高于落叶松人工林。对土壤无机磷的分组(Fe-P、Al-P 和 Ca-P)研究表明,次生林土壤 Fe-P 含量低于落叶松人工林(三个季节),而次生林和落叶松人工林 Al-P 和 Ca-P 在春季和秋季无显著差异,在夏季表现为次生林 Al-P 高于落叶松人工林,而 Ca-P 低于落叶松人工林(图 4.4)。落叶松人工林土壤的 pH 降低有利于土壤中难溶性 Ca-P 的溶解和 Fe-P 的升高,从而改变土壤无机磷组分的分配和有效性。土壤有机磷是植物生长所需磷的一个重要来源,土壤有机磷只有被分解为无机磷后,才能被植物吸收利用,而这一过程主要通过土壤微生物的降解来实现。因此,土壤微生物量磷和酸性磷酸酶是土壤有机磷转变为植物可利用磷的重要枢纽,磷酸酶可将植物难利用的磷转化为植物可利用的磷,释放出无机磷。次生林土壤微生物量磷、活性有机磷和酸性磷酸酶活性显著高于落叶松人工林,次生林和落叶松人工林土壤活性无机磷无显著差异。

落叶松人工林土壤活性有机磷下降的原因有两方面。一方面,随着次生林改变成落叶松人工林后土壤有机碳的矿化和损失,磷作为有机碳矿化时的附属产品也同时被土壤微生物分解(或吸收),进而转化成一部分无机磷;另一方面,落叶松人工林土壤凋落物归还数量少,且难以分解,以凋落物形式归还到土壤中的有机磷数量较少。相关结果表明落叶松人工林改变了土壤磷组分分配,降低了土壤有机磷的有效性(Yang et al.,2010a)。

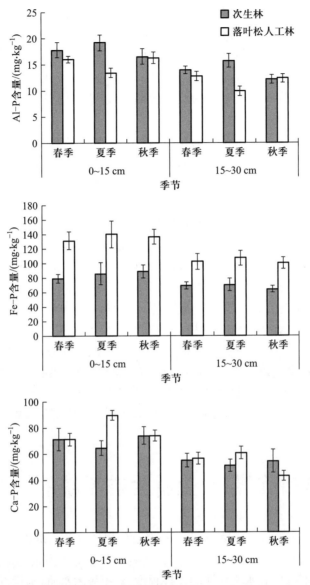

图 4.4 次生林和落叶松人工林土壤无机磷各组分分配（Yang et al., 2010b）

注：次生林和落叶松林各重复 3 次，土壤取样分 2 层，取样季节分为春、夏、秋 3 季，样品数量 *n*=36。

4.3.4 东北温带次生林生态系统内落叶松人工林微量元素循环

落叶松是我国北方最主要的用材树种之一，东北地区（包括辽宁、吉林、黑龙江、内蒙古东部）落叶松人工林总面积达到 2.61×10^6 hm²。然而，与毗邻次生林相比，落叶松人工林（40 年左右）土壤养分显著下降。此外，落叶松人工林在经营与收获过程中，大量养分元素输出系统，使土壤养分状况进一步恶化，从而降低了落叶松人工林的现实生产力，最终影响其长期生产力，而不同的采伐利用方式（比如，仅收获树干、全树收获等）会造成不同数量的养分元素被移出系统，合理的树木采伐管理措施将缓解甚至避免因采伐造成的养分元素缺乏。因此，了解不同器官养分积累量和分配模式对于人工林养分管理和最佳采伐方式（兼顾生产和生态功能）的制定至关重要。

通过研究落叶松人工林地上、地下各器官养分元素积累量与分配格局，评价七种常见的采伐利用方式（树干去除树皮、仅收获树干、树干加树枝、树干加树根、树干加树枝加树根、全树地上收获、全树地上加地下收获）各自的养分输出量（大量元素 N、P、K、Ca、Mg 和微量元素 Fe、Mn、Cu、Zn），以期改善、优化落叶松人工林的经营管理措施，从而指导落叶松人工林的养分存贮和管理。

研究结果显示，大量元素养分浓度的排序为：N>Ca>K>P>Mg，微量元素养分浓度的排序为：Fe>Mn>Zn>Cu。通常情况下，树干的养分浓度最低，树叶大量元素养分浓度最高，树皮微量元素养分浓度最高。10 年生落叶松中，树叶养分积累量占总养分积累量的比例最高，而 21 年、34 年、55 年生落叶松，树干养分积累量占总养分积累量的比例最高。大量元素中的 N 和微量元素中的 Zn 在树干中的积累量最高，且随林龄增加而增加。

一般情况下，10 年、21 年生落叶松人工林的大量元素 N、P、K 主要集中在树叶，34 年、55 年生则主要集中在树皮和树根；在 10 年、21 年、34 年、55 年生落叶松人工林中，大量元素 Ca、Mg 和微量元素 Fe、Mn、Cu、Zn 主要集中在树枝和树根。因此，可通过将相应器官留在林地来减少特定养分元素的输出，进而避免更多的养分损失。例如，对 10 年、21 年生落叶松间伐时，将树叶留在林地以减少 N、P、K 的损失，将树枝留在林地以减少 Ca、Mg、Fe、Mn、Cu、Zn 的损失；而对 34 年、55 年生落叶松主伐时，将树皮留在林地以减少 N、P、K 的损失。然而，较大比例的大量元素 N 和微量元素 Zn 积累于树干中，且随着林龄增加愈加明显，表明即使将树叶、树皮、树枝、树根等器官留在林地，采伐或者间伐也会将这两种元素大量地输出系统。因此，在维持落叶松人工林长期生产力的过程中，应特别关注这两种养分元素，延长轮伐期是缓解 N、Zn 缺乏的合理经营措施之一（Yan et al., 2017）。

4.4　东北温带次生林生态系统的水文过程

森林生态系统是陆地水文过程的重要参与者，通过林冠层、枯落物层、土壤层等调节陆地生态系统的水分循环（刘世荣等，2007）。温带次生林生态系统作为东北地区森林生态系统的主体，主要分布于江河源头区，其水文功能的发挥程度，对流域的水质、水量以及河流水生态安全至关重要。

4.4.1　东北次生林生态系统的森林水文过程

温带次生林生态系统类型多样，不同林型的水文过程差异较大，明确不同林型的林冠截留能力、林下枯落物层持水性能、土壤层蓄水和渗透性能等水文过程，有助于深入理解温带次生林的调水、理水、蓄水、净化等功能，为次生林生态系统的管理与恢复提供科学依据。

（1）典型次生林生态系统的林冠层截留能力

林冠截留是指林冠拦挡、保留、释放降雨的过程，包括冠层吸附和冠层蒸发两部分，二者同时发生，主要受降雨强度、森林空间结构、树种组成、干燥度等影响。对 2001—2015 年东北温带次生林生态系统典型森林类型的林冠截留研究表明，不同森林类型的林冠截留率明显不同，变动范围在 13.04% ~ 80.66%，变动系数为 6.68% ~ 55.05%。其中，针叶人工林的林冠截留率高于阔叶混交林与针阔叶混交林（表 4.4）。在实际的截留过程中，由于受降雨强度、降雨延续时间，特别是枝叶表面蒸发的影响，最大饱和截留量不是一个恒定值，而是随降雨量增加而增加的渐近值，只是增加的幅度相对减小，故截留率相对平稳（盛雪娇等，2010；郝姣姣，2010；侯克怡，2015；于立忠等，2016）。

表 4.4　东北温带次生林生态系统典型森林类型林冠层对降雨的再分配（2001—2015 年）

再分配情况	红松人工林	落叶松人工林	针阔叶混交林	阔叶混交林
降雨量 /%	100	100	100	100
穿透雨 /%	17.2 ~ 75.2	14.7 ~ 77.64	13.64 ~ 81.50	17.2 ~ 84.27
树干茎流 /%	3.14 ~ 5.33	2.24 ~ 4.40	3.73 ~ 32.12	0.90 ~ 15.25
林冠截留 /%	21.65 ~ 77.47	18.80 ~ 80.66	14.76 ~ 69.91	13.04 ~ 65.17

注：引自盛雪娇等，2010；郝姣姣，2010；侯克怡，2015；于立忠等，2016。

（2）典型次生林生态系统的枯落物层水文特征

枯落物是森林生态系统的重要组成部分，在森林水文功能中起着重要作用，能够截持降水、减缓地表径流、增加土壤入渗、减少水土流失、调节水化学性质等。东北温带次生林生态系统典型森林类型的枯落物现存量介于 5.20 ~ 78.50 t·hm⁻²（平均为 32.66 t·hm⁻²），其中红松人工林枯落物现存量最大（8.32 ~ 78.50 t·hm⁻²），显著高于其他林型。各林型半分解层枯落物所占比例均大于未分解层。枯落物厚度介于 2.60 ~ 10.60 cm，平均厚度为 4.95 cm。其中，阔叶混交林枯落物平均厚度最大（5.62 cm），而针阔叶混交林枯落物平均厚度最小（4.33 cm），未分解层枯落物平均厚度显著高于半分解层厚度。

东北温带次生林生态系统枯落物的持水量是自身重量的 2 ~ 5 倍，其最大截留量与最大持水量接近，不同林型枯落物最大持水量为 16.75 ~ 161.60 t·hm⁻²，针阔叶混交林、阔叶混交林、落叶松人工林和红松人工林枯落物平均最大持水量分别为 63.92 t·hm⁻²、55.74 t·hm⁻²、53.19 t·hm⁻² 和 63.92 t·hm⁻²。枯落物未分解层的最大持水率为 149.36% ~ 597.57%，半分解层的最大持水率为 165.42% ~ 599.07%。不同森林类型枯落物半分解层的最大持水率均高于未分解层，说明在同一林分内枯落物持水能力的大小主要受其分解程度的影响，枯落物分解程度越高，其持水能力越强（表 4.5）。

利用浸泡法分析各林分枯落物未分解层和半分解层持水量、吸水速率与浸泡时间的关系，在最初的 2 小时枯落物持水量增加速度最快，在 2 ~ 8 小时逐渐减缓，8 小时后明显减缓并逐渐趋于稳定，逐渐达到最大持水量，且不同林型枯落物浸泡持水量与浸泡时间的关系符合对数函数关系。枯落物吸水速率随浸泡时间的变化表现为，枯落物各层吸水速率在最初 1 小时最快，在 1 ~ 4 小时内急剧下降，4 ~ 5 小时后吸水速率下降速度明显减缓，且随浸泡时间延长，枯落物各层吸水速率趋向一致。另外，不同林型枯落物的最大吸水量为干重的 3 ~ 6 倍，半分解层枯落物吸水量显著高于未分解层（郝占庆和王力华，1998；胡天然，2007；方伟东，2011；侯克怡，2015；王利等，2015；唐雪强，2016；刘艳等，2017）。

表 4.5　东北温带次生林生态系统典型林型的枯落物现存量及持水能力（1998—2016 年）

		林型			
		针阔叶混交林	阔叶混交林	落叶松人工林	红松人工林
枯落物厚度 /cm		3.41 ~ 4.49	2.60 ~ 10.60	3.69 ~ 8.10	3.14 ~ 6.8
枯落物现存量 /(t·hm^{-2})		8.48 ~ 64.86	4.62 ~ 48.82	10.04 ~ 59.57	8.81 ~ 78.50
未分解 /(t·hm^{-2})		3.29 ~ 22.40	2.82 ~ 16.45	4.15 ~ 27.39	3.31 ~ 32.0
半分解 /(t·hm^{-2})		5.19 ~ 42.46	1.80 ~ 32.37	5.89 ~ 32.81	5.50 ~ 46.50
有效拦蓄量 /(t·hm^{-2})		10.02 ~ 83.39	7.06 ~ 41.26	8.14 ~ 48.36	8.11 ~ 46.94
最大持水量 /(t·hm^{-2})	未分解	9.32 ~ 40.40	15.48 ~ 49.40	5.67 ~ 35.50	19.60 ~ 42.40
	半分解	16.77 ~ 77.80	15.41 ~ 66.40	11.08 ~ 66.64	18.24 ~ 92.20
	总和	26.09 ~ 118.20	30.89 ~ 115.80	16.75 ~ 102.14	37.84 ~ 134.60
最大持水率 /%	未分解	180.21 ~ 468.70	171.72 ~ 597.57	149.36 ~ 368.85	199.14 ~ 310.00
	半分解	183.30 ~ 599.07	182.90 ~ 549.90	165.42 ~ 371.02	173.4 ~ 389.22
	平均	181.76 ~ 533.89	177.31 ~ 573.74	157.39 ~ 369.94	186.27 ~ 349.61

注：引自郝占庆和王力华，1998；胡天然，2007；方伟东，2011；侯克怡，2015；王利等，2015；唐雪强，2016；刘艳等，2017。

（3）典型次生林生态系统的土壤层水文特征

土壤是森林生态系统水分的主要储蓄库，在东北温带次生林生态系统中，土壤水分库可占到整个系统水分库的 90% 以上，不同植被类型各层土壤含水率随土层深度的变化逐渐降低。采用双环入渗实验对五种典型次生林的土壤入渗性能分析表明，红松混交林的土壤初渗速率和平均入渗速率显著高于红松人工林、落叶松人工林，其他各林型间的初渗速率、稳渗速率和平均入渗速率差异均不显著，但总体表现为针阔叶混交林（落叶松混交林、红松混交林）高于阔叶混交林，高于红松人工林、落叶松人工林，针阔叶混交林达到稳渗时间最长（表 4.6），不同林型每层土壤的水分入渗速率与入渗时间符合幂函数关系，且不同林型土壤的水分入渗速率均随土层深度的增加而减小。

土壤蓄水能力是森林涵养水源、调节水循环的主要指标。其中，毛管孔隙中的水分可以长时间保持在土壤中，主要用于植物根系吸收和土壤蒸发，而非毛管孔隙能较快容纳降水并及时下渗，更加有利于涵养水源。不同林型的土壤蓄水能力不同，落叶松混交林土壤的非毛管孔隙度、总孔隙度、非毛管蓄水量和饱和蓄水量显著高于其他林型（王利等，2015），其他各林型间差异不显著，但总体表现为针阔叶混交林（落叶松混交林、红松混交林）高于阔叶混交林与人工针叶林（落叶松人工林和红松人工林）（表 4.7）。

表 4.6 东北温带次生林生态系统典型林型的土壤入渗性能

林型	初渗速率 /(mm·min^{-1})	稳渗速率 /(mm·min^{-1})	平均入渗速率 /(mm·min^{-1})	稳渗时间 /min
落叶松混交林	12.00ab	8.65a	9.30ab	12.00ab
红松混交林	16.08b	7.79a	10.41b	15.00b
阔叶混交林	10.00ab	5.72a	5.79a	7.17a
落叶松人工林	7.37a	4.58a	5.73a	10.76ab
红松人工林	7.79a	4.62a	5.22a	11.71ab

注:同一列中不同小写字母表示测定指标差异显著($P<0.05$);样地重复 3 次,样地面积 20 m×30 m,土壤分层取样(每 10 cm 分一层),每个样地设置 5 个取样点,下同(王利等,2015)。

表 4.7 温带次生林生态系统典型林型的土壤物理性质及蓄水量

林型	土层深度 /cm	土壤容重 /(g·cm^{-3})	非毛管 孔隙度 /%	毛管 孔隙度 /%	总孔隙度 /%	非毛管蓄水量 /(t·hm^{-2})	饱和蓄水量 /(t·hm^{-2})
落叶松混交林	0~90	0.75a	13.98b	44.56a	58.54b	1258.2b	5268.6b
红松混交林	0~90	0.91ab	10.57a	46.42b	56.99a	951.3a	5128.8a
阔叶混交林	0~90	0.99b	8.09a	43.28a	51.37a	782.1a	4623.3a
落叶松人工林	0~90	1.08b	6.23a	41.57a	47.80a	560.7a	4302.0a
红松人工林	0~90	1.02b	4.29a	46.98b	51.27a	386.1a	4614.3a

注:引自王利等,2015。

4.4.2 东北温带次生林生态系统的水源涵养能力

水源涵养功能是次生林生态系统服务功能的重要组成部分,但不同林型的蓄水、净水能力有较大差异,尤其是人工针叶林的水源涵养功能显著低于天然林。

对温带次生林生态系统 5 种典型林分(位于浑河上游地区的蒙古栎林、花曲柳林、阔叶混交林、红松人工林、落叶松人工林)林冠层穿透雨与树干茎流的分析表明,各林型穿透雨与树干茎流的浊度、电导率、总溶解固体含量、氯离子、铵根离子、硝酸根离子、总磷浓度等均较林外降雨有一定程度的增加,而 pH 和溶解氧明显下降(徐天乐等,2013),其中,红松人工林、落叶松人工林显著降低了穿透雨、树干茎流的 pH(席兴军等,2009;徐天乐等,2013),而蒙古栎林、花曲柳林穿透雨的电导率、总溶解固体含量、硝酸根离子增加幅度高于红松人工林与落叶松人工林,但红松人工林与落叶松人工林树干茎流中的电导率及总溶解固体含量显著高于蒙古栎林,阔叶混交林树干茎流硝酸根离子和总磷浓度明显高于其他 4 种林型。总之,形成树干茎流后,水质明显下降,阔叶混交林显著增加了降雨的电导率、总溶解固体含量和浊度等,红松人工林和落叶松人工林显著降低了穿透雨与树干茎流的 pH,极易导致土壤酸化(徐天乐等,2013)。另外,对阔叶混交林和红松人工林流域径流水质的研究表明,两种林型显著降低了径流的 pH,但氯离子、硝酸根离子、铵根离子和林外降水之间没有显著差异,总磷表现为阔叶混交林 > 红松人工林 > 林外降水,可能是因为阔叶混交林土壤和枯落物中磷含量高于红松人工林,其他水质指标基本没有变化。同时,对浑河上游不同断面的水质监测表明,浑河上游 12 条溪流丰水期各化学指标含量较枯水期和平水期都低,并且从源头区到下游呈显著增加趋势,但丰水期 N 含量较其他时期都低,这可能与降雨对其稀释的影响有关(Wang et al.,2013)。

　　东北温带次生林分布区立地条件差异较大,不同林型的水源涵养功能也各不相同,但总体上表现为人工针叶纯林的水源涵养功能低于阔叶混交林(表 4.8)。对典型次生林的水源涵养功能研究表明,蒙古栎林与阔叶混交林的林分总蓄水能力(统计枯落物与 0～50 cm 土层的蓄水能力,下同)均高于红松、落叶松等人工针叶纯林,但因针叶纯林的枯落物分解慢,具有较高的枯落物现存量,其枯落物的蓄水能力经常大于阔叶混交林与蒙古栎林。针阔叶混交林明显提高了林分的水源涵养功能,其中落叶松混交林的水源涵养能力较落叶松人工林纯林提高了约 50%(郝占庆和王力华,1998;王利等,2015)。

表 4.8　东北温带次生林生态系统典型林分的水源涵养功能

年度	林型	林龄 /年	平均胸径 /cm	林分密度 /(株·hm^{-2})	枯落物蓄水能力 /(t·hm^{-2})	土壤层有效蓄水能力 /(t·hm^{-2})	林分总蓄水能力 /(t·hm^{-2})	文献
1994 年	蒙古栎林	32	11.7	1980	42.7	894.9	937.6	郝占庆和王力华,1998
	阔叶混交林	32	12.1	2100	37.1	843.9	881.0	
	红松人工林	30	18.5	1250	57.7	792.7	850.4	
	落叶松人工林	31	21.7	1300	47.9	789.7	837.6	
	油松人工林	33	13.6	1460	44.3	773.4	817.7	
2014 年	蒙古栎林	49	16.7	2106	40.2	856.8	897.0	王利等,2015
	阔叶混交林	40	17.1	917	41.3	878.0	919.3	
	红松人工林	30	25.6	792	36.3	719.0	755.3	
	落叶松人工林	23	17.0	1109	48.3	525.8	574.1	
	红松混交林	30	16.5	1750	74.0	668.0	742.0	
	落叶松混交林	25	12.0	1650	83.4	780.2	863.6	

4.4.3　东北温带次生林生态系统典型流域的水文特征

近几十年受气候变化和人类活动的双重影响,东北温带次生林生态系统的水循环过程发生了明显的变化,极端气候事件频发,对自然生态系统和人类生存环境产生了严重影响。为了阐明温带次生林生态系统的水文过程,以及与大气降水的关系,以典型流域(长白山区域的浑太流域)为研究对象,分析了近50年来的大气降水分布特征、浑太流域径流变化过程及流域实际蒸散时空变化特征等,以期为流域暴雨洪水预报、防洪设计、干旱监测、区域水资源管理等提供科学依据与支撑,实现对水资源的合理利用与分配。

（1）典型地区降水及流域径流变化

1959—2006年,长白山地区年均降水量787.87 mm,年降水量的最大值为1091.64 mm,出现在1986年,最小值为527.28 mm,出现在2001年。其中,生长季降水量存在明显的波动变化和显著的丰枯交替现象,有25年降水偏多,23年降水偏少(胡乃发等,2010)

1956—2011年,浑河流域降水基本稳定,略呈减少趋势,降水量没有显著的趋势性和突变特征。降水集中在6—9月(7月最多,超过年降水量的25%)。径流年内集中程度逐渐减小,最大月径流出现时间由5月移至8月,其占全年的比例也由23.80%升至26.46%,再至30.95%。降水量和径流量年内分配具有相似特征,从总体变化趋势来看,浑河流域径流存在阶段性特征,从1956—1980年基本处于缓慢下降过程,1980—2011年受大水年的影响较大,天然径流量出现明显的上升–下降波动过程。浑河流域径流量在1975年出现突变,从1975年开始,径流量比前期显著减少,年径流变化主周期为11年,第二周期为5年,第三周期为21~23年。可见,降水偏丰的年份,降水对径流的影响更为明显,可能是气候变化和人类活动等其他因素对枯水年份的降雨径流影响较大(刘伟等,2016;王德芳和于颖瑶,2016;梁冰,2015)。

（2）降水极值分布特征

极端降水的变化规律对水资源的时空分布、农业生产和生态环境演变起着关键作用。近年来,世界各地的极端强降水呈显著增加趋势。

基于辽东山区11个气象站1960—2015年逐日降水资料(李秀芬等,2017)和1966—2006年浑河和太子河流域内73个雨量站的逐日降水观测资料(胡乃发等,2012;龚强等,2013)的分析表明,该地区降水极值空间分布主要表现为全区一致分布型、南北和中部相反分布型、山脉中部和两侧相反分布型,各空间型的时间系数年际震荡较大。全区域降水极值在1983年之前缓慢减少,其后趋于稳定,存在明显的11年和20年左右的周期变化。南北部和中部降水极值的差值变化存在先减小后增大的趋势,表现为11年和17年左右的震荡周期。山脉中部和两侧降水极值的差值在1984年之前趋于稳定,其后缓慢减少,以10年左右变化周期最明显(胡乃发等,2012;龚强等,2013)。11个气象站中,降水极值多数符合对数正态分布(6个站),降水极值符合Pearson–Ⅲ型分布的较少(3个站),其他2个站分别符合Gumble和Weibull分布。不同重现期的辽东山区降水理论极值各地差异较大,表现为南部极值普遍高于北部(李秀芬等,2017)。

（3）浑太流域蒸散的时空变化特征

蒸散是水量平衡中的重要分项,也是能量循环和水循环的重要环节,又是对风速、气温、水汽压差等各种气候因子的综合反映。

1970—2006 年,浑太流域年均蒸散量为 347.4 mm,并以 1.58 mm·10 年$^{-1}$ 的速率略呈上升趋势,但上升趋势不明显,年内呈单峰变化,峰值出现在 7 月。季节变化上,夏季最大,冬季最小,春季高于秋季。整个流域实际蒸散量呈现从西北至东南逐渐减少的分布特征,但差异不大。净辐射是影响浑太流域蒸散变化的主导因素(冯雪等,2014)。

近 50 年,辽宁省年平均气温以 0.30 ℃·10 年$^{-1}$ 的速率显著上升,平均日最低气温的上升速率(0.49 ℃·10 年$^{-1}$)是平均日最高气温(0.20 ℃·10 年$^{-1}$)的 2 倍多,而降水量变化不明显(龚强等,2013)。东北温带次生林生态系统由于受到人为和极端气候的干扰,在过去几十年中,气温升高,降水格局、森林植被发生明显变化,一定程度上增加了森林小流域的洪峰径流流量、历时和变异性等,同时由于森林植被组成发生变化,降低东北温带次生林的屏障功能,尤其是水环境安全保障功能。

4.5　东北温带次生林生态系统对全球变化的响应

我国已成为继欧洲和北美后全球三大主要的氮沉降区域之一。目前,全国氮沉降平均水平已达到 21 kg N·hm^{-2}·年$^{-1}$,已经高于欧洲和北美的氮沉降水平,并以每年 0.17 ~ 0.41 kg N·hm^{-2} 的速率增加。氮沉降对森林生态系统影响的方向和程度决定于沉降的活性氮在系统各氮库的分布和去向,同时受生态系统自身氮状态的直接影响。如何准确评估氮沉降对该区次生林碳氮循环的影响,对于评价东北温带次生林的生态环境效应意义重大。

4.5.1　东北温带次生林生态系统土壤碳矿化对氮沉降的响应

氮输入显著影响森林土壤碳矿化,然而,这种影响是否受氮输入的形态、浓度等因素限制一直不是十分清楚。本研究以东北温带次生林生态系统内的次生林和落叶松林为研究对象,重点研究不同氮形态(NH$_4^+$–N 为主的氮、NH$_4$NO$_3$ 和 NO$_3^-$–N 为主的氮)、浓度(25 mg N·kg^{-1}、50 mg N·kg^{-1} 和 75 mg N·kg^{-1})输入对土壤碳矿化的影响,为明确东北温带次生林生态系统土壤碳矿化变化规律及有机碳积累等问题奠定基础。

不同氮输入形态显著影响次生林土壤碳矿化。和对照相比,以 NH$_4^+$–N、NH$_4$NO$_3$ 和 NO$_3^-$–N 为主的氮输入次生林土壤碳矿化降低 1% ~ 20%。在三种氮输入形态下,碳矿化降低的顺序为:NO$_3^-$–N>NH$_4$NO$_3$>NH$_4^+$–N。以 NH$_4^+$–N 为主的氮输入土壤碳矿化显著低于以 NO$_3^-$–N 和 NH$_4$NO$_3$ 为主的氮输入,而以 NO$_3^-$–N 和 NH$_4$NO$_3$ 为主的氮对土壤碳矿化的影响不显著。氮浓度也是影响次生林土壤碳矿化的主要因子,外加氮浓度越高,土壤碳矿化降低越显著,外加 50 mg N·kg^{-1} 和 75 mg N·kg^{-1} 氮素土壤碳矿化明显低于外加 25 mg N·kg^{-1} 氮素,氮素浓度对土壤碳矿化的影响趋势不受添加的氮素形态影响。不同氮输入形态显著影响落叶松林土壤碳矿化,而不同氮输入浓度对落叶松土壤碳矿化无显著影响。与 NO$_3^-$–N 和 NH$_4$NO$_3$ 为主的氮输入相比,外加以 NH$_4^+$–N 为主的氮显著降低落叶松林土壤碳矿化。

不同氮输入形态显著影响次生林土壤酚氧化酶活性。和对照相比,三种形态的氮输入降低次生林土壤酚氧化酶活性 27% ~ 47%。与 NH$_4^+$–N 和 NO$_3^-$–N 为主的氮输入相比,以 NH$_4$NO$_3$ 输入的氮显著降低土壤酚氧化酶活性,而以 NH_4^+-N 和 NO_3^--N 为主的氮对酚氧化酶活性无显著影响。输入高浓度 NH_4^+-N 显著降低落叶松林土壤酚氧化酶活性。次生林和落叶松林土壤与碳循环有关的水解酶活性(外切葡萄糖苷酶、β- 葡萄糖苷酶和 N- 乙酰 -β- 葡萄糖苷酶),以及土壤可溶性有机碳不受氮输入形态、浓度影响。

不同氮输入浓度显著影响次生林土壤 pH,而氮输入形态对 pH 无显著影响。和对照相比,不同氮形态、浓度输入降低次生林土壤 pH 0.02～0.27。外加氮浓度越高,土壤 pH 降低越显著(外加 75 mg N·kg^{-1} 氮素土壤 pH 显著低于外加 25 mg N·kg^{-1} 和 50 mg N·kg^{-1} 氮素土壤)。不同氮形态、浓度输入显著影响落叶松林土壤 pH。和对照相比,氮输入降低落叶松林土壤 pH 0.07～0.36,以 NH_4^+-N 和 NH_4NO_3 为主的氮输入土壤 pH 显著低于以 NO_3^--N 为主的氮。外加 75 mg N·kg^{-1} 氮素土壤 pH 显著低于外加 25 mg N·kg^{-1} 和 50 mg N·kg^{-1} 氮素土壤。此外,氮输入浓度与土壤 pH 变化显著相关。

氮输入影响次生林和落叶松林土壤碳矿化,其影响程度取决于加入的氮素形态和氮浓度,加入高浓度 NH_4^+-N 显著降低次生林和落叶松林土壤碳矿化,碳矿化的降低与酚氧化酶活性降低和 pH 降低有关(Yang et al.,2014)。

4.5.2　氮沉降对东北温带次生林生态系统土壤厌氧氨氧化作用的影响机制

20 世纪 90 年代发现厌氧氨氧化(anammox),改变了人们对传统氮的生物地球化学循环认识。一些森林土壤有可能是 anammox 细菌生长的温床,并为发生 anammox 提供条件。目前,仅有个别研究在森林湿地土壤上检测到 anammox 细菌(Humbert et al.,2012)。而潜在性的 anammox 活性在森林土壤中的研究未曾有报道。研究 anammox 活性对于理解森林生态系统的 N 循环是必不可少的环节。基于此,采集了我国东北地区两个温带森林土壤,运用 ^{15}N 稳定同位素标记技术并联合 16S rRNA 基因测序和定量 PCR 技术,一方面检测 anammox 是否发生?如果发生,anammox 产生的 N_2 占多大比重?另一方面也检测与之相关的 anammox 细菌。

东北温带典型次生林土壤确实发生了厌氧氨氧化过程,且次生林 - 落叶松混交林高于落叶松林,不过厌氧氨氧化速率和对 N_2 释放总量的贡献都很低。当单独加入 ^{15}N-NH_4^+ 培养时,仅在 0～10 cm 土壤中检测到 $^{29}N_2$ 气体。同时添加 $^{14}NO_3^-$ 和 $^{15}NH_4^+$ 溶液培养时,在所有层次土壤均检测到 $^{29}N_2$ 气体,表明 10～20 cm 和 20～40 cm 土壤原有硝态氮含量在预培养阶段几乎消耗掉。10～20 cm 和 20～40 cm 土壤 $^{29}N_2$ 气体在加入 $^{14}NO_3^-$ 和 $^{15}NH_4^+$ 培养过程中一直逐渐增加,表明加入的 $^{14}NO_3^-$ 被微生物转化成 $^{14}NO_2^-$,转化后的 $^{14}NO_2^-$ 随即与加入的 $^{15}NH_4^+$ 反应形成 $^{29}N_2$ 气体。因此,微生物调控着土壤 $^{29}N_2$ 气体的产生。

在严格的厌氧条件下,单独添加 $^{15}NH_4^+$,或同时添加 $^{15}NH_4^+$ 和 $^{14}NO_3^-$ 两种情况下产生的 $^{29}N_2$ 被认定完全是由厌氧氨氧化过程产生的。这是因为在氧气缺乏条件下没有 ^{15}N 标记的 NO_2^- 从添加的 $^{15}NH_4^+$ 溶液中转化。如果在 ^{15}N 标记的 NH_4^+ 培养中发生了 NH_4^+ 转化成 NO_2^-,那么土壤发生反硝化作用必定会产生 $^{30}N_2$ 气体。然而,在 $^{15}NH_4^+$ 或 $^{14}NO_3^-$ 和 $^{15}NH_4^+$ 培养试验中都没有检测到 $^{30}N_2$ 气体,这就说明培养过程中 $^{29}N_2$ 气体全部来自厌氧氨氧化。另外,测定的 16S rRNA 基因结果表明土壤主要的厌氧氨氧化细菌是 *Candidatus Brocadia fulgida* 和 *Candidatus Jettenia asiatica*，也进一步证实森林土壤发生了厌氧氨氧化过程（Xi et al.，2016），这一结果对评估温带次生林土壤潜在的厌氧氨氧化速率具有重要意义。

氮沉降对温带次生林生态系统土壤碳、氮循环过程的影响研究是全球变化领域的重要问题，通过不同氮素形态、浓度对土壤碳矿化和土壤微生物影响的研究，有助于深入理解不同氮素形态、浓度对温带次生林生态系统碳"源 / 汇"的影响、土壤微生物在氮转化中的重要作用等，以期为未来更好地评价温带次生林生态系统土壤碳"源 / 汇"功能及其变化趋势、氮素转化的关键过程，以及温带次生林生态系统管理提供理论依据。

4.6　东北温带次生林生态系统管理调控与示范模式

次生林已经成为世界森林的主体，在维持生物多样性、保持水土、涵养水源、调节气候、固碳释氧等生态服务功能方面发挥着重要作用，而且还提供大量的木材与林产品，对于维系区域生态安全、保障社会经济可持续发展等具有无可替代的作用。目前，我国森林经营的方向已由过去以木材利用为主转向以发挥森林生态服务功能为主，确立了林业在生态建设中的主体地位，树立了以森林保护为主的理念，启动了以"天然林保护工程"为标志的一系列林业重点工程。在此背景下，如何更好地保护现有次生林，通过科学管理、合理调控，提高次生林的生产与生态服务功能，促进次生林的演替进程，是当前次生林保护与恢复的关键。

4.6.1　东北温带次生林生态系统林下光调控技术

次生林管理既不同于人工林的集约管理，也不同于原始森林的保护，必须依据生态学规律，充分考虑生态效益和经济效益协调发展，在不影响次生林生态服务功能正常发挥的前提下，提供尽可能多的森林产品。目前对次生林生态系统的经营措施主要是抚育，其关键是调控林内的光环境。清原站应用透光分层疏透度（optical stratification porosity，OSP），精确确定林分不同层次的光环境，为次生林抚育提供了精准的技术指标。同时，研制的林窗光指数（gap light index，GLI）还为林窗更新提供精准的评估指标。

（1）次生林垂直结构光环境确定方法——透光分层疏透度

依据光在介质中的分布规律（Lambert–Beer 定律），建立透光分层疏透度在林分内的分布模型，通过 OSP 模型可定量确定林冠郁闭度（Zhu et al.，2003）。同时，根据光在均匀介质中衰减系数恒定的基本原理，从 OSP 分布模型中衰减系数的变化可以定量划分林分垂直层次（朱教君等，2018）。除分层外，透光分层疏透度还应用到林内主要环境因子（风、温及粒子分布等）预测、替代传统林分郁闭度测量，以及人为经营或自然干扰后林分结构变化监控等（朱教君，2003）。

（2）次生林林窗结构及林窗光指数量化

林窗是森林生态系统中最普遍、最重要的小尺度干扰形式，是影响次生林更新的关键要素之一。林窗形成首先改变林窗内的环境因子，尤其是光环境，从而影响林下植被更新。精确确定林窗内的光环境是林窗更新的关键。在应用单半球面影像一次性确定林窗大小（面积）和形状，应用双半球面影像法一次性确定林窗立体结构——林窗大小、形状与边缘木高度的基础上，将林窗坐标转换成以 1 为半径的半球面影像,而结合每个方位角对应的林窗林冠边缘点到中心的距离,即可得到林窗坐标(Hu and Zhu, 2008)。于林窗内任一点,用鱼眼镜头相机垂直向上拍摄获得的半球面影像可估测该点来自林窗和林冠两部分的总光照强度,进而计算出林窗光指数(Hu and Zhu, 2009)。同时,基于树木在生长季平均投影(光环境)的影响范围(即树木的平均影长),作为确定林窗上、下限的主要依据。以正午(12:00)树木的投影长度为最小的林窗平均直径(林窗下限),以光强超过阳性树种光饱和点时树木的投影长度为最大的林窗平均直径(林窗上限),从而客观确定具有生态学意义的林窗大小范围(Zhu et al., 2015)。研究结果为林窗研究和森林近自然经营提供量化指标。

4.6.2 东北温带次生林生态系统保护与资源利用

东北地区的温带次生林是我国生态保护与建设规划"两屏三带"中唯一的森林带——东北森林带的重要组成部分,随着天然林保护工程和全面禁止天然林商业性采伐政策的实施,天然林有效保护与林区经济发展、林业人口生存与脱贫之间的冲突更加剧烈。因此,如何坚持生态导向、保护优先,推动林业发展由木材生产为主转向生态修复和林区生物资源利用为主,由利用森林获取经济利益为主转向提供生态服务、利用林下经济为主便成为东北林区发展所面临的关键问题。

东北温带次生林的保护将在天林保护工程政策和国家主体功能区规划框架下,坚持生态系统保护优先、保护与利用协调发展的原则。首先,处理好森林有效保护与生物资源科学利用、协调发展的关系,通过天然林保护等重要林业生态工程措施保护现有次生林资源;其次,大力发展和突破天然林保护与恢复技术体系、以群落定向分类与定向培育为核心的天然林保护等技术,促进次生林的有效保护与恢复(于立忠等,2017)。

当然,保护不是被动保护,不是保而不育,而是有效保护,是科学合理地促进现有次生林恢复。如适当增加人为培育措施,促进次生林的演替进程,加速其向顶极植物群落演替,通过透光抚育,改善林地环境条件,促进次生林的演替进程;或通过保留/引种地带性植被的优势种、关键种(如红松等),加速次生林的恢复演替;或通过林窗更新、林冠下更新红松等技术,促进红松的更新和生长,将次生林人工诱导成异龄复层阔叶红松林,并不断调整树种组成和垂直结构,直到将其培育成异龄复层针阔叶混交林(于立忠等,2017)。

在不破坏现有生态环境,不减少森林资源的前提下,开展林下生物资源利用,一方面在允收量控制范围内对野生资源进行科学、合理采收,另一方面还可大力开展野生生物资源归圃繁育,以满足市场需求。由于东北林区资源丰富、环境优越,适宜发展林下资源开发的品种较多,在不同区域、不同气候条件下可建立多种林下经济发展模式,主要包括:林果模式(坚果,如红松、核桃和榛子等,浆果,如蓝莓、蓝靛果和软枣猕猴桃等)、林药模式(人参、细辛、平贝母、刺五加、赤芍、五味子和龙胆草等)、林菜模式(大叶芹、蕨类、桔梗和龙牙楤木等)、林菌模式(猴头蘑、扫帚蘑、血红铆钉菇和榛子蘑等)、林花模式(杜鹃科、蔷薇科、百合科、鸢尾科、石竹科和毛茛科等),以及特种养殖(如林蛙)模式与森林旅游、森林康养模式等(于立忠等,2017)。

大力发展次生林的林下经济,是为了更好地保护次生林,只有林区经济得到发展,林农生活得到保障,才能更好地保护森林资源。

4.6.3　东北温带次生林生态系统利用与管理示范模式

东北温带森林在生态文明建设与生态环境保护、资源利用等方面发挥着重要作用。为了提高现有森林质量,促进森林资源恢复性增长,改善次生林生态系统的生态服务功能,促进东北林区经济转型与社会经济的可持续发展,清原站基于对次生林生态系统结构与功能关系、调控技术等方面的长期研究成果,建立了以下典型次生林生态系统利用与管理示范模式。

（1）次生林冠下更新红松,培育阔叶红松混交林示范模式

阔叶红松林是我国东北东部山区的地带性顶极群落。长期以来,由于自然与人为干扰,原始阔叶红松林资源已经消失殆尽。为迅速恢复阔叶红松林资源,在 20 世纪 50—60 年代提倡“栽针保阔”的基础上,清原站基于透光分层疏透度（OSP）在林内分布规律,依据红松随生长所需要光环境不断变化的特征（OSP 从更新初期的 0.20 到生长 20 年后的 0.85）,明确了不同生长阶段红松上方阔叶树冠层 OSP 与阔叶树胸径、密度的关系（朱教君等,2018）,建立了“次生林冠下更新红松,培育阔叶红松混交林”模式,通过对次生林进行一定强度的抚育,在林冠下人工更新红松,经过数次抚育（上层及下层抚育）以促进冠下红松的更新和生长,将次生林人工诱导成阔叶红松混交林,并不断调整树种组成和林分垂直结构,直到将其培育成异龄复层针阔混交林。

（2）落叶松人工林诱导落叶松 - 阔叶混交林示范模式

落叶松人工林是东北地区主要造林树种。多年来,随着落叶松人工林的大力发展,大面积营造落叶松人工林的弊端逐渐显现,如树种单一、林下植被发育较差、生物多样性降低、地力下降等,为了提高落叶松人工林的生产与生态功能,清原站提出了促进阔叶树种在落叶松人工林内天然更新的最优栽植模式,集成人工纯林诱导为混交林的结构调控技术,建立了人工诱导落叶松 - 阔叶混交林示范模式,通过对落叶松人工林进行强度间伐,在林下人工栽植或者保留珍贵阔叶树,形成复层落叶松 - 阔叶树混交林。人工诱导的针阔叶混交林基本形成复层结构,除提升地力外（土壤微生物量碳提高 17%~28%,酶活性提高 10%~31%）（Yang and Zhu, 2015）,水源涵养能力提高 5%~10%,地表径流 pH 由 5.2 提升到 6.2。形成了通过调控凋落物组成提升人工纯林地力、维持落叶松人工林生产力的新思路。

（3）林窗更新技术示范模式

为了更好地实施“天保工程”,促进森林更新,清原站基于自然干扰过程的研究成果,建立了林窗直径（D）与林窗边缘木高度（H）的关系:$D=(2~3)×H$,明确了林窗数量以林窗总面积不超过林分面积 10% 的限制,确定了有利于种子进入林窗、种子萌发和幼苗存活生长的最佳林窗面积（Yan et al., 2010）,完善林窗更新技术体系。该模式在确保森林整体结构不变的前提下,实现了小干扰、原生境、逐渐改善物种多样性、提高水源涵养功能的效果,有力地促进了次生林恢复,被广泛应用于生产实践。

（4）落叶松林冠下更新龙牙楤木（俗称“刺龙牙”,一种山野菜）,形成林菜间作示范模式

天然林保护工程实施以来,国内木材供需矛盾日益突出,人工林大径材定向培育已成为木材供应和环境建设的必然选择。为了利用落叶松人工林大径材培育过程中形成的林下良好空间,清原站依据落叶松与龙牙楤木较好的共存关系,在培育落叶松大径材人工的同时,利用林下充足的光环境,以及林窗效应,营建落叶松与龙牙楤木间作的示范模式,多年的栽培试验表明,落叶

松与龙牙楤木间作,不仅可以培育落叶松大径材,改善林分土壤状况,而且还可获取龙牙楤木经济收益,达到了以林为主,长短结合的经营效果。

（5）林下参栽培示范模式

野生人参数量较少,价格较高。近年来,清原站模拟野生人参的生长习性和生态环境,将人参籽播种或参苗栽到土壤有机质丰富,蓄水透气性良好的天然林内（郁闭度 0.6 ~ 0.8,坡度小于 25°）。同时,将透光分层疏透度（OSP）精准量化技术应用于林下参培育过程,改变以往上层阔叶树的调控高度与精度,实现对林下参上方（0.5 m）OSP 的准确量化,进而进行精准调控,大幅提高了林下参的成活率。

（6）林下山野菜（大叶芹）栽培示范模式

大叶芹营养丰富且口味鲜美,同时也具有保健功能,是人们喜食的主要山野菜之一,但目前林下种植大叶芹存在产量低、质量差、种植不科学、管理简单粗放等问题。为此,清原站利用森林抚育后形成的林下空间,在林下通过人工措施培育山野菜（大叶芹）,形成林下山野菜复层经营模式,既提高了森林质量,又利用了林下空间,发展林下经济,增加了林农收入。

（7）中国林蛙养殖示范模式

中国林蛙是具有较高经济价值的食药两用动物之一,在东北温带森林区分布较广泛。近年来,利用林区丰富的森林资源,养殖林蛙成为林区经济发展的一个重要支柱。清原站科研团队研发了林蛙（幼蛙变态期）凋落物管理技术,增加变态期凋落物覆盖数量,修建由凋落物组成的"蛙路",从而确保幼蛙变态期的生存环境与食物来源,修建蛙卵孵化池、蝌蚪饲养池、越冬池等,提高幼蛙成活率 30% ~ 50%,有效提高了林蛙养殖的经济效益。

4.6.4　东北温带次生林生态系统经营管理的发展方向与科技问题

东北温带次生林区是我国重要的木材生产基地,每年提供大量的木材和非木质林产品,同时也是东北平原重要的生态屏障,对保护区域生态安全、满足生态需求、促进生态文明建设发挥着重要作用。在东北林区实施天然林保护工程和全面禁止天然林商业性采伐的背景下,林区已基本完成了由以木材生产为主向提供生态服务功能的转变,但依靠单一木材生产为主的林区经济发展受到影响,并加剧了林农的生存压力。因此,如何提高东北次生林生态系统生产与生态功能,破解森林生态保护/恢复与林区经济发展之间的矛盾,促进次生林生态系统的可持续发展,是次生林生态系统经营管理的关键问题。

围绕上述问题,东北温带次生林生态系统经营管理的发展方向首先要结合国家生态文明与重点生态工程建设,落实天然林保护工程以及天然林禁止商业性采伐等措施,让已经超采过伐的天然林得以休养生息,恢复森林生态系统结构与功能,使其更好地发挥生态服务功能,以及生态屏障作用等。其次要持续提高森林质量,促进森林资源恢复性增长,加快森林向地带性顶极群落演替,培育以生态服务功能为主的多功能兼用林,构筑东北森林生态屏障是目前东北次生林生态系统经营发展方向的重点。同时还要利用林区丰富的资源与优越的环境条件,开展林区复合经营,大力发展林药、林果、林菜、林菌等种植业和林蛙、林禽等养殖业,建设有林区特色的林下食品/药品基地,大力发展以观花（花海）、观叶（红叶）、观果（栗子、红松等）、森林康养等为主的森林旅游,为林区经济发展注入活力（于立忠等,2017）。最后,为解决木材供给总量不足和大径级用材结构性短缺等问题,开展木材战略储备基地建设,通过人工林集约栽培、现有林改培、抚育及补植补造等措施营造工业原料林、珍稀树种和大径级用材林等优质高效多功能森林，逐步构建东北地区木材安全保障体系，为满足国家木材需求提供后备保障与支撑（国家林业局，2016）。

为了更好地保护、恢复森林资源，提升森林生态系统的生产与生态功能，应依据森林生态学的演替理论、生态位理论、干扰－稳定性理论等，进一步明确次生林生态系统结构与功能的关系，探究提升次生林生态系统生产功能与生态功能的结构调控原理与技术，明确促进次生林生态系统正向演替的结构调控途径等。阐明自然干扰与人为干扰（促进正向演替干扰和导致逆向演替干扰）对次生林生态系统能量转化和物质循环过程、生物多样性变化过程、主要种群或群落更新演替过程的影响规律，探索人工模拟自然干扰调控次生林生态系统的结构调控技术。阐明次生林生态系统管理对生产力形成及生态功能（以水源涵养为主）影响机制，探索次生林生态系统功能提升技术与途径。研发与集成林下资源高效利用技术，提高林下资源利用率，发展林区经济，以促进东北次生林生态系统的保护与恢复。

致谢：感谢国家重点基础研究发展计划（973）项目（2012CB416900），国家水体污染控制与治理科技重大专项（2008ZX07208-007，2012ZX07202-008），国家科技支撑计划项目（2006BAD03A0903，2006BAD03A040103），国家重点研发计划项目（2016YFC0500300，2016YFD0600206，2016YFA0600802），国家林业局公益性项目（200804001），国家自然科学基金杰出青年基金（31025007）、优秀青年基金（31222012）、重点项目（30830085，31330016）、面上和青年基金等，中国科学院"百人计划"项目、知识创新重要方向项目（KZCX3-SW-418，KZCX1-YW-08-02）、重点部署项目（KFZD-SW-305）、野外站网络重点科技基础设施建设项目（KFJ-SW-YW006）、野外站网络科研样地建设项目（KFJ-SW-YW019），以及中国生态系统长期变化趋势分析项目和辽宁省科技计划项目等提供资助。

参 考 文 献

陈大珂. 1993. 森林经营学. 哈尔滨：东北林业大学出版社，18-70.

陈国荣. 2016. 辽东山区天然次生林现状与可持续经营探讨. 辽宁林业科技，2：58-60.

方伟东. 2011. 长白山地区四种森林类型土壤理化性质及水源涵养能力. 北京：北京林业大学硕士学位论文.

冯雪，蔡研聪，关德新，等. 2014. 浑太流域实际蒸散的时空变化特征及影响因素. 应用生态学报，25（10）：2765-2771.

国家林业局. 2014. 中国森林资源简况——第八次全国森林资源清查.

国家林业局. 2016. 全国森林经营规划（2016—2050）.

龚强，汪宏宇，张运福，等. 2013. 辽宁省气候变化及其对极端天气气候的影响. 生态学杂志，32（6）：1525-1531.

郝占庆，王力华. 1998. 辽东山区主要森林类型林地土壤涵蓄水性能的研究. 应用生态学报，9（3）：237-241.

郝姣姣. 2010. 辽东天然次生林水源涵养能力相关因子季节变化特性研究. 阜新：辽宁工程技术大学硕士学位论文.

胡理乐，毛志宏，朱教君，等. 2005. 辽东山区天然次生林的数量分类. 生态学报，25（11）：2848-2854.

胡天然. 2007. 松花江干流水源涵养林的水文特征. 哈尔滨：东北林业大学硕士学位论文.

胡乃发,金昌杰,关德新,等.2012.浑太流域降水极值的统计分布特征.高原气象,31(4):1166–1172.

胡乃发,王安志,关德新,等.2010.1959—2006年长白山地区降水序列的多时间尺度分析.应用生态学报,
    21(3):549–556.

侯克怡.2015.吉林省东辽河上游森林生态系统水源涵养能力研究.长春:吉林大学硕士学位论文.

孔祥文,胡万良,张冰,等.2002.辽东山区现有次生林结构类型的数量分类.辽宁林业科技,3:14–16.

李秀芬,朱教君,王庆礼,等.2004.辽东山区天然次生林雪/风灾害成因及分析.应用生态学报,15(6):941–
    946.

李秀芬,朱教君,王庆礼,等.2006.次生林雪/风害干扰与树种及林型的关系.北京林业大学学报,28(4):28–
    33.

李秀芬,朱教君,王庆礼,等.2013.森林低温霜冻灾害干扰研究综述.生态学报,33(12):3563–3574.

李秀芬,王平华,刘江,等.2017.辽东山区1960—2015年降水极值特征.生态学杂志,36(8):2160–2168.

梁冰.2015.浑河流域降雨径流变化规律研究.水土保持应用技术,(1):16–18.

梁晓东,叶万辉.2001.林窗研究进展.热带亚热带植物学报,9(4):355–364.

辽宁省林学会,吉林省林学会,黑龙江省林学会.1982.东北的林业.北京:中国林业出版社,61–62.

刘世荣,常建国,孙鹏森.2007.森林水文学:全球变化背景下的森林与水的关系.植物生态学报,31(5):753–
    756.

刘艳,孙向阳,范俊岗,等.2017.辽宁省森林枯落物现存量及其持水性能.应用基础与工程科学学报,25(4):
    689–699.

刘伟,何俊壮,陈杨.2016.浑河流域降水与径流变化特征及同步性分析.水土保持研究,23(1):150–154.

毛志宏,朱教君,谭辉.2007.辽东山区次生林植物物种组成及多样性分析.林业科学,43(10):1–7.

盛雪娇,王曙光,关德新,等.2010.辽宁东部山区落叶松人工林林冠降雨截留观测及模拟.应用生态学报,
    21(12):3021–3028.

孙洪志,屈红军,任青山.2003.黑龙江省次生林研究进展.森林工程,19(4):9–11.

唐雪强.2016.辽东山区水源涵养林空间结构及蓄水能力的研究.沈阳:沈阳农业大学硕士学位论文.

王利,于立忠,张金鑫,等.2015.浑河上游水源地不同林型水源涵养功能分析.水土保持学报,29(3):249–255.

王德芳,于颖瑶.2016.变化环境下浑河流域近50年来径流变化特征研究.水电能源科学,34(9):16–21.

吴征镒,王献溥,刘昉勋,等.1980.中国植被.北京:科学出版社.

席兴军,闫巧玲,于立忠,等.2009.辽东山区次生林生态系统主要林型穿透雨的理化性质.应用生态学报,
    20(9):2097–2104.

徐天乐,朱教君,于立忠,等.2013,辽东山区次生林生态系统不同林型树干茎流的理化性质.生态学报,(11):
    3415–3424.

徐天乐,朱教君,于立忠,等.2011.极端降雨对辽东山区次生林土壤侵蚀与树木倒伏的影响.生态学杂志,
    30(8):1712–1719.

于立忠,刘利芳,王绪高,等.2017.东北次生林生态系统保护与恢复技术探讨.生态学杂志,36(11):3243–3248.

于立忠,王利,刘利芳,等.2016.浑河上游典型水源涵养林降雨再分配过程.水土保持学报,30(6):106–110,
    117.

于立忠,朱教君,闫巧玲,等.2010.森林干扰度评价方法及应用——以中国科学院沈阳应用生态研究所清原森林
    生态实验站为例.中国生态农业学报,18(2):388–392.

臧润国,徐化成.1998.林隙(GAP)干扰研究进展.林业科学,34(1):90–98.

张彩虹,朱教君,闫巧玲,等.2009.长白山北坡原始林与次生林植物物种多样性比较及影响因素分析.东北林业
    大学学报,37(11):52–55.

张敏,朱教君,闫巧玲.2012.光质对东北次生林生态系统主要树种种子萌发的影响.应用生态学报,23(10):

2625-2631.

张志国,马遵平,刘何铭,等.2013.天童常绿阔叶林林窗的地形分布格局.应用生态学报,24(3):621-625.

朱教君.2002.次生林经营基础研究进展.应用生态学报,13(12):1689-1694.

朱教君.2003.透光分层疏透度测定及其在次生林结构研究中的应用.应用生态学报,14(8):1229-1233.

朱教君,刘足根.2004.森林干扰生态研究.应用生态学报,15(10):1703-1710.

朱教君,刘世荣.2007.森林干扰生态研究.北京:中国林业出版社.

朱教君,闫巧玲,于立忠,等.2018.根植森林生态研究与试验示范,支撑东北森林生态保护恢复与可持续发展.中国科学院院刊,33(1):108-119.

FAO.2016.2015年全球森林资源评估报告——世界森林变化情况(第二版).罗马:联合国粮食及农业组织.

Forrester J A, Leopold D J. 2006. Extant and potential vegetation of an old-growth maritime *Ilex opaca* forest. Plant Ecology, 183(2): 349-359.

Gang Q, Yan Q L, Zhu J J. 2015. Effects of thinning on early seed regeneration of two broadleaved tree species in larch plantations: Implication for inducing pure larch plantations into larch-broadleaved mixed forests. Forestry, 88(5): 573-585.

Gray A N, Spies T A, Pabst R J. 2012. Canopy gaps affect long-term patterns of tree growth and mortality in mature and old-growth forests in the Pacific Northwest. Forest Ecology and Management, 281(281): 111-120.

Houghton R A. 1995. Land-use change and carbon cycle. Global Change Biology, 1: 275-287.

Hu L L, Zhu J J. 2008. Improving gap light index(GLI)to quickly calculate gap coordinates. Canadian Journal of Forest Research, 38(9): 2337-2347.

Hu L L, Zhu J J. 2009. Determination of canopy gap tridimensional profiles using two hemispherical photographs. Agricultural and Forest Meteorology, 149: 862-872.

Humbert S, Zopfi J, Tarnawski S E. 2012. Abundance of anammox bacteria in different wetland soils. Environmental Microbiology Reports. 4(5): 484-490.

Jarosław G P. 2005. The influence of the spatial pattern of trees on forest floor vegetation and silver fir(*Abies alba* Mill.)regeneration in uneven-aged forests. Forest Ecology and Management, 205: 283-298.

Kenderes K, Mihók B, Standovár T. 2008. Thirty years of gap dynamics in a central european beech forest reserve. History Reviews of New Books, 19(4): 184-185.

Kerr G. 2000. Natural regeneration of Corsican pine(*Pinus nigra* subsp. laricio)in Great Britain. Forestry, 73(5): 479-488.

Muscolo A, Bagnato S, Sidari M, et al. 2014. A review of the roles of forest canopy gaps. Journal of Forestry Research, 25(4): 725-736.

Myster R W. 2007. Interactive effects of flooding and forest gap formation on tree composition and abundance in the Peruvian Amazon. Folia Geobotanica, 42(1): 1-9.

Rugani T, Diaci J, Hladnik D. 2013. Gap dynamics and structure of two old-growth beech forest remnants in Slovenia. PLoS One, 8(1): e52641.

Sun Y R, Zhu J J, Sun Osbert J X, et al. 2016. Photosynthetic and growth responses of *Pinus koraiensis* seedlings to canopy openness: Implications for the restoration of mixed-broadleaved Korean pine forests. Environmental and Experimental Botany, 129: 118-126.

Tanaka H, Nakashizuka T. 1997. Fifteen years of canopy dynamics analyzed by aerial photographs in a temperate deciduous forest, Japan. Ecology, 78(2): 612-620.

Wang R Z, Xu T L, Yu L Z, et al. 2013. Effects of land use types on surface water quality across an anthropogenic disturbance gradient in the upper reach of the Hun River, Northeast China. Environmental Monitoring and Assessment,

185: 4141-4151.

Watt A S. 1947. Pattern and process in the plant community. Journal of Ecology, 35 (1/2): 1-22.

Xi D, Bai R, Zhang L M, et al. 2016. Considerable contribution of anammox to nitrogen removal in two temperate forest soils. Applied and Environmental Microbiology, 82 (15): 4602-4612.

Yan Q L, Zhu J J, Zhang J P, et al. 2010. Spatial distribution pattern of soil seed bank in canopy gaps of various sizes in temperate secondary forests, Northeast China. Plant and Soil, 329: 469-480.

Yan Q L, Zhu J J, Yu L Z. 2012. Seed regeneration potential of canopy gaps at early formation stage in temperate secondary forests, Northeast China. PLoS One, 7 (6): e39502.

Yan Q L, Zhu J J, Gang Q. 2013. Comparison of spatial patterns of soil seed banks between larch plantations and adjacent secondary forests in Northeast China: Implication for spatial distribution of larch plantation. Trees-Structure and Function, 27: 1747-1754.

Yan Q L, Zhu J J, Gang Q, et al. 2016. Comparison of spatial distribution patterns of seed rain between larch plantations and adjacent secondary forests in Northeast China. Forest Science, 62 (6): 652-662.

Yan T, Zhu J J, Yang K, et al. 2017. Nutrient removal under different harvesting scenarios for larch plantations in northeast China: Implications for nutrient conservation and management. Forest Ecology and Management, 400: 150-158.

Yang K, Zhu J J, Yan Q L, et al. 2010a. Changes of soil P chemistry as affected by conversion of natural secondary forests to larch plantations. Forest Ecology Management, 260: 422-428.

Yang K, Zhu J J, Zhang M, et al. 2010b. Soil microbial biomass carbon and nitrogen in forest ecosystems of Northeast China: A comparison between natural secondary forest and larch plantation. Journal of Plant Ecology, 3: 209-217.

Yang K, Zhu J J, Yan Q L, et al. 2012. Soil enzyme activities as potential indicators of soluble organic nitrogen pools in forest ecosystems of Northeast China. Annals of Forest Science, 69: 795-803.

Yang K, Shi W, Zhu J J. 2013. The impact of secondary forests conversion into larch plantations on soil chemical and microbiological properties. Plant and Soil, 318: 535-546.

Yang K, Zhu J J, Xu S, 2014. Influences of various forms of nitrogen additions on carbon mineralization in natural secondary forests and adjacent larch plantations in Northeast China. Canadian Journal of Forest Research, 44 (5): 441-448.

Yang K, Zhu J J. 2015. The effects of N and P additions on soil microbial properties in paired stands of temperate secondary forests and adjacent larch plantations in Northeast China. Soil Biology and Biochemistry, 90: 80-86.

Zhang M, Zhu J J, Li M C, et al. 2013. Different light acclimation strategies of two coexisting tree species seedlings in a temperate secondary forest along five natural light levels. Forest Ecology and Management, 306: 234-242.

Zhang M, Zhu J J, Yan Q L. 2012. Seed germination of *Pinus koraiensis* in response to light regimes caused by shading and seed positions. Forest Systems, 21 (3): 426-438.

Zhang W W, Lu Z T, Yang K, et al. 2017. Impacts of conversion from secondary forests to larch plantations on the structure and function of microbial communities. Applied Soil Ecology, 111: 73-83.

Zhou Z Y, Guo C, Meng H. 2013. Temperature sensitivity and basal rate of soil respiration and their determinants in temperate forests of North China. PloS One, 8: e81793.

Zhu J J, Matsuzaki T. 2001. Natural regeneration in a pine littoral forest with respect to thinning and other factors. Transactions of the Japanese Forestry Society, 112: 16-17.

Zhu J J, Matsuzaki T, Gonda Y, 2003. Optical stratification porosity as a measure of vertical canopy structure in a Japanese pine coastal forest. Forest Ecology and Management, 173: 89-104.

Zhu J J, Matsuzaki T, Jiang F Q. 2004. Wind on Tree Windbreaks. Beijing: China Forestry Publishing House.

Zhu J J, Li X F, Liu Z G, et al. 2006. Factors affecting the snow/wind induced damage of a montane secondary forest in Northeastern China. Silva Fennica, 40 (1): 37–51.

Zhu J J, Mao Z H, Hu L L, et al. 2007. Plant diversity of secondary forests in response to anthropogenic disturbance levels in montane regions of northeastern China. Journal of Forest Research, 12: 403–416.

Zhu J J, Yan Q L, Yang K, et al. 2009. The role of environmental, root, and microbial biomass characteristics in soil respiration in temperate secondary forests of Northeast China. Trees—Structure and Function, 23: 189-196.

Zhu J J, Yang K, Yan Q L, et al. 2010. The feasibility of implementing thinning in pure even-aged *Larix olgensis* plantations to establish uneven aged larch-broad leaved mixed forests. Journal of Forest Research, 15: 70–81.

Zhu J J, Zhang G Q, Wang G G, et al. 2015. On the size of forest gaps: Can their lower and upper limits be objectively defined? Agricultural and Forest Meteorology, 213: 64–76.

Zhu C Y, Zhu J J, Zheng X, et al. 2017. Comparison of gap formation and distribution pattern induced by wind/snowstorm and flood in a temperate secondary forest ecosystem, Northeast China. Silva Fennica, 51 (5): 7693.

第 5 章 暖温带落叶阔叶林生态系统过程与变化[*]

5.1 暖温带落叶阔叶林生态系统概述

暖温带森林是在夏季温暖湿润、冬季寒冷干燥的气候条件下,以落叶阔叶林为主并有针叶林的地带性植被类型。随着人类经济活动的发展,大多数暖温带落叶阔叶林受到不同程度的干扰,成为干扰后的恢复林地,残存的天然森林已很少有大面积分布。本章以北京东灵山山地生态系统的长期监测和研究为代表,重点介绍暖温带落叶阔叶林生态系统的主要生态过程与变化规律。

5.1.1 暖温带落叶阔叶林生态系统的分布与现状

我国的暖温带森林地区主要指辽宁南部、河北、北京、天津、山东、山西东部至陕西秦岭北坡、河南伏牛山及淮河以北地区,地理区域位于 32° 30′ N—42° 30′ N, 103° 30′ E—124° 10′ E(吴征镒, 1980)。由于区域的纬度和经度跨度较大,全区域内水热条件也差异较大。以山东省莱州湾向西沿鲁中山地北缘,经过济南、安阳、林州、晋城、临汾等,绕吕梁山南端后穿黄土高原至六盘山南麓为界线,可划分为北部和南部两个亚带(陈灵芝, 1997)。

北部亚带的植被中常包含较耐寒的植物物种,落叶阔叶林为该区主要的地带性植被,其中,辽东栎(*Quercus wutaishanica*)林是标志性群落类型,见于海拔较高处。其他伴生阔叶树种比较丰富,有五角枫(*Acer mono*)、黑桦(*Betula dahurica*)、白桦(*B. platyphylla*)、花曲柳(*Fraxinus rhynchophylla*)、糠椴(*Tilia mandshurica*)、蒙椴(*T. mongolica*)和大果榆(*Ulmus macrocarpa*)等。林下层灌木比较丰富,主要有六道木(*Abelia biflora*)、大花溲疏(*Deutzia grandiflora*)、小花溲疏(*D. parviflora*)、中华绣线菊(*Spiraea pubescens*)、毛榛(*Corylus mandshurica*)、卫矛(*Euonymus alatus*)和照山白(*Rhodoendron micranthum*)等。草本主要有华北风毛菊(*Saussurea mongolica*)、蒙古蒿(*Artemisia monogolica*)和野青茅(*Deyeuxia arundinacea*)等。

南部亚带的主要地带性植被也是落叶阔叶林,但由于水热条件较好,植物区系成分和群落类型都和北部亚带的落叶栎林有明显差异。该区东部以麻栎(*Quercus acutissima*)林占优势,其他常见种有蒙古栎(*Q. mongolica*)、槲栎(*Q. aliena*)、槲树(*Q. dentata*)和栓皮栎(*Q. variabilis*)。灌

* 本章作者为中国科学院植物研究所张齐兵、苏宏新、白帆、王顺忠、刘玲莉,中国科学院动物研究所张知彬、严川,中国科学院生态环境研究中心马克明、张霜、张育新。

木层以胡枝子(*Lespedeza bicolor*)、照山白、毛榛为优势种,其他常见的灌木有吉氏木蓝(*Indigofera kirilowii*)、白檀(*Symplocos paniculata*)、兴安胡枝子(*Lespedeza daurica*)等。草本层以多种薹草(*Carex* spp.)和山萝花(*Melampyrum roseum*)占优势,其他有桔梗(*Platycodon grandiflorus*)和莓叶委陵菜(*Potentilla fragarioides*)等。西部则以栓皮栎林占优势,另外麻栎和槲栎也比较常见。灌木层以荆条(*Vitex negundo*)和二色胡枝子(*Lespedeza bicolor*)占优势,其他还有吉氏木蓝、白檀、多花胡枝子(*L. floribunda*)、雀儿舌头(*Leptopus chinensis*)和叶底珠(*Flueggea suffruticosa*)等。草本层以大油芒(*Spodiopogon sibiricus*)占优势,常见的有山萝花、穿龙薯蓣(*Dioscorea nipponica*)和桔梗等。竹林的普遍零星分布也是区别于暖温带北部林区的一个特征。

5.1.2　暖温带落叶阔叶林生态系统的特点和生态意义

暖温带水热资源较为丰富,历史上植被茂密,森林覆盖率高。然而,在人类社会和经济发展过程中,该区森林受到各种干扰,目前面积较大的原始森林极为稀少,质量较好的林地大多分布于 600 m 以上较高海拔山区而呈现不连续的破碎化割裂状态,且多为次生林或混生有人工恢复造林的针叶林。次生林虽与原始林同属天然林,但与原始林在物种结构、演替动态和生态功能等各方面有明显差异,由原来以暖温带辽东栎林为代表的顶极群落转变为落叶阔叶混交林,主要特征表现为:① 成熟林和过熟林较为罕见,大多是以中龄林和幼龄林为主的次生森林群落类型(陈灵芝等,1997);② 群落垂直分层结构明显且复杂,乔木层树种多但没有明显的优势种,尤以灌木层物种丰富度最高(高贤明等,2002;万五星等,2014);③ 群落多处于亚顶极的动态演替阶段,具有较高的物种丰富度和均匀度,稳定性次于顶极群落(高贤明等,2001);④ 土壤是该地区森林生态系统主要的碳库,耐干旱、瘠薄土壤的物种占优势,形态功能特征趋向于更高的水分利用效率(桑卫国等,2002;严昌荣等,2002);⑤ 森林经营以育林恢复为主,林下更新活跃,经济产出较少,更重视生态服务功能的发挥(赵同谦等,2004)。据孢粉分析结果表明,我国暖温带大部分地区在第四纪冰川后,落叶阔叶林的主要组成树种为栎、桦、槭和榆,而现存落叶阔叶林仍以同样的树种为优势种。可见现存的落叶阔叶林生态系统是地带性植被类型与所处区域的气候和土壤相适应的结果(谢晋阳和陈灵芝,1994)。

黄土高原是中华民族的重要发源地,华北平原至今仍农牧业发达,人口稠密。与其空间重叠的暖温带森林生态系统,长期以来为人类生存提供了大量的物质和环境资源,却也不可避免地遭到了近于毁灭性的开发。目前保存下来的森林面积为 830 万公顷,森林覆盖率只有 8%,除秦岭一线尚有原生态保持良好的森林外,燕山–太行山区极少见原生类型的森林。在倡导封山育林、退耕还林的政策引导下,暖温带落叶阔叶森林生态系统在调节气候、固碳增汇、养分循环、涵养水源、保持土壤、防风固沙、净化环境、维持生物多样性和发挥生态系统服务功能等方面都发挥了重要作用。

5.1.3　暖温带落叶阔叶林生态系统的主要科学问题

(1)暖温带落叶阔叶林主要森林生态系统的结构与功能

暖温带落叶阔叶林在气候变化和人类活动影响下,其结构和功能都在发生着变化。目前的森林主要表现为天然次生林,是一个不同功能发育阶段并存的异质镶嵌体,该区森林生态系统的物种组成与结构在空间上有何新特征,如何影响其功能发挥是一个重要的科学问题。

（2）暖温带森林对全球变化的响应与适应

暖温带森林生态过程对气候变暖和降水格局变化等有较高的敏感性。此外,暖温带森林大多分布在人口稠密、经济发达区域,因此也面临着较高的氮沉降、臭氧、酸雨等大气污染问题,以及强烈的土地利用变化干扰。研究暖温带森林对全球变化的动态响应对改造、利用和保护森林资源具有重要意义。

（3）暖温带山地森林生态系统生物多样性维持机制与保护利用

暖温带山地森林生态系统在演替过程中,物种与物种以及物种与环境之间有紧密联系,对森林生态系统中物种共存与生物多样性维持起着重要作用。其中,物种定居、生存、繁殖与扩散影响着生态位分化过程,了解这些过程在生物多样性维持与保护中的作用是重要的科学问题。

（4）暖温带退化生态系统的管理与功能提升关键技术集成示范

根据我国生态环境建设和林业可持续发展的要求,亟待对暖温带退化生态系统自然演替规律以及恢复途径进行系统优化研究和示范。促进现有次生林生态系统的有效保护和可持续经营,是保障和提供稳定高效生态服务功能的战略需求。因此,如何通过科学合理的经营来建立生态系统结构调控与生态恢复技术体系,保证暖温带落叶阔叶林生态系统的可持续发展与利用,实现其生态服务功能的提升是当前该区域森林生态系统管理的关键问题。

5.1.4　北京森林站的生态系统及其区域代表性与科学研究价值

中国科学院北京森林生态系统定位研究站(简称北京森林站)是中国科学院在北京地区设立的进行暖温带落叶阔叶森林生态系统研究的唯一野外台站,对暖温带森林生态系统结构、功能及其生态服务方面具备长期监测和研究的代表性。台站由中国科学院植物研究所、动物研究所和生态环境研究中心于1990年联合建立,1992年加入中国生态系统研究网络(CERN)。北京森林站的成立,标志着暖温带地区落叶阔叶森林生态系统的研究从面的广泛研究转向点的深入研究,是点面结合的开始。

台站所在的北京市门头沟区的东灵山是北京市海拔最高峰(2303 m),地处亚欧大陆暖温带森林的中间地带,具有典型的暖温带森林特征(刘海丰等,2014)。其垂直植被带空间内,基本囊括了华北山地广泛分布的次生林生态系统类型,包括气候顶极演替群落的辽东栎林,处于次生演替中期的暖温带典型气候植被带落叶阔叶混交林,演替先锋群落山杨(*Populus davidiana*) - 白桦林等。另外,还有人工华北落叶松(*Larix principis-rupprechtii*)林、人工油松(*Pinus tabuliformis*)林和人工阔叶混交林等,以及分布在高海拔的高山草甸和亚高山草甸。

北京森林站以我国暖温带落叶阔叶林生态系统为主要研究对象,致力于打造一个集长期观测、科学研究、生态服务和决策支持为一体的综合性平台。建站以来,围绕台站总体目标和主要科学问题,针对各个群落类型分别进行了种子传播、种群动态、群落演替过程、物质循环、能量流动过程、生物多样性、人工林退化机制与恢复,以及可持续经营等方面的长期定位观测与研究,取得了较为丰硕的研究成果,推动了森林生态学及相关学科的进步。同时,将研究成果服务于华北山地的大农业发展,为山区农业的振兴、北京地区生态环境的改善、生物资源的永续利用做出了贡献。目前已形成在暖温带落叶阔叶林生态系统生态学研究方面的独特优势,具有典型的代表性,对京津冀生态区乃至整个暖温带区生态安全具有重要意义。

5.1.5　北京森林站观测实验设施及其科学研究

目前,北京森林站拥有 5 个 CERN 永久性监测样地,包括暖温带落叶阔叶林综合观测场,白桦林、辽东栎林、油松林和华北落叶松林 4 个辅助观测场,还建立了一系列暖温带落叶阔叶次生林生物多样性大型监测样地(包括 5 hm² 样地、20 hm² 样地和 4 个 1 hm² 的卫星样地)。这些样地积累了多年的森林生态过程动态数据,为研究暖温带森林结构与功能、生物多样性维持机制奠定了坚实基础。台站在门头沟清水镇梨园岭村还设有大约 200 hm² 的实验场(包括 3 hm² 固定样地 4 块,鼠类监测样地 16 块),主要用于种子雨、种子库、鼠类群落及鼠 – 种子关系监测,探讨动植物互作网络与生态系统稳定性的内在机制。此外,台站还在东灵山地区设立了 10 个山体的海拔梯度样带,收集了每条样带的地形、气象、土壤、植物群落、植物种群、植物叶片、蚂蚁等昆虫、土壤动物和土壤微生物等方面的数据(每 5 年调查一次),通过多尺度(multiple-scale)和跨尺度(cross-scale)的研究方式提供一套系统认识山地生物多样性分布的方法。基于多类群整合研究为理解生物多样性对环境变化的生态适应与协同演化机制提供途径。在全球气候变化研究方面,台站建设有 3 种森林类型的施肥实验平台、1 套辽东栎成熟林野外大型穿透雨转移控制实验平台、9 个开顶人工气候温室和 6 个人工气候箱等(图 5.1)。

图 5.1　野外大型穿透雨转移控制实验平台和开顶人工气候温室(见书末彩插)

北京森林站通过长期定位监测与试验研究,已经初步确定暖温带落叶阔叶林生态系统结构与主要功能的关系(陈灵芝,1997),阐明暖温带落叶阔叶林生物多样性随演替和环境梯度的变化规律及物种共存机制(Hou et al.,2004;刘海丰等,2011;祝燕等,2011;Jiang et al.,2016)、鼠类对暖温带落叶阔叶林生态系统更新的影响过程及驱动机制(张知彬,2001;张知彬和王福生,2001;Zhang et al.,2009),以及动植物互作网络与生态系统稳定性的作用机制(张霜等,2010;Yan and Zhang,2014;陈禹舟等,2015;Zhang et al.,2015a),为高效经营管理华北暖温带落叶阔叶林生态系统、保护生物多样性、实现其固有生态功能和系统稳定性提供科学参考。

通过控制实验结合模型模拟,在不同尺度下探索全球变化(气候变化、氮沉降、生物入侵等)对暖温带落叶阔叶林生态系统生产力和碳收支平衡(Su and Sang,2004;刘瑞刚等,2009;李亮等,2011;Yu and Gao,2011;苏宏新和李广起,2012;全权等,2015;Su et al.,2015)、种间关系(王晋萍等,2012)和群落优势树种幼苗更新过程的影响规律(董丽佳和桑卫国,2012),为指导暖温带落叶阔叶林生态系统应对全球变化提供理论依据。

通过比较北京东灵山地区典型森林生态系统与河北生境相似的灌丛生态系统,探索暖温带落叶阔叶林生态系统结构(尤其是生物多样性)简化和生态系统服务功能退化的内在机制。同时,通过对比分析暖温带落叶阔叶林与京津冀山地广泛分布的油松人工林、华北落叶松人工林,探索人类活动对生物多样性、土地肥力和生态系统服务功能等的影响机制,提出暖温带退化生态系统恢复的结构调控对策与措施,为科学经营京津冀山地生态系统提供理论基础与恢复途径。

基于长期定位观测、野外控制实验和模型模拟等相结合,开展暖温带山地生态系统结构与生态系统服务功能之间关系的研究,建立基于过程的山地生态系统服务功能评价体系,探索人为调控提升山地生态系统服务功能的途径,服务京津冀与地方生态建设的发展需求,为维护京津冀生态安全提供理论基础与技术支撑。

5.2 暖温带落叶阔叶林生态系统群落结构及演替过程

5.2.1 暖温带落叶阔叶林生态系统群落组成结构

暖温带落叶阔叶林的代表性类型为多种栎林和栎、椴、槭以及鹅耳枥(*Carpinus* spp.)组成的阔叶混交林,同时也有针叶林的分布。例如,北京森林站的主要观测场就包括了3种阔叶林类型:辽东栎林、落叶阔叶混交林和白桦林,还有2种人工针叶林类型:华北落叶松林和油松林。

针对暖温带阔叶林的166个样地和559种植物,应用去趋势对应分析(detrended correspondence analysis, DCA)和双向指示种分析(TWINSPAN)的群落排序方法,可以划分为蒙古栎林、辽东栎林、槲栎林、锐齿槲栎林、槲树林、麻栎林、栓皮栎林、红桦(*Betula albo-sinensis*)林、白桦林、黑桦林和山杨林(高贤明等,2002)。

植被群落是植物与气候环境长期适应的产物,这些暖温带落叶阔叶林生态系统的主体物种组成是各类栎树乔木,其他群落混生在栎林的分布空间内。鹅耳枥混交林和糠椴林的各类气温和降水量指标较近似。蒙椴、五角枫、白蜡和山杨混交林与辽东栎林分布地的气候因子较相似。山杨林对气候条件的适应幅度较辽东栎林更宽。白桦林在本区域分布范围广,垂直分布的幅度较宽。

5.2.2 海拔梯度下生物多样性的格局与影响因素

北京东灵山地区暖温带落叶阔叶林包含多种森林类型(马克明等,1999),植被类型之间存在着一定的演替关系,并随海拔梯度大致呈现垂直分布规律,其中辽东栎林是该区域落叶阔叶林的典型植被类型,分布范围较广。2003年建立了1000~1800 m的海拔样带,将样带划分为119个10 m×10 m的样方,通过对每个样方内的植物、土壤动物、微生物、地表蚂蚁的多样性及相关的环境因子进行调查,发现了海拔梯度下辽东栎林生物多样性的分布格局与维持机制。

(1)植物多样性的海拔梯度格局与影响因素

在研究区域内,乔木层与灌木层的多样性随海拔的升高而降低,草本层的多样性则随海拔的升高而升高（图 5.2），对植物群落影响最大的因子是海拔和坡位，坡度对植物群落结构的影响非常有限（冯云等，2008，2011）。利用物种多样性的加法分配法则分析了样方、坡位、坡面等级尺度系统辽东栎林植物物种多样性（γ 多样性）的 α 多样性和 β 多样性在各尺度上的分配关系。结果表明，以物种丰富度为指标的区域物种多样性的最大贡献来自坡面尺度，表明坡面尺度是维持辽东栎林物种多样性的有效尺度。而对 Simpson 多样性和 Shannon 多样性的最大贡献则来自样方内，这决定于群落物种优势度和稀有度格局。各尺度间 β 多样性组分随尺度的增大而增大，可能是环境异质性和扩散作用的综合结果（张育新等，2009a，2009b）。海拔梯度下，乔木层、灌木层以及草本层的种 – 面积关系，Simpson 多样性与 Shannon 多样性的分布格局都服从幂律关系的分布，说明幂律关系是该地区植物多样性的重要维持机制之一（Zhang et al., 2006）。海拔梯度下，草本的物种丰富度与夏季最大温度呈显著的负相关关系，且上层林冠的盖度与草本多度呈显著正相关关系，所以温度与上层林冠盖度（光照）及其交互作用一起影响着草本层的形态、多度和物种丰富度（Jiang et al., 2015，2016；Jiang and Ma, 2015）。

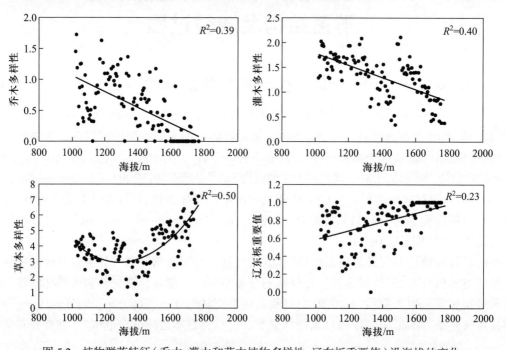

图 5.2　植物群落特征（乔木、灌木和草本植物多样性，辽东栎重要值）沿海拔的变化

（2）土壤微生物多样性的海拔梯度格局与影响因素

在该区域，随着海拔升高，辽东栎林土壤微生物生物量碳、氮，以及微生物各类群含量均有差异但不显著。土壤细菌、真菌升高，而革兰氏阳性菌、革兰氏阴性菌降低（张地等，2012a）。同时，坡位也是影响土壤微生物生物量的重要因素（张地等，2012b）。土壤微生物生物量碳、氮以及细菌、真菌、革兰氏阳性菌、革兰氏阴性菌的含量与土壤含水量、有机碳、总氮呈显著正相关，土壤真菌含量与土壤碳氮比值呈正相关。土壤微生物群落组成结构的变化主要受土壤温度和土壤含水量的显著影响（Li et al., 2016）。

随着海拔升高，土壤细菌多样性呈现下凹型的分布格局，其主要影响因素为土壤温度、pH

和碳氮比,pH 同时也是影响土壤细菌群落结构的主要因素。土壤细菌丰富度与草本植物丰富度之间没有相关性,但土壤细菌的群落结构则与草本植物的丰富度密切相关。需要注意的是,土壤细菌多样性分布格局及其影响因素在树线处发生了转变。超过树线之后,土壤细菌的多样性随海拔表现出单调递减的趋势,主要影响因素转变为 pH 和有效磷(图 5.3)。不同生活型植物对土壤细菌多样性海拔分布的影响具有差异性。乔木下与灌木下土壤细菌物种丰富度同地上植物一样均呈现下降的海拔格局,草本下的土壤细菌物种丰富度与草本植物一样都呈下凹型的格局。从总体上来看,土壤细菌群落沿海拔倾向于系统发育聚集且群落结构沿海拔没有呈现明显的距离衰减关系,意味着生态位理论的环境过滤作用在细菌群落的构建中起着重要的作用。系统发育结构及 β 多样性分析显示,土壤 pH、碳和氮是重要的环境过滤因子,尤其是土壤 pH,影响森林内木本植物下土壤细菌群落构建。

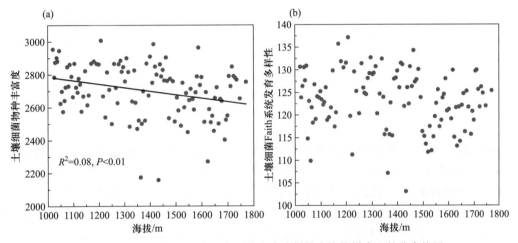

图 5.3 土壤细菌物种丰富度与系统发育多样性在海拔梯度上的分布格局

(3)土壤动物多样性的海拔梯度格局与影响因素

在海拔梯度上,该区域的土壤动物隶属于 3 门 11 纲 30 目 142 科,其中弹尾目(Collembola)、寄螨目(Parasitiformes)以及真螨目(Acariformes)为优势类群。土壤动物群落整体及各个取食功能群多样性均呈"钟形"分布格局(图 5.4)。凋落物层土壤动物的优势类群多样性与草本植物丰富度负相关,稀有类群多样性主要与灌木优势种多样性负相关。海拔、生态系统类型和多度指标选择影响表居土壤动物不同取食功能群的多度分布,同时树线也是影响土壤动物多样性分布格局的重要因素。不同功能群之间的多样性及生物量格局在森林样带中紧密相关,而在草甸中相关性较弱。气候因素是决定凋落物层土壤动物以及杂食者、捕食者、腐食者多样性海拔格局的主导因素(Xu et al., 2015, 2017)。

(4)地表蚂蚁的多样性分布格局与影响因素

蚂蚁是地表节肢动物的优势种类群,发挥着多种重要的生态功能。基于海拔梯度的土壤动物调查表明,研究区域内蚂蚁的多样性较低,共采集到亮毛蚁(*Lasius fuliginosus*)、中华红林蚁(*Myrmica sinensis*)、日本弓背蚁(*Camponotus japonicus*)、丝光蚁(*Formica fusca*)、弯角红蚁(*Myrmica lobicornis*)等,其中亮毛蚁与中华红林蚁是优势物种,二者贡献了 95% 的蚂蚁多度,其他种类多度极低,在不同海拔段上零星分布。

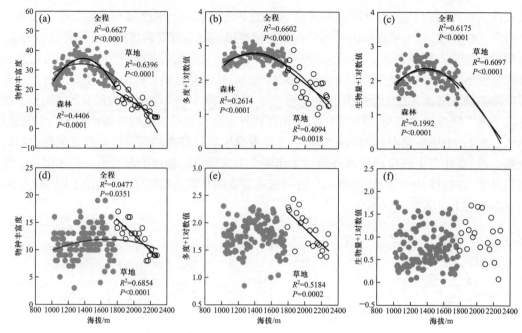

图 5.4　土壤动物丰富度、多度以及生物量的海拔格局

　　海拔解释了垂直梯度上 54% 的蚂蚁多度变异,47% 的亮毛蚁多度变异,中海拔地区蚂蚁的多度最高(Zhang et al., 2015b)。亮毛蚁是一种典型的依赖于蚜虫蜜露的蚂蚁类群,对海拔梯度上的蚜虫多度调查显示,亮毛蚁多度与蚜虫多度高度相关(R^2=0.47)(图 5.5)。在亮毛蚁多度较高的中海拔区域,未观察到其他种类蚂蚁的存在,这说明蚂蚁与蚜虫的互利关系造成了中海拔区域亮毛蚁的高度优势,同时抑制了其他种类蚂蚁在此区域的活动。只有在亮毛蚁多度相对较低的区域,其他种类蚂蚁才能存在。这说明,蚂蚁与蚜虫的互利关系是造成海拔梯度下蚂蚁的多样性与多度变异格局的重要因素。且在海拔样带上,蚂蚁的多度越高,甲虫的多度就越低,说明蚂蚁可能对甲虫也具有较强的抑制作用。总之,这些研究都表明蚂蚁 – 蚜虫的互利关系是影响地表节肢动物群落的关键因子(Zhang et al., 2015b)。

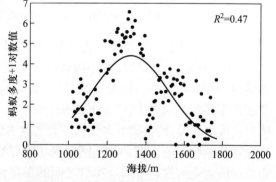

图 5.5　不同海拔梯度下蚂蚁多度的变异

5.2.3　鼠类对暖温带落叶阔叶林生态系统更新的影响

　　鼠类是森林生态系统中重要的一类功能团,是许多植物种子的捕食者及传播者(Janzen,1971;路纪琪和张知彬,2004,2005;肖治术和张知彬,2004)。森林中的林木种子作为鼠类的主要食物来源,直接关系着鼠类的生存与繁殖(Wolff, 1996),因此种子对鼠类种群具有正向的促进作用。鼠类对植物的作用比较复杂,因为某些鼠类不仅直接捕食种子,而且还扩散和贮藏种子。前者具有负作用,后者具有正作用。在北半球高纬度森林,冬季食物非常缺乏,鼠类贮藏种

子可防止冬季食物的短缺,对于鼠类的生存极其重要(Janzen, 1971)。鼠类对森林种子的贮藏方式可分为集中贮藏与分散贮藏(Vander Wall, 1990)。集中贮藏是将食物贮藏在某一固定区域(如巢内),并保卫该区域;分散贮藏是将食物分散性地贮藏在某一范围内的多个贮藏点。集中贮藏的种子一般会被取食,能萌发成苗的概率极低;被分散贮藏的种子由于比较分散,或多或少会有未被鼠类取走的情况,这些种子将来可能在合适的环境下萌发并生成幼苗(Jansen et al., 2004)。鼠类的分散贮藏行为将种子扩散至远离母树的地方,降低与母树的竞争,有利于种子逃脱捕食者的取食、幼苗的建立和植物的更新,即对植物有正作用;集中贮藏行为可能主要呈负作用(Vander Wall, 1990)。森林中的各种鼠类采取的贮藏方式各有不同,有的以分散贮藏为主,有的以集中贮藏为主,有的两者兼具。因此,鼠类与植物种子之间既存在捕食关系,又存在互惠关系。研究发现,鼠类与植物种子的相互作用可能由种子特征及进化关系所决定(Chang and Zhang, 2014; Wang et al., 2014)。

以北京森林站为依托,中国科学院动物研究所在该地区开展了鼠类与植物种子互作关系的相关研究。根据人为干扰程度与恢复时间,该地区的植被类型呈现不同的演替阶段,包括次生林、灌丛与弃耕地等(马克明和傅伯杰, 2000)。其中,次生林的类型包括辽东栎林、油松林、落叶阔叶林、针阔叶混交林和华北落叶松林等(马克平等, 1995; 马克明等, 1997; 张育新等, 2009b)。北京森林站的相关科研人员对该地区的鼠类群落及其取食的乔木种子进行了长年监测(郭天宇和许荣满, 2000; 马杰等, 2003; 李宏俊等, 2004)。结果表明,该地区鼠类群落组成主要包括朝鲜姬鼠(*Apodemus peninsulae*)、社鼠(*Niviventer confucianus*)、黑线姬鼠(*A. agrarius*)、大仓鼠(*Tscherskia triton*)、岩松鼠(*Sciurotamias davidianus*)和隐纹花松鼠(*Tamiops swinhoei*)等。这些鼠类主要取食与贮藏的植物种子包括辽东栎、山桃(*Amygdalus davidiana*)、山杏、核桃(*Juglans regia*)和胡桃楸(*Juglans mandshurica*)等(李宏俊等, 2004; 路纪琪和张知彬, 2005)。

针对"种子–鼠类"的互作关系,在北京森林站率先利用种子标签法(tin-coded tag)开展了鼠类介导的植物种子扩散研究,随后该方法在"植物种子–鼠类"种子传播系统中被广泛运用(Xiao et al., 2006)。在此基础上,先后发现鼠类对常见树种的更新具有显著影响(图5.6)。① 鼠类过度捕食种子是辽东栎更新率极低的重要原因(Li and Zhang, 2003)。在种子产量较低的年份,鼠类捕食多数种子,仅贮藏少量种子,从而造成辽东栎种子存活率降低。② 鼠类介导的种子扩散具有明显的季节和生境差异。种子扩散主要集中在秋季,多埋藏于裂叶榆(*Ulmus laciniata*)和辽东栎林的土壤中(Lu and Zhang, 2004)。③ 山杏种子结实大年会刺激鼠类的种子分散贮藏行为,有利于山杏种子扩散和更新(Li and Zhang, 2007)。④ 辽东栎种子的大小对鼠类介导的扩散适合度没有显著影响(Zhang et al., 2008)。⑤ 种子壳的硬度是常见鼠类种子取食和贮藏选择差异的主要原因(Zhang and Zhang, 2008)。⑥ 鼠类介导的种子扩散效率影响山杏和山桃的更新率及优势度(Zhang et al., 2016)。山杏与山桃同域生存,种子大小相似。相对于山桃种子,山杏种子被鼠类分散贮藏较多,春季存活率以及出苗率也比较高,具有较高的适合度。因此,山杏在该地区的数量明显高于山桃,是演化早期的先锋物种。⑦ 核桃可能吸引更多的种子取食者和传播者,但对其近缘种胡桃楸的最终种子扩散适合度没有明显影响(Zhang et al., 2017a)。

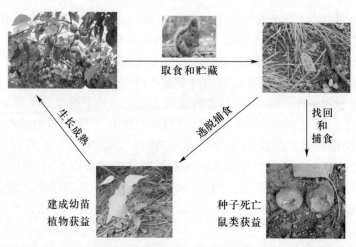

取食和贮藏

生长成熟

逃脱捕食

找回和捕食

建成幼苗
植物获益

种子死亡
鼠类获益

图 5.6 利用种子标签法在北京东灵山开展鼠类对植物种子扩散与更新的研究（张洪茂，2017）

5.2.4 动植物互作网络与生态系统稳定性

关于生态群落复杂性与稳定性的关系争论由来已久。一般情况下，种间互作越复杂，连接数越多，物种丧失对于生态群落的影响越小，即食物网的鲁棒性越强（Dunne et al.，2002）。此外，杂食性和区块化（或模块化）结构可增加食物网的鲁棒性（Yodzis，1981；Moore et al.，1988）。群落、生态系统或生态网络的稳定性是指结构的稳定性（如物种数及连接），种群水平的稳定性是指其种群密度或生物量的波动性（如变异率）（Yan and Zhang，2014）。当前，大多数生态学家认为弱相互作用是促进这一类稳定性的主要驱动因子之一（McCann et al.，

1998；Neutel et al.，2002）。多数研究发现，互惠网络具有较多的模块化（modularity）或嵌套化（nestedness）结构（Donatti et al.，2011；Mello et al.，2011）。Thébault 和 Fontaine（2010）研究发现自然生态网络包括食物网与互惠网络中的模块化和嵌套化结构都有利于增强生态群落的持续性与恢复力。另外，有研究表明含有特定比例的互惠与对抗性作用的杂合网络具有较高的稳定性（Mougi and Kondoh，2012）。

依托于北京森林站，基于森林生态系统中鼠类对种子的捕食与扩散效应的观测发现，鼠类-种子种间互作为密度依赖性的非单调性种间互作，即两者之间存在正负效应的转换，与以往研究中所描述的单调性种间互作有所不同（图 5.7）。由此，抽象化了六种不同类型的非单调性种间互作，并构建了非单调性种间互作网络，证明某些非单调性作用，尤其是低密度为正作用、

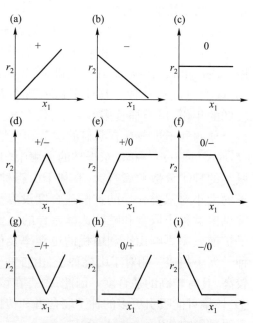

图 5.7 自然界中种间互作的形式
（Yan and Zhang，2014）

高密度为中性或负作用的非单调性作用,可促进和维持随机生态网络、互惠网络和捕食网络的持续性(网络结构的稳定性)。但在网络内,种群数量稳定性降低,即波动增加(Yan and Zhang, 2014)。在此基础上,Zhang 等(2015c)进一步综述了生态系统中的多种非单调性作用,发现非单调性作用广泛存在,并长期被忽视,强调在将来的研究中应多关注非单调性作用对生态系统稳定性的影响。研究发现在较复杂的生态网络中,种间作用强度可显著决定种群密度;而在较简单的生态网络中,物种的环境承载力决定了种群密度(图 5.8)(Yan and Zhang, 2016)。

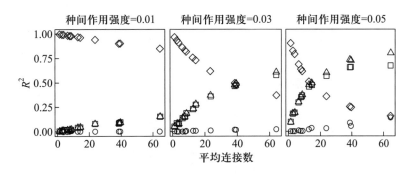

□ 直接种间作用 ○ 间接种间作用 △ 直接+间接种间作用 ◇ 环境承载力

图 5.8　在不同复杂程度(ALPS,平均连接数;SD,种间作用强度)的随机生态网络中,直接种间作用(NDIS)、间接种间作用(NIIS)及环境承载力(K)对种群密度的影响力(R^2)(Yan and Zhang, 2016)

5.3　暖温带落叶阔叶林生态系统的生物地球化学循环过程

5.3.1　暖温带主要群落土壤呼吸动态及其驱动机制

土壤呼吸作为土壤碳通量和陆地生态系统碳循环的关键成分,年通量高达 80.4 Pg C·年$^{-1}$,是化石燃料释放 CO_2 的十多倍,其微小的变化将对大气碳平衡产生巨大影响(Raich et al.,2002)。依托于北京森林站,以东灵山地区的辽东栎林、华北落叶松林和油松林为研究对象,通过壕沟法定量区分自养呼吸和异养呼吸,结合各种监测因子初步探讨这 3 种温带森林土壤呼吸季节变化及其驱动机制,旨在为暖温带生态系统碳动态模型提供数据参数,为准确评估北京山区森林碳动态提供理论依据。结果表明(图 5.9),3 种森林生态系统的土壤呼吸、异氧呼吸和自养呼吸的呼吸速率均呈现明显的季节变化。异养呼吸在土壤呼吸中占较大比重,辽东栎林、华北落叶松林和油松林土壤异养呼吸分别占总呼吸的 80%、71% 和 77%,在 3 种林型之间的差异达到极显著水平(P<0.001)。土壤温度是影响土壤呼吸各组分的主要环境因子,影响土壤呼吸的生物因子在不同林型间存在差异,细根净输入量在很大程度上决定了自养呼吸的总量,凋落物净输入量对于异养呼吸有重要影响(张俊兴等,2011)。

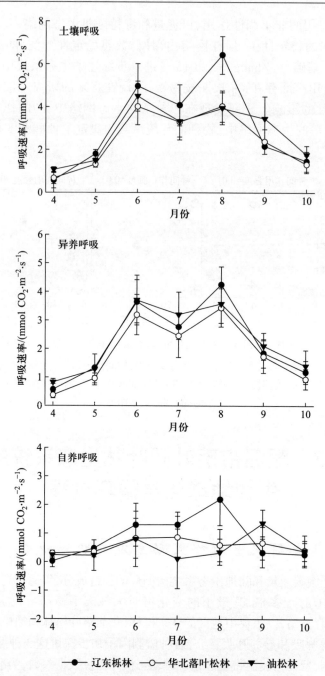

图 5.9　辽东栎林（Q）、华北落叶松林（L）和油松林（P）土壤呼吸月变化动态（张俊兴等,2011）

　　为了进一步探讨暖温带森林土壤呼吸在更长时间尺度的变化,利用北京东灵山地区的白桦林、辽东栎林和油松林 3 种典型森林的永久性监测样地,于 2012—2015 年对其土壤呼吸进行测定,并与 1994—1995 年的测定结果进行了比较。结果显示(图 5.10),2012—2015 年,白桦林的平均年土壤呼吸量为(574 ± 21)g C·m^{-2}·年$^{-1}$,显著高于辽东栎林(455 ± 31)g C·m^{-2}·年$^{-1}$和油松林(414 ± 35)g C·m^{-2}·年$^{-1}$,比 20 年前(1994—1995 年)的估测值分别增加了 85%、

17% 和 73%。这些结果表明,近 20 年来这 3 种森林生态系统的碳周转速率明显加快(姚辉等,2015)。

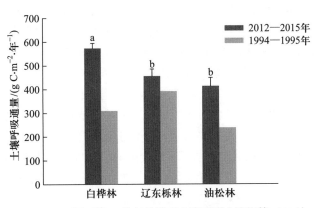

图 5.10　不同时期 3 种森林类型土壤呼吸(姚辉等,2015)

5.3.2　辽东栎林蚂蚁 – 蚜虫交互作用在养分循环方面的海拔变异

蚂蚁 – 蚜虫互利一直是研究种间互利关系生态和进化意义的模式系统之一(张霜等,2010)。当前的研究多集中于蚂蚁 – 蚜虫互利作用对彼此的影响,以及对宿主植物和活跃在宿主植物上的植食性昆虫的影响等生态效应上(Zhang et al.,2012c),而蚂蚁 – 蚜虫互利在养分循环过程中的作用尚不清楚。在东灵山辽东栎林中蚂蚁 – 蚜虫互利可以降低辽东栎叶损失(Zhang et al.,2012a,2015a),降低辽东栎在物理防御上的投入(Zhang et al.,2013),改变地面节肢动物群落结构(Zhang et al.,2012b),以及决定蚂蚁营养级位置(Zhang et al.,2015b)。利用同位素方法分析了蚂蚁 – 蚜虫互利在辽东栎林养分循环中所起作用的海拔变异,在 2 个海拔水平(1250 m 和 1450 m)上选取 6 个蚁巢,其中 3 个添加 ^{15}N 同位素,3 个为对照,在连续添加 ^{15}N 后,对蚂蚁、土壤及辽东栎叶片进行 6 次取样。结果发现,不同海拔水平上地面蚂蚁多度、上树蚂蚁多度分布差异显著,低海拔样点地面蚂蚁多度和上树蚂蚁多度分别显著高于高海拔样点的地面蚂蚁多度和上树蚂蚁多度(图 5.11)。

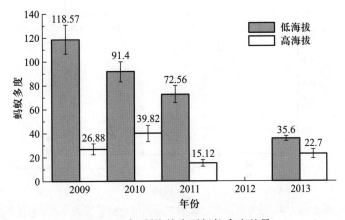

图 5.11　高、低海拔水平蚂蚁多度差异

在喂食富含 ^{15}N 蜂蜜溶液前及连续喂食 15 天（d）后停止喂食 5 d, 10 d, 20 d, 30 d, 60 d 时分别对蚂蚁、土壤、辽东栎叶片进行取样,检测各类样品的 δ^{15}N 值。对喂食 ^{15}N 蜂蜜溶液 0 d（不喂食）, 20 d, 25 d, 35 d, 45 d, 75 d 的六次取样所获处理组与对照组蚂蚁的 δ^{15}N 值进行独立样本 T 检验。结果显示,高海拔和低海拔样点蚁窝的蚂蚁在未喂食富含 ^{15}N 蜂蜜溶液时 δ^{15}N 值差异不显著,在喂食富含 ^{15}N 蜂蜜溶液 20 d, 25 d, 35 d, 45 d, 75 d 后处理组与对照组蚁窝之间的蚂蚁 δ^{15}N 值差异显著（$p<0.05$）,处理组蚁窝蚂蚁的 δ^{15}N 值分别显著高于对照组蚁窝蚂蚁的 δ^{15}N 值（图 5.12）。蚁窝土壤在未喂食富含 ^{15}N 蜂蜜溶液时 δ^{15}N 差异不显著,在喂食富含 ^{15}N 蜂蜜溶液后处理组与对照组蚁窝之间的土壤 δ^{15}N 值差异显著（$p<0.05$）,处理组蚁窝土壤的 δ^{15}N 值分别显著高于对照组蚁窝土壤的 δ^{15}N 值（图 5.13）。辽东栎叶片 δ^{15}N 值在未喂食富含 ^{15}N 蜂蜜溶液时差异不显著,在喂食富含 ^{15}N 蜂蜜溶液后 20 d, 25 d, 35 d, 45 d, 75 d 时处理组与对照组之间的辽东栎叶片 δ^{15}N 值差异显著（$p<0.05$）,低海拔样点处理组的叶片 δ^{15}N 值显著高于对照组叶片的 δ^{15}N 值（图 5.14）。

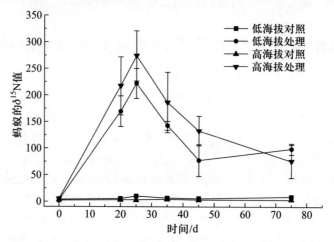

图 5.12　高、低海拔水平处理组与对照组之间蚂蚁的 δ^{15}N 差异

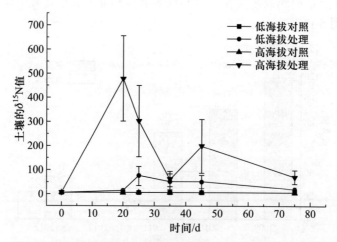

图 5.13　高、低海拔样点处理组与对照组之间土壤的 δ^{15}N 差异

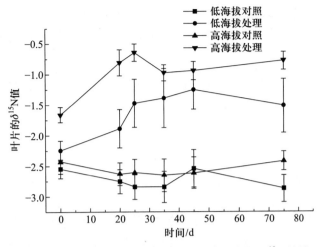

图 5.14　高、低海拔样点处理组与对照组叶片的 $\delta^{15}N$ 差异

通过前面的分析可以明确,蚂蚁－植物互利作用中蚂蚁通过土壤可以向植物传递养分。通过分析喂食富含 ^{15}N 蜂蜜溶液后的处理组之间各类群的差异是否显著来判断蚂蚁多度分布差异显著的高、低海拔水平上蚂蚁传递养分的作用程度是否相同。分别将喂食富含 ^{15}N 蜂蜜溶液后的处理组各类群 $\delta^{15}N$ 减去未喂食富含 ^{15}N 蜂蜜溶液时处理组各类群 $\delta^{15}N$,用喂食富含 ^{15}N 蜂蜜溶液后对各类群的 $\delta^{15}N$ 增加量进行分析,独立样本 T 检验的结果表明,在高、低海拔样点上处理组之间蚂蚁和叶片的 $\delta^{15}N$ 差异不显著,在高、低海拔样点上处理组之间土壤的 $\delta^{15}N$ 差异显著($p<0.05$),高海拔样点处理组的土壤 $\delta^{15}N$ 显著高于低海拔样点处理组的土壤 $\delta^{15}N$(图 5.15)。

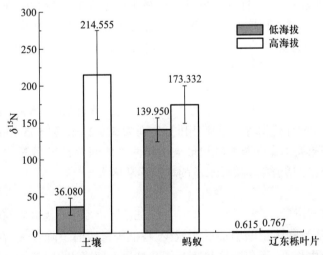

图 5.15　高、低海拔处理组之间蚂蚁、土壤、辽东栎叶片 $\delta^{15}N$ 相对增量的差异

上述结果表明,在蚂蚁－植物间接作用中蚂蚁可以通过土壤向植物传递氮素,从而实现了养分在植物－蚜虫－蚂蚁－土壤－植物中的循环。在不同海拔处理组之间土壤中 ^{15}N 的变化差异显著,蚂蚁和叶片中 ^{15}N 的变化差异不显著。高海拔蚂蚁的营养级位置显著低于低海拔,说明

高海拔蚂蚁－蚜虫互利作用的程度更紧密,高海拔上蚂蚁－蚜虫互利关系更紧密可能使氮素传递速度更快,这可能是高、低海拔土壤 ^{15}N 变化差异显著的一个原因(Zhang et al.,2017b)。

5.4　暖温带落叶阔叶林生态系统
水循环与水文生态过程

森林的水文生态功能是森林生态系统功能的一个重要方面,对森林水分循环的研究,结合能量流动和养分循环的研究,将会促进对森林生态系统功能过程全面而清晰的了解。

5.4.1　典型暖温带落叶阔叶林林冠层的水文过程

林冠层是大气降水进入森林后的第一个作用面,林冠对大气降水的分配直接影响水分在森林生态系统中的整个循环过程(万师强和陈灵芝,1999,2000)。

（1）树干茎流

树种间的树干茎流量差异十分明显,在降水量相同的情况下,树干茎流量与树种的形态结构有关。1996 年,辽东栎(30.3 mm)平均单株树干茎流量最大,其次是华北落叶松(16.1 mm)和油松(8.9 mm),黑桦(2.9 mm)最小,分别占同期降水量(723.6 mm)的 4.19%、2.22%、1.23% 和 0.40%。

在整个生长季节,辽东栎林和落叶阔叶林总干流量为 66.7 mm 和 32.8 mm,分别占同期降水量的 9.2% 和 4.5%,干流量均与降水量和前 24 小时降水量呈显著正相关,辽东栎林的干流量和干流率都明显大于落叶阔叶林,其原因在于辽东栎的树干茎流远远超过组成落叶阔叶林的其他树种(如黑桦、五角枫等)。辽东栎林和落叶阔叶林干流率在低雨量时随降水量的增加而增大,随着降水量继续增加,干流率则接近一个稳定的数值,干流率曲线趋于平缓。但是两种林分的干流率随着季节的推移并无明显的变化规律,这一点与华北油松人工林的研究结论不同(董世仁等,1987)。

（2）穿透降水

单次降水的林内透流率,辽东栎林为 2.8% ~ 86.7%,落叶阔叶林为 11.0% ~ 90.0%。在整个生长季节,两种林分的穿透降水量大致相同,分别为 539.2 mm 和 555.9 mm,占同期降水量的 74.5% 和 76.8%。穿透降水量与降水量和最大雨强两者之间存在极显著的正相关关系,穿透降水量占降水量的百分比(透流率)随降水量的增加逐渐增大。

（3）林冠截留

单次降水的林冠截留量,辽东栎林为 0.6 ~ 7.6 mm,落叶阔叶林为 0.7 ~ 10.2 mm,与林冠截留量相反,林冠截留率随着降雨量的增加反而减少,在低雨量级时下降较快,在高雨量部位截留率曲线趋于平缓。整个生长季,辽东栎林和落叶阔叶林总截留降水 117.6 mm 和 134.9 mm,分别占同期降水量的 16.3% 和 18.6%,附加截留降水与持续时间成正比,两种林分差别不大。两种林分的透流量(率)和截留量(率)月际变化大致与各月的降水量变化一致,但随季节的推移并无明显一致的变化趋势。

5.4.2　暖温带落叶阔叶林生态系统枯落物层的水文过程

枯落物是森林生态系统的重要组分,不但参与物质和能量循环,而且作为第二个水文作用层对森林生态系统的水文过程和水源涵养功能具有重要影响。在北京东灵山地区 4 种主要森林植被类型中,落叶阔叶混交林枯落物的储量最多（13.16 t·hm^{-2}）,其次是辽东栎林（11.74 t·hm^{-2}）、华北落叶松林（8.39 t·hm^{-2}）,油松林（7.44 t·hm^{-2}）最少。各种枯落物的最大持水率变化较大,辽东栎林最大,达 483.31%,油松林最小,为 362.63%,二者相差 120.68%,见表 5.1（莫菲等,2011）。

表 5.1　东灵山不同植被类型枯落物持水能力（莫菲等,2011）

植被类型	储量 /(t·hm^{-2})	厚度 /cm	最大持水量 /(t·hm^{-2})	最大持水率 /%
辽东栎林	11.74	4.7	56.74	483.31
落叶阔叶林	13.16	5.2	59.71	455.8
华北落叶松林	8.39	3.4	31.32	377.35
油松林	7.44	3.1	26.98	362.63

5.4.3　暖温带落叶阔叶林生态系统土壤层的水文过程

土壤层是森林群落涵养水源最主要的贮库,其性能主要受植被类型、土壤含水量、土壤层次厚度、降水持续时间及强度等因素的影响。落叶阔叶林、辽东栎林、华北落叶松林和油松林土壤蓄水总量为 407.5～459.4 t·hm^{-2},蓄水能力最大的为落叶阔叶林。油松林的径流量要明显高于其他植被类型,其后依次为辽东栎林、华北落叶松林和落叶阔叶林,见表 5.2（莫菲等,2011）。

表 5.2　东灵山不同植被土壤（0～80 cm）蓄水特性（莫菲等,2011）

植被类型	土壤容重 /(g·cm^{-3})	毛管孔隙度 /%	非毛管孔隙度 /%	石砾含量 /%	饱和持水率 /mm	稳渗速率 /(mm·min^{-1})	初渗速率 /(mm·min^{-1})
辽东栎林	1.03	39.13	17.4	14.13	427.9	20.19	30.23
落叶阔叶林	0.91	41.02	16.25	12.21	459.4	24.27	28.64
华北落叶松林	1.12	37.26	12.39	10.52	407.5	10.55	21.18
油松林	1.09	37.71	14.06	10.67	418.8	8.36	13.75

5.5 暖温带落叶阔叶林生态系统对全球变化的响应

5.5.1 气候变化对辽东栎种子出苗和幼苗生长的影响

植物自然更新是一个复杂的生态学过程,它对种群的增殖、扩散、延续和群落稳定及演替具有重要作用,是植被动态研究的热点(李小双等,2007)。全球气候变化导致的增温和降水格局改变极大地影响了植物更新,特别是种子植物的更新(Vile et al.,2011;Walck et al.,2011)。由于种子出苗(萌发)与幼苗生长阶段比成年阶段对气候变化更为敏感,很可能成为气候变化条件下植物更新的瓶颈。因此,增温和降水变化对植物种子出苗和幼苗生长的影响研究是深入理解全球气候变化对植物更新影响的有效途径。

为考察北京东灵山地区建群树种辽东栎种子出苗和一年生幼苗生长和适应状况,利用环境控制生长箱开展了温度和降水量的双因素控制实验。温度设置3个梯度:月平均气温(对照)、增温2℃和增温6℃。降水量设置3个梯度:月平均降水量(对照)、减水30%和加水30%。结果表明,① 辽东栎的种子出苗率和一年生幼苗的生长对增温和降水变化的响应不一致,种子出苗率主要受到降水及其与温度交互作用的影响,幼苗生长仅受到温度和降水独立作用的影响。② 春季增温2℃或降水量增加均使辽东栎种子出苗期提前,增温6℃与降水量减少的水热组合延迟了种子出苗期并使其存活率和出苗率显著降低,但在此温度下增加降水量则增加了出苗速率和出苗率(图5.16)。③ 增温2℃对幼苗生长无显著影响,增温6℃则在不同水分条件下显著地增加了幼苗的比叶面积,抑制了叶的伸长生长,同时也显著降低了各器官生物量积累,并减少了幼苗生物量向根的分配。降水量减少降低了幼苗根生物量,但未影响总生物量和根冠比,降水量增加显著促进了幼苗地上部分的生长,特别是叶的生长(图5.17)。因此,适当地增温或增加降水量将增加辽东栎幼苗的更新潜力,但增温和降水量减少导致的干旱化将显著降低幼苗的更新潜力(董丽佳和桑卫国,2012)。

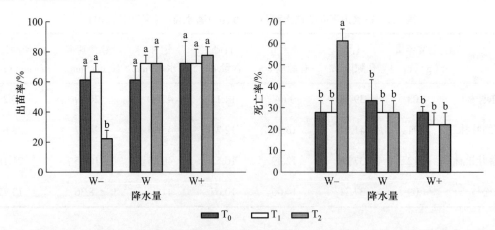

图5.16 增温和降水处理对出苗率和死亡率的影响[W-:减水30%,W:对照,W+:加水30%;T₀:对照,T₁:增温2℃,T₂:增温6℃;不同字母表示处理间差异显著($p<0.05$)](董丽佳和桑卫国,2012)

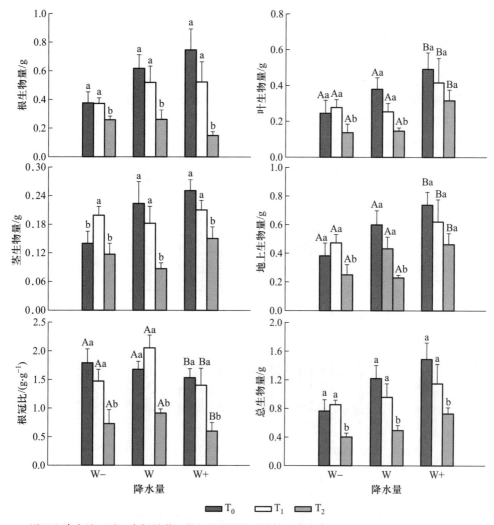

图 5.17 增温和降水处理对辽东栎幼苗生物量的影响（图中符号代表意义同图 5.16）（董丽佳和桑卫国，2012）

5.5.2 暖温带落叶阔叶林生态系统土壤呼吸对氮沉降的响应

自然界中碳氮循环通常是互相耦合的，氮素可以通过影响植物生长、微生物活性、凋落物分解速率等，进而影响土壤呼吸和碳循环过程（Zaehle，2013）。近年来，大气氮沉降显著增加，在全球范围内氮增加速率达到 $2\ g\ N\cdot m^{-2}\cdot$ 年 $^{-1}$，而在我国其增长速率更高，已成为继欧洲和北美后全球三大主要的氮沉降区域之一（Liu et al.，2013）。因此，越来越多的氮素输入将对陆地生态系统碳循环过程产生不可忽视的调控作用（Mo et al.，2008），我们需要从区域等多尺度探讨不同植被类型的碳循环和对氮沉降的响应差异，分析氮素添加的作用机理，从而更好地揭示全球碳氮循环的耦合机理。

以北京东灵山的阔叶林（辽东栎林）和针叶林（华北落叶松林和油松林）为研究对象，通过模拟氮沉降的方式（$10\ g\ N\cdot m^{-2}\cdot$ 年 $^{-1}$，大约 5 倍于全球平均大气氮沉降速率），研究了暖温带不同森林类型下土壤呼吸对氮沉降的短期响应。结果表明，短期氮添加降低了阔叶林土壤呼吸速率，而提高了针叶林土壤呼吸速率，但其短期效应未达到显著水平。不同森林类型间，土壤呼吸速率（$p<0.001$）和生长季土壤呼吸释放总量（$p<0.001$）均存在显著差异，整体表现为：辽东栎林 > 油松林 > 华北落叶松林，土壤温度是引起不同森林类型间土壤呼吸差异的主要因素（图5.18）。温度 – 水分双因素模型可以较好地模拟野外条件下 3 种森林类型土壤呼吸与温度和水分间的关系，解释率为 47% ~ 87%。此外，氮添加可以改变土壤呼吸对温度和水分变化的响应。氮添加后在较高温度和较低水分情况下，土壤呼吸速率明显上升，此时土壤呼吸对温度变化更加敏感（全权等，2015）。实验结果揭示了氮沉降对我国暖温带地区不同森林类型土壤呼吸的影响，但其复杂的影响机制仍有待进一步研究。

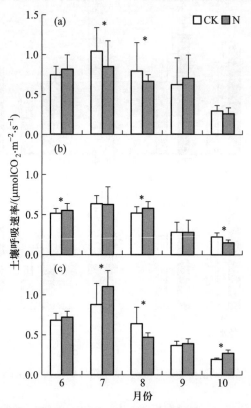

图 5.18   氮添加对不同森林土壤呼吸速率的影响：（a）辽东栎林；（b）华北落叶松林；（c）油松林。
CK：对照，N：氮添加；* 表示相同月份对照与氮添加间差异显著（$p<0.05$）（全权等，2015）

5.5.3   暖温带落叶阔叶林植被动态对气候干旱的响应

全球大气环流格局和水文过程的改变可能会使未来的年均降水发生变化，增加降水年内和年际间的波动（IPCC，2007），对未来降水格局变化的预测及其对生态系统的影响还存在很大的不确定性。我国暖温带地区的夏季降水占全年降水的比例很大，同时也是季节性降水变化最为明显的区域。历史数据表明，过去 20 年华北地区的夏季降水量和降水天数的减少导致了土壤含水量的下降，说明该地区夏季有干旱化的趋势（Piao et al.，2009）。严重的干旱事件可能会导致生态系统生产力降低，但是干旱化对生态系统的长期影响仍需要进一步的研究（Ciais et al.，2005）。目前关于夏季干旱对森林物种多样性和生态系统功能影响的研究还较少。由于森林生态系统过程对环境因子变化响应的滞后性,无论是控制实验还是观测的方法,都需要长期的数据积累,生态系统模型可用来研究森林植被的组成、结构及其功能对夏季干旱化的长期响应。

应用 LPJ-GUESS 植被动态模型(Smith et al., 2001; Sitch et al., 2003),在耦合不同物种对干旱响应策略的基础上,评估了夏季干旱化对北京东灵山地区森林植被的物种组成及其功能的影响。结果表明,在气候变暖、降水减少和 CO_2 浓度升高的情况下,无论树种采取何种策略,东灵山暖温带森林的总净初级生产力和生物量都有增加的趋势,降水在未来近一个世纪内尚未成为本地区植被生长的限制因子(图 5.19)。但森林植被的树种组成与树种的干旱响应策略密切相关,不耐旱的物种胡桃楸的生物量水平在长期干旱条件下并没有降低,而耐旱的物种辽东栎在受到干旱化长期影响时,其生物量有下降的趋势。这种响应策略也会导致植被蒸散等生态系统水分循环过程的差异。因此,降水变化对森林生态系统影响的长期模拟研究应该考虑物种对干旱的不同响应策略(李亮等,2011)。

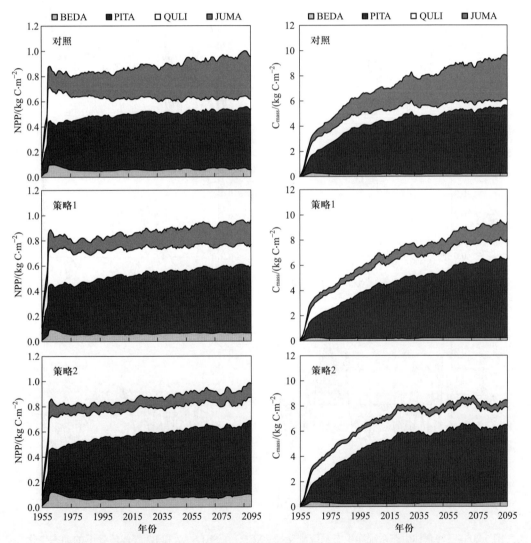

图 5.19　不同物种干旱响应策略下植被和组成树种的净初级生产力(NPP)和生物量(C_{mass})的变化趋势
(BEDA:黑桦,PITA:油松,QULI:辽东栎,JUMA:胡桃楸)(李亮等,2011)

5.5.4　暖温带典型森林生态系统碳收支对气候变化的响应

使用 LPJ–GUESS 植被动态模型,研究了未来 100 年北京山区以辽东栎为优势种的落叶阔叶林、以白桦为主的阔叶林和以油松为优势种的针阔混交林的碳变化,定量分析了生态系统净初级生产力(NPP)、土壤异养呼吸(Rh)、净生态系统碳交换(NEE)和碳生物量(carbon biomass)对两种未来气候情景(SRES A2 和 B2)以及相应大气 CO_2 浓度变化情景的响应特征(到 2100 年,SRES A2 和 B2 情景下 CO_2 浓度值分别升高到 863 mg·kg^{-1} 和 611 mg·kg^{-1})。结果表明(图 5.20),

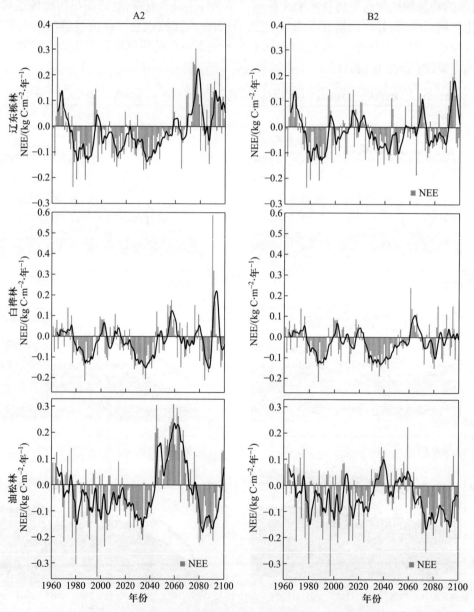

图 5.20　三种森林生态系统净生态系统碳交换(NEE)在 SRES A2 和 B2 气候情景下的动态变化
(QF:辽东栎林,BF:白桦林,PF:油松林)(刘瑞刚等,2009)

① 未来 100 年两种气候情景下 3 种森林生态系统的 NPP 和 Rh 均增加,并且 A2 情景下增加的程度更大。② 由于 3 种生态系统树种组成的不同,未来气候情景下各自 NPP 和 Rh 增加的比例不同,导致三者 NEE 的变化也相异,100 年后辽东栎林由碳汇转变为弱碳源,白桦林仍保持为碳汇但功能减弱,油松林成为一个更大的碳汇。③ 3 种森林生态系统的碳生物量在未来气候情景下均增大,21 世纪末与 20 世纪末相比,辽东栎林在 A2 情景下碳生物量增加的比例为 27.6%,大于 B2 情景下的 19.3%;白桦林和油松林在 B2 情景下碳生物量增加的比例分别为 34.2% 和52.2%,大于 A2 情景下的 30.8% 和 28.4%（刘瑞刚等,2009）。

5.6　暖温带落叶阔叶林生态系统管理调控与示范模式

5.6.1　基于动植物互作的生态系统管理与修复示范模式

依托北京森林站,结合东灵山地区森林生态系统的恢复情况,基于动植物互作,总结了以下森林生态系统的管理与恢复策略:① 农业人口迁出。随着中国城镇化进程,合理引导人口流动,农业人口逐步迁出生态系统恢复地区。人口迁出不仅有利于植被恢复,而且可能改变动物群落结构。在东灵山梨园岭地区,人类伴生的动物如褐家鼠、小家鼠等数量减少,有利于野生鼠类的种群恢复,进而增加种子扩散强度,有利于森林更新。② 退耕。调整产业结构,有步骤地停止耕种,减少农业作物面积,降低或消除农业活动对森林生态系统的干扰。③ 人工造林。根据当地的原生植被情况和气候环境,因地制宜地植树造林,恢复森林植被。可利用动物的传播作用,选择一些易于被动物传播种子的树种进行播种,节省成本和提高效率。在东灵山梨园岭地区,鼠类对于山杏种子的扩散较多,在退耕地具有较高的优势度,适于作为先锋物种进行播种。④ 禁牧。过度的牛、羊畜牧业不利于森林生态系统的恢复,尤其在恢复初期。密度过高的牛、羊种群不仅啃食地面植被,直接破坏建演化初期的建群植被,还会干扰动物传粉、扩散种子等过程。⑤ 物种及种间互作监测。对生态系统的生物多样性进行常规监测,评估生态系统的状态;对具有关键生态功能的种间互作进行常规监测,可预测生态系统的变化趋势,适时调整管理策略。⑥ 控制有害生物。进行适度控制病虫害,减轻或消除病虫对树木的损害。另外,在演化初期,可对集中贮藏的鼠类进行适当控制,增加分散贮藏的鼠类密度,有利于先锋树种快速建群。⑦ 物种及种间互作保护。首先,需要对数量稀少的珍稀动植物进行保护。在此基础上,对具有关键生态功能的动植物种间互作进行保护。例如,增加生境连续性,保护鼠类对种子的传播路径;重新引入具重要生态功能的物种,如传粉动物。对动植物互作网络的保护应着重于它对生态系统稳定性具有重要影响的特征:互作多样性、嵌套性、模块性、弱相互作用和互作连接的频率分布（Tylianakis et al.,2010）。

5.6.2　暖温带落叶阔叶林生态系统经营管理的发展方向与科技问题

暖温带落叶阔叶林是我国重要的植被类型,同时也是华北平原重要的生态屏障,对保护京津冀地区生态安全、满足生态需求和促进生态文明发挥着重要作用。暖温带落叶阔叶混交林是华北山区的地带性顶极植物群落,具有较丰富的生物多样性、复杂的组成结构、较高的稳定性和强大的生态系统服务功能。

在生态系统经营管理方面,主要目标应注重恢复原有健康森林生态系统的功能,并维护其可持续发展。其中包括设计更合理的景观格局,将现有退化阔叶次生林和针叶人工林引入建群的乡土阔叶树种,促进森林植被的顺向演替,逐渐使其向针阔叶混交林和落叶阔叶混交林发展。保护山地生态系统的生物多样性,提高其水源涵养、水土保持、碳汇功能和净化空气等生态系统服务功能,满足区域生态建设及经济可持续发展的需求。

为实现上述目标,需要根据植被结构及主要生态功能,结合相关生态学基础理论,加强森林经营、树种选育等科技问题的研究。对于天然次生林的抚育,应依据森林生态学的演替理论、生态位理论和干扰 – 稳定性理论等,研究设计人为培育措施,促进阔叶次生林的演替进程,加速其向顶极植物群落演替的进度,如通过透光抚育,改善林地生态条件,促进次生林演替的顺利实现,或通过林分改造,引种地带植被的优势种、关键种(如辽东栎等),加速次生林的顺向演替,直到将其培育成异龄复层落叶阔叶混交林。

对于有重要经济价值的油松、华北落叶松人工针叶纯林的管理方面,需研究近自然经营技术,在针叶林冠下保护或栽种建群阔叶树种(如辽东栎),调整人工针叶纯林的树种组成,逐渐使其发展为异龄复层针阔叶混交林。

退化灌丛管理的难点问题在于如何加速其植被恢复。应着重研究如何提高水保措施或增肥措施的有效性,评估乡土建群树种或某些高经济价值的树种在植被恢复中的作用,以求在实现植被恢复的同时,创造更高的服务价值。

此外,全球变化正显著影响着暖温带落叶阔叶林的生态过程,其中干旱、高温、大气污染等过程可能会加剧暖温带森林的病虫害爆发、树木生长衰退乃至死亡等风险。亟须加强对暖温带森林不同树种响应极端气候、病虫害等胁迫的生长历史和生理生态过程的研究,从而为森林经营管理中生态风险的规避及树种选育等提供科学支持。

致谢: 感谢国家自然科学基金项目(31470481,31570630,30900185,31370451)和中国生态系统长期变化趋势分析项目提供资助。

参 考 文 献

陈灵芝.1997.暖温带森林生态系统结构与功能的研究.北京:科学出版社.

陈灵芝,陈清朗,刘文华.1997.中国森林多样性及其地理分布.北京:科学出版社.

陈禹舟,马克明,张育新,等.2015.北京东灵山森林植物多样性的网络结构研究.生态学报,35(11):3702-3709.

董丽佳,桑卫国.2012.模拟增温和降水变化对北京东灵山辽东栎种子出苗和幼苗生长的影响.植物生态学报, 36:819-830.

董世仁,郭景唐,满荣洲.1987.华北油松人工林的透流、干流和树冠截留.北京林业大学学报,9(1):58-67.

冯云,马克明,张育新,等.2008.辽东栎林不同层植物沿海拔梯度分布的 DCCA 分析.植物生态学报,32:568-573.

冯云,马克明,张育新,等.2011.坡位对北京东灵山辽东栎林物种多度分布的影响.生态学杂志,30:2137-2144.

高贤明,马克平,陈灵芝.2001.暖温带若干落叶阔叶林群落物种多样性及其与群落动态的关系植物.生态学报, 25(3):283-290.

高贤明,王巍,李庆康,等.2002.中国暖温带中部山区主要自然植被类型.见:陈宜瑜(主编).生物多样性保护与区域可持续发展——第四届全国生物多样性保护与持续利用研讨会论文集,296–312.北京:中国林业出版社.

郭天宇,许荣满.2000.北京东灵山地区鼠类群落结构的研究.中国媒介生物学及控制杂志,11:11–15.

李宏俊,张知彬,王玉山,等.2004.东灵山地区啮齿动物群落组成及优势种群的季节变动.兽类学报,24:215–221.

李亮,苏宏新,桑卫国.2011.模拟夏季干旱对东灵山森林植被动态的影响.植物生态学报,35:147–158.

李小双,彭春明,党承林.2007.植物自然更新研究进展.生态学杂志,26:2081–2088.

刘海丰,李亮,桑卫国.2011.东灵山暖温带落叶阔叶次生林动态监测样地:物种组成与群落结构.生物多样性,19:232–242.

刘海丰,薛达元,桑卫国.2014.暖温带森林功能发育过程中的物种扩散和生态位分化.科学通报,59(24):2359–2366.

刘瑞刚,李娜,苏宏新,等.2009.北京山区3种暖温带森林生态系统未来碳平衡的模拟与分析.植物生态学报,33(3):516–534.

路纪琪,张知彬.2004.鼠类对山杏和辽东栎种子的贮藏.兽类学报,24:132–138.

路纪琪,张知彬.2005.岩松鼠的食物贮藏行为.动物学报,51:376–382.

马杰,李庆芬,孙儒泳,等.2003.东灵山辽东栎林啮齿动物群落组成及优势种大林姬鼠的繁殖特征.动物学报,49:262–265.

马克明,傅伯杰.2000.北京东灵山地区景观格局及破碎化评价.植物生态学报,24:320–326.

马克明,傅伯杰,周华锋.1999.北京东灵山地区森林的物种多样性和景观格局多样性研究.生态学报,19:1–7.

马克明,叶万辉,桑卫国,等.1997.北京东灵山地区植物群落多样性研究.Ⅹ.不同尺度下群落样带的 β 多样性及分形分析.生态学报,17:626–634.

马克平,黄建辉,于顺利.1995.北京东灵山地区植物群落多样性的研究.生态学报,15:268–277.

莫菲,李叙勇,贺淑霞,等.2011.东灵山林区不同森林植被水源涵养功能评价.生态学报,17:5009–5016.

全权,张震,何念鹏,等.2015.短期氮添加对东灵山三种森林土壤呼吸的影响.生态学杂志,34(3):797–804.

桑卫国,马克平,陈灵芝.2002.暖温带落叶阔叶林碳循环的初步估算.植物生态学报,26(5):543–548.

苏宏新,李广起.2012.模拟蒙古栎林生态系统碳收支对非对称性升温的响应.科学通报,57(17):1544–1552.

万师强,陈灵芝.1999.暖温带落叶阔叶林冠层对降水的分配作用.植物生态学报,6:557–561.

万师强,陈灵芝.2000.东灵山地区大气降水特征及森林树干茎流.生态学报,1:62–68.

万五星,王效科,李东义,等.2014.暖温带森林生态系统林下灌木生物量相对生长模型.生态学报,34(23):6985–6922.

王晋萍,董丽佳,桑卫国.2012.不同氮素水平下入侵种豚草与本地种黄花蒿,蒙古蒿的竞争关系.生物多样性,20(1):3–11.

吴征镒.1980.中国植被.北京:科学出版社.

肖治术,张知彬.2004.啮齿动物的贮藏行为与植物种子的扩散.兽类学报,24:61–70.

谢晋阳,陈灵芝.1994.暖温带落叶阔叶林的物种多样性特征.生态学报,14(4):337–344.

严昌荣,韩兴国,陈灵芝,等.2002.中国暖温带落叶阔叶林中某些树种的 ^{13}C 自然丰度:$\delta^{13}C$ 值及其生态学意义.生态学报,22(12):2163–2166.

姚辉,胡雪洋,朱江玲,等.2015.北京东灵山3种温带森林土壤呼吸及其20年的变化.植物生态学报,39(9):849–856.

张地,张育新,曲来叶,等.2012a.海拔对辽东栎林地土壤微生物群落的影响.应用生态学报,23:2041–2048.

张地,张育新,曲来叶,等.2012b.坡位对东灵山辽东栎林土壤微生物量的影响.生态学报,32:6412–6421.

张洪茂.2017.鼠,重要的森林设计师.大自然,4:8–13.

张俊兴, 苏宏新, 刘海丰, 等. 2011. 3 种温带森林土壤呼吸季节动态及其驱动机制. 内蒙古农业大学学报, 32(4): 160-167.

张霜, 张育新, 马克明. 2010. 保护性的蚂蚁 – 植物相互作用及其调节机制研究综述. 植物生态学报, 34: 1344-1353.

张育新, 马克明, 祁建, 等. 2009a. 北京东灵山海拔梯度上辽东栎种群结构和空间分布. 生态学报, 29: 2789-2796.

张育新, 马克明, 祁建, 等. 2009b. 北京东灵山辽东栎林植物物种多样性的多尺度分析. 生态学报, 29: 2179-2185.

张知彬, 王福生. 2001. 鼠类对山杏种子存活和萌发的影响. 生态学报, 21(11): 1761-1768.

张知彬. 2001. 埋藏和环境因子对辽东栎(*Quercus liaotungensis* Koidz)种子更新的影响. 生态学报, 21(3): 374-384.

赵同谦, 欧阳志云, 郑华, 等. 2004. 中国森林生态系统服务功能及其价值评价. 自然资源学报. 19(4): 480-491.

祝燕, 白帆, 刘海丰, 等. 2011. 北京暖温带次生林种群分布格局与种间空间关联性. 生物多样性, 19(2): 252-259.

Chang G, Zhang Z B. 2014. Functional traits determine formation of mutualism and predation interactions in seed-rodent dispersal system of a subtropical forest. Acta Oecologica, 55: 43-50.

Ciais P, Reichstein M, Viovy N, et al. 2005. Europe-wide reduction in primary productivity caused by the heat and drought in 2003. Nature, 437: 529-533.

Donatti C I, Guimarães P R, Galetti M, et al. 2011. Analysis of a hyper-diverse seed dispersal network: Modularity and underlying mechanisms. Ecology Letters, 14(8): 773-781.

Dunne J A, Williams R J, Martinez N D. 2002. Network structure and biodiversity loss in food webs: Robustness increases with connectance. Ecology Letters, 5(4): 558-567.

Hou J H, Mi X C, Liu C R, et al.. 2004. Spatial patterns and associations in a *Quercus–Betula* forest in northern China. Journal of Vegetation Science, 15: 407-414.

IPCC. 2007. Climate Chang 2007: The Physical Science Basis. Working Group Ⅰ Contribution to the Fourth Assessment Report of the IPCC. Cambridge: Cambridge University Press.

Jansen P A, Bongers F, Hemerik L. 2004. Seed mass and mast seeding enhance dispersal by a neotropical scatter-hoarding rodent. Ecological Monographs, 74(4): 569-589.

Janzen D H. 1971. Seed predation by animals. Annual Review of Ecology and Systematics, 2: 465-492.

Jiang Z H, Ma K M. 2015. Environmental filtering drives herb community composition and functional trait changes across an elevational gradient. Plant Ecology and Evolution, 148: 301-310.

Jiang Z, Ma K, Anand M, et al. 2015. Interplay of temperature and woody cover shapes herb communities along an elevational gradient in a temperate forest in Beijing, China. Community Ecology, 16: 215-222.

Jiang Z H, Ma K M, Anand M. 2016. Can the physiological tolerance hypothesis explain herb richness patterns along an elevational gradient? A trait-based analysis. Community Ecology, 17: 17-23.

Li G, Xu G, Shen C, et al. 2016. Contrasting elevational diversity patterns for soil bacteria between two ecosystems divided by the treeline. Science China Life Sciences, 59: 1177.

Li H J, Zhang Z B. 2003. Effect of rodents on acorn dispersal and survival of the Liaodong oak (*Quercus liaotungensis* Koidz.). Forest Ecology and Management, 176: 387-396.

Li H J, Zhang Z B. 2007. Effects of mast seeding and rodent abundance on seed predation and dispersal by rodents in *Prunus armeniaca* (Rosaceae). Forest Ecology and Management, 242: 511-517.

Liu X J, Zhang Y, Han W X, et al. 2013. Enhanced nitrogen deposition over China. Nature, 494(7438): 459-462.

Lu J Q, Zhang Z B. 2004. Effects of habitat and season on removal and hoarding of seeds of wild apricot (*Prunus armeniaca*) by small rodents. Acta Oecologica, 26: 247-254.

McCann K, Hastings A, Huxel G R. 1998. Weak trophic interactions and the balance of nature. Nature, 395 (6704): 794–798.

Mello M A R, Marquitti F M D, Jr P R G, et al. 2011. The modularity of seed dispersal: Differences in structure and robustness between bat- and bird-fruit networks. Oecologia, 167 (1): 131–140.

Mo J M, Zhang W, Zhu W X, et al. 2008. Nitrogen addition reduces soil respiration in a mature tropical forest in southern China. Global Change Biology, 14 (2): 403–412.

Moore J C, William Hunt H. 1988. Resource compartmentation and the stability of real ecosystems. Nature, 333 (6170): 261–263.

Mougi A, Kondoh M. 2012. Diversity of interaction types and ecological community stability. Science, 337 (6092): 349–351.

Neutel A M, Heesterbeek J A P, de Ruiter P C. 2002. Stability in real food webs: Weak links in long loops. Science, 296 (5570): 1120–1123.

Piao S L, Yin L, Wang X H, et al. 2009. Summer soil moisture regulated by precipitation frequency in China. Environmental Research Letters, 4 (4): 1–6.

Raich J W, Potter C S, Bhagawati D. 2002. Interannual variability in global soil respiration, 1980–1994. Global Change Biology, 8: 800–812.

Sitch S, Smith B, Prentice I, et al. 2003. Evaluation of ecosystem dynamics, plant geography and terrestrial carbon cycling in the LPJ dynamic global vegetation model. Global Change Biology, 9: 161–185.

Smith B, Prentice I C, Sykes M T. 2001. Representation of vegetation dynamics in the modelling of terrestrial ecosystems: Comparing two contrasting approaches within European climate space. Global Ecology and Biogeography, 10: 621–637.

Su H X, Jan C A, Sang W G. 2015. Asymmetric warming significantly affects net primary production, but not ecosystem carbon balances of forest and grassland ecosystems in northern China. Scientific Reports, 5, 9115. Doi: 10.1038/srep09115.

Su H X, Sang W G. 2004. Simulations and analysis of net primary productivity in *Quercus liaotungensis* forest of Donglingshan Mountain range in response to different climate change scenarios. Acta Botanica Sinica, 46: 1281–1291.

Thébault E, Fontaine C. 2010. Stability of ecological communities and the architecture of mutualistic and trophic networks. Science, 329 (5993): 853–856.

Tylianakis J M, Laliberté E, Nielsen A, et al. 2010. Conservation of species interaction networks. Biological Conservation, 143 (10): 2270–2279.

Vander Wall S B. 1990. Food hoarding in animals. Chicago: University of Chicago Press.

Vile D, Pervent M, Belluau M, et al. 2011. Arabidopsis growth under prolonged high temperature and water deficit: Independent or interactive effects ? Plant, Cell and Environment, 35: 702–718.

Walck J L, Hidayati S N, Dixon K W, et al. 2011. Climate change and plant regeneration from seed. Global Change Biology, 17: 2145–2161.

Wang Z, Cao L, Zhang Z. 2014. Seed traits and taxonomic relationships determine the occurrence of mutualisms versus seed predation in a tropical forest rodent and seed dispersal system. Integrative Zoology, 9 (3): 309–319.

Wolff J O. 1996. Population fluctuations of mast-eating rodents are correlated with production of acorns. Journal of Mammalogy, 77 (3): 850–856.

Xiao Z S, Jansen P A, Zhang Z B. 2006. Using seed-tagging methods for assessing post-dispersal seed fates in rodent-dispersed trees. Forest Ecology and Management, 223: 18–23.

Xu G R, Lin Y H, Zhang S, et al. 2017. Shifting mechanisms of elevational diversity and biomass patterns in soil invertebrates at treeline. Soil Biology and Biochemistry, 113: 80–88.

Xu G R, Zhang S, Lin Y H, et al. 2015. Context dependency of the density-body mass relationship in litter invertebrates along an elevational gradient. Soil Biology and Biochemistry, 88: 323–332.

Yan C, Zhang Z. 2016. Interspecific interaction strength influences population density more than carrying capacity in more complex ecological networks. Ecological Modelling, 332 (Supplement C): 1–7.

Yan C, Zhang Z B. 2014. Specific non-monotonous interactions increase persistence of ecological networks. Proceedings of the Royal Society of London, Series B: Biological Sciences, 281 (1779): 20132797.

Yodzis P. 1981. The stability of real ecosystems. Nature, 289 (5799): 674–676.

Yu M, Gao Q. 2011. Leaf-traits and growth allometry explain competition and differences in response to climatic change in a temperate forest landscape: A simulation study. Annals of Botany, 108: 885–894.

Zaehle S. 2013. Terrestrial nitrogen–carbon cycle interactions at the global scale. Philosophical Transactions of the Royal Society B–Biological Sciences, 368: 20130125.

Zhang H M, Chen Y, Zhang Z B. 2008. Differences of dispersal fitness of large and small acorns of Liaodong oak (*Quercus liaotungensis*) before and after seed caching by small rodents in a warm temperate forest, China. Forest Ecology and Management, 255: 1243–1250.

Zhang H M, Chu W, Zhang Z B. 2017a. Cultivated walnut trees showed earlier but not final advantage over its wild relatives in competing for seed dispersers. Integrative Zoology, 12: 12–25.

Zhang H M, Wang Y, Zhang Z B. 2009. Domestic goat grazing disturbance enhances tree seed removal and caching by small rodents in a warm-temperate deciduous forest in China. Wildlife Research, 36: 610–616.

Zhang H M, Yan C, Chang G, et al.. 2016. Seed trait-mediated selection by rodents affects mutualistic interactions and seedling recruitment of co-occurring tree species. Oecologia, 180: 475–484.

Zhang H M, Zhang Z B. 2008. Endocarp thickness affects seed removal speed by small rodents in a warm-temperate broad-leafed deciduous forest, China. Acta Oecologia, 34: 285–293.

Zhang L, Zhang Y, Fan N, et al.. 2017b. Altitudinal variation in ant-aphid mutualism in nitrogen transfer of oak (*Quercus liaotungensis*). Arthropod–Plant Interactions, 11: 641–647.

Zhang S, Zhang Y, Ma K. 2013. The ecological effects of ant-aphid mutualism on plants at a large spatial scale. Sociobiology, 60: 236–241.

Zhang S, Zhang Y X, Ma K M. 2012a. Different-sized oak trees are equally protected by the aphid-tending ants. Arthropod–Plant Interactions, 6: 307–314.

Zhang S, Zhang Y X, Ma K M. 2012b. Disruption of ant-aphid mutualism in canopy enhances the abundance of beetles on the forest floor. PLoS One, 7 (4): e35468. Doi: 10.1371/journal. pone.0035468.

Zhang S, Zhang Y X, Ma K M. 2012c. The ecological effects of the ant-hemipteran mutualism: A meta-analysis. Basic and Applied Ecology, 13: 116–124.

Zhang S, Zhang Y X, Ma K M. 2015a. Mixed effects of ant-aphid mutualism on plants across different spatial scales. Basic and Applied Ecology, 16: 452–459.

Zhang S, Zhang Y X, Ma K M. 2015b. Mutualism with aphids affects the trophic position, abundance of ants and herbivory along an elevational gradient. Ecosphere, 6: art253.

Zhang Y X, Ma K M, Anand M, et al. 2006. Do generalized scaling laws exist for species abundance distribution in mountains? Oikos, 115: 81–88.

Zhang Z, Yan C, Krebs C J, et al. 2015c. Ecological non-monotonicity and its effects on complexity and stability of populations, communities and ecosystems. Ecological Modelling, 312 (Supplement C): 374–384.

第6章 亚高山人工林生态恢复变化及持续经营管理对策*

　　亚高山森林是我国西南高山林区(川西、滇西北、西藏、青海南部、甘南)主体,在20世纪50—90年代一直是我国森工企业木材生产的主要采伐对象,形成了大面积块状皆伐迹地。随后在采伐迹地上坚持开展人工造林与抚育更新实践,绝大多数采伐迹地形成次生林,包括造林形成的人工林和自然更新形成的落叶阔叶林。近15年来,随着天然林保护工程与退耕还林工程的持续稳步推进和顺利执行,新增了大面积的人工林。据不完全统计,仅川西甘孜阿坝地区亚高山人工林面积至少超过120万 hm²,成为长江上游生态屏障骨干组分,发挥着不可替代的作用。然而,西南高山林区的次生林生态系统(人工林、自然更新的落叶阔叶林)结构与功能动态演变规律以及持续经营管理一直未受到足够的关注和深入研究,次生林管理仍然处于"粗放"状态,存在不少生态恶化问题(如中龄林阶段后生产力衰退、林下资源贫乏、土壤酸化等),不少问题缺乏有效的技术管理方案。中国科学院茂县山地生态系统定位研究站(简称茂县站)自建站起就确立了以次生林生态系统为研究对象,开展次生植被结构、功能、生物多样性等动态演替规律以及林区资源培育和持续利用研究,为次生林科学经营管理提供科学依据。事实上茂县站是我国西南高山林区(面积超过80万 km²)内唯一以次生林生态系统为监测研究对象的长期野外定位研究站。

　　茂县站位于岷江上游中部的大沟流域,处于岷山山系九顶山脉西坡,位居我国地形格局中一级阶梯向二级阶梯的过渡地带上。区域海拔1500~4200 m,山高谷深,山地气候立体分异明显,植被垂直带谱比较完整,是青藏高原东部高山峡谷区山地生态系统的缩影,是开展高山峡谷区山地垂直生态系统研究的理想地段。茂县站坐落在该山地垂直系统中段,是1986年启动长江上游小流域综合治理及水源涵养水土保持林重建技术试验示范时选址建立的。2003年初加入中国生态系统研究网络(CERN)后开始重新规划建设,2005年起开始严格按照CERN规范开展监测。历史上,茂县站区(大沟流域)森林长期遭受人为砍伐,植被严重退化,水土流失加剧,生态恶化,这些状况较好地反映了西南林区森林开发的历史过程(1950—1985年)及植被退化状况,建站前的1986年大沟流域森林覆盖率不足11%,除高山陡坡地段少量残存岷江冷杉疏林、杨桦林及杜鹃矮林(林线附近)外,大多退化为次生灌丛和草坡,其严重的植被退化状况也是西南林区植被退化状况的代表。从1986年开始,中国科学院成都生物研究所与地方紧密合作开展了人工造林与次生灌丛保育,到2000年大沟流域森林覆盖率提高到67%,水土流失得到有效控制,生态环境得到有效改善(孙书存和包维楷,2005)。因此,大沟流域森林

---

　　* 本章作者为中国科学院成都生物研究所包维楷、何其华、周志琼、李晓明、刘鑫、朱亚平、丁建林。

恢复重建过程和现状比较充分地反映了我国长江上游防护林建设和经营管理的发展历史和现状。茂县站的基本任务包括，立足于青藏高原东部和长江上游的高山峡谷区，监测其代表性次生森林植被的结构和功能及其动态变化，研究山地森林植被退化机理、生态修复及生物多样性保护关键技术和策略，阐明长江上游和青藏高原东缘高山峡谷区山地森林植被的结构和功能及其发展变化规律，为生态建设、资源合理开发以及区域持续发展提供科学理论依据、技术支撑和实践范例。

本章主要依据茂县站 2005—2015 年人工林动态监测数据来回答两个方面的科学问题：① 中龄阶段（20~30 年）人工林生态系统（群落结构、植物多样性、凋落物及养分归还能力、生物量积累与生产力、土壤水源涵养能力等）的变化趋势；② 人工林持续管理实践的启示及其优化管理对策。研究结果可为长江上游、西南亚高山林区人工林恢复重建及其持续经营管理提供科学依据与实践指导。

6.1　自然概况与监测研究的目标内容

茂县站所在的大沟流域是岷江的一级支流，位于横断山系北段和青藏高原东缘的高山峡谷区，气候、植被和土壤呈现显著的山地垂直分布特征。茂县站具有完整的次生林监测体系，监测内容和方法大都遵循和采用中国生态系统研究网络和国标相关标准与方法。

6.1.1　大沟流域自然概况

大沟流域位于四川省阿坝藏族羌族自治州茂县城东北约 3 km 处，流域面积 42.9 km²，占茂县总面积的 1.06%。主流大沟发源于龙门山中段的茶坪山老鹰窝梁子西坡，自东南向西北流经茂（县）北（川）公路转弯处折向西流至踏水墩后注入岷江，全长 13.5 km，河道比降 133.31。

区域山岭海拔 3500~4200 m，以中、高山为主，中山面积 33.89 km²，高山面积 7.89 km²，山间平缓谷地面积 1.12 km²。由于第四纪以来受新构造运动影响抬升迅速，同时河流强烈侵蚀下切，切割深度达数千米，形成相对高差 2500 m 以上的深切河谷。据统计，流域内大于 25° 的陡坡面积为 35.13 km²，占流域面积的 81.89%，其中大于 35° 的急险坡面积为 18.1 km²，占流域面积的 42.19%，小于 25° 的面积仅占流域面积的 18.11%，是典型的高山峡谷区。大沟流域恰处于龙门山断裂活动带西侧，因此其地壳构造活动频繁，地层稳定性很差。主要出露岩层有志留系灰色、灰绿色千枚岩，泥盆系灰岩、千枚岩夹薄层石英岩，寒武系变质岩。这些岩层经过强烈挤压褶曲，岩体变得破碎，裂隙发育。由于山高坡陡，地表组成物质松散，在植被遭受严重破坏的条件下，常发生崩塌、滑坡、泥石流等自然灾害。

小流域气候随海拔高度变化，立体差异明显。其最低点为入岷江口，海拔仅 1555 m，最高点为源头老鹰窝梁子，海拔 4199 m，高差达 2644 m。茂县站核心试验区海拔 1800~2300 m，属暖温带气候类型。茂县站 2005—2015 年常规气象观测数据表明，试验区年均气温 9.8 ℃，最冷月为 1 月，平均气温 −1.0 ℃，最热月为 7 月，平均气温 19.1 ℃；>0 ℃年积温 3499.0 ℃，≥ 5 ℃年积温 3292.2 ℃，≥ 10 ℃年积温 2773.4 ℃，年无霜期 219 天，年降水量 760.8 mm，年蒸发量 1088.1 mm，年均空气相对湿度 82.9%，年均气压 814.4 hPa，年日照时数 1370.3 h。

大沟流域土壤类型多样,包括新积土、褐土、棕壤、暗棕壤以及亚高山草甸土共5类,而褐土包括燥褐土、石灰性褐土及淋溶褐土3个亚类。站区海拔1800~2400 m区域主要为淋溶褐土和棕壤,土壤次生黏化和淋溶淀积比较明显,盐基物质不断被淋失,土壤趋于酸化,pH5.8~6.3,土壤含砾量在30%~40%,地表枯枝落叶层厚2~3 cm,矿化速度缓慢,腐殖质层疏松、湿润,具有优良团粒结构,细根密集呈网状,其下土层呈灰色(淋溶褐土)、棕色、黄棕色(棕壤)、质地黏重,块状结构,有明显铁、锰淀积,并形成较为明显的黏化层。土壤有机质含量为2.57%~4.28%,总N含量为0.156%~0.262%,总P为0.026%~4.04%,总K为1.95%~2.33%。

在复杂多样的地形、气候等自然因素作用下,大沟流域自然植被类型多样,植被垂直带谱清晰。一般海拔1700 m以下为干旱河谷灌丛带,1700~2400 m为以松、落叶栎类、铁杉等为建群种的针阔混交林林带,2500~3600 m为以云杉冷杉为优势种的暗针叶林带,3600 m以上为高山灌丛草甸带。但是,由于长期受人为因素的影响,森林遭到严重砍伐,1986年建站时植被主要为退化的次生灌丛,种类丰富,常见种类有锐齿槲栎(*Quercus aliena* var. *acutiserrata*)、乌柳(*Salix cheilophila*)、菰帽悬钩子(*Rubus pileatus*)、川莓(*Rubus setchuenensis*)、翠蓝绣线菊(*Spiraea henryi*)、天山茶藨子(*Ribes meyeri*)、榛(*Corylus heterophylla*)、华西箭竹(*Fargesia nitida*)、杜鹃(*Rhododendron* spp.)。低海拔地段有榛、荚蒾(*Viburnum* spp.),仅在海拔3400~3800 m局部坡度较大区域及少量沟谷地段尚可见岷江冷杉(*Abies faxoniana*)疏林及杜鹃矮林,在海拔2900~3200 m尚存少量次生落叶阔叶林(岷江冷杉破坏后形成),呈斑块状分布。沿沟谷地带糙皮桦(*Betula utilis*)、柳(*Salix* spp.)占优势,缓坡或稍向阳的地段则以川西樱桃(*Cerasus trichostoma*)为主要优势种。此外,伴生种类还有华西花楸(*Sorbus wilsoniana*)、青榨槭(*Acer davidii*)、疏花槭(*Acer laxiflorum*)等,海拔较高地段有杜鹃。此类落叶阔叶林林冠参差不齐,树高多在4~7 m,郁闭度在0.5以下。林下灌木和草本层较发育,灌木以小叶忍冬(*Lonicera microphylla*)、峨眉蔷薇(*Rosa omeiensis*)、绣线菊(*Spiraea* spp.)、菝葜(*Smilax china*)等为主,草本植物有糙野青茅(*Deyeuxia scabrescens*)、薹草(*Carex* spp.)、东方草莓(*Fragaria orientalis*)、珠芽蓼(*Polygonum viviparum*)等。在茂县土地岭也有小块云杉试验林(1982年造林),在小沟和马良沟有小块油松人工试验林,但造林面积总计不超200亩。

2005年现状植被主要为人工林和次生灌木林,人工林中面积最大的为油松林,其次是华山松林、云杉林、落叶松林、桦木林等,也有面积较大呈块状分布天然更新的杨桦林。而灌木林主要类型为榛栎灌木林、蔷薇悬钩子灌丛、箭竹灌丛等组分庞杂的灌丛类型。海拔3500 m以下地段的森林覆盖率已提高到70%左右。茂县站站区长期定位监测的主要对象为人工松林和次生杂类灌木林。

6.1.2　人工林生态系统长期监测研究目标与内容

茂县站定位研究的主要对象是人工林,长期监测的目的是揭示人工林结构和功能自然演变过程及其规律,比较森林恢复重建途径(针叶林造林与自然恢复)的生态效应差异性,为优化区域亚高山生态公益林恢复重建方案以及为恢复人工森林生态系统服务功能提供科学依据。针对建立的长期监测样地,开展群落结构与物种组成、维管植物生物多样性、群落生物量、凋落物过程、土壤结构与养分变化、土壤水分变化及水源涵养水土保持能力、林内小气候等内容的长期监测。

6.1.3　长期监测设施布局和设计

　　茂县站有土地使用权的土地面积约 500 亩（外围均为可协调使用的试验示范区），拥有设计使用年限为 100 年的标准气象观测场、综合观测场、辅助观测场、站区调查点、大型人工气候室等设施完善的试验场地（主要监测场地设施布局如图 6.1 所示）。以下为茂县站主要的试验场地和样地：

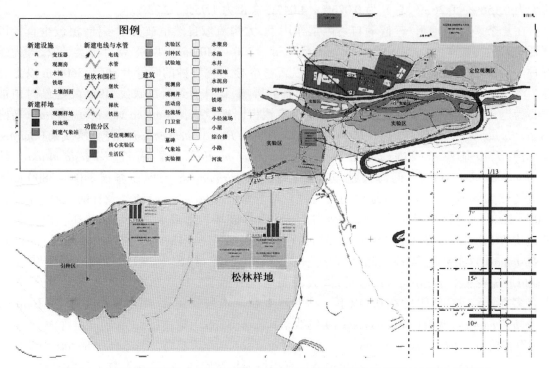

图 6.1　中国科学院茂县山地生态系统定位研究站监测管理设施布局图（见书末彩插）

　　（1）标准气象观测场 1 个（25 m × 25 m）：装有一套自动气象观测系统、一套人工观测系统和一套大型水面蒸发系统，水电便利。

　　（2）人工林（松林）综合观测场 1 个（150 m × 150 m）：包括一个永久采样地（50 m × 50 m），一个破坏性采样地（50 m × 50 m），一座 20 m 小气候观测铁塔，一套小气候观测系统，一套涡度相关系统，一套林内降雨分配、树干茎流观测系统，一组（3 个）标准人工径流场，19 个土壤水分监测点，30 个（1 m²/ 个）凋落物收集筐。

　　（3）辅助观测场（灌木林）1 个（50 m × 80 m）：永久采样地一个（30 m × 50 m），一组（3 个）标准人工径流场，一套小气候观测系统，15 个土壤水分监测点，30 个（1 m²/ 个）凋落物收集筐。

　　（4）站区调查点 2 个：永久采样地（松林）2 个（30 m × 40 m）。

　　（5）人工气候室试验场地 1 个：6 个自动控制人工气候室，可自动控制温度、湿度、二氧化碳浓度、光照等因子，开展多方面的人工模拟气候对植物生长、土壤及其关系影响的研究。

　　（6）紫外辐射和增温试验场地 3 处：装配了多种辐射强度的紫外灯管和红外灯管，用于研究紫外线照射增强或气温升高对植物形态、生长与生理生态的影响与适应机理。

（7）塑料薄膜大棚 3 个，用于进行多种杨树和川西干旱河谷植物的控水试验。

（8）引种园区与种质资源圃：引种园区 1 个，引种栽培了 356 种高山峡谷区木本植物，此外还有多个种质资源圃，如蔷薇园（蔷薇属 78 种）、薯蓣园（10 余种）、槭树园（25 种）和红豆杉园（7 种）等。

6.2 群落结构变化过程及其趋势

2005—2015 年间，乔木层树种数量明显增加，从 12 种增加至 23 种。造林目的树种油松、华山松和日本落叶松群体密度显著下降，在乔木层中的重要值明显降低。而林地保育的乡土阔叶树种锐齿槲栎和四川蜡瓣花群体密度显著增加，并快速进入乔木层，在乔木层的重要值显著增加。十年间，虽然松林的优势种仍未发生改变，但其从针叶林向结构复杂的针阔混交林发展趋势明显。林下植被发育受到明显抑制，但物种多样性并未显著降低。灌木层发展受到显著抑制，密度在 10 年间降低了 42.6%。灌木物种数量从 2005 年的 34 种增加至 2015 年的 40 种，增幅12%。草本层物种多样性指数明显波动，但未显著降低。

6.2.1 乔木层结构动态变化趋势

6.2.1.1 乔木层结构动态变化

（1）乔木层密度

5 年间乔木层密度从 1772 株·hm^{-2}（2005 年）降低至 1448 株·hm^{-2}（2010 年），降幅 18.3%。随着灌木层中乡土幼树个体进入乔木层，2015 年乔木层密度增加至 2376 株·hm^{-2}，增幅 64.1%。因此，松林乔木层密度呈现先降低后增加趋势。从各树种来看，10 年间人工栽种的目的树种密度均显著降低。华山松密度从 2005 年的 1416 株·hm^{-2} 降低到 2015 年的 982 株·hm^{-2}，降幅 31%，油松从 120 株·hm^{-2} 降低到 66 株·hm^{-2}，降幅 45%，日本落叶松从 68 株·hm^{-2} 降低到 40 株·hm^{-2}，降幅 41%。此外，外来阔叶树种连香树从 48 株·hm^{-2} 降低到 6 株·hm^{-2}，降幅 88%（表 6.1）。与人工栽种的目的树种相反，大部分乡土物种的密度迅速增加。如四川蜡瓣花和锐齿槲栎分别增加至 2015 年的 278 株·hm^{-2} 和 760 株·hm^{-2}，部分物种（如漆）的密度变化相对较小（表 6.1）。这些充分说明所研究的人工松林在林龄 20～30 年林木种内种间竞争加剧，自疏效应强烈，导致乔木层产生迅速分化并自我调整，各树种在冠层的地位发生变化。

（2）乔木层胸径

从松林乔木胸径大小径级分布格局看来，胸径在 0～27 cm，为正态分布，且随着时间推移向右推移（图 6.2）。

松林乔木层胸径时间动态与密度格局相反，先增加后降低。乔木平均胸径从 2005 年的 7.29 cm 增加至 2012 年的 10.37 cm，平均生长速度为 0.44 cm·年$^{-1}$，2015 年则降低至 8.69 cm，归因于从灌木层进入乔木层的乡土树种胸径较小，降低了总体的平均胸径值。乔木中大多树种胸径随时间进程而增加（表 6.2），但增加的速度存在差异。其中，漆树胸径生长速度最快，为 0.58 cm·年$^{-1}$，优势种华山松胸径生长也较快，为 0.51 cm·年$^{-1}$，日本落叶松（0.37 cm·年$^{-1}$）较油松（0.27 cm·年$^{-1}$）生长速度快，而阔叶的连香树胸径生长最慢，为 0.13 cm·年$^{-1}$。

表 6.1　松林乔木层各主要树种群体密度动态变化　　（单位：株·hm⁻²）

物种	2005 年	2010 年	2012 年	2015 年
华山松（*Pinus armandii*）	1416	1196	1162	982
油松（*Pinus tabuliformis*）	120	112	96	66
日本落叶松（*Larix kaempferi*）	68	58	56	40
漆（*Toxicodendron vernicifluum*）	80	80	78	76
泡吹叶花楸（*Sorbus meliosmifolia*）	10	6	6	60
海棠花（*Malus spectabilis*）	6	4	2	12
连香树（*Cercidiphyllum japonicum*）	48	8	6	6
山杨（*Populus davidiana.*）	12	4	4	6
山楂（*Crataegus pinnatifida*）	4	10	10	2
四川蜡瓣花（*Corylopsis willmottiae*）	0	2	2	278
锐齿槲栎（*Quercus aliena* var. *acutiserrata*）	0	16	14	760

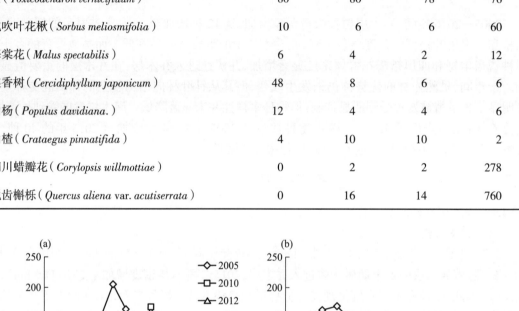

图 6.2　松林乔木高度（a）和胸径（b）分布及其随时间的变化

（3）乔木层高度

松林内乔木层平均高度格局与胸径大小格局基本一致（图 6.2）。2005—2012 年乔木层树高平均值从 5.57 m 增长至 8.36 m，平均生长速度 0.40 m·年⁻¹。2015 年降低至 8.13 m，归因于期间较多的乡土幼树个体进入乔木层所致。各主要树种平均树高也随时间进程持续增长（表 6.3），但不同树种生长速度差异较大。漆生长速度最快，为 0.53 m·年⁻¹，优势种华山松生长较快，为 0.43 m·年⁻¹，日本落叶松（0.42 m·年⁻¹）较油松（0.40 m·年⁻¹）生长速度快，连香树生长最慢，为 0.23 m·年⁻¹。表明连香树虽然在本区域生长状况良好，但并不适合作为改善该区人工林结构，促进单一针叶林向针阔混交林演替的阔叶树种。

表 6.2 松林主要乔木树种平均胸径（平均值 ± 标准差，单位 cm）动态变化

物种名	2005 年	2010 年	2012 年	2015 年
华山松（Pinus armandii）	7.72 ± 3.78	10.24 ± 4.30	10.97 ± 4.59	12.82 ± 4.74
油松（Pinus tabuliformis）	8.28 ± 3.40	9.59 ± 3.86	9.52 ± 4.14	10.98 ± 4.4
日本落叶松（Larix kaempferi）	6.90 ± 2.93	8.32 ± 2.53	9.02 ± 2.68	10.66 ± 2.84
漆（Toxicodendron vernicifluum）	3.70 ± 1.97	6.02 ± 2.66	7.35 ± 2.87	9.52 ± 3.59
泡吹叶花楸（Sorbus meliosmifolia）	3.64 ± 0.99	5.57 ± 1.95	6.26 ± 2.46	5.39 ± 1.63
海棠花（Malus spectabilis）	1.43 ± 0.64	3.01 ± 0.44	3.80 ± N.A.	4.95 ± 1.64
连香树（Cercidiphyllum japonicum）	1.74 ± 0.70	2.25 ± 0.79	2.69 ± 0.74	3.01 ± 0.61
山杨（Populus davidiana）	5.40 ± 2.90	9.42 ± 4.09	10.14 ± 3.96	9.41 ± 4.07

注：N.A. 表示未获得该数据。

表 6.3 松林主要乔木树种树高（平均值 ± 标准差，单位 m）生长动态

物种名	2005 年	2010 年	2012 年	2015 年
华山松（Pinus armandii）	5.74 ± 1.87	7.80 ± 2.06	8.48 ± 2.14	10.08 ± 2.19
油松（Pinus tabuliformis）	6.01 ± 1.30	8.06 ± 1.69	8.62 ± 1.94	9.99 ± 2.41
日本落叶松（Larix kaempferi）	5.70 ± 1.57	7.42 ± 1.52	8.07 ± 1.57	9.93 ± 1.73
漆（Toxicodendron vernicifluum）	4.13 ± 1.33	6.97 ± 1.54	8.00 ± 1.55	9.47 ± 1.86
泡吹叶花楸（Sorbus meliosmifolia）	4.82 ± 0.95	5.75 ± 0.63	6.34 ± 1.44	7.22 ± 1.42
海棠花（Malus spectabilis）	2.69 ± 0.90	5.29 ± 0.80	6.21 ± N.A	7.65 ± 1.70
连香树（Cercidiphyllum japonicum）	2.6 ± 0.63	3.98 ± 0.94	4.18 ± 1.08	4.88 ± 1.37
山杨（Populus davidiana）	6.24 ± 1.64	10.34 ± 0.86	10.860.71	11.07 ± 2.70
山楂（Crataegus pinnatifida）	3.10 ± 1.44	2.62 ± 1.65	2.83 ± 1.65	2.20 ± N.A

注：N.A. 表示未获得该数据。

（4）乔木死亡动态

松林乔木死亡数量与死亡率呈现先降低后增加趋势。死亡率在 3.15% ~ 16.57%，2012—2015 年死亡率最高。随着时间推进，死亡树木的胸径和高度也呈增加趋势。死亡树木的总干重随着时间推进持续增加（表 6.4），2012—2015 年死亡树木总干重是 2005—2007 年的 8.2 倍。

不同树木的死亡高峰期存在差异。华山松死亡高峰集中在 2005—2007 年和 2012—2015 年，油松和日本落叶松死亡高峰出现在 2012—2015 年。人工栽植阔叶树种漆的死亡高峰则出现在 2005—2007 年（表 6.5）。表明阔叶树种漆一旦存活，在松林中具有较高的适应性，死亡率低，该树种在改造该区域人工松林结构，促进单一人工林向复杂针阔混交林方向发展中起着积极作用。

表 6.4   松林乔木死亡率变化

年份	胸径 /cm	高度 /m	数量 /（株·hm⁻²）	干重 /（t·hm⁻²）	死亡率 /%
2005—2007	2.80	3.00	214	0.31	12.09
2007—2010	4.33	4.86	112	0.56	7.45
2010—2012	7.10	5.83	58	0.99	3.15
2012—2015	6.19	5.83	240	2.54	16.57

表 6.5   松林主要树种不同时段死亡率（%）及其变化

树种	2005—2007	2007—2010	2010—2012	2012—2015
华山松（*Pinus armandii*）	10.31	6.61	2.84	16.01
油松（*Pinus tabuliformis*）	5.00	7.02	16.07	29.17
日本落叶松（*Larix kaempferi*）	5.88	9.38	3.45	28.57
漆（*Toxicodendron verniciﬂuum*）	27.50	0.00	2.50	2.56

6.2.1.2   乔木层物种组成与地位动态变化

乔木层树种数量呈增加趋势，2005 年为 12 种，2010 年增加至 16 种，增加的种类为四川蜡瓣花、锐齿槲栎及旁遮普麸杨（*Rhus punjabensis*）；2015 年乔木层物种增至 23 种，增加种包括多脉四照花（*Dendrobenthamia multinervosa*）、猫儿刺（*Ilex pernyi*）、红果树（*Stranvaesi adavidiana*）等，但部分物种如疏花槭（*Acer laxiflorum*）和红桦（*Betula albo-sinensis*）消失，原因有待进一步探讨。

以重要值综合衡量物种在群落中地位和作用的变化发现，随时间推进，人工栽培的针叶树种华山松、油松以及日本落叶松的重要值降低，而乡土阔叶树种锐齿槲栎、四川蜡瓣花和泡吹叶花楸重要值增加。从各树种来看，优势种华山松的重要值从 2005 年的 83.04% 降低为 2015 年的 56.40%，3 种乡土树种锐齿槲栎（22.50%）、四川蜡瓣花（7.43%）和漆树（3.41%）的重要值超过油松（3.22%）和日本落叶松（1.92%）。表明 10 年间虽然松林的优势种仍未发生改变，但其从针叶林向结构复杂的针阔混交林发展迅速。

6.2.2   灌木层结构变化

（1）灌木层密度和高度动态变化

松林灌木层密度随着时间推进而持续降低（表 6.6），从 2005 年至 2015 年的 10 年间降低了 42.6%，表明林下灌木层发展受到显著抑制，归因于乔木层强烈制约下的自疏效应。

灌木平均高度随时间进程先降后增，2012 年达到最低，2015 年增加。原因复杂，主要有两方面因素，一是灌木层中高大的幼树锐齿槲栎、四川蜡瓣花从灌木层进入乔木层，而高大的灌木如榛和毛榛的大量死亡，10 年间上述 4 种在灌木层中的密度分别降低了 89.03%、70.21%、91.55% 和 89.96%。另一个方面，一些低矮灌木数量迅速增加，如托柄菝葜和雀儿舌头在 10 年内密度分别增加了 219.75% 和 29.12%。

表 6.6 松林灌木层密度及高度（平均值 ± 标准差）及其变化

年份	密度 /（万株·hm^{-2}）	平均高度 /m
2005	15.19 ± 18.83	1.31 ± 0.59
2010	13.06 ± 7.14	1.18 ± 0.57
2012	10.58 ± 15.15	1.05 ± 0.51
2015	8.72 ± 3.78	1.19 ± 0.42

（2）物种组成与地位动态变化

灌木种数从 2005 年的 34 种增加至 2015 年的 40 种，10 年间增加了 12%。从组成地位（重要值）来看，研究的前期（2005—2010 年），以华西箭竹、榛和锐齿槲栎为共优种，但随着时间推进，2012 年榛和毛榛处于优势地位，此后这两种灌木优势地位逐渐减弱，而锐齿槲栎、四川蜡瓣花、雀儿舌头和托柄拔葜重要值增加，到 2015 年榛和毛榛重要值降低为 1.08% 和 1.34%（表 6.7）。因此，松林灌木层组成结构呈现明显变化，调查初期以榛、锐齿槲栎和毛榛为优势种，逐渐演替为以四川蜡瓣花、锐齿槲栎和雀儿舌头为优势种。

表 6.7 松林灌木层各物种重要值（%）动态变化

物种	2005 年	2007 年	2010 年	2012 年	2015 年
南方六道木（*Abelia dielsii*）	1.13	1.96	0.95	0.76	0.34
藤五加（*Acanthopanax leucorrhizus*）	2.45	3.47	1.02	1.26	0.87
小舌紫菀（*Aster albescens*）	0.00	0.06	0.04	0.00	0.00
甘川紫菀（*Aster smithianus*）	0.97	0.00	0.00	0.02	0.00
峨眉小檗（*Berberis amulans*）	0.49	0.07	0.43	0.00	0.00
湖北小檗（*Berberis gagnepainii*）	0.20	0.79	0.48	0.32	0.36
川滇小檗（*Berberis jamesiana*）	0.00	0.03	0	0.00	0.00
酒药花醉鱼草（*Buddleja myriantha*）	0.00	0.10	0.00	0.01	0.00
小雀花（*Campylotropis polyantha*）	2.82	1.12	0.22	0.00	0.00
棉花藤（*Caulis clematidis*）	0.00	0.00	0.00	0.00	0.05
粉背南蛇藤（*Celastrus hypoleucus*）	0.00	0.00	0.07	0.00	0.00
连香树（*Cercidiphyllum japonicum*）	0.00	0.00	0.00	0.00	0.12
美花铁线莲（*Clematis potaninii*）	0.00	0.00	0.00	0.00	0.12
猕猴桃藤山柳（*Clematoclethra actinidioides*）	0.00	0.00	0.00	0.00	0.45
头状四照花（*Dendrobenthamia capitata*）	0.00	0.31	0.00	0.00	0.00
四川蜡瓣花（*Corylopsis willmottiae*）	4.28	10.62	4.44	4.53	6.56
榛（*Corylus heterophylla*）	19.38	6.81	6.12	3.06	1.08
毛榛（*Corylus mandshurica*）	7.45	11.47	3.07	4.00	1.34
宝兴栒子（*Cotoneaster moupinensis*）	1.04	0.77	0.22	0.00	2.29

物种	2005 年	2007 年	2010 年	2012 年	2015 年
川康栒子（*Cotoneaster ambiguus*）	0.46	3.54	2.58	2.30	1.32
木帚栒子（*Cotoneaster dielsianus*）	2.17	2.97	0.19	0.00	0.00
平枝栒子（*Cotoneaster horizontalis*）	0.00	0.22	0.00	0.00	0.00
山楂（*Crataegus pinnatifida*）	0.00	0.01	0.03	0.00	0.00
唐古特瑞香（*Daphne tangutica*）	0.13	0.04	0.04	0.00	0.02
球花溲疏（*Deutzia glomeruliflora*）	1.30	0.10	0.83	0.17	0.00
长叶溲疏（*Deutzia longifolia*）	4.15	2.65	0.00	0.54	0.79
疣点卫矛（*Euonymus verrucosoides*）	1.09	1.10	0.72	0.66	1.62
华西箭竹（*Fargesia nitida*）	26.3	11.77	50.07	51.86	59.39
中华青荚叶（*Helwingia chinensis*）	0.03	0.10	0.00	0.04	0.07
西南绣球（*Hydrangea davidii*）	0.00	0.04	0.00	0.00	0.05
海棠花（*Malus spectabilis*）	0.00	0.00	0.10	0.02	0.00
猫儿刺（*Ilex pernyi*）	0.13	0.65	0.00	0.44	1.32
多花木蓝（*Indigofera amblyantha*）	0.20	0.00	0.33	0.00	0.09
棣棠花（*Kerria japonica*）	0.00	0.23	0.51	0.14	0.40
雀儿舌头（*Leptopus chinensis*）	1.67	2.47	1.74	2.49	4.61
亮叶忍冬（*Lonicera ligustrina* var. *yunnanensis*）	0.01	0.18	0.02	0.02	0.01
陇东海棠（*Malus kansuensis*）	0.00	0.00	0.00	0.06	0.06
鸡爪叶桑（*Morus australis* var. *linearipartita*）	0.00	0.00	0.16	0.00	0.23
中华绣线梅（*Neillia sinensis*）	0.00	0.00	4.17	3.01	2.23
美丽马醉木（*Pieris formosa*）	0.00	0.00	0.00	0.04	0.00
山杨（*Populus davidiana*）	0.00	0.00	0.03	0.22	0.00
锐齿槲栎（*Quercus aliena* var. *acuteserrata*）	12.56	16.65	13.10	15.42	6.30
毛肋杜鹃（*Rhododendron augustinii*）	0.28	0.56	0.00	0.07	0.00
细枝茶藨子（*Ribes tenue*）	0.00	0.00	0.00	0.00	0.00
腺梗蔷薇（*Rosa filipes*）	1.70	5.34	0.80	0.58	0.00
多苞蔷薇（*Rosa multibracteata*）	2.81	8.12	3.89	3.68	2.64
绢毛蔷薇（*Rosa sericea*）	1.19	0.58	0.11	0.05	0.00
三叶针刺悬钩子（*Rubus pengens* var. *ternatus*）	0.38	0.13	0.00	0.23	0.44
川莓（*Rubus setchuenensis*）	0.56	0.00	0.26	0.00	0.04
四川清风藤（*Sabia schumanniana*）	0.00	0.00	0.01	0.00	0.14
九鼎柳（*Salix amphibola*）	0.37	0.31	0.00	0.00	0.00

物种	2005 年	2007 年	2010 年	2012 年	2015 年
紫枝柳（*Salix heterochroma*）	0.00	0.00	0.01	0.00	0.00
托柄菝葜（*Smilax discotis*）	0.45	4.27	1.62	2.04	3.11
防己叶菝葜（*Smilax menispermoidea*）	0.00	0.00	0.00	0.04	0.00
泡吹叶花楸（*Sorbus meliosmifolia*）	0.00	0.02	0.00	0.17	0.21
粉花绣线菊（*Spiraea japonica*）	0.00	0.00	0.06	0.01	0.03
狭叶绣线菊（*Spiraea japonica* var. *acuminata*）	0.00	0.00	0.00	0.31	0.00
中国旌节花（*Stachyurus chinensis*）	1.59	0.00	0.00	0.69	0.09
白檀（*Symplocos paniculata*）	0.00	0.00	1.23	0.22	0.58
漆树（*Toxicodendron vernicifluum*）	0.00	0.00	0.00	0.01	0.00
宜昌荚蒾（*Viburnum erosum*）	0.16	0.07	0.22	0.00	0.18
桦叶荚蒾（*Viburnum betulifolium*）	0.00	0.00	0.07	0.30	0.00
湖北荚蒾（*Viburnum hupehense*）	0.08	0.26	0.00	0.03	0.00
狭叶花椒（*Zanthoxylum stenophyllum*）	0.00	0.00	0.04	0.13	0.20

6.2.3 草本层结构变化

由于松林乔木层盖度大,林下草本稀疏,大部分样方草本层总盖度小于 10%,草本植物高度较低,一般小于 30 cm。但松林草本层物种数量较为丰富,在 35～49 种。2005—2007 草本层物种数量明显偏低,这可能是因为这两个调查年份草本层样方为随机设置的 10 个 1 m × 1 m 的样方。草本层优势种在 10 年内保持不变,为西南鬼灯檠,其他物种包括糙苏和中日金星蕨、灰帽薹草、卵叶山葱、假升麻、沿阶草、钟花蓼、茂汶淫羊藿等（表 6.8）。

表 6.8　松林草本层各物种重要值（%）动态变化

物种名	2005 年	2007 年	2010 年	2012 年	2015 年
川西沙参（*Adenophora aurita*）	0.13	0.07	0.05	0.00	0.00
龙牙草（*Agrimonia pilosa*）	0.00	0.00	0.05	0.00	0.00
无毛粉条儿菜（*Aletris glabra*）	0.00	0.00	0.28	0.00	0.00
卵叶山葱（*Allium ovalifolium*）	6.61	15.93	1.95	6.18	6.31
大火草（*Anemone tomentosa*）	0.14	0.00	0.00	0.19	0.00
金挖耳（*Carpesium divaricatum*）	0.00	0.00	0.14	0.00	0.00
山珠南星（*Arisaema yunnanense*）	0.00	0.00	0.28	0.17	0.00
白苞蒿（*Artemisia lactiflora*）	0.00	0.00	0.02	0.79	0.00
假升麻（*Aruncus sylvester*）	11.48	2.59	4.40	2.66	1.59
羊齿天门冬（*Asparagus filicinus*）	0.00	0.13	0.15	1.04	0.64

续表

物种名	2005 年	2007 年	2010 年	2012 年	2015 年
三脉紫菀（Aster ageratoides）	0.00	0.22	0.99	0.72	0.22
荠（Capsella bursa-pastoris）	0.00	0.00	0.11	0.00	0.00
白颖薹草（Carex duriuscula subsp. rigescens）	0.00	0.00	0.00	5.11	10.82
灰帽薹草（Carex mitrata）	11.39	9.24	12.84	3.09	5.49
宽叶薹草（Carex siderosticta）	0.00	0.56	0.56	5.41	0.00
升麻（Cimicifuga foetida）	0.14	0.00	1.48	1.37	1.82
匍匐风轮菜（Clinopodium repens）	0.00	0.00	0.00	0.27	0.00
鸭儿芹（Cryptotaenia japonica）	0.00	0.00	0.34	0.00	2.79
狗筋蔓（Cucubalus baccifer）	0.00	0.00	0.04	0.05	0.00
黄山药（Dioscorea panthaica）	0.00	0.00	0.70	0.29	0.00
鳞毛蕨（Dryopteris spp.）	0.00	0.00	0.00	0.91	0.80
蛇莓（Duchesnea indica）	0.00	0.00	0.05	0.00	0.00
香薷（Elsholtzia ciliata）	0.00	0.00	0.06	0.00	0.00
茂汶淫羊藿（Epimedium platypetalum）	12.15	5.47	3.40	3.90	3.16
长茎飞蓬（Erigeron elongatus）	0.49	0.00	0.00	0.00	0.00
甘青大戟（Euphorbia micractina）	0.00	0.00	0.00	0.00	0.14
小米草（Euphrasia pectinata）	0.23	0.00	0.00	0.00	0.00
拉拉藤（Galium aparine var. echinospermum）	0.11	0.00	0.00	0.34	0.00
六叶葎（Galium asperuloides subsp. hoffmeisteri）	0.00	0.03	0.00	0.06	0.04
白茅（Imperata cylindrica）	0.00	0.00	0.02	0.00	0.41
紫草（Lithospermum erythrorhizon）	0.00	0.00	0.03	0.00	0.00
石蒜（Lycoris spp.）	0.00	0.00	0.17	0.00	0.00
千屈菜（Lythrum salicaria）	0.00	0.00	0.02	0.00	0.00
沿阶草（Ophiopogon bodinieri）	3.43	2.63	5.47	5.51	6.73
竹叶草（Oplismenus compositus）	0.00	0.00	0.04	0.00	0.00
竹节参（Panax japonicus）	0.00	0.00	0.00	0.00	0.25
中日金星蕨（Parathelypteris nipponica）	10.19	9.50	19.27	15.27	11.75
七叶一枝花（Paris polyphylla）	0.24	0.53	0.25	0.07	0.39
藓生马先蒿（Pedicularis muscicola）	0.31	0.00	0.00	0.00	0.00
糙苏（Phlomis umbrosa）	2.92	2.64	7.49	5.24	6.78
锐叶茴芹（Pimpinella arguta）	0.00	2.11	0.04	3.67	0.13
大车前（Plantago major）	0.00	0.00	0.33	0.00	0.00

续表

物种名	2005 年	2007 年	2010 年	2012 年	2015 年
卷叶黄精（*Polygonatum cirrhifolium*）	0.00	0.00	0.00	0.24	0.00
钟花蓼（*Polygonum campanulatum*）	2.98	2.96	2.55	2.90	5.32
尼泊尔蓼（*Polygonum nepalense*）	0.00	0.00	0.56	0.00	0.00
珠芽蓼（*Polygonum viviparum*）	0.00	0.00	0.12	0.06	0.00
蕨（*Pteridium aquilinum* var. *latiusculum*）	8.42	7.85	1.18	0.53	0.00
普通鹿蹄草（*Pyrola decorata*）	0.43	0.05	0.15	0.00	0.13
西南鬼灯檠（*Rodgersia sambucifolia*）	25.83	34.10	28.45	26.32	24.63
茜草（*Rubia cordifolia*）	0.31	0.35	0.09	0.02	0.00
薄片变豆菜（*Sanicula lamelligera*）	0.04	0.00	0.00	0.00	0.00
深山堇菜（*Viola selkirkii*）	0.00	0.86	1.81	3.77	8.22
欧洲千里光（*Senecio vulgaris*）	0.02	0.00	0.00	0.12	0.00
蒲儿根（*Sinosenecio oldhaminanus*）	0.00	0.00	0.17	1.96	0.00
苦苣菜（*Sonchus oleraceus*）	0.00	0.00	0.68	0.00	0.00
东亚唐松草（*Thalictrum minus* var. *hypoleucum*）	0.34	0.00	0.01	0.00	0.00
川赤瓟（*Thladiantha davidii*）	0.00	0.00	0.06	0.85	0.62
窃衣（*Torilis scabra*）	0.64	0.00	0.44	0.00	0.00
三角草（*Trikeraia hookeri*）	0.00	1.70	2.49	0.49	0.00
湖北双蝴蝶（*Tripterospermum discoideum*）	0.24	0.41	0.21	0.19	0.82
堇菜（*Viola* spp.）	0.78	0.05	0.01	0.00	0.00
萱（*Viola vaginata*）	0.00	0.00	0.00	0.20	0.00

6.3　植物多样性变化

松林共调查到 145 种植物，属于 56 科，105 属。包括蔷薇科 13 属 25 种、菊科 9 属 10 种、百合科 6 属 7 种。总体来看，乔木层多样性指数较低并随着时间进程而增加，而灌木层和草本层多样性指数较高，在年际间小幅波动。

6.3.1　多样性指数变化

总体来看，乔木层多样性指数较低，而灌木层和草本层较高。从年际动态看，乔木层各指数在 2005—2012 年相对稳定且较低，2015 年随着大量灌木层物种进入乔木层，使乔木层物种数量增多。灌木层丰富度随时间进程呈增加趋势，但其多样性和均匀度却在 2010 年后小幅降低。这主要是因为 2010 年后华西箭竹扩展迅速，重要值大幅增加，在灌木层中占据绝对优势，导致灌木层多样性和均匀度降低（表 6.9）。草本层丰富度和多样性指数在 2005 和 2007 年相对较低，与这两个年度草本层样方的面积小（1 m×1 m），数量少（20 个）有关。2010 年后草本层样方设置为 2 m×2 m，数量增至 44 个，更具有代表性。因此，在设计定位实验时，应充分考虑样方设计的代表性和科学性，避免因为设计不合理中途改变样方设置，造成结果的不确定性。

表 6.9　松林各层次植物多样性指数变化

多样性指数	森林层次	2005 年	2007 年	2010 年	2012 年	2015 年
Patriek 丰富度指数	乔木层	12	12	15	15	23
	灌木层	34	39	39	41	40
	草本层	26	23	49	36	35
Simpson 指数	乔木层	0.303	0.276	0.308	0.299	0.623
	灌木层	0.864	0.913	0.762	0.698	0.633
	草本层	0.867	0.828	0.851	0.884	0.885
Shannon-Wiener 指数	乔木层	0.723	0.646	0.746	0.729	1.423
	灌木层	2.494	2.733	2.123	1.901	1.815
	草本层	2.303	2.181	2.401	2.650	2.488
Pielou 均匀度指数	乔木层	0.291	0.260	0.276	0.269	0.454
	灌木层	0.707	0.746	0.579	0.512	0.496
	草本层	0.707	0.696	0.620	0.739	0.700

6.3.2　灌草种群变化趋势与种组划分

参照包维楷等（2002a）的方法，以表 6.7 和表 6.8 所示的各物种重要值为依据，考察各物种（种群）重要值在 10 年间的动态变化趋势，可归纳出 3 类变化趋势：扩展型、衰退型和忍耐型，构成适应森林演替与林下环境变化的 3 个种组。

（1）扩展型种组。有 13 种，能较好地适应环境变化，在群落中具有较强的竞争力，并随着时间进程种群数量和重要值呈现增加趋势。松林内的木本扩展型种有锐齿槲栎、四川蜡瓣花、泡吹叶花楸、华西箭竹、雀儿舌头、托柄菝葜、疣点卫矛共 7 种，而草本层有深山堇菜、沿阶草和钟花蓼等 4 种。

（2）衰退型种组。有 18 种。由于不适应变化的环境，在群落竞争中处于劣势，种群数量和重要值随着时间进程降低。衰退型种类中乔木代表性种类主要是人工栽种目的树种，包括华山松、油松、日本落叶松和连香树，灌木层种类有榛、毛榛、小雀花、藤五加（*Acanthopanax leucorrhizus*）、南方六道木（*Abelia dielsii*）等，草本层包括具芒灰帽薹草、假升麻、淫羊藿和蕨。

（3）忍耐型种组。有 58 种，在群落中居于伴随地位，在恢复各时期的重要值均较小，随时间进程发展重要值没有显著变化，具有较强忍受环境变化的能力，生态适应幅度较宽。乔木代表种有漆和山杨，灌木层有多苞蔷薇（*Rosa multibracteata*）、川康栒子（*Cotoneaster ambiguus*）、甘川紫菀（*Aster smithianus*）和唐古特瑞香（*Daphne tangutica*），草本种类有锐叶茴芹（*Pimpinella arguta*)、山珠南星(*Arisaema yunnanense*)、羊齿天门冬(*Asparagus filicinus*)、三脉紫菀(*Aster ageratoides*)和鸭儿芹(*Cryptotaenia japonica*)。

此外,还有一些种类只在1~2个监测年份出现,且重要值极小,研究期间难以判断它们的变化趋势,这里称为"稀有种"(不是保护生物学意义上的概念,因此加引号),有61种。乔木稀有种主要是一些从灌木层进入乔木层的物种,如九鼎柳、红果树和红桦等,灌木层有猕猴桃、藤山柳、粉花绣线菊(*Spiraea japonica*)、酒药花醉鱼草(*Buddleja myriantha*)和狭叶花椒(*Zanthoxylum stenophyllum*)等,草本层有薄片变豆菜(*Sanicula lamelligera*)、欧洲千里光、竹叶草(*Oplismenus compositus*)和尼泊尔蓼(*Polygonum nepalense*)等。

因此,在未来松林物种多样性变化中需要特别关注"稀有种"的变化,是进一步揭示松林物种多样性维持与保育机制的突破口。

6.4　凋落物及其养分归还动态变化趋势

6.4.1　凋落物总量动态变化

2005—2015年,松林年凋落物量为2.45~4.28 t·hm^{-2}(图6.3),平均年凋落量为3.54 t·hm^{-2},变异系数16%。总体来看,凋落物量呈显著上升趋势($p<0.005$)。与最低年份2007年相比,最高年份2013年凋落物总量上升74%。

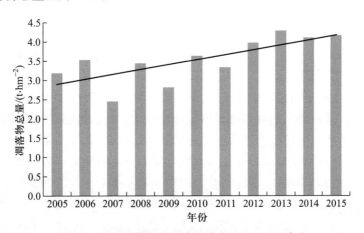

图6.3　松林凋落物量动态变化(2005—2015年)

6.4.2　凋落物各组分量年际动态变化趋势

松林凋落物中枯叶占据绝对优势(82.74%),虽然年际间有波动,但较其他组分稳定,变异系数仅为14.56%。花果凋落物量较大,平均为0.41 t·hm^{-2},占总凋落物量的11.50%,比枝凋落物量高出95.24%,变异系数20.66%,枝凋落物最低,仅为0.21 t·hm^{-2},变异系数42.37%。因此华山松林凋落物组分格局为:叶 > 花果 > 枝(表6.10)。这与大多数森林凋落物组分格局叶 > 枝 > 花果存在差异。

表 6.10　松林凋落物各组分量及其占总量比的年动态变化

年份	叶		枝		花果	
	凋落量 /(t·hm⁻²)	百分比 /%	凋落量 /(t·hm⁻²)	百分比 /%	凋落量 /(t·hm⁻²)	百分比 /%
2005	2.78	86.90	0.10	3.14	0.31	9.79
2006	3.05	86.25	0.12	3.30	0.37	10.44
2007	2.06	83.72	0.14	5.76	0.26	10.49
2008	3.01	87.71	0.13	3.75	0.29	8.51
2009	2.25	79.75	0.19	6.69	0.38	13.51
2010	2.87	78.96	0.22	5.96	0.55	15.04
2011	2.87	86.22	0.19	5.66	0.27	8.12
2012	3.16	79.60	0.24	6.13	0.56	14.10
2013	3.56	83.17	0.28	6.59	0.44	10.23
2014	3.40	82.88	0.23	5.71	0.46	11.33
2015	3.12	74.97	0.42	10.07	0.62	14.91
平均	2.92	82.74	0.21	5.70	0.41	11.50
标准差	0.42	3.83	0.09	1.84	0.12	2.38
变异系数 /%	14.56	4.63	42.37	32.24	29.19	20.66

　　从时间动态看,叶凋落物量呈增加趋势,但与凋落物总量相比,增加幅度较小,因此,其所占百分比呈下降趋势。而枝和果的凋落物量增加幅度较大,其百分比总体呈增加趋势。松林处于中龄林阶段,在 10 年进程中枯枝和果实量迅速增加,导致枝和花果凋落物量增加幅度大于叶凋落物增加幅度,表明凋落物年际动态变化及其组分比例变化与树龄或者森林所处的演替阶段紧密联系。

6.4.3　凋落节律

　　森林月凋落物量的季节变化规律因地带性气候条件、森林类型和树种组成不同而异。一般来说,森林月凋落物量季节动态模式有单峰、双峰和不规则等类型(王凤友,1989)。松林存在明显的凋落节律,月动态为双峰型。第一个小高峰期发生在 4—5 月,其凋落物量占全年总量的 13.98%,第二个高峰期发生在 10—11 月,其凋落物量占全年的 42.83%。云冷杉林叶及总的凋落物节律也明显为双峰型(马志贵和王金锡,1993;王建林等,1998)。花果和树枝的凋落节律虽然也表现为双峰型,但与凋落总量节律稍有不同。花果的第一个高峰期稍晚,发生在落花期 6 月,第二个高峰期发生在落果期 10—11 月。而枝的第一个小高峰期稍早,发生在 3—4 月,第二个高峰期与叶、果一致,发生在 10—11 月(图 6.4)。

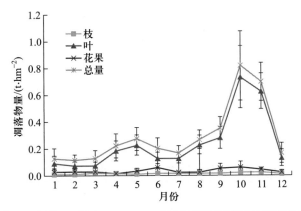

图 6.4　松林 10 年（2005—2015 年）间月均凋落物量动态变化

6.4.4　凋落物矿质元素含量及其归还量动态变化趋势

（1）凋落物矿质元素含量及其变化

松林凋落物中碳含量在 2010 年最高，2015 年次之，2005 年最低。2005 年叶中碳含量小于枝，而 2010 年与 2015 年则相反。除 2010 年钾含量在枝中稍大于叶外，三个测定年份氮、磷、钾、硫、钙和镁的含量都表现为叶含量大于枝含量。非金属元素含量总体表现为 C>N>S>P，金属元素表现为 Ca>K>Mg（表 6.11）。

表 6.11　松林凋落物矿质元素含量（ g·kg⁻¹）及其年际变化趋势

	叶凋落物			枝凋落物		
	2005 年	2010 年	2015 年	2005 年	2010 年	2015 年
碳	466.83 ± 22.37	547.01 ± 55.26	506.80 ± 2.31	479.36 ± 10.40	536.66 ± 20.25	501.50 ± 1.21
氮	9.74 ± 2.82	9.05 ± 0.25	11.78 ± 0.48	2.63 ± 0.47	6.86 ± 0.70	4.32 ± 0.74
磷	0.59 ± 0.25	0.45 ± 0.20	0.54 ± 0.15	0.17 ± 0.03	0.36 ± 0.08	0.12 ± 0.02
硫	1.41 ± 0.14	1.02 ± 0.03	1.51 ± 0.11	0.39 ± 0.05	0.77 ± 0.19	1.19 ± 0.29
钾	1.62 ± 0.25	2.35 ± 0.2	1.46 ± 0.17	0.37 ± 0.09	2.53 ± 0.53	0.30 ± 0.05
钙	11.45 ± 0.24	6.65 ± 0.5	7.92 ± 0.34	4.02 ± 1.17	5.16 ± 0.84	3.77 ± 0.91
镁	1.20 ± 0.13	1.6 ± 0.1	1.31 ± 0.06	0.24 ± 0.06	1.04 ± 0.11	0.36 ± 0.05

（2）养分归还量年际变化

凋落物中碳归还量随着时间进程增加，氮的归还量与碳归还量具有相似趋势。其他养分元素归还量没有一致增减规律。实验证明，钙归还量在 2005 年最高，钾和镁在 2010 年最高，而磷和硫在 2015 年最高（表 6.12）。与福建杉木人工林和万木林自然保护区杉木人工林（郭剑芬等，2006）、四川盆地常绿阔叶林（骆宗诗等，2007）相比，茂县人工松林氮、磷、钾、钙、镁年归还量较低，但较长白山冻原生态系统高（魏晶等，2004）。

表 6.12　松林凋落物矿质元素归还量 （单位：$kg \cdot hm^{-2}$）

年份	碳	氮	磷	硫	钾	钙	镁
2005	1491.53	29.24	1.77	4.23	4.85	34.59	3.59
2010	1978.91	31.76	1.59	3.57	8.60	23.38	5.52
2015	2102.87	43.53	1.92	6.04	5.23	29.89	4.76

6.5　生物量积累与生产力动态变化趋势

林分生物量积累与生产力增加趋势明显。2005 年总生物量为 40.8 $t \cdot hm^{-2}$, 2015 年增加至 95.2 $t \cdot hm^{-2}$。乔木层生物量在林分中占绝对优势, 在总生物量中比例随着时间进程持续增加, 2005 年为 67%, 2015 年增加为 90.3%。灌木层和草本层占总生物量比例较低, 并随着时间进程持续下降。

6.5.1　优势乔木和灌木生物量异速模型构建

优势乔木树种和灌木生物量回归模型如表 6.13 所示。华山松和油松除花果生物量回归效果较差外, 生物量其他项目回归效果较好。花果生物量模型回归效果较差, 可能是因为乔木果实生物量除受树高和胸径影响外, 还受到微地形条件等其他多种因素影响。对于锐齿槲栎和榛, 除叶片和地下生物量外, 其他项目生物量回归效果较好。

表 6.13　乔木和灌木种类生物量模型

类型	种名	项目	模型	模型评价
乔木	华山松	树干干重	$B=0.0291 \times (D^2H)^{0.9118}$	$R^2=0.9707, n=18$
		树枝干重	$B=0.0009 \times (D^2H)^{1.2905}$	$R^2=0.8773, n=18$
		叶干重	$B=0.0008 \times (D^2H)^{1.1822}$	$R^2=0.9162, n=18$
		花果干重	$B=0.0005 \times (D^2H)-0.0573$	$R^2=0.4116, n=18$
		树皮干重	$B=0.0056 \times (D^2H)^{0.8064}$	$R^2=0.9492, n=18$
		地上总干重	$B=0.0221 \times (D^2H)^{1.0331}$	$R^2=0.9578, n=18$
		地下总干重	$B=0.0056 \times (D^2H)^{1.007}$	$R^2=0.9617, n=18$
	油松	树干干重	$B=0.0381 \times (D^2H)^{0.8744}$	$R^2=0.9606, n=18$
		树枝干重	$B=0.0005 \times (D^2H)^{1.2495}$	$R^2=0.9324, n=18$
		叶干重	$B=0.0008 \times (D^2H)^{1.1186}$	$R^2=0.9169, n=18$
		花果干重	$B=0.0005 \times (D^2H)-0.4113$	$R^2=0.7372, n=18$
		树皮干重	$B=0.0131 \times (D^2H)^{0.7734}$	$R^2=0.9671, n=18$
		地上总干重	$B=0.0350 \times (D^2H)^{0.9451}$	$R^2=0.9665, n=18$
		地下总干重	$B=0.0035 \times (D^2H)^{1.0027}$	$R^2=0.9271, n=18$

6.5 生物量积累与生产力动态变化趋势 **137**

续表

类型	种名	项目	模型	模型评价
乔木	锐齿槲栎	枝干干重	$B=0.070 \times (D^2H)^{0.7948}$	$R^2=0.9463$, $n=29$
		叶干重	$B=0.0015 \times (D^2H)+0.0286$	$R^2=0.8942$, $n=29$
		地上总干重	$B=0.0707 \times (D^2H)^{0.8066}$	$R^2=0.9464$, $n=29$
		地下总干重	$B=0.0457 \times (D^2H)^{0.7571}$	$R^2=0.8879$, $n=29$
灌木	锐齿槲栎	枝干干重	$B=15.771 \times (D^2H)+315.69$	$R^2=0.9527$, $n=72$
		叶干重	$B=1.2068 \times (D^2H)+68.099$	$R^2=0.5763$, $n=72$
		地上总干重	$B=16.978 \times (D^2H)+383.79$	$R^2=0.9407$, $n=72$
		地下总干重	$B=7.3451 \times (D^2H)+465.16$	$R^2=0.7964$, $n=72$
	榛	枝干干重	$B=19.8320 \times (D^2H)+8.8245$	$R^2=0.9349$, $n=69$
		叶干重	$B=2.5882 \times (D^2H)+3.9514$	$R^2=0.626$, $n=69$
		地上总干重	$B=22.4210 \times (D^2H)+12.776$	$R^2=0.9249$, $n=69$
		地下总干重	$B=18.4730 \times (D^2H)+59.813$	$R^2=0.4734$, $n=69$

注:乔木 B 为生物量(kg),灌木 B 为生物量(g),H 为高度(m),乔木 D 为胸径(cm),灌木 D 为基径(cm)。

6.5.2 生物量累积动态变化

总生物量随时间进程持续增长。2005 年总生物量为 40.8 t·hm^{-2},2010 增长为 66.2 t·hm^{-2},2005—2010 年增长速度为 5.45 t·hm^{-2}·年$^{-1}$。2015 年进一步增长为 95.2 t·hm^{-2},2010—2015 年增长速度较 2005—2010 年高,为 5.80 t·hm^{-2}·年$^{-1}$。

(1)乔木层生物量

松林乔木层生物量占绝对优势,占总生物量的比例随着时间进程持续增加,2005 年为 67%,2015 年增加为 90.3%。乔木层各器官生物量和总生物量随着时间进程呈现持续增长趋势。从生物量在林分不同器官中的分配来看,干>枝>根>叶>皮>花果。各器官中,树干生物量所占比例最高。枝生物量比例较根生物量比例高。随着时间推进,各器官生物量比例也随之变化。乔木层干和皮生物量比例随时间进程而降低,枝和叶生物量比例随时间进程而增加。根与地上生物量的比率随时间进程表现为:2005—2012 年变化小,2015 年增加(表 6.14)。这是因为2015 年大量锐齿槲栎等次生阔叶灌木进入乔木层。由于次生灌木为多次砍伐,地下生物量比例大,导致整个乔木层地下生物量比例增加。

(2)灌木层生物量变化

灌木层占总生物量比例相对较低,并随着时间进程持续降低,从 2005 年的 31.2% 降低为2015 年的 9.1%。从绝对量来看,地上生物量、地下生物量和总生物量在 2010 年最大,2015 年降低(表 6.15)。这主要是由于 2015 年大量灌木进入乔木层,导致灌木层生物量降低。地下生物量占总生物量的比例随时间进程有增加趋势。

表 6.14 松林乔木层各器官生物量及其变化

生物量 /（t·hm⁻²）	2005 年	2007 年	2010 年	2012 年	2015 年
干	13.4 ± 8.2	16.9 ± 9.6	22.8 ± 11.7	26.8 ± 13.1	38.1 ± 12.1
枝	5.1 ± 3.7	7.3 ± 4.8	11.1 ± 6.6	14.2 ± 7.8	20.1 ± 9.9
叶	2.2 ± 1.5	3.0 ± 1.9	4.5 ± 2.5	5.6 ± 2.9	7.9 ± 3.4
花果	0.3 ± 0.2	0.4 ± 0.3	0.6 ± 0.4	0.8 ± 0.4	1.1 ± 0.5
皮	1.4 ± 0.8	1.7 ± 1.0	2.2 ± 1.1	2.5 ± 1.2	2.9 ± 1.4
地上总生物量	22.6 ± 14.5	29.7 ± 17.5	41.6 ± 22.2	50.2 ± 25.3	70.1 ± 26.5
根	4.7 ± 3.0	6.1 ± 3.6	8.5 ± 4.5	10.3 ± 5.1	15.9 ± 4.6
总生物量	27.4 ± 17.4	35.8 ± 21.0	50.1 ± 26.7	60.5 ± 30.5	86.0 ± 30.8
根 / 地上 /%	21.1 ± 0.8	20.9 ± 0.7	20.7 ± 0.6	20.7 ± 0.5	24 ± 5.5

表 6.15 松林灌木层生物量

年份	地上生物量 /（t·hm⁻²）	地下生物量 /（t·hm⁻²）	灌木层总生物量 /（t·hm⁻²）
2005	7.32 ± 7.26	5.42 ± 5.15	12.74 ± 12.34
2010	7.44 ± 8.08	8.17 ± 5.84	15.61 ± 13.78
2015	3.81 ± 3.33	4.87 ± 2.68	8.68 ± 5.92

（3）草本层生物量

整体来看，草本层生物量较低（表 6.16），占群落总生物量的比例很小，并随着时间进程从 2005 年的 1.8% 持续降低为 2015 年的 0.6%。

表 6.16 松林草本层生物量

年份	地上生物量 /（t·hm⁻²）	地下生物量 /（t·hm⁻²）	草本层总生物量 /（t·hm⁻²）
2005	0.36 ± 0.70	0.36 ± 0.45	0.72 ± 1.13
2010	0.06 ± 0.06	0.44 ± 0.33	0.50 ± 0.38
2015	0.21 ± 0.20	0.36 ± 0.32	0.57 ± 0.52

6.5.3 生产力动态分析

森林生产力包括乔、灌、草生物量的增加部分，以及森林枯木和凋落物。本研究中松林还处于生物量快速增长阶段。从时间动态来看，松林 2010—2015 年生产力较 2005—2010 年高，表明松林仍处于生产力加速增长阶段，这也印证了该松林正处于快速发展的中龄林阶段。从生产力组成看，松林在生产力组成三个部分的比例大小上表现一致：生物量增长 > 凋落物 > 枯木（表 6.17）。

表 6.17 松林生产力及其时间动态

时间	生物量增长 /（t·hm⁻²）	枯木 /（t·hm⁻²）	凋落物 /（t·hm⁻²）	生产力 /（t·hm⁻²·年⁻¹）
2005—2010 年	25.40	1.86	13.64	8.18
2010—2015 年	29.01	3.53	25.27	11.56
2005—2015 年	54.41	5.39	38.91	9.87

6.6 土壤水源涵养与水土保持能力变化趋势

茂县站松林土壤类型为淋溶褐土,以壤土和砂质壤土为主,持水能力相对较弱,一旦夏季出现降雨量偏低的情况,容易出现伏旱。从土壤水分含量在土壤剖面的空间分布来看,0 ~ 60 cm 各观测土层的水分含量要显著高于 60 ~ 150 cm 各观测土层的水分含量。总体来看,2007—2015 年松林土壤水分状况有所改善,水土保持和水源涵养能力有所增强。

以土壤贮水量能较全面地评价土壤水分含量状况,可反映土壤涵养水源的能力,以下采用茂县站 2007—2015 年松林 0 ~ 160 cm 土层贮水量数据来分析松林土壤水源涵养与水土保持能力的变化趋势。

9 年间松林 0 ~ 160 cm 土层月均最高贮水量为 413.8 mm,月均最低贮水量为 256.1 mm,各土层月均贮水量波动范围分别为:17.4 ~ 20.1 mm（0 ~ 10 cm 土层）,18.0 ~ 21.0 mm（10 ~ 20 cm 土层）,16.2 ~ 22.9 mm（20 ~ 30 cm 土层）,16.6 ~ 25.9 mm（40 ~ 50 cm 土层）,16.6 ~ 22.8 mm（50 ~ 60 cm 土层）,12.4 ~ 20.2 mm（80 ~ 90 cm 土层）,10.7 ~ 17.2 mm（110 ~ 120 cm 土层）和 11.7 ~ 17.5 mm（140 ~ 150 cm 土层）。由图 6.5 和图 6.6 可知,从 2007 年到 2015 年松林土壤水分状况有一定改善,土壤水源涵养与水土保持能力有一定程度的增强。

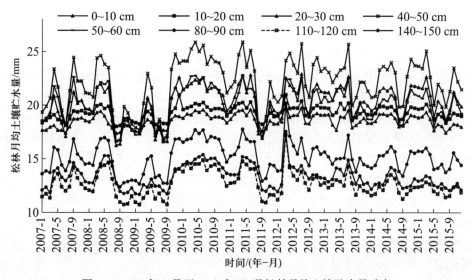

图 6.5　2007 年 1 月至 2015 年 12 月松林月均土壤贮水量动态

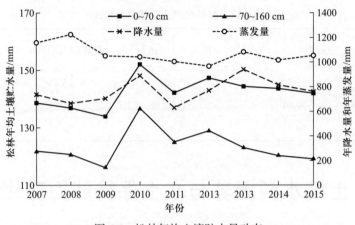

图 6.6　松林年均土壤贮水量动态

6.7　人工林生态恢复变化趋势与持续经营管理对策

6.7.1　生态恢复变化趋势

上述对茂县站处于中龄林阶段（林龄 30 年）的松林监测研究发现，10 年来，处于林分分化比较剧烈的这个阶段呈现如下生态变化趋势。

（1）乔木树种组成与结构正在从针叶林向针阔叶混交林演变的趋势明显。在所聚焦的 10 年（2005—2015 年）间，造林目的树种油松、华山松和日本落叶松群体密度显著下降，在森林冠层的重要值明显降低，群体胸径生长速度显著下降。而林地保育的乡土阔叶树种（如锐齿槲栎和四川蜡瓣花）繁殖更新加快并迅速进入乔木层，其群体密度显著增加，在林分中的地位（重要值）增强，胸径生长速度也明显快于目的造林树种。因此，当前的松林由针叶林逐步演替为针阔叶混交林的趋势明显，恢复演替进展迅速，预期在未来 20 年内林分能发展成为相对稳定的针阔叶混交林（松栎混交林）。

（2）林下植被发育受到明显抑制，但物种多样性并未显著降低。林下灌木与草本群体密度总体降低，阳性喜光物种如榛和毛榛、千里光、东亚唐松草、假升麻等种群重要值下降明显，灌木物种丰富度增加，而草本层物种多样性指数明显波动，这与传统造林后形成的中龄林地表灌草结构与植物多样性指数降低趋势（包维楷等，2002a）明显不同，表明所研究的造林模式在形成中龄（20～30 年）人工林的演变过程中植物多样性得到了有效保育。

（3）林分生物量积累与生产力增加趋势明显。2005—2015 年间该中龄松林乔木生物累积量持续增加，2015 年比 2005 年林分乔木生物量增加了 2 倍，而灌木与草本群体生物量略为下降，导致乔木生物量在总生物量中的占比持续增加，而灌草生物量在林分生物量中的比例持续下降。总体来看，林分生产力持续增加。这种变化趋势也明显不同于传统造林的中龄林（20～30 年）生物量波动或下降的变化趋势（Pang et al.，2016），表明所研究的造林模式形成中龄（20～30 年）人工林演变过程的生产力并未如当前所发现的大多数人工林（如杉木林、落叶松林、桉树林）那样呈现衰退趋势。

（4）凋落物形成主要发生在秋季（9—11 月），这由温带气候决定。而 10 年间林分总凋落物量虽然年度波动较大,但仍然呈现持续增加的趋势,这导致林分养分归还能力增强及凋落物持水保水能力增强,逐步提升了森林生态系统的水源涵养能力。

（5）林地土壤水分含量年际波动客观存在,主要受降雨量的控制。随林分生物量累积和生产力的增加,林地土壤水分并未呈现下降趋势,土壤维持着较好的储水能力。结合上述生物量与凋落物增加的特点,表明松林在10年恢复过程中林分水源涵养和水土保持能力呈现改善趋势。

综合分析表明,松林林分的结构处于自我优化调整的演替过程中,导致林分生物生产力、固碳能力、水源涵养能力及多样性维持等方面的生态系统服务功能处于恢复的演替进程中,能够有效达到高山峡谷区生态公益林恢复重建阶段性目标,克服了传统的主要依靠人工造林重建森林模式带来的诸多弊端(生产力衰退、生物多样性贫乏、地力退化等),表明大沟流域试验示范的森林恢复重建范式在区域生态屏障建设与区域生态服务功能提升中具有重要的区域应用价值和潜力。

6.7.2　人工林经营管理优化对策

过去几十年,高山峡谷区传统的造林及其经营管理范式主要是在高强度整地清灌基础上,选择针叶树种按照统一规格和株行距高密度造林,形成未成林林地及其发展的幼龄林,进一步开展抚育管理(图6.7)。这样的传统造林范式完全沿袭了用材林建设思想,带来的直接后果就是形

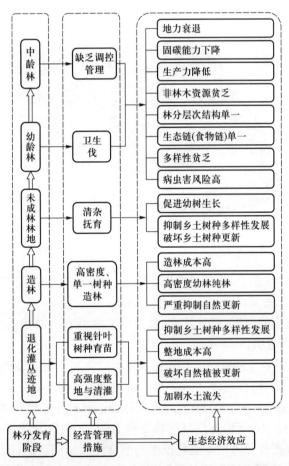

图 6.7　高山峡谷区传统造林恢复重建与经营管理范式示意图

成大面积的以针叶树种为主的人工纯林和密林,产生了严重的生态后果,包括林分灌草层缺失、生产力在中龄林阶段衰退、病虫害严重、多样性缺乏、森林生态系统种间关系及生态链(如食物链)单一、地力衰退、物质循环受阻等问题(包维楷和陈庆恒,1999),使得林分生态功能难以得到预期的恢复和提升,生物多样性与林下非林木资源难以得到有效的保育和恢复,这种造林并不是真正的森林恢复(包维楷等,2002b;孙书存等,2005)。因此,要促进区域退化林地恢复,需要优化长期以来用材林思想主导下的以木材生产为单一目标的传统造林恢复重建范式,形成新的森林恢复重建范式,即以生态功能恢复与多样性保育为核心目标,促进自然恢复和人工造林有机结合的生态公益林恢复重建新范式。新范式的应用推广将有效提高区域人工林的生态屏障能力,持续推动西南高山峡谷区的林区生态建设。

　　以退化灌丛为基础的等高交错配置坡地生态公益林恢复重建技术简介

　　(1)根据坡地灌丛生长特点进行作业设计,形成坡面的保留带与砍伐带相间,沿等高线交错排列(图 6.8)。保留带主要功能是保存乡土生物多样性及其资源,起到控制因造林整地引发的水土流失,为其下侧或上侧的林木生长创造更好的生长环境条件。砍伐带为林木种植带,适度保留更新繁殖体。坡度与灌丛平均高度决定着砍伐带的宽度,依据坡度与灌丛平均高度实测数据调整保留带宽度,根据目的造林树种幼苗幼树期的需光生物学特性与灌丛平均高度调整砍伐带的宽度。

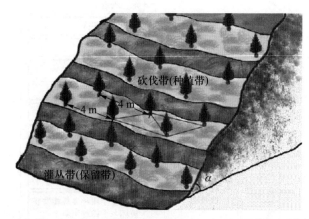

图 6.8　以退化灌丛为基础的等高交错配置坡地生态公益林恢复重建技术示意图

　　(2)一般在 15~25° 坡面上,灌丛平均高度为 1.2~1.5 m,砍伐带的宽度控制在 1.5~5 m,保留带宽度在 1.5~3 m。在植被稀疏的半干旱陡坡上,保留带可加宽到 3~5 m,种植带宽度为 2~3 m。

　　(3)在坡度相对较小的山区,灌丛浓密,种植带宽度可适当加宽到 2~5 m,保留带宽度可相应减少,造林密度可适当增加。

　　(4)在保留带上保留乡土阔叶苗木和幼树及原有的生物种类。在种植带内保护存留的乡土乔木繁殖体,同时栽培目的树种苗,坑深 40~50 cm,坑面直径 30~40 cm,坑水平或三角形配置排列。初植苗木密度一般在 1500~2000 株·hm^{-2},具体视造林地乡土繁殖体数量状况加以调整。

　　上述中龄阶段的松林 10 年生态恢复演替变化表明,大沟流域针对大面积山地退化的灌丛植被等高交错配置的生态公益林恢复重建技术与造林模式是成功的,不仅能够针对山地退化或次生灌丛通过合理的前处理再进行造林,使自然恢复与人工恢复有机结合,减少坡地造林负面后果(如水土流失),促进乡土生物多样性及其资源就地保育,加速乔木树种快速生长,显著节约了造林成本(主要因为造林密度比传统造林设计密度显著降低,使造林成本大大降低),有效实现了乔、灌、草、地被物的多层次多功能混交林快速恢复重建(Sun et al., 2004;孙书存和包维楷, 2005)。

因此,根据上述人工林生态变化趋势研究以及前期的研究成果(孙书存和包维楷, 2005),以生态功能恢复和多样性保育为核心目标的高山峡谷区人工林持续经营管理策略需要从"源头"和起点入手,充分考虑从乡土造林树种的应用、退化灌丛的适度干预、适度造林与自然更新能力激活有机结合等方面入手,进行必要的策略优化,形成系统解决方案。这种基于茂县站30年来长期研究形成的高山峡谷区生态公益林恢复重建与管理新范式(图6.9),不仅在早期就能取得比较好的生态恢复效果(孙书存和包维楷, 2005),节约恢复重建成本,更重要的是能大大降低中林龄阶段的生态恶化风险,在取得更好的生态恢复成效的同时,节约经营管理成本。因此,能够满足当前区域生态屏障建设中森林恢复的技术需求,值得在针对退化灌丛进行生态公益林恢复重建的生态屏障建设实践中推广应用。

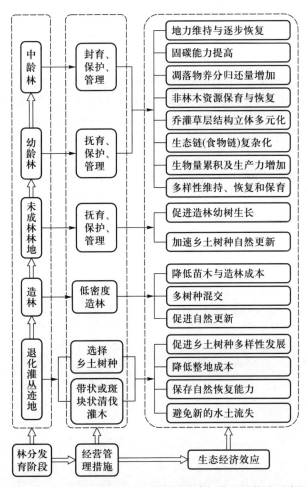

图6.9 高山峡谷区生态公益林恢复重建与管理新范式示意图

参 考 文 献

包维楷,陈庆恒.1999.生态系统退化的过程及其特点.生态学杂志,18(2):36–42.

包维楷,张镱锂,王乾,等.2002a.青藏高原东部森林采伐迹地早期人工重建序列梯度上植物多样性的变化.植物生态学报,26(3):330–338.

包维楷,张镱锂,王乾,等.2002b.青藏高原东缘大渡河上游林区的森林退化及其恢复与重建.山地学报,20(2):194–198.

郭剑芬,陈光水,钱伟,等.2006.万木林自然保护区2种天然林及杉木人工林凋落量及养分归还.生态学报,26(12):4091–4098.

骆宗诗,向成华,慕长龙.2007.绵阳官司河流域主要森林类型凋落物含量及动态变化.生态学报,27(5):1772–1781.

马志贵,王金锡.1993.大熊猫栖息环境的森林凋落物动态研究.植物生态学与地植物学学报,17(2):155–163.

孙书存,包维楷.2005.恢复生态学.北京:化学工业出版社,27–95.

孙书存,高贤明,包维楷,等.2005.岷江上游油松造林密度对油松生长和群落结构的影响.应用与环境生物学报,11(1):8–13.

王凤友.1989.森林凋落物研究综述.生态学进展,15(2):82–89.

王建林,陶澜,吕振武.1998.西藏林芝云杉林凋落物的特征研究.植物生态学报,22(6):566–570.

魏晶,吴钢,邓红兵.2004.长白山高山冻原生态系统凋落物养分归还功能.生态学报,24(10):2211–2216.

Keeling H C, Phillips O L. 2007. The global relationship between forest productivity and biomass. Global Ecology & Biogeography, 16(5): 618–631.

Pang X Y, Huang J S, Zhao Q X, et al. 2016. Ecosystem carbon stock across achronosequence of spruce plantations established on cutovers of a high-elevation region. Journal of Soils and Sediments, DOI: 10.1007/s11368–016–1415–4.

Sun S C, Bao W K, Pan K W, et al. 2004. Restoring mountain slope forests by strip-cutting shrubs in the upper reaches of Minjiang River, Sichuan, China: A biodiversity-oriented silvicuture experiment. Chinese Forestry Science and Technology, 3(1): 7–16.

第7章 北亚热带典型森林生态系统过程与保护[*]

7.1 概 述

中国科学院神农架生物多样性定位研究站（以下简称"神农架站"）位于中国生态分区的秦巴山地生态区，该地区主要地貌类型为山地，主要土地利用类型为森林。下面简要介绍该地区典型森林常绿落叶阔叶混交林的分布现状和神农架站在该地区开展监测和研究的科学目标、区域代表性以及科学意义。

7.1.1 我国常绿落叶阔叶混交林的分布与现状

常绿落叶阔叶混交林是介于落叶阔叶林与常绿阔叶林之间的过渡类型，具有相对稳定的特征，在我国亚热带区域分布较广泛，是北亚热带的地带性植被。这一类型的植被，通常无明显的优势树种，林冠参差不齐，呈波状起伏，因有落叶阔叶树种的存在，具有较为明显的季相变化，在落叶树的落叶季节，林冠呈现一种季节性的间断现象。由于种类组成复杂且季相明显，群落外貌丰富多彩。群落结构一般可分为乔木、灌木及草本三个层次。在中国植被分类系统中，常绿落叶阔叶混交林与落叶阔叶林和常绿阔叶林并列作为一种单独的植被类型。该植被型下可分为三个植被亚型：落叶常绿阔叶混交林、山地常绿落叶阔叶混交林和石灰岩常绿落叶阔叶混交林（吴征镒，1980；Ge et al.，2019）。

究竟什么是常绿落叶阔叶混交林，国内学者的理解不太一致。钱崇澍（1958）对暖温带混交林的描述是，上层以喜暖温的落叶阔叶树为主，夹以一些耐寒的常绿或者半常绿阔叶树、竹类和比较喜温的针叶树。高沛之（1958）认为落叶常绿阔叶混交林是森林群落，其中夏绿乔木和照叶乔木灌木都在群落外貌上占有显著的地位。侯学煜（1960）对常绿落叶阔叶混交林的描述是，落叶阔叶乔木常常在乔木层中占据最高的层片，而常绿阔叶层片则在落叶阔叶层片的下面，呈亚乔木状态。吴征镒（1980）只指出了是落叶阔叶林与常绿阔叶林之间的过渡类型，但具有相对稳定性。不可否认的是，常绿落叶阔叶混交林的概念，已经被国内学者普遍接受。在欧美及日本等地，以落叶阔叶树为主要建群种的植物群落，被称为落叶阔叶林，虽然在许多情况下，林中也混生着常绿阔叶树种。由于缺乏定量的指标，区分常绿落叶阔叶混交林与落叶阔叶林及常绿阔叶林

---

[*] 本章作者为中国科学院植物研究所谢宗强、葛结林、申国珍、樊大勇、熊高明、徐文婷、赵常明、周友兵。

之间的界限是很困难的。最新对中国亚热带常绿和落叶阔叶树种重要值的纬度趋势研究表明，常绿落叶阔叶混交林中常绿（或落叶）阔叶树种的重要值比例应该在 25%～75%（Ge and Xie，2017）。

常绿落叶阔叶混交林在中国分布的地理范围很广，北起秦岭淮河一线，遍及整个亚热带地区。在北亚热带，主要分布在低海拔的基带，其北界与暖温带落叶阔叶林相接。在中亚热带，因适应气温的变化，其分布大多上升到山地，成为植被垂直带谱上的典型群落类型，其分布下限与常绿阔叶林相接，分布上限与落叶阔叶林或针阔叶混交林相接。

7.1.2 神农架常绿落叶阔叶混交林的特点与生态意义

神农架常绿落叶阔叶混交林是北半球常绿落叶阔叶混交林生态系统的最典型代表（谢宗强等，2017）。青藏高原的隆起，使在副热带高压控制下的东亚亚热带形成了全球独一无二的东亚季风型（夏季湿润、冬季干冷）亚热带常绿阔叶林，其既不同于地中海型耐旱热的硬叶常绿林，也不同于北半球同纬度的亚热带、热带荒漠植被。常绿落叶阔叶混交林是北亚热带的地带性代表类型，是暖温带落叶阔叶林向中亚热带常绿阔叶林的过渡类型，由常绿和落叶两类阔叶树种混合而成，主要建群种以壳斗科树种为主，其中落叶的主要为栎属（*Quercus*）和水青冈属（*Fagus*）等，常绿的则以青冈属（*Cyclobalanopsis*）、栲属（*Castanopsis*）和石栎属（*Lithocarpus*）等为主。

7.1.3 神农架站的区域代表性与监测研究内容

7.1.3.1 地理位置与自然环境特征

神农架站由中国科学院植物研究所、中国科学院动物研究所、中国科学院武汉植物园共建，于 2005 年 12 月被科技部批准为国家野外站，命名为"湖北神农架森林生态系统国家野外科学观测研究站"。站区位于鄂西神农架地区（31° N，110° E）。该区年平均气温 10.6～12.6 ℃，年降水量 1306.2～1722.0 mm，土壤类型主要有山地黄棕壤、山地棕壤和山地暗棕壤等，地带性植被为常绿落叶阔叶混交林。

7.1.3.2 区域代表性

神农架站位于中国生态分区的秦巴山地生态区。神农架是秦巴山地向东延伸的大巴山的主峰，位于我国三大台阶中第三台阶丘陵平原区向第二台阶山地的过渡线上，气候主要受东南季风影响，随南北坡向及海拔高低不同而有很大差异，是我国亚热带和温带地区之间的生态过渡区。

神农架地区是中国生物多样性保护的关键地区，也是世界生物多样性研究的优先区域，备受国内外关注。该区域保存的第三纪孑遗植物丰富而完整，是世界上落叶乔木、灌木种类最多的地区，是东亚东、西两大植物区系的交汇地，也是中国种子植物特有属三大分布中心之一（应俊生等，1979；谢宗强和申国珍，2018）。

神农架地区是中国两大水利工程（三峡工程和南水北调中线工程）集水区的关键地段，关系着国家的生态安全，是国家经济发展的重要命脉。神农架站站区位于这两大集水区的关键地段，具有明显的典型性和代表性，在森林水文的研究和监测中具有不可替代的重要意义。同时，神农架站在中国科学院的野外森林生态站中起到了承接南北、平衡东西、优化布局、提升 CERN 科学性的重要作用。

7.1.3.3 监测研究内容

神农架站在北亚热带具有极强的生态系统类型代表性,对 CERN 的科学目标的实现,特别是联网监测与研究具有重要意义。神农架站以保护生态学为主线,结合国家生态环境建设的需求,开展生物多样性保育研究,重点在神农架地区及长江流域进行生物多样性监测和保育研究。同时,通过长期定位监测系统开展亚热带森林生态系统结构、功能和管理的研究,以揭示我国东部中亚热带和北亚热带森林植被的动态规律及环境演变,为天然林保护和退耕还林以及长江中下游生态服务和生态安全提供科学支撑,为国家生态环境建设和区域可持续发展提供决策咨询服务。

7.2 神农架森林生态系统结构与演替过程

7.2.1 神农架植物的多样性

神农架地区生物区系尤其是植物区系古老性的研究很早就有报道。如应俊生等(1979)通过对其特有属的发育古老性、特有属属内或属间的间断分布情况、单种或寡种特有属的起源等进行研究,认为鄂西 – 川东地区集中分布了大量古老特有属及原始类群。还有研究认为鄂西 – 川东地区是世界温带植物区系的发生与分布中心(吴鲁夫和仲崇信,1964;应俊生和陈梦玲,2011),是中国裸子植物多样性中心之一(李果等,2009)。此外,有研究者对神农架山地河岸带珍稀植物群落特征(魏新增等,2009)、神农架珍濒植物分布及古老性(江明喜等,2002)、神农架植物多样性与区系进行了研究(郑重,1993),其结果也印证了应俊生等(1979)的观点。目前对植物区系古老性的研究,通常以经典的植物分类标准(如恩格勒系统)为基础。经典植物分类标准在植物科属的系统发育树时间上仍没有确定的结论,导致古老性分析通常要结合孢粉化石证据,对缺少这些证据或证据不足的科属的古老性分析则大都处于定性描述的阶段。APG 系统是被子植物系统发育研究组(Angiosperm Phylogeny Group)基于 DNA 序列的分子系统学提出的被子植物新分类系统,目前常用的版本为 APGIII(Allantospermum et al.,2016)。

7.2.1.1 被子植物系统基部类群的多样性

神农架现有被子植物中有 105 科 518 属起源于第三纪之前,分别占该区域被子植物总科(175 科)、总属(1079 属)数的 60% 和 48%,充分表明了神农架地区被子植物区系的古老性。目前的区系成分基本是第三纪区系的后裔,并通过多条路径向不同方向扩散(应俊生等,1979)。被子植物系统基部类群是指起源古老、保存较多原始性状的被子植物的科和属。Smith(1967)提出 39 个原始的被子植物科中,中国有 27 科,神农架地区拥有 22 科(占中国的 85%)(表 7.1)。

表 7.1 神农架地区被子植物科的基部类群多样性

科名	起源时间/Ma	属数[#]	种数[#]	备注
木兰科（Magnoliaceae）	84.5	15/11/5	246/100/14	鹅掌楸属（*Liriodendron*），东亚－北美间断分布
八角科（Illiciaceae）[△]	61.5	1/1/1	42/28/3	
五味子科（Schisandraceae）	122.5	2/2/2	50/30/7	北五味子属（*Schisandra*），东亚－北美间断分布
水青树科（Tetracentraceae）	61.5	1/1/1	1/1/1	
领春木科（Eupteleaceae）	165.9	1/1/1	2/1/1	
连香树科（Cercidiphyllaceae）	55.8	1/1/1	2/1/1	
樟科（Lauraceae）	60.4	45/22/9	3000/420/39	檫木属（*Sassafras*），山胡椒属（*Lindera*），东亚－北美间断分布
毛茛科（Ranunculaceae）	71.1	59/41/21	2500/720/101	
星叶草科（Circaeasteraceae）	88.9	1/1/1	1/1/1	
金鱼藻科（Ceratophyllaceae）	145.1	1/1/1	6/5/1	
莲科（Nelumbonaceae）	148.6	1/1/1	2/1/1	
睡莲科（Nymphaeaceae）	125.4	5/3/1	60/11/1	
小檗科（Berberidaceae）	71.1	17/11/7	650/320/36	
木通科（Lardizabalaceae）	88.9	9/6/6	50/40/12	串果藤属（*Sinofranchetia*）中国特有属，东亚－北美间断分布
防己科（Menispermaceae）	94.8	71/19/6	450/83/9	
马兜铃科（Aristolochiaceae）	80.5	7/5/3	475/15/9	马蹄香属（*Saruma*）是该科的原始属，华中起源
胡椒科（Piperaceae）	80.5	8/4/1	3000/70/1	
三白草科（Saururaceae）	80.5	4/3/2	6/4/2	东亚－北美间断分布
金粟兰科（Chloranthaceae）	135.8	4/3/1	70/15/4	
罂粟科（Papaveraceae）[**]	142.2	23/11/10	200/62/37	
杜仲科（Eucommiaceae）	108.0	1/1/1	2/1/1	
蜡梅科（Calycanthaceae）	120.7	3/2/1	7/4/1	东亚－北美间断分布

注：**：APGIII 将荷包牡丹科（Fumariaceae）并入罂粟科内；#：属数、种数指世界／中国／神农架分布的属数、种数；△：APGIII 将八角科并入五味子科。Smith（1967）未将清风藤科（Sabiaceae，APGIII 进化时间为 110 Ma～185.7 Ma，Anderson et al.，2005）列入被子植物系统基部群，吴征镒等（2011）认为应该将其列入。该科在全世界有 3 属 100 余种，在中国有 2 属 50 余种，神农架地区有 2 属 11 种，占中国种数的 20% 以上。

7.2.1.2 种子植物的单型科和古特单/寡型属特征

中国植物区系中种子植物单型科(仅含1属1种)共有26科,神农架地区分布有11科(占42%,表7.2),这些单型科反映出科的古老性(祁承经等,1998)。现代中国大陆最具古老性和特有性的4个单型科分别为:银杏科(Ginkgoaceae)、芒苞草科(Acanthochlamydaceae)、珙桐科(Davidiaceae)和杜仲科(Eucommiaceae)(珙桐科的分类地位目前还有争议),神农架地区就拥有其中的3科。

表 7.2 神农架地区中国特有种子植物单型科及部分古特属

特有单型科*	起源时间/Ma	部分古特属	起源时间/Ma
伯乐树科(Bretschneideraceae)	41.3	银杏属(Ginkgo)	173.3~280.0
星叶草科(Circaeasteraceae)	87.9	水杉属(Metasequoia)	168.0~259.0
珙桐科(Davidiaceae)	82~89	串果藤属(Sinofranchetia)	44.4
十齿花科(Dipentodontaceae)	69.2	杜仲属(Eucommia)	108.0
幌菊科(Ellisiophyllaceae)	43.3	金钱枫属(Dipteronia)	41.4
杜仲科(Eucommiaceae)	108.0	蜡梅属(Chimonanthus)	60.4
银杏科(Ginkgoaceae)	173.3	马蹄香属(Saruma)	40.2
南天竹科(Nandinaceae)	35.5	牛鼻栓属(Fortunearia)	38.7
透骨草科(Phrymaceae)	48.7	青钱柳属(Cyclocarya)	34.4
大血藤科(Sargentodoxaceae)	44.4	青檀属(Pteroceltis)	54.1
水青树科(Tetracentraceae)	61.5	山白树属(Sinowilsonia)	38.7
		双盾木属(Dipelta)	35.1
		虾须草属(Sheareria)	90.0
		斜萼草属(Loxocalyx)	43.3
		崖白菜属(Triaenophora)	43.3
		珙桐属(Davidia)	82~89

注:*,本节中国种子植物单型科分类标准来源于吴征镒等(2011)。如果按APGIII系统,则中国只有11个单型科,神农架地区占其中5个科。APGIII将伯乐树科并入叠珠树科(Akaniaceae),将珙桐科并入蓝果树科(Nyssaceae),将幌菊科并入车前草科(Plantaginaceae),将南天竹科并入小檗科(Berberidaceae),将大血藤科并入木通科(Lardizabalaceae),将水青树科并入昆栏树科(Trochodendraceae)。

神农架地区还拥有中国特有属56属,占中国特有属总数(245属)的23%,而绝大部分(>95%)的中国特有属为单型属或者寡型属,其中的古老特有属被认为具有古老孑遗特征。神农架地区分布的古老特有属至少包括以下6属:① 银杏属,其APGIII起源时间为173.3 Ma,该科最早化石是在1.8亿年前的早侏罗世(Zhou and Zheng,2003);② 杜仲属,APGIII起源时间为108.0 Ma,但最早化石记录大约为48.6 Ma;③ 串果藤属,处在木通科(Lardizabalaceae)系统发育相对孤立的位置,是华中残存的进化盲枝;④ 腊梅属,中国特有属,共6个种,APGIII起源时间为60.4 Ma,没有化石记录;⑤ 金钱枫属,中国特有古老残遗属,APGIII起源时间为41.4 Ma,最早化石记录为古新世(Manchester,1999);⑥ 马蹄香属,马兜铃科公认的原始属,APGIII起源时间为40.2 Ma,没有化石记录。

7.2.1.3 种子植物的东亚－北美间断分布属

属的间断分布代表一段时间的环境变迁和植物演化,均属古老或比较古老的类群,其中东亚－北美间断分布是植物区系分析的重要内容。吴征镒等(2011)总结发现中国种子植物东亚－北美间断分布属共有 130 属,并指出其中具有代表性的 34 个古老属。这 34 属中神农架地区分布有 17 个,占 50%。其中包括木兰科(Magnoliceae)的鹅掌楸属(*Liriodendron*),松科(Pinaceae)的黄杉属(*Pseudotsuga*),杉科(Taxodiaceae)的水杉属(*Metasequoia*),三白草科(Saururaceae)的蕺菜属(*Houttuynia*, 40.2 Ma),蜡梅科(Calycanthaceae)的蜡梅属(*Chimonanthus*),莲科(Nelumbonaceae)的莲属(*Nelumbo*, 74.3 Ma),木通科的串果藤属,小檗科(Berberidaceae)的鬼臼属(*Dysosma*, 35.5 Ma),罂粟科(Papaveraceae)的血水草属(*Eomecon*, 71.1 Ma),金缕梅科(Hamamelidaceae)的枫香树属(*Liquidambar*, 38.7 Ma),猕猴桃科(Actinidiaceae)的猕猴桃属(*Actinidia*, 46.4 Ma)和藤山柳属(*Clematoclethra*, 23.2 Ma),蔷薇科(Rosaceae)的小米空木属(*Stephanandra*, 91.6 Ma)、蔷薇科的棣棠花属(*Kerria*, 27.5 Ma)和鸡麻属(*Rhodotypos*, 41.2 Ma),五加科(Araliaceae)的通脱木属(*Tetrapanax*, 26.0 Ma),透骨草科(Phrymaceae)的透骨草属(*Phryma*, 48.7 Ma)。

7.2.1.4 小结与讨论

东亚尤其是华中植物区系的中国特有属在裸子植物和被子植物系统基部类群有更高的多样性(Qian, 2001),反映了华中植物区系的古老性和完整性,而神农架地区种子植物中国特有种占华中植物区系该类的比例高达 41%(祁承经等, 1998),是华中植物区系特有属的集中分布地。从古特单/寡型属来看(表 7.2),APGIII 对应分析表明,这些属应发生于第三纪期间或第三纪前,神农架地区高等植物的古特单/寡型属非常丰富。某些古特单/寡型属可能起源于鄂西－川东地区(神农架地区为其核心),如马蹄香属、珙桐属、山白树属等(应俊生等, 1979)。从种子植物的东亚－北美间断分布来看,除本研究提到的这些属外,已有研究得出木本植物中国东亚－北美间断分布共有 34 科 49 属(方彦, 1996),而神农架地区就有 26 科(占 77%)34 属(占 69%)。这些研究结果充分说明神农架地区为该分布类型的集中分布地。

神农架地区拥有丰富的古植物化石和孢粉证据(黎文本和尚玉珂, 1980;李旭兵和孟繁松, 2002),表明第三纪前(距今 65 Ma 前)神农架地区古植物区系基本形成。总之,APGIII 研究并结合其他证据的分析表明,神农架地区植物区系中的种子植物具有古老性和孑遗性特点(吴征镒等, 2011;应俊生和陈梦玲, 2011),忠实地记录了华中植物区系在过去各个地质年代的生态和进化过程,这对中国植物区系和系统发育研究具有重要意义。今后还需采用植物系统发育区系地理学等方法对比分析神农架与周边地区植物区系古老性的差异,进一步揭示神农架植物区系的特点,为神农架地区的生态保护提供依据。

7.2.2 典型常绿落叶阔叶混交林的结构与演替动态

群落动态一直是森林生态学研究热点问题之一(Rees et al., 2001)。以往研究主要是根据森林树种径级来推测森林动态变化,但这种方法存在不确定性,即在极端气候条件下很难预测森林动态变化以及树种生长状况(侯继华等, 2004)。近年来,森林永久样地成为研究森林动态核心手段,通过对大型固定样地长期监测,可获得森林种类组成以及死亡率、增补率等数据,为评估森林对气候变化的响应提供科学依据(Hubbell and Foster, 1992;葛结林等, 2012)。

近年来发现许多类型森林的物种组成和结构发生了定向改变（Feeley et al.，2013；Newbery et al.，2013）。许多学者就热带低地雨林、热带山地雨林、温带针阔混交林等不同森林类型，采用 0.5～50 hm² 永久样方研究其动态及影响因子，发现几类导致森林动态变化的主要原因：① 气候缓慢变化，如温度上升、降雨格局的改变（Lewis et al.，2009）；② 极端气候事件，如雪灾、飓风等（Tanner et al.，2014；曼兴兴等，2011）；③ 人为活动，如伐木、狩猎等（Higuchi et al.，2008）。我国学者对中国热带季雨林（胡跃华等，2010）、暖温带落叶阔叶林（侯继华等，2004）、亚热带常绿阔叶林（汪殷华等，2011）、温带针阔混交林（王利伟等，2011）进行研究，发现这些森林物种组成均发生变化，但对北亚热带山地常绿落叶阔叶混交林动态研究仍不多见。雪灾作为一种重要的干扰形式，影响森林的结构和物种组成（Lafon，2006）。一种观点认为，森林中的先锋种可能对雪灾较为脆弱，后期演替种在竞争中获得优势，加速了森林向演替后期发展。另一种观点认为，雪灾破坏了森林冠层的结构，形成林窗，土壤中的先锋种种子优先萌发与定居（Du et al.，2012），因此重启群落演替，使森林回到早期演替阶段。

目前对常绿落叶阔叶混交林已有大量研究，侧重群落结构、更新以及土壤养分等方面（熊小刚等，2002；张谧等，2004），缺乏对该类型演替动态研究。本研究通过对 9600 m² 固定样地的监测分析，试图回答以下问题：① 典型常绿落叶阔叶混交林群落结构和物种组成在过去数年间的变化特征；② 不同演替种组的动态。

7.2.2.1 群落的物种组成和结构

2001—2010 年群落物种组成保持相对稳定。2001—2006 年增加了 3 个物种，2006—2010 年，1 个物种因死亡从群落中消失。群落以壳斗科（Fagaceae）、槭树科（Aceraceae）、杜鹃花科（Ericaceae）、桦木科（Betulaceace）为主，科组成变化不明显。优势树种种群大小变化不大，稀有种波动明显。

7.2.2.2 不同演替种组变化特征

后期演替种占优势。每个演替种组重要值随时间变化不大，活体结构差异不显著（图 7.1），但死亡结构变化明显（$p<0.05$）。2001—2006 年死亡个体数较少，呈直线形结构，2006—2010 年则为倒 J 形。

7.2.2.3 死亡与增补

不同演替种组基于密度的死亡率和增补率变化明显（表 7.3）。2001—2006 年先锋种具有较高的死亡率，但早期演替种具有最高的增补率。而在 2006—2010 年，死亡率和增补率经历了较大的变化。先锋种出现了最大的负平衡（−3.17%），而早期与后期演替种则表现出较低的死亡率和最高增补率。基于基面积的死亡率和增补率变化显著。后期演替种表现出较高的基面积死亡率，早期演替种则出现了最高的差值。

7.2.2.4 小结与讨论

2001—2010 年，群落物种组成数量出现先增加后略减少趋势，主要是由稀有种引起的，优势树种基本成分未发生较大变化。群落物种组成在不同时期并非呈单一的增加或减少的趋势，与演替状态、周围物种库、受干扰情况以及时间间隔相关，与本研究结果一致。但也有研究认为物种组成变化因群落类型而异。胡跃华等（2010）在研究西双版纳热带季节雨林时发现，物种种类在稳定中表现出增加趋势。本研究中群落处于演替顶极状态，人为干扰较少，研究的时间间隔相对较短，优势种能够完成自我更新，因而能维持相对稳定状态。稀有种本身数量较少，任何个体死亡都可能造成其消失，因而种群波动较大，从而影响群落中物种组成。

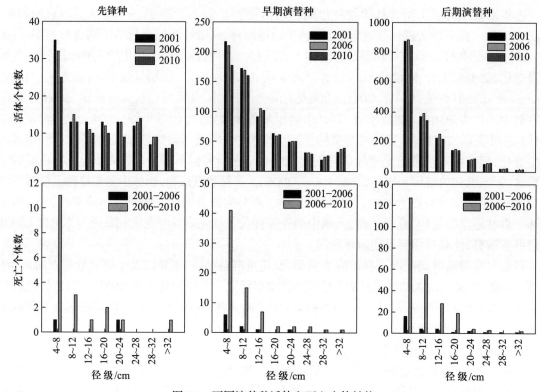

图 7.1　不同演替种活体和死亡个体结构

表 7.3　不同演替组基于密度的动态特征

演替组	增补率 /%				死亡率 /%			
	2001—2006 年		2006—2010 年		2001—2006 年		2006—2010 年	
	密度	基面积	密度	基面积	密度	基面积	密度	基面积
先锋种	0.623	1.30	1.323	1.47	0.36	0.30	4.49	1.98
早期演替种	1.186	1.67	1.193	1.87	0.30	0.12	2.74	1.23
后期演替种	0.228	1.73	1.624	1.97	0.34	0.43	3.43	2.56

　　有研究表明,树木死亡常受大小制约。本研究中,在 2001—2006 年,死亡数目较少,不同径级间在 2006—2010 年,个体死亡差异明显,呈现倒 J 形结构,表现出大小制约现象。通过比较死亡格局发现,非生物因素(如雪灾干扰)在形成此种死亡格局中起着至关重要的作用。树木个体因断梢和压倒而死亡的个体所占比重较大,说明非生物因素可能通过倒伏、断梢、折断等方式损坏树木个体,影响群落内个体间竞争,加剧小径级个体竞争,导致其死亡。小径级个体处于林下层,密度较大,个体间竞争较为激烈,对资源限制(如光照)更为敏感,也更容易受到干扰(如雪灾、病虫害等),所以死亡较多。大径级个体生长稳定,抵御自然灾害能力较强,且个体数量较少,故死亡较少(Smith and Shortle,2003)。

不同演替种组在两次调查间隔期的死亡和增补表现出极不平衡现象。在 2006—2010 年,死亡率开始超过增补率。这与其他研究一致,特别是先锋种。推测小的先锋种由于具有较低的木材质量(如木材密度),对 2008 年雪灾造成的冻害及其相关机械损伤的抵抗力较差,因此其死亡率超过了增补率(Lafon, 2006)。

7.2.3 典型森林凋落物现存量及养分循环

森林凋落物,是指森林生态系统内由生物组分产生并归还到林地表面,作为分解者物质和能量的来源,借以维持生态系统功能的所有有机物质总称(王凤友, 1989)。森林凋落物是森林生态系统养分循环的重要组成部分(Sayer and Tanner, 2010),凋落物通过养分循环将植物体营养物质输送到土壤,在土壤肥力、理化性质、植物生产力及森林生态系统碳循环等方面具有重要作用,同时凋落物在涵养水源、水土保持等方面具有决定性作用。目前,我国已开展了针对不同气候带森林类型凋落物的凋落量动态、凋落物分解及养分动态等方面的研究,揭示了我国不同气候带主要森林类型凋落物量、分解和养分归还动态及其可能影响因素等方面的规律和机制(刘强和彭少麟, 2010)。有关北亚热带典型森林凋落物现存量及其养分动态的研究,目前还未见报道。本研究以神农架海拔梯度上 4 种典型森林(常绿阔叶林、常绿落叶阔叶混交林、落叶阔叶林及亚高山针叶林)为研究对象,采用凋落物框收集的方法,分析了 2009 年 9 月—2011 年 1 月凋落物现存量及其养分动态。

7.2.3.1 典型森林凋落物的年归还量及其月动态

神农架森林年凋落物量随海拔升高呈现先升高后降低的趋势。其中,海拔 1670 m 的常绿落叶阔叶混交林的年凋落物量最高,为 7118.14 kg·hm^{-2}。其次为海拔 1970 m 的落叶阔叶林,年凋落物量为 6975.2 kg·hm^{-2},常绿阔叶林(海拔 780 m)的年凋落物量低于常绿落叶阔叶混交林和落叶阔叶林,为 6807.97 kg·hm^{-2}。巴山冷杉针叶林(海拔 2570 m)年凋落物量最低,为 4250.67 kg·hm^{-2}(图 7.2)。4 种森林类型凋落物量一年之内出现两个高峰,即 4—5 月和 10—12 月(图 7.3)。

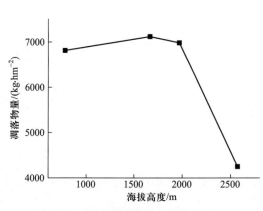

图 7.2　4 种森林类型年凋落物量
随海拔高度的变化

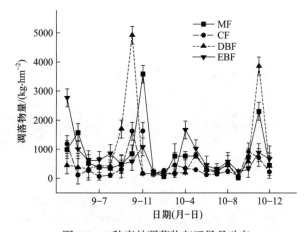

图 7.3　4 种森林凋落物归还量月动态

MF,常绿落叶阔叶混交林;CF,亚高山针叶林;DBF,落叶阔叶林;EBF,常绿阔叶林。

7.2.3.2 典型森林凋落物的养分含量月动态

4 种森林类型凋落物 P、Ca 养分含量年变化呈单峰趋势,高峰值出现在秋季 11 月,K 养分含量月变化呈双峰趋势,高峰值出现在夏秋两季;N、Mg 养分含量月变化没有呈现出明显的规律性 (图 7.4)。

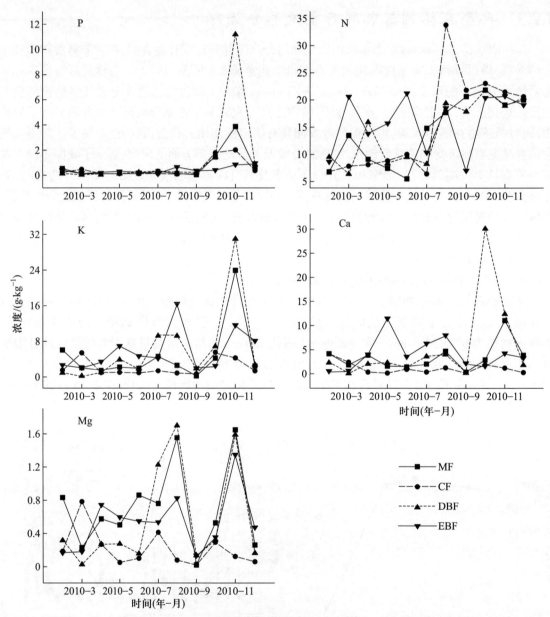

图 7.4 海拔梯度上 4 种森林类型凋落物 N、P、K、Ca、Mg 含量的月变化动态

MF,常绿落叶阔叶混交林;CF,亚高山针叶林;DBF,落叶阔叶林;EBF,常绿阔叶林。

7.2.3.3 养分归还特征及年归还量

神农架海拔梯度上 4 种典型森林养分归还总量随海拔高度的增加而减少。其中,常绿阔叶林、常绿落叶阔叶混交林及落叶阔叶林凋落物各养分年归还量大小顺序均为 N>Ca>K>Mg>P。
而海拔最高的亚高山针叶林,其养分元素年归还量大小顺序为 N>K>Ca>Mg>P(表 7.4)。

表 7.4 海拔梯度上 4 种典型森林凋落物 N、P、K、Ca、Mg 的年归还量

(单位:kg·hm^{-2}·年$^{-1}$)

	N	P	K	Ca	Mg	Total
MF	132.06	4.62	81.86	89.47	15.76	323.77
EBF	162.29	4.39	70.29	97.05	18.82	352.84
DBF	157.12	8.24	38.1	75.64	24.23	303.33
CF	185.77	4.15	33.65	14.29	6.12	243.98

注:CF,亚高山针叶林;DBF,落叶阔叶林;EBF,常绿阔叶林;MF,常绿落叶阔叶混交林。

7.2.3.4 小结与讨论

神农架落叶阔叶林的凋落物量大于常绿阔叶林。落叶阔叶林一年内受季节影响较大,秋冬两季,落叶较多。而常绿阔叶林生长的环境,四季气候变化小,落叶少。受树种生物学特性和气候因子的综合影响,不同林分同一年份及同一林分不同月份的凋落物量存在一定的规律。神农架不同海拔梯度上 4 种典型森林的年凋落物量呈现出双峰形,受植物换芽换叶节律的影响,凋落物量高峰值集中于 4—5 月和 10—12 月,低谷期主要集中在植物处于休眠期的 2 月和生长基本结束的 9 月,这与大多数的研究结果一致(林益明等,1999)。同时,本研究中,落叶阔叶林林分的平均胸径 17.59 cm 明显大于常绿阔叶林的平均胸径 7.5 cm,落叶阔叶林林分的发育状况较好,成熟林比重高,这种林分发育程度的不同也可能是落叶阔叶林凋落物量较高的原因之一。因此,森林凋落物量同时受气候(包括温度、降雨量、风力)等诸多外在因素和森林树种本身的遗传特性、发育状况、林龄、林冠特征等内在因素的制约(刘强和彭少麟,2010)。

神农架常绿阔叶林、常绿落叶阔叶混交林、落叶阔叶林这 3 种森林类型养分年归还量顺序均为 N>Ca>K>Mg>P,与川西亚高山林线交错带植被养分归还量顺序大体一致(齐泽民和王开运,2010);而巴山冷杉针叶林的养分年归还量顺序为 N>K>Ca>Mg>P,与春敏莉等(2009)对巴山冷杉天然林养分归还量的研究结果大体相同。从研究结果发现,冷杉林养分归还量大于阔叶林养分归还量。王强等(2011)比较研究小兴安岭地区阔叶林和杉木林养分归还时,也得出类似的结论。产生这种差异的原因可能是冷杉林分布海拔高,气温低,养分循环速率低于阔叶林。4 种典型森林类型凋落物各元素养分年归还量均高于已报道的亚热带典型森林养分的归还范围 56~289.61 kg·hm^{-2}·年$^{-1}$(Lisanework and Michelsen,1994),主要原因可能为本研究中凋落物养分以落叶为分析对象,落叶中的养分元素含量明显高于枝、花、果、杂物等的养分元素含量。

神农架海拔梯度上 4 种典型森林凋落物养分归还量均以 N、Ca、K 归还量较多,以 P 的归还量最少,主要原因在于落叶中的 N、Ca 和 K 的含量较高,P 含量较少。比较神农架海拔梯度上4 种典型森林凋落物养分含量的月份间差异,发现同一种森林类型各月份间凋落物 N、P、K、Mg的含量存在明显差异。这可能是植物保存自身养分的一种机制,与气候变化、植物生长期存在着一定的相关关系。气温变化时,植物增加或减少落叶,使得养分的内转移率加大或缩小,以保持植株内适当的养分含量。而 Ca 则随季节变化不大,这主要是因为 N、P、K、Mg 是可移动的元素,而 Ca 是移动性相对较弱的元素,其在成熟叶片中积累较多,不容易随着季节变化而变化(Ge et al., 2017）。神农架海拔梯度上 4 种典型森林凋落物养分含量比较研究发现, 只有 Mg 元素含量在各森林类型间存在显著差异, 其余各养分含量差异不显著。说明海拔对森林各养分的利用影响不显著。4 种森林类型之间 Mg 元素含量的差异, 可能在于不同海拔梯度上植物对光的利用能力不同, 植物通过自身调节 Mg 的含量来适应光照差异。

7.2.4　常绿落叶阔叶混交林凋落叶分解及其对环境因子的响应

凋落物分解驱动着碳和养分元素的循环过程, 是生态系统的关键功能, 在最近的几十年受到越来越多的关注（Waring, 2012; Zanne et al., 2015）。通过分解者的活动和营养级转换, 凋落叶中的养分如 N、P 以及其他基本阳离子被初级生产者和其他高营养级生物所利用, 碳被释放到大气中或者以土壤有机质的形式储存在土壤中（Hobbie, 2015）。众多研究表明气候和凋落叶理化性质对凋落叶分解影响较大（Zanne et al., 2015）。对于许多森林生态系统而言, 温度、水分以及凋落叶性质如 N 和 P 的可利用性在不同尺度上能够很好地预测凋落叶分解速率（Bradford et al., 2016）。最近的研究发现物种的性状在凋落叶分解中扮演着非常重要的作用。这些研究表明, 凋落叶分解是非常重要的生态过程, 已经得到了很好的关注。

然而, 仍然有理由相信, 众多森林生态系统观测规律是否适用于常绿落叶阔叶混交林存在很大不确定性, 环境因子（特别是气候）和凋落叶的理化性质在凋落叶分解中的作用仍然不清楚, 主要表现在以下几个方面。首先, 过去在热带和亚热带的研究表明降雨量增加能够显著加速凋落叶分解速率（Waring, 2012）, 而在温带地区的森林研究则表明凋落叶分解与温度呈正相关（Ge et al., 2017）。对于常绿落叶阔叶混交林而言, 温度和降水如何影响凋落叶的分解仍然不清楚。解决好该问题有助于增进气候对碳和养分循环的理解。其次, 该类型森林表现出较高的物种多样性（Ge et al., 2013）, 其物种凋落叶性状的变异可能会影响凋落叶的分解。凋落叶性状对分解的影响因森林类型而异。一般而言, 在热带森林, N 含量较为丰富, P 相对缺乏, 因此与 P 相关的凋落叶性状是限制凋落叶分解的关键因子（Wieder et al., 2009）。

充分认识典型常绿落叶阔叶混交林中气候和凋落叶性质对分解速率的影响, 有助于理解气候变化对该类型森林碳交换和储存速率的影响（Zhao and Running, 2010）。常绿落叶阔叶混交林在全球陆地生态系统碳循环中具有举足轻重的作用（Ni, 2013; Singh, 2018）。过去的分析认为该类型森林的降水和温度将会发生较大改变, 但改变的方向和程度仍存在很大的不确定性（IPCC, 2013）。本研究中, 结合自然海拔气候梯度的凋落叶位移分解实验的方法, 利用多个优势物种凋落叶性质的自然变异特征, 来探讨气候和凋落叶性质对神农架地区典型常绿落叶阔叶混交林凋落叶分解的影响。具体目标是: ① 区分气候和凋落叶性质对分解速率的影响, ② 检测气候和物种变量作为凋落叶分解速率预测变量的显著性。

7.2.4.1　常绿落叶阔叶混交林优势树种凋落叶分解速率

指数分解曲线能够很好描述三年的凋落叶分解过程（所有样地的 $R^2=0.86$）。7 个树种对应的分解常数 k 差异较为明显, 其变化接近 5 倍（图 7.5a）。短柄枹栎凋落叶分解最快, 而米心水青冈分解最慢。所有物种凋落叶分解速率的平均值为 $0.39 \cdot$ 年 $^{-1}$。本研究采用 1800 m 海拔段数据评价凋落叶分解速率与凋落叶性质的关系, 发现凋落叶 Mg 能够很好地预测凋落叶分解速率（负相关）。凋落叶 C、Ca 和 SLA 与分解速率 k 负相关（$p<0.05$）。其他凋落叶性状与分解常数无显著相关（$p>0.05$）。多元回归分析结果表明起始凋落叶 N、P、Mg 以及 C:P 能够很好地预测凋落叶分解速率（$R^2=0.75$, $p<0.05$）（图 7.5b）。

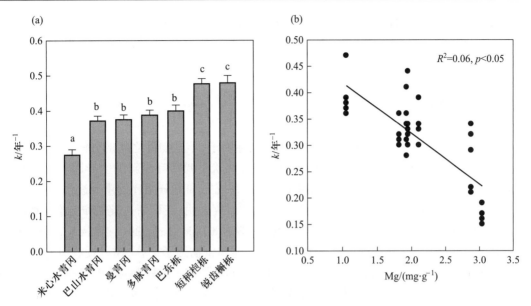

图 7.5 （a）不同树种凋落叶分解速率的比较。不同字母表示显著性差异（Tukey's HSD test）；
（b）常绿落叶阔叶混交林中凋落叶分解速率与其 Mg 含量的回归分析

7.2.4.2 常绿落叶阔叶混交林优势树种凋落叶分解速率在不同海拔间的差异

凋落叶分解速率随着海拔增加而降低（图 7.6a）。不同海拔段的分解速率介于（$0.31 \sim 0.47$）· 年$^{-1}$。简单线性回归表明，所有测量的海拔相关的变量（土壤 P 除外）与凋落叶分解速率显著相关。分解速率与土壤 N、N∶P 以及 C 正相关（$p<0.05$），而与土壤湿度负相关（$p<0.05$）。气温是预测凋落叶分解速率的最好单一变量（$R^2=0.25$）。采用多元回归分析发现，土壤湿度和气温是凋落叶分解速率的最佳预测变量（$R^2=0.28$）（图 7.6b）。

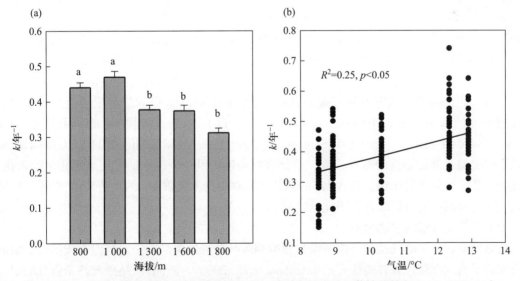

图 7.6 （a）不同海拔段凋落叶分解速率的变化。不同字母表示显著性差异（Tukey's HSD test）；
（b）常绿落叶阔叶混交林中凋落叶分解速率与气温的回归分析

　　气候和物种因素分别解释了凋落叶分解速率的 29.83% 和 40.33%。进一步采用多元回归方法分析海拔与物种相关的变量对凋落叶分解速率影响,发现气温、土壤湿度、凋落叶 P、Mg 和 C:P 能够很好地解释凋落叶分解速率(R^2=0.67),这些变量的解释率分别为 24.97%、2.78%、10.10%、18.92% 和 9.94%。

7.2.4.3　小结与讨论

（1）不同树种之间的凋落叶分解速率

　　本研究结果表明,物种是凋落叶分解速率的主导因子,不同物种之间的分解速率相差 5 倍。该研究支持了前人的研究观点,即在局部尺度,物种性状是凋落叶分解的主导因子(Bradford et al., 2016)。植被能够充当气候变化驱动因子与生态系统 C 和养分循环的重要途径,过去的研究也支持本研究结果(Dale et al., 2015)。例如,前人的研究表明,在哥斯达黎加和巴拿马地区热带低地森林中物种实体对凋落叶分解速率的影响高于降水(Dale et al., 2015;Wieder et al., 2009)。这些研究同样也表明,在局部尺度上相对气候和其他非生物因子而言,树种性状可能扮演着更为重要的作用(Bradford et al., 2016)。最新的研究也同样强调了这一观点(Bradford et al., 2016;Zanne et al., 2015),例如在温带森林中,Zanne 等(2015)发现,物种实体和组织构建性状是凋落叶分解的主要控制因子。

　　分析凋落叶性状与其分解速率的关系,能够了解不同物种凋落叶分解速率变异的内在机制,不同共存物种之间凋落叶分解的巨大差异与凋落叶经济谱密切相关(Dale et al., 2015)。本研究发现,7 个优势树种之间凋落叶分解速率与其凋落叶理化性质密切相关。凋落叶分解过程涉及富碳而养分较少的有机物,需要协调资源以便不同微生物分泌不同的酶,因而将树木的功能与生态系统的动态(如树种与土壤养分之间的正反馈作用)紧密联系在一起(Freschet et al., 2013;Hobbie, 2015)。在全球不同的森林生态系统中,凋落叶的分解与其养分显著相关。

　　本研究发现,起始凋落叶的 N、P 和 Mg 以及 C:P 与凋落叶分解紧密关联。在本研究中,起始凋落叶 N:P 和 N 显著相关,但未发现凋落叶 N:P 与凋落叶分解速率显著相关。该结果在热带和温度森林中同样被发现(Waring, 2012;Wieder et al., 2009)。在混交林中微生物的活动可能受到 N 和 P 的共同限制。在局部尺度上凋落叶 Mg 是预测凋落叶分解的最好指标。该结果表明了 Mg 在凋落叶分解过程中的重要作用,这与早期在热带森林的研究结果一致(Powers and Salute, 2011)。然而,由于很少有野外研究能直接证明 Mg 在凋落叶分解中的作用,因而很难解释该结果。先前的室内和野外研究表明,Ca 具有抑制作用。Ca 作为二价离子通过形成离子键来抑制分解(Lovett et al., 2016;Powers and Salute, 2011)。本研究推测 Mg 的作用可能与 Ca 类似,通过影响微生物来发挥作用(De Santo et al., 2009;Powers and Salute, 2011)。众所周知,草酸镁是不同类型真菌细胞壁的常见成分。该化合物通过提供一个疏水的涂层来阻止菌丝水化,因而减少了微生物的黏着作用。富含 Mg 的凋落叶能够支持大量富 Mg 的真菌繁殖,形成了厚厚的硬壳。这些原因可能可以解释本研究的结果。

（2）凋落叶分解的驱动因子

　　与海拔密切相关的气温和土壤湿度是影响凋落叶分解的关键因子。气温对凋落叶分解的正效应支持了前人在温带森林的研究结果(Gholz et al., 2000)。然而,该结果与热带森林的研究结果相反。这些研究表明,存在一个温度阈值,低于该温度能够驱动凋落叶分解(Prescott, 2010;Waring, 2012)。本研究还发现土壤湿度会抑制凋落叶分解。该结果与热带地区森林的一些早期研究结果一致,与温带和热带森林的其他研究结果相反。混交林的凋落叶易受到土壤厌氧环境的抑制作用,因而降雨导致的土壤水分条件抑制凋落叶分解。因此,本研究认为很难得出一个关于气候对凋落叶分解效应的普适性结论。

气候与物种组成能够交互影响凋落叶分解。本研究发现,海拔相关变量的解释力(27.75%)低于物种相关的变量(38.97%)。该结果再次强调了物种实体是影响凋落叶分解的主要控制因子。该发现有助于理解将来气候变化对混交林的影响。仅改变温度对碳和养分循环影响较小,但能够间接通过物种组成和凋落叶性质变化来影响。

在热带和温带森林中广泛运用的凋落叶分解的预测指标(包括 Mg)在过渡区的常绿落叶阔叶混交林中同样适用。相对其他因子,物种是混交林凋落叶分解的主导因子,气温也是凋落叶分解的关键要素。考虑到物种性状在凋落叶分解中的作用,将来关于气候效应的预测均应该考虑物种组成以及相关凋落叶性质变化的影响。因此,本研究认为,需要进一步考虑气候、物种组成和凋落叶性状以便更好地预测常绿落叶阔叶混交林凋落叶分解及其养分循环在未来气候变化情景中的响应特征。

7.3 神农架典型森林生态系统的变化与趋势

7.3.1 雪灾对常绿和落叶阔叶树种更新和生长的影响

干扰和突发事件在森林动态中的作用成为最近研究的热点(Lloret et al., 2012)。雪灾作为一种重要干扰,通过拔根、破坏树木的茎和枝,形成林冠层林窗,从而导致森林结构和物种组成甚至是格局发生变化(Reichstein et al., 2013)。雪灾一方面通过形成光斑和改变近地面的微环境来促进阳性树种的入侵、定居和生存,另一方面促进现存其他物种大量更新,从而加速森林发育。在自然界中上述两种情形的发生,很大程度上取决于雪灾的特性,如发生时间、频率和强度,以及立地条件如年龄、林分密度(Lloret et al., 2012)。目前关于此类研究的主要途径是在雪灾破坏后调查和观测临时样方,难以捕捉详细动态过程如生长、死亡、增补等信息(Hooper et al., 2001; Weeks et al., 2009)。因此,需要通过永久固定样地长期观测获取动态数据,以了解雪灾影响森林动态的过程(Weeks et al., 2009)。雪灾在高纬度温带和寒温带地区较为常见,在低纬度亚热带和热带地区较为少见(Reichstein et al., 2013)。2008 年初,一场强度和持续时间均为 50 年一遇的大雪灾席卷了亚热带地区,为研究极端气候事件对该区域森林动态影响提供了难得的机会(Du et al., 2012)。

研究发现,低温是森林中常绿阔叶树种更新与生长的主要影响因子,也是其北移的重要限制因子,因此雪灾及其导致的冰冻可能会影响常绿树种的更新与生长。该类型森林主要由常绿和落叶阔叶树种两大成分组成,它们占据不同林层,对雪灾可能表现出不同的响应特征。本节通过比较雪灾前后死亡率、增补率以及胸径生长速率等,研究常绿和落叶阔叶树种的更新与生长,试图阐明:① 常绿和落叶阔叶树种的更新与生长特征是怎样的? ② 雪灾影响下常绿阔叶树种是否比落叶阔叶树种更为脆弱?

7.3.1.1 层次结构与物种组成

落叶阔叶树种的种类较多(约占 75%),两者丰富度在研究期间变化不大。落叶阔叶树种具有较高的基面积和较低的密度(表 7.5)。落叶树种平均胸径高于常绿树种,两者均呈现增加趋势。

表 7.5　两种生活型结构特征的变化

物种组	物种丰富度			树木密度 /（株·hm⁻²）			基面积 /（m²·hm⁻²）			平均胸径 /cm		
	2001	2006	2010	2001	2006	2010	2001	2006	2010	2001	2006	2010
常绿树种	20	21	21	1406	1475	1383	12.70	13.76	13.16	9.24	9.41	9.5
落叶树种	60	62	61	1260	1281	1194	26.52	28.25	28.65	13.9	14.18	14.8

7.3.1.2　增补和死亡

　　两种生活型基于密度和基面积的死亡率和增补率在调查期间变化较大（表 7.6）。常绿阔叶树种的密度增补率约是落叶阔叶树种的两倍，但在第二次调查间隔中则表现出近乎相反的格局。在整个调查期间，常绿阔叶树种的密度增补率上升，而落叶阔叶树种则下降。两种生活型均呈现出较低的密度死亡率。落叶阔叶树种死亡率高于常绿阔叶树种，两种生活型的增长率（增补与死亡的差值）在第一次调查期间表现出正增长，在第二次调查时则表现出负增长。两种生活型基面积死亡率低于增补率，但常绿阔叶树种在 2006—2010 年基面积死亡率超过增补率，表现出负平衡（−1.12%）。两种生活型个体死亡结构在不同调查期间差异显著（$p<0.05$）（图 7.7）。2001—2006 年，死亡结构为不规则形状，在 2006—2010 年，则为倒 J 形分布。

表 7.6　基于密度和基面积的常绿和落叶树种动态参数

物种组	增补率 /%				死亡率 /%			
	2001—2006 年		2006—2010 年		2001—2006 年		2006—2010 年	
	密度	基面积	密度	基面积	密度	基面积	密度	基面积
常绿树种	1.18	1.79	0.19	2.12	0.22	0.17	1.79	3.24
落叶树种	0.68	1.62	1.09	1.79	0.35	0.36	2.86	1.44

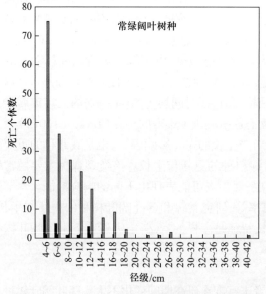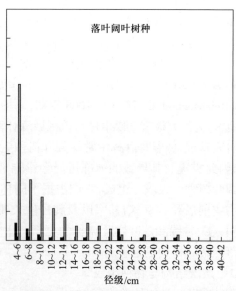

图 7.7　不同叶习性物种组之间死亡个体径级分布

7.3.1.3 胸径生长速率

胸径生长速率与种组、径级以及调查间隔相关（图 7.8 和图 7.9）。常绿阔叶树种胸径生长速率低于落叶阔叶树种（Mann–Whitney U-tests，$p<0.05$）。两个种组在整个调查期间表现胸径加速生长趋势，且与个体大小有关：常绿阔叶树种生长呈现出驼峰型，最大胸径生长速率出现在中等大小个体，而落叶树种则表现出随个体大小一直增加趋势。第一次调查期间的常绿阔叶树种小径级个体（4~10 cm）生长速率高于后一次调查（配对 $t-$ 检验，$p<0.05$）。

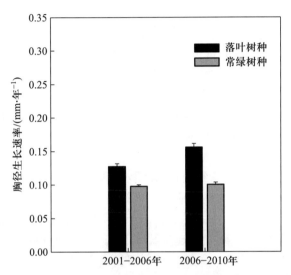

图 7.8　常绿和落叶树种胸径生长速率

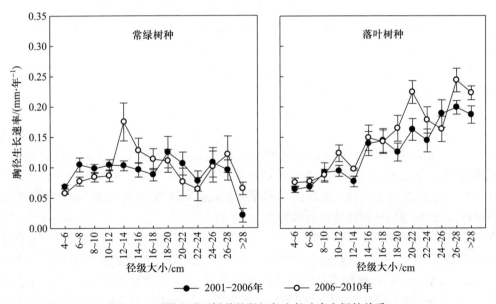

图 7.9　不同生活型树种的径级与生长速率之间的关系

7.3.1.4 小结与讨论

两种生活型的死亡率大于增补率，在后一次调查期间较为明显，2008 年的雪灾是主因。第

一,雪灾直接损伤了两种生活型个体的冠层结构。第二,死亡优先发生,从而为增补创造了空间
(Mori et al.,2007)。第三,种子产量的变异也有可能解释该结果。增补一般发生在种子的丰年,
2008 年的雪灾有可能破坏林冠层,导致一些物种因开花、受精、种子萌发等过程受损而呈现出较
低的增补率(Lloret et al.,2012)。

两种生活型(常绿和落叶)树种在两次调查间隔差异表明,雪灾限制了常绿树种更新,但使
雪灾前被林下低光环境所限制的小径级落叶阔叶树生存条件得到改善。这与前人对常绿阔叶
林的研究结果一致(何俊等,2011)。这是由常绿和落叶树种的幼树在形态和生理上的差异所致。
常绿阔叶树的小径级个体表现出较低的弹性和木材强度,以及较多的叶片增大了积雪的沉降面
积,因而有可能遭受更多损失(Mori et al.,2007)。通常,林冠上层落叶阔叶树为较矮小的常绿阔
叶树种创造了适宜的生存环境,冠层个体死亡会降低林下环境适宜性,导致亚冠层常绿个体死
亡。小树可能得到林冠层的保护,雪灾对其破坏较小。在冠层树种受雪灾破坏形成林窗的地方,
有利于幼苗和幼树生长。落叶阔叶树耐阴性较差,在此情况下能够完成小个体快速生长,有利
于增补。另外,落叶树萌枝能力强于常绿树,能从受损茎干再生长,影响雪灾后期树种动态特征
(Shibata et al.,2014)。

落叶树种胸径生长速率不同于常绿树种,在雪灾期间达到最大值,这与早期针对热带低地雨
林的研究结果不一致,但与山地热带雨林研究结果较为相近(Tanner et al.,2014)。有研究表明,
死亡率和生长速率呈现负相关(Uriarte et al.,2012),本研究未证实这一观点。但是雪灾期间的
高死亡率一定程度上能够解释本研究的观测结果。密度和基面积的减少,降低了对称性竞争,
导致资源的可利用性,刺激了现存个体的生长。根据这个假设,所有径级个体胸径生长应该均
匀增加,然而本研究中未发现这一点。因此,非对称性竞争的减少可能是一个较为合理的解释。
2008 年的雪灾增加了林窗大小和数量,改变了光照的水平和垂直梯度(Irland,2000),光穿透林
冠层的能力增强(Weeks et al.,2009),改善了林下的微环境,从而加快林窗及林窗附近个体生长
(Uriarte et al.,2012)。另外,该现象可能与雪灾去除了树木的顶端优势有关。有研究认为雪灾破
坏了树木冠层顶端组织,消除了树木生长的顶端优势,导致树木侧枝的生长,增加了光合面积,从
而有利于树木胸径生长(Gu et al.,2008)。

雪灾降低了常绿树种小径级个体的生长速率。原因是雪灾破坏大树个体枝条,其在凋落过
程中给林下常绿小径级个体带来较大的次生伤害,而落叶树种在雪灾发生时叶早已凋落因而受
到的伤害较小(Irland,2000)。林下常绿树种的耐阴性较强,在雪灾后恢复的过程中光合产物优
先分配给根和叶,因此减少了树干的生长。最近关于雪灾对常绿阔叶林影响的研究结果证实了
该解释(曼兴兴等,2011)。因此,常绿阔叶树种对雪灾更为敏感,雪灾可能打断了林下常绿阔叶
树种的增补,影响常绿阔叶树种的自我维持能力。

在本研究中,尽管两种生活型的现存个体径级分布无明显时间变化,但高死亡率和低增补率
导致两种生活型树木在第二次调查时密度和基面积明显下降。雪灾也会对树木造成生理性损
伤,如木质部阻塞、破裂等,导致光合面积和速率下降,降低了植物碳获取能力,从而增加其死亡
的风险(Dietze and Moorcroft,2011)。两种生活型树木小径级个体死亡明显,与前人研究结果一
致(Enquist and Enquist,2011)。多种因素导致了现有的死亡格局。这可能归因于森林发育过程
中的内在因素,如自疏。但这可能不是主要原因,在第一次调查间隔中所有径级均有死亡,而在
第二次调查中发现大量小个体落枝(Dietze and Moorcroft,2011;Torimaru et al.,2009)。因此,该

类型死亡的主要驱动因子可能是 2008 年的雪灾。小径级个体由于较小的根生物量和较少的碳水化合物储备，对环境波动较为脆弱，易被雪灾破坏或者被其他雪灾压折的大树压倒（Reichstein et al., 2013）。

7.3.2 典型森林温室气体对土地利用方式改变和降水减少的响应

二氧化碳（CO_2）、甲烷（CH_4）和氧化亚氮（N_2O）是大气中主要的温室气体。土地利用与土地覆盖的变化，将改变土壤微环境及其土壤物理化学过程和微生物活动，进而影响土壤温室气体的产生与排放（刘慧峰等，2014）。森林砍伐是人为引起的土地利用变化之一，是影响大气温室气体浓度的最重要的驱动因子（Houghton, 2003）。森林转变为农田也是改变土壤 CH_4 源汇最重要的人类活动方式之一（Hiltbrunner et al., 2012）。森林转变为农田后，土壤氧化 CH_4 的能力降低 60%（Galford et al., 2010），土壤 N_2O 的排放通量增加。对中国西南山地热带季雨林和橡胶林的研究发现，土壤排放 CH_4、CO_2 的通量为原始林 > 次生林 > 人工林，而土壤 N_2O 的通量依次为次生林 > 原始林 > 人工林（Werner et al., 2006）。对苏门答腊岛森林土壤的研究发现，森林砍伐初期，其土壤 N_2O 排放通量增加，随着森林土壤的恢复，其土壤 N_2O 排放通量逐渐减少，甚至低于原来的水平（Weitz et al., 1998）。还有研究发现，原始林转化成次生林后，其土壤 N_2O 排放通量下降（Liu et al., 2008；Verchot et al., 1999）。

降水是调节和控制生物地球化学过程的关键因子。降水格局的改变（包括降水量、降水强度、降水季节变化等），将可能影响陆地碳循环的源汇功能，进而对全球变化的趋势和格局产生深远的影响（Davidson et al., 2004）。政府间气候变化专门委员会（IPCC）第五次评估报告显示，人类土地利用方式的改变对生态系统水循环产生显著的影响，亚热带地区降水可能减少 30%（IPCC, 2013）。因此，开展土地利用转变和降水变化对森林土壤主要温室气体排放通量影响的研究，揭示其影响因素和作用机理，将有助于减少土壤温室气体排放、增加土壤碳储量并减缓全球气温持续升高的趋势。

本节以我国北亚热带典型地带性常绿落叶阔叶混交林原始林、桦木次生林和马尾松人工林土壤为研究对象，2014 年采用静态箱法探讨降水格局和土地利用方式改变对其土壤 CO_2、N_2O 和 CH_4 排放通量的影响，并分析其可能机制，以期为评估 CO_2、N_2O 和 CH_4 排放能力，提高对 CO_2、N_2O 和 CH_4 等温室气体排放的认识，为国家制定碳排放决策提供科学依据。

7.3.2.1 CH_4 通量

自然降水条件下，原始林 CH_4 吸收通量显著高于次生林和人工林，次生林 CH_4 吸收通量显著高于人工林（$p<0.05$）。降水减半使 3 种森林土壤 CH_4 吸收通量分别下降了 15.78%、9.37% 和 38.03%（$p<0.05$），且原始林土壤 CH_4 吸收通量显著高于次生林和人工林，次生林 CH_4 吸收通量显著高于人工林（$p<0.05$，图 7.10a）。

7.3.2.2 CO_2 通量

自然降水条件下，人工林土壤 CO_2 排放通量显著高于次生林和原始林（$p<0.05$），次生林土壤 CO_2 排放通量高于原始林，但差异不显著（$p>0.05$）。降水减半使原始林和次生林土壤 CO_2 排放通量分别显著增加了 13.62% 和 27.53%（$p<0.05$），人工林土壤 CO_2 排放通量显著减少了 26.38%（$p<0.05$），且次生林土壤 CO_2 排放通量高于原始林和人工林，人工林 CO_2 排放通量高于原始林（$p>0.05$，图 7.10b）。

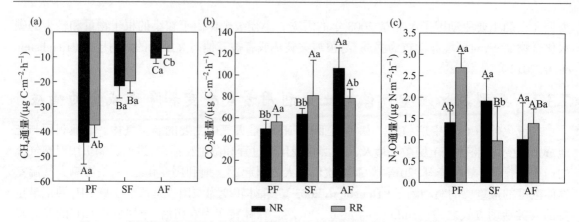

图 7.10　常绿落叶阔叶混交林原始林、桦木次生林和马尾松人工林土壤温室气体通量

不同大写字母表示不同土地利用方式在 0.05 水平上差异显著，不同小写字母表示不同降水处理下同一土地利用方式在 0.05 水平上差异显著。PF，原始林；SF，次生林；AF，人工林；NR，自然降水样地；RR，降水减半样地。

7.3.2.3　N$_2$O 通量

自然降水条件下，次生林土壤 N$_2$O 排放通量高于原始林和人工林土壤，原始林土壤 N$_2$O 排放通量高于人工林，但差异均不显著（$p > 0.05$）。降水减半处理后，原始林和人工林土壤 N$_2$O 排放通量分别增加了 91.69% 和 37.62%（$p < 0.05$），次生林 N$_2$O 排放通量减少了 48.81%（$p < 0.05$），且原始林土壤 N$_2$O 排放通量高于次生林和人工林（$p < 0.05$），人工林 N$_2$O 排放通量高于次生林，但差异不显著（$p > 0.05$，图 7.10c）。

7.3.2.4　小结与讨论

本研究发现，原始林转化为次生林后，其土壤 CH$_4$ 吸收通量显著下降。这与西双版纳热带季雨林原始林、次生林和橡胶人工林的研究结果一致（Werner et al.，2006），也与鼎湖山常绿阔叶林原始林、次生林和马尾松人工林土壤 CH$_4$ 排放的研究结果一致（Tang et al.，2006）。常绿落叶阔叶混交林为神农架地区的地带性植被，处于顶极演替，林分内的光照、水分、温度和养分条件充足，枯落物易分解，微生物呼吸及根系呼吸强于次生林和人工林。次生林是常绿落叶阔叶混交林 20 世纪 70 年代被重度砍伐后形成的森林类型，水土流失相对严重，腐殖质层薄，养分条件较差，土壤有机碳流失较严重，而马尾松人工林是常绿落叶阔叶混交林被砍伐后人工种植的森林类型，虽然已形成复层林结构，可充分利用生长空间和光、热、水、养分等，但针叶林枯落物微生物分解速率较慢。CH$_4$ 吸收通量表现出原始林 > 次生林 > 人工林，可能是因为针叶林酸性土壤中的甲烷氧化菌数量远低于阔叶林土壤甲烷氧化菌数量所致。因而，阔叶林土壤的 CH$_4$ 排放通量大于人工林（马尾松）土壤 CH$_4$ 的通量。

降水减半后，3 种森林土壤 CH$_4$ 吸收通量均减少。但原始林土壤 CH$_4$ 吸收通量显著高于次生林和人工林，次生林 CH$_4$ 吸收通量显著高于人工林。土壤温度和湿度是影响 CH$_4$ 吸收通量的重要因素（Rustad et al.，2000）。中纬度地区土壤吸收甲烷最适温度为 15 ~ 25 ℃（Castro et al.，1995），低于最适温度时，甲烷吸收率随温度升高而增加。温度对甲烷吸收的影响远小于水分的影响，微生物需要一定的含水量才能保持相应的活性。当水分含量过高时，土壤空隙被水分占据，造成厌氧环境，有利于产甲烷古生菌活性，土壤表现为甲烷的正排放源，反之为负排放源（耿世聪等，2013）。本研究中，马尾松人工林表层土壤容重（1.47 ± 0.01）稍大于次生林

（1.32±0.07）和原始林（1.30±0.04），降水后渗透性比较弱，下层土壤轻组有机碳很难被补充，土壤有机碳不利于深层埋存，常绿落叶阔叶混交林原始林作为地带性植被，结构复杂，生态系统相对稳定，对外界环境干扰具有较强的缓冲能力，即土壤有机碳的稳定性高，森林植被正向演替促进土壤有机碳的积累。常绿落叶阔叶混交林原始林 CH_4 吸收通量与土壤温度显著负线性相关，与土壤湿度没有显著相关，次生林 CH_4 吸收通量与土壤温度和湿度均显著线性负相关，人工林 CH_4 吸收通量与土壤湿度呈显著线性正相关。与土壤铵态氮和硝态氮含量无显著相关（$p>0.05$）。齐玉春等（2004）研究认为，降水后的一段时间内大气中的 CH_4 向土壤扩散的速度减慢，从而使甲烷被吸收氧化的速度也减慢。

人工林 CO_2 年平均排放通量显著高于次生林和原始林。土地利用活动通过影响地上植被状况和土壤性质，进而影响土壤 CO_2 排放。盛浩等（2010）分析了全球不同气候带森林转变为其他土地类型后对土壤 CO_2 排放的影响，发现热带（包括亚热带）原始林转变为次生林和人工林后，其土壤 CO_2 排放通量平均减少 29%。原始林转变为其他土地利用方式后土壤 CO_2 排放显著增加，其原因主要与不同森林类型之间植物根生物量、土壤微生物生物量、土壤有机质和容重等的大小顺序有关（莫江明等，2005）。土壤 CO_2 主要来源于植物根系和土壤生物（主要微生物）呼吸以及有机质的矿化分解，其各组分量和土壤的通气条件是土壤 CO_2 排放的主要影响因素。本研究中 3 种土地利用方式下土壤容重大小顺序为人工林 > 次生林 > 原始林，与 3 种土地利用方式土壤 CO_2 排放通量大小顺序一致。林地 CO_2 排放通量不仅与土地利用方式和森林起源有关，还受降水变化等环境因子的影响。

降水对 CO_2 通量的影响与土壤本身的水分状况也有关系。降水会促进干旱土壤 CO_2 的排放，而抑制湿润土壤 CO_2 的排放。在干燥土壤中降水能改善土壤的水分状况，激发土壤呼吸，从而增加土壤 CO_2 排放通量。但对湿润土壤，降水增加会抑制土壤 CO_2 通量。本研究发现降水减半均促进了原始林和次生林土壤 CO_2 的排放，这与中国台湾云雾林的研究结果一致（Chang et al., 2008）。主要原因为研究地区常年较为湿润，降水减少促进了 CO_2 的排放通量。而降水减少抑制了马尾松人工林的 CO_2 排放通量，这可能是马尾松人工林可用性底物的影响大于降水的影响。王义东等（2010）通过研究认为，改变降水格局会影响底物的组成和有效性、土壤微生物的活性和数量、土壤的通气状况等，从而使土壤 CO_2 的排放通量发生变化。

神农架 3 种土地利用方式下森林土壤 N_2O 排放通量均低于温带、南亚热带和热带森林土壤 N_2O 排放通量（杜睿等，2004；莫江明等，2005；Werner et al., 2006）。这主要是因为本研究区域地处北亚热带，其年均降水量高，致使土壤含水量较高，且北亚热带气温较低。在 3 种土地利用方式中，次生林土壤 N_2O 排放通量高于原始林和人工林土壤，原始林土壤 N_2O 排放通量高于人工林。产生这种差异的原因可能在于，桦木次生林为常绿落叶阔叶混交林在 20 世纪 70 年代被重度砍伐后形成的土地类型，土地利用/土地覆被变化改变了林地小气候、土壤理化性质、地上有机物和无机养分的输入以及土壤有机质含量，利于林地土壤 N_2O 的排放。原始林和人工林相比，常绿落叶阔叶混交林原始林的凋落物数量及其分解速率高于人工林，有机质的输入量比较高，利于土壤 N_2O 的产生。马尾松人工林是常绿落叶阔叶混交林间伐后人工种植的土地类型，人为干扰使其林分年龄结构、林分密度以及植被结构发生了显著改变，影响碳、氮、水等资源的循环过程，使 N_2O 的排放量低于原始林和次生林。本研究结果与西双版纳的研究结果一致，N_2O 的排放通量均为次生林 > 原始林 > 人工林（Werner et al., 2006），而鼎湖山和亚马孙东部区域研

究结果则为原始林 > 次生林 > 人工林(Verchot et al., 1999)。

降水减少促进了原始林和人工林土壤 N_2O 的排放通量,抑制了桦木次生林的 N_2O 排放通量,土壤 N_2O 排放通量为原始林 > 人工林 > 次生林。3 种土地利用方式土壤容重大小与 N_2O 排放通量大小顺序不一致,土壤容重对 N_2O 排放通量影响的规律性不明显。在自然状态和降水减半后,原始林、次生林和人工林土壤 N_2O 排放通量与土壤温度均呈显著正相关。自然状态下,原始林土壤 N_2O 排放通量与土壤湿度呈显著正相关。这与蒙古栎林和落叶红松林的研究结果一致(王颖等, 2009;肖冬梅等, 2004)。蒙古栎林和硬阔叶林土壤 N_2O 通量与 5 cm 的土壤温度显著相关,长白山落叶红松林土壤 N_2O 通量与土壤温度显著正相关。Verchot 等(1999)研究发现亚马孙东部区域不同土地利用方式土壤 N_2O 排放通量与土壤含水量(土壤湿度)呈极显著线性相关,这与本研究结果一致。

7.4　神农架森林资源的保护与管理

神农架地区独特的地理位置和气候特征孕育了丰富的动植物资源,拥有众多珍稀濒危和古老孑遗生物物种,具有显著的生物多样性价值。受地势险峻、原始植被覆盖和交通封闭等因素的影响,神农架地区人口密度小,相对封闭的环境也为其提供了天然屏障,使生物多样性得到很好的保护。

7.4.1　保护管理历史与成效

7.4.1.1　政府的保护和管理

国家和地方各级政府对神农架森林生态环境和资源的保护给予高度重视。神农架至今保留有分别立于同治元年(1862 年)和光绪十三年(1887 年)的两块石碑,分别镌刻 “严禁山林” “严禁石木” 字样,是神农架古代保护山林的 “石碑双壁”。历史上曾组织过两次大型的湖北神农架森林探察活动,完成《神农架探察报告(1943 年)》和《神农架森林勘查报告(1947 年)》,这两个有关神农架森林资源状况的报告,为神农架保护和管理提供了重要的资料支持。

1982 年,经湖北省人民政府批准建立神农架保护区。1986 年,经国务院批准成立国家级森林和野生动物类型自然保护区。1990 年,加入联合国教科文组织(UNESCO)世界生物圈保护区网。1995 年,成为全球环境基金(GEF)资助的中国首批 10 个自然保护区之一。2005 年,中华人民共和国原国土资源部批准神农架成为国家地质公园。2006 年,成为国家林业系统首批示范保护区。2009 年,神农架国家级自然保护区管理局对保护区进行总体规划,加大对神农架国家级自然保护区的管理和保护力度。2011 年,成为全国森林旅游示范区试点单位和国家 5A 级旅游景区,制定了《神农架风景名胜区管理条例》,扩大了对神农架保护和管理的责任范围。2013 年,经联合国教科文组织批准,成为世界地质公园。2016 年,经联合国教科文组织批准,成为世界自然遗产地。

7.4.1.2　当地乡规民约保护

神农架地区包括少数民族的当地居民,自古以来就有制定乡规民约保护生态环境和自然资源的传统,历经时代的变迁,仍然在发挥重要作用。如 “封山育林” “严禁挖山采石、毁林开荒、建窑烧炭、狩猎打鸟、毒鱼炸鱼"等被广泛接受的民约,已成为当地居民共同制定、共同遵守的一种原始的民间法规。

7.4.1.3 原住居民自然保护传统

当地原住居民(包括土家族、苗族、侗族等少数民族)的风俗文化、宗教信仰均尊重自然,认为自然界中的万物都是有灵的,神山、古木神圣不可侵犯,动物不能随意猎取,一旦犯忌,便要遭到惩罚。加之人们较多信仰佛教、道教,不仅有不杀生的信念,而且还有放生的习俗。这些都是民间原始环保意识的体现。原住居民为确保自身生存保持着珍惜自然、保护环境的优良传统。

7.4.2 森林资源面临的主要威胁

目前,神农架森林面临的主要威胁是自然灾害和人类活动。自然灾害包括地质灾害、冰冻灾害、森林火灾、林业有毒生物,以及全球气候变暖导致的生态灾害等。人类活动主要包括旅游业和林茶业等。

7.4.2.1 自然灾害

影响神农架地区森林资源的主要自然灾害有地质灾害(如崩塌、滑坡、泥石流)、冰冻雪灾、森林火灾、林业有害生物等。神农架河床落差大,降水强度也大,易发生山洪灾害。暴雨的破坏力极大,且地质以板岩、页岩为主,容易崩塌,暴雨容易冲毁道路,引起山体滑坡等。神农架受冷暖气流交汇的影响,暴雪和冰冻灾害经常发生,影响森林生态系统的稳定性,也造成栖息地内的动物(如金丝猴等)季节性食物短缺、生病死亡等。随着全球气候变暖,神农架森林火灾隐患加剧,林业有害生物局部发生。

7.4.2.2 人类活动

构成对神农架森林资源影响的主要人类活动有旅游业和林茶业等。神农架地区由公路与步游道构成的交通体系快捷方便,具有优越的游览条件。从1990年开展生态旅游以来,神农架生态旅游业取得了长足的发展,2008年开始进入快速发展阶段,游客数量每年都有2万人次以上的增长,尤其2012年比2011年增加了近14万人次。2013年神农架年游客已经达到52.2万人。旅游活动在一定程度上威胁到了神农架森林内野生动物活动及栖息地的保护。大量游客和汽车的涌入、旅游接待设施的建设,都会在一定程度上造成神农架空气、水和噪音污染。神农架茶叶因其优越的气候和土壤条件久负盛名,林茶业是当地居民赖以生存的生计之一,对调动居民参与森林资源保护积极性有益。虽然林茶业目前对森林资源的影响较小,但需要控制规模和范围。

7.4.3 森林资源保护与管理

调查显示,绝大多数当地居民曾经参与并了解湖北神农架森林资源保护与开发的规划决策,参与过与神农架森林资源保护相关的特色商业经营活动,并对他们的经营状况感到满意,认为提高了自己的收入。与其他多个自然保护区的研究相比,神农架森林资源保护和开发的社区整体参与程度较高(刘翠等,2009)。在社会保障方面,带有很强约束力和强制性的保障体系是居民参与森林资源保护的有力保证(罗培等,2013),多数人认为只有政府才能提供有力的社区参与保障。建立森林资源保护地,能够有效保护世界上大多数重要森林生态系统、珍稀濒危物种和景观。

研究发现,与目前社会参与现状相比较,加强森林资源保护后,社区居民在决策管理、商业经营、利益分配、社会保障等方面的意愿和诉求不会产生显著变化。对于森林资源的保护，绝大多数人充满信心并愿意贡献自己的力量。大多数人愿意参与规划决策并为森林资源的保护开发提供诸如劳动力、资金、管理经验支持。调查中发现，管理人员和工商业者的参与意愿通常高于农村务农者，教育程度较高的受访者对森林资源保护的信心较大。在社会参与保障方面，年龄较大的居民一般希望由政府来主导，而年轻人则较多选择政府、企业、社区组织三者协调来主导。

当地居民是森林资源保护过程的重要组成部分，居民生活与环境息息相关，与森林保护效果更是密不可分。目前神农架地区社区参与森林资源保护的总体水平虽然较高，但仍然有相当一部分居民持怀疑和观望态度。建立和完善社区共管体系，使保护区与社区居民形成一种非过度消耗森林资源的新型依赖关系，有利于社区居民主动参与森林资源管理和合理利用，实现社区经济的良性循环发展。通过社区共管，促进保护与发展有机结合，提高居民素质和生活水平，实现森林资源的有效保护和永续发展。

参 考 文 献

春敏莉,谢宗强,赵常明,等 . 2009. 神农架巴山冷杉天然林凋落量及养分特征 . 植物生态学报, 33（3）: 492–498.

杜睿,黄建辉,万小伟,等 . 2004. 北京地区暖温带森林土壤温室气体排放规律 . 环境科学, 25: 12–16.

方彦 . 1996. 东亚 – 北美木本植物间断分布的研究 . 南京林业大学学报, 20（3）: 91–94.

高沛之 . 1958. 杭州的落叶常绿阔叶混交林 . 植物生态学与地植物学资料丛刊, 1: 36–65.

葛结林,熊高明,邓龙强,等 . 2012. 湖北神农架山地米心水青冈 – 多脉青冈混交林的群落动态 . 生物多样性, 20（6）: 643–653.

耿世聪,陈志杰,张军辉,等 . 2013. 长白山三种主要林地土壤甲烷通量 . 生态学杂志, 32（5）: 1091–1096.

何俊,赵秀海,张春雨,等 . 2011. 九连山自然保护区常绿阔叶林冰雪灾害研究 . 应用与环境生物学报, 17（2）: 180–185.

侯继华,黄建辉,马克平 . 2004. 东灵山辽东栎林主要树种种群 11 年动态变化 . 植物生态学报, 28（5）: 609–615.

侯学煜 . 1960. 中国的植被 . 北京: 人民教育出版社 .

胡跃华,曹敏,林露湘 . 2010. 西双版纳热带季节雨林的树种组成和群落结构动态 . 生态学报, 30（4）: 949–957.

江明喜,邓红兵,蔡庆华 . 2002. 神农架地区珍稀植物沿河岸带的分布格局及其保护意义 . 应用生态学报, 13（11）: 1373–1376.

黎文本,尚玉珂 . 1980. 鄂西中生代含煤地层中的孢粉组合 . 古生物学报, 19（3）: 201–219.

李果,沈泽昊,应俊生,等 . 2009. 中国裸子植物物种丰富度空间格局与多样性中心 . 生物多样性, 17（3）: 272–279.

李旭兵,孟繁松 . 2002. 鄂西香溪组植物化石的新发现及时代问题 . 华南地质与矿产, 2002（4）: 35–40.

林益明,何建源,杨志伟,等 . 1999. 武夷山甜槠群落凋落物的产量及其动态 . 厦门大学学报（自然科学版）, 38: 280–285.

刘翠,何东进,蔡昌棠,等 . 2009. 天宝岩自然保护区社区参与生态旅游的现状与对策分析——以龙头村为例 . 云南农业大学学报, 3（4）: 37–41.

刘慧峰,伍星,李雅,等 . 2014. 土地利用变化对土壤温室气体排放通量影响研究进展 . 生态学杂志, 33（7）: 1960–1968.

刘强,彭少麟, 2010. 植物凋落物生态学 . 北京: 科学出版社 .

罗培,雷金蓉,孙传敏.2013.社区参与地质公园建设的意愿调查与驱动力分析——以华蓥山大峡谷地质公园为例.地理科学,33(11):1330-1337.

曼兴兴,米湘成,马克平.2011.雪灾对古田山常绿阔叶林群落结构的影响.生物多样性,19(2):197-205.

莫江明,方运霆,徐国良,等.2005.鼎湖山苗圃和主要森林土壤 CO_2 排放和 CH_4 吸收对模拟 N 沉降的短期响应.生态学报,25:682-690.

齐玉春,董云社,耿元波,等.2004.内蒙古羊草草原不同物候 CH_4 通量日变化特征与日通量比较.地理研究,23:785-794.

齐泽民,王开运.2010.川西亚高山林线交错带植被凋落物量及养分归还动态.生态学杂志,29(03):434-438.

祁承经,喻勋林,郑重,等.1998.华中植物区的特有种子植物.中南林业科技大学学报,18(1):1-4.

钱崇澍.1958.中国植被区划草案.北京:科学出版社.

盛浩,李旭,杨智杰,等.2010.中亚热带山区土地利用变化对土壤 CO_2 排放的影响.地理科学,30(3):446-451.

汪殷华,米湘成,陈声文,等.2011.古田山常绿阔叶林主要树种2002—2007年间更新动态.生物多样性,19(2):178-189.

王凤友.1989.森林凋落量研究综述.生态学进展,6(2):82-89.

王利伟,李步杭,叶吉,等.2011.长白山阔叶红松林树木短期死亡动态.生物多样性,19(2):260-270.

王强,张玉峰,王希臣.2011.小兴安岭主要森林生态系统的凋落物量及养分含量.黑龙江生态工程职业学院学报,24(5):7-8.

王义东,王辉民,马泽清,等.2010.土壤呼吸对降雨响应的研究进展.植物生态学报,34:601-610.

王颖,王传宽,傅民杰,等.2009.四种温带森林土壤氧化亚氮通量及其影响因子.应用生态学报,20:1007-1012.

魏新增,何东,江明喜,等.2009.神农架山地河岸带中珍稀植物群落特征.植物科学学报,27(6):607-616.

吴鲁夫,仲崇信.1964.历史植物地理学.北京:科学出版社.

吴征镒.1980.中国植被.北京:科学出版社.

吴征镒,孙航,周浙昆,等.2011.中国种子植物区系地理.北京:科学出版社.

肖冬梅,王淼,姬兰柱,等.2004.长白山阔叶红松林土壤 N_2O 排放通量的变化特征.生态学杂志,23:46-52.

谢宗强,申国珍.2018.神农架自然遗产的价值及其保护管理.北京:科学出版社.

谢宗强,申国珍,周友兵,等.2017.神农架世界自然遗产地的全球突出普遍价值及其保护.生物多样性,25(5):490-497.

熊小刚,熊高明,谢宗强.2002.神农架地区常绿落叶阔叶混交林树种更新研究.生态学报,22(11):2001-2005.

应俊生,马成功,张志松.1979.鄂西神农架地区的植被和植物区系.植物分类学报,17(3):41-60.

应俊生,陈梦玲.2011.中国植物地理.上海:上海科学技术出版社.

张谧,熊高明,陈志刚,等.2004.神农架米心水青冈-曼青冈群落的地形异质性及其生态影响.生态学报,24(12):2686-2692.

郑重.1993.神农架维管植物区系初步研究.武汉植物学研究,11(2):137-148.

Allantospermum A, Apodanthaceae A, Boraginales B, et al. 2016. An update of the Angiosperm Phylogeny Group classification for the orders and families of flowering plants: APG IV. Botanical Journal of the Linnean Society, 181(1): 1-20.

Anderson CL, Bremer K, Friis EM. 2005. Dating phylogenetically basal eudicots using rbcL sequences and multiple fossil reference points. American Journal of Botany, 92: 1737-1748.

Beaudet M, Brisson J, Messier C, et al. 2007. Effect of a major ice storm on understory light conditions in an old-growth Acer-Fagus forest: Pattern of recovery over seven years. Forest Ecology and Management, 242(2-3): 553-557.

Bradford M A, Berg B, Maynard D S, et al. 2016. Understanding the dominant controls on litter decomposition. Journal of Ecology, 104(1): 229-238.

Castro M S, Steudler P A, Melillo J M, et al. 1995. Factors controlling atmospheric methane consumption by temperate forest soils. Global Biogeochemical Cycles, 9 (1): 1–10.

Chang S C, Tseng K H, Hsia Y J, et al. 2008. Soil respiration in a subtropical montane cloud forest in Taiwan. Agricultural and Forest Meteorology, 148: 788–798.

Dale S, Turner B, Bardgett R. 2015. Isolating the effects of precipitation, soil conditions, and litter quality on leaf litter decomposition in lowland tropical forests. Plant and Soil, 394 (1): 225–238.

Davidson E A, Ishida F Y, Nepstad D C. 2004. Effects of an experimental drought on soil emissions of carbon dioxide, methane, nitrous oxide, and nitric oxide in a moist tropical forest. Global Change Biology, 10 (5): 718–730.

De Santo A V, De Marco A, Fierro A, et al. 2009. Factors regulating litter mass loss and lignin degradation in late decomposition stages. Plant and Soil, 318 (1–2): 217–228.

Dietze M C, Moorcroft P R. 2011. Tree mortality in the eastern and central United States: Patterns and drivers. Global Change Biology, 17 (11): 3312–3326.

Du Y, Mi X, Liu X, et al. 2012. The effects of ice storm on seed rain and seed limitation in an evergreen broad-leaved forest in east China. Acta Oecologica, 39: 87–93.

Enquist B J, Enquist C A F. 2011. Long-term change within a Neotropical forest: Assessing differential functional and floristic responses to disturbance and drought. Global Change Biology, 17 (3): 1408–1424.

Feeley K J, Hurtado J, Saatchi S, et al. 2013. Compositional shifts in Costa Rican forests due to climate-driven species migrations. Global Change Biology, 19 (11): 3472–3480.

Freschet G T, Cornwell W K, Wardle D A, et al. 2013. Linking litter decomposition of above-and below-ground organs to plant-soil feedbacks worldwide. Journal of Ecology, 101 (4): 943–952.

Galford G L, Melillo J M, Kicklighter D W, et al. 2010. Greenhouse gas emissions from alternative futures of deforestation and agricultural management in the southern Amazon. Proceedings of the National Academy of Sciences USA, 107: 19649–19654.

Ge J, Berg B, Xie Z. 2017. Leaf habit of tree species does not strongly predict leaf litter decomposition but alters climate-decomposition relationships. Plant and Soil, 419: 363–376.

Ge J, Berg B, Xie Z. 2019. Climatic seasonality is linked to the occurrence of the mixed evergreen and deciduous broad-leaved forests in China. Ecosphere 10: e02862.

Ge J, Xiong G, Zhao C, et al. 2013. Short-term dynamic shifts in woody plants in a montane mixed evergreen and deciduous broadleaved forest in central China. Forest Ecology and Management, 310: 740–746.

Ge J, Xie Z. 2017. Geographical and climatic gradients of evergreen versus deciduous broad-leaved tree species in subtropical China: Implications for the definition of the mixed forest. Ecology and Evolution, 7 (11): 3636–3644.

Ge J, Wang Y, Xu W, et al. 2017. Latitudinal patterns and climatic drivers of leaf litter multiple nutrients in Chinese broad-leaved tree species: Does leaf habit matter? Ecosystems, 20 (6): 1124–1136.

Gholz H L, Wedin D A, Smitherman S M, et al. 2000. Long-term dynamics of pine and hardwood litter in contrasting environments: Toward a global model of decomposition. Global Change Biology, 6 (7): 751–765.

Gu L, Hanson P J, Post W M, et al. 2008. The 2007 eastern US spring freeze: Increased cold damage in a warming world? Bioscience, 58 (3): 253–262.

Higuchi P, Oliveira-Filho A T, Bebber D P, et al. 2008. Spatio–temporal patterns of tree community dynamics in a tropical forest fragment in South-east Brazil. Plant Ecology, 199 (1): 125–135.

Hiltbrunner D, Zimmermann S, Karbin S, et al. 2012. Increasing soil methane sink along a 120-year afforestation chronosequence is driven by soil moisture. Global Change Biology, 18 (12): 3664–3671.

Hobbie S E. 2015. Plant species effects on nutrient cycling: Revisiting litter feedbacks. Trends In Ecology & Evolution,

30（6）: 357–363.

Hooper M C, Arii K, Lechowicz M J. 2001. Impact of a major ice storm on an old-growth hardwood forest. Canadian Journal of Botany, 79（1）: 70–75.

Houghton R A. 2003. Revised estimates of the annual net flux of carbon to the atmosphere from changes in land use and land management 1850—2000. Tellus Series B—Chemical and Physical Meteorology, 55（2）: 378–390.

Hubbell S P, Foster R B. 1992. Short-term dynamics of a neotropical forest: Why ecological research matters to tropical conservation and management. Oikos, 63（1）: 48–61.

IPCC（Intergovernmental Panel on Climate Change）. 2013. Climate change 2013: the physical science basis. Cambridge: Cambridge University Press.

Irland L C. 2000. Ice storms and forest impacts. Science of the Total Environment, 262（3）: 231–242.

Lafon C W. 2006. Forest disturbance by ice storms in Quercus forests of the southern Appalachian Mountains, USA. Ecoscience, 13（1）: 30–43.

Lewis S L, Lopez-Gonzalez G, Sonké B, et al. 2009. Increasing carbon storage in intact African tropical forests. Nature, 457（7232）: 1003–1006.

Lisanework N, Michelsen A. 1994. Litterfall and nutrient release by decomposition in three plantations compared with a natural forest in the Ethiopian highland. Forest Ecology and Management, 65（2–3）: 149–164.

Liu H, Zhao P, Lu P, et al. 2008. Greenhouse gas fluxes from soils of different land-use types in a hilly area of South China. Agriculture, Ecosystems & Environment, 124（1）: 125–135.

Lloret F, Escudero A, Iriondo J M, et al. 2012. Extreme climatic events and vegetation: The role of stabilizing processes. Global Change Biology, 18（3）: 797–805.

Lovett G, Arthur M, Crowley K. 2016. Effects of calcium on the rate and extent of litter decomposition in a northern hardwood forest. Ecosystems, 19（1）: 87–97.

Manchester S R. 1999. Biogeographical relationships of North American tertiary floras. Annals of the Missouri Botanical Garden: 472–522.

Mori A, Mizumachi E, Komiyama A. 2007. Roles of disturbance and demographic non-equilibrium in species coexistence, inferred from 25-year dynamics of a late-successional old-growth subalpine forest. Forest Ecology and Management, 241（1）: 74–83.

Newbery D M, van der Burgt X M, Worbes M, et al. 2013. Transient dominance in a central African rain forest. Ecological Monographs, 83（3）: 339–382.

Ni J. 2013. Carbon storage in Chinese terrestrial ecosystems: Approaching a more accurate estimate. Climatic Change, 119（3–4）: 905–917.

Powers J S, Salute S. 2011. Macro-and micronutrient effects on decomposition of leaf litter from two tropical tree species: Inferences from a short-term laboratory incubation. Plant and Soil, 346（1–2）: 245–257.

Prescott C E. 2010. Litter decomposition: What controls it and how can we alter it to sequester more carbon in forest soils? Biogeochemistry, 101（1）: 133–149.

Qian H. 2001. A comparison of generic endemism of vascular plants between East Asia and North America. International Journal of Plant Sciences, 162（1）: 191–199.

Rees M, Condit R, Crawley M, et al. 2001. Long-term studies of vegetation dynamics. Science, 293（5530）: 650–655.

Reichstein M, Bahn M, Ciais P, et al. 2013. Climate extremes and the carbon cycle. Nature, 500（7462）: 287–295.

Rustad L E, Huntington T G, Boone R D. 2000. Controls on soil respiration: Implications for climate change. Biogeochemistry, 48（1）: 1–6.

Sayer E J, Tanner E V. 2010. Experimental investigation of the importance of litterfall in lowland semi-evergreen tropical forest nutrient cycling. Journal of Ecology, 98 (5): 1052–1062.

Shibata R, Shibata M, Tanaka H, et al. 2014. Interspecific variation in the size-dependent resprouting ability of temperate woody species and its adaptive significance. Journal of Ecology, 102 (1): 209–220.

Singh B K. 2018. Soil Carbon Storage: Modulators, Mechanisms and Modeling. Academic Press.

Smith A C. 1967. The presence of primitive angiosperms in the Amazon basin and its significance in indication migrational routes. Atlas Simpos Biota Amaz, 4: 37–59.

Smith K T, Shortle W C. 2003. Radial growth of hardwoods following the 1998 ice storm in New Hampshire and Maine. Canadian Journal of Forest Research, 33 (2): 325–329.

IPCC (Intergovernmental Panel on Climate Change). 2013. Climate Change 2013: The Physical Science Basis. Cambridge University Press, Cambridge.

Tang X, Liu S, Zhou G, et al. 2006. Soil-atmospheric exchange of CO_2, CH_4, and N_2O in three subtropical forest ecosystems in southern China. Global Change Biology, 12 (3): 546–560.

Tanner E V J, Rodriguez-Sanchez F, Healey J R, et al. 2014. Long-term hurricane damage effects on tropical forest tree growth and mortality. Ecology, 95 (10): 2974–2983.

Torimaru T, Nishimura N, Matsui K, et al. 2009. Variations in resistance to canopy disturbances and their interactions with the spatial structure of major species in a cool-temperate forest. Journal of Vegetation Science, 20 (5): 944–958.

Uriarte M, Clark J S, Zimmerman J K, et al. 2012. Multidimensional trade-offs in species responses to disturbance: Implications for diversity in a subtropical forest. Ecology, 93 (1): 191–205.

Verchot L V, Davidson E A, Cattânio H, et al. 1999. Land use change and biogeochemical controls of nitrogen oxide emissions from soils in eastern Amazonia. Global Biogeochemical Cycles, 13 (1): 31–46.

Waring B G. 2012. A meta-analysis of climatic and chemical controls on leaf litter decay rates in tropical forests. Ecosystems, 15 (6): 999–1009.

Weeks B C, Steven P, Hamburg H S, et al. 2009. Ice storm effects on the canopy structure of a northern hardwood forest after 8 years. Canadian Journal of Forest Research, 39 (8): 1475–1483.

Weitz A M, Veldkamp E, Keller M, et al. 1998. Nitrous oxide, nitric oxide, and methane fluxes from soils following clearing and burning of tropical secondary forest. Journal of Geophysical Research: Atmospheres, 103 (D21): 28047–28058.

Werner C, Zheng X, Tang J, et al. 2006. N_2O, CH_4 and CO_2 emissions from seasonal tropical rainforests and a rubber plantation in Southwest China. Plant and Soil, 289 (1): 335–353.

Wieder W R, Cleveland C C, Townsend A R. 2009. Controls over leaf litter decomposition in wet tropical forests. Ecology, 90 (12): 3333–3341.

Zanne A E, Oberle B, Dunham K M, et al. 2015. A deteriorating state of affairs: How endogenous and exogenous factors determine plant decay rates. Journal of Ecology, 103 (6): 1421–1431.

Zhao M, Running S W. 2010. Drought-induced reduction in global terrestrial net primary production from 2000 through 2009. Science, 329 (5994): 940–943.

Zhou Z, Zheng S. 2003. Palaeobiology: The missing link in Ginkgo evolution. Nature, 423 (6942): 821–822.

第8章 西南亚高山暗针叶林生态系统过程与变化*

8.1 西南亚高山暗针叶林生态系统概述

8.1.1 西南亚高山暗针叶林的分布与现状

西南亚高山暗针叶林主要包括大雪山东部暗针叶林区、川西－滇西北暗针叶林区、藏东南暗针叶林区,是欧亚大陆暗针叶林分布区的西南限界,建群种主要由冷杉属和云杉属的树种组成。西南林区分布极广的暗针叶林形成了山原块状暗针叶林区、山地大面积暗针叶林区和高山岛状暗针叶林区。分布区拥有极丰富而特异的地貌类型、生态类型、生物种群和森林植被类型。

西南亚高山暗针叶林分布区三向性地带分异明显,暗针叶林有着明显的垂直分带,随水热条件呈现有规律的垂直分布带谱。通常分布在海拔 2500~4500 m 的垂直带内,该区域环境条件阴暗、潮湿。暗针叶林在横断山地区有大面积的分布,是该山地植被垂直带谱中的优势带。亚高山暗针叶林的立木高大,生长持续期长,净初级生产力较高,不同海拔高度与坡向的暗针叶林林分生长差异显著。在贡嘎山东坡湿润区,云杉主要分布在海拔 2500~2800 m,冷杉主要分布在海拔 2700~3600 m。在贡嘎山西坡组成暗针叶林的云杉、冷杉属的种类比东坡丰富,分布区域常相互重叠,形成群落的共建种,由于干冷气候的影响,垂直分布上形成了云杉在谷坡中上部,冷杉在相对较为湿润的沟谷底部的"倒置"现象,与东坡分布格局相反。

目前亚高山暗针叶林的退化是我国生态安全面临的最严峻挑战之一。天然林退化后,在其生态系统组成、结构和功能上都有明显的变化,这些变化主要表现在生物量、生物多样性、土壤肥力、水源涵养等方面。生产力和生物量下降是退化天然林的共同特征。贡嘎山山地暗针叶林退化后,其生物量和净初级生产力明显降低。总之,暗针叶林退化后其生态服务功能将明显降低。

8.1.2 西南亚高山暗针叶林生态系统的特点和生态意义

西南亚高山暗针叶林的组成结构和群落类型与亚热带的自然环境密切相关,中国西南山区是亚高山暗针叶林集中分布地区,是西南低纬度高海拔山地独具特色的植被类型,建群种主要是

---

* 本章作者为中国科学院·水利部成都山地灾害与环境研究所王根绪、罗辑、朱万泽、吴艳宏、杨燕、段保利、孙守琴、孙向阳、刘巧、冉飞。

云杉属和冷杉属树种。亚高山暗针叶林属于寒温性针叶林,组成种类多,层次丰富,与寒温带地带性植被"泰加林"在群落组成和结构方面明显不同,林下土壤也没有强烈的灰化作用。冷杉属是松科中较原始的属,适应于冷湿的环境条件,对水分要求较高。冷杉属树种的垂直分布较大多数云杉属的树种高,并往往形成暗针叶林带的上半部的主要建群种,在青藏高原东缘通常是组成林线的主要树种。横断山区既是冷杉、云杉的变异中心,2个属原始类型最集中的地区,同时也是现代分布中心。川西滇北的横断山区冷杉种数分布更集中,该区域是冷杉属的现代分布中心。在中心分布区的周围,冷杉种数逐渐减少。云杉属比冷杉属更耐干旱,分布较冷杉属广,在我国云杉属分布区与冷杉属分布区基本相同,主要分布在青藏高原东缘山地。川西云杉在青藏高原东缘分布极为普遍,是西南暗针叶林区分布最广的云杉树种。川西云杉对水分条件的适应性较强,能在半湿润地区与灌丛草原相嵌分布,分布海拔最高,在昌都地区可以分布到海拔 4850 m。铁杉常分布在潮湿山地的阴坡,与多种落叶阔叶树种形成混交林,被称为山地下部暗针叶林。

西南林区是我国的第二大天然林区,亚高山暗针叶林是主要森林类型,亚高山暗针叶林分布区是我国西南诸河区的江河源区和重要的生态屏障,是我国重要的以涵养水源、水土保持和生物多样性保护为主的国家主体功能区的重要组成部分,也是国家生态建设的重点区域。亚高山暗针叶林是青藏高原东缘山地森林植被的主体,是长江上游水源涵养林和水土保持林中起重要作用的植被类型,而且影响到长江水系的水量分配和水质,对该区域的持续发展有重要的推动和促进作用。积极开展亚高山暗针叶林结构和功能动态监测和退化林地的生态恢复研究和实践,是遏制天然林退化的根本途径,也是维护区域生态安全和促进社会经济可持续发展的必由之路。

8.1.3　亚高山暗针叶林生态系统的主要科学问题

天然林退化是全世界共同面临的生态环境问题。西南亚高山暗针叶林是分布海拔最高的乔木林,大部分地带属于林线树种,在全球变化影响下,该区域不断加剧的山地灾害,叠加日趋加强的人类经济和社会发展扰动,西南高山亚高山生态环境十分脆弱,现存森林植被的生态功能大多处于退化状态,亚高山针叶林生态系统的不稳定性较为突出,面临的主要科学问题集中在以下几方面。

（1）多圈层相互作用的暗针叶林生态系统结构组成、格局与关键功能变化和重建机制

探索全球变化下,高山气候（大气圈）、冰冻环境（冰冻圈）、岩土环境（岩土圈）和人类社会的持续变化对亚高山暗针叶林生态系统的影响与作用机制,认识多圈层相互作用驱动亚高山暗针叶林生态系统结构、群落组成与空间分布格局的分异与演化规律;系统认知暗针叶林林线动态、形成机制与变化趋势。从亚高山森林生态系统关键的水碳循环过程与机理出发,揭示水循环和碳循环等关键生态系统功能变化趋势与稳定维持机制。

（2）暗针叶林生态系统的生产力与生物多样性格局及其维持机制

在全球变化背景下,认识西南亚高山暗针叶林森林生态系统的生产力形成机制,探索气候变化和地形驱动下的生态系统生物多样性与生产力关系的时空动态变化与机理,阐明西南亚高山暗针叶林生态系统适应气候变化的生产力和生物多样性演化趋势,研究变化环境下生产力和物种多样性稳定维持机制。

（3）亚高山暗针叶林生态系统退化与恢复更新过程、机制与调控途径

包括山地灾害如滑坡、泥石流以及冰川进退等因素扰动迹地的生态系统恢复原生演替过程、火灾和人类砍伐迹地的恢复重建过程，以及全球气候变化胁迫下的生态系统退化过程等，分析退化过程的形成因素与驱动机制，探索退化生态系统恢复重建与更新再造过程、机制及其调控途径与有效措施，建立适应变化环境的有效应对策略。

8.1.4　贡嘎山站的生态系统及其区域代表性与科学研究价值

中国科学院贡嘎山高山生态系统观测试验站（贡嘎山站）位于青藏高原东南缘贡嘎山东坡海螺沟内，建于1987年，1990年加入CERN，2001年进入国家重点野外科学观测试验站，由1600米基地站和3000米生态观测站组成。贡嘎山站建站之初确定的长期生态定位观测研究与发展方向是：以高山亚高山多气候带谱自然生态系统为主要对象，监测山地环境动态，预测区域环境演变趋势，多学科综合研究高山亚高山生态系统的结构、格局与功能变化；探索青藏高原隆起与冰冻圈要素演变对高山亚高山不同生态系统的作用，揭示青藏高原形成的区域生态影响；认识西南山地典型亚高山森林生态系统的生产力与生物多样性形成机制，探索高山亚高山生态系统对全球气候变化的响应与适应，为合理利用山地资源，保护山地生态环境，提供重要科学依据与实验数据。

贡嘎山站的研究区域无论是山体高度和垂直高差，以及自然垂直带谱的完整性在我国均为独有，具有从干热河谷—农业区—阔叶林—针叶林—高山灌丛—高寒草甸—永冻荒漠带完整的垂直带谱。经过30多年的不断发展，逐渐形成以贡嘎山为中心，辐射青藏高原东缘，具有国际影响的集山地环境演变、森林生态系统监测与生态恢复研究、大气本底监测研究、海洋性冰川监测与研究和全球变化背景下高原山地生态系统响应为一体的国家级科学研究基地，成为研究青藏高原环境变化、海洋性冰川动态、高山亚高山主要生态系统演化、全球变化山地生态学等领域具有鲜明特色的高山环境综合观测试验研究的重要平台，以及中国大气本底监测西南区域的基本站。

8.1.5　贡嘎山站观测实验设施及其科学研究

构建高山垂直生态带谱的梯带观测体系是山地生态系统综合观测研究的重要依托条件，为此，经过多年努力，贡嘎山站围绕贡嘎山东坡和北坡两个方向，构建了不同特色的垂直生态带谱梯带观测系统。①贡嘎山东坡垂直生态带综合观测试验平台。在CERN规范技术指导下，借鉴"全球高山生态环境观测研究计划"（Global Observation Research Initiative in Alpine Environments, GLORIA）长期样地模式，贡嘎山站建立了从亚热带到冰雪带完整的山地生态垂直带谱观测与试验研究标准样带，集中构建了亚热带阔叶林、针阔叶混交林、针叶林、灌丛带和高寒草地带5个关键植被带谱的生态样地，成为我国观测要素齐全、功能完善、观测设备先进、数据准确可靠的山地生态与环境长期综合观测与试验研究平台。②贡嘎山雅家梗垂直带谱观测体系。依托中国科学院创新团队国际合作伙伴计划项目"长江上游山地表生过程与环境效应研究"，在本站和挪威卑尔根大学科研人员共同努力下，沿着贡嘎山北坡雅家梗3000 m、3500 m、4000 m和4300 m四个样带区，建立了气候梯带生态变化观测试验研究的综合对比观测试验样地，即包括四个海拔梯度生态长期观测样地和气象站、OTC控制气候模拟试验场地以及典型植

物种群位移试验场地等。这些极具特色的山地科学综合观测研究平台的建设,不仅大幅提升了贡嘎山站的观测试验能力,也为推动贡嘎山建设成为具有国际影响力的野外台站提供了重要基础。

贡嘎山站长期以来以亚高山暗针叶林(峨眉冷杉)生态系统为核心,在亚高山暗针叶林森林生态系统的结构、格局、多样性、生产力及物质循环,森林生态系统群落演替与调控,退化森林植被保护与恢复重建等方面取得了一系列重要成果,在暗针叶林生态系统保护与功能维持,发挥这一生态系统在西南山地重要的生态屏障方面起到了重要引领作用,在解决上述亚高山暗针叶林生态系统面临的主要科学问题方面发挥了国家重点站应有的作用与贡献。最近 10 年来,伴随西南山区发展和国家重要生态屏障建设的需求日益凸显,在国家构建青藏高原生态屏障区、川滇生态屏障带以及长江上游生态建设与绿色发展等规划相继落实的前提下,作为部署在西南山区唯一的高山生态环境综合科学观测研究站,贡嘎山站积极拓展其科技服务内容,不断提升科技服务能力,通过大力发展科技支撑平台,逐渐展现了山地站全方位服务地方发展和国家战略目标的能力。

8.2　西南亚高山暗针叶林生态系统演替过程

8.2.1　亚高山暗针叶林群落原生演替过程(海螺沟冰川退缩区植被原生演替)

海螺沟冰川位于贡嘎山东坡,属于典型季风海洋性冰川,水热条件好,冰川消融速度快,自小冰期以来开始退缩,没有冰进过程,形成了一个完整的从裸地到先锋群落再到顶极群落的连续植被原生演替序列,近百年来的土壤为连续成土过程,成为研究植被原生演替过程理论的理想场所。现已开展植被原生演替与气候变化的关系、土壤的演替序列、土壤呼吸和磷的生物地球化学循环等方面的研究。近 130 年来,海螺沟冰川退缩区域形成的连续演替进程,可以划分为 6 个阶段,每个阶段设置了长期观测样地,冰川退缩后的原生裸地(S0)主要由一些冰碛物组成,没有土壤的积累,养分状况较差,地面温度变幅也比以后任何时期都大,一些矿质养分数量的不足往往会成为影响植物定居、生长的限制因子,其中以氮素和光的影响最为突出。

底碛经过 3 年的裸露和地形变化,土壤 N 含量相比于裸地有了明显提高,pH 略有下降,地面温度变幅也稍有降低,环境条件得到一定的改善。在距 2015 年 17 年左右的冰川退缩区(1998 年样地,S1),形成了冬瓜杨、柳树和沙棘幼树群落(表 8.1)。最初形成的开敞的植物群落经过 10~20 年的演替后,形成了相对密闭的冬瓜杨、柳树和沙棘小树群落(1980 年样地,S2),地面蒸发减少,调节了温度、湿度变化,黄芪优势度显著降低。而同样具有固氮根瘤的柳树和沙棘生长加快,土壤中 N 含量迅速增大,有机质积累增加,生境条件得到了极大改善。由于冰川退缩迹地水热条件较好,植物生长迅速,冬瓜杨凭借其较快的生长速度和较高的光合速率,占据更多的空间,群落郁闭度大大增加,此时林内生境有利于阴性植物峨眉冷杉和麦吊云杉的种子发育,它们先后进入林地(1966 年样地,S3)。柳树和沙棘幼苗数量减少。

表 8.1　不同演替阶段样地植被特征

样地编号	冰川退缩时间	裸地形成年龄	林分密度 /(株·hm^{-2})	郁闭度	主要树种组成
S0	2015 年	0			裸地
S1	1998 年	17	3770	0.287	川滇柳、冬瓜杨、沙棘幼树群落
S2	1980 年	35	31070	0.947	冬瓜杨、川滇柳、沙棘小树、云杉、冷杉幼苗群落
S3	1966 年	49	16744	0.830	冬瓜杨、川滇柳、沙棘中树、大树、云杉、冷杉幼树、小树群落
S4	1958 年	57	2574	0.757	冬瓜杨大树，云杉、冷杉小树、中树群落
S5	1930 年	85	576	0.843	云杉、冷杉中树、大树、冬瓜杨大树群落
S6	1890 年	125	378	0.807	云杉、冷杉顶极群落

注：川滇柳（*Salix rehderana*），冬瓜杨（*Populus purdomii*），沙棘（*Hippophae rhamnoides*），峨眉冷杉（*Abies fabri*），麦吊云杉（*Picea brachytyla*）。

随着冬瓜杨生态位的拓展，种群的自疏和它疏作用加强，柳树和沙棘因得不到足够的阳光和养分，逐渐在种间竞争中败下阵来，生长速度逐步减慢，演变为衰退种群，冬瓜杨树高和径生长则保持较高水平，占据着林上大片空间（1958 年样地，S4）。同时，群落内大量林窗出现，林下灌木、草本植物种类与数量明显增加。土壤中 N 含量略有降低，有机质含量则达到了整个演替序列的最高值，pH 仍保持下降的趋势。再经过近 20 年的演替，植物群落特征和生境条件变化逐步减缓，群落郁闭度，群落内空气湿度与温度达到了整个演替序列上的最大值。土壤逐步分化出淀积层，土壤 A 层中 N 含量变化不大，pH 继续降低，群落进入以冬瓜杨和峨眉冷杉为优势种的针阔叶混交林阶段（1930 年样地，S5）。这一阶段林下灌木与草本植物种类与数量相比于前一阶段有明显减少，可能与林冠层郁闭度增大使得灌木层和草本层植物所能利用的阳光越来越少，使得喜阳的灌木与草本减少所致。经历了 125 年的演替后，群落最终进入以峨眉冷杉和麦吊云杉为优势种的针叶林顶极群落（1890 年样地，S6），云杉、冷杉由于生长加快逐渐占据主林层，冬瓜杨则由于得不到足够的阳光，逐步退出群落，同时由于云杉、冷杉的自疏作用出现大量林窗，为灌木和草本的生长提供了充足的阳光，其种类和数量又有所回升。但是此时土壤有机质以及 N 含量相比于前一阶段却减少了，土壤 pH 也在进一步降低，土壤结构也还很不完善，仍在继续发育。

植被演替不同阶段群落总生物量与乔木层生物量变化表现出相似的格局，即随着演替时间的增加其生物量均呈现显著的指数增长的趋势（图 8.1a）。群落总生物量从演替初期的 10.195 Mg·hm^{-2} 增长到顶极群落的 366.121 Mg·hm^{-2}，增加了约 35 倍。就生态系统各层次而言，乔木层对群落总生物量贡献最大（>89.87%，图 8.1c），由此可见，乔木层是原生演替不同阶段生物量的主体部分，乔木层生物量的增加是导致群落总生物量随演替进行不断增加的主要原因。乔木层生物量占总生物量比例最高值出现在 S2，为 98.38%，之后随着乔灌草层的丰富度和生物多样性的增加，这一比例则随着演替进展而不断降低。在整个演替序列上，树干占乔木层总生物量的比例一直是最大,在 56.38%～72.66%,其次是枝和根,叶对乔木层总生物量贡献最小,不到 8%。随着演替的进行,乔木层各器官生物量表现出不同的变化趋势,其中以树干和根生物量增加最为显著,枝和叶的生物量均在 S4 降低。演替前期,柳树、沙棘和冬瓜杨等落叶阔叶树种均处于营养生长较为旺盛的时期,各器官生物量也随林龄的增加不断增长,其中干和根生物量的增长是净积累的过程。云杉、冷杉为建群进入主林层后(S5),生物量增长加速,在 S6 达到最高,是冬瓜杨成熟林(S4)生物量的 1.75 倍,云杉、冷杉占乔木层生物量的 99% 之多。

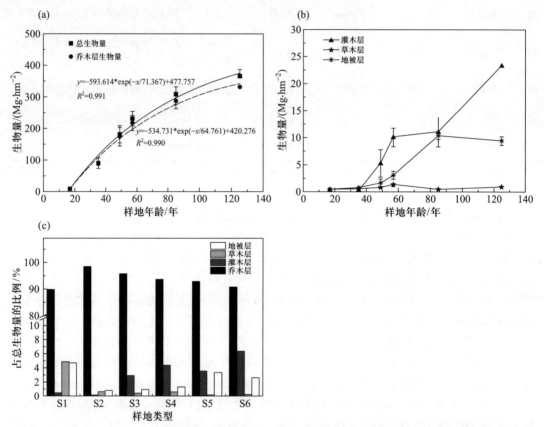

图 8.1   原生演替不同阶段群落生物量变化及其分配:(a) 活植物体与乔木层生物量变化;
(b)灌木层、草本层和地被层生物量变化;(c) 活植物体生物量在各层次的分配

林下各层生物量对总生物量的贡献率都比较低(灌木层:<7%; 草本层:<5%; 地被层:< 5%),且随着演替的进行,灌木层、草本层与地被层生物量表现出显著的阶段性的变化规律。根据图 8.1b,可以将林下各层生物量变化划分为三个阶段:S1—S4, S4—S5, S5—S6。S1—S4,为落叶阔叶林阶段,林下各层生物量均随演替时间的增加而不断增长,其中灌木层生物量增长最为迅速;S4—S5,群落由落叶阔叶林阶段进入针阔叶混交林阶段,灌木层生物量增长变缓,而草本层和地被层生物量则表现出完全相反的变化趋势,前者生物量迅速降低,后者则快速提高,在样地 S5,地被层生物量达到了整个演替序列的最高值(10.422 Mg·hm⁻²);最后的 S5—S6,群落开始进入针叶林阶段,灌木层生物量又开始迅速增长,占绝对优势,草本层生物量也稍有提高,地被层生物量则略有降低。

由图 8.2 可以看出,粗木质物残体从 S2 才开始出现,其生物量为 5.785 Mg·hm⁻²,随后则不断积累,至 S4 达到最大值(29.837 Mg·hm⁻²),随后又有下降。指数方程可很好地拟合粗木质物残体量从 S2 到 S4 的变化曲线。随着演替的进行,年叶凋落物量的变化也满足指数增长方程,S4 是其增长速率的拐点,在这之前,年叶凋落物量增长速率较高,之后则趋于平缓。

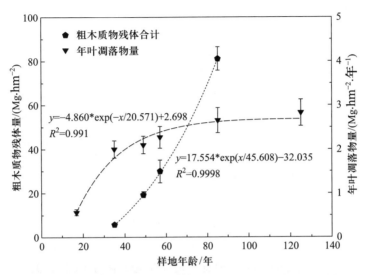

图 8.2　原生演替不同阶段粗木质物残体和年叶凋落物量变化

海螺沟冰川退缩区域植被演替是群落更替的过程,表现为群落结构和功能及其环境的变化是一个有序的、可以观测的连续过程。在演替的前期和中期,以冰碛物为母质的土壤特性迅速发生变化,林内各种温度指标日变化和年变化幅度减小。定居的植物使生境的空间变异性增加,随着演替的进展,生物多样性以及生态系统稳定性逐步增加。这些环境与土壤特征的变化为物种在各阶段的定居奠定了物质基础。从冰川退缩后形成的原生裸地开始,植被演替过程就伴随着土壤的形成。粗木质物残体、凋落物以及细根的分解,不断向土壤输入营养元素,对土壤形成有着重要的作用。演替初期,植被生物量较少,产生的粗木质物残体量及年叶凋落物量也相对较少,随着冬瓜杨生态位的拓展,柳树和沙棘开始大量死亡,粗木质物残体量增长迅速。随后冬瓜杨也慢慢被云杉、冷杉所替代,逐步退出群落,粗木质物残体量在针阔混交林阶段(S5)达到最大值,随后则略有下降。由于粗木质物残体的分解需要时间较长,S5 以后,粗木质物残体量相比于前一阶段有所降低。

8.2.2　西南高山林线形成与动态

高山林线高度一般表现出明显的纬向和经向变化,在我国 30°N 以北,林线高度随纬度升高而下降,下降速率约为 112 m/度。在 30°N 以南,则表现出较大的东西部差异。东部高山林线高度变化不明显,西部则随纬度增加呈上升趋势,在相似的纬度上,高山林线高度呈现出从东向西升高的趋势(王襄平等,2004)。西南山地高差大,气候环境异质性强,林线分布格局差异较大,体现在不同区域高山林线海拔差异显著。在藏东南的洛隆、丁青、工布江达等林线高度达到 4600 m,为世界最高的林线高度,并以此为中心向四周降低。同一山体,不同坡向由于热量和水分条件差异,林线分布格局具有较大差异,如贡嘎山东坡林线为 3800 m,西坡林线为 3500 m。由于水分条件的差异,林线树种也不同,贡嘎山东坡为峨眉冷杉,贡嘎山西坡为川滇高山栎(*Quercus aquifolioides*)(Zhu et al.,2012,2014),表明高山林线分布格局受到气候环境的显著影响,在剧烈的气候变化背景下,高山林线分布格局也会发生相应变化。

（1）西南高山林线形成的生理生态机制

逾百年来寻找高山林线成因的研究,提出了热量(温度)控制假说、环境胁迫假说、干扰假说、繁殖更新障碍假说、碳限制假说(carbon limitation)和生长限制假说(growth limitation)共六种假说,其中只有碳限制假说和生长限制假说与林线树种的生物生理学(biophysiology)相关,也许能解释全球或极地林线形成的生理(或功能)机制(李迈和和 Kräuchi,2005)。贡嘎山站 Li 等(2008a,b)和 Zhu 等(2012,2014)分别以贡嘎山地区 2 个针叶林线树种(峨眉冷杉、川西云杉)和 1 个阔叶林线树种(川滇高山栎)为对象,通过测定不同海拔、不同组织、不同季节非结构性碳水化合物(nonstructural carbohydrate content,NSC)含量,以及针叶氮含量,探讨了贡嘎山地区高山林线树种碳源和碳汇关系,以及是否遭受碳限制。

贡嘎山地区林线观测数据表明,除 7 月碳汇组织外(p=0.37),川西云杉和峨眉冷杉林线树木组织 N 含量均显著高于低海拔树木,表明亚高山树木的生长和发育没有遭受 N 限制,氮似乎没有限制喜马拉雅地区高山林线树种的生长和发育。然而,NSC 与林线的关系显得更加复杂。康定河流域川西云杉林线形成可能在冬季和夏季遭受生理碳限制(图 8.3)。相反,生长在同一流域林线上的峨眉冷杉却不支持"碳限制假说"。然而,海螺沟林线上的峨眉冷杉似乎遭受到冬季碳短缺(图 8.4)。

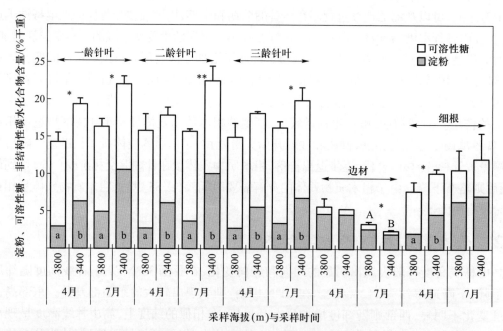

图 8.3　康定河流域不同海拔川西云杉可溶性糖、淀粉、NSC(可溶性糖 + 淀粉)的平均浓度

注:采用 *t* 成对检验比较各组织的海拔差异性(NSC:*,p<0.05;**,p<0.01;n=6),柱上方的大写字母表示不同海拔可溶性糖的差异,柱内的小写字母表示淀粉的海拔差异(p<0.05;n=6),标准误为 NSC 浓度。

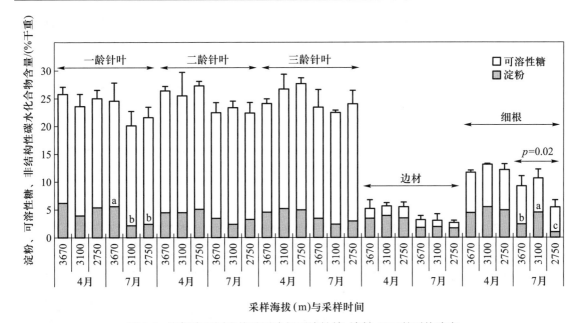

图 8.4 海螺沟不同海拔峨眉冷杉可溶性糖、淀粉、NSC的平均浓度

注：采用 t 成对检验比较各组织的海拔差异性，柱内小写字母表示淀粉的海拔差异（$p<0.05$；$n=6$），标准误为 NSC 浓度。

峨眉冷杉和川西云杉林线树种没有发现生长限制的一致证据。在单个树种或林线水平，生长在高海拔林线的树木组织未表现出一致的较低海拔同树种低的 NSC 浓度，因此，没有一致的证据表明林线树木遭受碳限制。但是综合 3 个林线结果表明，对于康定河流域和海螺沟两个研究区域的川西云杉和峨眉冷杉两个林线树种，生长在林线的树种冬季 NSC 浓度显著低于生长在低海拔的同树种树木，林线树木可能遭受冬季碳限制。无论在 4 月还是 7 月，林线树木碳源组织 NSC 浓度均显著低于较低海拔树木，但对于碳汇组织没有显著差异。因此，冬季碳限制可能是由于林线树木冬季碳源活性受限而导致的。但是，林线树木没有遭受整个冬季总的 NSC 或其成分的耗尽。

海拔对川滇高山栎 NSC 及其构成的影响取决于季节。海拔对 NSC 浓度的显著影响主要发生在休眠季，而不是在生长季。在生长季，同低海拔相比，生长在海拔上限的川滇高山栎灌丛组织 NSC 浓度水平没有显著差异。林线针叶树种（*Abies fabri*，*Picea balfouriana*）在冬季和早春遭受碳限制，在生长季节没有碳限制，但没有区分是树木地上组织还是地下组织在冬季遭受到碳限制（Li et al.，2008a，b）。Shi 等（2006）也发现，在生长季末，4 种木本植物根系 NSC 浓度随着海拔增加到上限而逐渐降低。Genet（2011）发现，在生长季节，生长在西藏色季拉山林线（4330 m）的 *Abies georgei* 根系较低海拔区域（3480 m）具有显著低的 NSC 浓度。生长在海拔上限的川滇高山栎的干和根系在冬季（而不是在生长季）遭受到显著的 NSC 不足（图 8.4），暗示植物碳汇组织（干和根系）的碳储存对于生长在海拔上限的植物在冬季幸存的重要性。

除海拔影响的季节性外，海拔对 NSC 及其构成的影响与植物组织有关（图 8.5）。海拔对叶片和枝条的可溶性糖含量有显著影响，但对干和根系无影响；干和根系的淀粉含量受海拔影响显著，但叶片和枝条不受影响。将 10 个植物组织分为两组：一组是碳源组织，包括叶片和枝条，为可溶性糖的来源；另一组是碳汇组织，包括干和根系，主要吸收和利用可溶性糖。高山栎灌丛高度随海拔的下降似乎不是由于生长季的碳限制引起的，而是由于高海拔短的生长季，因为生长季组织 NSC 浓度并没有随海拔的升高而降低。随海拔升高，灌丛高度和生物量显著减少，叶片和枝条 NSC 含量增加，干和根 NSC 含量降低（图 8.5）。因此，植物 NSC 储量随着海拔升高而显著减少。但是，NSC 浓度和 NSC 储量的减少并非暗示生长在海拔上限植物可溶性糖的完全消耗。可溶性糖与淀粉的比率可帮助理解林线形成（Li et al., 2008a, b）。川滇高山栎冬季植物组织平均可溶性糖与淀粉的比率分别为 2.78（海拔 3000 m）、3.25（海拔 3500 m）、3.72（海拔 3950 m），与 Li 等（2008a）认为林线树木需要可溶性糖与淀粉比率大约为 3 才能越冬是一致的。

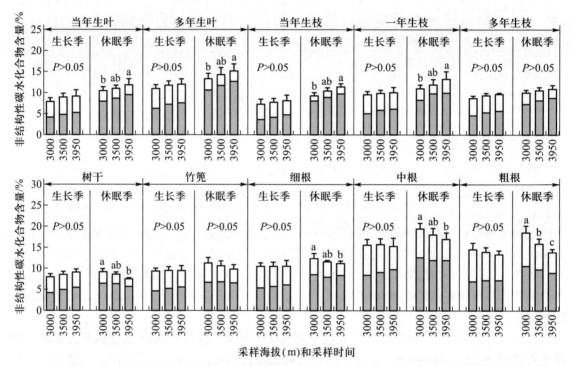

图 8.5　不同海拔川滇高山栎灌丛组织在生长季和休眠季的 NSC、可溶性糖和淀粉浓度

注：数据根据灌丛 1 年生长周期（2008 年 5 月—2009 年 4 月）计算，生长季为 5—9 月，休眠季为 10 月—次年 4 月。不同小写字母表示不同海拔之间 NSC 浓度具有显著差异。误差线为 NSC 浓度的标准差。

（2）基于树木年轮学的林线动态与形成机制

树木年轮以其定年准确、分辨率高、分布广泛等优点，成为研究林线动态的有效手段。利用树木年轮可以从多个角度分析气候变化对于高山林线的影响。树轮宽度可直接反映树木径向生长速率。西南高山林线一般降水充足，低温成为限制林线树种径向生长的最主要气候因子。气候变暖可缓解低温对于树木生长的限制，因此升温将加速林线树木个体径向生长。贡嘎山东坡峨眉冷杉林带上限和下限树轮宽度年表对比表明，自 20 世纪 80 年代中期以来，峨眉冷杉上限径向生长具有增加趋势，而下限径向生长有下降趋势（图 8.6），表明温度升高对于西南高山林线树木径向生长的影响要大于低海拔地区。

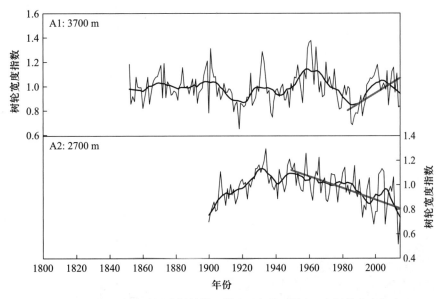

图 8.6　贡嘎山东坡峨眉冷杉林带上限（A1）和下限（A2）树轮宽度年表

西南高山林线树轮宽度对温度变化响应敏感,利用树轮宽度重建温度变化,可为认识和理解区域历史气候变化提供重要资料,弥补高山区域气象资料的缺乏。西南地区多个林线处的树轮宽度网络主要反映了夏季最低温度的变化,基于此重建过去 200 多年的温度变化表明,西南地区自 19 世纪 20 年代以来温度持续升高（Shi et al., 2015）。不同的树轮指标也为重建林线处的不同气候要素提供了可能。贡嘎山林线树轮 $\delta^{13}C$ 与积雪深度具有很好的负相关关系,据此重建了过去 100 多年的积雪深度变化,加深了对于贡嘎山冬季积雪深度的认识（Liu et al., 2011）。

8.3　西南亚高山暗针叶林生态系统的生物地球化学循环过程

8.3.1　西南亚高山暗针叶林生态系统原生演替土壤发育和生物地球化学循环

（1）海螺沟冰川退缩迹地土壤发育与 P 的形态组成

随着全球气候变化日益加剧,冰川退缩呈现加快趋势。冰川退缩后,随着时间的推移形成裸地,进而发育形成地带性演替的生态系统。采用空间代替时间的方法可以认识冰川退缩迹地的演替序列的演替过程。磷（P）是陆地生态系统健康发展的必需营养元素,P 的有效供给是"年轻"生态系统土壤发育和植被演替的必要条件（Bing et al., 2016; Wu et al., 2013）。微生物参与了 P 的地球化学循环的各个阶段,但是在生态系统发育早期土壤微生物对 P 的生物有效性的影响程度和控制机理尚不明确。本研究选择贡嘎山海螺沟冰川退缩迹地开展成土早期土壤矿物的组成分异以及原生演替序列 P 的生物地球化学过程研究,旨在认识成土作用早期土壤 P 的形态转化和有效性,探寻土壤微生物对 P 的生物地球化学循环的影响与机制,揭示环境要素、土壤理化属性以及微生物特征对 P 的生物有效性的影响。采用近边吸收结构法(XANES)和土壤 P 的连续提取法(Hedley 方法)分析了海螺沟冰川退缩迹地土壤中 P 的形态组成。海螺沟冰川退缩时间序列土壤中钙/铝结合态的 P 主要为原生矿物 P(包括磷灰石和铝磷矿物)。原生矿物 P 随风化作用的进行快速降低,冰川退缩 40 年后铝结合态 P 几乎消失,而有机 P 则不断积累,有机 P可能成为植物和微生物的一个重要 P 源,生物有效 P 在冰川退缩 30 年后显著升高(图 8.7)。海螺沟冰川退缩迹地土壤 P 的生物地球化学循环受到温度、降水、岩性、土壤性质、植被和微生物活动的共同影响(Zhou et al., 2013, 2016)。

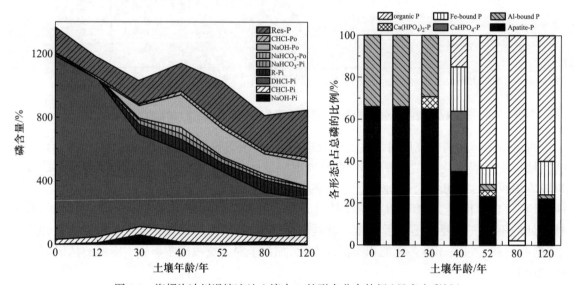

图 8.7　海螺沟冰川退缩迹地土壤中 P 的形态分布特征(见书末彩插)

(2)海螺沟冰川退缩迹地土壤微生物与 P 的生物地球化学过程

磷脂脂肪酸(PLFA)分析和氯仿熏蒸提取结果显示海螺沟冰川退缩区微生物的群落组成和微生物量随演替阶段而异。微生物真菌/细菌比和有机层微生物量(浓度)普遍在固氮灌丛阶段达到最高,体现了植被类型对微生物群落结构的影响。土壤 C 含量与微生物量的关系、微生物 C∶N∶P 化学计量比和土壤酶活性计量比的分析结果显示,C 可能是海螺沟冰川退缩区土壤微生物的主要限制因子(图 8.8)。

在退缩区的各演替阶段,土壤微生物量 P 储量与植物 P 储量比较接近(二者比例为 0.3~2.7),是生物 P 库的主要组成部分,体现了微生物量 P 周转在生物有效态 P 更新中的作用。土壤有机 P储量随土壤发育快速增加(发育 120 年后积累速率为 0.08 g·m^{-2}·年$^{-1}$),说明有机 P 矿化过程对生物有效态 P 供给的贡献逐渐增加。微生物量 P 一方面是生物有效态 P 的潜在来源,另一方面对溶解和弱吸附态无机 P 起固持作用。在野外条件下,微生物量 P 是生物有效态 P 的潜在来源,微生物对土壤中无机 P 的固定与释放处于动态平衡,使溶解和弱吸附态 P 处于较低水平。

土壤发育早期,微生物对 C 的需求可能是驱动土壤有机 P 矿化的主要机制(Wang et al., 2016),这一过程对演替早期植被的 P 养分获取具有重要意义。退缩区土壤中有机 P 的矿化速

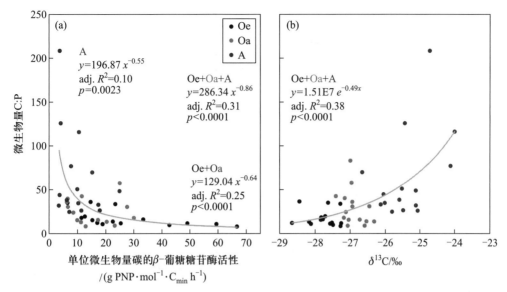

图 8.8 海螺沟冰川退缩迹地微生物量 C∶P 与土壤酶活性以及 C 同位素的关系（见书末彩插）

率主要受 C 矿化速率的影响，而与 P 的生物有效性相关性较差。在 C 矿化速率较高时，磷酸根在微生物细胞内发生积累（微生物量 C∶P 计量比低至 8∶1），表明磷酸根可能作为 C 矿化的副产物释放出来。发育早期，土壤有机 P 和 C 按计量比同步积累。这些证据表明成土早期土壤有机 P 的矿化受微生物 C 矿化过程的驱动，发育早期植被快速演替过程中有较大的 P 需求并可能受 P 限制。

8.3.2 西南亚高山暗针叶林生态系统植被碳氮动态及其计量学特征

（1）不同生态系统组分中的碳库和氮库特征

生态系统的碳库随着演替进行逐渐增加。其中，地上植被碳库从 2.21 kg·m^{-2} 增加到 10.7 kg·m^{-2}，在生态系统中所占比例从 50% 增加到 68%。矿质土壤中的碳库量随着演替进行，从 2.15 kg·m^{-2} 增加 4.93 kg·m^{-2}，在生态系统中所占比例却从 49% 降低到 32%（图 8.9）。可见，随着演替进行，地上植被积累的碳库占整个生态系统碳库的比例逐渐增加，而矿质土壤逐渐降低。另一方面，矿质土壤是土壤总氮积累的主要来源，大约占据整个土壤氮库的 98%。随着演替进行，矿质土壤中的氮库从 666 kg N·hm^{-2} 急剧增加到 3130 kg N·hm^{-2}，地上植被积累的氮库从 765.4 kg N·hm^{-2} 增加到 3036.8 kg N·hm^{-2}，且演替末期地上和地下积累的氮库量相当。可见，C∶N 在地上植被中呈现出恒定的趋势，但是在矿质土壤中逐渐降低。这些结果说明演替末期落叶阔叶林地上部分逐渐成为生态系统碳库的主要组成部分。

（2）N–C 化学计量关系以及碳氮比

落叶阔叶林随着时间递增，正向物种演替格局意味着高海拔寒冷地区植被能够顺利正向演替。正是由于这些地上植被（胸径和高度增加）随着演替逐渐累积，导致演替末期地上植被的碳累积 2 倍于土壤碳累积，进而呈现出地上植被碳累积主导落叶阔叶林生态系统的碳累积。从演替初期到末期，落叶阔叶林矿质土壤中的氮累积增加了 60 kg N·hm^{-2}·年$^{-1}$，远远高于该区域大气氮沉降观测速率（8.46 kg N·hm^{-2}·年$^{-1}$），可见大气氮沉降只是土壤氮累积的一部分。土壤碳氮比（C∶N）是衡量土壤有机物质转化强度的重要指标。随着演替的进行，土壤 C∶N 逐渐降低（图 8.10），

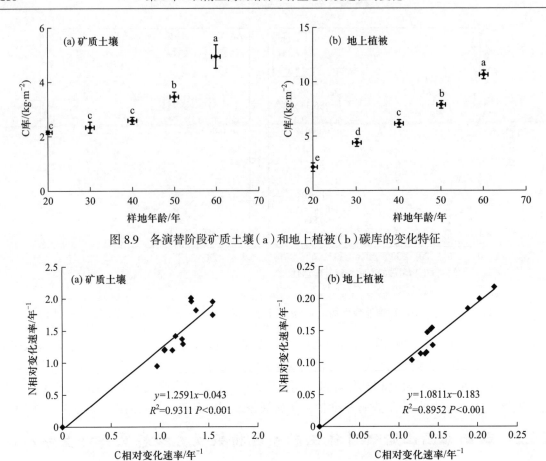

图 8.9　各演替阶段矿质土壤（a）和地上植被（b）碳库的变化特征

图 8.10　矿质土壤（a）和地上植被（b）的 N–C 相对变化速率

这可能是由于演替后期土壤中氮的相对累积速率高于氮转化速率。这些变化也与演替后期群落结构改变息息相关。演替后期,尤其是大树和成熟林阶段,树木的胸径和高度显著增加,形成高郁闭度的森林。因此,环境表现出土壤和空气温度降低,湿度增加,光强降低,导致有机体和凋落物的降解速率下降,进而降低输入土壤中有机碳的含量。另一方面,各演替阶段的固氮植物（冬瓜杨和柳树）持续地从大气中固定氮到土壤中,土壤氮累积逐渐增多。可见,气候和成土母质共同影响着土壤养分积累,进而推动演替的进行。

8.4　西南亚高山暗针叶林生态系统的水循环与水文生态过程

8.4.1　亚高山暗针叶林水循环过程

　　森林水循环是陆地水循环中的重要组成部分,以贡嘎山东坡海螺沟流域峨眉冷杉森林生态系统为研究对象,分别利用穿透雨、树干茎流观测方法,树干液流观测方法和氢、氧同位素方法,分析研究了峨眉冷杉幼龄林、中龄林和成熟林的截留和蒸散发过程。结果表明,幼龄林、中龄林和成熟林的年均生态系统截留量分别为 411.6 mm、364.5 mm 和 444.5 mm(图 8.11),对应截留率分别为 28.8%、25.5% 和 31.3%。森林地表凋落物层能够截留部分降水,但林冠截留率占生态系统截留率分别为 80.9%、81.9% 和 90.0%,是森林生态系统降水截留的主要部分。林冠截留率主要受冠层结构和降雨特征影响,穿透雨随大气降水量的增加而增加,但是林冠截留率随降水量的增加而减小,同时短历时、低强度的降水事件也会形成更高的林冠截留率。幼龄林、中龄林和成熟林的冠层饱和持水量分别为 1.23 mm、1.21 mm 和 3.15 mm,较大的冠层持水量导致降水量较小时,更多的降水被林冠截留后,经过蒸发作用重新返回到大气中。

利用液流密度求得群落尺度乔木冠层蒸腾量,通过对比不同样地单位面积乔木层蒸腾量发现,蒸腾量的大小为中龄林 > 幼龄林 > 成熟林。3 个样地单位面积乔木层日蒸发总量分别为 0.88 mm·d^{-1}(中龄林)、0.70 mm·d^{-1}(幼龄林)、0.37 mm·d^{-1}(成熟林)。在测量时段内,幼龄林内单位面积样地林下灌木的日平均蒸腾量为 0.131 mm·d^{-1}。在中龄林内,由于乔木的密度较大,使得林下的灌木稀疏,灌木层的日平均蒸腾量仅为 0.009 mm·d^{-1}。在成熟林内,由于光照条件较好,林内灌木层的日平均蒸腾量可达 0.712 mm·d^{-1}。从不同年龄结构样地内乔木层和灌木层日蒸腾量占总蒸腾量的比例图上可以看出(图 8.12),不同样地乔木层与灌木层蒸腾量所占的比例不同,土壤水分含量与植被蒸腾关系密切,其中尤以 40 cm 深度土壤的相关性最强。这是因为该层是峨眉冷杉根系分布的主要区域,植被根系吸收直接影响土壤水分含量变化。

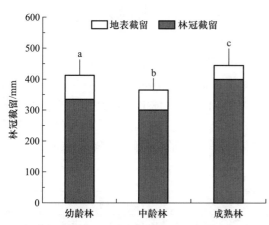

图 8.11 峨眉冷杉不同龄级森林生态系统截留量及组分

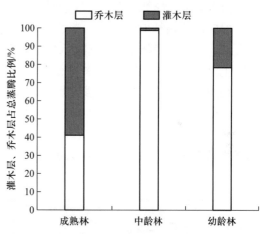

图 8.12 峨眉冷杉单位面积样地蒸腾组分变化

森林水量平衡是通过对水分的收入和支出系统进行定量分析来研究降雨在森林植被中的再分配状况规律。根据观测数据,分别评估了峨眉冷杉不同龄级森林生态系统的水量平衡。结果表明,受生态系统截留和蒸散发过程影响,幼龄林、中龄林和成熟林出流量分别占降雨量的 61.2%、62.5% 和 55.8%(图 8.13)。3 个区域植被类型均为峨眉冷杉,植被蒸腾量大致接近。在水循环各环节中,植被结构对水循环过程的影响主要表现在林冠截留蒸发量与出流量的改变。植被覆盖影响了降雨再分配过程,决定了冠层截留蒸发的强弱。穿透雨量是土壤水分输入的直接来源,穿透雨量的多少直接决定了土壤水分的输入,进而影响出流量。土壤 – 植被 – 大气系统水量平衡中各分量的变化取决于植被的结构特征。

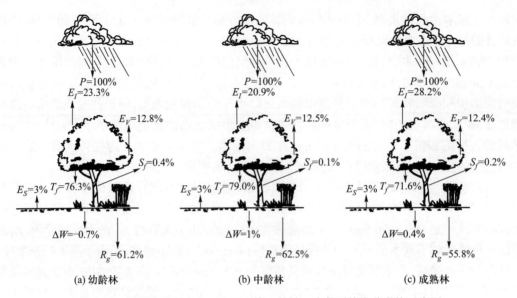

图 8.13　峨眉冷杉样地 5—10 月土壤 – 植被 – 大气系统水分交换示意图

8.4.2　亚高山暗针叶林碳循环与水碳耦合过程

（1）峨眉冷杉林生态系统碳贮量

准确估算森林生态系统的碳贮量是研究森林生态系统与大气圈之间碳交换的基本参数，是正确估算和解释森林生态系统向大气吸收与排放含碳气体的关键因子，也是碳循环研究的基础。本节主要分析峨眉冷杉成熟林、中龄林生态系统碳贮量的空间分布及动态变化。

利用各组分的生物量、土壤各层的质量及其相应的碳含量，计算出峨眉冷杉林生态系统中各组成部分碳贮量的空间分布。表 8.2 列出了峨眉冷杉成熟林、中龄林生态系统碳贮量在各组分中的分配。峨眉冷杉成熟林生态系统总碳贮量为 584.8 Mg·hm^{-2}，其值远高于我国森林生态系统的平均碳贮量（258.8 Mg·hm^{-2}），也高于我国针叶林生态系统的平均碳贮量（408 Mg·hm^{-2}）。

表 8.2　峨眉冷杉林生态系统碳贮量空间分布

	成熟林		中龄林	
	碳贮量 /（Mg·hm^{-2}）	百分比 /%	碳贮量 /（Mg·hm^{-2}）	百分比 /%
乔木层	280.6	48.0	130.3	62.5
灌木层	6.9	1.2	2.9	1.4
草本层	0.9	0.2	0.4	0.2
小计	288.4	49.3	133.6	64.1
凋落物	1.9	0.3	1.4	0.7
枯倒木	3.5	0.6	8.7	4.2
土壤	291.0	49.8	63.8	30.6
总计	584.8	100.0	208.5	100.0

峨眉冷杉成熟林植被层碳贮量明显大于中龄林植被层,分别为 288.4 Mg·hm^{-2} 和 133.6 Mg·hm^{-2}。植被层中乔木碳贮量最大,成熟林和中龄林乔木层碳贮量分别占整个生态系统的 48.0% 和 62.5%。两个林分的林下植被碳贮量所占比例相似,灌木层分别为 1.2% 和 1.4%,草本层均为 0.2%。由此可见,在峨眉冷杉林生态系统中,植被层的碳贮量主要取决于乔木层的碳贮量。成熟林凋落物碳贮量(1.9 Mg·hm^{-2})大于中龄林(1.4 Mg·hm^{-2}),而枯倒木的碳贮量(3.5 Mg·hm^{-2})低于中龄林(8.7 Mg·hm^{-2}),这也反映了处于不同演替阶段的林分结构特征。林地土壤层的碳贮量是相当可观的,成熟林土壤碳贮量为 291.0 Mg·hm^{-2},中龄林土壤碳贮量为 63.8 Mg·hm^{-2},分别占整个生态系统的 49.8% 和 30.6%。综合以上结果可知,峨眉冷杉林成熟林生态系统的碳贮量为 584.8 Mg·hm^{-2},中龄林生态系统的碳贮量为 208.5 Mg·hm^{-2}。成熟林生态系统中各组成部分的碳贮量按大小顺序为:土壤层 > 植被层 > 死地被物层(凋落物和枯倒木);中龄林生态系统中各组分的碳贮量大小顺序为:植被层 > 土壤层 > 死地被物层。

（2）暗针叶林生态系统呼吸

生态系统呼吸在年内的变化受温度和水分条件的限制,同时,在海拔梯度上,生态系统呼吸及其组分也表现出相应的变化(图 8.14)。随海拔升高,自养呼吸和异养呼吸速率逐渐降低,其减小梯度分别为 0.06 g C·m^{-2}·d^{-1} 和 0.03 g C·m^{-2}·d^{-1}。随海拔升高,环境因子的变化对自养呼吸的影响程度要高于对异养呼吸的影响。生态系统呼吸及其组分与年均温度之间表现为正相关关系。

（3）凋落物分解与碳归还

在贡嘎山峨眉冷杉林区开展了凋落物分解实验,将初始阶段凋落物的干物质重与各实验阶段的残重相比较,结果如图 8.15 所示。阔叶凋落物的分解最快,其分解过程可分为 2 个阶段,第一阶段为 0~460 d,干重快速损失,到 460 d 时,干重损失 29.7%,天数分解率为 0.065%。第二阶段 460 d 至实验结束,干重损失率为 48.5%,天数分解率为 0.0158%。针叶和枯枝凋落物的分解比较稳定,但明显低于阔叶凋落物的分解速率。在整个实验阶段,针叶凋落物的干重损失率为 32.14%,分解率为 0.0195%,枯枝凋落物的干重损失率为 26.10%,分解率为 0.0158%,枯枝的分解速率要低于针叶的分解速率。

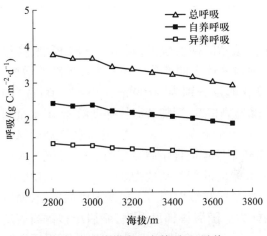

图 8.14　海拔梯度上自养呼吸、异养
呼吸和总呼吸的变化

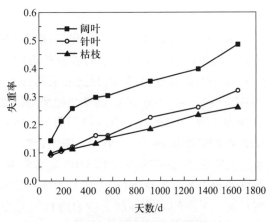

图 8.15　峨眉冷杉林凋落物
各组分失重率变化动态

峨眉冷杉林阔叶、针叶和枯枝凋落物碳的半衰期分别为 3.0 年、5.3 年和 6.5 年,周转期分别为 12.8 年、22.8 年和 28.3 年。由此可见,凋落物中碳的释放规律与总干物质的分解速度并不完全一致。这可能主要与凋落物本身的质地结构有关,含碳物质早期易被分解的是粗脂肪、可溶性糖和丹宁等,到后期主要是一些较难分解的木质素等有机物。峨眉冷杉林每年归还的凋落物中阔叶、针叶和枯枝占了绝大比例。分别利用阔叶、针叶和枯枝凋落物碳残留率和分解时间的关系方程,估算出峨眉冷杉林年凋落物分解过程中碳的年释放量,结果如表 8.3 所示。释放的碳一部分以 CO_2 的形式释放到大气中,另一部分以腐殖质的形式进入土壤中,成为土壤有机碳的重要来源,而后再通过土壤呼吸和有机质的氧化分解回归到大气中。由于实验时间和条件的限制,本研究未能区分碳以 CO_2 形式和腐殖质形式各自所占的比例,但本实验结果仍可为未来更细致地研究峨眉冷杉林的碳循环提供参考。

表 8.3　峨眉冷杉林演替林凋落物各组分分解过程中干物质及碳释放动态

时间 /d	阔叶			针叶			枯枝		
	残重 /g	碳含量 /%	碳释放率 /%	残重 /g	碳含量 /%	碳释放率 /%	残重 /g	碳含量 /%	碳释放率 /%
0	20.00	48.32	0.00	20.00	51.26	0.00	20.00	52.45	0.00
91	17.17	48.44	13.93	18.19	49.53	12.12	18.08	51.88	10.57
179	15.76	47.38	22.74	17.89	48.15	15.96	17.82	50.79	13.71
274	14.83	46.74	28.26	17.58	48.61	16.64	17.75	50.42	14.69
460	14.07	46.26	32.66	16.79	47.74	21.83	17.37	49.86	17.45
560	13.96	42.83	38.13	16.81	47.97	21.36	16.97	49.93	19.22
913	12.93	42.55	43.06	15.51	47.51	28.13	16.32	48.80	24.10
1312	12.09	42.37	47.00	14.77	46.99	32.29	15.29	48.28	29.62
1648	10.30	40.95	56.34	13.57	44.28	41.38	14.78	47.20	33.49

（4）暗针叶林带 GPP 和 NPP 时空格局及机制

基于海螺沟 2800～3700 m 海拔梯度上的四个气象站的插值数据,利用 AVIM2 模型,模拟了总初级生产力（GPP）和净初级生产力（NPP）在海拔梯度上的变化。随着海拔梯度的增加,GPP 和 NPP 都表现出降低的趋势,沿海拔升高的变化幅度分别为 –0.09 g·m^{-2}·s^{-1}·100 m^{-1} 和 –0.03 g·m^{-2}·s^{-1}·100 m^{-1}。其变化趋势与温度的下降趋势相近,而随着海拔梯度增加,降水量则表现为先增加（2800～3500 m）后降低（3500～3700 m）的趋势（图 8.16）。在海拔 3000 m 处,GPP 和 NPP 都出现了一个峰值,表明在该高度上,水热条件较适合峨眉冷杉的生长,其光合作用能力较附近的海拔 2800 m 和 3100 m 都要强。GPP 和温度的相关系数为 0.94（$p<0.01$）,NPP 和温度的相关系数为 0.74（$p<0.01$）。该研究结果也说明了净初级生产力主要受温度的控制,而海拔梯度上温度的降低抑制了峨眉冷杉的光合作用能力。随海拔梯度升高,峨眉冷杉树高表现出明显的降低趋势,其叶片长度也随着海拔升高而缩短。随海拔梯度增加,比叶面积逐渐减小,从而降低了峨眉冷杉叶片的有效光合作用面积,导致其吸收碳的能力降低。另外,叶片的

氮含量逐渐增加,而在高海拔地区,植物叶片氮含量的增加,可以提高叶片的光合作用能力,这也是植物对恶劣环境的一种自适应政策。但由于温度降低,这种自适应政策仅能够维持峨眉冷杉在低温环境下的生存,并不能有效阻止低温对于生长的限制,而仅能通过提高自身的水分利用效率来适应环境的变化。

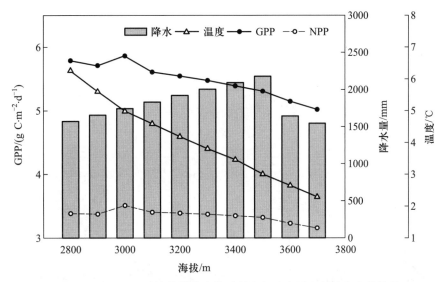

图 8.16　GPP、NPP 随海拔梯度变化及其与年降水量和年均温度的关系

对比分析月尺度 GPP 和 ET 对降水、净辐射、气温和饱和水汽压的响应规律,结果如图 8.17。在贡嘎山亚高山地区,生长季针叶林的水分利用效率并没有因降水增加而降低。月尺度上,GPP 与温度表现出较好的线性关系,温度升高会促进植物的光合作用,其光合能力随温度升高有显著的增加趋势。但是 GPP 与辐射和饱和水汽压之间的关系较复杂,并且在生长季和非生长季,其对辐射和饱和水汽压的响应也是不同的。在非生长季,GPP 随着辐射和饱和水汽压的增加,一直表现为增加的趋势,并且最终逐渐趋于稳定。而在生长季,其对辐射和饱和水汽压的响应均会在气象因子一定时,出现 GPP 的极值,当气象因子高于或低于这个极值时,GPP 会减小。在千烟洲和鼎湖山站也发现了类似的变化特征。而 GPP 与气象变量的非线性关系,也说明环境条件变化下的水碳耦合关系不稳定。因为 GPP 和 ET 对气象因子的响应程度是有差异的。

受降水和温度的影响,7 月的总蒸散发速率和蒸腾速率均较高,但是 GPP 增加幅度小于蒸散发的增加幅度。蒸散发水量不仅受温度控制,同时也受降水影响,而降水量的月尺度变化并不是线性的,其受到季风气候和水汽来源的影响,在月尺度分布上并不均匀。分析该区域蒸散发和气象因子的关系,发现蒸散量和净辐射表现为显著的线性关系。饱和水汽压差和温度也都在一定程度上影响蒸散发量,且均表现为指数函数的关系。Yu 等(2008)对我国长白山、千烟洲和鼎湖山的分析也发现,温度和蒸散发之间表现为指数关系。贡嘎山地区蒸散发与辐射和饱和水汽压差的关系与其研究结果不相符,进一步说明贡嘎山地区森林的蒸散发特征受到该区特定的气候和环境条件影响,同时受到自身生理特性的限制,其对气候变量的响应特征与其他地区不同。

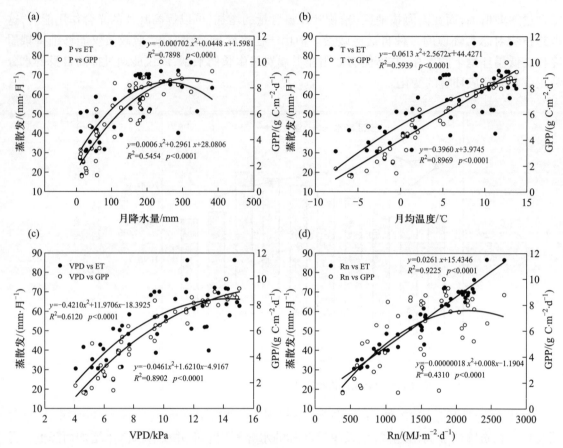

图 8.17　峨眉冷杉月尺度 GPP、蒸散发（ET）和蒸腾（Et）与气象因子的响应关系
注：P，降水；Ta，空气温度；VPD，饱和水汽压；Rn，净辐射。

8.5　西南亚高山暗针叶林生态系统对全球变化的响应

8.5.1　区域气候变化特征与趋势

全球气候变化在山区的时空格局与特征，一直是全球变化研究关注的焦点。北半球地表平均增温 0.23 ℃·10 年 $^{-1}$，以冬季增温最为显著，主要山地增温幅度均高于北半球平均增温，如阿尔卑斯山地表增温幅度达到 0.36 ℃·10 年 $^{-1}$，洛基山平均为 0.29 ℃·10 年 $^{-1}$，青藏高原平均为 0.26 ℃·10 年 $^{-1}$（Rangwala and Miller，2012）。不同山地增温存在显著的季节差异。冬季阿尔卑斯山地和青藏高原增温显著，春季则以洛基山区增温最明显。山地气候变化的另一个特征就是具有海拔梯带效应，随海拔增加，气温增幅越大。如在阿尔卑斯山海拔 4000 m 以上的增温幅度是 2000 m 的 2 倍（Rangwala and Miller，2012）。山地的这种气候变化趋势与气候的维度变化效应类似，因而对山地生态系统和陆表环境无疑将产生巨大影响，在山地生态功能方面的反馈效应对人类社会的可持续发展带来挑战。

（1）贡嘎山气候的年际变化动态及其海拔效应

位于青藏高原东缘的贡嘎山,是我国第二高峰,研究该区域气候变化特征及其时空格局既可以反映青藏高原东部的气候变化态势,也可以揭示该区域太平洋季风、印度洋季风以及高原大气等多种气流交回作用区域特殊的气候变化规律。利用贡嘎山站在海拔 1600 m 和 3000 m 设置的两个气象站过去 20 多年来的观测数据,分析气温和降水的年际变化特征（图 8.18）。在有数据记录的 1989—2013 年,气温升高具有普遍性,但高海拔的 3000 m 地带增温幅度将近 0.45 ℃·10 年$^{-1}$,是低海拔 1600 m 地带增温幅度（0.29 ℃·10 年$^{-1}$）的 1.55 倍,高海拔地区增温幅度显著高于低海拔地区。贡嘎山高海拔地区过去 20 多年累积增温达到 1.2 ℃,平均增温幅度高于青藏高原平均地表增温幅度,也高于阿尔卑斯山的平均增温幅度。

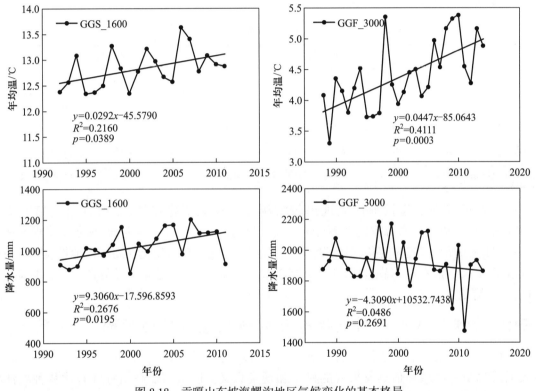

图 8.18 贡嘎山东坡海螺沟地区气候变化的基本格局

降水量的变化具有显著差异,表现为低海拔地区呈现显著递增态势,而高海拔地区则呈不显著递减趋势。在 1989—2013 年,低海拔 1600 m 的降水递增幅度达到将近 90 mm·10 年$^{-1}$,高海拔的 3000 m 地区降水量则以大致 40 mm·10 年$^{-1}$ 的幅度递减（图 8.18）。因此,贡嘎山地区的气候变化格局是:高海拔地区暖干化趋势不断加剧,低海拔地区则出现暖湿态势。这种空间显著分异的气候变化格局,将对山地生态系统分布、格局与功能产生何种效应,是未来亟待关注的重要科学问题（王根绪等,2011）。

（2）气候变化的季节差异及其海拔效应

利用贡嘎山不同海拔气候观测数据分析气候变化的季节动态差异（表 8.4）,在低海拔 1600 m 地带,气温升高主要集中在春夏季节,其中夏季增温最为显著,增温幅度达到 4.3 ℃·10 年$^{-1}$,

春季次之,平均为 1.7 ℃·10 年$^{-1}$。与春夏季节相反,秋冬季节气温多年呈下降态势,平均降幅为 0.3~0.8 ℃·10 年$^{-1}$。在高海拔 3000 m 地带则不同,年度气温大幅度升高是所有四个季节共同作用的结果,其中春秋两季增温幅度略大,分别为 0.6 ℃·年$^{-1}$ 和 0.5 ℃·年$^{-1}$,其次是冬季增温,幅度为 0.4 ℃·10 年$^{-1}$,夏季增温幅度最小,为 0.1 ℃·年$^{-1}$。因此,在气温升高总趋势下,山地低海拔和高海拔不同地带表现出近乎反向的季节变化动态。在降水方面,低海拔降水年际显著增加的主要来源是夏秋季降水的大幅增加,增幅分别达到 79.3 mm·年$^{-1}$ 和 70.1 mm·年$^{-1}$;其次是春季降水增加,增幅为 30.8 mm·年$^{-1}$。冬季降水呈递减趋势,减幅为 2.4 mm·年$^{-1}$。高海拔 3000 m 地带,春季降水量呈递增趋势,增幅为 8.3 mm·年$^{-1}$,其他三个季节的降水量均呈递减态势,特别是夏秋季降水递减幅度较大,分别达到 45 mm·年$^{-1}$ 和 30.1 mm·年$^{-1}$,其次是冬季降水递减幅度为 7.8 mm·年$^{-1}$。

表 8.4　贡嘎山气候变化的季节动态及其在不同海拔的差异

	低海拔 1600 m				高海拔 3000 m			
	春	夏	秋	冬	春	夏	秋	冬
气温/(℃·年$^{-1}$)	1.7	4.3	−0.8	−0.3	0.6	0.1	0.5	0.4
降水/(mm·年$^{-1}$)	30.8	79.3	70.1	−2.4	8.3	−45	−30.1	−7.8
蒸散发/(mm·年$^{-1}$)	−89	−140.1	−110.4	−72.8	−36	−91.7	18.4	0.1
辐射/(MJ·m^{-2}·年$^{-1}$)	−75	−73.6	37.4	41.8	−34	−25.5	15.9	12.8

潜在蒸散发在低海拔地区表现出较大幅度的递减变化特征,夏秋季递减幅度均在 110.0 mm·年$^{-1}$ 以上。高海拔地带潜在蒸散发变化与低海拔存在一定差异,秋冬季呈现递增趋势,春夏两季虽然也是递减变化,但幅度远小于低海拔地区。辐射变化在高海拔地带表现出与潜在蒸散发的一致性,春夏季节递减,秋冬季节递增。气候变化的上述季节差异及其显著的海拔差异性,尚不清楚其形成原因与驱动机制,是有待进一步深入探索的重要科学问题。

8.5.2　全球气候变化对岷江冷杉生理生态特性的影响

进行气候变化对木本植物影响的研究,对于深入揭示树木光合固碳运转过程及机理、全球碳循环总量及区域评估具有重要的科学和现实意义。以川西亚高山针叶林优势种岷江冷杉(*Abies faxoniana*)幼苗为研究对象,采用控制环境生长室模拟增温和 CO_2 升高的方法,研究了 CO_2 升高和增温对岷江冷杉幼苗生长、养分水分利用、物质积累及其分配格局的影响。结果表明,CO_2 浓度升高显著增加了岷江冷杉的净光合速率。当环境温度低于植物光合作用的最适温度时,增温提高了光合作用相关酶的活性,增强了叶肉细胞的光合作用能力,细胞间 CO_2 浓度降低,进而促进了气孔导度提高以利于 CO_2 扩散到叶片内,使岷江冷杉幼苗的光合速率加快。因此,CO_2 浓度和温度同时升高条件下冷杉幼苗净光合速率均高于单独 CO_2 浓度和温度处理。这些变化必然对冷杉幼苗生物量累积与分配以及水分利用效率等产生较大影响。

(1) CO_2 浓度和温度升高对岷江冷杉幼苗生物量累积与分配的影响

大量研究结果表明高浓度 CO_2 总体上促进了树木的生长。与对照相比,CO_2 浓度升高条件下岷江冷杉的根生物量和总生物量有增加趋势。CO_2 浓度升高条件下,生物量的分配发生了改变。CO_2 浓度升高有增加岷江冷杉幼苗的根冠比的趋势,表明更多的碳分配到根部。这可能是由于高浓度 CO_2 不同程度提高了树木细根密度,高的细根密度使树木具有较高的营养吸收能力,提高了周围根系的活力,从而促进根系的生长和发育。增温对岷江冷杉幼苗的总生物量和比叶面积具有促进作用(图 8.19)。然而增温对根冠比有降低趋势而对比根长影响不显著($p > 0.05$)。

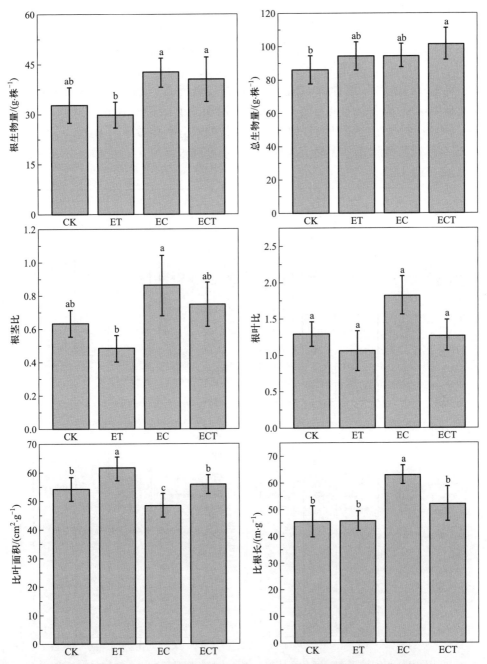

图 8.19　CO_2 浓度和温度升高处理后岷江冷杉不同种群的生物量分配格局

注:CK,环境 CO_2 浓度和温度(对照);ET,温度升高;EC,CO_2 浓度升高;ECT,温度和 CO_2 浓度同时升高。不同字母表示不同处理间同一性状在 $p < 0.05$ 水平上差异显著($n=5$)。

从本研究结果来看,增温使冷杉幼苗将更多的生物量分配到地上植物同化部分,增加对叶生物量的投入,从而提高植物的生长潜力。CO_2 浓度和温度同时升高对冷杉幼苗的生物量促进作用大于单独 CO_2 浓度或温度升高的促进作用。不同针叶种类对 CO_2 与温度的综合作用的响应差异可能包括多种原因,如试验幼苗年龄大小、处理时间长短、种源及幼苗本身环境与遗传等方面的差异(徐胜等,2015)。

（2）CO_2 浓度和温度升高对岷江冷杉幼苗水分和氮利用效率的影响

瞬时水分利用效率 WUEi 和碳同位素组分 $\delta^{13}C$ 是衡量植物用水效率的两个重要指标,$\delta^{13}C$ 因其对环境胁迫的敏感性,更是被广泛应用于气候变化方面的研究(Zhao et al., 2012)。多数研究表明,植物水分利用效率会随 CO_2 浓度的增加而显著提高。主要原因是由于光合速率会随 CO_2 浓度升高而增加,而气孔导度会随 CO_2 浓度升高而减小,使得蒸腾速率降低。CO_2 浓度升高显著提高了岷江冷杉幼苗的瞬时水分利用效率和长期水分利用效率($p<0.05$)(图 8.20)。温度升高对岷江冷杉幼苗蒸腾速率无显著影响。CO_2 浓度和温度升高对植物水分利用效率具有交

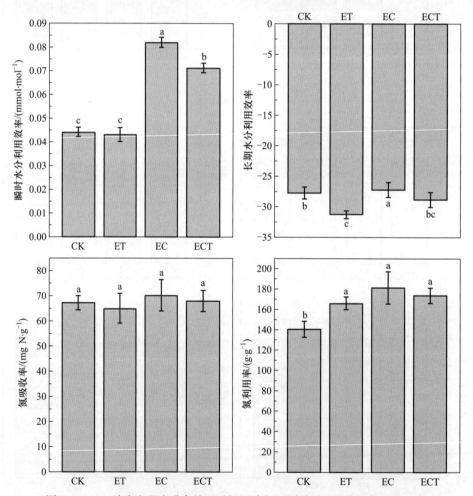

图 8.20　CO_2 浓度和温度升高处理后岷江冷杉不同种群的水分和氮利用效率

注:WUE$_i$,瞬时水分利用效率;$\delta^{13}C$,长期水分利用效率。CK,环境 CO_2 浓度和温度(对照);ET,温度升高;EC,CO_2 浓度升高;ECT,温度和 CO_2 浓度同时升高。不同字母表示不同处理间同一性状在 $p<0.05$ 水平上差异显著($n=5$)。

互效应,CO_2 浓度和温度升高处理下,岷江冷杉的 WUEi 比单独 CO_2 浓度升高处理下的值降低(图 8.20),说明 CO_2 浓度升高所带来的叶片水分利用效率提高会因升温而降低。

（3）增温与干旱对暗针叶林早期更新过程的影响

干旱降低了峨眉冷杉幼苗的高度、总生物量,增加了根长度,显示出干旱能显著改变峨眉冷杉幼苗的形态和生物量累积。同时,干旱处理下增加的根茎比（根／茎）也是植物应对恶劣环境的一种形态响应机制,通过增加根生物量提高根部的水分利用效率,以应对土壤水分亏缺。增温降低了峨眉冷杉幼苗的生长和生物量的累积,这可能是由于研究区域水分传输导致的生理限制。增温联合干旱导致冷杉幼苗高度和总生物量急剧降低,显示出单独的增温或者干旱对峨眉冷杉生长的负面效应被联合处理加强了。干旱显著降低了峨眉冷杉叶片的氮光合利用效率（PNUE）和比叶重（LMA）,但是提高了其水分利用效率。施氮并没有影响峨眉冷杉叶片的水分利用效率和比叶重,这一结果与相同处理下冷杉叶片稳定的碳浓度和生物量累积吻合。

干旱处理增加了冷杉幼苗所有器官中的 N 含量,并且改变了其氮磷比（N:P）和碳氮比（C:N）。植物各器官中氮含量受干旱影响而急剧增加,碳含量发生轻微变化,导致各器官中 C:N 显著降低（图 8.21）。增温处理在峨眉冷杉不同器官有不同的效应,改变了峨眉冷杉幼苗所有器官中的氮分配,进而强烈地影响着 N:P 和 C:N。然而,尽管 P 含量显著增加,但是联合的增温和干旱处理显著降低了各器官的 C:N,尤其是叶片中降低了 62.43%,这主要是由于联合处理导致 C 含量降低,并与降低的生物量累积相一致。另一方面,研究结果显示联合的干旱和施氮处理显著增加了叶片氮含量,而叶片氮含量的高低与植物叶片的光合能力息息相关,直接表现在增加的净光合速率。同时,干旱和施氮联合处理下降低的 C:N 意味着降低的氮利用效率,这也与联合处理下显著增加的氮浓度和轻微降低的碳浓度相关。干旱以及干旱和增温联合处理增加了峨眉冷杉叶片 P 的含量,但是并没有增加生物量。增温处理虽然降低了生物量,但是并没有改变叶片

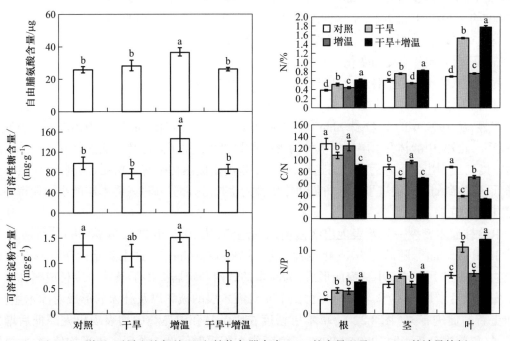

图 8.21 增温、干旱和施氮处理下,植物各器官中 C、N 的含量以及 C、N、P 的计量特征

P 含量（图 8.21）。不同环境条件下 P 含量与生物量的变化特征显示，P 并不是峨眉冷杉为优势种的生态系统的限制因子，推测可能其他的营养元素，如 N 元素可能是该区域生态系统的限制因子。这可能是由于共生固氮生物的相对缺乏导致了可溶性有机氮中的氮元素流失。另外一个原因可能是由于研究区域温暖湿润的气候使得 P 快速地释放形成生物可利用形式，其对植物的可获得速率至少与植物对其的需求速度保持一致。

8.5.3　亚高山暗针叶林群落结构变化

以次生峨眉冷杉演替中龄林干河坝站区调查点（GGFZQ01）和峨眉冷杉成熟林辅助观测场（GGFFZ02）作为冷杉中龄林和成熟林的调查样点，基本情况如下。

① GGFZQ01：建于 1999 年（样地建立时林龄为 55 年），海拔 3010 m，地理坐标为 101°59′42″E，29°34′33″N，长期固定样地面积 30 m × 40 m，观测内容包括生物、水分和土壤。地貌特征为泥石流扇，坡度 7°~ 10°，坡向东南（SE），坡位为坡中。土类为粗骨土，亚类为泥石流粗骨土，根据美国土壤系统分类属于石质泥流正常新成土。土壤母质为泥石流堆积物，无侵蚀情况。土壤剖面分层情况为，0 ~ 10 cm（A_0），10 ~ 22 cm（A_1），22 ~ 33 cm（Ac），33 ~ 78 cm（C）。② GGFFZ02：建于 1999 年（样地建立时林龄为 119 年），海拔 3000 m，地理坐标为 101°59′51″E，29°34′27″N，长期固定样地面积 50 m × 50 m，观测内容包括生物、水分和土壤。地貌特征为古冰川侧碛堤，坡度 28°，坡向北坡，坡位坡中。土类为棕色针叶林土，亚类为灰化棕色针叶林土，根据美国土壤系统分类属于灰化冷凉常湿雏形土。土壤母质为新冰期冰碛物，无侵蚀情况。土壤剖面分层情况为，0 ~ 13 cm（A_0），14 ~ 70 cm（Ac）。两个样点气候基本一致，年均温 4.2 ℃，年降水 1757.8 ~ 2175.4 mm，大于 10 ℃的有效积温 992.3 ~ 1304.8 ℃，年均无霜期 177.1 d，年均日照时数 845.8 h，年均蒸发量 418.4 mm，年平均湿度为 90%，年干燥度为 9.3%。本次研究选取 1999 年、2005 年、2010 年和 2015 年这四个调查最为全面的 4 个年份的数据，分析并比较 16 年间冷杉成熟林和次生冷杉中龄林的结构特征及其变化趋势。

（1）群落各层片密度的变化

贡嘎山东坡冷杉中龄林和成熟林乔木层各物种密度随时间的变化如图 8.22 所示，中龄林乔木层林分密度从 1999 年的 2175 株·hm^{-2} 下降到 2015 年的 1258 株·hm^{-2}，其中冷杉密度下降最为明显，从 1999 年的 1942 株·hm^{-2} 下降到 2015 年的 1158 株·hm^{-2}，表现出非常明显的"自疏现象"。此外，中龄林乔木层各伴生种的密度在此期间也呈下降趋势。成熟林乔木层总密度和冷杉密度均表现出先下降后上升的趋势，这主要是由于成熟林中有大树死亡、倒下，导致林分密度降低，但林窗的形成促进了冷杉幼苗和伴生种的生长，这部分新进入乔木层的小树使得乔木层密度有所增加。

中龄林灌木密度一开始表现出缓慢增加的趋势，从 1999 年的 1344 株·hm^{-2} 增加到 2010 年的 1600 株·hm^{-2}，随后在 2015 年迅速增加到 7960 株·hm^{-2}。这主要是由于冷杉在演替过程中的"自疏作用"导致小林窗的形成，为灌木的繁殖和定居提供了条件。冷杉成熟林灌木层密度先降低后增加，这应该与大树死亡倒下时对灌木层的破坏以及林窗的形成对灌木生长、繁殖和更新的促进有关（图 8.22）。草本层密度在中龄林和成熟林中均表现出先降低后增加的趋势，气象数据分析表明，2004—2007 年海螺沟太阳辐射值低于该区多年平均值，由此可能影响林下草本植物的光合作用和碳同化产物的积累,进而影响草本植物的生长和繁殖,导致草本层密度降低。

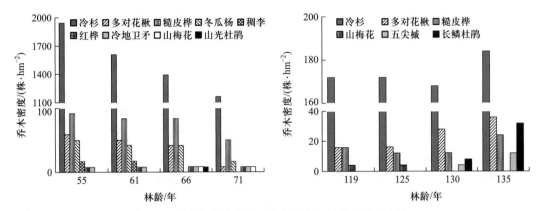

图 8.22　贡嘎山东坡冷杉林乔木层密度随林龄的变化趋势

（2）乔木层胸径、树高度和地上部分生物量的变化

中龄林乔木层胸径和树高均表现出随林龄增加而增加的趋势,胸径和树高分别从最初（林龄 55 年）的 15.24 ± 5.55 cm 和 13.27 ± 3.01 m 增长到 22.28 ± 6.52 cm 和 19.68 ± 2.70 m（林龄 71 年）。成熟林乔木层胸径和树高随林龄增加先增加后降低,一方面是由于有大树死亡退出乔木层,另一方面则是由于不断有小树长大进入乔木层,从而导致乔木层的平均胸径和株高逐年降低（图 8.23）。乔木层胸高断面积和乔木层地上部分生物量随林龄的变化趋势与胸径和树高随林龄的变化趋势相似,在中龄林中随林龄增加而增加,在成熟林中先增加后下降。

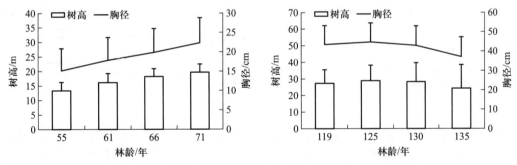

图 8.23　贡嘎山东坡冷杉林乔木层胸径和树高随林龄的变化趋势

（3）群落多样性的变化

不同演替阶段植物群落的物种丰富度（物种数）存在一定差异,就冷杉中龄林和成熟林而言,中龄林的物种丰富度高于成熟林的物种丰富度。在同一演替阶段,冷杉林植物群落内部各层物种丰富度依次为:灌木层 > 草本层 > 乔木层。各层的物种组成和物种数会随时间的变化而改变,从而形成植物群落的演替过程。1999—2015 年,冷杉中龄林样地和成熟林样地的乔木层、灌木层和草本层均有旧物种消失和新物种的出现。其中,草本层物种丰富度的年际波动大于灌木层和乔木层,从而导致群落物种丰富度的变化趋势与草本层物种丰富度的变化趋势较为相似（图 8.24）。

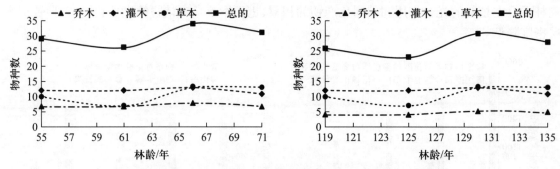

图 8.24　贡嘎山东坡冷杉林植物群落物种丰富度随林龄的变化趋势

Shannon–Wiener 多样性指数能够综合反映群落中物种的丰富度和均匀性,群落中物种数目越多,多样性越高,不同种类之间个体分布的均匀性增加也会使多样性提高。中龄林中乔木层、灌木层、草本层和整个群落的 Shannon–Wiener 指数相对稳定。成熟林乔木层的 Shannon–Wiener 指数在林龄大于 125 年后表现出一定的上升趋势,可能与冷杉大树死亡导致林窗的形成,促进了乔木层伴生种的繁殖和生长有关。草本层的 Shannon–Wiener 多样性指数的波动与草本层物种丰富度的变化较为相似(图 8.25)。Pielou 物种均匀度指数是衡量物种在群落内分布状况的数量指标。中龄林样地中灌木层和草本层的 Pielou 指数相对稳定,表明这两个层的物种均匀度无较大变化。乔木层 Pielou 指数在后期有一定的下降,可能是由于伴生种物种数量的减少和密度的降低导致乔木层物种均匀度降低。成熟林乔木层均匀度指数表现出一定程度的下降,这可能与林窗中大量冷杉和伴生种进入乔木层,降低了均匀性有关。草本层物种丰富度的变化同样导致草本层均匀度指数表现出相似的变化趋势。

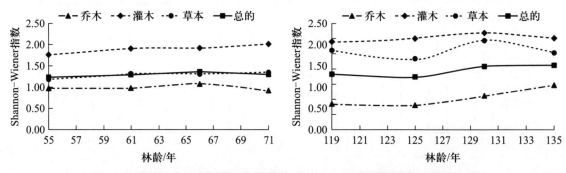

图 8.25　贡嘎山东坡冷杉林植物群落 Shannon–Wiener 指数随林龄的变化趋势

8.5.4　高山林线动态及其与气候变化的关系

林线位置变化作为林线响应气候变化的重要指标,在温度升高条件下,理论上林线位置将向高海拔迁移。气候变暖会导致林线向上扩张,植被带上移(Danby and Hik, 2007),如云南白马雪山长苞冷杉样方调查和树木年轮学的结果发现林线以 11 m·10 年$^{-1}$ 的速率向高海拔迁移(Wong et al., 2010)。也有研究发现气候变暖后林线无明显变化(Liang et al., 2011),或者其变化不是由气候变暖引起的(Van et al., 2011)。在过去的数百年时间内,西南地区林线位置并未出现显著变化。贡嘎山雅家梗阴坡和阳坡 6 个样方的调查表明,过去 100 多年间,峨眉冷杉林线位置基本保持稳定（图 8.26）（冉飞等，2014）。西南高山林线位置与温度升高并不是简单的线性关系，可能受到多种气候要素综合作用的影响，也可能会滞后于气候变暖。

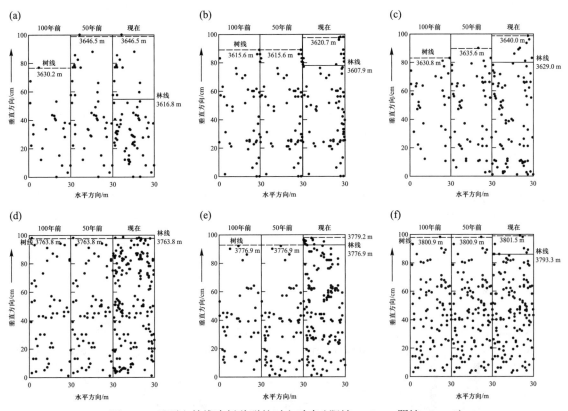

图 8.26　贡嘎山林线冷杉种群的时空动态（阳坡：a，b，c；阴坡：d，e，f）

　　相比于林线位置的变化，林线树种种群密度响应气候变暖更为快速和敏感（Liang et al.，2011），尤其是在最近 100 年的小时间尺度上，林线海拔位置的变化有可能不是很明显，但林线树木密度却有显著增加。贡嘎山雅家梗及藏东南色季拉山林线种群密度变化与气候变暖较为一致，种群密度增加这一现象在西南高山林线较为普遍（冉飞等，2014）。

8.5.5　基于 DNDC 模型的暗针叶林碳库、氮库变化趋势分析

　　利用经过校准和检验的 Forest-DNDC 模型预测了未来气候变化情景下贡嘎山峨眉冷杉林土壤中 C、N 的动态及土壤温室气体（CO_2、N_2O 和 NO）排放的变化。设计基线气候和 3 个 IPCC（2013）预测的未来气候变化情景 B1、A1B 和 A2。将 1990—1999 年贡嘎山 3000 m 生态站实测的气象数据作为基线水平的气候输入 Forest-DNDC 模型，在 B1、A1B 和 A2 气候变化情景下计算得到 2090—2099 年的数据作为未来的气候数据输入模型。情景 B1、A1B 和 A2 分别代表较低的、中等的和较高水平的 CO_2 排放和温度变化。由于对降水量预测十分复杂并且具有较高的不确定性，在本研究中，设定降水量在 B1 情景下增加 5%，在 A1B 情景下增加 10%，在 A2 情景下增加 15%。

　　气候变化情景下 Forest-DNDC 模拟的峨眉冷杉林土壤 C 库动态变化如图 8.27 所示。在

基线情境下,峨眉冷杉林有机土壤层中的土壤有机碳(SOC)和枯落物的年际变化分别为 1471 kg C·hm^{-2}·年$^{-1}$ 和 1522 kg C·hm^{-2}·年$^{-1}$,在未来气候变化情景下(2090—2099 年),随着气候变化的加剧,土壤有机层的 SOC 和枯落物 C 均呈下降趋势。在气候变化比较轻缓的 B1 情景下,年际增加的 SOC 和枯落物 C 与基线情景相比分别下降了 16.18% 和 16.75%。在中等气候变化 A1B 和气候变化程度最强烈的 A2 情景下,土壤有机层的 SOC 和枯落物 C 与基线情景相比分别下降了 33.17% 和 33.71%。在未来气候变化情景下,有机土壤层中易降解的腐殖质年际减少量和基线情景相比均有微弱下降,但总体上变化不大。而难降解的腐殖质在气候变化情景下均高于基线水平,在 B1、A1B 和 A2 三种情景下,分别增加了 18.18%、30.91% 和 38.18%。随着未来气候的变化,即温度升高,降水量增加以及大气中 CO_2 浓度升高,峨眉冷杉林矿质土壤层的 SOC 和枯落物 C 也均呈下降趋势。在未来气候变化情景下,矿质土壤层易降解和难降解的腐殖质的变化和有机土壤层有所不同,均高于基线水平。在 B1、A1B 和 A2 三种情景下,峨眉冷杉林土壤易降解腐殖质和基线水平相比分别增加了 29.09%、31.82% 和 27.27%。难降解的腐殖质分别增加了 18.60%、27.91% 和 34.88%。由此可见,随着气候变化的加剧,峨眉冷杉林有机土壤层和矿质土壤层中年际累加的 SOC 和枯落物 C 均呈下降趋势,这是因为随着温度升高和降水量增加,土壤降解加快,通过气体或者流失的 C 量增加,促使有机土壤层和矿质土壤层中的腐殖质呈增加趋势。

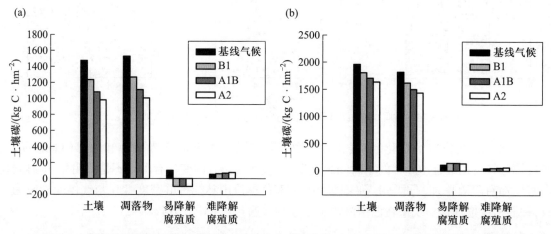

图 8.27　气候变化情境下峨眉冷杉林土壤的 C 库动态变化:(a)有机土壤层;(b)矿质土壤层

气候变化引起森林生态系统土壤 N 转化和土壤含 N 气体释放的改变,如图 8.28 所示。随着气候变化的加剧,年际净硝化 N 呈增加趋势,在气候变化较为轻缓的 B1 情景下,年硝化 N 量高于基线水平 19.48%。当气候变化到 A1B 水平时,硝化 N 量高于基线水平 30.03%。在气候变化最为剧烈的 A2 水平,年硝化 N 量比基线水平高 35.40%。可见,气候变化的程度越剧烈,净硝化的速率也越高。未来气候的变化使峨眉冷杉林土壤 N 矿化也随之改变。在未来气候变化的 B1、A1B 和 A2 情景下,年矿化 N 总量和基线水平相比分别增加了 21.06%、32.44% 和 38.46%。土壤总 N 库在未来气候变化情景下和基线水平相比略有增加。在年际增加的土壤氮(SN)中,微生物固定和土壤无机氮(SIN)的变化趋势与 SN 的变化趋势相同,均随气候变化的加剧而增高,而土壤有机氮(SON)随气候变化的加剧呈下降趋势。土壤 N 的淋溶随着气候的改变变化不明显,而含 N 气体的释放在 B1、A1B 和 A2 三种情景下分别比基线水平高 20.79%、40.15% 和 55.45%。

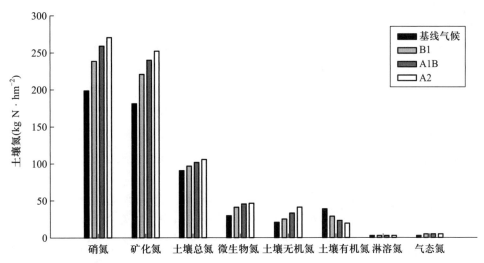

图 8.28 气候变化情景下峨眉冷杉林土壤的 N 动态变化

在未来气候变化情景下,随着气候变化加剧,土壤 CO_2 释放呈增加的趋势,在气候变化轻缓的 B1 情景下,年际释放的 CO_2 总量高于基线水平 31.71%。在气候变化中等水平的 A1B 情景下,土壤 CO_2 释放的年际总量高于基线水平 49.09%。而在气候变化最为剧烈的 A2 情景下,年际释放的总量达到基线水平的 158.09%。由此可见,随着气候变化加剧(温度升高、降水量增加和大气中 CO_2 浓度升高),在带来较高的初级生产力的同时,也使土壤中微生物的分解和根的呼吸速率加快,从而使土壤 CO_2 的释放明显增加,释放更多的 CO_2 到大气中,进一步引起温室效应,加速气候的变化。Forest-DNDC 模型模拟的结果显示,在气候变化情景下,土壤 NO 的释放均高于基线水平,并与 N_2O 变化趋势相同,随着气候变化程度的加剧向大气中的释放增加,并与土壤中硝化作用的增加保持一致。在 B1、A1B 和 A2 三种气候变化情景下,土壤年际释放的 NO 总量分别比基线水平高 26.08%、41.90% 和 51.25%。

8.5.6 模拟气候变化对暗针叶林下苔藓植物的短期影响

苔藓植物与森林群落的变化密切相关,同时对环境变化高度敏感,是环境多样性和全球气候变化的指示植物(吴玉环等,2002;Epstein et al.,2004)。采用 OTC 开定式人工气候箱 – 发热电缆联合加热(Sun et al.,2013)和氮沉降(5 g·m^{-2}·年$^{-1}$)模拟实验的方法,在贡嘎山暗针叶林进行了增温和施氮的两因素随机区组实验,从群落和物种水平研究了亚高山暗针叶林地面苔藓植物对全球气候变化的响应特征。

(1)苔藓植物群落对增温和氮沉降的响应

增温和施氮均导致苔藓群落总盖度降低(图 8.29a)(Sun et al.,2016)。苔藓群落盖度的这一趋势与北极地区增温实验结果一致,但实验处理 5 年后的下降幅度明显大于早期。早期研究中增温或者施氮处理下苔藓盖度下降的原因主要归结于维管植物盖度的增加,但本研究中未观察到维管植物盖度的明显变化,说明苔藓群落盖度的下降主要是一些优势物种不能适应更温暖的环境条件导致的。另外,随实验时间的延长,苔藓植物群落盖度有较大变化(图 8.29a)。2009—2013 年对照处理中苔藓植物群落盖度与实验处理前的背景值相比大约增加了 25%,验证了苔藓作为变水植物其生长在很大程度上受到水分(降水)限制这一特性。增温和施氮对暗针叶林苔藓植物物种丰富度无显著影响(图 8.29b),然而各处理下暗针叶林和高山灌丛苔藓植物物种丰富度随时间的变化有较大波动。2009 年 5—9 月对照处理中苔藓植物物种数增加了 3 种,2010 年苔藓物种数与背景值相比增加了 6 种。苔藓物种数随时间大幅波动的原因可能是:① 一些生活周期较短的苔藓种类具有较高的替代速率和繁殖能力,但持续能力较低,导致物种的较大年际波动;② 一些对环境变化缓冲能力较小的苔藓配子体的死亡,及其存在于土壤中的孢子体的萌发可能会导致苔藓物种数的波动。

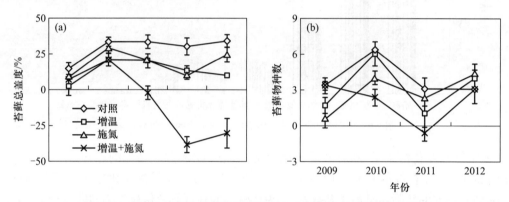

图 8.29 亚高山暗针叶林苔藓群落盖度(a)和物种丰富度(b)的变化

(2)优势苔藓物种对增温和氮沉降的响应

暗针叶林两种优势苔藓物种(赤茎藓和毛灯藓)盖度随时间的变化趋势与苔藓群落盖度的变化趋势相似(图 8.30)。增温和施氮对优势苔藓植物盖度的影响无交互作用。两种优势苔藓物种中,赤茎藓对氮沉降的增加更为敏感,而毛灯藓对增温的响应更为敏感。增温 5 年后暗针叶林赤茎藓盖度无显著变化,但施氮两年后开始低于对照,施氮 5 年后,其增幅比不施氮对照下降了 29.7%。施氮处理对毛灯藓盖度增幅无显著影响,但增温处理下毛灯藓盖度增幅从实验处理的第 2 年开始下降(图 8.30)。

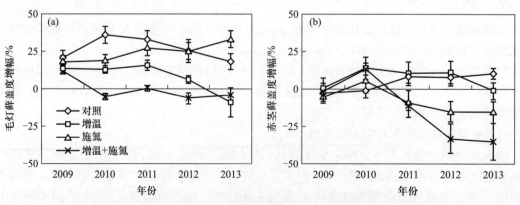

图 8.30 暗针叶林优势苔藓物种盖度增幅:(a)毛灯藓;(b)赤茎藓

8.6　西南亚高山暗针叶林生态系统管理调控与示范模式

8.6.1　西南亚高山暗针叶林生态系统结构恢复与调控

西南山地生态屏障建设中,不同海拔地带面临不同的科学发展和地方经济社会发展的需求,贡嘎山站顺应形势发展,构建了服务于不同需求的科技支撑平台,具备坚实的服务能力。在海拔2500~3000 m 及以上的亚高山和高山带,全球变化下多圈层的密切作用对脆弱生态系统的影响及其适应性演化规律、对关键生态功能维持的作用成为核心问题,在明确机理、掌握演化规律的基础上,探索应对变化环境的高山亚高山不同生态系统健康维持、促进生态屏障构建,以保障山区可持续发展,成为山地区域的重大科研任务,贡嘎山站在这些方面发挥着日益显著的作用,在一些领域具有不可替代的独特优势条件。在海拔2000 m 以下的河谷地带,变化环境下生态经济转型模式和适宜性生态经济技术体系是这些区域迫切需要的关键科技服务,贡嘎山站科技人员在这些领域也做出了重大贡献,开发了众多具有较高生态经济效应的技术体系,如川滇高山栎萌生更新技术、油橄榄丰产栽培关键技术、海螺沟玫瑰谷休闲观光农业建设示范模式、金银花优良品种选育和高产丰产技术体系、江河源区退化生态系统分类与恢复模式和技术体系、四川大熊猫栖息地世界自然遗产保护与监测体系等,同时围绕西南山区民生相关产业的生态化和多样性,研发了包括雅砻江流域山地森林农业和民族生态农业实体模式、山地毛木耳高产栽培技术等。这些技术系统的进一步发展、完善和推广应用,是贡嘎山站服务地方民生的重要体现。

8.6.2　西南亚高山暗针叶林生态系统保护与资源利用

亚高山暗针叶林是我国第二大林区——西南林区的主体构成部分,是青藏高原东缘、长江上游天然林的主体。20 世纪下半叶,西南亚高山森林遭受大规模的采伐利用,加之森林火灾、病虫害、过度放牧等人为干扰的影响,以及该区域泥石流、滑坡等山地灾害类型多样、分布广泛、活动频繁,造成生态环境的进一步扰动与破坏,绝大多数天然林退化为荒草坡、疏林灌丛地、次生林地、干扰迹地和山地灾害迹地,生态系统的结构和功能遭到严重破坏。自 1998 年国家天然林资源保护、退耕还林等工程实施以来,逐步形成了高山亚高山一系列采伐迹地的人工林和天然次生林恢复演替系列。大规模采伐和恢复更新后,森林植被类型与起源密切相关,老龄针叶林为保留下来的原始林,中幼龄针叶林为人工林,落叶阔叶林多为天然次生林,而针阔混交林中既有天然次生的成分,也有人工、天然更新共同作用的成分。由于西南高山亚高山生态环境十分脆弱,现存植被的生态功能大多处于退化状态,亚高山针叶林生态系统的不稳定性较为突出,且森林恢复过程中各种森林植被类型镶嵌分布,景观破碎化严重。天然林退化是全世界共同面临的生态环境问题,亚高山暗针叶林历经半个世纪的大规模采伐,目前正处于恢复之中,通过自然恢复形成的不同恢复系列的次生林已成为该区域的主要森林类型之一。加强西南高山亚高山暗针叶林原始森林保护和退化森林生态系统恢复,对于充分发挥暗针叶林涵养水源、水土保持和生物多样性等生态功能,支撑西南生态安全屏障建设,具有十分重要的战略意义。

8.6.3　西南亚高山暗针叶林生态系统利用与管理示范模式

（1）天然林原始老林种质资源和生物多样性的保护

针对尚存的原始老林、采伐保留带森林、山脊和沟尾林线的天然林,以及演替后期结构良好、具有良好自然更新能力的天然次生林,实行严格的封禁保护措施,保护恢复重建的参照体系、种质资源和生物多样性,保存其物种和基因多样性,维持其结构和功能。对于轻度退化、结构完好的天然次生林,也需要实施严格的封山保护技术措施,凭借其良好的自我修复机制和天然更新能力,迅速恢复其结构和功能。

（2）生境恢复及种群建立

针对严重退化、生境遭到破坏、天然更新困难的退化天然林立地,以及采伐迹地、火烧迹地等退化林地,需要在封山的同时,采取人工措施,利用工程措施、物理化学措施和生物措施相结合的方法,进行退化迹地采伐迹地、灌丛、草地等的生境恢复,然后参照天然原始老林的群落组成、结构和空间分布的特点人工重建目的群落。人工重建的关键是恢复退化生境的土壤结构与功能,建立和恢复自然修复机制。依据严重退化生境的土壤状况和环境胁迫条件,进行物种筛选和群落构建。

（3）群落结构恢复及调控

针对早期演替阶段的自然更新能力较差、树种组成及密度不合理、空间结构不良和健康状况较差的天然次生林,在封山的同时,通过幼苗幼树抚育、补植、补播目的树种,抚育间伐或人工灭杀等结构调控辅助措施,降低和去除其他物种对目的树种的竞争和胁迫,跨越或缩短某些演替阶段,补充和培育目的树种,从而加速自然演替过程,加快生态系统结构和功能的恢复。在次生林群落结构恢复及调控中,一是要注重增加顶极树种的比重,提高与老龄林状态的物种组成相似性。二是要注重群落结构调整,通过人工促进针叶树种的天然更新能力增加针叶树种的比例,提高与老龄林状态群落结构的相似性。通过适当间伐胸径较小的阔叶树种,可以减小树种的密度,降低树木间的营养竞争,从而为培育大径材提供有利条件。伐倒的阔叶树种形成的倒木为幼苗、幼树提供良好的生境。三是要注重改善土壤结构,提高林地生态水文功能,在阔叶林阶段和针阔混交林的初期阶段,可通过培育大径级林木来提高胸高断面积,促进土壤结构和林地生态水文功能向着原始暗针叶老龄林方向发展。

（4）低效人工林改造

针对天然林采伐后营造的大面积人工纯林,在封山的同时,通过疏伐、透光抚育、人工灭杀、补植顶极乡土树种和林下灌草更新等改造措施,改善人工纯林的物种组成、调整林分密度以增加林内的光照条件,逐步诱导其向正常植被演替,促进其群落组成结构和功能的恢复,形成具有较高生物多样性、多层次结构的森林群落,以提高水源涵养和水土保持等生态效益。

8.6.4　西南亚高山暗针叶林生态系统经营管理的发展方向与科技问题

当前,西南高山亚高山退化天然林恢复重建和管理中迫切需要解决以下问题:一是老龄林丧失及其景观破碎化后,如何开展遗传多样性的保护和恢复工作;二是天然更新或人工更新不成功后形成大面积的次生阔叶林,如红桦林、山杨林、槭树林及落叶阔叶混交林等,如何经营这些低效次生林,加快恢复其生态功能和生产力;三是原生优势种群被大面积人工纯林替代,如何经营和调整这些人工纯林,是否需要恢复和如何恢复原生优势群落;四是天然林区土地利用及土地覆盖变化过程中如何进行森林景观恢复和多目标景观规划,实现景观格局的优化配置;五是严重退化生境和次生灌草丛的恢复重建中,如何尽快恢复土壤结构与功能和维持定植群落的稳定性。

　　亚高山地带属于典型的生态脆弱地带,在自然状态下,植被恢复必须经历一个漫长的自然演替过程。亚高山暗针叶林退化天然林恢复重建的基本思路是,依据自然演替规律、种群建立理论、生态系统自我调控理论和景观生态学理论,注重关键种群在维护生物多样性和生态系统稳定方面起着重要作用,应用"近自然林业"理论,仿拟天然老龄林的物种组成和群落结构,充分利用和启动自然调节机制,根据自然演替的关键环节采用功能群替代或目的物种导入等辅助的人工措施,促进土壤和群落功能的修复,尽可能利用乡土树种恢复森林植被。

参 考 文 献

李迈和, Kräuchi N. 2005. 全球高山林线研究现状与发展方向. 四川林业科技, 26(4): 36-42.

冉飞, 梁一鸣, 杨燕, 等. 2014. 贡嘎山雅家埂峨眉冷杉林线种群的时空动态. 生态学报, 34(23): 6872-6878.

王根绪, 邓伟, 程根伟, 等. 2011. 山地生态学的研究进展、重点领域与趋势. 山地学报, 29(2): 129-140.

王襄平, 张玲, 方精云. 2004. 中国高山林线的分布高度与气候的关系. 地理学报, 59(6): 871-879.

吴玉环, 高谦, 程国栋, 等. 2002. 苔藓植物对全球变化的响应及其生物指示意义. 应用生态学报, 13(7): 895-900.

徐胜, 陈玮, 何兴元, 等. 2015. 高浓度CO_2对树木生理生态的影响研究进展. 生态学报, 35(8): 2452-2460.

Bing H J, Wu Y H, Zhou J, et al. 2016. Stoichiometric variation of carbon, nitrogen and phosphorus in soils and its implication for nutrient limitation in alpine ecosystem of Eastern Tibetan Plateau. Journal of Soils and Sediments, 16: 405-416.

Danby R K, Hik D S. 2007. Variability, contingency and rapid change in recent subarctic alpine treeline dynamics. Journal of Ecology, 95: 352-363.

Epstein H E, Calef M P, Walker M D, et al. 2004. Detecting changes in arctic tundra plant communities in response to warming over decadal time scales. Global Change Biology, 10: 1325-1334.

Genet M, Li M C, Luo T X, et al. 2011. Linkingcarbon supply to root cell-wall chemistry and mechanics at high altitudes in *Abies georgei*. Annals of Botany, 107: 311-320.

IPCC. Climate Change 2013: The Physical Science Basis: Working Group I Contribution to the Fifth Assessment Report of the IPCC. UK: Cambridge University Press.

Li M H, Wang S G, Cheng G W, et al. 2008a. Mobile carbohydrates in Himalayan treeline trees I. Evidence for carbon gain limitation but not for growth limitation. Tree Physiology, 28: 1287-1296.

Li M H, Xiao W F, Shi P L, et al. 2008b. Nitrogen and carbon source-sink relationships in trees at the Himalayan treelines compared with lower elevations. Plant, Cell and Environment, 31: 1377-1387.

Liang E Y, Wang Y, Eckstein D, et al. 2011. Little change in the fir tree-line position on the southeastern Tibetan Plateau after 200 years of warming. New Phytologist, 190(3): 760-769.

Liu X H, Zhao L J, Chen T, et al. 2011. Combined tree-ring width and $\delta^{13}C$ to reconstruct snowpack depth: A pilot study in the Gongga Mountain, west China.Theoretical and Applied Climatology, 103 (1–2): 133–144.

Norby R J, Wullschleger S D, Gunderson C A, et al. 1999. Tree responses to rising CO_2 in field experiments: Implications for the future forest. Plant Cell & Environment, 22 (6): 683–714.

Rangwala I., Miller J R. 2012. Climate change in mountains: A review of elevation-dependent warming and its possible causes. Climatic Change, 114: 527–547.

Shi C, Masson-Delmotte V, Daux V, et al. 2015. Unprecedented recent warming rate and temperature variability over the east Tibetan Plateau inferred from Alpine treeline dendrochronology. Climate Dynamics, 45: 1367–1380.

Shi P L, Körner C, Hoch G. 2006. End of season carbon supply status of woody species near the treeline in western China. Basic and Applied Ecology, 7: 370–377.

Sun S Q, Peng L, Wang G X, et al. 2013. An improved open-top chamber warming system for global change research. Silva Fennica, 47, DOI:10.14214/sf.960.

Sun S Q, Wang G X, Chang S X, et al. 2016. Warming and nitrogen addition effects on bryophytes are species– and plant community–specific on the eastern slope of the Tibetan Plateau. Journal of Vegetation Science, DOI: 10.1111/jvs.12467.

Van B R, Haneca K, Hoogesteger J, et al. 2011. A century of tree line changes in sub-Arctic Sweden shows local and regional variability and only a minor influence of 20th century climate warming. Journal of Biogeography, 38 (5): 907–921.

Wang J P, Wu Y H, Zhou J, et al. 2016. Carbon demand drives microbial mineralization of organicphosphorus during the early stage of soil development. Biology and Fertility of Soils, 52: 825–839.

Wong M H, Duan C, Long Y, et al. 2010. How will the distribution and size of subalpine *Abies Georgei* forest respond to climate change? A study in northwest Yunnan, China. Physical Geography, 31 (4): 319–335.

Wu Y H, Zhou J, Yu D, et al. 2013. Phosphorus biogeochemical cycle research in mountainous ecosystems. Journal of Mountain Sciences, 10: 43–53.

Yu G R, Wang Q F, Liu Y F, et al. 2008. Water-use efficiency of forest ecosystems in estern China and its relations to climatic variables. New Phytologist, 177:927–937.

Zhao H, Li Y, Zhang X, et al. 2012. Sex-related and stage-dependent source-to-sink transition in *Populus cathayana* grown at elevated CO_2 and elevated temperature. Tree Physiology, 32: 1325–1338.

Zhou J, Bing H J, Wu Y H, et al. 2016. Rapid weathering processes of a 120-year-old chronosequence in the Hailuogou Glacier foreland, Mt. Gongga, SW China. Geoderma, 267: 78–91.

Zhou J, Wu Y H, Prietzel J, et al. 2013. Changes of soil phosphorus speciation along a 120-year soil chronosequence in the Hailuogou Glacier retreat area(Gongga Mountain, SW China). Geoderma, 195–196: 251–259.

Zhu W Z, Cao M, Wang S G, et al. 2012. Seasonal dynamics of mobile carbon supply in *Quercus aquifolioides* at the upper elevational limit. PLoS ONE, 7 (3): e34213.

Zhu W Z, Wang S G, Yu D Z, et al. 2014. Elevational patterns of endogenous hormones and their relation to resprouting ability of *Quercus aquifolioides* plants on the eastern edge of the Tibetan Plateau. Trees, 28: 359–372.

第9章 中亚热带典型森林生态系统过程与变化 [*]

中亚热带位于我国中部偏南,与我国第一大河流长江流域几乎重叠,是我国亚热带中最宽的一个地带,面积约占我国陆地面积的 16.5%,人口接近全国总人口的 1/3,是我国人口密度最大,经济最为活跃的地区之一,自然资源和生态环境受人为干扰最为强烈,天然森林破坏、生态环境恶化所影响的范围也最为广泛,地带性植被常绿阔叶林大都遭到破坏,或退化成次生状态的常绿阔叶林,或被替代为各种类型人工林、经济林甚至农田。残存的次生常绿阔叶林和大面积分布的人工林大都属于低质低效林,生态服务功能低下。湖南会同森林生态系统国家野外科学观测研究站(以下简称会同森林站)基于近 60 年的长期观测和定位研究,分析了该区域典型森林生态系统过程与变化。

9.1 中亚热带典型森林生态系统概况

在中亚热带,残存的原始常绿阔叶林或次生常绿阔叶林已不多见,或呈片断化分布于自然保护区、江河源头,或庙宇周边。我国亚热带人工用材林相对集中分布在这个区域,以杉木(*Cunninghamia lanceolata*)人工林为主,也包括马尾松(*Pinus massoniana*)人工林,以及少量的柏木人工林、阔叶树人工林。显然,作为地带性的常绿阔叶林和栽培面积最大的杉木人工林是该区域最具代表性的森林生态系统类型。

9.1.1 中亚热带常绿阔叶林区气候、土壤特征

中亚热带常绿阔叶林东部地区盛行东亚季风,受季风影响较大,具有明显的季风气候特征,降水充沛,四季分明,温暖湿润,春秋略短而夏冬较长。西部地区属于南亚季风范围,因距海较远,同时又有青藏高原的影响,在气候上表现出一定的大陆性,年温差小,干湿季分明,为中亚热带湿润气候。据会同森林站 1998—2015 年监测结果,湖南会同林区平均气温 16.2 ℃,最高气温 16.8 ℃(1998 年、2006 年、2007 年),最低气温 15.1 ℃(2012 年),极差值为 1.7 ℃。从移动平均值变化曲线来看,气温呈微弱的上升趋势,历年气温各月平均累积距平曲线呈抛物线,历年最热月(7 月)平均温度 26.1 ℃,最冷月(1 月)平均温度 4.1 ℃,变幅 22.0 ℃。近 18 年来,春季和冬季气温变化有降低的趋势,秋季比较平稳,变化不大,夏季则有升高的趋势。该区域年降水量

* 本章作者为中国科学院沈阳应用生态研究所汪思龙、王清奎、颜绍馗、张伟东、杨庆朋、陈龙池、关欣。

一般在 1000~1500 mm，但是降水的区域分配不均匀，个别地区最高可达 2600 mm。湖南会同林区 1998—2015 年平均年降水量 1167.3 mm，最大年降水量为 1502.0 mm（2014 年），最小年降水量 687.8 mm（2011 年）。降水主要集中在 3—8 月，占多年平均降水量的 60.8%，非汛期平均降水量占多年平均降水量的 39.2%。虽然降水年际周期变化趋势尚未明确，但整体呈现递减的趋势。

中亚热带常绿阔叶林地区的土壤类型主要有红壤和黄壤。在低山丘陵常绿阔叶林下的土壤主要为红壤。红壤广泛分布于长江以南低山、丘陵和岗地，以及云南高原 25° N 两侧的广大地区。丘陵至中山常绿阔叶林下为山地黄壤。黄壤主要分布在长江以南的中山和低山，以及滇东南多雨区的山地。红壤与黄壤同样是在湿润亚热带生物气候条件下形成的土壤，但红壤中物质的风化和淋溶作用强烈，生物物质循环迅速。因此，在土壤形成中，具有十分明显的脱硅富铝化作用，使土壤具有较低的硅铝率，盐基代换量小，剖面呈均匀红色，腐殖质表土层在良好的森林植被覆盖下，厚度可达 20~30 cm，有机质含量较高，植被遭到破坏后，表土层变薄，有机质含量降低。全剖面呈酸性，pH 4.0~6.0。但黄壤在发育形成过程中，水湿条件较红壤高，而热量条件则略低。因此，富铝化作用较弱，黏粒部分硅铝率可达 2.4~2.5，铁多呈水化状态，所以，全剖面呈黄色。黄壤质地较红壤轻，多为中壤至重壤土，呈酸性至强酸性，pH 4.5~5.5。有机质含量较红壤高。根据会同森林站的调查和分析结果，湖南会同林区常绿阔叶林、杉木人工林、杉阔混交林以及马尾松林 0~10 cm 土壤有机碳含量变化在 19.96~47.48 g·kg^{-1}，总氮 1.23~2.22 g·kg^{-1}，pH3.6~4.9（汪思龙，2012），而且人工林土壤有机碳含量（19.96~37.90 g·kg^{-1}）明显低于天然常绿阔叶林（28.77~47.48 g·kg^{-1}），表明人工林经营导致该地区土壤有机碳含量下降。相比较而言，湖南会同林区常绿阔叶林土壤有机碳、总氮含量远低于云南哀牢山中山湿性常绿阔叶林，高于浙江天童常绿阔叶林。

9.1.2　中亚热带典型森林生态系统分布与现状

常绿阔叶林是我国湿润亚热带地区特有的森林生态系统，分布范围约为国土总面积的 1/4（吴征镒，1980）。而中亚热带则是我国常绿阔叶林分布的核心地带。中亚热带常绿阔叶林大致分布于长江以南各省至福建、广东、云南北部之间的山地丘陵。其分布的海拔高度在西部为 1500~2800 m，东部为海拔 2000 m 以下。由于人类活动的长期干扰和破坏，亚热带常绿阔叶林分布面积已不足 5%（陈伟烈，1995）。

中亚热带常绿阔叶林的退化具体表现为常绿阔叶林生态系统结构和景观结构的破坏。本研究发现，在湖南会同林区，以栲树（*Castanopsis fargesii*）、刨花楠（*Machilus pauhoi*）、杜英（*Elaeocarpus decipiens*）为优势树种的常绿阔叶林，退化为马尾松阔叶树混交林后，林冠层主要有豺皮樟（*Litsea rotundifolia* var. *oblongifolia*）、枫香（*Liquidambar formosana*）等阔叶树种，优势树种栲树仅在次林层中出现；而退化到次生马尾松林后，栲树在林冠层中完全被马尾松所替代，林下栲树更新状况因生境条件而异（曾掌权，2012）。常绿阔叶林在退化和恢复的过程中也伴随着生境条件的变化，如马尾松阔叶树混交林、马尾松纯林和灌丛 3 个退化状况 0~60 cm 土层土壤有机碳密度分别为 60.2 Mg·hm^{-2}、55.2 Mg·hm^{-2} 和 47.0 Mg·hm^{-2}，显著低于常绿阔叶林（81.4 Mg·hm^{-2}），土壤养分和微生物生物量碳也显著低于常绿阔叶林（Zeng et al.，2015a）。

中亚热带地区也正是我国栽培面积最大的树种杉木分布的中带。据史料记载，杉木栽培在我国已有 2000 年历史。但大规模植杉还是中华人民共和国成立以后,从 20 世纪 50 年代末至 90 年代,杉木栽培面积从 400 万 hm² 发展到 978 万 hm²。然而,杉木人工林大面积经营的代价则是常绿阔叶林或次生林的破坏,而且占据立地条件相对较好的地段。与栽培面积的增加相反,南方 9 省区杉木平均单位面积产量同期下降了 64%。在湖南会同中心产区的样地调查发现,杉木产量下降与大面积连栽有关,20 年生 3 代杉木人工林的胸径、树高和蓄积量分别降低 22%、30% 和 54%(陈楚莹等,2000)。此外,杉木人工林的生态服务功能(如水土保持功能等)明显低于常绿阔叶林(肖金喜和宋永昌,1993)。

马尾松林是中国东南部湿润亚热带地区分布最广、资源最多的针叶林类型(吴征镒,1980)。第八次全国森林资源清查结果显示,我国现有马尾松林共 575 hm²,天然林和人工林分别约占 2/3 和 1/3(雷加富,2005)。中亚热带区域马尾松林即为其分布区的中带。这一区域范围较大,南北跨度约 7°,南北热量条件有较大差异,马尾松生长条件也不同。由于经营管理粗放,现有马尾松林蓄积量每公顷仅 34.1 m³,年生长量不到 3 m³·hm⁻²。显然,这些林分的生态服务功能是较低的。马尾松纯林相比混交林,其森林生态服务功能较弱,而且容易遭受松毛虫等病虫危害。

常绿阔叶林景观结构受损是由于土地利用方式的改变,由成片连续分布变成空间隔离不连续分布的斑块。中国东部常绿阔叶林区森林覆盖率为 31.62%,其中常绿阔叶林仅占该区域面积的 5.55%,该区 2048 个常绿阔叶林斑块中 15 km² 以下的斑块占 83.6%,其面积只占总面积的 16.5%,说明中国东部常绿阔叶林不仅面积很少,同时还处于严重的片断化状态(宋永昌等,2007)。片断化或斑块的缩小,还将导致常绿阔叶林局部物种的消失、生态系统的进一步退化,进而造成生态环境恶化,调节气候、涵养水源功能低下,土壤退化和肥力下降、病虫害频繁等一系列问题(李昌华,1993;温远光等,1998;张鼎华和范少辉,2002;包维楷等,2000;包维楷和刘照光,2002)。所造成的生态破坏已影响到经济的可持续发展,威胁到群众的身体健康和生命财产安全。

9.1.3　中亚热带典型森林生态系统的特点和生态意义

作为地带性森林植被,常绿阔叶林是中亚热带区域最具典型性的生态系统类型。此外,具有相同分布范围的杉木林和马尾松林在中亚热带分布面积最广,而且这两个森林类型均为常绿阔叶林遭受自然或人为干扰后的替代类型,其中杉木林以人工林为主,而马尾松林则以天然林为主。杉木和马尾松被认为是东部亚热带常绿阔叶林的标志种。

常绿阔叶林无疑是我国最具特色的森林生态系统。它是地球上重要的基因库,其中维管束植物的种类占全国维管束植物种类 1/2 以上,而且特有种很多。它也是仅次于热带雨林的一种生态系统,这里保存有许多中国特有的孑遗植物、珍贵用材树种、名贵的药材、多姿多彩的花卉,也是众多野生动物的栖息场所。另外,土壤中还有无数土壤动物和微生物。显然,中亚热带常绿阔叶林是我国最复杂、生物多样性最丰富的地带性植被类型之一。全国 11 个陆地生物多样性保护关键区域中的一半,坐落在常绿阔叶林分布区内。与此同时,常绿阔叶林拥有最高的生产力、最庞大的根系和茂密的林冠,故在保持水土、调节气候、改善人类生存环境方面发挥着巨大作用。中亚热带常绿阔叶林所发挥的生态服务功能直接惠及近 5 亿人口,关乎下游"长三角"和"珠三角"这两个我国最具活力城市群的生态安全。

在常绿阔叶林自然演替系列中,杉木的位置原本是不存在的,也不可能通过树种的自然更替形成以杉木为主要成分的森林群落(何景,1951)。然而杉木由于其干形通直圆满,材质轻而韧,防腐抗蛀等优点,历来为人们所喜爱。千百年来,我国南方林农栽杉用杉,形成了传统杉木栽培制度,有些已成为一些少数民族文化的一部分。新中国成立以后,由于政府号召,杉木栽培迅猛发展,并一度为国民经济建设供应了 1/4 以上的商品材。客观上,大面积杉木栽培一定程度上缓解了木材供需矛盾,间接促进了天然林的保护。那些利用荒山荒地栽培的杉木人工林通过碳固持、土壤保持和水源涵养等为区域提供了相应的生态服务功能。

马尾松是我国特产的乡土树种,喜光,对土壤要求不严,能耐干旱瘠薄,也是亚热带区荒山绿化过程的重要先锋树种,有其不可替代的作用。马尾松是常绿阔叶林演替前期树种之一。演替前期马尾松先期定居,形成马尾松纯林或以马尾松为主要成分的森林群落,即马尾松天然林。这类马尾松林的生态服务功能较高。马尾松林具有多林种的功能和多用途的效益,为我国的木材工业、造纸工业、林产化学工业、医疗保健品工业等提供了大量的生产原料,在我国社会经济建设中占据十分重要的地位。

9.1.4　中亚热带常绿阔叶林及杉木人工林的主要科学问题

中亚热带常绿阔叶林存在的主要问题是生态系统结构和景观结构受损严重,生态系统功能及其所提供的生态服务严重退化。而人工林经营多半是以常绿阔叶林破坏或退缩为代价的,并且由于人工林经营过度追求木材供给服务,忽略了生物多样性和土壤生态功能,导致土壤肥力和生产力普遍下降。显然,如何高效经营人工林,科学恢复常绿阔叶林,最大限度地提升区域森林生态服务功能,是该地区最核心的科学问题。具体来说,主要科学问题有以下几方面。

(1)常绿阔叶林生态系统结构和功能的动态变化过程及其调控机理

干扰引起常绿阔叶林在群落和景观尺度的退化,当干扰停止以后,有些生态系统能够自启动正向演替过程,而在一些退化严重的生态系统中,功能退化往往进一步加剧了结构受损,导致生态系统走向崩溃。因此,如何评估和预测当前常绿阔叶林退化状态以及变化方向和速率,进而提出相应的调控管理措施,是当前生态学面临的挑战。其中的基本科学问题则是常绿阔叶林结构和功能之间的关系及其动态变化与调控机理,特别是地上和地下一些关键种群的动态变化过程与机理,以及景观格局改变对生态功能的影响。

(2)常绿阔叶林生态服务功能退化机理与生态恢复途径

常绿阔叶林在维护生态安全方面的意义最近几年被逐渐认识到,但有关生态服务功能形成机制方面的研究却十分匮乏,为了科学评估并提升常绿阔叶林在亚热带地区的生态服务价值,应进一步深入探究不同退化状态、不同恢复阶段群落类型结构与生态服务功能(包括生物多样性、碳固持、土壤保持、水源涵养、水文调节等)的变化及机理,揭示常绿阔叶林景观结构与区域森林生态服务功能之间的关系,开发不同生态系统尺度上常绿阔叶林生态服务提升的技术模式。

(3)人工用材林土壤肥力演变机制与调控机理

单一追求木材供给的人工林经营导致土壤肥力普遍下降已是不争的事实。但是经营管理措施和集约强度究竟如何影响土壤肥力仍然缺乏长期定位观测数据。以往关于杉木人工林长期生产力维持已经开展了大量的工作,如在湖南会同、江西宜春和福建南平等杉木主要产区开展的研究,但这些研究存在单一树种的局限,而且绝大多数仍属于时空互代的调查,缺乏长期定位观测数据的支撑。同时,由于人工林分布范围如此之广,若要彻底回答人工林土壤肥力维持机制问题,仍需针对土壤长期肥力演变过程在特定树种栽培典型区域开展规范的长期试验和联网研究。

(4)人工用材林可持续经营模式

人工纯林经营的弊端早已为人们所认识,但如何高效可持续经营人工林仍然是一个亟待解决的科学问题。单从杉木人工林自身来说,我们或许可以通过选择适宜的混交树种来营造混交林,株间混交、行间混交或块状混交等,这在目前已经有一些成功的案例。但对一个常绿阔叶林生态区域来说如何合理地布局且高效经营人工林,最大限度地协调地带性常绿阔叶林与杉木人工林或其他树种人工林之间的关系,做到既能确保区域森林生态服务的有效供给,又能有最高效的木材产出,这是未来生态学所面临的另一重大挑战。

9.1.5 会同森林站在解决问题中的地位和作用

会同森林站自1960年建站以来,一直围绕中亚热带常绿阔叶林生态区开展森林生态学研究。建站初期主要应森林后备资源培育的国家战略需求,最早开展了人工林速生丰产的生态学基础研究,以我国栽培面积最大的杉木为研究对象,揭示了人工林生产力的多尺度演变规律。最早启动杉木纯林地力衰退机理研究,并形成了国内最具特色的森林土壤长期肥力维持机制研究,以人工林可持续经营为目的的杉木阔叶树混交模式在杉木产区得到广泛应用。20世纪末,会同森林站启动了常绿阔叶林定位研究,揭示了中亚热带常绿阔叶林土壤退化的机理以及演替过程中常绿阔叶林生物量和碳贮量的变化规律。为中亚热带地区这两个最为重要森林类型的可持续经营提供了科学支撑。具体来说,主要有以下几个方面。

(1)中亚热带常绿阔叶林生物生产力演变规律

采用长期观测、时空互代和模型模拟的方法,揭示了不同时间尺度常绿阔叶林生物生产力的演变规律:短时间尺度湖南会同林区常绿阔叶林生物量以 $3.13\ \mathrm{Mg\cdot hm^{-2}\cdot 年^{-1}}$ 速率缓慢净积累;从马尾松林演替到常绿阔叶林过程中,林分生物量随着栲等建群种组成的增加而显著增加,除了树干生物量所占比例逐渐降低之外,其他器官生物所占比例逐渐增加。与此同时土壤有机碳密度随演替递进而增加,而且生物生产力与土壤有机碳密度密切相关。通过 PnET-Ⅱ 模型和 LANDIS-Ⅱ 模型模拟,在 RCR2.6、RCR4.5 和 RCR8.5 最新气候情景下,80 年后常绿阔叶林建群种栲树和青冈地上生物生产力增幅分别达到 41.9%～83.6% 和 31.3%～60.5%。

(2)亚热带主要树种凋落物分解过程及其调控机理

凋落物分解是森林生态系统完成物质循环和能量流动的关键过程之一。会同森林站在早期开展森林凋落物分解过程研究的基础上,结合 Meta 分析和控制试验,首次揭示了控制凋落物分解的土壤动物和凋落物自身质量及其相互作用对凋落物分解的影响,发现土壤动物的取食偏好和生态位理论均对凋落物分解的土壤动物效应有一定的影响,而且氮添加抑制了高质量凋落物的分解,但对土壤动物效应并没有显著影响。研究还发现凋落物混合分解导致残留率下降 0.95%($P<0.01$),而且凋落物混合分解的非加和效应主要由土壤动物介导,凋落物质量之间的差异及年降水量也显著影响非加和效应。

(3)中亚热带森林土壤质量演变机理

中亚热带森林土壤绝大多数为常绿阔叶林下发育的土壤,由于人为干扰的缘故,森林土壤质量总体呈衰退趋势,特别是常绿阔叶林转变为人工针叶纯林以及纯林连栽导致土壤质量严重退化。会同森林站在国内最早开始关注森林土壤质量衰退机理问题。通过近 60 年的长期观测和定位研究,从营养机理、生物学机理以及毒性机理三个方面首次全面揭示了该区域森林土壤质量演变过程与机理。三大机理均与土壤有机质的数量与组成紧密关联,通过调控土壤有机碳数量与组成影响土壤中养分元素、碳源以及小分子毒性物质,进而影响土壤生物功能类群,最终影响土壤质量。这一发现为我国亚热带森林可持续经营提供了最基本的理论依据。

（4）针阔叶混交林种间相互作用机理与混交模式

针对杉木纯林及其连栽导致生产力下降这一问题,会同森林站率先在国内开展杉阔混交长期定位试验研究,筛选出高生产力生态协调的杉木火力楠（8∶2）混交模式,该模式随后在广大杉木产区得到了大面积的推广。20 世纪 90 年代以来,揭示了杉木火力楠混交林两树种间通过凋落物、细根和化感物质产生的相互作用关系及机理,特别是最近通过定位研究发现,杉楠混交林生产力的提高是由于火力楠的存在加速了源于杉木的毒性物质环二肽的分解。通过一系列的定位观测和试验研究,会同森林站系统揭示了混交林中杉木与混交林之间相互作用关系,并为杉阔混交模式进一步推广提供了最为有力的科技支撑。

9.2　中亚热带典型森林生态系统生物量积累与分配

森林生态系统生物量是研究许多林业和生态问题的基础,不仅可以用其指导林业生产经营和反映土壤肥力状况,而且对森林生态系统碳管理也具有重要的意义。我国中亚热带具有优良的水热条件,能够为植物的生长提供有利的环境条件,因而成为我国人工林木材生产的主产区（陈楚莹等,2000）。对中亚热带几种典型森林生态系统生物量进行估算,能够为今后林业生产经营提供技术指导,也为森林固碳功能评估提供数据支撑。

9.2.1　中亚热带常绿阔叶林生物量积累与分配

常绿阔叶林是中亚热带森林植被演替过程的顶极阶段,是典型的地带性森林植被类型,优势树种主要以壳斗科和樟科植物为主,如栲树、青冈（*Cyclobalanopsis glauca*）、苦槠（*Castanopsis sclerophylla*）、刨花楠、樟树（*Cinnamomum camphora*）等树种。常见灌木种类主要有檵木（*Loropetalum chinense*）、米碎花（*Eurya chinensis*）、山胡椒（*Lindera glauca*）、盐肤木（*Rhus chinensis*）、柳叶毛蕊茶（*Camellia salicifolia*）和油茶（*Camellia oleifera*）等。草本植物主要有杜茎山（*Maesa japonica*）、芒萁（*Dicranopteris dichotoma*）、淡竹叶（*Lophatherum gracile*）、金星蕨（*Parathelypteris glanduligera*）、空心泡（*Rubus rosaefolius*）等。

准确地模拟乔木层各树种生物量异速生长模型,对于估算中亚热带常绿阔叶林生态系统生物量的准确性和可靠性至关重要。因此对不同径级各树种进行解析,得到群落中主要树种的生物量异速生长方程是关键性的第一步（Chen et al.,2016）。在常绿阔叶林中,胸径在 5~20 cm 的林木最多,密度达到 643 株·hm^{-2},约占全部林木总量的 49.2%;胸径在 20~30 cm 的林木次之,为 256 株·hm^{-2},约占全部林木总量的 30.8%;而胸径大于 30 cm 的林木数量最少,为 155 株·hm^{-2},

约占全部林木总量的 20.0%（图 9.1）。这表明常绿阔叶林幼苗更新状况良好,为生态系统的发育提供了条件。

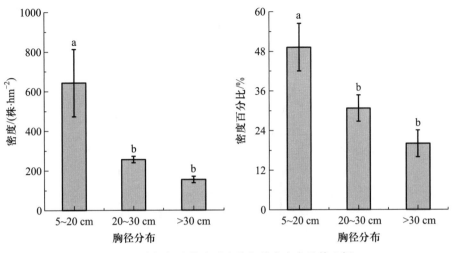

图 9.1 常绿阔叶林中乔木胸径分布密度及其比例

常绿阔叶林乔木层生物量为 282.3 Mg·hm^{-2},其中,地上部分为 219.2 Mg·hm^{-2},占总生物量的 77.6%;地下部分为 63.1 Mg·hm^{-2},占总生物量的 22.4%,地下生物量与地上生物量的比值约为 0.29。在地上各器官生物量分布格局中,树干生物量最大,为 152.2 Mg·hm^{-2},约占总生物量的 53.9%;其次是树枝,其生物量为 55.5 Mg·hm^{-2},约占总生物量的 19.7%;最低为树叶,生物量为 11.5 Mg·hm^{-2},仅占总生物量的 4.1%。各器官生物量差异显著,大小顺序为干 > 根 > 枝 > 叶（图 9.2）。

按照乔木胸径分布,随着乔木胸径的增加,其生物量所占比重越来越大。胸径为 5 ~ 20 cm 的乔木生物量为 44.3 Mg·hm^{-2},约占乔木总生物量的 15.7%;胸径为 20 ~ 30 cm 的乔木生物量为 99.4 Mg·hm^{-2},约占乔木总生物量的 35.2%;胸径 >30 cm 的乔木生物量为 138.6 Mg·hm^{-2},约占乔木总生物量的 49.1%（图 9.3）。由此可见,大径级乔木在该常绿阔叶林生态系统生物量积累和碳固持过程中扮演重要角色。

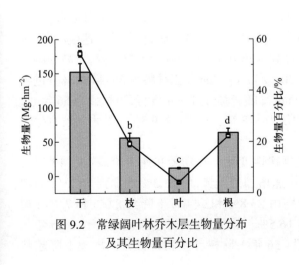

图 9.2 常绿阔叶林乔木层生物量分布及其生物量百分比

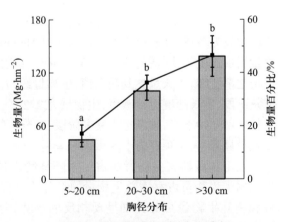

图 9.3 常绿阔叶林不同胸径乔木生物量分布及其生物量百分比

　　常绿阔叶林生态系统总生物量为 286.4 Mg·hm^{-2},其中乔木层生物量为 282.3 Mg·hm^{-2},占生态系统总生物量的 98.58%,是常绿阔叶林生物量的主要部分;灌木层和草本层植被生物量相差不大,分别为 1.41 Mg·hm^{-2} 和 2.66 Mg·hm^{-2},约占总生物量的 0.49% 和 0.93%(图 9.4)。由此可见,乔木层植被在常绿阔叶林中具有非常重要的作用,其生物量的波动必然能够极大影响总生物量的变化。

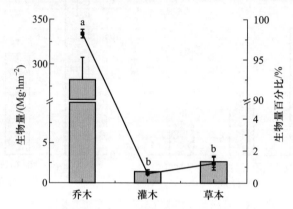

图 9.4　常绿阔叶林生态系统生物量分布及其生物量百分比

9.2.2　人工纯林生物量积累与分配

　　中亚热带是我国人工林最为集中分布区,其中杉木用材林一直占据优势地位。杉木用材林的生物量积累及其分配格局,总体取决于林分生长发育各阶段主要组分之间的相对变化,但总体来说,杉木用材林始终以冠层目标树种杉木为主。在幼林阶段为了确保杉木幼树的生长,通常采用抑制对杉木幼苗生长有影响的杂草和灌木的方法。林分郁闭后,林内透光度较低,林下植被自然稀少。进入成熟阶段时,林冠逐渐疏开,林下植被层逐渐发育。林下植被主要灌木有白栎(*Quercus fabri*)、大叶白纸扇(*Mussaenda esquirolii*)、杜茎山(*Maesa japonica*)和细齿叶柃(*Eurya nitida*)等,草本有狗脊(*Woodwardia japonica*)、芒萁(*Dicranopteris dichotoma*)、碎米莎草(*Cyperus iria*)、淡竹叶(*Lophatherum gracile*)和空心泡(*Rubus rosaefolius*)等。

　　杉木用材林生物量随着林龄变化呈现 S 形增长。林龄为 3 年时,林分处于幼龄林阶段,其生长速度较为缓慢,乔木层生物量仅为 3.41 Mg·hm^{-2};当林龄为 6 ~ 13 年时,林分处于速生阶段,生物量增加速度较快,约为 34 ~ 97 Mg·hm^{-2};林龄为 18 ~ 26 年时,林分处于干材阶段,树高和胸径生长逐渐变缓,生长量达到最大值,生物量约为 130 ~ 230 Mg·hm^{-2};当林龄为 35 年时,林分进入成熟阶段,生长速度逐渐减缓,生物量为 272 Mg·hm^{-2};随着林分进一步发育,当林龄为 56 年时,生长速度开始下降,逐渐进入衰老阶段,林分生物量为 328 Mg·hm^{-2}(图 9.5a)。杉木各器官生物量差异显著,大小顺序为干 > 根 > 枝 = 叶。

　　人工林各器官生物量所占比重随林龄出现规律性变化。在幼龄和速生阶段(3 ~ 13 年),杉木树干生物量占乔木总生物量的百分比呈现快速增加的趋势,由 41.3% 增加到 70.2%;而树枝和树叶生物量百分比则呈现相反的趋势,分别由 23.8% 和 24.6% 下降到 8.0% 和 7.7%;树根生物量百分比基本保持不变,维持在 10.3% ~ 16.5%。从干材阶段到成熟阶段(18 ~ 35 年),各器官生物量百分比保持不变。直到过熟阶段(56 年),除树叶生物量百分比出现下降趋势外,其余各器官都保持不变(图9.5b)。出现这种现象的可能原因是,在幼龄和速生阶段,杉木树干生长迅速,生物量累积显著增加,而进入成熟阶段后杉木生长变缓,各器官生物量增加量趋于稳定。

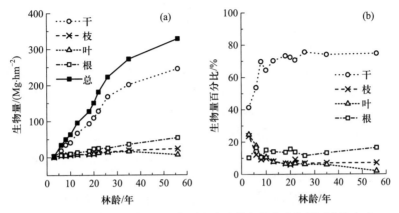

图9.5 杉木人工林乔木层生物量(a)及其各器官生物量百分比(b)

杉木人工林生态系统生物量随着林龄的增加而呈现递增趋势,其中,乔木层生物量增加更为显著,尤其是在幼龄和速生阶段,生物量最低时仅为3.41 Mg·hm⁻²,过熟阶段最高为328.4 Mg·hm⁻²;而林下植被生物量增加较为缓慢,幼龄阶段最低,为0.05 Mg·hm⁻²,随着林龄增加而逐渐增加,到过熟阶段达到最大值,为13.6 Mg·hm⁻²(图9.6)。在杉木人工林发育过程中,杉木人工林乔木层生物量百分比逐渐降低,而林下植被生物量百分比逐渐增加,这可能归因于幼龄阶段的人为抚育干扰和成熟、过熟阶段林冠层自疏。

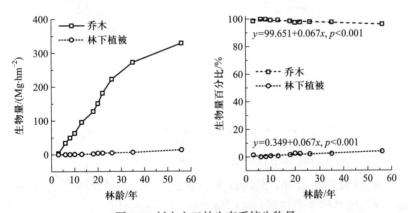

图9.6 杉木人工林生态系统生物量

9.2.3 针阔叶混交林生物量积累与分配

杉木人工纯林结构单一,加上不合理经营措施,普遍产生地力衰退,引起杉木人工林连栽障碍问题(陈楚莹等,1990)。如何解决杉木人工林连栽障碍问题一直是困扰我国林业生产的重要问题,而杉阔叶混交能够改善土壤养分状况,提高林分生产力,进而缓解杉木人工林连栽障碍(冯宗炜等,1988)。常见的混交树种主要有樟树、木荷(*Schima superba*)、火力楠(*Michelia macclurei*)等地带性常绿阔叶树种,其中最为成功的是杉木与火力楠混交林。

林木胸径是衡量树木生物量的重要指标。杉木火力楠(8:2)混交林中的杉木,除第 2 年平均胸径低于纯林外,其余各林龄生长量均较大,且随林龄的增加差距也拉大,约比纯林大 0.2~1.0 cm,到 13 年林龄时为杉木纯林的 108.7%;在 4~9 年林龄时,火力楠平均胸径小于杉木纯林,10~13 年林龄时则大于杉木纯林,13 年林龄时为杉木纯林的 113.0%,这充分说明杉木火力楠(8:2)混交显著促进了杉木胸径生长(图 9.7a)。杉木火力楠(8:2)混交林中杉木与火力楠的胸径相比,11 年林龄前杉木的胸径生长量大于火力楠,12 年林龄后则相反,这说明火力楠在林分中所占据的空间在加大。杉木火力楠(5:5)混交林中杉木各年胸径的生长在 4~8 年林龄时大于杉木纯林,9~13 年林龄差异不明显。火力楠各林龄的胸径生长量则显著低于杉木纯林。

树高生长也是衡量生物量的重要指标。杉木火力楠(8:2)混交林杉木的平均树高大于杉木纯林,而火力楠平均树高在 3~9 年林龄时低于杉木纯林,9 年林龄后则相反。这说明杉木火力楠(8:2)混交促进了杉木的树高生长(图 9.7b)。杉木火力楠(5:5)混交林中杉木树高生长在 8 年林龄前大于杉木纯林,随后则出现杉木树高生长小于杉木纯林的现象。混交林中火力楠在 10 年林龄前生长较缓慢,之后树高生长量加快,呈现出树高生长大于杉木纯林的趋势。

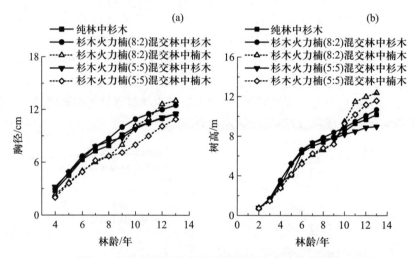

图 9.7　杉木火力楠混交林各树种胸径、树高生长动态

杉木与火力楠混交比例对林分生物量的影响非常大。杉木火力楠(8:2)混交林 13 年林龄的杉木生物量为 84.1 Mg·hm⁻²,仅比纯林杉木生物量(89.1 Mg·hm⁻²)低 5.6%,但是林分生物量为 125.6 Mg·hm⁻²,比杉木纯林提高了 41.0%;而杉木火力楠(5:5)混交林 13 年林龄时总生物量为 96.9 Mg·hm⁻²,仅比杉木纯林提高了 8.7%(图 9.8)。这表明杉木与火力楠栽植比例为 8:2 时显著促进了混交林生物量积累。

杉木火力楠(8:2)混交林林分生物量都明显高于杉木纯林和杉木火力楠(5:5)混交林,而且随着林

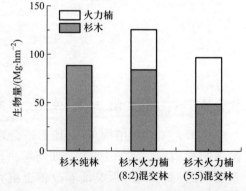

图 9.8　杉木火力楠混交林 13 年林龄生物量

龄的增加,这种差异越来越显著(图9.9)。而杉木火力楠(5∶5)林分生物量在11年林龄之前低于杉木纯林,11年林龄后则稍高于杉木纯林。杉木火力楠(8∶2)混交林中,火力楠生物量占林分总生物量的比例随着林分发育逐渐增大,从10年林龄前不到15%,10年林龄时增至20.2%,到13年林龄时则上升为33.0%(图9.10)。杉木火力楠(5∶5)混交林中火力楠生物量所占比例变化趋势基本与杉木火力楠(8∶2)混交林一致,10年林龄时为林分生物量的43.2%,到13年林龄时接近50%。由此可见,到13年林龄时,混交林中火力楠生物量占林分生物量比例等于或大于该树种在林分组成中所占比例,后期凸显火力楠在混交林中的生产潜力。随着林龄增加,各器官在所占生物量的比例也随之发生变化,无论杉木或火力楠,总体上呈现树干生物量所占比例随林龄增长,而树枝、树叶和树根均随着林龄增长而下降。但混交对各器官生物量的分配没有显著影响。

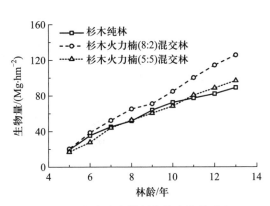

图9.9　杉木火力楠混交林生物量动态

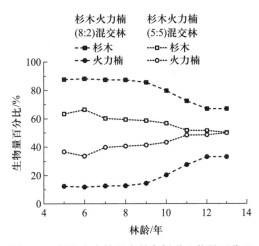

图9.10　杉木火力楠混交林各树种生物量百分比

对于20年生人工林,杉木火力楠(8∶2)混交林生物量比杉木纯林增加10.56%,与火力楠纯林相比亦提高25.69%;而树干生物量则增加10.23%,比火力楠纯林增加24.52%;杉木火力楠(8∶2)混交林乔木层生物量比杉木纯林增加9.79%,比火力楠纯林增加26.76%。从生物量空间格局来看,3种类型林分生物量的积累均集中于乔木层,占总生物量的95%以上,其中树干对乔木层生物量的贡献最大,一般维持在总生物量的60%左右。凋落物生物量所占比例非常小,一般不超过2%。树根生物量占总生物量比例以杉木纯林(14.78%)最大,其次是杉木火力楠(8∶2)混交林(14.43%)和火力楠纯林(12.38%)(表9.1)。

对于14年生人工林,杉木桤木(8∶2)混交林和杉木刺楸(8∶2)混交林总生物量分别比杉木纯林增加25.50%和10.22%,其中乔木层生物量分别增加了24.93%和9.98%,树干生物量分别增加了29.35%和8.88%(Wang et al.,2009)。就生态系统生物量分布格局而言,与杉木纯林相比,杉木桤木(8∶2)混交林和杉木刺楸(8∶2)混交林乔木层生物量所占比例没有变化,维持在97.0%~97.5%,林下植被生物量所占比例也没有变化,而凋落物生物量所占比例明显增高,分别增加了24.7%和39.5%。杉木桤木(8∶2)混交林和杉木刺楸(8∶2)混交林树干生物量所占比例与杉木纯林没有差异,而树根生物量所占比例分别比杉木纯林增加了18.4%和19.1%(表9.2)。这一结果表明杉木与桤木或刺楸混交,能够增加乔木层地下生物量的分配,促进根系生长发育,增强林木对土壤养分和水分获取能力,从而提高林分生产力。

表 9.1 杉木火力楠混交林生态系统生物量（20 年生人工林）

生物量/（Mg·hm^{-2}）		杉木纯林	杉木火力楠（8:2）混交林	火力楠纯林
乔木	树干	101.5 ± 23.8	111.9 ± 18.2	89.9 ± 8.7
	树皮	16.4 ± 2.8	17.8 ± 3.7	9.5 ± 2.8
	树枝	9.7 ± 1.2	11.9 ± 2.5	12.5 ± 3.6
	树叶	12.0 ± 1.0	12.1 ± 2.0	12.3 ± 2.3
	树根	25.1 ± 4.9	27.1 ± 5.7	18.5 ± 3.6
	合计	164.7 ± 29.1	180.8 ± 25.5	142.6 ± 15.5
林下植被		3.2 ± 0.9	4.5 ± 1.2	4.0 ± 1.3
凋落物		1.9 ± 0.7	2.5 ± 0.8	2.7 ± 0.8
总计		169.9 ± 29.4	187.8 ± 35.4	149.4 ± 22.8

表 9.2 杉木与刺楸和桤木混交林生态系统生物量（14 年生人工林）

生物量/（Mg·hm^{-2}）		杉木纯林	杉木刺楸（8:2）混交林	杉木桤木（8:2）混交林
乔木	树干	55.2 ± 12.4	60.1 ± 11.1	71.4 ± 10.0
	树皮	14.9 ± 3.8	15.2 ± 3.6	16.2 ± 3.2
	树枝	10.9 ± 3.1	12.9 ± 4.0	13.9 ± 2.9
	树叶	12.8 ± 3.3	12.8 ± 3.4	13.3 ± 3.4
	树根	9.3 ± 3.6	12.2 ± 2.9	13.8 ± 3.2
	合计	102.9 ± 14.1	113.2 ± 13.3	128.6 ± 15.1
林下植被		1.9 ± 0.5	2.0 ± 0.8	2.5 ± 0.7
凋落物		0.8 ± 0.3	1.1 ± 0.4	1.4 ± 0.3
总计		105.6 ± 13.8	116.4 ± 15.6	132.5 ± 14.4

9.3 中亚热带典型森林生态系统
凋落物积累与分解

凋落物是森林生态系统中的重要组成部分,它连接了地上部分植物的光合作用与地下部分的分解过程(王凤友,1989)。同时,凋落物还通过影响植物的萌发与生长来影响植物群落的构建和物种间的竞争,在维持森林生态系统物质循环与结构功能中发挥重要作用。随着人们对全球气候变化问题的日益关注与凋落物动态在碳循环中重要作用的认识,人们从凋落物产量和凋落物分解速率两方面开展了大量的工作。在我国亚热带地区,由于水热条件好,森林生态系统中物质循环极为活跃,凋落物在全球碳循环过程中的作用就显得尤为突出。

9.3.1 常绿阔叶林凋落物动态

常绿阔叶林是我国亚热带地区的地带性植被,其树种组成主要以壳斗科、樟科、山茶科和木兰科为主。由于其树种特异性,亚热带地区凋落物量表现出明显的季节动态,而其变化模式在各地则较为类似。以湖南会同常绿阔叶林为例,凋落物量通常呈现出两个高峰,第一和第二个高峰分别出现在春末夏初(4—5月)和秋末冬初(10—11月),其叶凋落物量分别占年凋落物量的18.5%和15.3%。一般来说,第一个高峰出现的原因在于常绿阔叶树种在生长季初期的一次性换叶,以便为新叶的正常发育提供空间;而第二个高峰则是由林木在秋末冬初的落叶所导致。枝凋落物的产生则受一些物理因素的影响,如冬季的雪压、强暴雨以及台风均会导致大量枝凋落物的产生。花果凋落物主要集中在10—12月的收获季节,这与树木本身的生物学特性有关(图9.11)。

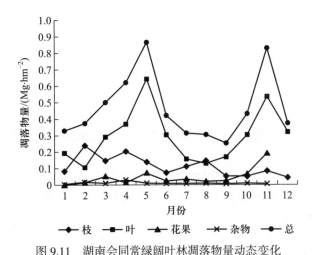

图9.11 湖南会同常绿阔叶林凋落物量动态变化

森林演替过程中,凋落物量也表现出显著的变化动态。浙江天童常绿阔叶林随着演替的进行,凋落物层和灌木层凋落物量均呈现出增加趋势。在一定程度上,这与森林在演替过程中,随着物种的替换,生产力增加、物质循环加快有关(张庆费等,1999)。凋落物量是森林生态系统生物量的组成部分,在全球尺度上,凋落物量具有一定的分布格局,随着纬度或海拔的升高,凋落物量在下降,而凋落物积累量则呈上升趋势(Vogt et al.,1986;郑征等,2005)。

9.3.2 常绿阔叶林粗木质残体

粗木质残体是森林凋落物的重要组成部分,在森林生态系统结构组成和功能发挥中扮演重要角色。据统计,粗木质残体储量占全球森林生物量的10%以上。粗木质残体主要由枯立木、倒木、大枝和根组成。一般来说,枯立木和倒木在粗木质残体中占的比例较大,为80%~90%;大枝和根所占的比例较小,为10%~20%。在我国亚热带地区,相关数据较少。据在湖南鹰嘴界国家级自然保护区调查,常绿阔叶林演替系列各林分粗木质残体占乔木层生物量的0.66%~2.21%,随着演替进展,从马尾松林阶段到地带性常绿阔叶林阶段,粗木质残体由1.14 T·hm^{-2}增加至6.47 T·hm^{-2},其中倒木占49.3%~73.6%(Zeng et al.,2015b)。这一结果低于何小娟（2009）在福建天宝岩国家级自然保护区的研究结果，与 Delaney 等（1998）在委内瑞拉热带森林，以及 Garmona 等（2002）在智利常绿阔叶林中的研究结果相近。

　　一般来说，粗木质残体储量受到粗木质残体形成与分解两方面因素的控制。就形成过程来说，粗木质残体在不同区域由不同的原因形成。然而，由于目前所存数据量较少，而我国在这一领域的研究仍很欠缺。鉴于粗木质残体具有碳汇、养分供给、生物多样性维持等多种生态功能，为了更好地利用和保护中国的森林资源，相关的研究有待加强。

9.3.3　人工林采伐剩余物的生态功能

　　人工林在代际更替过程中，会产生大量采伐剩余物。这些采伐剩余物在人工林生态系统物质循环中起重要作用，对采伐剩余物进行科学管理是维持下一代人工林土壤生产力关键所在。采伐剩余物主要包括树叶、不同径级的树枝以及根桩。

　　与常规凋落物相比，人工林采伐剩余物组成较为复杂，各组分分解速率也存在很大差异。在福建南平林区的研究表明，采伐剩余物相比常规凋落物分解速率较快。基于单指数衰减模型的采伐剩余物分解 50% 所需时间为 19 个月，而树枝则需要 30 个月以上（陈清山等，2006）。采伐剩余物分解较快主要原因在于采伐剩余物较多的氮磷养分有利于微生物生长以及昆虫取食。作为采伐剩余物的另一重要组成部分，根桩的分解速率比树枝和叶片则要慢很多。黄志群等（2000）在会同森林站研究发现根桩边材分解速率显著高于心材。边材分解 50% 需要 25 年时间，而心材则需要 30 年以上，暗示根桩在下一代杉木人工林中长期存在并将持续发挥作用。

　　采伐剩余物在下一代人工林中发挥着重要的作用，对杉木生长、土壤肥力、酶活性及微生物过程均有显著影响。已有研究表明，采伐剩余物保留相比移除显著减少了土壤有机质、总氮、总磷、总钾等养分元素的流失（马祥庆等，1996），并有利于二代杉木生长（范少辉等，2006）。根桩对林地理化性质、酶活性也有重要影响。会同森林站比较了不同分解阶段根桩周围土与本体土之间的差异，结果显示根桩的存在增强了土壤蔗糖酶和酸性磷酸酶活性，而降低了微生物生物量碳、脲酶的活性和土壤 pH（Wang et al., 2012）。

9.3.4　亚热带森林凋落物分解过程与机理

　　凋落物分解是森林生态系统物质循环和能量流动关键生态过程之一，对其分解动态的研究有助于深入理解森林生物地球化学循环和土壤有机质及土壤肥力的维持机制。会同森林站较早在国内开展了森林凋落物分解过程研究，比较分析了常绿阔叶林主要树种凋落物分解速率，以及凋落物质量（C：N）及其环境因素的影响，较早在国内开展了不同形态氮添加对凋落物分解影响的研究（廖利平等，2000c，2000d）。然而，有关凋落物分解过程控制因素的问题仍然没有得到解决。

　　Zhang 等（2016）在会同森林站开展了 18 种亚热带森林植物凋落物分解实验，结果发现分解较快的高质量凋落物具有较高的磷浓度和比叶面积，同时也具有较低的木质素浓度和木质素 / 氮（图 9.12）。这一结果明确了在中亚热带地区森林凋落物的分解主要受磷浓度和比叶面积，以及木质素浓度和木质素 / 氮这些因素制约，而与氮浓度、碳氮比、纤维素、半纤维素浓度等因素之间没有显著相关性。其中磷限制与该区域红壤性质有关，显然凋落物性状与其分解速率之间的关系具有一定的区域性特征,模型专家需要根据当地的实际情况对凋落物性状做筛选才能用于凋落物分解速率的预测。

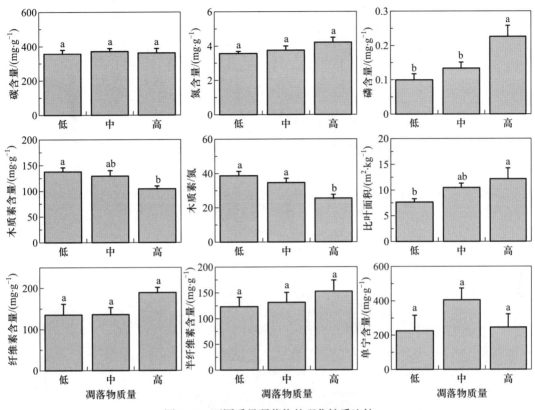

图 9.12　不同质量凋落物的理化性质比较

土壤动物是影响凋落物分解的又一重要因素。Meta 分析发现在凋落物分解过程中土壤动物效应达到 35%,土壤动物效应的首要控制因素是气候,但两者之间的关系并非线性,这与土壤动物在特定的气候范围内具有一定的适应性有关,并推测凋落物质量是影响土壤动物效应的另一重要因素(Zhang et al., 2015)。通过不同网眼凋落物袋试验结果也表明,如果不考虑氮添加处理和凋落物质量,排除掉土壤动物后,凋落物分解速率下降了 17% ± 1.5%。此外,随着凋落物氮、磷浓度的升高和木质素浓度的降低,土壤动物效应呈增强趋势,即土壤动物对高质量凋落物的分解动态具有更大的影响(图 9.13),表明土壤动物的取食偏好和生态位理论均对凋落物分解的土壤动物效应有一定的影响。

随着氮沉降对生态系统的影响日益加剧,氮添加对凋落物分解过程的影响已然成为生态学研究的一个热点问题。然而所报道的结果却很不一致。氮添加促进、抑制或者没有显著影响凋落物分解,这三种结果均有报道。会同森林站的实验结果则表明,由于氮添加,凋落物分解速率出现了不同程度的抑制作用,并且抑制作用随氮添加水平的增加而增强。更值得注意的是氮添加对中等质量和高质量凋落物的分解起到显著的抑制作用,而对低质量凋落物的分解没有显著影响(图 9.14)(Zhang et al., 2016)。显然,这两种理论都只能部分解释观察到的现象。接下来仍需探究这两种理论在哪种情况下适用,以及两种理论是否具有融合的可能。

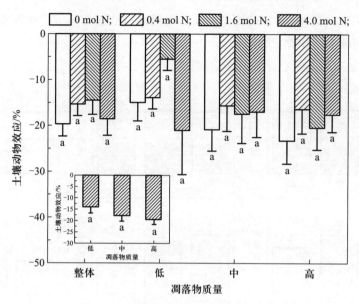

图 9.13   氮添加对土壤动物效应的影响

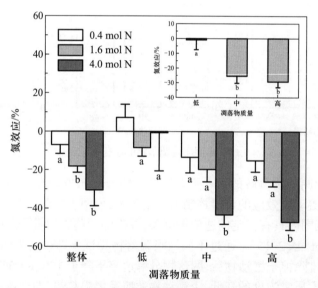

图 9.14   凋落物质量对氮效应的影响

在自然界中凋落物往往处于多树种混合状态,而不像通常凋落物袋分解实验中单种凋落物独自分解。会同森林站较早在国内开展凋落物混合分解研究(廖利平等,2000e;Wang et al.,2007,2008,2009),发现杉木与桤木、杉木与火力楠等凋落物混合分解存在非加和性效应,分解速率高于杉木凋落物单独分解。近年来,凋落物的混合分解也是人们关注的热点问题之一,但研究结果仍然存在很大的不确定性。针对全球范围内凋落物混合分解研究的 Meta 分析表明,凋落物混合分解过程中的残留率下降了 0.95%(95% 置信区间 0.35% ~ 1.54%)($p<0.01$),土壤动物介导着凋落物分解的非加和效应。此外,控制非加和效应的另一因素就是凋落物之间的质量差异及其功能多样性,质量差异越大,功能多样性越高,非加和效应也越强。随着年降水量的增加,

非加和效应呈现出逐渐增强趋势。

　　凋落物分解研究仍然存在很多问题值得深入研究：① 目前研究仍然主要以地上部分叶凋落物为主要研究对象，今后需要对地下部分凋亡细根的分解动态及其控制因素做更深入了解；② 尽管人们通常认为控制凋落物分解的因素为气候、凋落物质量和土壤生物，但是它们之间的相对贡献仍是一个有争议的问题，需要通过跨气候区的联网研究对这一问题进行澄清；③ 目前人们通常使用单指数衰减模型来拟合凋落物分解动态，然而，这一模拟暗含以凋落物是均质的为假设前提，而凋落物则包含了非常复杂的多种成分，我们仍需开发更合理的过程模型对凋落物分解动态进行拟合。

9.4　中亚热带典型森林土壤有机碳动态与稳定性机理

　　森林土壤有机碳贮量约为地上植被碳贮量的 2~3 倍，是陆地生态系统中最为重要的碳库。在全球环境变化背景下，森林土壤有机碳贮量及分解过程的微小变化都将会对大气 CO_2 浓度产生深刻影响，进而影响全球气候变化的进程。土壤有机碳更是构成森林土壤质量的核心物质。中亚热带区域则是我国常绿阔叶林分布最广的区域，但由于该区域人类活动频繁，常绿阔叶林地带性植被遭到严重破坏，残留下来的天然林已经很少，大部分已变成了次生林以及杉木林、马尾松林等人工林。杉木是我国特有的优良速生用材树种，其人工林在我国亚热带地区分布面积达 850 万 hm^2，在我国木材生产和生态安全中发挥着不可替代的作用。

9.4.1　常绿阔叶林演替过程中土壤有机碳的积累

　　目前中亚热带地区所存在的常绿阔叶林多为被破坏的原始林演替而成的次生林，并处在不同演替阶段。按照演替方向，森林演替分为进展演替和逆行演替，这里主要介绍森林进展演替过程中土壤有机碳的积累。

　　在中亚热带湖南省会同县鹰嘴界自然保护区，曾掌权（2012）[①]为研究常绿阔叶林进展演替过程中土壤有机碳的积累过程，采用了空间代替时间的方法，选择处于演替前期、早期、中期和后期的灌丛林、马尾松林、针阔叶混交林和常绿阔叶林四种典型林分类型。总体上来看，土壤有机碳储量随进展演替而升高，即灌丛林土壤有机碳储量最低（51.2 $Mg \cdot hm^{-2}$），马尾松林其次（62.8 $Mg \cdot hm^{-2}$），然后是针阔叶混交林（69.6 $Mg \cdot hm^{-2}$），常绿阔叶林土壤有机碳储量最高，为90.5 $Mg \cdot hm^{-2}$（表 9.3）。在 0~20 cm 和 20~40 cm 土层中土壤有机碳储量均表现为常绿阔叶林 > 针阔叶混交林 > 马尾松林 > 灌丛林，而在 40~60 cm 土层中土壤有机碳储量却表现为常绿阔叶林 > 马尾松林 > 针阔叶混交林 > 灌丛林。多重比较（LSD）分析法的结果显示灌丛林及马尾松林与常绿阔叶林之间土壤有机碳储量存在显著差异，其他林地之间土壤有机碳储量差异不显著。我国东部浙江天童国家森林公园也发现常绿阔叶林土壤有机碳储量随进展演替呈显著上升趋势（李光耀，2007）。总体上，常绿阔叶林进展演替过程中土壤有机碳处于积累状态。

---

① 曾掌权. 2012. 中亚热带常绿阔叶林不同演替阶段碳贮量及固碳潜力. 北京：中国科学院大学，博士学位论文.

表 9.3　湖南鹰嘴界常绿阔叶林进展演替过程中森林土壤有机碳储量的变化

（单位：$Mg \cdot hm^{-2}$）

演替阶段	0~20 cm	20~40 cm	40~60 cm	合计
灌丛林	28.6	16.3	8.1	51.2
马尾松林	33.1	18.0	12.1	62.8
针阔叶混交林	37.6	20.6	12.0	69.6
常绿阔叶林	55.2	22.4	13.8	90.5

　　土壤活性有机碳也随着进展演替呈总体增加趋势。在我国东部浙江宁波林区从灌丛群落经过木荷群落向栲树群落的演替过程中，0~20 cm 土层土壤可矿化有机碳、微生物量碳、可溶性有机碳和易氧化有机碳的含量均表现出显著增加趋势；易氧化有机碳、土壤可矿化有机碳、微生物量碳和可溶性有机碳储量，总体上表现为随演替过程的进展而增加；土壤活性碳/总有机碳、土壤易氧化有机碳/总有机碳以及土壤可矿化有机碳/总有机碳均表现为总体增加的趋势，而土壤微生物量碳/土壤有机碳和土壤可溶性有机碳/土壤有机碳均随常绿阔叶林的进展演替而降低[1]。

　　在森林生态系统中，土壤有机碳主要来源于地上凋落物和地下根系。通过相关性分析发现，在浙江天童国家森林公园常绿阔叶林演替过程中细根年归还量与土壤总有机碳、可矿化有机碳、可溶性有机碳和微生物量碳的储量均显著正相关。年凋落量与土壤总有机碳和可矿化有机碳的储量也呈显著正相关，但相关系数相对较低。这表明在浙江天童常绿阔叶林演替过程中细根年归还量是影响土壤有机碳积累的主要因子（表 9.4）（孙宝伟等，2013）。

**表 9.4　浙江天童常绿阔叶林不同演替阶段土壤不同碳库与凋落物年凋落量、
地表凋落物现存量及细根年归还量的线性相关系数**

	土壤总有机碳	可矿化有机碳	微生物量碳	可溶性有机碳
凋落物年凋落量	0.632*	0.609*	0.213	0.445
地表凋落物现存量	−0.411	−0.483	0.134	−0.209
细根年归还量	0.714**	0.853**	0.700*	0.901**

注：*，$p<0.01$；**，$p<0.05$。

9.4.2　人工用材林土壤有机碳的积累与消耗

（1）杉木人工林不同发育阶段土壤有机碳的变化

　　杉木人工林整个发育过程土壤有机碳呈总体增长趋势。张剑（2008）[2]对湖南会同林区杉木人工林不同发育阶段土壤有机碳变化过程进行了调查取样，发现土壤有机碳在林分发育过程中呈现出先略有下降再逐渐恢复的变化规律（表 8.5），具体表现为：从幼林到速生阶段，土壤有机碳含量略有下降，但并不显著。这时土壤有机碳含量的下降一方面是由于造林前采伐迹地清理

① 马文济.2015.浙江宁波常绿阔叶林演替对土壤碳库结构的影响.上海：华东师范大学，硕士学位论文.
② 张剑.2008.杉木人工林土壤有机碳动态及其稳定性研究.北京：中国科学院大学，博士学位论文.

措施不当所引起的土壤有机碳流失和采伐剩余物归还量的减少所造成的,另一方面幼林抚育措施的不当造成水土流失严重,导致表层土壤中有机碳的大量流失。另外,在幼林阶段,杉木人工林没有凋落物产生,林木处于养分净吸收状态,也将降低土壤有机碳含量。从速生到干材阶段,土壤有机碳有所回升,但与幼林阶段相比,土壤有机碳含量仍没有显著差异;当杉木人工林进入成熟阶段以后,土壤有机碳含量显著增加。这主要是因为凋落物大量归还到土壤中,为土壤补给了碳源。Chen 等(2017)对湖南省杉木人工林调查取样结果进一步明确,杉木人工林在幼林和中龄林速生阶段土壤有机碳显著下降,及至成熟阶段杉木人工林土壤有机碳恢复到造林初期的水平。在杉木人工林发育过程中,土壤各活性有机碳库变化趋势总体上与土壤有机碳相似,而相比土壤有机碳则更为敏感(表9.5)。

表9.5 杉木人工林生长发育过程中土壤有机碳及其组分含量的变化

	幼林阶段(3年)	速生阶段(11年)	干材阶段(17年)	成熟阶段(24年)
土壤总有机碳 /(g·kg⁻¹)	20.2	18.6	19.3	21.8
可溶性有机碳 /(mg·kg⁻¹)	6.97	8.26	26.64	12.44
微生物量碳 /(mg·kg⁻¹)	343.4	226.5	175.3	259.4
水溶性碳水化合物 /(mg·kg⁻¹)	215.6	184.5	191.5	241.6
轻组有机碳 /(g·kg⁻¹)	2.01	1.86	2.53	3.55

(2)杉阔混交对土壤有机碳积累与分解的影响

杉木纯林连栽总体导致土壤有机碳消耗。随着杉木纯林的连栽,土壤有机碳和各密度组分有机碳含量逐渐降低,二代与三代纯林之间差异不显著。三代杉木纯林表层土壤溶解性有机碳含量甚至高于二代纯林,这可能是难降解性有机碳积累的结果。但是,随着连栽代数的增加,土壤微生物量及其活性逐渐降低,土壤微生物呼吸熵以及有机碳矿化速率常数逐渐增加,在三代杉木纯林中变化尤其明显,表明连栽杉木人工林土壤微生物对土壤有机碳的利用效率降低,土壤质量下降,生态系统处于退化之中。

杉阔混交可以缓解杉木人工纯林连栽所引起的土壤有机碳消耗。王清奎(2006)[①]在湖南会同地区比较了杉木人工纯林与杉阔混交林土壤有机碳含量,发现杉阔混交林土壤总有机碳含量与杉木人工纯林之间差异不显著(表9.6)。然而杉木与阔叶树混交使土壤微生物量碳的含量得到了一定程度的提高,但差异也不显著。与杉木人工纯林相比,杉木桤木混交林、杉木刺楸混交林 0~10 cm 土层土壤微生物量碳含量分别增加了 14.4% 和 8.5%,10~20 cm 土层土壤微生物量碳含量的增加幅度大于 0~10 cm 土层,分别为 20.3% 和 16.5%。杉木与阔叶树混交能显著提高土壤可溶性有机碳的含量,但混交树种之间差异不显著。与杉木人工纯林相比,在 0~10 cm 土层中,杉木桤木混交林、杉木刺楸混交林可溶性有机碳含量分别增加了 31.4% 和 22.8%;10~20 cm 土层则分别增加了 49.7% 和 44.4%。因此,杉木与固氮阔叶树种——桤木混交对土壤微生物量碳、可溶性有机碳等活性碳库的恢复效果比杉木与非固氮树种——刺楸混交好。

---

① 王清奎.2006.杉木人工林土壤活性有机碳特征及其积累与矿化.北京:中国科学院大学,博士学位论文.

表 9.6　杉阔混交对杉木林土壤碳库及土壤呼吸的影响

	杉木纯林		杉木桤木混交林		杉木刺楸混交林	
	0～10 cm	10～20 cm	0～10 cm	10～20 cm	0～10 cm	10～20 cm
土壤总有机碳 /(g·kg^{-1})	13.5	9.4	11.8	9.9	12.5	11.9
可溶性有机碳 /(mg·kg^{-1})	109.0	74.3	143.2	111.2	133.9	107.3
微生物量碳 /(mg·kg^{-1})	252.4	192.0	288.7	230.9	273.8	223.6
土壤呼吸 /(mg CO$_2$·kg^{-1}·d^{-1})	43.9	30.5	45.1	30.8	42.1	35.1

（3）施肥对杉木林土壤有机碳积累与分解的影响

在大部分区域,土壤氮素缺乏是森林生态系统生产力最重要的限制因子,而施氮肥可以增加土壤氮素有效性,减弱或消除氮素的限制。因而,施氮肥已经成为提高人工林生产力的一种高度集约式经营管理措施。但是,施肥在提高林地生产力的同时,还会对土壤有机碳库等地下生态过程产生深刻影响。为此,王清奎等建设了杉木林施肥长期试验样地。李艳鹏等（2016）利用该试验样地研究了施氮磷肥对土壤有机碳库组成的影响。在短期内,施氮肥、磷肥都显著降低了0～10 cm 土层土壤可溶性有机碳含量,而对易氧化有机碳和微生物量碳均没有显著影响,而对10～20 cm 土层中土壤活性有机碳没有显著影响。

施氮肥降低了杉木幼林土壤呼吸（图 9.15）。施氮肥后土壤总呼吸、微生物呼吸（异养呼吸）和根系呼吸（自养呼吸）的年通量分别是 4.71 t C·hm^{-2}·年$^{-1}$、3.64 t C·hm^{-2}·年$^{-1}$ 和 1.06 t C·hm^{-2}·年$^{-1}$,分别比对照降低了 22.7%、23.5% 和 19.6%（王清奎等,2015）。施氮肥对土壤根系呼吸的降低作用可能是因为氮肥降低了植物光合产物向地下根系的分配,使得根系生物量和活性降低。光合产物向地下根系分配的减少还可能会造成根际土壤有机碳分解的激发效应强度减弱,从而使土壤微生物呼吸降低。施氮肥没有改变根系呼吸和微生物呼吸对土壤总呼吸的贡献。在施氮肥前土壤根系和微生物呼吸年通量对土壤总呼吸年通量的贡献分别为 21.7% 和 78.3%,施氮肥后其贡献分别为 22.6% 和 77.4%。

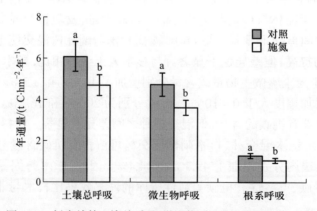

图 9.15　杉木幼林土壤总呼吸、微生物呼吸和根系呼吸年通量

9.4.3 中亚热带森林土壤有机碳稳定性机理

土壤有机碳稳定性是土壤生态系统的重要功能之一,有机碳的稳定性程度决定着土壤固定和储备有机碳的能力,对于应对和揭示全球气候变化背景下温室气体减排和增加土壤有机碳的吸存有重要意义。然而,土壤有机碳的稳定性受多种因素的影响,就其稳定性而言,可以分为物理稳定性、化学稳定性和生物化学稳定性。其中,土壤有机碳稳定性的物理机制主要是通过物理作用机制形成的团聚体对土壤有机碳起保护作用,通过在微生物和土壤有机碳、酶和土壤有机碳之间形成微团聚体来控制微生物和酶对有机碳的分解。因此,对土壤有机碳物理稳定性贡献最大的就是土壤团聚体的物理保护作用,也是目前研究比较多的部分。

人工林在生长发育过程中土壤有机碳含量随着土壤团聚体形成及其格局的变化而增加。在浙江余杭地区,杉木人工林同一粒径土壤团聚体有机碳含量总体随林龄而增加,但 20 年生与 10 年生和 30 年生林分相比土壤有机碳含量最低,有机碳含量随团聚体粒径的增大而下降,且 >5 mm 粒径和 0.25 ~ 1 mm 粒径下不同恢复时间有显著差异,而不同林龄阶段土壤团聚体有机碳含量差异不显著[①]。

土壤总有机碳和 >0.25 mm 水稳性团聚体含量之间具有很好的幂指数正相关关系($p<0.001$;图 9.16)。土壤总有机碳含量越高,>0.25 mm 水稳性团聚体含量越多,土壤结构越稳定。因此,有机质分解加快或输入减少是导致团聚体稳定性下降和水稳性团聚体减少的主要原因。同理,恢复和改良土壤结构性及结构稳定性的关键是增加有机质的投入。

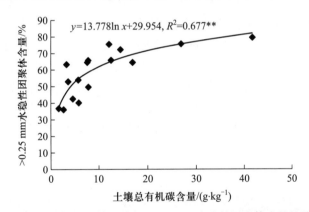

$$y=13.778\ln x+29.954, R^2=0.677**$$

图 9.16 土壤总有机碳含量与 >0.25 mm 水稳性团聚体含量的关系

土壤总有机碳含量随着不同粒径土壤团聚体有机碳含量的增加而增加,总有机碳含量和土壤团聚体有机碳含量呈显著正相关关系(表 9.7)。1 ~ 2 mm 土壤团聚体有机碳与土壤总有机碳含量的线性回归斜率(1.8629)最大、而 0.25 ~ 0.5 mm 土壤团聚体有机碳与土壤总有机碳含量的线性回归相关系数($R=0.982$)最高,说明这两个粒径的土壤团聚体和土壤团聚体有机碳的增加对土壤总有机碳积累的影响较大。

---

① 吴明 . 2009. 中北亚热带 3 种人工林生态系统碳蓄积特征及土壤有机碳稳定性 . 南京:南京农业大学,博士学位论文 .

表 9.7　土壤总有机碳含量与不同粒径土壤团聚体有机碳含量的线性关系参数

	>5 mm	2 ~ 5 mm	1 ~ 2 mm	0.5 ~ 1 mm	0.25 ~ 0.5 mm
斜率	0.16936	1.8176	1.8629	1.4003	1.3151
截距	1.763	0.4366	−2.6268	−2.9988	−2.5638
相关系数	0.795**	0.862**	0.933**	0.971**	0.982**

9.5　中亚热带典型森林生态系统生产力与土壤质量变化

　　森林生态系统生产力一般与土壤肥力紧密相关,特别是没有人为干扰的天然林如常绿阔叶林,土壤肥力一般可以用来预测森林生产力。但人工林由于人为经营活动的干扰,生态系统生产力与土壤肥力之间关系比较复杂,不存在简单的线性相关。而且这种森林生产力与土壤肥力之间的相关关系还取决于土壤肥力的评估方法,这里介绍一种基于会同森林站开发的土壤质量评估方法,以及用这种方法评估常绿阔叶林和杉木人工林土壤肥力变化的监测结果。

9.5.1　中亚热带常绿阔叶林生产力的变化

　　为了跟踪常绿阔叶林生产力的变化,会同森林站从 1999 年针对站区范围内常绿阔叶林设立了综合观测场,常绿阔叶林面积约 50 hm²。主要乔木树种有栲树、青冈、刨花楠等,观测样地海拔 350 m 左右,总面积为 0.25 hm²。母岩为砂页岩,土壤为红黄壤。2004 年开始收集定位观测数据。从 2004 年到 2015 年间生物量现存量的定位观测数据来看,该常绿阔叶林乔木层生物量现存量变化在 262 ~ 294 Mg·hm⁻²,年平均增长 3.13 Mg·hm⁻²,与浙江天童木荷 – 米槠林(3.56 Mg·hm⁻²)相似(宋永昌,2013)。除了林中出现的自然死亡和雷击倒伏之外,群落生物量处于缓慢累积过程当中(图 9.17)。从生物量积累过程来看,该群落已接近成熟阶段。

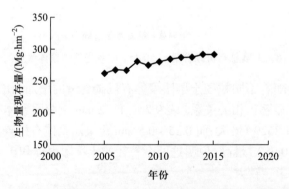

图 9.17　湖南会同森林站红栲 – 青冈 – 刨花楠群落生物量现存量的变化

　　为了分析常绿阔叶林不同演替阶段的变化,我们对湖南会同鹰嘴界国家级自然保护区不同演替阶段的生物生产力进行了调查,包括马尾松林、马尾松阔叶树混交林和常绿阔叶林 3 个阶段。不同森林类型乔木层各器官生物量存在差异，其中常绿阔叶林乔木层生物量最高，为 292.50 Mg·hm⁻²，其次为针阔叶混交林乔木层生物量，为 206.87 Mg·hm⁻²，最小是马尾松林乔木层生物量，为 171.76 Mg·hm⁻²，表现为常绿阔叶林 > 针阔叶混交林 > 马尾松林的趋势（表 9.8）。

表 9.8　不同演替阶段乔木层各器官生物量　　　　　（单位：Mg·hm⁻²）

	马尾松林	生物量百分比 /%	针阔叶混交林	生物量百分比 /%	常绿阔叶林	生物量百分比 /%
树干	98.39	57.28	108.69	52.54	136.59	46.70
树皮	9.76	5.68	17.19	8.31	25.48	8.71
树枝	23.47	13.67	29.09	14.06	49.56	16.94
树叶	15.23	8.87	18.72	9.05	26.74	9.14
树根	24.91	14.50	33.18	16.04	54.13	18.51
总重	171.76	100	206.87	100	292.50	100

从演替各林分类型乔木层各器官生物量所占比例来看，随着演替的正向递进，树干所占比例降低，其他各器官所占比例都有不同程度的增加。树干由马尾松林的 57.28% 降低到针阔叶混交林的 52.54% 及常绿阔叶林的 46.70%，树枝、树叶和树根则分别由马尾松林的 13.67%、8.87% 和 14.50% 增加到常绿阔叶林的 16.94%、9.14% 和 18.51%。针叶林向阔叶林演替过程中，改变了生物量的分配方式，使生物量向根叶等营养器官分配，更有利于树木的生长与生物量的积累。

9.5.2　人工林生产力的变化

从会同森林站综合观测场杉木人工林的观测结果来看，杉木人工林从 22～33 年生物量的变化来看，杉木人工林仍处于生物量快速积累阶段，生物量年平均积累 7.17 Mg·hm⁻²。这一结果说明杉木到达 33 年生时仍有较高的生产力（图 9.18）。

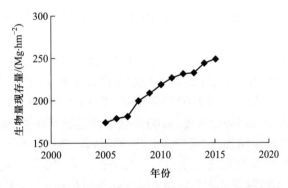

图 9.18　湖南会同森林站林区杉木人工林生物量变化

分析历史数据，杉木人工林的生物量积累和分配过程随林分年龄和发育阶段而变化。林分生物量由幼林阶段 3 年生的 3.46 Mg·hm⁻²，增长到衰老阶段 56 年生的 352.0 Mg·hm⁻²，但不论林龄大小，乔木层的生物量都占林分生物量的 93%～98%，林下植被的生物量仅占林分生物量的 0.1%～3.9%。林分净生产量的增长和分配也随林龄而变化，从幼林阶段起，林分净生产量不断增加,到干材阶段末期 26 年生时净生产量达到最大值,每公顷达到 15.93 Mg·hm⁻²,此后随林龄增加净生产量下降,至林分进入老龄阶段 56 年生时为 11 Mg·hm⁻²,其中乔木层为 6.18 Mg·hm⁻²,仅占 56.18%。

　　杉木人工林因为连栽现象极为普遍,其生产力的另一个很重要的动态变化即为代际之间的变化。无论是树高还是胸径均以头耕土杉木生长最快,其次是二耕土,三耕土杉木生长最慢(图 9.19)(陈楚莹等,2000)。这是现行经营制度下,杉木人工林生产力代际变化的基本规律。这一研究结果为我国人工林可持续经营提供了理论依据。

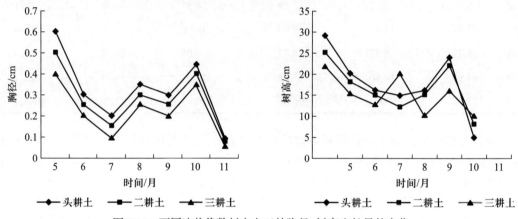

图 9.19　不同连栽代数杉木人工林胸径、树高生长量的变化

　　不同经营措施对杉木人工林生物生产力的影响也是一个最为值得关注的变化。如表 9.1 和表 9.2 所示,杉木火力楠、杉木桤木、杉木刺楸混交显著增加了林分生物量,特别是树干生物量所占比例显著增加,这一点正好符合用材林的经营目标。

9.5.3　生态系统地上生产力对气候变化的响应

　　随着全球环境变化不断加剧,气候变化对森林生态系统的影响已经引起人们越来越多的关注和重视,气温升高、辐射强迫的增强将显著改变森林生态系统的结构和功能。为了探究未来气候情景下中亚热带森林生态系统对气候变化的响应,会同森林站采用 3 种最新气候情景——典型浓度排放路径情景(RCP2.6 情景:2050 年以前温度持续上升,上升温度限制在 2 ℃之内,辐射强迫在 21 世纪末之前达到最大,到 2100 年降到 2.6 W·m⁻²;RCP4.5 情景:2070 年以前温度持续上升,2070 年以后温度增加趋势变缓慢,2100 年辐射强迫稳定在 4.5 W·m⁻²;RCP8.5 情景:到 21 世纪末,温室气体排放持续增加,温度持续上升,增温幅度将达到 5 ℃,2100 年辐射强迫上升至 8.5 W·m⁻²)的预估数据,应用生态系统过程模型 PnET–Ⅱ 和空间直观景观模型 LANDIS–Ⅱ,模拟了会同森林站么哨实验林场人工针叶林(杉木和马尾松林)和天然常绿阔叶林(栲树和青冈)地上净初级生产力(ANPP)对 2014—2094 年气候变化的响应。

　　对于人工针叶林,ANPP 在 3 种气候情景下的变化趋势均表现为先增加后降低,到 2050 年达到峰值;之后,ANPP 值开始下降,降幅表现为:RCR8.5 情景 >RCR2.6 情景 >RCR4.5 情景;到 2094 年,杉木在 RCR2.6 和 RCR4.5 情景下的 ANPP 值比 2014 年分别增加了 23.9% 和 33.2%,在 RCR8.5 情景下减少了 5.2%;马尾松在 RCR2.6 和 RCR4.5 情景下的 ANPP 值分别增加了 21.6%、

42.7%,在 RCR8.5 情景下减少了 19.9%。对于天然常绿阔叶林,到 2094 年,在 RCR2.6、RCR4.5 和 RCR8.5 情景下的栲树 ANPP 值比 2014 年分别增加了 41.9%、61.8% 和 83.6%,青冈 ANPP 值分别增加了 31.3%、60.5% 和 46.2%。

从以上结果可以看出,在不同气候情景下,不同树种、森林类型的 ANPP 对气候变化的响应存在差异,我们用 ANPP 在 2014—2094 年变化的绝对值表示各森林类型对气候变化的响应程度,得到:在 RCR2.6 情景下,天然常绿阔叶林 > 人工针叶林;在 RCR4.5 和 RCR8.5 情景下,天然常绿阔叶林 > 人工针叶林。

对于森林景观模型来说,需要大尺度长时间的实际观测数据来对模拟结果进行验证,然而在野外观测过程中这些数据难以获取,因此模型验证存在一定困难。然而本章采用的 LANDIS–Ⅱ 模型,已有学者开展过不确定性分析,包括灵敏度分析、不确定性分析和模型结构分析等。同时,该模型目前已经被广泛应用于世界各地不同森林中,其结果有效性在各研究中均有体现 (Gustafson et al.,2010;Thompson et al.,2011;Xu et al.,2007)。

9.5.4　森林土壤质量演变过程

无论生态系统生物生产力随发育阶段、代际更替以及经营措施而变化,还是随着气候变化而变化,土壤质量都是一个最基本的影响因素。土壤质量通常是指土壤在生态系统中保持生物生产力、维持环境质量、促进动植物健康生长的能力,也是保障土壤生态安全和资源可持续利用的能力。

9.5.4.1　常绿阔叶林土壤质量演变过程与机理

常绿阔叶林土壤由于人为干扰的缘故森林土壤质量总体呈衰退趋势,特别是常绿阔叶林转变为人工针叶纯林导致土壤质量严重退化。会同森林站通过定位观测发现,常绿阔叶林转变成杉木人工林以后,土壤有机碳、活性有机碳、总氮、有效养分以及阳离子交换量等均显著降低,表明土壤有机碳的数量和质量均发生了明显的变化 (Wang et al.,2007;Wang,2011;张剑等,2009),土壤有机碳矿化速率和累计矿化量均显著下降 (王清奎等,2007)。

随着常绿阔叶林被杉木人工林替代,土壤细菌香农多样性指数显著下降,并且随着连栽代数增加土壤细菌香农指数显著下降,头耕土、二耕土和三耕土之间差异显著 ($P<0.05$)。根据 DGGE 分析结果,土壤氨氧化基因(amoA)和固氮基因(nifH)香农多样性指数随着杉木人工林取代常绿阔叶林而显著下降,说明土壤中跟氮循环相关的功能细菌多样性显著下降,土壤自肥能力下降;然而,单一树种杉木人工林替代常绿阔叶林之后,土壤真菌香农多样性指数却呈上升趋势 (Liu,2010)。

森林群落结构的改变也会导致土壤动物群落组成的变化。调查结果发现,杉木人工林替代常绿阔叶林之后,土壤动物的多度和多样性均出现明显下降 (颜绍馗等,2004),这些变化与凋落物组成和数量的显著变化有关 (Wang,2010)。

9.5.4.2　人工林土壤质量演变过程与机理

杉木人工林由于树种的生物学特性(凋落物量少且难以分解)以及不合理的经营措施导致地力衰退、生产力下降,具体表现为随着连栽代数的增加,土壤中的营养元素和土壤有机质含量以及相关的物理、化学和生物学性状随之衰退。这种代际之间的立地质量演变是制约杉木人工林可持续经营的关键因素。

（1）营养机理

　　人工林固定样地 34 年观测结果表明，杉木人工林从栽植到主伐的 34 年间共吸收营养元素（N、P、K、Ca、Mg）3037.87 kg·hm^{-2}，归还量仅为 1372.42 kg·hm^{-2}，尚不足吸收量的 1/2，即从栽植到主伐全过程，林地养分都处于净消耗状态；由于土壤养分长期收支不平衡，导致林地土壤肥力不断下降（见上述养分循环部分）。20 年生杉木人工林 0～40 cm 土壤中的 N、P、K 含量分别为栽植前 52.9%、21.2%、37.8%，土壤养分逐年下降。对原为头耕土和原为二耕土两块固定样地的长期监测发现，土壤由头耕土成为二耕土的 30 年间，土壤速效 N、P、K 分别降低了 40.5%、47.5%、42.3%；林地土壤由二耕土变为三耕土的 30 年间，林地土壤速效 N、P、K 分别降低了 17.5%、51.5%、34.1%（图 9.20）。长期定位研究发现土壤养分随杉木栽植代数增加而降低，二耕土、三耕土的总氮含量分别为头耕土的 80.0% 和 65.0%，总磷为 83.3% 和 33.3%，总钾为 96.6% 和 89.1%。

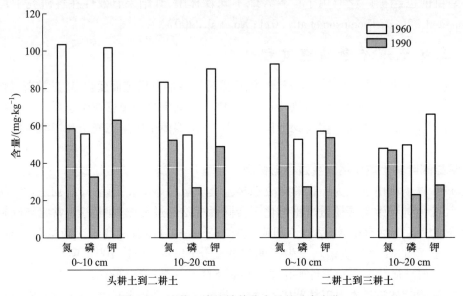

图 9.20　连栽土壤速效养分含量的动态变化

（2）毒性机理

　　人工林取代常绿阔叶林之后，单一树种与土壤相互作用往往会在土壤中积累毒性物质，导致土壤质量下降，即所谓的毒性机理。会同森林站早在 20 世纪 60 年代就从杉木人工林纯林连栽土壤中发现了酚酸，先后从连栽土壤中分离出 8 种酚酸类化感物质，并从杉木器官中分离出 9 种酚酸。这些化感物质能够影响杉木幼苗对养分的吸收与分配（Chen et al.，2005）。近期又从连栽土壤中分离鉴定出环二肽（6- 羟基 - 二甲基 -8- 十九烷基 -［1，4］二氮杂环辛烷 -2，5 二酮），这是一种国际上从未报道的新化合物。土壤中的环二肽主要来源于杉木根系分泌物（Kong et al.，2008）。环二肽这种物质原本在常绿阔叶林土壤并不存在，杉木人工林替代常绿阔叶林之后，其在土壤中的浓度随着杉木人工林连栽代数而增加，进一步研究我们还发现，杉木人工林土壤中的这种有毒物质随着阔叶树种火力楠的引入（杉木与火力楠混交林），其在土壤中的浓度随之显著下降（表 9.9）。根箱实验结果发现，在杉木火力楠混交林中火力楠根系可以识别杉木释放的自毒化感物质环二肽，并缓解杉木纯林的自毒作用（Xia et al.，2016）。

表 9.9 杉木人工林土壤自毒化感物质环二肽浓度

土壤		环二肽浓度 /（μg·g⁻¹）
头耕土杉木林	根际土	3.61 ± 0.29
	本体土	2.30 ± 0.32
二耕土杉木林	根际土	5.20 ± 0.66
	本体土	3.28 ± 0.48
杉木火力楠混交林	根际土	2.04 ± 0.36
	本体土	1.26 ± 0.27
火力楠纯林	根际土	ND
	本体土	ND
常绿阔叶林	根际土	ND
	本体土	ND

环二肽在自然浓度条件下能够显著抑制杉木幼苗的生长，当浓度达到 40 nmol·mL⁻¹ 时，就能够产生自毒作用。除此之外，这种物质还影响到土壤微生物的生长和群落组成。杉木人工林土壤中的环二肽在自然浓度下即显著抑制了土壤丛枝菌根真菌 *Glomus cunnighamia* 和 *Gigaspora alboaurantiaca* 孢子的发芽（Xia et al., 2016）。由于菌根菌的侵染直接影响到植物对 P 等营养元素的吸收和利用，杉木人工林土壤自毒化感物质环二肽的存在直接导致土壤健康质量下降。

（3）生物学机理

20 世纪 60 年代初，会同森林站即通过调查取样发现人工林土壤微生物种群组成的变化。首先，随着人工林林龄的增长、群落的发育，土壤微生物种群数量（10⁴ 个·g⁻¹ 干土）发生明显变化。在同一林地上杉木从栽植到 20 年林龄，或原为 19 年林龄增长到 39 年林龄，土壤微生物总数显著降低，仅为原来的 91.6% 和 41.9%；值得注意的是不同于土壤细菌，放线菌和真菌随着林龄增加而增加（表 9.10）。随着连栽代数的增加，同一树种人工林土壤细菌、放线菌、真菌的数量有明显差异。杉木人工林土壤细菌、放线菌随连栽代数的增加明显减少，而土壤真菌随连栽代数的增加呈极显著增加（图 9.21）。

近年来，应用分子生物学方法 PCR（聚合酶链式反应）和 DGGE（变性梯度凝胶电泳）技术分析了连栽土壤中的细菌和真菌区系，结果发现杉木连栽过程土壤微生物群落结构及其功能类群的变化。随着杉木人工林连栽代数增加，土壤细菌 Shannon 指数显著下降，头耕土、二耕土和

表 9.10 不同林龄杉木人工林土壤微生物的变化 （单位：10⁴ 个·g⁻¹ 干土）

林龄 / 年	微生物总数	细菌	真菌	放线菌
1	1701	1690	7.4	3.4
21	1558	1366	46.8	145.3
19	3986	3935	16.5	34.4
39	1669	1576	19.9	72.8

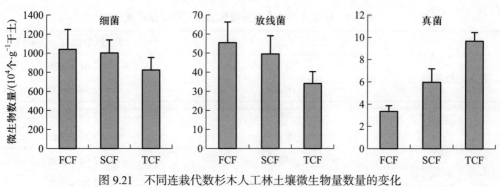

图 9.21 不同连栽代数杉木人工林土壤微生物量数量的变化

三耕土之间差异显著（$P<0.05$）。根据 DGGE 分析结果，土壤氨氧化基因（*amoA*）和固氮基因（*nifH*）Shannon 指数随着杉木人工林连栽代数增加而显著下降，说明土壤中跟氮循环相关的功能细菌多样性显著下降，土壤自肥能力下降；然而，土壤真菌 Shannon 指数随着连栽代数增加呈上升趋势，这一点跟真菌数量的变化相一致；而在另一个对比实验当中，杉木人工纯林土壤真菌 Shannon 指数显著高于几个杉阔混交林土壤（Liu, 2010）（表 9.11）。可见单一树种针叶树纯林有利于提高土壤真菌多样性。

表 9.11 人工林土壤微生物 Shannon 指数

土壤		细菌	真菌	氨氧化基因	固氮基因
人工林连栽	NF	2.82 ± 0.02a	2.87 ± 0.01a	1.38 ± 0.01a	2.18 ± 0.01a
	FCF	2.70 ± 0.01b	2.87 ± 0.03a	1.09 ± 0.02b	1.94 ± 0.01b
	SCF	2.56 ± 0.01c	2.97 ± 0.04ab	1.06 ± 0.01b	1.78 ± 0.02b
	TCF	2.38 ± 0.01d	3.08 ± 0.02b	0.02 ± 0c	1.10 ± 0.02c
人工林混交	CF	2.61 ± 0.03a	2.99 ± 0.03a	1.10 ± 0.01a	1.60 ± 0.02a
	CFM	2.81 ± 0.02b	2.76 ± 0.04b	1.08 ± 0.02a	2.08 ± 0.01b
	CFA	2.69 ± 0.02c	2.76 ± 0.02b	2.19 ± 0.01b	2.19 ± 0.04b
	CFK	2.47 ± 0.03d	2.76 ± 0.01b	1.09 ± 0.01a	1.61 ± 0.01a

注：表中数值代表平均值 ± 标准偏差。不同字母表示在该栏不同行之间 $p<0.05$ 水平的显著差异。NF：常绿阔叶林土壤；FCF：杉木人工林头耕土；SCF：杉木人工林二耕土；TCF：杉木人工林三耕土；CF：杉木人工纯林土壤；CFM：杉木火力楠混交土壤；CFA：杉木桤木混交林土壤；CFK：杉木刺楸混交林土壤。

杉木人工林连栽过程同样影响土壤动物的种类和数量。三耕土植物寄生线虫、食细菌线虫、捕食杂食线虫的种类和数量均明显低于头耕土。三耕土的几种类型土壤线虫数量相对于头耕土明显下降（表 9.12）。

可见，土壤微生物和土壤动物是森林土壤质量的关键影响因素。

表 9.12 不同连栽代数杉木人工林土壤中线虫的数量 （单位：个·g^{-1} 干土）

土壤	植物寄生线虫	食细菌线虫	捕食杂食线虫	食真菌线虫
头耕土	113（86.9%）	15（11.5%）	2（1.6%）	0
三耕土	19（86.4%）	1（4.5%）	0	2（9.1%）

9.6 中亚热带典型森林生态系统的管理对策

中亚热带森林无论是在区域和景观尺度,还是生态系统尺度,均处于严重退化状态。相对于原始天然林,次生常绿阔叶林和杉木人工林自身健康水平以及生态服务功能低下,这都是长期以来人类活动对森林的干扰与破坏,以及不合理的经营管理造成的严重后果。围绕常绿阔叶林和亚热带人工林生态系统所面临的问题,我们应以生态学、经济学和社会科学理论为基础,对目标生态系统开展多尺度适应性管理,促进退化森林生态系统结构与功能的恢复,提升区域森林生态服务整体水平,从而最终实现人与自然和谐发展的目的。

9.6.1 中亚热带次生常绿阔叶林生态恢复与管理对策

中亚热带次生常绿阔叶林是我国最复杂、生产力最高、生物多样性最丰富的地带性植被类型之一,对保护环境、维持全球碳平衡等具有举足轻重的作用,在维系区域生态安全、保障资源、环境和经济可持续发展中也发挥着重要的生态屏障作用。但是由于对天然次生林长期过度的采伐和不合理经营,导致生态功能严重退化,亟待加强相关理论的研究,并采取相应的管理对策,加快生态恢复。

(1)加强次生常绿阔叶林生态恢复相关的基础理论研究

与现有退化、次生状态的常绿阔叶林或低质低效林经营管理有关的一个最基本的问题就是物种多样性和生态系统过程关系问题,关系到重要功能物种识别及其内在机制,而实验研究结果在向景观和区域尺度进行尺度上推以及不同生态系统类型和过程之间的转换方面还存在很大不确定性,应加强不同环境梯度上生态系统结构和功能关系的差异性研究,为在更大尺度上推广森林生态系统适应性管理提供理论与技术支撑。

(2)加强退化次生林生态恢复技术的集成与推广

针对不同的退化次生林生态系统,已经研发了一系列生态恢复技术,比如:① 次生林封育改造与结构调整技术;② 次生林林窗更新和生态抚育技术;③ 严重退化生态系统植被重建技术。每个技术均针对特定的情况,并进行了典型样地的示范,亟待将不同生态恢复技术进行集成,并依据不同区域的特征,采取适宜的技术进行大范围的推广,以更好地维持次生林的生态屏障功能。

9.6.2 中亚热带人工用材林可持续经营管理对策

中亚热带是杉木和马尾松等重要用材树种的核心产区,对我国的木材生产和生态功能的维持起着重要的作用。但是,我国人工林地力衰退严重,生产力低且不持续;树种单一,病虫害严重,抵御干扰能力弱,造成群落结构和功能单一,系统不稳定;单纯追求木材供给服务,忽略了生态系统支撑功能和其他服务功能维持,导致生态系统退化。依据我们在会同森林站的研究,拟采取以下相应管理对策。

(1)引入近自然林业经营理念

近自然林业经营是指充分利用森林生态系统内部的自然生长发育规律,不断优化森林经营过程,从而使生态与经济的需求能最佳结合,其目的是培育最符合自然规律的多树种、异龄、复层混交林,是森林能够可持续发展的一种真正贴近自然的森林经营模式。按照适地适树原则,根据不同林分状况,采用不同的采伐方式,有针对性地进行部分择伐,优化林分树种结构和年龄结构,以促进森林自我更新与可持续发展。

(2)优化人工林结构,提高人工林的稳定性及抗性

针对大多杉木人工林林分结构简单,生物多样性和生态稳定性差等问题,挖掘乡土树种资源,开发珍贵树种应用价值,调整树种林种配置,改善冠层结构,提高光合效率,同时提高林分抗性;依据生态位理论,根据不同类型人工林,进行适当择伐并进行补植,改造优化人工林结构,形成异龄、复层结构,提高生物多样性,维持人工林的生态稳定性,实现人工林的可持续经营。

(3)延长轮伐期,实施大径材作业

为了减少经营过程对林地的干扰,针对当前杉木人工林密度过大,轮伐期过短,导致土壤肥力衰竭的现状,通过间伐和修枝等管理,改善林内的透光性,并根据林地土壤状况管理林下植被和林地凋落物,实现土壤养分和地力的自我维持;同时适当延长杉木轮伐期到 30~50 年,提高林地养分利用效率,最大限度地维持土壤肥力,以长期维持人工林立地质量,最终实现人工林的可持续经营。

(4)实施人工林多目标经营,实现生产功能和生态功能的协调发展

以往人工林经营片面追求木材供给服务,而忽视了其他生态服务功能,必然导致生态系统退化。面对我国巨量的人工林,在最大限度提供木材的同时,通过固定 CO_2 缓解气候变暖是人工林生态系统发展的必然。应加强人工林生态系统与服务功能之间的权衡/协同关系研究,集成开发既注重人工林木材生产功能而又不以降低其生态功能为代价的人工林经营技术,以实现木材永续利用和人工林生态环境友好的有机统一。

参 考 文 献

包维楷,刘照光,刘朝禄,等.2000.中亚热带原生和次生湿性常绿阔叶林种子植物区系多样性比较.云南植物研究,22(4):408-418.

包维楷,刘照光.2002.四川瓦屋山原生和次生常绿阔叶林的群落学特征.应用与环境生物学报,8(2):120-126.

陈楚莹,廖利平,汪思龙.2000.杉木人工林生态学.北京:科学出版社.

陈楚莹,张家武,周崇莲,等.1990.改善杉木人工林的林地质量和提高生产力的研究.应用生态学报,1(2):97-106.

陈清山,何宗明,范少辉,等.2006.29年生杉木林采伐剩余物长期分解速率.福建林学院学报,26(3):202-205.

陈伟烈.1995.中国生态系统退化现状.见:陈灵芝,陈伟烈主编.中国退化生态系统研究.北京:中国科学技术出版社.

成向荣,袁建军,刘佳,等.2014.间伐对杉木人工林土壤酶和活性有机碳的短期影响.中国农学通报,30(4):17-22.

丁波,丁贵杰,李先周,等.2016.短期间伐对杉木人工林生态系碳储量的影响.中南林业科技大学学报,36:66-71.

丁庆福,王军邦,齐述华,等.2013.江西省植被净初级生产力的空间格局及其对气候因素的响应.生态学杂志,32(3):726-732.

范少辉,何宗明,卢镜铭,等.2006.立地管理措施对2代5年生杉木林生长影响.林业科学研究,19(1):27-31.

冯宗炜,陈楚莹,张家武,等.1988.一种高生产力和生态协调的亚热带针阔混交林——杉木火力楠混交林的研究.植物生态学报,12(3):165-180.

何景.1951.福建之植被区域与植物群落.中国科学,2(2):193-213.

何小娟.2009.天宝岩3种典型森林类型粗死木质残体生态学特征研究.福建农林大学,硕士学位论文.

黄志群,廖利平,高洪,等.2000.杉木根桩分解过程及几种主要营养元素的变化.应用生态学报,11(1):40-42.

雷加富.2005.中国森林资源.北京:中国林业出版社.

李昌华.1993.原生亚热带山地常绿阔叶林下土壤侵蚀量的研究.自然资源学报,8(4):322-332.

李光耀.2007.天童常绿阔叶林次生演替过程中土壤的有机碳库及其归还特征.华东师范大学,硕士学位论文.

李艳鹏,贺同鑫,王清奎.2016.施肥对杉木林土壤酶和活性有机碳的影响.生态学杂志,35(10):2722-2731.

廖利平.2000.杉木火力楠纯林及混交林的凋落物与表层根系分布及影响因素分析.应用生态学报,11:163-166.

廖利平,高洪,汪思龙,等.2000d.外加氮源对杉木叶凋落物分解及土壤养分淋失的影响.植物生态学报,24(1):34-39.

廖利平,高洪,于小军,等.2000b.人工混交林中杉木、桤木和刺楸细根养分迁移的初步研究.应用生态学报,11(2):161-164.

廖利平,马越强,汪思龙,等.2000e.杉木与主要阔叶造林树种叶凋落物的混合分解.植物生态学报,24(1):27-33.

廖利平,汪思龙,高洪.2000a.杉木火力楠混交林凋落物量的动态变化:10年的观测.应用生态学报,11:131-136.

廖利平,汪思龙,高洪.2000c.杉木与亚热带主要阔叶造林树种叶凋落物的分解.应用生态学报,11:141-145.

廖利平,曾广腾.2000.杉木、火力楠纯林及混交林的凋落物与表层根系分布及影响因素分析.应用生态学报,11:163-166.

马祥庆,俞新妥,何智英,等.1996.不同林地清理方式对杉木幼林生态系统水土流失的影响.自然资源学报,11(11):33-40.

宋永昌.2013.中国常绿阔叶林分类、生态、保育.北京:科学出版社.

宋永昌,陈小勇等.2007.中国东部常绿阔叶林生态系统退化机制与生态恢复.北京:科学出版社.

孙宝伟,杨晓东,张志浩,等.2013.浙江天童常绿阔叶林演替过程中土壤碳库与植被碳归还的关系.植物生态学报,37(9):803-810.

汪思龙.2012.中国生态系统定位观测与研究数据集:森林生态系统卷—湖南会同站(1960-2012).北京:中国农业出版社.

王凤友.1989.森林凋落物量研究综述.生态学进展,6(2):82-89.

王清奎,李艳鹏,张方月,等.2015.短期施氮肥降低杉木幼林土壤的根系和微生物呼吸.植物生态学报,39(12):1166-1175.

王清奎,汪思龙,于小军,等.2007.常绿阔叶林与杉木林的土壤碳矿化潜力及其对土壤活性有机碳的影响.生态学杂志,(12):1918-1923.

温远光,和太平,赖家业,等.1998.大明山退化生态系统的植物区系分析.广西农业大学学报,17(2):138-146.

吴征镒.1980.中国植被.北京:科学出版社.

肖金喜,宋永昌.1993.天童国家森林公园常绿阔叶林水文作用的初步研究.山西师范大学学报(自然科学版),2(增刊):84-89.

颜绍馗,汪思龙,胡亚林,等.2004.亚热带天然次生常绿阔叶林与杉木人工林土壤动物群落特征比较.应用生态学报,15(10):1792-1796.

杨明.2010.杉木人工林生物量与养分积累动态.应用生态学报,21:1674-1680.

张鼎华,范少辉.2002.亚热带常绿阔叶林和杉木林皆伐后林地土壤肥力的变化.应用与环境生物学报,8(2):

115–119.

张剑,汪思龙,王清奎,等. 2009. 不同森林植被下土壤活性有机碳含量及其季节变化. 中国生态农业学报,17 (1):41–47.

张庆费,宋永昌,由文辉. 1999.浙江天童植物群落次生演替与土壤肥力的关系.生态学报,19(2):174–178.

曾掌权. 2012.中亚热带常绿阔叶林不同演替阶段碳贮量及固碳潜力.北京:中国科学院大学,博士学位论文.

郑征,李佑荣,刘宏茂,等, 2005.西双版纳不同海拔热带雨林凋落量变化研究.植物生态学报,29(6):884–893.

Carmona M R, Armesto J J, Aravena J C. 2002. Coarse woody debris biomass in successional and primary temperate forests in Chiloe Island. Forest Ecology and Management, 164: 265–275.

Chen L C, Wang H, Yu X, et al. 2017. Recovery time of soil carbon pools of conversional Chinese fir plantations from broadleaved forests in subtropical regions, China. Science of the Total Environment, 587–588: 296–304.

Chen L C, Wang S L, Wang Q K. 2016. Ecosystem carbon stocks in a forest chronosequence in Hunan Province, South China. Plant and Soil, 409: 217–228.

Chen, L C, Wang S L, Yu X J. 2005. Effects of Phenolics on seedling growth and ^{15}N nitrate absorption of *Cunninghamia lanceolata*. Allelopathy Journal, 15(1): 57–66.

Delaney M, Brown S, Lugo A E. 1998. The quantity and turnover of dead wood in permanent forest in six life zones of Venezuela. Biotropica, 30: 2–11.

Garmona M R, Armesto J J, Aravena J C, et al. 2002. Coarse woody debris biomass in successional and primary temperate forests in Chiloe Island, Chile. Forest Ecology and Mangement, 164(1–3): 265–275.

Gustafson E J, Shvidenko A Z, Sturtevant B R. 2010. Predicting global change effects on forest biomass and composition in south-central Siberia. Ecological Applications, 20: 700–715.

Kong C H, Chen L C, Xu X H, et al. 2008. Allelochemicals and activities in a replanted Chinese fir [*Cunninghamia lanceolata* (Lamb.) Hook] tree ecosystem. Journal of Agricultural and Food Chemistry, 56(24): 11734–11739.

Liu L. 2010. Effect of monospecific and mixed *Cunninghamia lanceolata* plantations on microbial community and two functional genes involved in nitrogen cycling. Plant and Soil, 327(1–2): 413–428.

Swift M J, Heal O W, Anderson J M. 1979. Decomposition in terrestrial ecosystem. Berkeley: University of California Press.

Thompson J R, Foster D R, Scheller R M. 2011. The influence of land use and climate change on forest biomass and composition in Massachusetts, USA. Ecological Applications, 21: 2425–2444.

Vogt K A, Grier C C, Vogt D J. 1986. Production, turnover, and nutrient dynamics of above-and below-ground detritus of world forests. Advances in Ecological Research, 15: 303–377.

Wang Q K. 2010. Conversion of secondary broadleaved forest into Chinese fir plantation alters litter production and potential nutrient returns. Plant Ecology, 209: 269–278.

Wang Q K. 2011. Decline of soil fertility during forest conversion of secondary forest to Chinese fir plantations in subtropical China. Land Degradation and Development, 22: 444–452.

Wang Q K, Wang S L, Fan B, et al. 2007. Litter production, leaf litter decomposition and nutrient return in *Cunninghamia lanceolata* plantations in South China: Effect of planting conifers with broadleaved species. Plant and Soil, 297(1–2): 201–211.

Wang Q k, Wang S L, Huang Y. 2008. Comparisons of litterfall, litter decomposition and nutrient return in a monoculture *Cunninghamia lanceolata* and a mixed stand in southern China. Forest Ecology and Management, 255(3–4): 1210–1218.

Wang Q k, Wang S L, Yu H. 2009. Leaf litter decomposition in the pure and mixed plantations of *Cunninghamia lanceolata* and *Michelia macclurei* in subtropical China. Biology and Fertility of Soils, 45: 371–377.

Wang Q K, Wang S L, Zhang J W. 2009. Assessing the effects of vegetation types on carbon storage fifteen years after reforestation on a Chinese fir site. Forest Ecology and Management, 258: 143–1441.

Wang Q K, Wang S L, Zhong M C. 2013. Ecosystem carbon storage and soil organic carbon stability in pure and mixed stands of *Cunninghamia lanceolata* and *Michelia macclurei*. Plant and Soil, 370: 295–304.

Wang Q K, Wang S L. 2007. Soil organic matter under different forest types in Southern China. Geoderma, 142(3–4): 349–356.

Wang Q K, Xiao F M, Wang S L, et al. 2012. Response of selected soil biological properties to stump presence and age in a managed subtropical forest ecosystem. Applied Soil Ecology, 57: 59–64.

Xia Z C, Kong C H, Chen L C, et al. 2016. A broadleaf species enhances an autotoxic conifers growth through belowground chemical interactions. Ecology, 97(9): 2283–2292.

Xu C G, Gertner G Z, Scheller R M. 2007. Potential effects of interaction between CO_2 and emperature on forest landscape response to global warming. Global Change Biology, 13: 1469–1483.

Zeng Z Q, Wang S L, Zhang C M, et al. 2015a. Soil microbial activity and nutrients of evergreen broad-leaf forests in mid-subtropical region of China. Journal of Forestry Research, 26(3): 673–678.

Zeng Z Q, Wang S L, Zhang C M, et al. 2015b. Woody debris stocks of evergreen broad-leaf forest in mid-subtropical region of China. Journal of Biological Material and Bioenergy, 9: 37–41.

Zhang W D, Chao L, Yang Q P, et al. 2016. Litter quality mediated nitrogen effect on plant litter decomposition regardless of soil fauna presence. Ecology, 97: 2834–2843.

Zhang W D, Yuan S F, Hu N, et al. 2015. Predicting soil fauna effect on plant litter decomposition by using boosted regression trees. Soil Biology Biochemistry, 82: 81–86.

第 10 章　中亚热带人工针叶林生态系统过程与变化*

10.1　中亚热带人工针叶林生态系统概述

人工针叶林是指通过人工手段(播种、栽植、扦插等)营造的以针叶树为主的林分。中亚热带红壤丘陵区是南方红壤丘陵区的主体部分,广泛分布着以杉木、马尾松等树种为主的人工针叶林。本章将重点介绍该区域主要人工针叶林生态系统的主要生态过程及其变化规律。

10.1.1　中亚热带人工针叶林生态系统的分布与现状

中亚热带人工针叶林主要分布在中亚热带红壤丘陵区,其范围主要包括湖南、江西、浙江和福建四省的全部或大部。中亚热带人工针叶林分布区属于亚热带季风气候,年平均气温多在 16～20 ℃,年平均降水量在 800～1600 mm,无霜期及日平均气温高于 10 ℃的天数在 230～240 天,同期积温多在 5000 ℃以上,一年中,最热月气温高于 28 ℃,最冷月气温则普遍在 3～4 ℃以上,极端最低气温一般在 –12 ℃以上。由于具有良好的水热条件和优质的生物质资源,且社会及区位条件优越,经济发展较快,该区成为我国亚热带商品林、经济作物及粮食生产的重要基地之一。

中亚热带人工针叶林分布区的地带性植被为常绿阔叶林,人工针叶林则以杉木(*Cunninghamia lanceolata*)和马尾松(*Pinus massoniana*)人工林为主。林下灌木常见杨桐(*Adinandra millettii*)、紫珠(*Callicarpa bodinieri*)、毛冬青(*Ilex pubescens*)、栀子(*Gardenia jasminoides*)、檵木(*Loropetalum chinense*)、柃木(*Eurya japonica*)等;林下草本植物常见铁芒萁(*Dicranopteris linearis*)、狗脊(*Woodwardia japonica*)等。

10.1.2　中亚热带人工针叶林生态系统的特点和生态意义

中亚热带人工针叶林多分布于我国红壤丘陵区,该区土壤由于经过长期的风化与淋洗,富集了铁、铝氧化物而呈现红色,此类土壤通常呈酸性,有机质含量和阳离子交换量较低。该区属于亚热带季风气候区,年降水量较大,加之土壤抗冲抗蚀性差,易遭侵蚀,植被一经破坏则难以恢复,易导致荒山草坡的出现。自 20 世纪 60 年代,我国就开始逐步通过植树造林进行植被恢复,80 年代以后,国家开展速生丰产用材林基地的建设,并不断扩大人工林种植面积,如今我国已拥有全世界

＊　本章作者为中国科学院地理科学与资源研究所王辉民、汪宏清、徐明洁、邸月宝、付晓莉、戴晓琴、王建雷。

最大面积的人工林。人工林面积从 1989 年的 3101 万 hm² 增加到 6933 万 hm²,增长了 124%。用于造林的速生树种主要包括桉树和杨树等阔叶树种,以及杉木、马尾松和湿地松等针叶树种。数据显示近一半的人工杉木林和湿地松林、1/3 的人工马尾松林分布在中亚热带红壤丘陵区。近年来,随着我国人工林面积的增加,中亚热带红壤丘陵区的人工针叶林面积也在不断增加。

最新的森林资源清查结果显示,中亚热带红壤丘陵区人工乔木林面积 963.1 万 hm²。其中杉木 450.2 万 hm²,占人工乔木林面积的 46.7%,每公顷蓄积 68.2 m³;马尾松 108.9 万 hm²,占比 11.3%,每公顷蓄积 57.7 m³(表 10.1)。这两个树种的单位蓄积量均高于南方其他人工纯林,属于该区域速生丰产林基地建设中最重要的用材树种。而湿地松作为该区重要的外来树种,由于其材质好、松脂产量高,在南方红壤丘陵区也有较为广泛的种植,其人工林面积为 83.9 万 hm²,占比 8.7%。上述三个树种人工乔木林面积占该区域总人工乔木林面积的 66.8%,处于绝对优势地位。

表 10.1   中亚热带红壤丘陵区主要人工针叶林树种蓄积与碳储量

树种	面积 /(× 10⁴ hm²)	蓄积 /(m³·hm⁻²)	碳密度 /(t·hm⁻²)	碳储量 /Tg
杉木	450.2	68.2	25.4	114.5
马尾松	108.9	57.7	24.8	27.0
湿地松	83.9	26.1	19.5	16.3

以杉木林、马尾松林和湿地松林为代表的人工针叶林,在中亚热带红壤丘陵区的植被退化地区,起到了快速恢复植被和减缓水土流失的重要生态作用。此外,由于速生丰产特性,它们在碳汇功能上效果显著,目前这三个树种在该区域的碳储量共计 157.8 Tg,且由于目前人工林主体部分仍处在中幼龄林阶段,因此在未来 10 ~ 20 年,还存在着巨大的固碳潜力。

10.1.3   中亚热带人工针叶林生态系统的主要科学问题

(1)优化森林结构,提高抗逆性和更新能力

中亚热带红壤丘陵区的人工林多是单纯林,因而其树种组成单一、林分结构简单、植被多样性低,且人工林基因的窄化,尤其是大面积栽植单一无性系易造成病虫害蔓延的灾难性后果。例如,集中连片的马尾松人工纯林容易遭受松毛虫、松突圆蚧、松材线虫等严重病虫害;同时人工针叶纯林的火灾潜在危险性较高,对冰雪灾害的抵抗能力也较弱。结构简单的人工纯林不利于资源的充分利用和地力的维护,在养分利用上容易造成某些养分元素的亏缺。与天然林相比,大面积的人工林对当地动植物区系有不良影响,其生态系统和生物多样性都比天然林低,因此抗逆性相对较差。

同时,中亚热带红壤丘陵区的人工针叶林树种多为阳性树种,其在郁闭林分中的天然更新苗十分稀少,自我更新能力较弱。此外,由于南方人工林中针叶树种植面积极大,缺少乡土树种的种源,加之立地条件较差,导致在非用材林地区人工林的植被演替进展缓慢,无法充分利用林地资源来发挥应有的生态系统服务功能(彭少麟,1995)。

(2)加强经营管理水平,提升森林经营可持续性

南方红壤丘陵区森林以集体和私有林为主,国有林比重较低。由于林农的林业经营管理知识相对匮乏,目前的人工林的经营管理仍较为粗放。即使是在国有林场,在一些经济不发达省

区,仍然以短轮伐期的造林—皆伐人工林经营方式为主,缺乏科学经营管理,难以实现森林可持续经营。且由于红壤丘陵地区年降水量大,坡度陡,土壤易遭侵蚀,在这种自然条件下短轮伐期经营、大面积皆伐等不合理的经营利用方式易造成土壤地力的下降,从而进一步降低了森林的可持续发展能力。

纯林连栽也是造成人工林生态系统生产力下降的重要原因之一。例如,在以杉木等人工针叶林为主的地区,由于林木材质好,经济价值高,为了便于经营和管理,大面积的纯林连栽现象极为普遍,最终导致人工林生态系统物种多样性和林地生产力水平的下降。研究表明,杉木纯林连栽导致地上生物的年生产力降低了 7.2% ~ 14.1%(尉海东等,2006)。在福建省南平地区,29 年生杉木第二代、第三代人工林的平均胸径分别比第一代杉木减少 8.6% 和 21.1%,平均树高减少 17.1% 和 22.7%,林分蓄积量下降 22.8% 和 46.9%(杨玉盛等,1998)。

传统的营林措施一般包括清灌炼山、穴状整地、裸根苗定植,并在前三年进行抚育。在这个过程中,苗木质量不高会限制林木未来的生长,而整地方式粗放会造成地力的衰退。此外,在土壤贫瘠地区的人工造林或飞播造林往往林分密度较高,营养面积与生长空间不能满足幼树需要,导致林木生长不良,更易受病虫害影响,从而削弱人工林的可持续性发展能力。

所以,目前中亚热带人工针叶林生态系统面临的主要科学问题,一是如何在机理上了解人工针叶林生态系统的物质循环与能量流动过程;二是如何在应用上阐明人工针叶林经营管理措施对其生态系统物质循环与能量流动过程的影响,最终通过加强人工针叶林经营管理水平,在提高其产出的同时,提升森林质量,增加抗逆性,实现中亚热带典型人工针叶林的可持续经营。

10.1.4　千烟洲站的生态系统及其区域代表性与科学研究价值

千烟洲站(中国科学院 – 江西省千烟洲红壤丘陵综合开发试验站)地处我国中亚热带典型人工针叶林生态系统中心分布区,站内有中亚热带红壤丘陵区广泛分布的杉木、马尾松和湿地松人工林生态系统,基本代表了中亚热带典型的人工针叶林生态系统。

千烟洲站自 1983 年建站以来,长期致力于红壤丘陵区生态恢复与农林业可持续发展,创建了著名的"丘上林草丘间塘,河谷滩地果渔粮"的"千烟洲模式",显著促进了南方红壤丘陵区的生态恢复和经济发展。同时,伴随着人工纯林的快速恢复和发展,中亚热带地区生态环境显著改善,生态系统服务功能显著提高,但由于人工纯林比重过大,生态系统健康与安全受到严重威胁。千烟洲站十分关注南方人工林发展及存在的问题,从生态系统功能、结构以及管理等多个方面开展了基础理论研究与应用技术示范,在南方人工林生态系统基础理论研究和技术试验示范方面发挥着重要作用,主要体现在以下几个方面:

(1)揭示中亚热带人工林碳汇功能的演变规律

众多研究显示人工造林是我国森林碳储量近年来迅速提高的最主要驱动因素(Fang and Chen,2001),也是形成东亚巨大森林碳汇区的重要原因(Yu et al.,2014)。千烟洲站利用长期监测结果,揭示了中亚热带人工林土壤和植被碳储量随植被恢复进程的演变规律(Huang et al.,2007),以实际监测数据证实了人工林建设对我国森林碳汇功能的巨大贡献,赢得了国际同行高度评价。千烟洲站通过系列试验研究和通量观测,综合研究了中亚热带人工林生态系统功能及其对环境变化的响应规律和机制,为全球变化及人工林管理提供理论基础。

（2）森林生态系统结构与功能关系研究

森林是由以木本植物为主的生物与无机环境组成的复杂生态系统，各组分通过物质循环与能量流动有效联系起来。生态系统结构与功能关系一直是生态学研究的主题，是森林生态系统管理、开展结构优化、提高生态系统服务功能的基础。千烟洲站通过植物间对光、水、养分等环境资源的竞争实验研究，初步发现了不同水平结构和垂直结构人工林对植物细根和土壤微生物间的影响规律（Fu et al.，2015a；Liao et al.，2014），初步发现了混交树种间以及乔木与林下植被间的竞争与协同关系（Fu et al.，2015b，2016；王君龙等，2015），为人工林结构优化和林下植被管理提供了理论基础与技术保障。

（3）人工纯林结构优化、功能提升理论与技术研发

森林生态系统服务功能持续稳定发挥，良好的生态系统结构是关键。但我国南方人工林，由于针叶纯林比重过大，松材线虫、松毛虫灾害频繁发生，严重威胁着生态系统健康和功能可持续发挥。千烟洲站针对这一重大问题，较早地开展了马尾松、湿地松、杉木等中亚热带典型人工纯林结构优化的理论与技术方面的研究，并开展了卓有成效的国际合作，建立了人工林的近自然经营模式和大径材培育试验示范基地。作为一个重要的科研技术平台，千烟洲站在全面提升南方人工林服务功能和促进可持续发展方面发挥着重要作用。

10.1.5　千烟洲站观测实验设施及其科学研究

针对当前我国南方红壤丘陵区人工针叶纯林面积大、结构单一、功能低下的不足及森林可持续经营面临的重大挑战，千烟洲站近年来重点开展以下三个方向的研究：① 中亚热带人工林结构优化与服务功能提升的理论与技术；② 中亚热带森林生态系统结构与功能关系及其对环境的响应；③ 中亚热带森林生态系统物质循环及其对全球变化的响应。围绕以上重点研究方向，建立了多个长期监测和实验研究平台，其中常规气象观测场、中亚热带人工针叶林生态系统碳水通量综合观测场、中亚热带人工针叶林结构优化实验研究平台和杉木林氮磷添加试验平台是千烟洲站的特色观测及实验平台。

常规气象观测场起始于 1985 年，监测内容包括气温、降水、风速、风向、辐射、蒸发、相对湿度、地温等。主要目的是通过对主要气象要素的规范化监测，实现数据长期稳定性、可靠性、可比性和统一性，为开展长期生态学研究提供基础环境信息。

中亚热带人工针叶林生态系统碳水通量综合观测场建立于 2002 年，是我国最早开展森林生态系统碳水通量观测研究的站点之一，成为中国通量系统观测网络中的重要站点。通量观测系统以开路涡度相关（OPEC）系统为主，分别安装于 23 m 和 39 m 处，辅以常规气象要素和植物生理生态要素测定。OPEC 系统主要由开路红外 CO_2/H_2O 气体分析仪（Model LI-7500，LicorInc）、三维超声风速仪（Model CSAT3，Campbell Scientific Inc.）和数据采集器（Model CR5000，Campbell Scientific Inc.）构成。数据采样频率为 10 Hz，通量平均时间为 30 min。近年来又增加了碳和水（氢氧）同位素通量监测系统。通过生态系统碳水通量、林内小气候及土壤环境变化的监测，研究人工林生态系统碳水通量变化规律，揭示其对气候变化的响应与适应的规律和机制。

中亚热带人工针叶林结构优化实验研究平台建立于 2012 年。为开展人工林结构优化长期观测研究，于 2008 年在示范区建立了通量观测系统。以综合观测场通量塔（2002 建立）为对照，在两系统平行观测 4 年后，于 2012 年底对示范区进行了间伐补阔，旨在通过两塔的长期对比

观测,精确研究人工林结构优化对生态系统服务功能的影响规律和机制,评估人工林结构优化对生态系统生态和经济效益的影响,为低效人工林结构改造提供理论支持。

人工林结构优化实验样地包括三个类型:① 马尾松 – 湿地松纯林结构优化样地,面积 600 亩,建于 2012—2013 年,间伐后补植了木荷、枫香树与深山含笑三个阔叶树种;② 阔叶混交林近自然经营实验示范样地,面积 50 亩,建于 2017 年,通过剔除干扰树、保留目标树,改善林地环境,促进目标树生长,并促进天然更新;③ 杉木 – 枫香树混交林实验示范样地,面积 500 亩,建于2017 年,保留目标树、剔除干扰树,促进保留树木生长和天然更新,进行长周期经营,获取森林生态系统生态和经济服务价值。

杉木林氮磷添加实验平台。2012 年布设。包括单一氮、单一磷、氮磷配施等 6 个处理,每个处理 5 次重复,共 30 块样地,样地面积 20 m × 20 m,每年施肥 4 次。通过植物光合、树木生长、植物多样性、土壤微生物功能群、细根周转、凋落物分解、土壤碳氮磷矿化、生态系统氮磷分配格局等研究,揭示了养分平衡状况对土壤微生物功能群结构特征和生态系统碳、氮、磷输入、转化及迁移等关键过程的影响机制。

10.2　中亚热带人工林生态系统群落结构及演替过程

千烟洲地处中亚热带湿热地区,地带性植被为常绿阔叶林,然而由于长期以来人类掠夺性砍伐樵采、过度放牧、开垦等不合理利用,土壤侵蚀比较严重,早已成为无林区。在“千烟洲模式”创建的过程中通过针叶树纯林、针叶阔叶树混交、阔叶纯林、次生混交林等 4 种模式的人工林生态系统重建(李飞,1998),有林地面积由开发治理前的 0.88 hm² 大幅度增至 169.84 hm²,森林覆盖率由 0.43% 大幅度升至目前的 78.81%,植被恢复成效显著,植物群落种类组成、垂直结构、植物多样性及种间关系在植被恢复过程中发生了显著变化。

10.2.1　植被恢复进程中生态系统群落结构演替特征

（1）开发治理前的植被群落

开发治理前千烟洲植被主要以耐旱的草丛和灌丛为主。草丛群落以多年生禾本科植物为建群种,间有部分灌丛,偶有马尾松散生其中,属于典型红壤丘陵草山草坡景观,为该地区植被逆向演替的结果。草丛主要有刺芒野古草(*Arundinella setosa*)、五节芒(*Miscanthus floridulus*)、芒萁(*Dicranopteris dichotoma*)、白茅(*Imperata cylindrica*)、柳叶箬(*Isachne globosa*)、蔗草(*Scirpus triqueter*)等。大多数灌丛为被反复砍伐过的次生灌木或小乔木萌生而成,其中以白栎(*Quercus fabri*)萌生灌丛分布最广,灌木主要有白栎、美丽胡枝子(*Lespedeza formosa*)、牡荆(*Vitex negundo var. cannabifolia*)、檵木、椤木石楠(*Photinia davidsoniae*)等。1980 年千烟洲天然次生植被样方调查结果见表 10.2(杨宝珍,1998)[①]。

[①]　千烟洲站的前身为中国科学院南方山区综合科学考察队创建的试验点。考察工作分为 1980—1982 年和 1984—1988 年两期。考察队 1980 年在江西省泰和县考察时就已酝酿设点并开始了选址,千烟洲为候选点之一,包括植被在内的相关课题组对千烟洲地区进行了详细调查,该表为当时实地调查结果。

表 10.2 千烟洲 1980 年天然次生草灌丛群落类型及主要特征

植物群落名称			主要分布地点及生境	总盖度 /%
草丛	刺芒野古草草丛	刺芒野古草 + 细毛鸭嘴草群落	有一定厚度土层的坡地,耐旱,pH 4.5 ~ 5.5	70 ~ 80
		刺芒野古草 + 金茅群落	土壤水分条件较好,土壤有机质含量较高	80 ~ 90
		刺芒野古草 + 鹧鸪草群落	坡顶、丘脊,砾质红壤,土层较薄,耐旱耐瘠	40 以下
		刺芒野古草 + 黄背草群落	不含砾质的红壤,土壤偏中性	60 ~ 80
	五节芒草丛		丘陵缓坡或坡麓,土壤水肥条件较好,土层较厚,常有灌木生长其中。宜林地指示群落	70 ~ 90
	芒萁草丛		丘陵坡地中下部,土壤水分较好,pH4.5 ~ 5.5。宜林地指示群落	80 以上
	白茅草丛	白茅 + 细毛鸭嘴草群落	丘陵坡地弃耕荒地,常集中成片	70 ~ 80
		白茅 + 细柄草群落	丘陵坡地弃耕荒地,常集中成片	60 ~ 70
		白茅群落	丘间谷地、低湿地、河岸、渠边。草甸植被	60 ~ 80
		白茅 + 剪股颖群落	丘间谷地、低湿地、河岸、渠边。草甸植被	70 以上
		白茅 + 白头婆 + 河八王群落	丘间谷地、低湿地、河岸、渠边。草甸植被	80 ~ 90
	柳叶箬草丛		时有积水的丘间谷地。属草甸植被	85 以上
	蔗草草丛		长时间积水的丘间谷地或河边、塘边。草甸植被	70 以上
灌丛	白栎灌丛	白栎 + 檵木 + 轮叶蒲桃群落	丘陵坡地,土壤水分条件较好,草本层不太发育	80 ~ 90
		白栎 + 南烛 + 淡竹群落	丘陵坡地,土壤水分条件较好,草本层不太发育	80 ~ 90
		白栎 + 美丽胡枝子 — 刺芒野古草群落	丘陵坡地或平地,土壤水分条件较差	50 ~ 70

续表

植物群落名称			主要分布地点及生境	总盖度/%
灌丛	美丽胡枝子灌丛	美丽胡枝子+牡荆群落	丘陵缓坡、路边,耐旱耐瘠	40~80
		美丽胡枝子+檵木群落	丘陵缓坡、路边,耐旱耐瘠	40~80
		美丽胡枝子—白茅群落	丘陵缓坡、路边,耐旱耐瘠	40~80
		美丽胡枝子—刺芒野古草+黄背草群落	丘陵缓坡、路边,耐旱耐瘠	40~80
	牡荆灌丛	牡荆+美丽胡枝子—白茅群落	丘陵缓坡	70~80
		牡荆+美丽胡枝子+野蔷薇群落	河岸边,低地路边	80
		牡荆—剪股颖群落	低谷湿地	80
	檵木灌丛	檵木+轮叶蒲桃+南烛+杜鹃群落	丘陵坡地,土壤水分较好	90
		檵木+华山矾群落	生境干燥	50
	苦竹灌丛	苦竹+白栎+美丽胡枝子群落	沟谷坡地,土壤水分条件较好	85
		苦竹+美丽胡枝子+黄檀群落	沟谷坡地,土壤水分条件较好	85
		苦竹+美丽胡枝子+牡荆群落	沟谷坡地,土壤水分条件较好	85
	椤木石楠灌丛		常和檵木、南烛生长在一起并形成群落,零星分布	

注:细毛鸭嘴草(*Ischaemum indicum*),金茅(*Eulalia speciosa*),鸲鹉草(*Eriachne pallescens*),黄背草(*Themeda japonica*),细柄草(*Capillipedium parviflorum*),剪股颖(*Agrostis matsumurae*),白头婆(*Eupatorium japonicum*),河八王(*Narenga porphyrocoma*),轮叶蒲桃(*Syzygium grijsii*),南烛(*Vaccinium bracteatum*),淡竹(*Phyllostachys glauca*),野蔷薇(*Rosa multiflora*),杜鹃(*Rhododendron simsii*),华山矾(*Symplocos chinensis*),黄檀(*Dalbergia hupeana*)。

（2）植被恢复初期的群落

在1983—1986年大规模开发治理过程中,湿地松、马尾松和杉木为荒丘荒坡造林主要树种,另有枫香树(*Liquidambar formosana*)、木荷(*Schima superba*)、栗(*Castanea mollissima*)、赤桉(*Eucalyptus camaldulensis*)、油桐(*Vernicia fordii*)和樟(*Cinnamomum camphora*)等阔叶树种。1990年调查时这些人工林均为幼林,而天然次生草丛和灌丛种类与群落此时尚未发生明显改变。1990年人工林与天然次生植被样方调查的结果见表10.3(杨宝珍,1998),这一结果代表了恢复初期植被的总体状况。

表 10.3　千烟洲 1990 年人工林及天然次生灌草丛群落类型及主要特征

人工林及自然恢复后的疏林	林下天然次生植物群落名称	主要伴生种	主要分布地点及生境	总盖度/%
马尾松林	檵木＋美丽胡枝子—芒	南烛、牡荆、紫薇	丘陵坡地, 砾质红壤	75～80
	淡竹＋檵木—芒萁	黄檀、美丽胡枝子、杜鹃	丘陵坡地, 砾质红壤	80
马尾松疏林	檵木＋白栎－刺芒野古草＋细毛鸭嘴草	南烛、美丽胡枝子、四脉金茅、金茅	丘陵坡麓、砾质红壤	90
	芒萁—檵木	江南越桔、芒、南烛、金茅	丘陵坡地顶部, 土层多砾石	95
	刺芒野古草＋鹧鸪草	两歧飘拂草、红裂稃草、楔颖草	丘陵坡地, 土层多砾石	35
	刺芒野古草＋毛画眉草	楔颖草、红裂稃草、四脉金茅	丘陵坡地, 土层多砾石	65
	刺芒野古草＋楔颖草	四脉金茅、鹧鸪草、红裂稃草	丘陵坡地, 土层多粗砾石	50
	刺芒野古草＋山芝麻	崇安鼠尾草、细毛鸭嘴草	丘陵坡地, 土层多粗砾石	65
	鹧鸪草＋刺芒野古草＋画眉草	细毛鸭嘴草、红裂稃草	丘陵坡地顶部, 土层多砾石	40
马尾松幼林	黄背草＋刺芒野古草＋细柄草	黄茅、楔颖草、白马骨	丘陵坡地, 有片蚀	85
杉木林	白栎＋檵木	南烛、美丽胡枝子、栀子	丘陵坡地顶部, 土层多砾石	75
	苦竹	轮叶蒲桃、香花崖豆藤、柃木	丘陵坡地, 土层较厚	100
	芒萁	檵木、锦绣杜鹃	丘陵坡顶, 土层含砾石	95
杉木幼林	白栎—白茅	细毛鸭嘴草、刺芒野古草、美丽胡枝子	丘间谷地, 土层厚	100
湿地松林	美丽胡枝子—白茅	白栎、细柄草、金茅	丘陵坡地中上部, 土层深厚	80
	刺芒野古草＋细柄草	美丽胡枝子、金茅、黄背草、白茅	丘陵缓坡顶部, 红壤带紫色	80

续表

人工林及自然恢复 后的疏林	林下天然次生植物 群落名称	主要伴生种	主要分布地点及 生境	总盖度 /%
湿地松幼林	白羊草 + 细柄草	牡荆、兰香草、刺芒野 古草	丘陵坡地顶部,紫 红色土壤	75
马尾松、木荷、赤桉 混交林	美丽胡枝子 + 白栎—白茅	细毛鸭嘴草、芒、牡 荆、紫薇	丘陵陡坡,土层厚	100
马尾松、木荷混交林	白栎 + 美丽胡枝子—金茅	白茅、牡荆、南烛	丘陵坡地,土层厚, 无腐殖质	80
湿地松、杉木混交林	细毛鸭嘴草 + 黄背草	刺芒野古草、金茅、山 芝麻	丘陵缓坡,沙性红 壤	100
杉木、油桐混交林	白栎—细毛鸭嘴草 + 金 茅 + 刺芒野古草	美丽胡枝子、羊耳菊、 白茅	丘陵谷地,土层深 厚,有腐殖质	90

注:芒(*Miscanthus sinensis*),紫薇(*Lagerstroemia indica*),杜鹃(*Rhododendron simsii*),四脉金茅(*Eulalia quadrinervis*),江南越桔(*Vaccinium mandarinorum*),两歧飘拂草(*Fimbristylis dichotoma*),红裂稃草(*Schizachyrium sanguineum*),楔颖草(*Apocopis paleacea*),画眉草(*Eragrostis Pilosa*),山芝麻(*Helicteres angustifolia*),崇安鼠尾草(*Salvia chunganensis*),黄茅(*Heteropogon contortus*),白马骨(*Serissa serissoides*),栀子,香花崖豆藤(*Millettia dielsiana*),枔木,锦绣杜鹃(*Rhododendron pulchrum*),白羊草(*Bothriochloa ischaemum*),兰香草(*Caryopteris incana*),羊耳菊(*Inula cappa*)。

(3)植被恢复后的群落

经过近20年的植被恢复与演替,千烟洲植被群落的组成、垂直结构及植物多样性等已经进入了一个新的发展阶段。据2003年样方调查(刘琪璟等,2005),共计有12个群落150余种植物,其中灌木层种类最多,有100种,乔木层与草本层分别有49和47种。

乔木层的组成基本上是造林初期的状态,但有的地段天然更新的阔叶树种已经开始进入乔木层,乔木层常见天然更新种有格药柃(*Eurya muricata*)、白栎、南烛(*Vaccinium bracteatum*)、盐肤木(*Rhus chinensis*)、川杨桐(*Adinandra bockiana*)等,另有漆(*Toxicodendron vernicifluum*)、楝(*Melia azedarach*)等。

林下灌木层发育良好,以物种单一模型计算的落叶阔叶林、次生林、人工针叶林灌木层的生物量分别为4.77 t·hm^{-2}、3.18 t·hm^{-2}和0.73 t·hm^{-2},以物种混合模型估算的生物量分别为3.95 t·hm^{-2}、2.77 t·hm^{-2}和0.84 t·hm^{-2}(曾慧卿等,2007)。次生林中白栎种群地上和地下生物量分别为3.592 t·hm^{-2}和1.723 t·hm^{-2},檵木种群分别为1.376 t·hm^{-2}和0.562 t·hm^{-2};湿地松林中白栎种群的地上和地下生物量分别为0.666 t·hm^{-2}和0.462 t·hm^{-2},檵木种群分别为0.704 t·hm^{-2}和0.358 t·hm^{-2}(徐雯佳等,2008)。檵木、白栎和南烛是灌木层分布最广的3个种类,从郁闭度大的人工林到光照充足的灌丛及草丛,在12个群落中均有分布,且常为优势种,说明这3种植物对光的适应能力强、生态位宽(胡理乐等,2006)。根据2004年对51个檵木植株和2004—2006年连续对24个白栎样地生物量的测定结果,单株檵木地上枝、叶平均干重110.62 g,湿地松林和次生林下白栎枝条各器官生物量干重年平均值分别为0.67 t·hm^{-2}和3.26 t·hm^{-2}(曾慧卿等,2006)。

　　草本层的突出特点是蕨类植物占有重要地位,在 12 种类型群落中共有 12 种蕨,前 3 位优势种分别为狗脊、暗鳞鳞毛蕨(*Dryopteris atrata*)和芒萁。狗脊和暗鳞鳞毛蕨分布的群落类型均达到 9 种,芒萁分布于 7 种类型群落中。根据 2005—2006 年 7 个狗脊群落样方的调查结果,其地上和地下总生物量干重 4.83 t·hm⁻²(马泽清等,2008)。大量蕨类植物的出现标志着森林环境的形成,且新形成的森林环境与开发治理前以耐旱植物为特征的荒草坡构成明显对照,刺芒野古草、五节芒、柳叶箬、蘸草等治理前的草本层优势种已少见分布。

　　2003 年千烟洲植物重要值见表 10.4(刘琪璟等,2005),通过种间关系的进一步分析发现(胡理乐等,2005):天然次生植被草本层内和灌木层内的种间关系相当密切,如草本层优势种狗脊、暗鳞鳞毛蕨、扇叶铁线蕨两两之间存在极显著正关联,且与多个种群存在极显著或显著正关联,表明优势种往往是种间联结的关键种,优势种在群落中占有重要地位,分布范围广,对群落的稳定起着重要作用;灌木层和草本层均以联结程度不显著的种对占优势,如灌木层中关联度低的种对占 58.4%,这在一定程度上反映了千烟洲人工林灌木层和草本层的物种已恢复到了一个比较稳定的阶段。

表 10.4　千烟洲 2003 年主要植物种类重要值

植物种类		重要值	样方数	植物种类		重要值	样方数
乔木层	马尾松	25.1	24	灌木层	檵木	10.8	64
	湿地松	24.0	29		白马骨	9.8	35
	杉木	11.6	8		白栎	8.3	78
	枫香树	7.5	15		山莓	4.2	59
	木荷	5.6	11		南烛	4.2	63
	白栎	3.8	11		牡荆	3.5	30
	檵木	3.5	13		土茯苓	3.4	57
	格药柃	2.6	14		盐肤木	3.2	55
	玉兰	2.4	4		长托菝葜	2.9	47
	南烛	2.0	11		大叶胡枝子	2.8	33
	盐肤木	1.8	9		白檀	2.8	48
	樟	1.4	7		满树星	2.3	41
	川杨桐	1.2	14		格药柃	2.2	37
	茶荚蒾	0.6	4		川杨桐	2.1	36
	漆	0.6	5		小果蔷薇	1.9	33
	楝	0.5	4		香花崖豆藤	1.7	29
	黄檀	0.4	4		栀子	1.6	29

续表

植物种类	重要值	样方数	植物种类	重要值	样方数
木荷	1.6	17	穹隆薹草	6.9	34
紫薇	1.4	23	海金沙	6.6	44
黄檀	1.4	23	扇叶铁线蕨	6.4	45
长叶冻绿	1.2	21	求米草	6.0	30
轮叶蒲桃	1.0	18	白茅	4.5	13
忍冬	1.0	14	地菍	4.4	18
算盘子	0.9	16	疏花雀麦	4.2	19
硃砂根	0.8	12	井栏边草	3.5	23
马尾松	0.8	14	锈点薹草	3.3	21
羊角藤	0.8	14	淡竹叶	3.3	16
乌桕	0.7	13	乌蕨	2.7	18
茶荚蒾	0.7	12	蕨	2.4	17
漆	0.7	12	渐尖毛蕨	2.1	13
杜鹃	0.6	10	油芒	1.9	12
樟	0.6	10	山芝麻	1.8	12
多花勾儿茶	0.5	10	异羽复叶耳蕨	1.4	10
油桐	0.5	10	毛果珍珠茅	1.3	7
草本层　狗脊	10.5	71	异叶蛇葡萄	1.1	8
暗鳞鳞毛蕨	9.5	64	小叶葡萄	0.9	7
芒萁	9.2	50			

注：玉兰（*Magnolia denudata*），茶荚蒾（*Viburnum setigerum*），山莓（*Rubus corchorifolius*），土茯苓（*Smilax glabra*），长托菝葜（*Smilax ferox*），大叶胡枝子（*Lespedeza davidii*），满树星（*Ilex aculeolata*），小果蔷薇（*Rosa cymosa*），白檀（*Symplocos paniculata*），香花崖豆藤（*Millettia dielsiana*），长叶冻绿（*Rhamnus crenata*），忍冬（*Lonicera japonica*），算盘子（*Glochidion puberum*），硃砂根（*Ardisia crenata*），羊角藤（*Morinda umbellata* subsp *obovata*），乌桕（*Sapium sebiferum*），多花勾儿茶（*Berchemia floribunda*），穹隆薹草（*Carex gibba*），海金沙（*Lygodium japonicum*），扇叶铁线蕨（*Adiantum flabellulatum*），求米草（*Oplismenus undulatifolius*），地菍（*Melastoma dodecandrum*），疏花雀麦（*Bromus remotiflorus*），井栏边草（*Pteris multifida*），锈点薹草（*Carex setosa* var. *punctata*），淡竹叶（*Lophatherum gracile*），乌蕨（*Stenoloma chusanum*），蕨（*Pteridium aquilinum* var. *latiusculum*），渐尖毛蕨（*Cyclosorus acuminatus*），油芒（*Eccoilopus cotulifer*），异羽复叶耳蕨（*Arachniodes simplicior*），毛果珍珠茅（*Scleria herbecarpa*），异叶蛇葡萄（*Ampelopsis heterophylla*），小叶葡萄（*Vitis sinocinerea*）。

10.3　中亚热带人工针叶林生态系统的碳、氮、水生物地球化学循环过程

　　千烟洲地区采取的营林措施取得了显著的成效,该地区的人工针叶林具有较高的生产力,表现出了较强的碳汇功能,并且很大程度上影响了氮、水循环过程。全球变化背景下,温度升高、降水格局改变以及氮沉降的增加引发了一系列的生态环境问题,人类社会面临巨大的挑战。人工林的培育和合理经营,可能成为减缓气候变化的有效途径。因此,理解人工林生态系统碳、氮、水生物化学循环过程及其控制机制,有助于预测气候变化、理解生态系统对气候变化的响应规律。

10.3.1　人工针叶林生态系统碳通量组分及其对环境变化的响应

　　(1)人工针叶林生态系统生产力特征

　　千烟洲人工针叶林生态系统具有较高的生产力。2003—2014 年多年平均生态系统总初级生产力(GPP)可达 1724.0 ± 63.8 g C·m^{-2}(CV=3.7%)。然而总初级生产力固定的碳并不能代表生态系统的碳汇能力,其固定的碳会通过生态系统呼吸过程返还到大气。因而,用净生态系统生产力(NEP)表征生态系统的碳汇能力,即 GPP 与生态系统呼吸(Re)之差。千烟洲人工针叶林生态系统呼吸(Re)多年平均值为 1262.2 ± 78.2 g C·m^{-2}(CV=6.2%),NEP 多年平均值为 461.8 ± 62.2 g C·m^{-2}(图 10.1)。2003—2014 年千烟洲人工林生态系统表现出很高的碳汇能力,远高于寒带和温带地区,在全球变化背景下备受关注(Yu et al., 2014)。

　　多年观测数据显示,GPP、Re 和 NEP 均具有明显的季节变化和年际变异特征(Xu et al., 2017)。生态系统的光合和呼吸过程均呈单峰曲线变化,GPP 和 Re 峰值大多出现在 7 月,月平均值分别为 236.1 ± 17.5 g C·m^{-2} 和 180.5 ± 10.9 g C·m^{-2}。NEP 由于受到 GPP 和 Re 的共同制约,表现出较大的变异性,峰值出现的月份不集中,但多年均值峰值出现在 7 月,可达到 55.6 ± 17.1 g C·m^{-2}(Xu et al., 2017)。环境变异主导了 NEP 71% 的年内季节变异(Tang et al., 2016a)。

　　(2)人工针叶林生产力对太阳辐射变化的响应

　　太阳辐射是植物进行光合生产的最基本动力,是初级生产力的原初能量来源,其中光合有效辐射(PAR)是人工针叶林生产力和碳利用效率的主要控制因子(Tang et al., 2016b)。在短时间尺度上,如半小时、日和月尺度,GPP 与光合有效辐射呈极显著相关,相关系数均可达到 0.7以上。随着光合有效辐射的增加 GPP 显著增加,在辐射达到一定阈值后趋于稳定。在晴空指数为 0.4~0.6 的中等辐射条件下,千烟洲人工针叶林生态系统 NEP 达到最大,可能与中等辐射条件下散射辐射增加、气温以及饱和水汽压差的下降有关(王萌萌等,2015)。当研究尺度扩展到年际或更长时间尺度,光合有效辐射对 GPP 的控制作用产生变化,不再是 GPP 变异的主控因子。

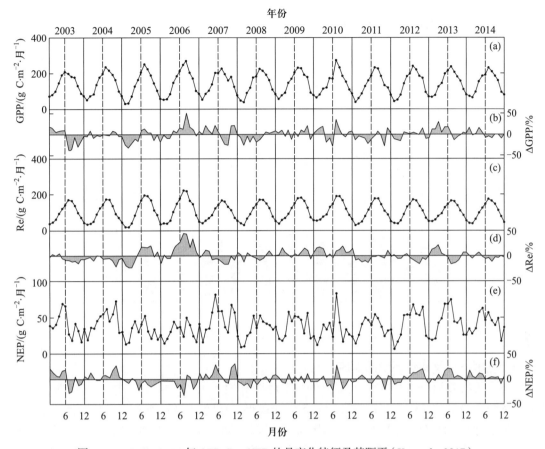

图 10.1 2003—2014 年 GPP、Re、NEP 的月变化特征及其距平（Xu et al., 2017）

（3）人工针叶林生产力对低温及季节性干旱的响应

厄尔尼诺、拉尼娜等气候事件及其季风进退变异性导致的温度、降水的变异，对千烟洲人工林生态系统碳通量产生很大的影响，比较突出的是早春温度和秋季降水的影响。例如 2003 年，年总降水量不足多年平均值的 70%，其中秋季降水不足多年均值的 45%，导致生态系统光合生产力和呼吸过程在水分胁迫期迅速下降，远低于多年平均值（Wen et al., 2010）。但由于二者的共同作用，NEP 的下降幅度相对来说不大。同样，在秋季降水低于多年平均值的 2004 年、2007 年、2013 年和 2014 年，GPP 和 Re 在干旱胁迫期显著下降，但干旱对 NEP 年总量的影响不显著。然而，出现早春低温的 2005 年、2008 年、2011 年和 2012 年，生态系统 GPP 全年基本都呈现零或者负距平的状态，年总量显著低于正常年份（图 10.2），Re 和 NEP 比其他年份分别低 4% 和 10%。可见，早春低温的出现对生态系统生产力的影响更加显著（Zhang et al., 2011a）。Zhang 等（2011a）的研究表明早春低温推迟了物候期，并缩短年生长期（>5℃的日数）。如生长期每缩短 1 天，年固碳量将减少 4.04 g C·m^{-2}。2008 年的早春冰雪灾，造成了 0.3% 马尾松人工林和 7.5% 湿地松林的地上生物量损失（Ma et al., 2014），导致生态系统的碳吸收量较正常年份显著降低了近 20%（Zhang et al., 2011b）。可见，水热条件是控制千烟洲人工针叶林生态系统碳汇功能年际变异的重要环境因子。

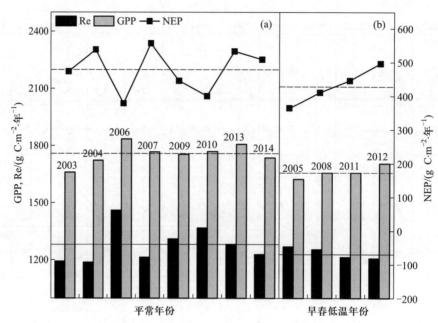

图 10.2　千烟洲人工林生态系统 GPP、Re、NEP 的年总量变化特征（Xu et al., 2017）

（4）土壤呼吸及其对环境的响应

生态系统呼吸可分为植被地上部分的自养呼吸和地下土壤呼吸。其中，土壤呼吸量可以达到生态系统呼吸量的 75% 左右，是影响生态系统碳循环的重要部分和重要流通过程。土壤呼吸通常分为根呼吸（自养呼吸）、微生物呼吸（异养呼吸主体）、动物呼吸和含碳矿物的分解，但由于后两者所占比重很小，常常被忽略。土壤呼吸主要受到底物供应（生产力与有机质等）、温度、湿度、降水、土壤理化性状和微生物活动的影响（王义东等，2010）。

根据 Arrhenius 方程建立土壤呼吸与温度的关系，可以发现中亚热带湿地松林土壤呼吸季节波动很大，且主要受到土壤温度的控制。温度对土壤呼吸的影响在不同季节存在明显差异，湿润季节高于干旱季节。在进行归一化处理、消除温度影响后，可进一步发现土壤湿度对土壤呼吸的重要影响。在干旱和湿润季节，土壤呼吸对湿度的响应明显不同，季节性干旱显著抑制了土壤呼吸。由此可见，中亚热带森林土壤呼吸主要受到土壤温度和湿度的共同作用。利用连续的土壤温湿度数据和呼吸与环境因子的关系，可获取每年湿地松林土壤呼吸总量。湿地松林年土壤呼吸量与年平均气温、土壤温度和年降水量无关，与年平均土壤湿度显著正相关。但年平均土壤湿度主要受到年降水天数（降水频率）的影响，而与年降水量、年蒸散及降水量和蒸散的差值无关。因此，土壤呼吸的年际变异主要受到降水频率的控制（Wang et al., 2011）。在土壤呼吸中，凋落物分解释放的 CO_2 约占 33%，其中新鲜凋落物分解占 19%，而脉冲性降水引起的土壤水分变化则是驱动凋落物分解的关键因子（Wang et al., 2012）。

（5）土壤呼吸对林地管理的响应

林地管理如炼山、清灌、大面积整地等速生丰产技术是增强森林植被碳库的重要手段。在亚热带红壤丘陵区，尽管造林后植被碳库呈线性增加，但土壤碳库在造林初的 7 年间持续下降，而后才逐渐恢复，22 年后才达到了造林初期的土壤碳库水平（Huang et al., 2007）。这主要是由于造林初期一系列造林措施对土壤的强烈干扰导致的结果,极大地影响了人工林生态系统总碳汇效益。千烟洲地区宜林荒地整地第一年的7—9月,炼山处理的月平均土壤呼吸显著低于清灌处理,但是在整地后第二年两种处理间没有显著差异。在清灌处理中,全面整地后的前8个月,土壤呼吸显著高于空白处理,而穴状整地仅在整地后前3个月高于空白处理。在炼山处理中,全面整地与穴状整地后前6个月土壤呼吸均显著高于空白组,之后差异不显著(Wang et al., 2016a)。利用温湿度连续观测数据,通过方程 $Rs = a \times e^{bT} \times W^c$ 对土壤呼吸进行插值,获得全年的累积土壤呼吸,发现仅在整地后第一年,土壤呼吸显著提高。相对于清灌处理,炼山后土壤呼吸的累积排放下降了12.4%。清灌组中,全面整地的累积土壤呼吸相对于空白处理提高了23.9%,而穴状整地影响不显著。炼山组中,全面整地提高了累积排放的19.7%,穴状整地影响同样不显著(Wang et al., 2016a)。产生这种差异的原因主要是穴状整地影响的面积相对较小,所占研究总面积的比例较小。

(6)人工林生态系统 CH_4 通量及其对环境的响应

大气 CH_4 浓度的升高主要是由于 CH_4 排放源的增加或者吸收汇的减少,这也决定于土壤中甲烷产生菌和甲烷氧化菌的平衡。一般在通气条件下,土壤甲烷氧化菌消化全球大气 CH_4 的9%,平均每年吸收36 Tg CH_4,其中森林土壤贡献约为80%(Borken and Matzner, 2009)。通过对千烟洲人工湿地松林长期 CH_4 通量监测发现[1],2005—2007年,CH_4 通量为 −67.2 ~ 21.1 $\mu g\ CH_4 \cdot m^{-2} \cdot h^{-1}$,三年平均 CH_4 通量为 −14.3 $\mu g\ CH_4 \cdot m^{-2} \cdot h^{-1}$,人工湿地松林土壤表现为 CH_4 吸收。月平均 CH_4 通量表现为显著的季节变化,CH_4 吸收的低值出现在湿季(1—6月),高值出现在干季(7—12月)。

无论干季、湿季还是全年,千烟洲人工湿地松林月平均尺度上的 CH_4 吸收与土壤温度之间无显著的相关性,土壤温度不是千烟洲地区土壤 CH_4 吸收速率的限制因素。然而,随着湿度的升高,土壤 CH_4 吸收能力下降。凋落物层对土壤 CH_4 汇具有双向调控作用。干旱时,凋落物层阻碍了大气 CH_4 进入土壤,降低了土壤对 CH_4 氧化吸收率;湿润时,凋落物层则阻碍了土壤产生的 CH_4 向大气扩散,促进了土壤对 CH_4 氧化吸收(Wang et al., 2013)。

10.3.2 人工针叶林生态系统氮通量变化及其对环境的响应

(1)中亚热带人工针叶林区大气干湿氮沉降通量特征

大气氮沉降的增加及其对陆地生态系统产生的影响已经逐渐引起社会的关注。千烟洲常绿针叶林生态系统林外无机氮沉降通量多年平均为8.1 ~ 9.4 kg N·hm^{-2},林内大气氮沉降通量为11.6 ~ 12.6 kg N·hm^{-2},其中铵态氮占总沉降的72.6%,可以解释氮沉降总量变异的89.3%(盛文萍, 2014)。由于南方森林生态系统中森林林冠能够捕获一定的云雾沉降,并且大气降水通过树冠和树干时的淋洗作用大于植物体对雨水中氮素的吸收作用,使得林内无机氮沉降高于林外沉降(Fenn and Poth, 2004;Fenn et al., 2008)。林外大气氮沉降通量基本呈单峰型变化,峰值出现在3—5月,且有的年份并不是特别明显(盛文萍, 2014)。林内大气氮沉降通量在全年内呈双峰型变化,夏季的7—8月和冬季的1—2月分别出现氮沉降通量高峰,最大值出现在7月或8月。林外大气氮沉降通量波动幅度较林内稳定。在夏季,大气氮沉降以铵态氮为主,冬季以硝态

---

① 王建雷. 2016. 氮磷添加对亚热带人工林土壤温室气体排放的影响. 北京:中国科学院大学,博士学位论文.

氮为主（盛文萍等，2010）。在氮沉降通量最小的 11 月，硝态氮沉降通量约为铵态氮沉降通量的 3 倍，而在沉降通量较高的 5 月，硝态氮沉降通量不足铵态氮沉降通量的 1/6（盛文萍等，2010）。千烟洲人工针叶林大气氮沉降通量与降水量之间关系显著，降水可以解释千烟洲林内、林外大气无机氮沉降变异的 62.6% 和 46.8%（盛文萍，2014）。

（2）模拟氮沉降对人工针叶林土壤 N_2O 通量的影响

森林是陆地生态系统的主体，氮沉降的增加已经导致了一些森林生态系统结构和功能（包括营养元素循环）发生改变。土壤氮素转化过程是生态系统中氮素循环的一个非常重要的组分，主要包括凋落物分解、矿化、硝化、反硝化和气体挥发等，它决定了整个生态系统氮循环的速度和与外界的交换量。

土壤 N_2O 主要是通过硝化和反硝化作用完成。氮沉降为土壤硝化和反硝化作用提供了充分的底物。人工杉木林土壤 N_2O 排放具有明显的季节变化趋势，最高值出现在 7 月（38.19 $\mu g\ N_2O \cdot m^{-2} \cdot h^{-1}$），最低值出现在 1 月（2.40 $\mu g\ N_2O \cdot m^2 \cdot h^{-1}$）。N 添加之后土壤 N_2O 排放仍然具有明显的季节变化趋势，土壤 N_2O 排放速率显著提高，并且在生长季增加显著（Wang et al.，2016b）。N_2O 提高的量与氮肥添加剂量正相关，即氮肥添加剂量越高，土壤 N_2O 排放量越大（Wang et al.，2016b）。

研究发现千烟洲 N_2O 排放的峰值集中在 5—7 月。土壤 N_2O 排放的月平均值随 5 cm 土壤温度和 10 cm 土壤含水量呈线性显著增加。土壤温度通过影响硝化细菌和反硝化细菌来影响 N_2O 的产生，土壤水分主要通过限制 O_2 扩散来影响土壤的微环境，对 N_2O 通量产生影响。湿地松林地枯枝落叶移除可以使土壤 N_2O 排放降低 15%（Wang et al.，2014）。湿润季节土壤 N_2O 通量比干旱季节提高 84%~132%。在湿润季节（1—6 月），土壤 N_2O 排放通量与土壤表层 5 cm 温度相关，但是在干旱季节（7—12 月），N_2O 通量与土壤温度关系不密切（Wang et al.，2014）。

10.3.3　人工林蒸散与水分利用效率变化及其对环境的响应

蒸散是森林生物化学循环的重要部分，许多重要的生态系统过程，例如植被光合、生物化学循环和能量分配都受到蒸散的影响。此外，水循环和碳循环还以气孔为节点，通过光合、呼吸和蒸腾作用耦合起来。

（1）人工林蒸散特征及其对季节性干旱的响应

2003—2010 年千烟洲中亚热带人工针叶林多年平均年蒸散量（ET）为 786.9±103.4 mm（CV=13.1%），占当地降水量的大约 60%；蒸散最大值出现在 7 月，可达 117.9±18.5 mm，最小值出现在 1 月，为 31.1±11.0 mm（图 10.3）。蒸散的季节变化主要受到净辐射（Rn）、空气温度（Ta）、饱和水汽压差（VPD）等环境因子的影响（Tang et al.，2016a），环境因子决定了蒸散年内变异的 85.7%（Tang et al.，2016a）。在月尺度上，气象因子与蒸散呈极显著的相关关系（表 10.5），而在年尺度上，这种相关关系减弱。在年际尺度上，环境因子和蒸散均存在较大年际变异，生物因子成为蒸散年际变异的主控因子（Xu et al.，2014）。例如，在干旱和非干旱年份，蒸散的控制因子会发生变化，生物因子（例如冠层导度）的作用愈发突显出来。在干旱胁迫期，蒸散主要受到冠层导度的控制，且冠层导度能削弱 VPD 对 ET 的控制作用（Tang et al.，2014）。

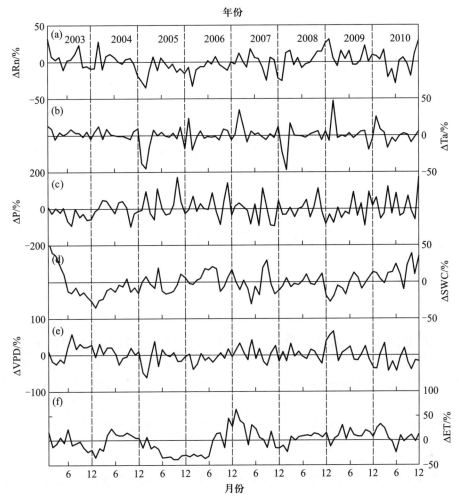

图 10.3 2003—2010 年主要气象因子及 ET 的距平百分率变化特征:(a)净辐射(Rn)距平;
(b)月平均空气温度(Ta)距平;(c)降水量(P)距平;(d)土壤表层 5 cm 含水量(SWC)距平;
(e)饱和水汽压差(VPD)距平;(f)月 ET 距平
(Xu et al.,2014)

表 10.5 净辐射、空气温度和饱和水汽压差与蒸散在月尺度和年尺度上的相关关系

气象因子	月尺度		年尺度	
	r	P	r	P
Rn	0.907	0.000	0.528	0.000
Ta	0.858	0.000	0.261	0.016
VPD	0.791	0.000	0.209	0.055

（2）人工林生态系统水分利用效率变化特征及其对季节性干旱的响应

生态系统水分利用效率（WUE）是生态系统总初级生产力（GPP 或者 GEP）和蒸散（ET）的比值，反映了碳水循环的耦合状况。中亚热带地区的降水主要集中在春季，而夏季则常常发生季节性干旱。因此，该区常绿针叶林 WUE 季节及年际变化具有一定的特殊性（Mi et al.，2016）。通常，WUE 的变化幅度在 $1.5 \sim 4.5$ g $CO_2 \cdot kg^{-1}$ H_2O。2003—2008 年，WUE 均在 6 月时开始减小，并在生长旺季（也是干旱季节）达到最小值。年均 WUE 约为 9.27 mg $CO_2 \cdot g^{-1}$ H_2O（Yu et al.，2008）。分析认为，GPP 和冠层蒸散发（F_w）对气温和大气饱和水汽压差（VPD）的响应模式都很相似，在冬季 GPP 和 F_w 随气温和 VPD 的增加而增加，且两者增加的速率比较相近；但在干旱的夏季，GPP 和 F_w 却随气温和 VPD 的增加反而降低，且 GPP 随气温和 VPD 变化而增加的速率远大于 F_w，导致 GPP 和 F_w 在环境变化条件下其平衡关系发生改变，使通常条件下 WUE 的保守性遭到破坏（宋霞等，2006）。此外，在快速生长季（6—8 月），GPP 升高或遇极端干旱，均会导致 WUE 下降，而 ET 对高温干旱的响应则滞后于 GPP，导致中亚热带地区 GPP 与 ET 间的耦合关系较差（Yu et al.，2008）。因此，水分利用效率各组分（GPP、ET）对季节性干旱响应的差异是导致 WUE 出现波动的原因。值得注意的是，在日变化尺度上，生长旺季 WUE 主要受温度影响，但旱季 WUE 的下降并不意味着干旱对全年 WUE 的影响一定显著，因为在年际尺度上太阳辐射对 WUE 的影响远大于温度（Mi et al.，2016）。

需要指出的是，在叶片尺度上水分利用效率不一定因干旱而减小。比如 Zhou 等（2015）发现干旱减小马尾松叶片水分利用效率，但增加了木荷叶片水分利用效率。尽管不同物种叶片水平上的水分利用效率对干旱的响应不同，但马尾松和木荷的叶片氮利用效率均会因干旱而减小。此外，在非干旱条件下叶片氮利用效率和光利用效率显著正相关。而干旱条件下，叶片氮利用效率和光利用效率间的相关性不复存在。干旱对叶片不同资源利用效率间关系的调控可能是其影响叶片水分利用效率的重要因素。

10.3.4　人工林不同土层土壤水分利用及其与林木生长的关系

林木通常具有浅根系和深根系，使其根据土壤水分有效性在深层水分利用和浅层水分利用间进行转换。在湿润季节，林木主要依赖丰富的浅层细根吸收浅层水分。在干旱季节，林木则通过粗根的提水作用逐渐消耗深层水分以满足蒸腾的需要（Burgess et al.，1998）。但也有一些林木或者只利用浅层水，或者只利用深层水。同一生态系统不同林木对土壤水分利用策略的种间差异体现了林木水文生态位的互补性。在受水分限制的生态系统中，林木的这种水文生态位互补特征可以避免种间的水分竞争，提高水资源利用效率。

Yang 等（2015）用 $\delta^{18}O$、δD 同位素法研究了 2011—2013 年中亚热带地区马尾松、湿地松和杉木对 $0 \sim 100$ cm 不同土层水分的利用策略。发现：马尾松、湿地松和杉木三树种茎干水中的 $\delta^{18}O$、δD 含量没有差别，表明这 3 种树种对 $0 \sim 100$ cm 土层土壤水分的耗水特性十分相似，存在着种间土壤水分竞争。同时，马尾松、湿地松和杉木对土壤水分的利用随着季节的变化表现出很强的可塑性。例如，3 种树种在 7 月、8 月主要吸收 $50 \sim 100$ cm 土层的水分，在 11 月和 4 月则主要吸收 $0 \sim 20$ cm 土层的水分。值得注意的是，从全球尺度来看林木的最大根深可达 7 m（Canadell et al.，1996）。即便是在土层薄瘠的喀斯特地区，林木的根深也会超过 1 m(Nie et al., 2014)。对于中亚热带地区的森林而言,细根可延伸到 150 cm(混交林),甚至是 200 cm(纯林)(Yang et al., 2017)。因此,在中亚热带地区研究 100 cm 以下土壤水分消耗特征对全面理解该区森林生态系统水文过程和旱季林木生长的限制因子具有重要的参考价值。

2004—2010 年的土壤水分数据表明,混交林 0 ~ 200 cm 土层的土壤含水量低于杉木、湿地松和马尾松针叶纯林。0 ~ 60 cm 土层混交林、杉木林、湿地松林和马尾松林多年平均含水量分别为 0.18 $cm^3 \cdot cm^{-3}$、0.30 $cm^3 \cdot cm^{-3}$、0.24 $cm^3 \cdot cm^{-3}$、0.30 $cm^3 \cdot cm^{-3}$。但 4 种林型土壤水分的年际变异相似,即旱季深层水分的消耗在雨季多会得到补给与恢复。值得注意的是,尽管旱季杉木林 0 ~ 60 cm 土层仍有较高的土壤含水量(高于 0.25 $cm^3 \cdot cm^{-3}$),但杉木林仍会消耗 100 cm 土层以下的含水量。而马尾松和湿地松均将细根密集区(0 ~ 60 cm 土层)的含水量充分利用后(降低至 0.15 $cm^3 \cdot cm^{-3}$)才消耗深层的土壤水分。说明杉木对相对低水势土壤水分的利用能力不如马尾松和湿地松(Yang et al., 2017)。

耗水季节,不同土层土壤水分消耗量对整个剖面土壤水分消耗量的贡献率不同。在土壤水分消耗季节,50 ~ 100 cm 土层土壤水分的贡献率相对稳定,在 20% ~ 30% 浮动;而 0 ~ 50 cm 和 100 ~ 200 cm 土层的土壤水分贡献率随月份变化较大。整个旱季,4 种林型下 100 ~ 200 cm 土层水分消耗的贡献率分别为 48%、43%、41% 和 38%,均高于相应的 0 ~ 50 cm 和 50 ~ 100 cm 土层的水分消耗贡献率。说明 100 cm 以下土层细根含量较少,但由于粗根的提水作用,使得林木旱季仍主要依赖 100 ~ 200 cm 土层水分。值得注意的是,尽管旱季林木主要依赖深层土壤水分,但林木的年际生长速率却与旱季表层 0 ~ 50 cm 土壤水分消耗量显著相关。上述结果表明中亚热带地区林木生长的年际变异主要与浅层土壤水分消耗相关,但深层土壤水分消耗对旱季林木生理功能的维持具有重要意义(Yang et al., 2017)。

10.4 中亚热带人工针叶林生态系统水循环与水文生态过程

千烟洲受亚热带季风气候控制,降水量丰富,多年平均降水量 1260 ~ 1360 mm,雨季 4—6 月降水量占全年的 40% 以上(李飞,1998)。千烟洲所在的赣江流域多年平均降水量 1590 mm,4—6 月降水量占全年的 47.28%(林耀明,1998)。丰沛的降水有利于植被的生长发育,而植被的恢复又对林内降水和地表径流起到了重要的再分配和调节作用,在很大程度上改变了林内生态系统的水循环与水文生态过程。

10.4.1 植被恢复对人工针叶林内降水拦截和蒸发量的影响

（1）林内降水的分配

1993—1994 年对 10 年生马尾松林内的降水、林冠截留、树干茎流等水文过程进行了观测,结果表明,林分年平均树干茎流量为 39.7 mm,占年林外降水量的 2.7%,从季节分配来看,以夏季最多,占林分全年树干茎流量的 40.8%,冬季最少,仅占 5.8%;林分年平均穿透水量 1119.8 mm,占全年林外降水量的 76.5%;林冠的平均截留量 303.7 mm,截留率 20.8%(李飞等,

1996）。1999年对15年生湿地松、马尾松、杉木和木荷林内的降水、林冠截留、树干茎流等水文过程进行了观测，结果表明不同林型降水在林内的分配特征不同。在穿透水方面，杉木林的穿透水量达1311.3 mm，占整个降水量的92%；两种松树的穿透水量比较接近，都在1280 mm左右，约占降水量的90%；木荷林的穿透水量比较少，约占降水量的85%；形成这种差异的主要原因与树冠外形和郁闭度有关。在树干茎流方面，木荷树干茎流比杉木要大得多，大约是杉木的7.5倍，这可能与杉木树皮具有很强的吸水能力有关；木荷拦截的雨水较多，达179.3 mm，约占降水量的12%；两种松树要小一些，约占降水量的9.5%；杉木林最小，只占降水量的7.5%（刘允芬等，2001）。1999—2000年连续2年对杉木林、木荷林的观测也得出了类似结论（陈永瑞等，2003，2004）。

（2）林内林外的蒸发量

1993—1994年对植被恢复初期10年生马尾松林的林内林外蒸发量进行了观测，结果表明，1993—1994年林外平均蒸发量（指蒸发皿中的水面蒸发量，下同）为150.7 mm，而林内的蒸发量仅58.6 mm，是林外蒸发量的38.9%；林内外蒸发量均以秋季最高，分别为21.7 mm和65.0 mm，占全年的37.0%和43.1%；林内蒸发量以冬季最少，只有8.8 mm，占全年的15%，1—3月13.7 mm，占23.4%，4—6月14.4 mm，占24.6%；林外蒸发量以春季最少，只有25 mm，占16.6%，4—6月33.6 mm，占22.3%，10—12月27.1 mm，占18.0%（李飞等，1996）。

10.4.2 植被恢复对红壤丘陵区水土流失的影响

森林植被及凋落物一方面通过截留降雨、拦蓄径流等削减洪峰流量、延长枯水期流量调节地表径流，另一方面还通过减少雨滴打击力、延缓径流形成过程和强度、减轻雨滴和径流对土壤的击溅和冲刷，在区域生态安全及水土资源保护与利用中发挥了重要作用。千烟洲站先后在千烟洲、九连山和江西省兴国县建立了坡面径流小区和小流域量水堰等观测设施，以系统研究不同恢复措施和恢复阶段植被对地表径流和土壤侵蚀的影响。

（1）不同植被恢复措施下的地表径流与土壤侵蚀

为了比较人工林和天然林的水土保持生态效应，1983年在千烟洲设置了4个10 m×20 m的坡面径流试验小区。小区位于低丘西南坡，互相毗邻，坡度大致相当，土壤质地与土层厚度相同，在试验前均为灌丛草đị。4个小区的试验处理分别为人工种植马尾松（代表人工针叶林）、人工种植枫香树（代表人工阔叶林）、人工裸地（定期清除植被，代表植被严重逆向演替）、封禁恢复（代表自然林，为对照区）。随着整地影响的减轻，不同植被类型间径流与侵蚀的差异已经显现，1986年马尾松小区、枫香树小区、裸地小区和封禁小区径流系数分别为0.294、0.217、0.376和0.064，侵蚀模数分别为758.85 t·km^{-2}、563.31 t·km^{-2}、2080.00 t·km^{-2}和14.81 t·km^{-2}（中国科学院南方山区综合科学考察队等，1989），两者的大小次序均为裸地处理 > 马尾松处理 > 枫香处理 > 封禁处理，证明了营造阔叶林尤其是植被自然恢复这两种植物措施在水土流失治理中的作用。

（2）植被逆向演替下的地表径流与土壤侵蚀

兴国县属于我国南方山区土壤侵蚀最严重的县份，其中大获试验点尤为典型。土壤侵蚀与植被逆向演替紧密相关，试验点植被主要为次生马尾松林，偶见木荷，林下有少量的芒萁。坡地中上部和脊部马尾松植株稀疏，株距一般在3～5 m，基本上均属于"老头树"，坡麓及沟谷两侧郁闭度虽可高至 0.5 以上,但 20 年左右树龄的高度不超过 10 m,胸径多在 10 cm 以下。因附近农民不断搂取地面枯枝落叶和芒萁作薪柴,故地面基本裸露,属于典型的"远看青山在,近看水土流"景观。1996—1999 年量水堰所测的年径流量(换算为年径流深,下同)分别为 763.0 mm、1507.7 mm、1295.1 mm 和 846.0 mm,分别占年降水量的 48.0%、57.2%、63.7% 和 45.5%,年降水量均与年流出量呈线性关系。从年内分布来看,月流出量与月降水量也呈线性关系,造成偏离线性关系的主要原因是前一个月的水分状况,如前月降水不够充分,则该月流出量就偏小,反之偏多(李昌华等,2001a)。

大获试验点海拔高度在 340～420 m,由 5 个小流域组成,为花岗岩地区,地表风化壳较厚,由于土壤侵蚀严重,表土层早已被侵蚀殆尽,心土层出露且颗粒较粗,仅在坡麓及沟谷两侧才有质地较粗的红壤发育,厚度约 10～50 cm,故侵蚀产沙以推移质为主。1994—1997 年从 4 个小流域内 3 个量水堰泥沙沉积观测结果的分析来看:第一,推移质较粗,粒径 2～10 mm 的石砾占 62%,0.2～2 mm 的砂砾占 29%,合计占 90% 以上;第二,产沙模数年际变化较大,1995 年最高,1996 年 1 号小流域、2+3 号小流域和 5 号小流域分别只及其 1/5、1/6 和 1/5 左右,且主要与年降水量相关;第三,产沙模数的大小受坡向、坡位影响,1 号小流域以南坡和西南坡为主,植被长势差,裸露面积大,2+3 号小流域以南坡和东坡为主,且有部分面积地处 1 号小流域的下游,植被状况稍好,故在同样降水条件下,前者的产沙模数明显高于后者,其年均推移质侵蚀模数为 1 766 t·km^{-2},相当于每年侵蚀掉 1.6 mm 的表土层(李昌华,2001)。

(3)植被恢复过程中的地表径流

千烟洲原为少林的荒丘区,局部地区土壤侵蚀比较严重。通过 1983—1986 年的大规模植被重建以及封禁管护,其森林植被恢复效果于 20 世纪 90 年代初开始显现,实现了红壤丘陵地区由自然草地生态系统向人工林森林生态系统的逐步转变,基本根治了土壤侵蚀,并成为红壤丘陵生态退化地区植被恢复的典型。千烟洲小流域试验径流场面积 2.14 hm^2,主要植被为 10 年生马尾松林,间种有少量的木荷、楝,平均郁闭度为 0.8,草灌主要有芒萁、细毛鸭嘴草、山芝麻、算盘子、牡荆等。1993—1994 年年平均地表径流量 406.2 mm,径流系数 0.278,其中夏季最多,达 244.1 mm,占 60.1%,冬季最少,只有 44.2 mm,占 10.9%,1—3 月 58.6 mm,占 14.4%,7—9 月 59.3 mm,占 14.6%(李飞等,1996)。

(4)原生顶极植被群落下的地表径流

九连山试验点位于九连山国家级自然保护区范围内,海拔 600～900 m,与千烟洲站、兴国大获试验点一样同属中亚热带,年平均气温 16.7 ℃,年平均降水量 1954.6 mm,其中 4—6 月降水较多,土壤为山地红黄壤,森林植被为保存完好的原生常绿阔叶林,以壳斗科的常绿树种为建群种,混有不超过总株数 1/4 的落叶树种及少量的马尾松、杉木等,可以将其作为千烟洲森林植被恢复演替的顶极参照系。从年际变化来看,年流量与年降水量明显呈线性关系,如 2 号小流域 1990—1994 年中,最少的年降水量为 1502.1 mm(1991 年),该年的径流量也最小,只有 574.5 mm,1993 年降水量高达 2469.3 mm,其年径流量也升至最大,达 1372.7 mm。在年内分布方面,由于原生常绿阔叶林有较大的径流调节作用,故径流峰谷与降水峰谷并不完全同步,前者明显具有延滞效应且变幅明显较小(李昌华等,2001b)。

10.5　中亚热带人工针叶林生态系统对环境的影响

除了年降水量丰富、季节分布不均这一特征外,伏秋高温干旱是我国亚热带地区气候的另一个重要特征。森林植被变化对小气候的影响较大,植被恢复在改善、调节小气候环境的过程中发挥了重要作用。千烟洲的研究结果表明,植被恢复起到了增湿、降温作用,且随着林龄的增长,这种作用愈加明显,因而有利于减轻伏秋高温干旱对区域农业的威胁,并能充分利用所在地区的水热资源(刘允芬等,2001)。

10.5.1　植被恢复进程中林内环境的变化

(1)植被恢复初期林内林外的温湿环境

在植被恢复初期(1988—1990 年),林内年平均气温、平均最高气温、平均最低气温和平均极端最高气温分别为 18.3 ℃、23.2 ℃、13.6 ℃、31.7 ℃,分别较林外增加 0.2 ℃、0.7 ℃、0.1 ℃和0.9 ℃。林内平均极端最低气温 7.4 ℃,比林外低 0.4 ℃。林内湿度平均为 84%,比林外高 2%,地面 0 cm 地温比林外低 1.2 ℃(游松才等,1993),说明植被恢复对生态环境已产生了一定影响,调节作用已开始显现。

(2)植被恢复中期林内林外的温湿环境

千烟洲水热条件优越,植被恢复较快,进入 20 世纪 90 年中期后,人工林已近成熟并早已郁闭。1999 年林内外气温差可达 0.1~0.3 ℃,其中 6—9 月差别相对较大,即在林木生长旺季,林内温度比林外低约 1%。对历年林内外气温的比较还可以看出,生长旺季林内比林外温度低的趋势在增大,由低 0.27% 增大到低 1.16%,原因是随着树木长大,森林对温度的调节效应增强,林内气温越来越低于林外,表明成龄林对温度具有更大的调节作用。林内气温的变化直接影响林内湿度的变化,通过选取 1999 年四季代表月份的各 1 个晴天,分析了林内、林外的相对湿度变化,结果表明林内外相对湿度有较明显的日变化规律,林内夜间相对湿度很高,达近 100%,日出前常出现一较高值,日出后湿度迅速下降,在气温最高、太阳辐射最强时,相对湿度最低,日落时湿度又迅速上升,冬季在 9:00—20:00、夏季 4:00—16:00、春季和秋季全天林内相对湿度几乎都高于林外。通过计算逐月林内外相对湿度差值百分率的结果进一步表明,林内相对湿度全年高于林外,尤其是在伏旱严重的 7 月、8 月和干旱的 11 月,其差值百分率均在 2.7% 以上,说明越是干旱时段森林的增湿作用越为明显(刘允芬等,2001)。

(3)植被恢复后期林内林外的温湿环境

通过 2005—2014 年的林外与林内平行观测数据分析发现,亚热带人工林对温湿环境表现出了明显的调节作用(图 10.4)。年尺度上,林内气温多年平均比林外低 0.5 ℃,林内年平均最高气温比林外低 2.0 ℃,最低气温比林外高 0.4 ℃。随着林龄的增长,人工林在夏季的降温效应显著增强,对最高温度和最低温度的调节作用显著增强。人工林林内水汽压高于林外,表现出了明显的增湿效应(图 10.5)。随着林龄的增长,林内的水汽压有所增加。森林对土壤湿度的调节作用大于对气温的调节作用,炎热的夏季表现为降温作用,冬季表现为保温作用。对土壤温度的调节作用没有随着林龄的增长表现出明显的变化趋势,而是受到土壤含水量的影响。

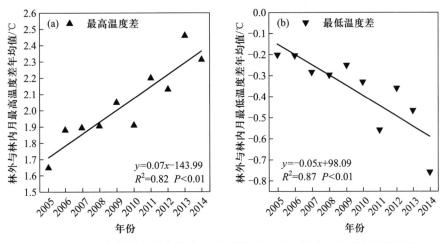

图 10.4 2005—2014 年林外与林内月最高／最低温度差的年际变化特征（徐明洁等，2018）

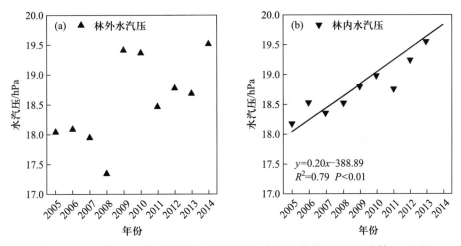

图 10.5 2005—2014 年林外与林内水汽压的年际变化特征（徐明洁等，2018）

10.6 中亚热带人工针叶林生态系统管理调控与示范模式

人工林既是我国重要的自然资源，也是我国生态安全的重要保障。面对人工纯林结构单一、功能低下、极不稳定等诸多问题，在充分研究人工林结构与功能关系的基础上，根据立地环境特点和生态系统物质能量流动规律，按照森林经营目标，通过循序渐进的结构优化，逐步提高人工林生态系统的服务功能，是我国目前人工林经营管理的最主要任务。

10.6.1 中亚热带人工针叶林生态系统利用与管理示范模式

人工林结构优化必须根据人工林的经营目标有针对性地进行，绝不可以不变应万变，到处都是一个优化模式。同时,我国作为发展中国家,必须充分发挥林业的经济效益。因此,以生态公益服务为主的人工林,首先应基于适地适树原则,选择优良的可自我更新的乡土树种,确保森林生态系统服务功能的持续稳定发挥;其次,在立地环境合适条件下,通过近自然林管理,在保证基本生态功能的同时,尽可能生产高品质大径材,提高经济效益;同时,遵循森林生态系统的自我修复机制,充分利用林下空间,适度发展林下经济,提高林区经济效益。但对于速生丰产林,则应该加强林地管理,通过高强度经营管理,高投入以获得高产出,提高经济效益。

千烟洲站针对我国林业存在的问题,特别是人工林发展,较早地开展了人工林结构优化试验示范研究。近年来,通过与德国的合作,开展了近自然经营理论和技术培训,并在千烟洲站和当地林场先后建立了多个示范类型,取得了较好的效果,主要示范类型包括:

(1)马尾松—湿地松针叶林结构优化试验示范区。总面积达 600 亩,马尾松和湿地松纯林各占一半,树龄 33 年,此前未进行过任何人工干预。2012 年开始进行了疏伐,疏伐强度 30%,2013—2014 年在林下补植枫香树、木荷、深山含笑三个乔木树种,目前补植树种有的已高达 5 米以上,基本上形成了亚林层,效果非常明显。

(2)阔叶人工林近自然经营示范区。面积 27 亩,主要树种是木荷、枫香树、樟、楠木、鹅掌楸等,树龄 33 年,未进行过任何人工干预。2014—2017 年进行了人工疏伐,保留优良目标树,伐除干扰树,有力地促进了天然更新。目前,林下自然更新苗木丰富,以楠木、木荷为主,有的已经高达 4~5 米,演替效果明显,森林可持续发展有了保障。

(3)杉木—枫香树混交林可持续经营示范区。面积 510 亩,人工杉木、枫香树混交林,15 年生,造林初期进行过林下抚育。2016—2017 年进行了以大径材培育为目的的间伐试验示范,保留高质目标树,剔除干扰树,同时促进天然更新,由于时间短,目前效果尚不明显。

10.6.2   中亚热带人工针叶林生态系统经营管理的发展方向与问题

林业由于经营周期长,中亚热带地区通常要 20~30 年,大径材培育则需要 50~60 年,而温带和寒带地区则需要近百年甚至是百年以上,期间的自然灾害不可避免,特别是在气候变化、极端气候事件不断增加的背景下,如果人为管理不当,其影响则会持续几十年甚至上百年。因此,森林经营管理是一个高风险、高技术工作,需要科学的长远规划。而森林生态系统千差万别,环境条件各异,因此,每一个林场乃至每一片森林必须要有科学可行的森林经营规划,确保森林经营处在正确的轨道。

但近年来我们的林业部门存在着严重的盲目经营现象,脱离森林实际情况,对森林可持续经营极为不利。同时,由于长期的不合理经营,各个主要林区均存在不同程度的资源枯竭、质量下降的情况,急需休养生息,提高资源储备和质量。近年来,国家出台了一系列森林采伐管理措施,以加快森林资源恢复,同时加大对林业部门的支持力度,以便保持林区经济稳定与发展。在经济发达地区,林业部门主要依靠其他行业反哺,保持了较好的发展势头。但在经济不发达省份,林业经营依然面临很大问题,经济发展缺乏保障,而这种情况导致大量人才流失,很多地方林业部门近十年时间竟无法引进一名专业人才,导致林业科学经营管理水平不但没有提升,反而降低。

随着我国经济快速发展和人民生活水平提高,迫切需要科学管理、保持森林经营可持续性,满足国家生态安全和绿色发展的需要。解决林业面临的问题需要国家和企业共同努力。在国家层面应该制定科学的林业发展战略,针对目前森林资源状况,国家已明确降低了采伐强度,但为确保20~30年的休养生息过渡期,还必须加大科学管理力度,以便培育更好的森林资源。森林服务功能具有多样性,应根据各地森林状况科学划分经营目标,完全保护和高强度经营的森林面积不宜过大,更多的森林应该开展多功能经营,发挥多功能效益。需要加大力度开展森林经营技术培训,尽快提高基层管理人员和技术人员的森林管理技术水平。同时,在典型林区开展林场水平的经营管理综合技术示范,加快技术推广。加大国家经济支持力度,并更多地向不发达省份倾斜。

地方林业部门则应该充分考虑当地森林资源状况和发展目标,因地而异制定科学的经营规划。同时,鉴于我国经济的快速发展以及对绿色生态产品的巨大市场需求,林业企业应充分发掘并利用自身优势,大力发展林区特色经济,自力更生,优化自身经济状况。在此基础上,加大专业人才引进力度,创造出一个充满生机与活力的林区环境,加速林区经济转入良性循环轨道,实现人工林可持续发展。

参 考 文 献

陈永瑞,林耀明,李家永,等.2004.江西千烟洲试区杉木人工林降雨过程及养分动态研究.中国生态农业学报,12(1):74-76.

陈永瑞,刘允芬,林耀明,等.2003.江西千烟洲试区木荷阔叶林的水文过程及养分动态研究.林业科学,39(4):145-150.

胡理乐,刘琪璟,闫伯前,等.2006.生态恢复后的千烟洲植物群落种类组成及结构特征.林业科学研究,19(6):807-812.

胡理乐,闫伯前,刘琪璟,等.2005.南方丘陵人工林林下植物种间关系分析.应用生态学报,16(11):2019-2024.

李昌华.2001.江西兴国侵蚀荒山森林小流域泥沙流出量的研究.资源科学,23(增刊):89-96.

李昌华,福岛义宏,铃木雅一.2001a.江西兴国侵蚀荒山森林小流域的降水流出特性分析.资源科学,23(增刊):76-88.

李昌华,福岛义宏,铃木雅一.2001b.九连山常绿阔叶林小流域的流出特性.资源科学,23(增刊):36-57.

李飞.1998.千烟洲森林生态系统的重建与养分循环特征.资源科学,20(增刊):41-48.

李飞,王英芳,陈永瑞.1996.马尾松林水文特征及其矿质元素迁移研究.土壤侵蚀与水土保持学报,2(3):78-82.

林耀明.1998.赣江流域的水循环模型.资源科学,20(增刊):17-23.

刘琪璟,胡理乐,李轩然.2005.小流域治理20年后的千烟洲植物多样性.植物生态学报,29(5):766-774.

刘允芬,李家永,陈永瑞,等.2001.红壤丘陵区森林植被恢复的增湿效应初探.自然资源学报,16(5):457-461.

马泽清,刘琪璟,徐雯佳,等.2008.江西千烟洲人工针叶林下狗脊蕨群落生物量.植物生态学报,32(1):88-94.

彭少麟.1995.鼎湖山人工马尾松第1代与自然更新代生长动态比较.应用生态学报,6(1):11-13.

盛文萍.2014.亚热带人工针叶林生态系统大气无机氮沉降及其固持分配研究.北京:中国科学院地理科学与资源研究所,博士后研究工作研究报告.

盛文萍,于贵瑞,方华军,等.2010.离子树脂法测定森林穿透雨氮素湿沉降通量——以千烟洲人工针叶林为例.生态学报,30(24):6872-6880.

宋霞,于贵瑞,刘允芬,等.2006.亚热带人工林水分利用效率的季节变化及其对环境因子的影响.中国科学(D辑:地球科学),36(增刊I):111-118.

王君龙,王辉民,付晓莉,等.2015.种内竞争和残落物覆盖对杉木和檫木细根形态特征的影响.生态学杂志,34

（3）：596–603.

王萌萌,张弥,王辉民,等 . 2015. 太阳辐射变化对千烟洲亚热带人工针叶林净 CO_2 交换量的影响 . 生态学杂志, 34（2）：303–311.

王义东,王辉民,马泽清,等 . 2010. 土壤呼吸对降雨响应的研究进展 . 植物生态学报,34（5）：601–610.

尉海东,刘爱琴,马祥庆,等 . 2006. 连栽对杉木人工林碳贮量的影响研究 . 中国生态农业学报,14（3）：36–39.

徐明洁,张涛,孙怡,等 . 2018. 千烟洲人工针叶林对温湿环境的调节作用 . 生态学杂志,37（11）,3245–3254.

徐雯佳,刘琪璟,马泽清,等 . 2008. 江西千烟洲不同恢复途径下白栎种群生物量 . 应用生态学报,19（3）：459–466.

杨宝珍 . 1998. 千烟洲试验区开发治理前后植物群落类型的变化及分布特征 . 见：程彤 . 红壤丘陵生态系统恢复与农业持续发展研究（第二集）. 北京：气象出版社,34–43.

杨玉盛,张任好,何宗明,等 . 1998. 不同栽杉代数 29 年生林分生产力变化 . 森林与环境学报,18（3）：202–206.

游松才,蒋世逵,孙文献 . 1993. 千烟洲气象条件分析与林间小气候环境观测的动态分析 . 见：程彤 . 红壤丘陵生态系统恢复与农业持续发展研究 . 北京：地震出版社,81–86.

中国科学院南方山区综合科学考察队,江西省吉安地区自然资源开发治理办公室 . 1989. 红壤丘陵开发和治理——千烟洲综合开发治理试验研究 . 北京：科学出版社,105–114.

曾慧卿,刘琪璟,冯宗炜,等 . 2007. 红壤丘陵区林下灌木生物量估算模型的建立及其应用 . 应用生态学报,18（10）：2185–2190.

曾慧卿,刘琪璟,马泽清,等 . 2006. 基于冠幅及植株高度的檵木生物量回归模型 . 南京林业大学学报（自然科学版）,30（4）：101–104.

Borken W, Matzner E. 2009. Reappraisal of drying and wetting effects on C and N mineralization and fluxes in soils. Global Change Biology, 15（4）: 808–824.

Burgess S S O, Adams M A, Turner N C, et al. 1998. The redistribution of soil water by tree root systems. Oecologia, 115: 306–311.

Canadell J, Jackson R B, Ehleringer J R, et al. 1996. Maximum rooting depth of vegetation types at the global scale. Oecologia, 108: 583–595.

Fang J, Chen A. 2001. Dynamic forest biomass carbon pools in China and their significance. Acta Botanica Sinica, 43（9）: 967–973.

Fenn M E, Jovan S, Yuan F. 2008. Empirical and simulated critical loads for nitrogen deposition in california mixed conifer forests. Environmental Pollution, 155（3）: 492–511.

Fenn M E, Poth M A. 2004. Monitoring nitrogen deposition in throughfall using ion exchange eosin columns: A field test in the San Bernardino Mountains. Journal of Environmental Quality, 33（6）: 2007–2014.

Fu X, Wang J, Di Y, et al. 2015b. Differences in fine-root biomass of trees and understory vegetation among stand types in subtropical forests. PLoS ONE, 10（6）: e0128894.

Fu X, Wang J, Wang H, et al. 2016. Response of the fine root production, phenology, and turnover rate of six shrub species from a subtropical forest to a soil moisture gradient and shading. Plant Soil, 399: 135–146.

Fu X, Yang F, Wang J, et al. 2015a. Understory vegetation leads to changes in soil acidity and in microbial communities 27 years after reforestation. Science of the Total Environment, 502: 280–286.

Huang M, Ji J, Li K, et al. 2007. The ecosystem carbon accumulation after conversion of grasslands to pine plantations in subtropical red soil of South China. Tellus B: Chemical and Physical Meteorology, 59B: 439–448.

Liao Y, McCormack M L, Fan H, et al. 2014. Relation of fine root distribution to soil C in a *Cunninghamia lanceolata* forest in subtropical China. Plant Soil, 381: 225–234.

Ma Z, Hartman H, Wang H, et al. 2014. Carbon dynamics and stability between native Masson pine and exotic slash pine plantations in subtropical China. European Journal of Forest Research, 133: 307–321.

Mi N, Wen X, Cai F, et al. 2016. Influence of seasonal drought on ecosystem water–use efficiency in a subtropical evergreen coniferous plantation. Applied Ecology and Environmental Research, 14(3): 33–50.

Nie Y, Chen H, Wang K, et al. 2014. Rooting characteristics of two widely distributed woody plant species growing in different karst habitats of Southwest China. Plant Ecology, 215: 1099–1109.

Tang Y, Wen X, Sun X, et al. 2014. The limiting effect of deep soil water on evapotranspiration of a subtropical coniferous plantation subjected to seasonal drought. Advances in Atmospheric Scinces, 31: 385–395.

Tang Y, Wen X, Sun X, et al. 2016a. Contribution of environmental variability and ecosystem functional changes to interannual variability of carbon and water fluxes in a subtropical coniferous plantation. iForest, 9: 452–460.

Tang Y, Wen X, Sun X, et al. 2016b. Variation of carbon use efficiency over ten years in a subtropical coniferous plantation in Southeast China. Ecological Engineering, 97: 196–206.

Wang J, Wang H, Fu X, et al. 2016a. Effects of site preparation treatments before afforestation on soil carbon release. Forest Ecology and Management, 361: 277–285.

Wang Y, Cheng S, Fang H, et al. 2016b. Relationships between ammonia-oxidizing communities, soil methane uptake and nitrous oxide fluxes in a subtropical plantation soil with nitrogen enrichment. European Journal of Soil Biology, 73: 84–92.

Wang Y, Li Q, Wang H, et al. 2011. Precipitation frequency controls interannual variation of soil respiration by affecting soil moisture in a subtropical forest plantation. Canadian Journal of Forest Research-Revue Canadienne De Recherche Forestiere, 41(9): 1897–1906.

Wang Y, Wang H, Ma Z, et al. 2013. The litter layer acts as a moisture-induced bidirectional buffer for atmospheric methane uptake by soil of a subtropical pine plantation. Soil Biology & Biochemistry, 66: 45–50.

Wang Y, Wang H, Wang Z, et al. 2014. Effect of litter layer on soil-atmosphere N_2O flux of a subtropical pine plantation in China. Atmospheric Environment, 82: 106–112.

Wang Y, Wang Z, Wang H, et al. 2012. Rainfall pulse primarily drives litterfall respiration and its contribution to soil respiration in a young exotic pine plantation in subtropical China. Canadian Journal of Forest Research, 42: 657–666.

Wen X, Wang H, Yu G, et al. 2010. Ecosystem carbon exchange of a subtropical evergreen coniferous plantation subjected to seasonal drought, 2003—2007. Biogeosciences, 7: 357–369.

Xu M, Wang H, Wen X, et al. 2017. The full annual carbon balance of a subtropical coniferous plantation is highly sensitive to autumn precipitation. Scientific Reports, 7: 10025. doi: 10.1038/s41598–017–10485–w.

Xu M, Wen X, Wang H, et al. 2014. Effects of climatic factors and ecosystem responses on the inter-annual variability of evapotranspiration in a coniferous plantation in subtropical China. PLoS ONE, 9(1): e85593.doi: 10.1371/journal.pone.0085593.

Yang B, Wen X, Sun X. 2015. Seasonal variations in depth of water uptake for a subtropical coniferous plantation subjected to drought in an East Asian monsoon region. Agriculture and Forest Meteorology, 201: 218–228.

Yang F, Feng Z, Wang H, et al. 2017. Deep soil water extraction helps to drought avoidance but shallow soil water uptake during dry season controls the inter-annual variation in tree growth in four subtropical plantations. Agricultural and Forest Meteorology, 234: 106–114.

Yu G, Chen Z, Piao S, et al. 2014. High carbon dioxide uptake by subtropical forest ecosystems in the East Asian monsoon region. Proceedings of the National Academy of Sciences of the United States of America, 111(3): 4910–4915.

Yu G, Song X, Wang Q, et al. 2008. Water-use efficiency of forest ecosystems in eastern China and its relations to climatic variables. New Phytologist, 177: 927–937.

Zhang W, Wang H, Wen X, et al. 2011b. Freezing-induced loss in carbon uptake of a subtropical coniferous plantation in southern China. Annals of Forest Science, 68 (6): 1151–1161.

Zhang W, Wang H, Yang F, et al. 2011a. Underestimated effects of low temperature during early growing season on carbon sequestration a subtropical coniferous plantation. Biogeosciences, 8: 1667–1678.

Zhou L, Wang S, Chi Y, et al. 2015. Responses of photosynthetic parameters to drought in subtropical forest ecosystem of China. Scientific Reports, 5: 18254.

第 **11** 章 中亚热带喀斯特常绿与落叶阔叶混交林生态系统过程与变化 [*]

喀斯特是水对可溶性岩石(碳酸盐岩、石膏、岩盐等)进行以化学溶蚀作用为主,流水的冲蚀、潜蚀和崩塌等物理作用为辅的地质作用及其所产生的现象总称。由喀斯特作用所造成的地貌,称为喀斯特地貌或岩溶地貌,广泛分布在全球各地的碳酸盐类岩石、硫酸盐类岩石和卤盐类岩石三类可溶性岩石地区,总面积达 51×10^6 km²,占地球总面积的 10%。其中碳酸盐岩喀斯特面积达 22×10^6 km²,但连续、成片的喀斯特地貌主要分布在南美、地中海沿岸和中国南方地区(Sweeting, 1972)。我国南方喀斯特连片、大面积分布在我国亚热带、热带气候区,主要包括贵州、广西、云南、四川、重庆、湖南、湖北、广东 8 个省(直辖市、自治区),面积约 50.58 万 km²,占整个国土面积的 5.8%,尤以西南地区的滇东、黔、桂所占面积最大、最具代表性,是世界上最大的喀斯特地貌之一,面积达 31.17 万 km²,占南方喀斯特分布总面积的 61.6%(Jiang et al., 2014)。

喀斯特地貌的广泛发育,造成其土壤和植被与非喀斯特地貌的巨大差异,喀斯特地区广泛分布的石灰土,与亚热带、热带地区的典型地带性土壤——黄壤、红壤完全不同。由此造成植被类型也与亚热带、热带典型的地带性气候顶极植被——常绿阔叶林和雨林不同,是以非地带性、地形与土壤顶极的常绿与落叶阔叶混交林为主。人们将这种直接生长发育在碳酸盐岩风化壳或由其发育形成的钙质土壤等基质上的植物群落称为喀斯特植被,相当于过去所称的石灰岩植被或钙质土植被(屠玉麟, 1989, 1992)。位于贵州省中部高原面上的普定喀斯特生态系统观测研究站,即是以喀斯特常绿与落叶阔叶混交林为监测、研究和示范主体的一个野外台站。本章以此站点为代表,总体介绍中亚热带喀斯特常绿与落叶阔叶混交林生态系统的过程与变化。

11.1 中亚热带喀斯特常绿与落叶阔叶混交林生态系统概述

作为隐域性的土壤顶极植被类型,喀斯特常绿与落叶阔叶混交林有其独特的地理分布、群落特征和生态意义,此类森林生态系统也因此有其特殊的科学研究问题。

[*] 本章作者为中国科学院地球化学研究所倪健、王世杰、刘立斌、蔡先立、郭银明,南宁师范大学胡刚、张忠华,中国科学院植物研究所刘长成、郭柯,贵州大学周运超。

11.1.1　中亚热带喀斯特常绿与落叶阔叶混交林生态系统的分布与现状

喀斯特常绿与落叶阔叶混交林是亚热带喀斯特山地的原生性植被,组成种类以喜钙树种为特征,在落叶层片主要有榆科的朴属(*Celtis*)、榆属(*Ulmus*)、青檀属(*Pteroceltis*)和榉属(*Zelkova*),漆树科的黄连木属(*Pistacia*)和盐肤木属(*Rhus*),胡桃科的化香树属(*Platycarya*),桦木科的鹅耳枥属(*Carpinus*),鼠李科的鼠李属(*Rhamnus*)等,而常绿层片主要由壳斗科的青冈属(*Cyclobalanopsis*)、柯属(*Lithocarpus*),冬青科的冬青属(*Ilex*),樟科的樟属(*Cinnamomum*)和润楠属(*Machilus*),以及芸香科的花椒属(*Zanthoxylum*)和小檗科的南天竹属(*Nandina*)等组成。

这类混交林分布在丘陵和低、中山上,在东部亚热带地区大多见于海拔1000 m以下,而在西部亚热带地区可达1800~2000 m。集中分布在贵州中部与西部和北部(黔东南除外)、广西中西部与中北部、云南东部与黔桂交界处以及重庆、湖南和湖北交界处的广大石灰岩地区,在湖南中部和南部以及广东北部与湖南交界处,以及四川南部也有零星分布。主要森林类型包括青冈(*Cyclobalanopsis glauca*)、细叶青冈(*Cyclobalanopsis gracilis*)、云贵鹅耳枥(*Carpinus pubescens*)和化香树(*Platycarya strobilacea*)林,滇青冈(*Cyclobalanopsis glaucoides*)、圆果化香树(*Platycarya longipes*)林,青冈、青檀(*Pteroceltis tatarinowii*)林,青冈、仪花(*Lysidice rhodostegia*)、青檀林和鱼骨木(*Canthium dicoccum*)、黄梨木(*Boniodendron minus*)林(中国植被编辑委员会,1980;中国科学院中国植被图编辑委员会,2007)。

11.1.2　中亚热带喀斯特常绿与落叶阔叶混交林生态系统的特点和生态意义

喀斯特生态环境受特殊的喀斯特地貌形态的影响与制约,表现出一系列与侵蚀-剥蚀地貌(常态地貌)所不同的生境特点(屠玉麟,1989,1992),包括:成土速度缓慢,土层浅薄,一般仅10~40 cm,而且常有大面积的岩石裸露,土层不连续;地下管道系统发育,地表缺水干旱;土壤富钙,表土层有机质含量可高达15%~20%;光、热、水条件的剧烈变化,造成小生境的异质性与多样性,并表现出较大的地域差异,导致喀斯特植被类型复杂多样。

这些喀斯特生境的特殊性造就了喀斯特地区非地带性植被的存在,而且由于喀斯特小生境的复杂多样,尤其是不同生境条件下水分条件的较大差异,发育的森林植被类型有所不同,包括喀斯特针叶林、针阔叶混交林、常绿阔叶林、常绿与落叶阔叶混交林、落叶阔叶林等。由于不同森林类型的稳定性不同,它们之间会发生不同程度的演替;但是对某些发育在土层较浅薄、生境较干旱的常绿与落叶阔叶混交林,如高原型喀斯特地貌上(贵州普定)的化香树、云贵鹅耳枥、安顺润楠(*Machilus cavaleriei*)、窄叶柯(*Lithocarpus confinis*)和滇鼠刺(*Itea yunnanensis*)等(刘长成等,2009),峰丛洼地型喀斯特地貌上的(贵州茂兰)化香树、天峨槭(*Acer wangchii*)、齿叶黄皮(*Clausena dunniana*)、紫弹树(*Celtis biondii*)、黄杞(*Engelhardtia roxburghiana*)、短刺米槠(*Castanopsis carlesii* var. *spinulosa*)、密花树(*Rapanea neriifolia*)和杨梅叶蚊母树(*Distylium myricoides*)等(Zhang et al.,2012),以及部分落叶阔叶林如云贵鹅耳枥林、麻栎(*Quercus acutissima*)林等来说,则具有相对稳定性,群落中落叶成分的存在,正是对喀斯特生态环境干旱的适应(屠玉麟,1992)。

当然,在现存喀斯特植被中,由于人为活动的强烈干扰破坏(火烧、放牧、砍伐、樵采等),许多喀斯特地区石漠化严重,典型的常绿与落叶阔叶混交林仅分布在远离人居的自然保护区,或者村落附近的风水林(屠玉麟,1992),而大多数混交林均遭到不同程度的破坏,退化形成以次生的混交矮林、藤刺灌丛和灌草丛植被占据优势的植物群落(屠玉麟和杨军,1995;喻理飞等,2002;刘玉国等,2011a),这些类型可占西南喀斯特地区植被面积的一半。通常来看,喀斯特退化植被的演替,从灌草丛、藤刺灌丛到森林—灌丛过渡群落,或者称为灌木矮林,最后演替到次顶极的次生常绿与落叶阔叶混交林。在贵州茂兰地区,群落演替可达到顶极的原生喀斯特常绿与落叶阔叶混交林,落叶树种占木本植物总数的30%~40%,呈现出不同的物种多样性和种间关系(Zhang et al.,2012)。喀斯特常绿与落叶阔叶混交林的地上生物量低(杨汉奎和程仕泽,1991;屠玉麟和杨军,1995;朱守谦等,1995;刘长成等,2009;Liu et al.,2013),但地下根系生物量并不低(罗东辉等,2010),且地下与地上生物量的比例高于地带性的亚热带常绿阔叶林植被(Ni et al.,2015)。

喀斯特植物适应于小生境资源分配的空间异质性,利用物种间的生态位分化来维持喀斯特森林群落物种多样性与稳定性;通过改变叶性状(小叶、厚叶、多毛刺等),改变木质部水力结构、调节生理特性及水分利用效率和策略等避免干旱胁迫;调节钙吸收来适应高钙环境(郭柯等,2011)。因此,喀斯特地区生长发育的植物利用不同的策略适应特殊的岩溶环境,改变地下/地上植物生物量的分配比例,维持群落的稳定性及其生产力。

总体来说,喀斯特常绿与落叶阔叶混交林具有以下特点:小生境的多样性和物种组成的复杂性,群落垂直结构简单而水平结构复杂,群落组成物种有极强的生活力和适应性,树种生长缓慢,自我更新以无性繁殖、中幼树更新、多演替更新为主(周政贤,1992)。

11.1.3　中亚热带喀斯特常绿与落叶阔叶混交林生态系统的主要科学问题

喀斯特地区人类活动的加剧导致森林砍伐、水土流失严重、地表岩石裸露,由此形成了类似荒漠化的生态景观——喀斯特石漠化,成为西南地区经济社会发展的严重障碍(王世杰等,2003)。石漠化造成森林面积减少、生物量降低、生物多样性丧失、水域面积减小、土壤特性改变、水土流失、地质灾难增加(干旱、洪水、滑坡)及区域气候变化(Jiang et al.,2014)。虽经多年的综合环境治理而使得石漠化趋势有所缓和与遏制,但石漠化喀斯特生境的生态修复仍迫在眉睫。

因此,我们需要以多要素、多界面相互作用下生物地球化学循环过程与机制研究为主线,揭示在全球变化和人类活动共同驱动下喀斯特生态系统结构与功能、过程与格局的变化规律,探索其调控管理途径,提升解决重大科学问题和国家、地区重大需求的能力,为国家和当地政府决策提供科技咨询。建设野外台站的主要目的,就是为了开展喀斯特常绿与落叶阔叶混交林的植被生态学(结构、过程、功能)监测与研究,及其退化植被(灌丛为主)的恢复生态学示范。具体来说,以黔中喀斯特高原面上的常绿与落叶阔叶混交林及其不同演替和干扰阶段作为监测、研究和示范的对象,长期监测其结构与功能的动态变化,研究其物种组成、空间分布格局、种群竞争与扩散、群落生物量与生产力、物质循环和能量流动等生态学规律,分析这些生态学特征与高度异质性喀斯特生境和人类干扰方式与程度的相互关系,从而揭示喀斯特区域植被的生物多样性和生产力维持机制,探索喀斯特常绿与落叶阔叶混交林退化后的生态恢复和生态重建过程与机理,示范不同退化阶段和不同人为干扰方式的喀斯特植被的生态恢复与生态重建,建立喀斯特植被恢复与重建的优化模式和范式,为西南喀斯特地区石漠化治理奠定坚实的理论基础和实践经验(倪健等,2017)。

其主要科学问题包括:喀斯特常绿与落叶阔叶混交林的物种组成及其空间分布格局如何适应喀斯特小生境的变化;关键常绿和落叶植物种群是如何竞争、更新和扩展;喀斯特植被生物多样性的维持机制及其如何响应气候变化。由此,我们需要研究:喀斯特常绿与落叶阔叶混交林的物种组成、空间分布格局及其与小生境的关系;关键常绿和落叶种群的竞争关系、更新策略及其种群扩散和定植过程;木本植物功能性状在物种空间分布格局、种群更新扩散中的作用;喀斯特次生森林的生物多样性维持机制;气候变化对喀斯特森林生态系统格局及关键生态过程(包括碳水循环)的影响。

11.1.4　普定站的生态系统及其区域代表性与科学研究价值

普定喀斯特生态系统观测研究站(以下简称“普定站”)位于贵州省安顺市普定县城北 5 km 处的城关镇陇嘎村沙湾组,地理坐标为 26° 22′ 07″ N, 105° 45′ 06″ E,海拔高度 1176 m。其前身为 1986 年成立的以水资源监测与开发为目标的普定岩溶研究综合试验站,2007 年中国科学院地球化学研究所和贵州省科技厅对该试验站进行了重新规划和建设,2009 年 10 月和 12 月分别经中国科学院和贵州省科技厅批准,在原有台站基础上建立了贵州省 – 中国科学院普定喀斯特生态系统观测研究站,并纳入 CERN 管理。2014 年 7 月经中国科学院科技发展促进局验收合格,正式成为 CERN 的 44 个野外台站之一。

从观测和研究角度来看,普定站的发展经历了如下几个阶段。1976—1979 年,以调查岩溶水的储存、运动、排泄,特别是地下河的展布、埋深、发育规律为主;1980—1982 年,在试验场内修建 20 多个长期观测点,建立了较为完整的岩溶径流实验站网,开展长期观测工作,所处后寨河流域是国家“六五计划”全国岩溶区水资源攻关研究的四个喀斯特研究区域(山西娘子关、贵州独山和普定、广西都安)之一;1983—1995 年,利用长期观测点的长时间序列的监测数据,重点研究雨水、地表水和地下水的转化关系及径流形成过程,建立岩溶水资源模型,估算岩溶水资源量;1996—2005 年,在贵州省攻关项目支持下重点进行生态环境的综合治理研究;2007 年至今,中国科学院地球化学研究所开展流域生态环境的综合监测研究。

普定站的生物监测工作起步较晚,2012 年之前仅为零星的植被调查工作,无固定样地定位监测和研究。自 2012 年开始,启动建设后寨河流域的天龙山常绿与落叶阔叶混交林样地主观测场,陈旗不同干扰方式下的植被恢复样地、赵家田皆伐样地、沙湾主站址退耕样地辅观测场,以及高羊河流域陈家寨坡耕地恢复和滇柏林改造样地为生态重建示范样地辅观测场,配合流域内外诸多样地与试验点(站区调查点),逐步开展了代表性喀斯特森林和灌丛的动态变化研究(倪健等,2017)。本章以过去 5 年的调查数据为基础,初步分析中亚热带喀斯特常绿与落叶阔叶混交林生态系统的过程与变化,以期为喀斯特森林的长期生态学研究奠定基础。

(1)普定站的地质与生态背景及其代表性

普定县地处贵州高原长江水系与珠江水系的分水岭地区,海拔高度介于 1100～1400 m。位于亚热带季风区,气候温暖湿润,受东亚季风和西南季风的双重影响。主体地貌为贵州高原峰丛喀斯特,以山地、丘陵为主,山地面积占全县面积的 34.8%,丘陵占 49.6%,低地与洼地镶嵌分布于山地中,占 14.8%。出露地层以二叠系和三叠系的碳酸盐岩为主,夹薄层碎屑岩。全县土壤以石灰土为主,主要分布于山地,其次是黄壤。山地分布着多种植被类型,但因人为干扰,藤刺灌丛和灌草丛占绝对优势,原生性森林已不存在,次生性的、次顶极的喀斯特常绿与落叶阔叶混交林残存于某些局部区域内。

选择普定县建设生态站有三方面的代表性。

第一,区域代表性。我国南方喀斯特是全球三大喀斯特地貌连片分布区之一,以贵州省最为集中,而普定县则位于贵州喀斯特的中心,我国长江和珠江水系的分水岭,普定站建设于此,代表着南方喀斯特的典型区域。

第二,生态系统类型代表性。受厚层碳酸盐岩、青藏高原晚新生代隆升、雨热同季气候的耦合作用,我国南方喀斯特地区表层岩溶带发育且岩石的差异性溶蚀作用强烈,地上地下构成二元三维结构,形成以山地为主,受岩性、构造制约,以小流域作为基本单元的喀斯特生态系统。由于喀斯特地貌和石灰土的独特性,导致该地区的代表性植被不是气候顶极的地带性常绿阔叶林,而是隐域性、土壤顶极的常绿与落叶阔叶混交林,且在强烈的、不同方式(火烧、放牧、砍伐、樵采等)的人类活动干扰下,次生林、藤刺灌丛和灌草丛植被占据优势,植被生物量小、异质性高,并具独特性(如喜钙性、耐瘠性、岩生性等)。而且,受地质背景和水文条件制约,喀斯特山地土壤浅薄,地表入渗系数高,水文过程变化迅速,水土保持和水分涵养能力弱,时常发生季节性和临时性干旱,干湿交替明显,植物常发生生理性的干旱,对环境扰动敏感且脆弱。尤其是,我国南方喀斯特地区人口多,少数民族人口分布多,人地矛盾突出,原生喀斯特生态系统受多种人为活动的强烈干扰(开垦耕种、放牧、樵采、火烧炼山)而遭受不同程度的破坏,呈现出多种土地利用类型复合的态势,有坡耕地、草丛、灌草丛、灌丛/灌木疏林、次生常绿与落叶阔叶混交林;而喀斯特生态系统的脆弱性和敏感性,致使自然和人为干扰引起的植被退化后,自然恢复能力弱,人工修复难度大。

由于喀斯特地区表层岩溶带发育,裂隙、孔隙、管道、洞穴遍布,与其他生态系统均质下垫面相比,喀斯特生态系统下垫面具有高度异质性与连通性,与地表系统构成二元三维的地质结构,地上、地下相互连通,地表系统物质在水动力驱动下通过地下裂隙、孔隙、管道向地表其他部位和地下系统迁移、转换,物质、能量循环和转换规律选择局域尺度上是表达不完整的,至少在小流域尺度内才能基本囊括。因此,构成水文循环封闭体系的小流域是喀斯特物质循环和能量流动研究的基本单元,也是国家石漠化综合治理的基本单元。后寨河流域面积 82 km^2,无论从地质背景、水文、土壤特征还是生态系统类型,都是普定县典型的代表性小流域,因此,大部分监测样地皆设置于此。

第三,学科代表性。中国南方喀斯特具有多维性、复合性、脆弱性、敏感性、复杂性和独特性,在此开展生物地球化学和全球变化研究,无疑可以丰富其学科内涵,其中,碳循环研究是重中之重。强调连接大气圈、生物圈、土壤圈、水圈和岩石圈的 CO_2 转换和迁移在碳循环中的重要作用,强调水生生物光合作用在利用岩石风化溶解无机碳变为有机碳沉积中的作用,或者湖泊/水库中有机质埋藏将固定一部分 CO_2,这为喀斯特作用碳循环中碳的稳定性问题找到了出路。中国南方喀斯特生态系统受强烈的、多方式的人类活动干扰,遭受破坏后生态系统退化且难以自然恢复,出现了不同程度的石漠化现象,喀斯特石漠化综合治理已成为国家亟待解决的重大民生问题,喀斯特退化生态系统的自然恢复和人工修复已是学术界关注的前沿科学问题,摸索与喀斯特生态系统特点相适宜的理论基础和方法体系,逐渐形成喀斯特恢复生态学的学科体系,更好地服务于喀斯特石漠化综合治理。

（2）普定站后寨河流域的地形地貌特征

后寨河流域地势东南高西北低,峰丛、峰林耸立,洼地盆地广泛分布。岩性主要为三叠系中统关岭组石灰岩、白云岩夹石膏薄层,东部以峰丛洼地为主,西部以平原和丘陵为主、零星孤山散布。整个流域能明显区分的山体有 142 个,海拔高度一般为 1200～1400 m,平均 1312 m,最高 1560 m,最低 1221 m;相对高差一般在 100～300 m,最大达 339 m。

（3）普定地区的气候特征

据普定县气象站 1961—2013 年共 53 年的气象记录统计分析,该站年平均气温为 15.19 ± 0.45℃,1 月平均气温 5.22 ± 1.61℃,7 月平均气温 22.98 ± 0.52℃,53 年来的极端高温达 34.4℃,极端低温为 –11.1℃,≥ 5℃积温为 3742.69℃。可见该地区气候温凉,冬不冷而夏凉,反映出典型的高原气温特点。年平均降水量 1340.94 ± 237.53 mm,最大降水量为 1784.3 mm,最小降水量为 725.4 mm,5—10 月降水量占全年降水总量的 84.7%。可见,雨量较为充沛,且集中在生长季节。然而,年平均日照时数仅 1189 h,全年日照百分率低至 26.30% ± 3.45%。在过去的53 年间,气温有不显著的升高趋势,但降水有减少趋势。

（4）普定站后寨河流域的水文特征

流域发育有地表与地下两套河流系统,东部和南部峰丛洼地区多地下河,中部西部和北部多地表河;受地质、构造制约,地表河密度为 0.40 km · km^{-2},地下河密度为 0.36 km · km^{-2}。2008—2012年的水文水化学动态监测发现,后寨岩溶流域的多年平均岩溶碳汇通量为 39 t CO$_2$ · km^{-2} · 年$^{-1}$（曾成等,2017）。

（5）普定站后寨河流域的土壤特征

土壤类型包括三大土类:石灰土（黑色石灰土、黄色石灰土、大土泥、小土泥、白大土泥和白沙土 6 个土属）、黄壤（黄泥土土属）和水稻土（大泥田、黄泥田 2 个土属）。其中以黑色和黄色石灰土、黄泥土和大泥田分布最广,分别占流域土地面积的 29%、21% 和 34%。上游主要分布着石灰土,中下游的平地和洼地为水稻土和石灰土,中下游的岗地为黄壤和石灰土;从垂直梯度来看,依次分布着黑色石灰土（山顶）、黄色石灰土（山中上部）、白沙土（山腰）、白大土泥（山脚）、小土泥（山脚至负地形）、大土泥（负地形平地）、大泥田（负地形平地）、黄泥田（负地形平地）、黄泥土（负地形至岗地和岗地）。

表层土壤（20 cm）容重在 0.39～1.84 g · cm^{-3},不同土种和不同土地利用类型之间存在差异。平均石砾含量由表层土的 6% 逐渐降低到 100 cm 深度的 3.5%。土壤 pH 在 6.5～6.9。土壤有机质、总氮、总磷和总钾含量在整体趋势上随土壤深度的增加而减小,石灰土有机质和总氮平均含量高于水稻土和黄壤,但总磷含量较低。

受地形地貌、微气候环境及土地利用方式等自然与人为因素的影响,流域内土壤的分布和理化性质均具有高度的空间异质性。基于 150 m × 150 m 网格点的调查发现,土壤厚度从 5 cm到大于 100 cm,平均厚度为 61.71 ± 32.83 cm,西部地区大于东部地区。表层土壤（0～10 cm）有机质含量在 0.18%～22.10%,平均为 5.11%,东部较高而中西部相对较低,这与土地利用类型有关,林地（包括灌木林 > 乔灌混交林 > 灌草丛 > 乔木林）> 荒地 > 草地 > 耕地（弃耕地 > 水田 > 坡耕地 > 旱地 > 人工经果林地 > 园地）。

（6）普定站后寨河流域的植被特征

流域内植被类型多样（图 11.1），其中森林包括：常绿针叶林、针叶与阔叶混交林、落叶阔叶林、常绿与落叶阔叶混交林、常绿阔叶林，灌丛包括：落叶阔叶灌丛、常绿与落叶阔叶混交灌丛、常绿阔叶灌丛，草本群落包括草甸和草丛，农田划分为洼地水田（水稻 – 油菜轮作）和山脚、山坡中部的旱地（玉米）。其中，以常绿与落叶阔叶混交灌丛、落叶阔叶林、常绿与落叶阔叶混交林、草丛分布面积较大，分别占流域面积的 14.1%、7.7%、5.5% 和 5.8%。次生常绿与落叶阔叶混交林以化香树、栎属（*Quercus*）、柯属（*Lithocarpus*）和鼠刺属（*Itea*）为主要种；常绿与落叶阔叶灌丛分布最广，以火棘（*Pyracantha fortuneana*）、马桑（*Coriaria nepalensis*）、小果蔷薇（*Rosa cymosa*）、小叶鼠李（*Rhamnus parvifolia*）、顶坛花椒（*Zanthoxylum planispinum* var.*dintanensis*）等为主要组成物种；坡耕地退耕人工经济林主要种植香椿（*Toona sinensis*）、杜仲（*Eucommia ulmoides*）、朴树（*Celtis sinensis*）、刺楸（*Kalopanax septemlobus*）等；自然恢复的灌草丛以毛白杨（*Populus tomentosa*）、四川新木姜子（*Neolitsea sutchuanensis*）、多花木蓝（*Indigofera amblyantha*）、小果蔷薇、火棘、毛轴蕨（*Pteridium revolutum*）、五节芒（*Miscanthus floridulus*）、地果（*Ficus tikoua*）、葛（*Pueraria lobata*）等为主要组成成分。

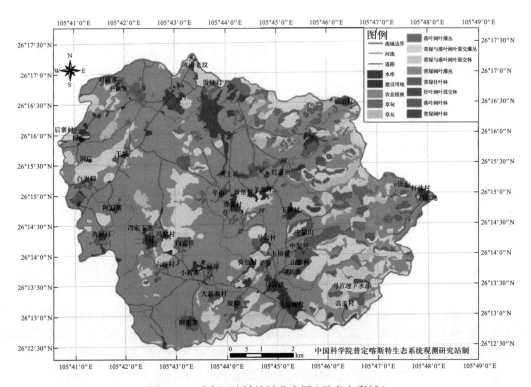

图 11.1　后寨河流域植被分布图（见书末彩插）

11.1.5　普定站的观测实验设施及其科学研究

按照 CERN 的生物监测规范要求，"主观测场要求设置在研究站所在地区内最具代表性的森林植被类型分布的地段，最好同时开展包括水分、土壤和小气候等环境因子在内的综合性观测。鉴于水物理要素监测要求以集水区为基本观测单元,主观测场应该尽量设置在一个集水区内"。然而,由于喀斯特地貌特殊性所造成的喀斯特植被分布不连续(片段化 / 破碎化),以及人为干扰方式和强度的差异所造成的退化与非退化喀斯特植被的镶嵌性分布,很难在一个较小集水区内找到连续成片的常绿与落叶阔叶混交林及其不同退化阶段植被,以同时设置主观测场和辅观测场,因此普定站的观测场建设地点相对分散。

以普定县后寨河流域的天龙山 2 hm² 常绿与落叶阔叶混交林样地作为永久监测样地(主观测场),以陈旗不同干扰方式下的植被恢复样地、赵家田皆伐样地、沙湾主站址退耕样地作为辅助监测样地(辅观测场),以高羊河流域陈家寨坡耕地恢复和滇柏林改造样地作为生态重建示范样地(辅观测场),以及流域内外诸多样地与试验点(站区调查点),初步构建了普定站的生物观测网络及多个植被样地。倪健等(2017)中有详细论述,在此不再赘述。

11.2　喀斯特常绿与落叶阔叶混交林关键过程和机理认知

11.2.1　喀斯特常绿与落叶阔叶混交林的群落结构、组成与生物多样性

在后寨河流域东部山区下坝村后的天龙山,于 2012 年夏季建立了一个能够代表流域植被、土壤和喀斯特地貌的永久监测样地。样地面积 2 hm²(水平投影面积),坡向为南坡,平均坡度 31.0° ± 14.0°,局部高达 80°,平均岩石裸露率 44.7% ± 25.8%,局部可达 98%。土壤以棕色石灰土为主,土层厚度在 50 cm 左右,但土壤养分丰富。植被类型为次生常绿与落叶阔叶混交林,处于演替的次顶极阶段。按照国际上森林生物多样性监测大样地的技术规范,将大样地划分为 200 个 10 m × 10 m 的样方,记录每个样方的坡度、坡向、岩石裸露率和植被盖度等小生境信息,对每个样方内胸径 ≥1 cm 的木本植物标记、挂牌、定位(相对坐标),并记录种名、胸径、高度(长度)、冠幅等信息。在每个 10 m × 10 m 的样方中央固定一个 2 m × 2 m 的小样方,记录小样方内灌木和藤本植物的种名、高度(长度)、基径、盖度,草本植物的种名、高度、盖度等信息。

由于天龙山长期以来有佛教寺庙存在且为村寨风水山,故森林植被保存相对较好,是具有代表性的中亚热带喀斯特次生常绿与落叶阔叶混交林,群落发育和保存较好。林分平均高度 7 m,郁闭度约 0.75,成层现象较明显,一般可分为乔木层、亚乔木层、灌木层、草本层共 4 层,此外还有藤本植物和附生植物组成的层间植物,交织攀附于乔木和灌木上。乔木层树种高 6～10 m,平均胸径 5.4 ± 4.3 cm,主要优势种为窄叶柯、化香树、滇鼠刺、安顺润楠和云贵鹅耳枥,乔木常见的还有短萼海桐(*Pittosporum brevicalyx*)、香叶树(*Lindera communis*)、朴树(*Celtis sinensis*)、珊瑚冬青(*Ilex corallina*)以及白蜡树(*Fraxinus chinensis*)等。灌木层一般 3 m 以下,盖度 30% 左右,常见的灌木有倒卵叶旌节花(*Stachyurus obovatus*)、异叶鼠李(*Rhamnus heterophylla*)、铁仔(*Myrsine africana*)以及多种花椒属(*Zanthoxylum*)植物等。草本层高度一般 50 cm 以下,盖

度 20% 左右,主要物种有茅叶荩草(*Arthraxon prionodes*)、千里光(*Senecio scandens*)、顶芽狗脊(*Woodwardia unigemmata*)和多种薹草属(*Carex*)等。群落层间植物发达,藤本植物主要有香花崖豆藤(*Millettia dielsiana*)、藤黄檀(*Dalbergia hancei*)、钩刺雀梅藤(*Sageretia hamosa*)、长柄地锦(*Parthenocissus feddei*)和常春藤(*Hedera nepalensis var. sinensis*)等;某些藤本植物(如藤黄檀)胸径可超过 10 cm,长度达 40 m,在局部生境中占有重要生态位。

区系分析:参照吴征镒(1991)和吴征镒等(2003)关于我国科、属地理区系成分的划分,天龙山样地木本植物区系的科分为 7 个分布型、4 个亚型,属可分为 13 个分布型、2 个亚型。其中,热带性质的科占总科数的 44.1%,又以泛热带分布型科数最多,占 35.3%;热带性质的属占总属数的 40.0%,其中泛热带属比例最高,占 16.4%。温带性质的科占 29.4%,其中北温带分布型科数最多,占 23.5%;温带性质的属占 52.7%,其中北温带分布的属数占 18.2%。世界分布科有 9 科,世界广布属有 3 属,中国特有属有 1 属。根据植物区系地理成分分析,表明研究样地植物区系的热带 – 亚热带性质,也反映出该地区植物区系由热带向温带过渡的特点。

物种组成:样地内共有 DBH ≥ 1 cm 木本植物 66 种,其中乔木 33 种,灌木 24 种,藤本 9 种,隶属于 34 科 55 属。较多的为蔷薇科(8 属 9 种)、豆科(6 属 6 种)、樟科(4 属 4 种)、鼠李科(3 属 4 种)。样地内独立个体数为 14025 株(包括分枝、萌枝为 17585 棵),单位面积个体数为 7013 株·hm^{-2}。群落物种的 Simpson 多样性指数为 0.861,Shannon–Wiener 多样性指数为 2.43,Pielou 均匀度指数为 0.58。物种多样性远低于同是常绿与落叶阔叶混交林的茂兰喀斯特森林样地(Zhang et al., 2012)。

样地内个体数量大于 500 的植物有 7 种,仅占总种数的 10.61%,但个体数量占 80.11%。个体数量最多的为窄叶柯,占样地总个体数的 24.4%,随后依次为化香树、滇鼠刺、安顺润楠、云贵鹅耳枥、短萼海桐和香叶树。样地内个体数量仅有 1 株的有 15 种,占树种总数的 22.73%,根据 Hubbell 和 Foster(1986)把平均每公顷个体数少于 1 的种定义为稀有种,1 ~ 10 株·hm^{-2} 的为偶见种,样地内有稀有种 15 种、偶见种 24 种,分别占总物种数的 22.73% 和 36.36%,占个体总数的 0.11% 和 1.60%。稀有种和偶见种数低于同是喀斯特森林的茂兰样地(Zhang et al., 2012)和弄岗样地(王斌等,2014),其比例相对于其他热带和亚热带非喀斯特森林样地也要小得多(兰国玉等,2008;叶万辉等,2008;祝燕等,2008;杨庆松等,2011)。影响稀有种比例的原因可能有物种本身的种群特征与分布特性、生境异质性、森林类型镶嵌、干扰、区系的交汇和地形限制等。天龙山样地的稀有种可能与喀斯特生境的高度异质性和地形限制有关,另外取样面积较小也可能是样地所包含稀有物种的比例相对较少的原因。

样地内优势种明显,样地内重要值 >1 的物种有 13 种,其和为 88.81。窄叶柯的重要值最大,有 3422 个个体,最大胸径高达 47.90 cm,胸高断面积为 9.15 m^2·hm^{-2},占总胸高断面积的 36.97%,是样地内胸高断面积最大的树种,也是乔木上层的优势种。其次分别为化香树(17.20%)、滇鼠刺(10.79%)、安顺润楠(10.09%)、云贵鹅耳枥(4.40%),这 5 个物种的重要值之和超过了 65.00,胸高断面积之和却占样地总胸高断面积的 89.21%,在群落中占据了绝对的优势。重要值第 6、7、8 位的物种分别是短萼海桐、香叶树和朴树,为样地亚乔木层的优势种;刺异叶花椒和倒卵叶旌节花是灌木层的优势种,胸径和胸高断面积较小,重要值位列第 9 和 10 位。

径级结构:样地内所有个体的平均胸径为 5.12 cm,胸径最大的个体是窄叶柯(47.90 cm),样地 DBH ≥ 1 cm 的个体的总胸高断面积为 24.75 m^2·hm^{-2}。全部个体的径级分布呈现明显的倒"J"形,小径级的数量占较大优势,胸径 1~5 cm 的个体为 8648 株,占总株数的 61.66%;5~10 cm 的个体为 3607 株,占总株数 25.72%;DBH≥10 cm 的个体共 1770 株,占 12.62%;DBH≥20 cm 的共 145 株,占 1.03%;DBH≥30 cm 的个体数仅有 9 株,仅占个体数的 0.06%。样地所有个体的径级结构呈倒"J"形,表明样地中有丰富的幼树储备,群落更新良好,呈稳定生长状态。

对 8 个主要乔木树种的径级结构分析发现(图 11.2),窄叶柯、化香树、滇鼠刺、安顺润楠、云贵鹅耳枥和短萼海桐的径级结构均呈倒"J"形,以小径级的个体数最多,而后随着径级增大个体数逐渐下降,其中,化香树和滇鼠刺的 DBH 在 5~10 cm 的个体数最多。香叶树、朴树的径级结

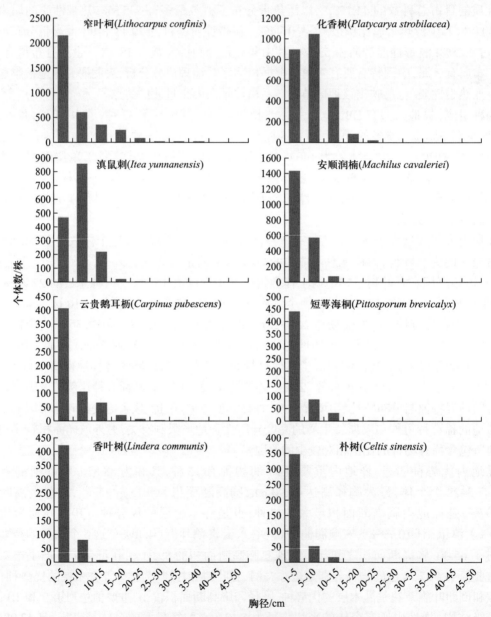

图 11.2 天龙山样地 8 种优势树种的径级结构

构呈"L"形,小径级的个体占绝对优势,而大径级的个体极少或无。这两种径级结构形态表明 8 个主要优势种均具有较为丰富的幼树补充,更新呈良好发展趋势。总体来看,天龙山样地森林群落受外界干扰相对较少,次生林群落能天然更新,林分发育良好。

空间分布格局:从优势树种空间分布格局看(图 11.3),8 个主要优势树种均表现出一定的聚集分布特征,且与生境条件密切相关。窄叶柯优势树种的个体数明显高于其他树种,它在不同的坡向和坡位都有分布。化香树在样地的低海拔区域分布较多,而短萼海桐更趋向于分布在样地的高海拔地段,云贵鹅耳枥主要分布在样地的东北方向海拔偏高的区域,香叶树在样地的中部区域分布较多,滇鼠刺多分布于样地的西南方向。

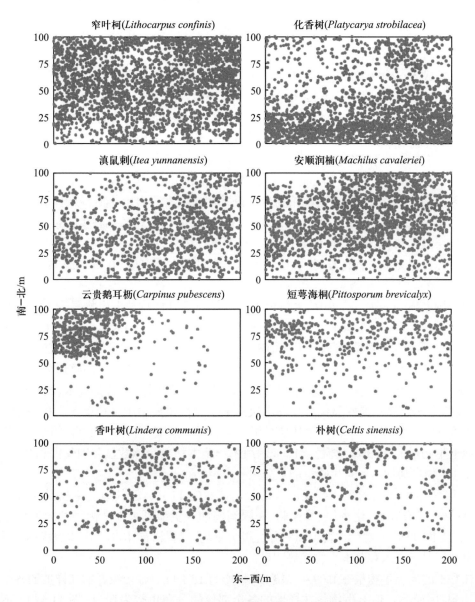

图 11.3 天龙山样地 8 种优势树种的空间分布格局

生境异质性可能是造成天龙山样地主要优势树种聚集格局的重要原因之一。喀斯特森林由于岩石裸露度高、地形起伏较大，微地形环境复杂，土壤分布极度不均，光照、土壤水分和养分等生境特征的不均匀性、不连续性和复杂多样，以致即使同一地段、坡位、坡向的小生境，其类型和特征也可能存在十分明显的差异，这样严酷的生境可能导致了生境的专一化。由于生境的特化导致样地的物种呈现聚集分布，样地优势树种的聚集分布与其对特定生境的选择性适应有关，每个物种都有它喜欢的生境，如化香树和云贵鹅耳枥多分布在岩石裸露较高和坡度较大的生境，短萼海桐更倾向于分布在样地高海拔区域岩石裸露相对较少和缓坡的生境。

11.2.2 喀斯特常绿与落叶阔叶混交林的生物量、生产力、碳储量与碳汇潜力

（1）天龙山样地尺度的生物量

利用刘长成等（2009）和 Liu 等（2013）在普定县天龙山和赵家田地区分别获得的 7 种乔木和 12 种灌木的生物量相对生长方程，以及茂兰（朱守谦等，1995）、贵阳（贺红早等，2007）、湖南会同（邓仕坚等，2000）等地植被的生物量方程，估算乔木和灌木植物的生物量。藤本植物采用杨清培等（2003）和袁春明等（2009）的生物量方程。草本层生物量则采用样方收获法得到。根系生物量采用土柱法获取，选取一块 20 m × 20 m 的样方，每隔 5 m 处挖掘一个 50 cm × 50 cm 的土柱，共 25 个，分粗根（根径 >10 mm）、中根（根径 2 ~ 10 mm）和细根（根径 <2 mm）分别获取 10 cm 各层根系的鲜重和干重。苔藓植物生物量采用贵州省云台山喀斯特森林值代替（王智慧和张朝晖，2010），地衣生物量采用云南省哀牢山次生林值代替。凋落物生物量采用样方法、按照小生境分层取样获得（刘玉国等，2011b）。粗木质残体分枯立木和枯倒木分别调查。枯立木的生物量用各自生物量方程计算得到，枯倒木的生物量用木质密度（0.43 ~ 0.46 g·cm^{-3}）乘以体积得到。

通过分析看出（Liu et al., 2016a），整个天龙山样地维管植物地上生物量为 137.7 Mg·hm^{-2}，乔木层、灌木层、藤本植物和草本层分别为 134.6 Mg·hm^{-2}、1.8 Mg·hm^{-2}、0.9 Mg·hm^{-2} 和 0.4 Mg·hm^{-2}。乔木层生物量明显高于其他三个层次，达总地上生物量的 97.8%，灌木层、藤本植物及草本层生物量均较少，且三者之和仅占总生物量的 2.2%。这与天龙山喀斯特森林为次生林有关（林龄约 55 年），且石生生境恶劣，土层浅薄，林木生长缓慢，不管是乔木、灌木还是藤本植物，小径级的个体数都占据明显优势。乔木层地上生物量主要集中在径级 5 ~ 20 cm 范围内，占整个群落乔木层生物量的 76.8%，尤其是径级 10 ~ 20 cm 范围，占乔木 11.7% 的个体生物量，为乔木层地上生物量的 46.3%。胸径 ≥1 cm 的灌木和藤本植物个体数虽分别仅占总个体数的 2% 和 0.8%，其生物量却均占各自生物量的三分之一。

其中 10 种木本植物的个体数仅占群落总个体数的 11.1%，但其地上生物量却占总地上生物量的 95.7%，仅窄叶柯、化香树、滇鼠刺、安顺润楠和云贵鹅耳枥 5 个优势种的生物量就高达 90.2%（表 11.1），反映生物量在物种间的分配极为不均。另外，前 10 位物种均为乔木树种，表明乔木层树种相对于灌木和藤本植物优势明显。

单株乔木的地上生物量在 0.09 ~ 1213 kg，平均为 18.1 kg。各径级乔木在样地的各个部位分布较为均匀，因而乔木地上生物量在样地的各个部位的分布也较为均匀（图 11.4a）。不同树种地上生物量空间分布各异。窄叶柯和化香树是样地中地上生物量最大的两个树种，二者不仅数

量最多（表 11.1），且单株平均生物量均较高（分别为 25 和 25.8 kg）。但窄叶柯的地上生物量更多地（74.0%）分布在样地的上半部（图 11.4b）。而化香树的地上生物量则主要（79.9%）分布在样地的下部（图 11.4c）。滇鼠刺除在样地西北角分布较少外，在样地其他位置分布相对均匀，其在样地下半部的地上生物量比例（61.2%）高于上半样地（38.8%）（图 11.4d）。安顺润楠在样地上半部的生物量比例为 60.8%，高于样地下半部的 39.2%（图 11.4e）。云贵鹅耳枥的地上生物量主要聚集（94.1%）分布在样地的西北角，其他地方仅有极少个体零星分布（图 11.4f）。

表 11.1 主要树种的生物量和个体数

物种	生物量 /（Mg·hm^{-2}）	占木本植物 /%	个体数 /（株·hm^{-2}）	占木本植物 /%
窄叶柯	53.9	39.1	2149	3.4
化香树	39.0	28.3	1511.5	2.4
滇鼠刺	17.1	12.4	913.5	1.4
安顺润楠	9.0	6.5	1154.5	1.8
云贵鹅耳枥	5.4	3.9	348	0.6
短萼海桐	2.1	1.5	310	0.5
猫乳	2.0	1.5	100	0.2
朴树	1.6	1.2	198	0.3
香叶树	1.2	0.9	294.5	0.5
白蜡树	0.5	0.4	41	0.1
合计	131.8	95.7	7020	11.2

单株灌木（DBH≥1 cm）的地上生物量较小，在 0.079 ~ 42.2 kg，平均为 0.81 kg。其中 80.8% 个体的地上生物量在 1 kg 以下，7.3% 个体的地上生物量超过 2 kg。样地中上部（30 m≤Y≤100 m）的灌木个体居多，因此该区域灌木的地上生物量达到 84.3%（图 11.5a）。单株藤本植物（DBH≥1 cm）的地上生物量在 0.067 ~ 28.7 kg，平均为 2.1 kg。其中 75.7% 个体的地上生物量在 2 kg 以下，7.6% 个体的地上生物量超过 5 kg。74.9% 的藤本植物个体分布在样地的下半部，尤其以较大生物量个体更为明显，生物量大于 5 kg 的个体全部分布在样地下半部，因此样地下半部藤本植物的地上生物量高达 90%（图 11.5b）。

天龙山样地根系生物量为 20.3 Mg·hm^{-2}，粗根生物量（11.0 Mg·hm^{-2}，占根系生物量的 54.5%）> 中根生物量（5.9 Mg·hm^{-2}、29.2%）> 细根生物量（3.3 Mg·hm^{-2}、16.3%）。粗根、中根和细根生物量均随土层深度的增加而减少。10 cm 以内根系生物量达 8.6 Mg·hm^{-2}，占总根系生物量的 42.6%，10 ~ 20 cm 层根系生物量为 6.1 Mg·hm^{-2}，占总根系生物量的 30%，该两层土壤根系生物量之和超过总根系生物量的 70%。粗根生物量主要分布于地表 20 cm 以内（占粗根总生物量的 76.8%），而中根生物量和细根生物量也主要分布于地表 20 cm 以内，分别占各自总生物量的 66.7% 和 68.9%。50 cm 以内土层（部分土柱不足 50 cm，此处为 25 个土柱平均值）根系生物量占总根系生物量的 96.4%，50 cm 以下土层仅有 3.6% 的根系生物量。在 40 cm 以内土层，每层根系生物量均表现为粗根 > 中根 > 细根，超过 40 cm 则表现为粗根生物量最低。

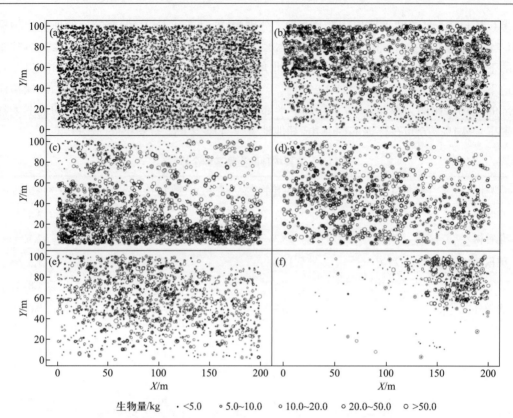

图 11.4   乔木地上生物量空间分布格局:(a) 所有乔木;(b) 窄叶柯;(c) 化香树;(d) 滇鼠刺;(e) 安顺润楠;
(f) 云贵鹅耳枥;X:样地自东向西距离;Y:样地自南向北距离

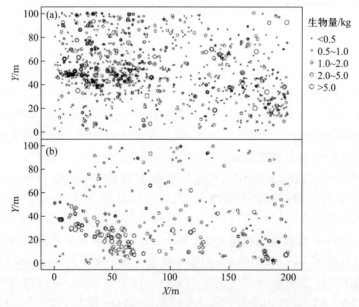

图 11.5   灌木(DBH≥1 cm)及藤本(DBH≥1 cm)植物地上生物量空间分布格局:(a) 灌木;(b) 藤本植物;
X:样地自东向西距离;Y:样地自南向北距离

　　植物凋落物是森林生态系统碳循环的重要载体,收集测定喀斯特森林生态系统的植物凋落物现存量及其月动态变化,对于了解喀斯特森林生态系统的物质循环过程具有重要意义。在天龙山沿三条垂直样带分别设置 10 个面积为 1×1 m^2 的凋落物收集框,每间隔海拔高度 10 m 1 个,共 30 个。每月 9 日定时收集凋落物,并在每年 8 月 9 日在收集框所处位置周边地面设置面积为 1×1 m^2 的凋落物现存量收集样方,收集样方内所有未分解的凋落物样品。按枝、叶、花(果)、皮、苔藓、杂物进行分拣并烘干称重。

　　分析凋落物回收量月际变化(图 11.6)可知,凋落物中以叶的生物量最大,其余分别是枝 > 花(果)> 杂物 > 皮 > 苔藓,叶和杂物及果实凋落量的周期性较强,其原因是树叶和果实的凋落

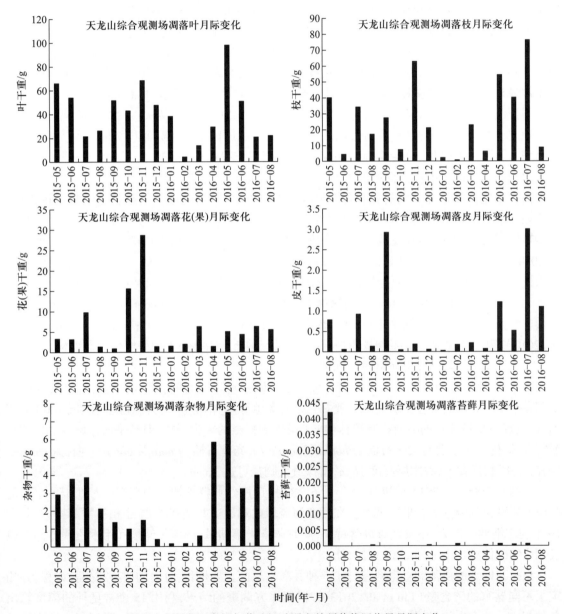

图 11.6　天龙山常绿与落叶阔叶混交林凋落物回收量月际变化

主要受到气候波动的影响,而杂物的主要成分是周期性活动的昆虫幼虫粪便,其余凋落物由于受到偶然因素的影响较大而周期性较差。另外,极端天气现象也会对凋落物的凋落量产生影响,例如 2016 年 5 月凋落物收集前出现了一次较强的冰雹灾害,导致该月的枝和杂物凋落量异常增大,而在接下来的几个月内这些指标均较 2015 年同期有较明显的减少。

而 2015 年 8 月的凋落物现存量表明,枝所占的比重较大($505.52 \text{ g} \cdot \text{m}^{-2}$),接下来是叶 $345.48 \text{ g} \cdot \text{m}^{-2}$ > 杂物 $16.84 \text{ g} \cdot \text{m}^{-2}$ > 花(果)$12.07 \text{ g} \cdot \text{m}^{-2}$ > 皮 $12.47 \text{ g} \cdot \text{m}^{-2}$ > 苔藓 $0.25 \text{ g} \cdot \text{m}^{-2}$。不同的收集框之间苔藓的凋落量差异最大,其次是皮 > 花(果)> 枝 > 杂物 > 叶。凋落物现存量与回收量比较发现,枝的现存量相当于年凋落量的 152%,皮相当于 130%,苔藓 84%,叶 71%,杂物 57%,花(果)15%,由此可略见植物凋落物的分解速率为花(果)> 杂物 > 叶 > 苔藓 > 皮 > 枝。

天龙山样地估测的苔藓生物量($0.078 \text{ Mg} \cdot \text{hm}^{-2}$)和地衣生物量($0.043 \text{ Mg} \cdot \text{hm}^{-2}$)很低。粗木质残体死生物量 $9.0 \text{ Mg} \cdot \text{hm}^{-2}$,凋落物死生物量 $8.6 \text{ Mg} \cdot \text{hm}^{-2}$。维管植物地上生物量($137.7 \text{ Mg} \cdot \text{hm}^{-2}$)和根系生物量($20.3 \text{ Mg} \cdot \text{hm}^{-2}$)是森林主要的生物量组分。贵州高原型喀斯特次生常绿与落叶阔叶混交林的活生物量是 $158.1 \text{ Mg} \cdot \text{hm}^{-2}$,死生物量是 $17.6 \text{ Mg} \cdot \text{hm}^{-2}$。

刘长成等(2009)用相同的生物量方程研究了普定高原型喀斯特次生常绿阔叶混交林的乔灌层地上生物量,我们的结果显著较高。其中最主要的原因是本研究面积 2 hm² 是水平投影下的面积,若按平均坡度进行转换,此 2 hm² 样地相当于非投影面积 23333 m²,而刘长成等并未考虑此面积投影且测量的样方面积仅为 600 m²。不同喀斯特地貌上森林的生物量存在一定差异,黔中高原型喀斯特次生林与钟银星等(2014)估算的黔北槽谷型喀斯特森林生物量接近,略高于广西西北部的峰林平原型喀斯特森林生物量(曾馥平等,2007)。但其生物量与茂兰峰丛洼地型喀斯特森林相比,不管是地上生物量还是根系生物量均低于后者(朱守谦等,1995;罗东辉等 2010;Ni et al., 2015)。这是由于普定高原型喀斯特次生林林龄约 55 年,尚处于演替阶段的次顶极阶段;而茂兰喀斯特原生林处于演替阶段的顶极阶段,树木胸径和树高均优于前者(朱守谦等,1995;Ni et al., 2015),且二者的物种组成也存在较大差异(Zhang et al., 2012)。但与同气候带非喀斯特地区的典型常绿阔叶林(邱学忠等,1984;陈章和等,1993;黄典忠,2006;Yang et al., 2010)相比,无论是地上生物量还是根系生物量,喀斯特森林均表现为低生物量森林。

（2）后寨河流域尺度的碳储量与固碳潜力

在后寨河流域尺度内,主要分布着 4 种处于不同恢复阶段的植被类型(刘玉国等,2011a):稀灌草丛(G)、藤刺灌丛(S)、乔灌过渡林(SF)、次生乔木林(F)。另外,在距离流域 100 km 范围内,发现了少量残存的喀斯特原始林(PF),虽受到轻微的人为干扰,但已是该区域内最好的喀斯特森林,优势种主要有贵州石楠(*Photinia bodinieri*)、光叶石楠(*Photinia glabra*)、白栎(*Quercus fabri*)、朴树和化香树,乔木层高度 16 m,植株最大胸径可达 76 cm。

分别于 2009 年、2010 年和 2013 年的 6—8 月,运用经典群落抽样调查方法对处于各个恢复阶段的典型植物群落进行取样调查。在后寨河流域内和周边共调查了 87 个植被群落样方,其中 19 个为详细调查样方,不仅调查群落特征,同时调查土壤储量、凋落物储量和粗木质残体储量以及相应的碳储量(Liu et al., 2013, 2016b)。

根据各样地的群落调查资料,选择 15 种乔灌木层的主要树种,分种构建异速生长方程,并测定了不同器官的碳含量(Liu et al., 2013)。根据样方调查的结果,利用 15 个常见种的模型算出各种相应的地上生物量,其他树种则根据乔灌木总体的生物量回归模型计算,最后得出整个样地乔灌木层的地上总生物量。草本生物量采用收获法。地下生物量根据已发表的喀斯特区植被地下 / 地上生物量比值进行推算（罗东辉等，2010）。稀灌草丛、藤刺灌丛、乔灌过渡林与次生乔木林的地下 / 地上生物量比值分别为：0.59，0.78，0.57 和 0.53。植被恢复过程中由某一阶段到下一阶段的碳增量或到演替顶极阶段的碳增量被作为该阶段的近期固碳潜力或最大固碳潜力（Liu et al.，2016b）。

15 种树叶片的碳含量在 43.64% ~ 53.04%，干碳含量在 44.46% ~ 50.66%。总体上，叶片和干的碳含量没有显著性差异，物种间碳含量差异显著（$p<0.01$）。不同分解程度的粗木质残体碳含量差异不显著。不同植被类型间凋落物碳含量无显著性差异，在乔灌过渡林与次生乔木林，腐殖质层碳含量低于其他两层。每种植被类型下，土壤容重均随着土层深度的加深而增加，而碳含量随着土层深度的加深而降低。相同层次中，藤刺灌丛的土壤容重明显高于其他植被类型（$p<0.05$），而碳含量明显低于其他植被类型（$p<0.05$）。

基于 19 个详细调查样地的数据，计算了生态系统尺度上的碳储量及其分配，即 4 种生态系统的生物量、土壤储量及不同组分的碳储量。从稀灌草丛到次生乔木林，生物量从 5.15 Mg·hm^{-2} 升至 192.11 Mg·hm^{-2}，对应的碳储量从 2.59 Mg·hm^{-2} 升至 90.92 Mg·hm^{-2}。在次生乔木林与乔灌过渡林中，乔木层生物量与碳储量占据了总体生物量与碳储量的 60% 以上。次生乔木林与乔灌过渡林的粗木质残体生物量分别为 2.48 Mg·hm^{-2} 和 3.66 Mg·hm^{-2}，对应的碳储量分别为 1.27 Mg·hm^{-2} 和 1.67 Mg·hm^{-2}。4 种植被类型的凋落物生物量变化范围为 5.11~15.19 Mg·hm^{-2}，对应的碳储量范围为 2.00 ~ 5.61 Mg·hm^{-2}。次生乔木林的凋落物生物量及碳储量显著高于其他植被类型。

4 种生态系统中，土壤储量变异较大，藤刺灌丛土壤储量最大，乔灌过渡林土壤储量最少，变化范围为：295.69 ~ 992.43 Mg·hm^{-2}。由于，土壤碳含量变化较大，土壤碳储量并不与土壤储量一致。例如，藤刺灌丛土壤储量显著高于次生乔木林，而土壤碳储量没有区别。土壤储量与土壤碳储量在不同土壤层次间变化较大。大部分土壤储存在第一层（0 ~ 10 cm）。在稀灌草丛中，并没有调查到深于 20 cm 的土壤。乔灌过渡林中，深于 20 cm 的土壤储量和碳储量也非常低。

随着植被的恢复，生态系统碳储量逐渐增大，4 种生态系统的总碳储量从稀灌草丛的 38.05 Mg·hm^{-2} 升至 150.65 Mg·hm^{-2}。在稀灌草丛和藤刺灌丛中，土壤是最大的碳库，分别占生态系统总碳储量的 87.9% 和 86.8%。在乔灌过渡林与次生乔木林中，植物占据最大的碳库，分别占生态系统总碳储量的 49.9% 和 60.4%。

基于 87 个植被调查样地的数据，计算了整个后寨河流域自然植被的地上碳储量与碳汇潜力。不同恢复阶段地上植被碳密度差异显著，从稀灌草丛的 1.70 Mg·hm^{-2} 增加到原始林的 142.2 Mg·hm^{-2}。在每个阶段，大部分的碳都储存在少数优势植物种中。群落中碳储量最大的前 10 种植物的碳储量之和分别占藤刺灌丛、乔灌过渡林、次生乔木林和原始林地上碳储量的 85.5%、78.5%、71.6% 和 96.1%。恢复演替前期，大部分碳都分布在小径级个体中，并随着植被的恢复逐渐向大径级个体过渡（图 11.7）。藤刺灌丛的碳主要集中在基径小于 4 cm 的个体中；乔灌过渡林的碳主要集中在胸径为 2 ~ 10 cm 的个体中；次生乔木林的碳主要集中在胸径为 10 ~ 30 cm 的个体中；原始林的碳主要集中在胸径大于 30 cm 的个体中。每种生态系统中胸径最大的 5 棵树的碳储量之和分别占藤刺灌丛、乔灌过渡林、次生乔木林和原始林地上碳储量的 17.5%、23.8%、31.8% 和 54.2%。

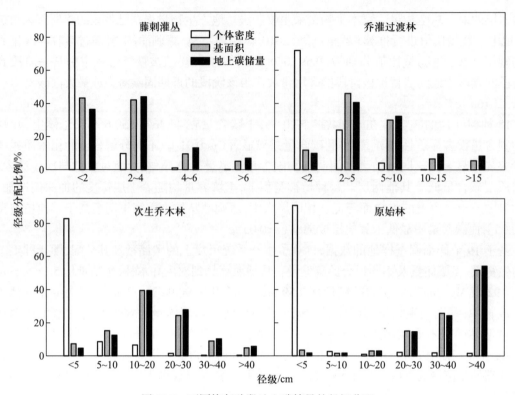

图 11.7 不同恢复阶段地上碳储量的径级分配

由于生境的高度异质性和人类干扰,后寨河流域的自然植被覆盖率非常低,只占整个流域面积的 34.1%(2.56×10^3 hm²),总地上碳储量为 63.5×10^3 Mg。其中,稀灌草丛、藤刺灌丛、乔灌过渡林、次生乔木林分别占自然植被面积的 6.79%、48.3%、18.5% 和 26.4%(图 11.8),地上碳储量分别为 0.30×10^3 Mg、5.13×10^3 Mg、10.6×10^3 Mg 和 47.5×10^3 Mg,分别占这个流域自然植被地上碳储量的 0.47%、8.08%、16.7% 和 74.8%(图 11.8)。次生乔木林分布面积较小,却储存了大部分的碳,藤刺灌丛分布面积最大,但碳储量较少。

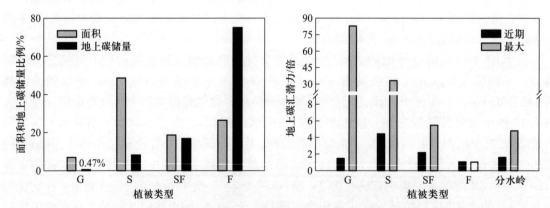

图 11.8 不同植被类型的地上碳储量比例与碳汇潜力:F、SF、S 和 G 分别代表次生乔木林、
乔灌过渡林、藤刺灌丛和稀灌草丛

植被恢复过程中,如每个阶段恢复演替到下一阶段,稀灌草丛、藤刺灌丛、乔灌过渡林、次生乔木林的地上碳储量能够分别增加 0.43×10^3 Mg(1.44 倍)、22.4×10^3 Mg(4.38 倍)、22.7×10^3 Mg(2.15 倍)和 48.6×10^3 Mg(1.02 倍)。这个情形下,整个后寨河流域自然植被的地上碳汇潜力为 94.1×10^3 Mg(增加 1.48 倍)(图 11.8)。如每个阶段都能够恢复到原始林的水平,稀灌草丛、藤刺灌丛、乔灌过渡林、次生乔木林的地上碳储量能够分别增加 24.4×10^3 Mg(82.7 倍)、170.6×10^3 Mg(33.3 倍)、56.8×10^3 Mg(5.37 倍)和 48.6×10^3 Mg(1.02 倍)。这个情形下,整个后寨河流域的最大地上植被碳汇潜力为 300.4×10^3 Mg(增加 4.73 倍)。

由于喀斯特地区土壤储量及生物量均较低,生态系统总碳储量处于较低水平。由于稀灌草丛与藤刺灌丛生产力较低,土壤是最大的碳库,分别占生态系统总碳储量的 88% 和 87%。伴随着乔灌过渡林与次生乔木林生物量的增加,植被成为最大的碳库,分别占生态系统碳储量的 58% 和 65%。而其他非喀斯特生态系统中,土壤一直是最大的碳库。这主要是由于喀斯特地区土壤浅薄造成的。

植被恢复过程中的碳动态变化与物种组成、群落结构以及环境条件密切相关。演替初期木本植物个体密度迅速增加,然后再逐渐降低;植被碳库的主要贡献者由演替初期的小径级个体逐渐过渡到大径级个体。这些说明植被演替初期碳储量的增加主要依靠大量植株个体的增加,演替中后期碳储量的增加主要依靠树木的生长。在喀斯特次生演替的初期,稀灌草丛的环境条件恶劣、土壤贫瘠、干旱严重,只有一些耐旱性较强的矮小灌木(如:小果蔷薇、火棘、异叶鼠李等)能够适应环境而生存下来,并逐渐形成藤刺灌丛。然而,这些灌木的生产力较低,只能积累少量的碳(地上碳储量:4.15 Mg·hm^{-2})。到了乔灌过渡林阶段,许多乔木树种逐渐成为优势植物,物种丰富度增加,群落结构也趋于复杂。一些生长较快的落叶乔木(如:化香树、翅荚香槐等)生长大量枝叶,迅速郁闭林冠、减少水分蒸发、改善环境条件,有利于植物生长。由于群落主要由个体较小的幼树组成,此阶段的碳储量仍然十分有限。植被恢复生长到次生乔木林阶段,植被地上碳储量增加到 70.3 Mg·hm^{-2},但远小于未被破坏的原始林(142.2 Mg·hm^{-2})。生长了 70~90 年的次生林的碳储量只能恢复到原始林水平的 50% 左右。这可能是因为在演替后期,木材密度较小的树种逐渐被木材密度较大的物种所代替,而后者的生长速度相对较慢。

研究发现,对碳储量贡献最大的前 10 种树中,落叶乔木对植被碳储量的贡献率由乔灌过渡林的 55.4% 降低到原始林的 12.6%,而常绿乔木的贡献率则由 23.0% 增加到 83.5%。喀斯特区典型的植被为常绿与落叶阔叶混交林,森林退化导致了严重的水土流失。相对于常绿乔木,落叶乔木具有较强的适应能力和较高的生长速率,是退化植被恢复过程中的主要优势植物,但落叶乔木的木材密度较轻。由于生境的严酷,常绿乔木生长为高大乔木,并到达较高优势度所需的时间非常长。例如,常绿乔木对喀斯特次生乔木林的基面积和地上碳储量的贡献分别只有 25.0% 和 23.8%。另外,碳酸盐岩的成土速率非常低,约 1 万年形成 1 cm 厚的土壤(韦启璠,1996)。随着森林植被的破坏,大量养分流失,土壤养分的现存量非常低。植被恢复过程中,本来就非常有限的土壤养分逐渐被不断生长的植物吸收而转移到植被库中,变得越来越少,逐渐成为植被生长的限制因素,尤其是在演替后期。

11.2.3 喀斯特常绿与落叶阔叶混交林的植被退化与生态恢复

黔中喀斯特地区由于特殊的地质背景和气候条件,加上长期的无序开发导致土地退化,生态环境恶化,形成了特殊的石漠化景观。森林破坏后的生态恢复如何进行,这是一个重点要关注的问题。前期研究工作均是以空间代替时间进行不同演替阶段的间接植被观测,而在同一固定样地的较长时间序列直接观测却鲜见报道。基于此,我们在后寨河流域的赵家田设置喀斯特森林皆伐迹地长期监测样地 1 块,面积为 $25 \times 40 \ m^2$,于 2012 年 5 月伐除所有植物地上部分,监测样地内植被的生长过程。由于皆伐迹地上木本植物主要有树桩萌蘖和实生苗两种起源方式,因此分别设置样株和样方对其进行连续监测。

随着时间的推移(图 11.9),皆伐迹地的植被盖度逐渐增大,在第二年总盖度达 70% 且持续了一段时间,然后升至 90% 左右,在第四年总盖度和草本盖度均有所下降,可见植物竞争加剧,木本层冠层郁闭度增大,导致草本层的光资源限制而致其盖度下降。物种数量呈现出先增长再降低的趋势,第一年由于残存的树桩萌蘖以及侵入种子的萌发,使得原有物种及部分外来物种共享迹地的资源,但是由于残存树桩储存有较多的养分,其生长迅速,占据了阳光资源而导致侵入种子萌发的实生苗由于资源缺乏而大量死亡,尤其是部分喜光的草本植物逐渐退出竞争,因此物种又逐渐减少。

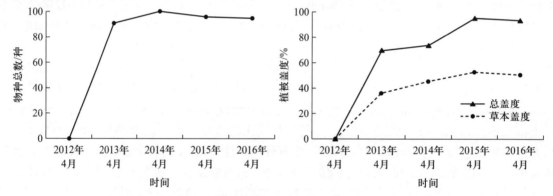

图 11.9 赵家田皆伐迹地恢复过程中物种总数及植被盖度变化

根据皆伐之前对样地的调查,选取安顺润楠、猴樟(*Cinnamomum bodinieri*)、槲栎(*Quercus aliena*)、化香树、罗浮柿(*Diospyros morrisiana*)、崖樱桃(*Cerasus scopulorum*)和冬青叶鼠刺(*Itea ilicifolia*)7 种优势植物作为监测对象。各树种分别选取 4 ~ 7 棵残存树桩作为研究对象,连续监测树桩萌蘖的数量及其地径和株高生长情况。

由图 11.10 可以看出,各树种树桩萌蘖的数量呈现相似的变化趋势,均在第一年达到最大然后逐年减小,其中安顺润楠、猴樟、槲栎、化香树、崖樱桃几种植物萌蘖数量相近,而冬青叶鼠刺萌蘖数量最多,罗浮柿则最少。经过四年的恢复生长,样地内的主要物种树桩萌蘖苗的平均地径和平均株高均有显著的增长,其中平均地径以罗浮柿最大,达到 34.91 mm,安顺润楠最小,为 16.19 mm,然而相对标准偏差(标准差与平均值的比值)最大的是槲栎,说明槲栎不同萌蘖苗个体之间的径向生长差异最为明显;平均株高以崖樱桃最大,达到 387.97 cm,槲栎最小,为 148.03 mm,相对标准偏差最大的也是槲栎,说明槲栎不同萌蘖苗个体之间的株高生长差异也是最明显的。

在皆伐迹地上按均匀布点法设置实生苗监测样方(1×1 m²)28 个,对样方内实生苗进行编号记录物种,并连续监测其株高和地径生长情况。通过调查发现,实生苗主要种类为亮叶桦(*Betula luminifera*)、崖樱桃(*Cerasus scopulorum*)、滇楸(*Catalpa fargesii* f. *duclouxii*)、梓(*Catalpa*

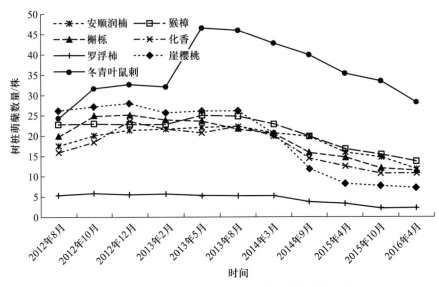

图 11.10　赵家田皆伐迹地各优势树种树桩萌蘖数量

ovata)、红叶木姜子(*Litsea rubescens*)、竹叶花椒(*Zanthoxylum armatum*)、楮(*Broussonetia kazinoki*),其他还有蔷薇科、芸香科、樟科、鼠李科等部分科属的物种,其中大部分物种均在皆伐前在该区域有分布,滇楸和梓在样地下方的坡耕地地埂有分布。

木本实生苗密度和物种数量均呈现第一年最大,之后逐年下降的趋势(图 11.11),实生苗密度第一年达到 18 株·m^{-2},到第四年为 9 株·m^{-2}。28 个样方实生苗物种数量从第一年的 43 种减少到第四年的 35 种,其主要原因是皆伐后进入迹地的木本实生苗种类大多是喜阳的物种,且由于实生苗生长较为缓慢,处在下层,在经过几年的恢复后,皆伐迹地的树桩萌蘖及部分藤本植物形成了较大的覆盖度,导致下层光照等条件越来越恶劣,大量的实生苗死亡,部分物种甚至消失了。从木本实生苗高度变化来看,第一年只有 2 株实生苗高度超过 100 cm,第二年已经有 4 株高度超过 160 cm,第三年、第四年高度超过 160 cm 的植株分别达到 22 株和 62 株;实生苗地径在第一年只有 2 株超过了 10 mm,在第四年有 45 株,其中 2 株地径超过 28 mm,可见部分立地条件较好的实生苗也具有较好的生长形势,有望在竞争中存活下来。

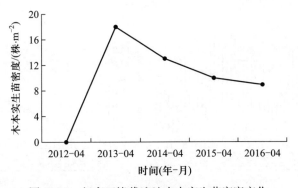

图 11.11　赵家田皆伐迹地木本实生苗密度变化

11.3 喀斯特常绿与落叶阔叶混交林生态系统的变化

普定站的森林样地监测时间较短,目前只有 2012 年和 2015 年两次样地定位调查数据,因此无法获取喀斯特森林生态系统的长期动态变化规律。而树轮可以反映树木生长与气候因子间的密切关系,具有易于采样、时间序列长、定年精确、时间分辨率高等优点,通过获取树轮宽度和密度数据,可以反演树木过去的生长状况及其生物量和生产力。

我们在天龙山主观测场选择优势树种化香树(26 株)、安顺润楠(21 株)、滇鼠刺(25 株)、窄叶柯(20 株)和云贵鹅耳枥(20 株),利用瑞典产生长锥在每株树木的胸径位置沿两个交叉方位钻取树芯样本各 2 个。经干燥后打磨、抛光,使树轮清晰可见,在显微镜下对树芯样本进行目测定年,从树皮向髓芯方向计数,最外层树轮的年代由采样时间确定,并利用树轮宽度测量系统测量出每个树轮的宽度。因滇鼠刺、窄叶柯和云贵鹅耳枥的较多树芯样本年轮不清、木质腐烂,因此在进一步的分析时剔除。只对化香树和安顺润楠的树轮样芯进行交叉定年,补充伪树轮、缺树轮等信息,再去除树种本身的生长趋势,最后建立树轮年表。

从树轮宽度及其胸径随时间的变化(Ni et al.,2017)可以看出(图 11.12),化香树树轮宽度自 20 世纪 60 年代末期一直处于显著降低趋势,说明树木长势不良,在 1981 年达到最低值,然后在 1983 年突然增加,1984 年达到较高值,随后一直处于波动中,但有略微上升趋势;从总体来看,化香树树轮宽度在 1966—2015 年有不显著的增加趋势(图 11.12a),树轮宽度平均为 1.64 ±

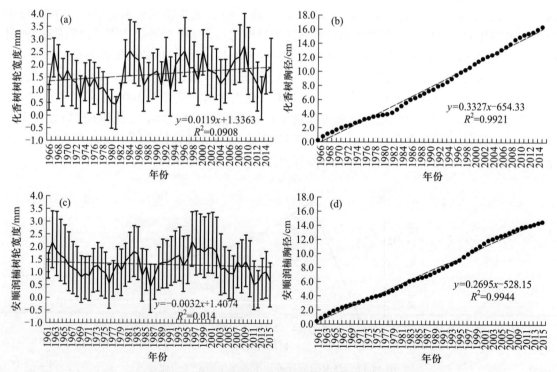

图 11.12 天龙山化香树和安顺润楠树轮宽度及胸径变化

0.57 mm·年$^{-1}$,其胸径平稳增加至 2015 年达 16.4 cm,但在 1981 年前后生长放缓(图 11.12b)。安顺润楠树轮宽度从 20 世纪 60 年代初期至 70 年代中期处于下降趋势,随后至 80 年代初期增加,然后又降低,在 1986 年达到最低值,又加速生长,至 1996 年达到最高值,随后便一直在波动中下降;总体来看,安顺润楠树轮宽度在 1961—2015 年间表现出极不显著的减小趋势(图 11.12c),其树轮宽度平均为 1.32 ± 0.43 mm·年$^{-1}$,该常绿树种生长速度不如落叶树种化香树,其胸径也小于化香树,在 2015 年才达到 14.51 cm(图 11.12d)。

树轮的这些变化趋势与普定地区气温升高、降水减少的趋势相关,可初步看出喀斯特森林生态系统的长期动态变化特征。但由于目前数据较少,无法获得一个定论,仍需要进一步的定位监测记录来进行更深入的统计分析。

11.4 喀斯特常绿与落叶阔叶混交林生态系统的管理

11.4.1 喀斯特常绿与落叶阔叶混交林生态系统的生态恢复与生态建设

由于碳酸盐岩的可溶性,造成喀斯特地区的地貌、水文、土壤、植被等要素具有地表和地下二元结构、地表三维空间异质性的特征,地表岩石裸露、地下岩石中的裂隙、管道和溶洞等纵横联通,导致地表土层浅薄且不连续,土壤易沿岩隙滑漏。这种特殊的岩 – 土组合景观结构,构成形态复杂、横向与垂向空间异质性高、抗外界干扰能力低、稳定性差的喀斯特区表层系统。地表植被一旦遭到破坏,必然造成水土流失、岩石裸露,形成所谓喀斯特“石漠化”景观。具体来说,就是指在亚热带脆弱的喀斯特环境背景下,受人类不合理社会经济活动的干扰破坏,造成土壤严重侵蚀,基岩大面积出露,土地生产力严重下降,地表出现类似荒漠景观的土地退化过程(王世杰,2002)。

在诸多的喀斯特石漠化综合治理措施与实践中,增加植被盖度无疑是遏制石漠化发展、改善水土立地条件、增加生产力的最有效自然手段,喀斯特植被的生态恢复与生态建设应该是西南地区石漠化治理的长久之计。另外,恢复植被增加生态效益的同时,经济效益的增加也将有助于减少当地居民对自然植被的依赖,从而间接减少对自然植被的破坏,降低石漠化的潜在风险。因此,生态建设与经济建设并重,是石漠化综合治理的基本方针。

在长期的石漠化治理过程中,人们基于自然规律而因地制宜,根据石漠化地区的地质地貌特点,建立了喀斯特植被生态恢复与生态建设的山地分带体系,亦即在陡峭的山体上部立地条件严酷、水土极易流失的区带采取严格的植被保护措施,促成喀斯特森林的自然恢复,在坡缓的山腰尽管岩石裸露较多、但土壤相对堆积集中的地带大力种植经济果树,而在相对平缓的山脚和洼地开垦农田、高效种植农作物和蔬菜、中药材等。

喀斯特退化植被的演替可经历草地、灌草丛、灌丛或者藤刺灌丛、灌木疏林、次顶极常绿与落叶阔叶混交林和顶极常绿与落叶阔叶混交林这样几个阶段,无论是自然发生的生态恢复,还是在人为辅助干预下的生态重建,喀斯特植被恢复的终极目标应该是当地的顶极植物群落,位于黔南的茂兰自然保护区内的顶极常绿与落叶阔叶混交林即是模式之一。通过普定和茂兰喀斯特森林生物多样性和群落功能的初步比较发现,茂兰森林生物多样性、热带植物区系成分高于普定森林;茂兰森林总生物量略高于普定森林,但二者生物量分配策略存在较大差异:茂兰森林地上生物量在各物种间分配更为均匀,普定森林仅集中在少数几个优势种;茂兰森林分配更多的生物量给根系,但仅限于支撑根(粗根和中根),其细根生物量显著低于普定森林和世界其他类型森林;茂兰森林叶的碳、氮含量高于普定森林,但 C∶N 低于后者;常绿树种叶的碳、氮含量高于落叶树种;茂兰森林土壤 C∶N 同样低于普定森林土壤;茂兰森林优势种净光合速率和气孔导度高于普定森林优势种。因此,基于不同地区水热和土壤条件的差异,以及不同地区植物组成与功能的特点,采取自然生态恢复与人工干预生态重建双重措施,合理选择和配置多种功能型植物,充分发挥乡土树种的作用,有望全面恢复喀斯特森林,有效遏制石漠化进程,从而保障西南地区的生态安全。

在植被生态恢复和生态建设过程中,工程缺水问题一直是困扰石漠化治理的难题。不同岩性(石灰岩和白云岩)发育形成的喀斯特坡面具有不同的表层水赋存形式和地表径流系数,因而需采取相应不同的水资源开发利用方式;喀斯特地表、地下岩石空隙、管道、裂隙发育,坡面地表径流系数低,地表水渗漏严重,常规的小水池、水窖集雨效果差;以白云岩为基底的喀斯特坡地易发育雨洪冲沟,次降水易产生二次径流,二次产流量大大高于首次降水产流,对二次产流的无效利用造成了水资源的极大浪费;岩溶作用产生的洼地、沟槽等负地形微地貌在集水方面具有独特优势,是简单易行、投资小的有效天然集水器。鉴于此,普定站科研人员构建石漠化山区路面集雨、沟渠引水、水池蓄水、高效节水"四位一体"的水资源高效利用与科学调蓄技术体系,以及基于岩性背景的表层水资源空间优化配置的技术模式,科学合理地利用喀斯特表层水资源(Qin et al., 2015)。

以普定站的陈家寨石漠化综合治理示范区为例,近年来以王世杰为首的普定站科研人员探索出了一套行之有效的解决坡耕地灌溉难题的模式,即路–沟–池(窖)一体化建设模式(图 11.13)。在喀斯特沟谷中修建宽 4 米的硬化机耕路,在路的一侧修建集水沟,通过路面引水沟和集水沟相连,将降水引于道路下方的水泥蓄水池(窖)中。同时,利用喀斯特溶沟和溶槽等负地形,上覆防渗漏的高密度聚乙烯塑料"水工布",形成天然蓄水池。由此,可以通过路沟管网系统,有效收集和储存自然降水,确保集水区内的农田和菜地用水。

图 11.13　陈家寨路–沟–池(窖)集雨系统

11.4.2 喀斯特常绿与落叶阔叶混交林生态系统的碳汇潜力

喀斯特森林生态系统属脆弱生态系统,一经人为破坏,便会导致石漠化的发生(Jiang et al.,2014)。潜在的植被恢复需要很长的时间,而多数情况下仅能恢复成草地、灌丛、灌木群落,这些退化植物群落占贵州总植被面积的 52.5%(中国科学院中国植被图编辑委员会,2007)。喀斯特森林生物量虽低于同气候带的非喀斯特森林,但远高于草地、灌丛、灌木等退化植物群落(Liu et al.,2013;Ni et al.,2015),如若这些退化植物群落可以恢复成次生林或顶极森林,喀斯特地区植被的生物量和碳储量可大幅度增加。因此,中国西南喀斯特地区碳汇潜力巨大,增加该地区碳汇对维持全球碳平衡及减缓温室效应带来的全球气候变化有重要作用。

植被恢复是喀斯特地区碳固持与碳增汇的有效措施,加强对现存自然植被的保护和促进次生演替是提高区域碳汇最现实可行的办法。根据喀斯特优势树种树轮的测定以及树木年龄与胸径关系的已有研究(朱守谦,1997),后寨河流域的藤刺灌丛、乔灌过渡林、次生乔木林和原始林的生长时间分别为 8~12 年、16~32 年、63~94 年和 160~215 年。当所有植被类型恢复演替到下一个阶段时,后寨河流域地上自然植被碳储量将增加 94.2×10^3 Mg(1.48 倍)。这种情况下,从藤刺灌丛恢复到乔灌过渡林大概需要 8~20 年,从乔灌过渡林恢复到次生乔木林大概需要 50 年,而次生乔木林恢复到原始林水平大概需要 100 年。理论上,如果所有退化植被类型都能恢复到原始林水平,该流域的地上最大固碳潜力为 300.4×10^3 Mg,地上碳储量将增加 4.73 倍。但这将需要一段漫长的恢复时间,粗略估计,藤刺灌丛和乔灌过渡林的恢复时间为140~200 年。

整个后寨河流域(7.50×10^3 hm^2)的自然植被地上碳储量为 63.5×10^3 Mg。根据喀斯特区不同植被类型地下/地上生物量(罗东辉等,2010;Ni et al.,2015),整个流域的总植被碳储量约为 93.1×10^3 Mg,近期将增加 1.40 倍,理论上可增加 4.35 倍。草丛和灌丛约占整个贵州省植被面积的 52.5%,如果这两类退化植被恢复到森林,整个贵州的植被碳储量将大大增加,其中地上部分将增加 3~4 倍,地下部分将增加 4~7 倍(Ni et al.,2015)。我国西南喀斯特区石漠化等级主要分为潜在、轻度、中度和重度石漠化,其面积分别为 1331.8×10^4 hm^2、431.5×10^4 hm^2、518.9×10^4 hm^2 和 249.7×10^4 hm^2,其主要植被类型分别为乔灌过渡林、藤刺灌丛、稀灌草丛和裸岩(Li et al.,2009;Bai et al.,2013)。如果这些植被类型最终恢复到次生乔木林,西南喀斯特区的植被碳储量将增加大约 2.0 Pg,这是目前中国总植被碳储量(13.71 Pg)的 14.6%。因此,随着石漠化治理和植被恢复的日益成功,我国西南喀斯特区将表现出巨大的碳汇潜力。

11.4.3 喀斯特常绿与落叶阔叶混交林生态系统的利用与经营 示范模式

由于地形、土壤和气候等自然条件的复杂多样,以及人类活动的干扰破坏,喀斯特常绿与落叶阔叶混交林分布面积有限,大多以灌丛和矮林的形式存在,其他与之相间分布的亚热带地带性植被常绿阔叶林,以及落叶阔叶林和天然针叶林等,也都处于面积缩减的境地,二者均仅在自然保护区、森林公园和林场有小面积集中分布。亚热带地区的植被大都被人工林,尤其是在常态地貌上的马尾松林和杉木林,以及喀斯特地貌上的柏木林、经济林所取代,虽然植被总体覆盖率较高,并在逐年提高中,但作为全球亚热带森林主体的常绿阔叶林,以及喀斯特地区隐域性分布但分布范围较广的常绿与落叶阔叶混交林,均退化严重,生物多样性丧失,天然基因库匮缺,全面降低了森林生态系统的功能与服务,对这些森林的生态恢复和保育已刻不容缓。

因此目前来看,对于发育在各类岩溶地貌上、位于山体中部和上部的原生性常绿与落叶阔叶混交林生态系统,由于生态环境恶劣、水土资源贫乏,其利用与经营皆以生态保护和促进恢复为主,大部分地区已将该森林生态系统纳入生态公益林经营管理,禁牧禁伐,作为风景林和防护林加以保护。对于分布在各地丘陵山地底部的次生性常绿与落叶阔叶混交林,及其退化矮林、灌丛和灌草丛,也应采取不同方式的适当保护措施,全面封山育林,或者减少放牧、樵采等活动,希望在未来 20~30 年的时间里,能够保证退化灌丛与矮林得以恢复到次生的喀斯特常绿与落叶阔叶混交林状态,增加林木蓄积量,提高生物多样性,保持水土,涵养水源,从而为改善西南地区的植被状况、遏制石漠化发展作出贡献。

11.4.4　喀斯特常绿与落叶阔叶混交林生态系统经营管理的发展方向与科技问题

根据植被的演替规律,在亚热带地区水热条件俱佳的情形下,虽然喀斯特地貌的水土流失较严重,尤其是地下渗漏,但观测与研究证明,如果没有外来的人为活动干扰,植被一般会发生正向演替,即由灌丛草坡逐渐发展为灌木林和次生林。也就是说,只要认真封山育林,喀斯特常绿与落叶阔叶混交林生态系统是可以恢复的。一般来说,石灰岩山地的植被恢复至少需要 10~20 年时间,白云岩山地则需要更长时间,30~40 年甚至更长。

由于喀斯特荒山土层浅薄,岩石大面积裸露,人工营造森林是非常困难的。但只要采取封山育林措施,终止来自外界的人为破坏,喀斯特地区植被在一定时间内是可以得到自然恢复的。如果在立地条件较好的地区,能够人工搭配种植一些乡土树种,人为促进森林发育,则植被自然恢复的效果会有显著提高。

因此,为遏制喀斯特石漠化的发展,植树造林、恢复植被是一项重要任务,除了栽种针叶树种之外,通过人工促进,恢复喀斯特常绿和落叶阔叶混交林,不仅可以减少水土流失与石漠化,还可为西南地区增加大量碳汇。为了有效保护、经营和管理喀斯特常绿与落叶阔叶混交林,目前的一个当务之急是深入研究该生态系统的生态过程与演替机理,如植物与动物尤其是土壤微生物的相互关系,森林与土壤、岩石和水文的相互作用。更进一步,从地球关键带的角度与理念出发,摸清该生态系统的功能、过程与可持续发展,才能达到生态保护与永续发展的最终目的。

参 考 文 献

陈章和, 张宏达, 王伯荪, 等. 1993. 广东黑石顶常绿阔叶林生物量及其分配的研究. 植物生态学与地植物学学报, 17(4): 289–298.

邓仕坚, 廖利平, 汪思龙, 等. 2000. 湖南会同红栲 – 青冈 – 刨花楠群落生物生产力的研究. 应用生态学报, 11(5): 651–654.

郭柯, 刘长成, 董鸣. 2011. 我国西南喀斯特植物生态适应性与石漠化治理. 植物生态学报, 35(10): 991–999.

贺红早, 黄丽华, 段旭, 等. 2007. 贵阳二环林带主要树种生物量研究. 贵州科学, 25(3): 33–39.

黄典忠. 2006. 闽江下游福建青冈次生林群落的生物量特征. 防护林科技, 70(1): 16–18.

兰国玉,胡跃华,曹敏,等.2008.西双版纳热带森林动态监测样地——树种组成与空间分布格局.植物生态学报,32(2):287–298.

刘长成,魏雅芬,刘玉国,等.2009.贵州普定喀斯特次生林乔灌层地上生物量.植物生态学报,33(4):698–705.

刘玉国,刘长成,李国庆,等.2011b.贵州喀斯特山地5种森林群落的枯落物储量及水文作用.林业科学,47(3):82–88.

刘玉国,刘长成,魏雅芬,等.2011a.贵州省普定县不同植被演替阶段的物种组成与群落结构特征.植物生态学报,35(10):1009–1018.

罗东辉,夏婧,袁婧薇,等.2010.我国西南山地喀斯特植被的根系生物量初探.植物生态学报,34(5):611–618.

倪健,王世杰,刘立斌,等.2017.普定喀斯特生态系统观测研究站的生物样地建设与监测工作.地球与环境,45(1):106–113.

邱学忠,谢寿昌,荆桂芬.1984.云南哀牢山徐家坝地区木果石栎林生物量的初步研究.云南植物研究,6(1):85–92.

屠玉麟.1989.贵州喀斯特森林的初步研究.中国岩溶,8(4):282–290.

屠玉麟.1992.论亚热带喀斯特植被的顶极群落——以贵州喀斯特植被为例.贵州林业科技,20(4):9–15.

屠玉麟,杨军.1995.贵州中部喀斯特灌丛群落生物量研究.中国岩溶,14(3):199–208.

王斌,黄俞淞,李先琨,等.2014.弄岗北热带喀斯特季节性雨林15 ha监测样地的树种组成与空间分布.生物多样性,22(2):141–156.

王世杰.2002.喀斯特石漠化概念演绎及其科学内涵的探讨.中国岩溶,21(2):101–105.

王世杰,李阳兵,李瑞玲.2003.喀斯特石漠化的形成背景、演化与治理.第四纪研究,23(6):657–666.

王智慧,张朝晖.2010.贵州云台山喀斯特森林生态系统苔藓植物群落生物量研究.贵州师范大学学报(自然科学版),28(4):88–91.

韦启璠.1996.我国南方喀斯特区土壤侵蚀特点及防治途径.水土保持研究,3(4):72–76.

吴征镒.1991.中国种子植物属的分布区类型.云南植物研究,4(增刊):1–139.

吴征镒.2003.《世界种子植物科的分布区类型系统》的修订.云南植物研究,25(5):535–538.

杨汉奎,程仕泽.1991.贵州茂兰喀斯特森林群落生物量研究.生态学报,11(4):307–312.

杨清培,李鸣光,王伯荪,等.2003.粤西南亚热带森林演替过程中的生物量与净第一性生产力动态.应用生态学报,14(12):2136–2140.

杨庆松,马遵平,谢玉彬,等.2011.浙江天童20 ha常绿阔叶林动态监测样地的群落特征.生物多样性,19(2):215–223.

叶万辉,曹洪麟,黄忠良,等.2008.鼎湖山南亚热带常绿阔叶林20公顷样地群落特征研究.植物生态学报,32(2):274–286.

喻理飞,朱守谦,叶镜中,等.2002.退化喀斯特森林自然恢复过程中群落动态研究.林业科学,38(1):1–7.

袁春明,刘文耀,李小双,等.2009.哀牢山湿性常绿阔叶林木质藤本植物地上部分生物量及其对人为干扰的响应.植物生态学报,33(5):852–859.

曾成,赵敏,杨睿,等.2017.贵州典型岩溶流域水循环驱动的岩溶碳汇通量及其主控因素分析.地球与环境,45(1):74–83.

曾馥平,彭晚霞,宋同清,等.2007.桂西北喀斯特人为干扰区植被自然恢复22年后群落特征.生态学报,27(12):5110–5119.

中国科学院中国植被图编辑委员会.2007.中华人民共和国植被图(1:1000000).北京:地质出版社.

中国植被编辑委员会.1980.中国植被.北京:科学出版社.

钟银星,周运超,李祖驹.2014.印江槽谷型喀斯特地区植被碳储量及固碳潜力研究.地球与环境,42(1):82–89.

周政贤.1992.贵州森林.贵阳:贵州科技出版社.

朱守谦.1997.喀斯特森林生态研究(Ⅱ).贵阳:贵州科技出版社.

朱守谦,魏鲁明,陈正仁,等 . 1995. 茂兰喀斯特森林生物量构成初步研究 . 植物生态学报, 19（4）: 358-367.

祝燕,赵谷风,张俪文,等 . 2008. 古田山中亚热带常绿阔叶林动态监测样地——群落组成与结构 . 植物生态学报, 32（2）: 262-273.

Bai X Y, Wang S J, Xiong K N. 2013. Assessing spatial-temporal evolution processes of karst rocky desertification land: Indications for restoration strategies. Land Degradation and Development, 24: 47-56.

Hubbell S, Foster R. 1986. Commonness and rarity in a neotropical forest: Implications for tropical tree conservation. In: Soulé M. Conservation biology: The science of scarcity and diversity. Sunderland: Sinauer Associates, 205-231.

Jiang Z C, Lian Y Q, Qin X Q. 2014. Rocky desertification in Southwest China: Impacts, causes, and restoration. Earth-Science Reviews, 132: 1-12.

Li Y B, Shao J A, Yang H, et al. 2009. The relations between land use and karst rocky desertification in a typical karst area, China. Environmental Geology, 57: 621-627.

Liu C C, Liu Y G, Guo K, et al. 2016b. Aboveground carbon stock, allocation and sequestration potential during vegetation recovery in the karst region of southwestern China: A case study at a watershed scale. Agriculture, Ecosystems and Environment, 235: 91-100.

Liu L B, Wu Y Y, Hu G, et al. 2016a. Biomass of karst evergreen and deciduous broad-leaved mixed forest in central Guizhou province, southwestern China: A comprehensive inventory of a 2 ha plot. Silva Fennica, 50: 1492.

Liu Y G, Liu C C, Wang S J, et al. 2013. Organic carbon storage in four ecosystem types in the karst region of southwestern China. PLoS One, 8: e56443.

Ni J, Luo D H, Xia J, et al. 2015. Vegetation in karst terrain of southwestern China allocates more biomass to roots. Solid Earth, 6: 799-810.

Ni J, Xu H Y, Liu L B. 2017. Low net primary productivity of dominant tree species in a karst forest, southwestern China: First evidences from tree ring width and girth increment. Acta Geochimica, 36: 482-485.

Qin L Y, Bai X Y, Wang S J, et al. 2015. Major problems and solutions on surface water resource utilization in karst mountainous areas. Agricultural Water Management, 159: 55-65.

Sweeting M M. 1972. Karst Landforms. London: Macmillan.

Yang T H, Song K, Da L J, et al. 2010. The biomass and aboveground net primary productivity of *Schima superba-Castanopsis carlesii* forest in east China. Science China Life Science, 53: 811-821.

Zhang Z H, Hu G, Zhu J D, et al. 2012. Stand structure, woody species richness and composition of subtropical karst forests in Maolan, south-west China. Journal of Tropical Forest Science, 24（4）: 498-506.

第12章 亚热带中山湿性常绿阔叶林生态系统过程与变化[*]

12.1 亚热带中山湿性常绿阔叶林生态系统概述

12.1.1 亚热带中山湿性常绿阔叶林的分布与现状

常绿阔叶林是发育在我国亚热带气候条件下的一种顶极森林植被,它是全球亚热带大陆东岸湿润气候和季风气候条件下的产物,我国是此类植被的主要分布区。根据气候特征的不同,我国的常绿阔叶林分布区被分为两个亚区域,即东部常绿阔叶林亚区域、西部常绿阔叶林亚区域(吴征镒等,1980)。在中国西南基带为亚热带和热带地区、海拔 1800~3400 m 的山地广泛分布有在生态外貌上常绿的阔叶林,在《中国植被》(吴征镒等,1980)和《云南植被》(吴征镒等,1987)中被称为"中山湿性常绿阔叶林"。尽管在不同地区它们的分布海拔各有不同,如哀牢山(2400~2600 m)、无量山(2200~2900 m)、永德大雪山(2000~2800 m)、高黎贡山(1800~2600 m)、小百草岭(2500~3400 m)等,这类常绿阔叶林在植物区系组成和生态外貌上具有亚热带常绿阔叶林特征,但其分布生境却是暖温带–温带气候。其植物区系组成和群落生态外貌特征与其所处的气候环境不协调。比如,哀牢山北段分布的中山湿性常绿阔叶林所在地的气候条件,即年平均气温 10.7~11.1 ℃,10 ℃以上年积温 3049 ℃,这样的气候条件可与我国东部地区山东省等暖温带落叶阔叶林地带的气候相对应。然而,哀牢山北段温带气候下分布的森林则为常绿阔叶林,其种子植物区系中热带分布属占总属数的 47.75%。类似的森林植被在我国东部地区却是分布在年平均气温 15~20 ℃、≥10 ℃年积温 5000~7500 ℃的区域。按哀牢山中山湿性常绿阔叶林种子植物区系中热带分布属所占比例进行比较,则它与中国东部的亚热带常绿阔叶林类似(朱华,2016)。

"中山湿性常绿阔叶林"具有我国常绿阔叶林的共性特征,也有其区域性的个性特征。此类常绿阔叶林是南亚热带基带上的山地垂直类型,中山温凉湿润地方性气候的产物,反映的热量水平属于暖温带性。就其反映的环境性质而言,也称之为温带雨林或暖温带常绿阔叶林。此类常绿阔叶林中出现的许多亚热带常绿阔叶林的特征,正好反映了它的热带起源,随着山地的抬升而保留了一些古老的植被特征;而近代生境中冬季无持续性严寒,导致此类常绿阔叶林在 2400 m

---

　　* 本章作者为中国科学院西双版纳热带植物园范泽鑫、杨效东、张一平、鲁志云、宋亮、李苏、武传胜、温韩东、罗康、陈斯。

以上山地大面积出现的可能性。中山湿性常绿阔叶林是目前云南境内常绿阔叶林中保留面积最大的一个类型,具有定位研究西部常绿阔叶林极好的代表性和重要性。加上哀牢山地处我国青藏高原东南侧以及云南亚热带与热带北缘的过渡区,生物区系成分不仅古老,而且复杂。热带、亚热带、温带(亚高山)区系成分在这里交错汇集,具有较多的特有成分,形成了生物多样性极为丰富和植物区系地理成分极为复杂的格局。特别是在全球环境变化日渐加剧的当今,地处过渡带上的哀牢山森林生态系统将能更为显著地对全球环境变化做出响应,有着重要的研究和生态服务价值。

12.1.2　亚热带中山湿性常绿阔叶林的特征

中山湿性常绿阔叶林具有我国亚热带常绿阔叶林的共同特征,例如乔木层主要由壳斗科(Fagaceae)、山茶科(Theaceae)、樟科(Lauraceae)及木兰科(Magnoliaceae)共 4 大科组成,其他如山矾科(Symplocaceae)、冬青科(Aquifoliaceae)、杜鹃花科(Ericaceae)、八角科(Illiciaceae)、紫金牛科(Myrsinaceae)、五加科(Araliaceae)也占有显著地位,同时也有其特有的"中山湿性"特征,是云南亚热带山地垂直带上的一个特殊植被类型。

中山湿性常绿阔叶林的植物区系组成热带属占 49.9%,温带属占 40%,地区特有属占 2.7%。种子植物区系中热带分布科占 62.67%,反映了它的远古热带起源背景。一些地球上古老的子遗物种如水青树(Tetracentron sinense)的存在反映了该地区在植物区系演化上的继承和持续性,并未发生过毁灭性(如冰川覆盖)变化。木本植物中 67.4% 的树种具滴水叶尖,大树基部具微弱板根或支柱根,附生苔藓、蕨类和附生种子植物较多,具有湿性常绿阔叶林特征,并与热带雨林的部分特征相似。动物区系以东洋界成分为主,比例既反映了中山湿性常绿阔叶林的热带性或热带起源,也反映了森林中动、植物热带与温带之间的过渡性。植物区系的温带属种,中国喜马拉雅成分较多,表明哀牢山植物区系与喜马拉雅植被区系在系统发生上有一定联系。

12.1.3　哀牢山亚热带中山湿性常绿阔叶林的区域代表性

哀牢山纵贯云南中部,是我国云贵高原、横断山地和青藏高原三大自然地理区域的结合部。哀牢山源于云南境内西北部的云岭山系,是云南高原西南部、横断山区南段以东一条西北 – 东南走向的山脉,山体连绵高大(山脊海拔在 2000 ~ 3000 m)且无大隘口,纵贯云南中南部 500 余千米,其最高峰在云南新平县与镇沅县交界处的大雪锅山。该山不仅是滇中高原与横段山系南段或滇西纵谷区的地理分界线,同时也是我国冬季东北风和夏季湿热西南季风近直交的地区,具有独特的气候环境。

从水平位置来看,该区属于云贵高原南部常绿阔叶林生态区,不仅是云南亚热带北部与亚热带南部的过渡区,也是多种生物区系地理成分荟萃之地,发育并保存着我国亚热带地区面积最大的常绿阔叶林生态系统,成为当今非常难得的一座绿色宝库。在哀牢山北段自然保护区分布的原生亚热带中山湿性常绿阔叶林,性质之原始、面积之广大、保存之完好、人为干扰之少实属罕见,是开展森林生态系统研究的一个非常理想的场所。

按气候学指标划分,哀牢山亚热带常绿阔叶林区域属于暖温带气候,但按照植被的地带性类型划分,该区属于亚热带森林气候,从而形成了气候带与植被带的不协调。除了具"冬暖夏凉"

气候特征及山地垂直地带性与纬向水平地带性存在分异外,还具较高地温(年平均值比气温年平均值高 2.55 ~ 3.03 ℃,地积温比气积温全年高出 900 ~ 1100 ℃),这也是导致当地气候 – 植被带不相吻合的原因之一。

哀牢山亚热带常绿阔叶林自然保护区考察所记录到的高等植物有 550 种,其中哀牢山生态站亚热带中山湿性常绿阔叶林研究样地调查共有 181 种植物,主要由壳斗科、樟科、山茶科、木兰科等亚热带常绿阔叶林的基本科组成,乔木层以石栎属为主,树高 25 m,具有 4 个自然层,落叶树种约占 15%,外貌终年常绿。在哀牢山保护区内仍然保存有许多特有、珍稀濒危国家级保护植物,如银杏(*Ginkgo biloba*,孑遗植物)、景东翅子树(*Pterospermum kingtungense*,国家二级保护极小种群植物)、红椿(*Toona ciliata*,国家二级重点保护野生植物)、任豆(*Zenia insignis*,国家二级重点保护野生植物)、翠柏(*Calocedrus macrolepis*,国家二级保护植物、云南七叶树(*Aesculus wangii*,国家三级保护植物)、红色木莲(*Manglietia insignis*,国家三级保护植物)、林生杧果(*Mangifera sylvatica*,国家三级保护植物)、思茅豆腐柴(*Premna szemaoensis*,国家三级保护植物)、旱地油杉(*Keteleeria xerophila*,国家三级保护植物)、篦齿苏铁(*Cycas pectinata*,国家一级保护植物)等。

哀牢山东西坡的植被垂直分布特征明显,具体表现为,东坡植被分布如下:干热河谷植被(910 ~ 1300 m)—半湿润常绿阔叶林及云南松林(1300 ~ 2400 m)—中山湿性常绿阔叶林(2400 ~ 2600 m)—山顶苔藓矮林(2600 ~ 2700 m);西坡植被分布如下:季风常绿阔叶林及思茅松林(1140 ~ 2000 m)—中山湿性常绿阔叶林(2000 ~ 2600 m)—山顶苔藓矮林(2600 ~ 2700 m)—亚高山杜鹃灌丛带(3000 m 以上)。由于迎风的西坡存在着明显的逆温层(干季尤其显著)、而东坡则存在明显的背风坡焚风效应,导致了东西坡植被具有明显的垂直分布差异。明显而完整地反映了云南中亚热带山地植被垂直分布规律。

东西坡植被垂直系列表明,山麓和山顶植被基本对应,但东坡半湿性常绿阔叶林较西坡季风常绿阔叶林海拔上限高,西坡湿性常绿阔叶林海拔下限较东坡湿性常绿阔叶林低。表明西坡较东坡湿润,这与西坡承受湿层深厚的西南季风,东坡承受较弱的东南季风,且冬季处东北迎面风,地面干冷有关。东坡与滇中及滇中北半湿性常绿阔叶林山地垂直系列相似,如禄劝乌蒙山、武定狮子山;西坡则与滇中南季风常绿阔叶林山地垂直系列相似,如紧邻哀牢山西部的无量山。可见,该地区山地植被垂直系列介于云南亚热带南部湿润季风常绿阔叶林和北部半湿性常绿阔叶林之间的类型。

12.1.4　哀牢山生态站的定位及其在亚热带森林生态系统监测与研究中的作用

哀牢山亚热带森林生态系统定位研究站位于哀牢山自然保护区北段的云南景东县境内,地理位置 24°32′N, 101°01′E,海拔 2491 m。1981 年哀牢山森林生态系统定位研究站建立,隶属于中国科学院昆明分院生态研究室。近 30 年来,因为中科院机构调整,哀牢山生态站先后隶属于中国科学院昆明生态研究所、中国科学院西双版纳热带植物园。哀牢山站 1981 年建站,2000 年进入中国科学院西南知识创新基地;2002 年 10 月加入中国生态系统研究网络(CERN),2005 年 12 月被批准进入国家野外观测研究站(CNERN)。

哀牢山亚热带森林生态系统研究站的学科研究方向为：以亚热带山地森林生态系统为主要研究对象，开展亚热带森林生态学及保护生物学研究。重点研究和监测物种多样性格局及其维持机制，森林生态系统的结构、功能及其演变过程，重要生态现象的生物学基础，受损生态系统的修复机制和技术，并将森林生态系统研究拓展到景观水平，在监测我国西部热带、亚热带地区生态环境变化、退化生态系统修复中发挥着重要的不可替代的作用。

哀牢山生态站的建设目标和任务也进一步明确为：围绕生态系统长期研究的科学总目标，以站为单元，实行以"监测、研究、试验示范"并重的运行模式，在统一规范下对我国亚热带湿性常绿阔叶林生态系统的主要环境因子和生态系统过程进行长期监测，定期提供亚热带常绿阔叶林生态系统的动态信息，并为相关科学研究提供野外实验和研究平台；面向国家和地方需求，开展与持续农业和退化生态系统恢复相关的示范研究，为生态站所在地区提供生态系统优化管理的示范模式和配套技术；同时以站为研究基地，培养一批相关领域的硕士、博士研究生，并为相关学术机构的科技人员提供野外工作平台；加强对外交流与国际合作，积极参与相关国际研究计划，为研究全球变化生态学、解决全球生态环境问题做出积极贡献，同时也为我国社会经济的可持续发展提供宏观决策依据。

12.2　亚热带中山湿性常绿阔叶林的环境要素特征及其变化

12.2.1　气候特征及主要气候因子的变化

根据哀牢山生态站多年气象资料显示，哀牢山徐家坝的年平均气温为 11.3 ℃，月均最高气温为 15.3 ℃（7 月），月均最低气温为 5.0 ℃（1 月），极端最高气温为 25 ℃，极端最低气温为 −8.3 ℃。>10 ℃年积温 3420 ℃。霜期有 160 天左右。受西南季风影响，干湿季分明，降水量为 1981.8 mm，干季（11 月至次年 4 月）降水一般占全年降水量约 15%，雨季（5—10 月）占 85%。年蒸发量为 1174 mm，年平均相对湿度为 87%，年日照时数为 1404 h。总体上，哀牢山气候特征是长冬无夏，春秋相连，气候温凉，水资源丰富。

哀牢山森林生态系统研究站的资料显示，哀牢山中山湿性常绿阔叶林林内外平均地表温度均呈现上升趋势，林内的上升速率高于林外，林外年平均地温的变化趋势为 0.099 ℃·10 年 $^{-1}$，干季为 0.181 ℃·10 年 $^{-1}$，雨季为 0.017 ℃·10 年 $^{-1}$；林内年平均地温的变化趋势为 0.169 ℃·10 年 $^{-1}$，干季为 0.286 ℃·10 年 $^{-1}$，雨季为 0.052 ℃·10 年 $^{-1}$（图 12.1）。

降水年季变化规律明显，每隔 8~9 年降水量出现一次峰值，如 1991 年、1999 年、2007 年及 2016 年，降水量分别为 2339.1 mm、2339.8 mm、2350.4 mm 和 2359.5 mm；雨季（5—10 月）降水量与年总降水量变化趋势一致，干季降水量变化相对平缓（图 12.2）。因此，年总降水量主要决定于雨季的降水量，多年平均值显示雨季降水量（1595.1 mm）贡献了总降水量（1863.3 mm）的 85.6 %。2009 年雨季降水量达观测记录的最低值（1055.8 mm），导致 2009 年年总降水量达到观测记录的最低值（1229.4 mm）（图 12.2）。

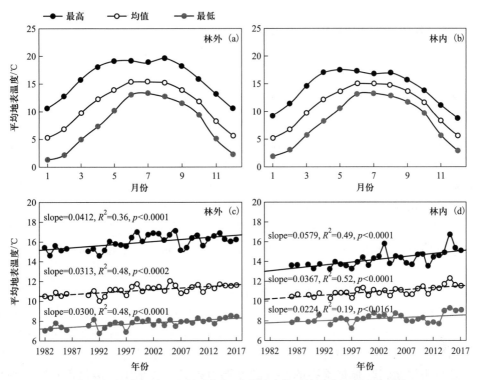

图 12.1 哀牢山中山湿性常绿阔叶林林内外平均地表温度变化趋势

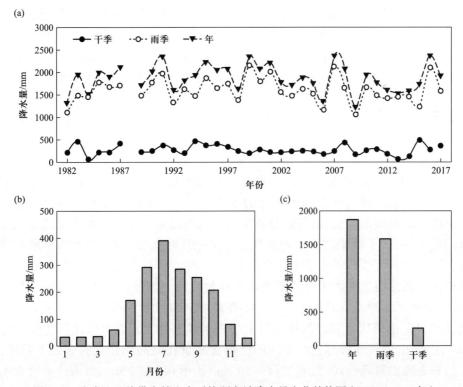

图 12.2 哀牢山亚热带森林生态系统研究站降水量变化趋势图（1982—2017 年）

12.2.2 森林水分特征及其变化

森林影响降水形成、分配和循环,林冠层蒸腾耗水和截留降水的机制涉及土壤、植被和大气等多层界面,林冠层是森林水分输入过程的开始,林冠截留量作为对输入森林生态系统水分调节的起点备受关注。受大气降水的影响,穿透雨的变化随大气降水而变化。通过1991—1995 年(甘建民和薛敬意,1996)和 2005 年 5 月—2006 年 4 月(巩合德等,2008)对哀牢山常绿阔叶林的林冠截雨量进行观测研究,发现穿透雨率均超过了 83%(分别为 86.9% 和83.3%)。且 1991—1995 年的观测表明,雨季和旱季穿透雨量分别为 1404.11 mm 和 232.94 mm,占年平均穿透雨量的 85.8% 和 14.2%。穿透雨量最大和最小出现的月份和大气降水量最大和最小出现的月份相同,同为 7 月和 4 月,分别是 348.96 mm 和 13.95 mm,各占同月大气降水量的 91.8% 和 63.8%。此外,2005—2006 年的观测结果还证实:当降水量小于 3.7 mm 时,林冠几乎将降水全部截留,截留率达 100%,在降水量大于 10 mm 时,林冠截留率随降水量增加而降低。

哀牢山生态站多年的监测结果显示,哀牢山中山湿性常绿阔叶林的枯落物含水量季节动态明显(图 12.3),枯落物含水量最高主要集中在 5—10 月、枯落物含水量最低主要在 11月—次年 4 月,基本与哀牢山的干湿季节吻合。2010 年 9 月的枯落物含水量达到了 450%,与我国其他地区的枯落物最大持水率平均为 309.54%(王金叶等,2008)相比较,可以发现哀牢山中山湿性常绿阔叶林枯落物的水分涵养能力很高。哀牢山枯落物蓄水能力在应对极端干旱方面也起着重要的作用,杞金华等(2013)对次生样地毛轴蕨－玉山竹群丛的枯落物与中山湿性常绿阔叶林的枯落物进行了比较研究发现,常绿阔叶林凋落物的厚度、蓄积量、最大持水量和持水率都显著大于毛轴蕨－玉山竹群丛。中山湿性常绿阔叶林的凋落物蓄积量是毛轴蕨－玉山竹群丛的两倍多,而其最大持水量(42.57 t·hm^{-2})是毛轴蕨－玉山竹群丛(13.15 t·hm^{-2})的 3 倍多。哀牢山中山湿性常绿阔叶林较厚的凋落物层也有更好的储水、减少土壤蒸发和地表径流以提高森林水源涵养的作用。山顶苔藓矮林和滇南山杨次生林监测样地的枯落物含水量变化趋势与中山湿性常绿阔叶林监测样地的变化趋势基本一致。

中山湿性常绿阔叶林土壤含水量(烘干法测定)的季节变化基本和降水季节变化吻合(图 12.4);随着土层增加,含水量逐渐降低、且变化幅度也变小(图 12.4);降水是影响哀牢山中山湿性常绿阔叶林土壤含水量季节变化的主要因素。哀牢山常绿阔叶林内随土壤剖面深度的增加土壤含水量逐渐降低,这可能与哀牢山特殊的降水特征和植物生长特征有关。雨季连续降水的情况下,使土壤平均含水量变化有可能出现降低型,而干季植物根系对深层土壤水分的强烈吸收也有可能造成土壤水分含量上高下低的情况(巩合德等,2008)。对比常绿阔叶林和哀牢山生态站附近的人工茶园的土壤含水量发现,常绿阔叶林的土壤含水量较高且较稳定,在哀牢山地区常绿阔叶林在土壤水分的保持中有着重要的作用(Gong et al.,2011)。山顶苔藓矮林和滇南山杨次生林监测样地的土壤含水量总体上都表现出浅层较高且变化较大(图 12.4)。此外,山顶苔藓矮林各个土层的土壤含水量在时间序列上的变化不明显,而滇南山杨次生林则表现出双峰形式:最表层(0~10 cm)土壤和中层(30~40 cm)土壤含水量较高(图 12.4)。

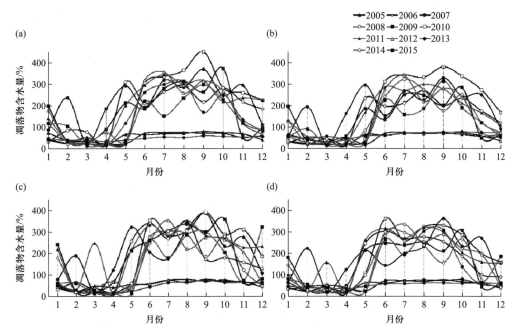

图 12.3 哀牢山 4 块森林类型监测样地 2005—2015 年枯落物含水量变化

注:(a)和(b)均为中山湿性常绿阔叶林监测样地,(c)为山顶苔藓矮林监测样地,(d)为滇南山杨次生林监测样地。

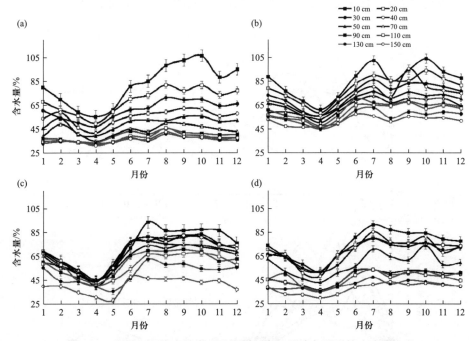

图 12.4 哀牢山 4 块森林类型监测样地各土层多年月平均含水量变化

注:(a)和(b)均为中山湿性常绿阔叶林监测样地,(c)为山顶苔藓矮林监测样地,(d)为滇南山杨次生林监测样地。10 cm 代表 0~10 cm 土层,20 cm 代表 10~20 cm 土层,30 cm 代表 20~30 cm 土层,40 cm 代表 30~40 cm 土层,50 cm 代表 40~50 cm 土层,70 cm 代表 50~70 cm 土层,90 cm 代表 70~90 cm 土层,110 cm 代表 90~110 cm 土层,130 cm 代表 110~130 cm 土层,150 cm 代表 130~150 cm 土层。

地表径流是哀牢山生态站的常规监测指标之一,分别在常绿阔叶林林内和林外毛轴蕨 – 玉山竹群丛地各设置了 2 个 100 m² 的集水区,每天早上 08∶00 进行测量(有降水时)。多年监测结果显示,常绿阔叶林林内的径流量远远小于林外的径流量(图 12.5),可能是因为常绿阔叶林林冠较强截雨和地表枯落物的水分涵养能力造成的。

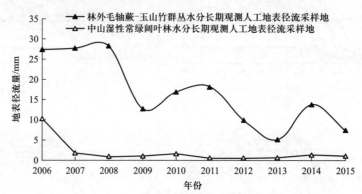

图 12.5   哀牢山 2 块森林类型监测样地地表径流年际变化图

水面蒸发量用中山湿性常绿阔叶林和毛轴蕨 – 玉山竹群丛距地面 1 m 的口径为 20 cm 的蒸发皿观测,每日 20∶00 观测 1 次,采用中国生态系统研究网络陆地生态系统水环境观测规范中的方法计算出日蒸发量。总体上林外综合气象场的蒸发量大于林内的蒸发量(图 12.6),以多年的数据来看,除 2007 年总体蒸发量较大之外,其他的年间差异不大(图 12.7)。

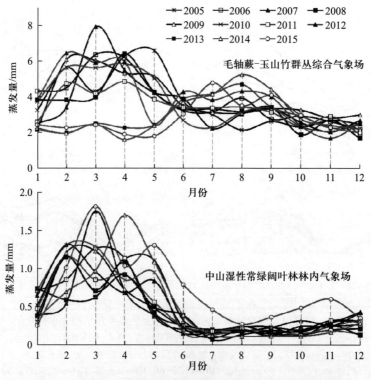

图 12.6   哀牢山中山湿性常绿阔叶林多年月平均蒸发量变化图

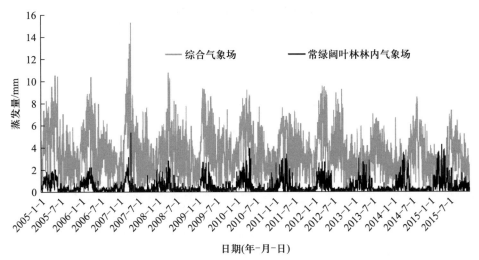

图 12.7 林外综合气象场和常绿阔叶林林内气象场蒸发量多年变化图

2005—2015 年在哀牢山常绿阔叶林进行了水质监测,监测项目包括水温、pH、钙离子、镁离子、钾离子、钠离子、氯化物、硫酸根、磷酸根、硝酸根、水中溶解氧、总氮和总磷等。pH 为监测水质的重要项目之一。哀牢山监测的常绿阔叶林林内地下水(pH=5.97)、林外地下水(pH=6.15)和地表水(pH=6.48)整体呈弱酸性,且年份间有所波动,2005—2015 年年均 pH 整体呈下降的趋势(图 12.8)。

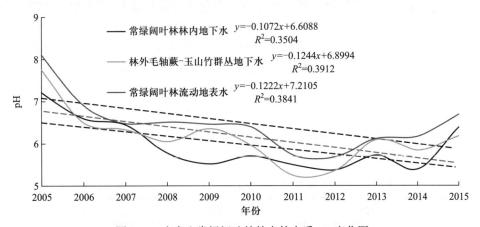

图 12.8 哀牢山常绿阔叶林林内外水质 pH 变化图

12.2.3 森林土壤养分特征及其变化

哀牢山中山湿性常绿阔叶林下的土壤,成土母质的出露大体由古生代板岩、微晶片岩、绿泥片岩、石英片岩、石英岩等组成,风化物粗松,多发育成山地棕壤或黄棕壤。但它是在亚热带山地上由于海拔升高形成的,与水平地带上出现的黄棕壤有所差别。与安徽金寨和南京水平带的黄棕壤比较,哀牢山山地黄棕壤的土壤有机质含量和阳离子交换量明显高于水平地带的黄棕壤,说明山地黄棕壤的土壤胶体吸附阳离子的能力较强;由于腐殖质酸的影响,山地黄棕壤的酸度也高于水平地带的黄棕壤。表 12.1 是哀牢山生态站长期观测的中山湿性常绿阔叶林表层土壤养分长期动态特征。

表 12.1　哀牢山中山湿性常绿阔叶林表层土壤（0～20 cm）养分 2005—2015 年均值

年份	土壤有机质 /(g·kg^{-1})	总氮 /(g·kg^{-1})	有效磷 /(mg·kg^{-1})	速效钾 /(mg·kg^{-1})	缓效钾 /(mg·kg^{-1})	水溶液 pH	硝态氮 /(mg·kg^{-1})	铵态氮 /(mg·kg^{-1})
2005	172.83	6.70	1.03	127.50	67.00	4.42	12.25	4.59
2008	183.33	6.70	0.46	120.00	77.50	4.37	16.27	4.25
2009	188.17	7.77	0.41	125.50	70.00	4.21	6.72	3.26
2010	151.92	6.69	1.64	92.33	55.60	4.27	9.66	7.37
2011	133.92	5.99	2.92	111.83	54.50	4.26	29.26	9.69
2012	177.59	6.26	2.05	90.60	59.33	4.31	33.04	9.31
2013	142.43	6.13	2.14	148.50	69.00	4.04	22.74	9.40
2014	130.55	6.62	3.21	134.33	86.50	4.27	11.81	10.59
2015	171.40	7.37	2.39	167.00	154.20	4.32	21.33	3.38

　　哀牢山常绿阔叶林及其受损后恢复演替中的滇南山杨林的凋落物、腐殖质和表层土壤（0～20 cm）C–N–P 土壤生态化学计量特征表明：C、N 含量表现为凋落物＞腐殖质＞表层土壤，P 含量则表现为腐殖质＞表层土壤＞凋落物；铵态氮、硝态氮、有效磷含量均为腐殖质＞表层土壤（表 12.2）。恢复演替中的滇南山杨林的土壤生态化学计量特征与原始的常绿阔叶林存在差异，即：凋落物中的 C、N、P 含量为常绿阔叶林＜滇南山杨林；表层土壤中的 C、N、P 含量为常绿阔叶林＞滇南山杨林；腐殖质中的铵态氮、有效磷含量为常绿阔叶林＞滇南山杨林，表层土壤铵态氮、有效磷含量为常绿阔叶林＞滇南山杨林。此外相比世界森林 C∶N∶P 的平均值，哀牢山森林系统的值更低，其常绿阔叶林凋落物、腐殖质、表层土壤的 C∶N∶P 分别为 615∶18∶1、159∶11∶1、84∶6∶1，滇南山杨林凋落物、腐殖质、表层土壤的 C∶N∶P 分别为 518∶16∶1、172∶11∶1、86∶6∶1。这表明哀牢山亚热带常绿阔叶林不存在 P 的匮乏，亚热带的常绿阔叶林可能具有独特的土壤生态化学计量特征。

表 12.2　哀牢山两种森林类型凋落物、腐殖质和表层土壤（0～20 cm）的 C、N、P 含量及生态化学计量特征

层次	凋落物		腐殖质		表层土壤（0～20 cm）	
森林类型	常绿阔叶林	滇南山杨林	常绿阔叶林	滇南山杨林	常绿阔叶林	滇南山杨林
C/(g·kg^{-1})	497.98±12.15Aa	502.25±23.04Aa	220.35±29.89Ba	213.66±26.46Ba	98.65±13.22Ca	74.56±8.12Cb
N/(g·kg^{-1})	14.74±4.48Aa	15.69±4.64Aa	14.74±1.94Aa	13.58±1.33Ba	6.53±0.83Ba	5.12±0.62Cb
P/(g·kg^{-1})	0.81±0.34Bb	0.97±0.27Ba	1.39±0.12Aa	1.24±0.04Aa	1.17±0.29Aa	0.87±0.21Bb
C∶N	36.20±9.69Aa	35.01±11.08Aa	14.95±0.81Ba	15.73±1.21Ba	14.96±1.1Ba	14.71±1.4Ba
C∶P	702.60±247.89Aa	557.04±152.39Ab	158.88±21.83Ba	172.09±26.1Ba	91.22±49.27Ba	87.82±13.58Ca
N∶P	19.23±3.87Aa	15.61±2.36Ab	10.61±1.25Ba	10.93±1.33Ba	5.95±2.78Ca	6.02±1.06Ca

注：同一行不同小写字母表示不同森林类型差异显著（$p<0.05$），同一行不同大写字母表示同一森林类型差异显著（$p<0.05$）。

12.3 亚热带中山湿性常绿阔叶林生态系统的群落结构与动态

12.3.1 亚热带中山湿性常绿阔叶林的物种组成

中国科学院西双版纳热带植物园于 2014 年在哀牢山生态站(景东县徐家坝)附近的中山湿性常绿阔叶林中建立了一块面积为 20 hm²(400 m×500 m)的森林动态样地。根据样地调查数据对样地中物种组成进行分析,样地内共有 DBH≥1 cm 的木本植物 101 种,隶属于 36 科 63 属。从科的分布水平来看,蔷薇科(Rosaceae)植物最丰富,共有 10 属 14 种;樟科次之,有 5 属 10 种;壳斗科有 3 属 8 种;山茶科有 6 属 7 种。这四个科在科重要值中排名前四位。从属的分布水平来看,柯属(Lithocarpus)和冬青属(Ilex)的植物最多,均有 6 种;其次山矾属(Symplocos)有 5 种。另外,有 55.6% 的科及 71.4% 的属仅有一个物种分布。

根据吴征镒等(2006)属的分布区类型的划分,分析了哀牢山样地内 63 个属的分布区类型。热带成分的属有 29 个,占 46.03%;温带成分的属 24 个,占 38.10%。热带成分分布最多的是热带亚洲成分,有 12 属,占 19.05%;其次是泛热带和东亚及热带南美间断分布型,各有 7 属,各占 11.11%。温带成分分布最多的是北温带成分,有 14 属,占 22.22%;其次是东亚及北美间断分布型,有 8 个属,占 12.70%。由此可以看出,哀牢山样地内热带成分的属略高于温带成分,反映了该区系具有从热带向温带过渡的性质。

从植物区系特征来看,根据李锡文(1996)和吴征镒等(2006)科的分布区类型的划分,哀牢山地区种子植物 199 科可划分为 11 个类型和 10 个变型,显示该地区种子植物科的地理成分复杂,联系广泛,既有世界性广布的大科,也有以温带和热带地区分布为主的较大科。除去世界性分布的 50 科外,热带性质的科有 105 科,占总科数的 70.47%;温带性质的科有 44 科,占 29.53%,热带性质的科远多于温带性质的科,这反映了本地植物区系的起源有着较强的古热带根源。945 属的种子植物可划分为 15 个类型和 21 个变型。世界分布属共 56 属;热带性质的属有 568 属,占总属(除世界分布属)数的 63.89%;温带性质的属有 321 属,占总属数的 36.11%(闫丽春等,2009)。哀牢山蕨类植物的 48 科中,世界分布的 9 科,占总科的 18.75%;热带性质的共 36 科,占 75%;温带和亚热带性质的 3 科,占 6.25%,这也反映出本地区蕨类植物区系为热带亚热带分布的性质,并有从亚热带向温带过渡的趋势。在哀牢山的 118 属蕨类植物区系中不存在典型的热带属,除世界分布的 22 属外,热带和亚热带地区分布的属共有 62 属,温带和亚热带地区分布的属共有 34 属(徐成东和陆树刚,2006)。

以哀牢山生态站建立的 20 hm² 森林动态样地为例,对样地内所有科的统计结果显示,样地内重要值最大的科为壳斗科,含有 3 个属 8 个种,共有 6321 个个体,其胸高断面积也最大;山茶科是样地内个体数最多的一个科,有 10466 个个体,其重要值仅次于壳斗科;重要值第三的科为樟科;蔷薇科是样地内物种最丰富的科,有 14 个种和 10 个属,重要值排名第四。重要值排名前 10 位的科包含了样地内近 92.5% 的个体数和 63.5% 的树种数(表 12.3)。

表 12.3　哀牢山中山湿性常绿阔叶林 20 hm² 样地重要值前 10 位的科

	科名	树种数 /个	属数 /个	个体数 /个	胸高断面积 /cm²	相对 多样性	相对 密度	相对 优势度	科重 要值
1	壳斗科（Fagaceae）	8	3	6321	7066975.19	7.92	14.31	57.94	80.18
2	山茶科（Theaceae）	7	6	10466	1508836.26	6.93	23.70	12.37	43.00
3	樟科（Lauraceae）	10	5	3833	682608.98	9.90	8.68	5.60	24.18
4	蔷薇科（Rosaceae）	14	10	2807	407326.40	13.86	6.36	3.34	23.56
5	山矾科（Symplocaceae）	5	1	7026	287828.73	4.95	15.91	2.36	23.22
6	越桔科（Vacciniaceae）	3	1	4861	528954.35	2.97	11.01	4.34	18.31
7	杜鹃花科（Ericaceae）	6	3	2501	495485.15	5.94	5.66	4.06	15.67
8	冬青科（Aquifoliaceae）	6	1	2059	445327.40	5.94	4.66	3.65	14.25
9	木兰科（Magnoliaceae）	3	2	913	217984.99	2.97	2.07	1.79	6.82
10	忍冬科（Caprifoliaceae）	4	1	84	4286.15	3.96	0.19	0.04	4.19
合计		66	33	40871	11645613.60	65.34	92.55	95.49	253.38

哀牢山中山湿性常绿阔叶林 20 hm² 样地内重要值≥1 的树种有 22 种, 这些树种的个体数和胸高断面积分别占样地总个体数和总胸高断面积的 84.6% 和 88.4%。重要值排名前三位的树种为蒙自连蕊茶、云南越桔和多花山矾, 均是小乔木层树种, 其胸高断面积仅占样地总胸高断面积的 6.9%（表 12.4）。胸高断面积大于 1 m²·hm⁻² 的树种有 11 个, 排名前四位的树种为硬壳柯（14.4 m²·hm⁻²）、木果柯（10.5 m²·hm⁻²）、变色锥（9.8 m²·hm⁻²）和南洋木荷（4.9 m²·hm⁻²）, 胸高断面积和占样地总胸高断面积的 65.1%。表明这四个树种在该群落中占据了绝对优势, 是该类森林的优势树种。尽管蒙自连蕊茶的重要值在样地内排第一, 但由于蒙自连蕊茶处于群落林冠下层, 多为小乔木, 数量多但平均胸径小（DBH 为 3.42 cm）, 远低于处于群落林冠上层的硬壳柯（DBH 为 16.81 cm）、木果柯（DBH 为 28.99 cm）、变色锥（DBH 为 20.28 cm）和南洋木荷（DBH 为 30.72 cm）等树种, 后者对群落环境的影响也远远大于前者。所以总体来看, 样地的森林群落类型是以硬壳柯、木果柯、变色锥和南洋木荷等壳斗科与山茶科植物为优势树种的亚热带中山湿性常绿阔叶林。

样地内 104 个物种中, 有 85 种有分枝现象, 占总数的 81.7%。分枝数最多的是云南越桔, 其次是蒙自连蕊茶和硬壳柯（表 12.5）。在重要值≥1 的物种中, 硬壳柯的分枝率（分枝率 = 分枝数 / 独立个体数）最高, 为 1.64, 其次是云南越桔和蒙自连蕊茶, 分别为 1.26 和 0.92。因此在重要值≥1 的物种中, 这三个种的分枝数和分枝率都处于前三位。77 种常绿阔叶树种的平均分枝率为 0.51, 而 23 种落叶阔叶树种的平均分枝率为 0.37。

在已知的 101 个木本植物中, 包括 77 个常绿阔叶树种、23 个落叶阔叶树种和 1 个常绿针叶树种。其中, 77 个常绿阔叶树种分别占总多度、总胸高断面积和总重要值的 96.2%、94.0% 和 94.7%; 23 个落叶阔叶树种分别占总多度、总胸高断面积和总重要值的 3.8%、6.0% 和 5.3%。独立个体数大于 1000 的全部为常绿阔叶树种（表 12.5）。

表 12.4　哀牢山中山湿性常绿阔叶林 20 hm² 样地重要值前 10 位的树种

种名	个体数 / 个	相对密度	相对频度	相对显著度	重要值
1　蒙自连蕊茶（*Camellia forrestii*）	6387	14.46	5.11	0.01	6.53
2　云南越桔（*Vaccinium duclouxii*）	4843	10.96	4.27	0.04	5.09
3　多花山矾（*Symplocos ramosissima*）	3000	6.79	4.14	0.01	3.65
4　硬壳柯（*Lithocarpus hancei*）	2558	5.79	4.58	0.24	3.53
5　变色锥（*Castanopsis rufescens*）	2008	4.55	4.87	0.16	3.19
6　南亚枇杷（*Eriobotrya bengalensis*）	2368	5.36	3.98	0.02	3.12
7　木果柯（*Lithocarpus xylocarpus*）	1540	3.49	4.58	0.17	2.75
8　山矾（*Symplocos sumuntia*）	1840	4.17	3.62	0.01	2.60
9　滇润楠（*Machilus yunnanensis*）	1236	2.80	4.48	0.02	2.43
10　丛花山矾（*Symplocos poilanei*）	1551	3.51	3.06	0.00	2.19
合计	44168	100	100	100	100

表 12.5　哀牢山中山湿性常绿阔叶林 20 hm² 样地内个体数大于 1000 的树种的丰富度及胸高断面积

种名	个体数 / 个	分枝数 / 个	平均胸径 /cm	胸高断面积 /m²
1　蒙自连蕊茶（*Camellia forrestii*）	6387	5847	3.42	15.95
2　云南越桔（*Vaccinium duclouxii*）	4843	6101	6.52	52.67
3　多花山矾（*Symplocos ramosissima*）	3000	272	4.41	15.37
4　硬壳柯（*Lithocarpus hancei*）	2558	4195	16.81	288.69
5　南亚枇杷（*Eriobotrya bengalensis*）	2368	229	9.40	27.27
6　变色锥（*Castanopsis rufescens*）	2008	1140	20.28	195.83
7　山矾（*Symplocos sumuntia*）	1840	452	4.26	9.46
8　丛花山矾（*Symplocos poilanei*）	1551	657	2.68	2.08
9　木果柯（*Lithocarpus xylocarpus*）	1540	777	28.99	210.85
10　云南枸（*Eurya yunnanensis*）	1446	737	3.53	3.33
11　滇润楠（*Machilus yunnanensis*）	1236	338	8.58	21.88
12　折柄茶（*Hartia sinensis*）	1118	249	13.26	29.95
合计	29895	20994	122.14	873.33

12.3.2　亚热带中山湿性常绿阔叶林的群落结构

　　哀牢山亚热带中山湿性常绿阔叶林的群落结构在物种组成上呈现乔木种类多、灌木种类少、层间植物丰富的特点。该群落的高度一般在 20 ~ 25 m,但在群落中也有高达 30 m 的大树。相对而言,海拔较低的地段上群落高度高一些,而在小山头上部,海拔较高的地段,群落高度就低一些。该群落在垂直结构上,分乔木上层、乔木亚层、灌木层及草本层。乔木上层盖度大而均匀,以木果柯(*Lithocarpus xylocarpus*)、硬壳柯(*Lithocarpus hancei*)、变色锥(*Castanopsis rufescens*)为上层优势种,优势度明显,各优势种种群的年龄组成处于稳定状态;乔木亚层种类多,但无明显优势种;灌木层主要由禾本科(Gramineae)的箭竹(盖度达 75% 左右)组成显著层片、是该常绿阔叶林的重要特色。草本层种类及盖度变化都较大,主要以瘤足蕨科(Plagiogyriaceae)的滇西瘤足蕨(*Plagiogyria communis*),鳞毛蕨科(Dryopteridaceae)的四回毛枝蕨(*Leptorumohra quadripinnata*),莎草科(Cyperaceae)的长柱头薹草(*Carex teinogyna*)为标志构成。在水平结构上对该群落的恒存度和频度进行分析,均反映出该群落水平结构均匀一致。此外,该群落还有簇生现象及群落结构随地形起伏而变化的特征(钱洪强,1983)。

12.3.3　亚热带中山湿性常绿阔叶林的演替趋势

　　通过对湿性常绿阔叶林的演替过程进行研究,了解次生演替的发展趋势和动态规律,能够为森林植被的恢复、保护、发展和生态环境的建设提供理论支持和科学依据。哀牢山中山湿性常绿阔叶林受到人为干扰、破坏后形成的次生植被有云南松次生林、滇南山杨次生林、栎类萌生矮林、尼泊尔桤木次生林、毛蕨灌丛和厚皮香灌丛共 6 个类型。由于哀牢山中山湿性常绿阔叶林被人类破坏的方式、程度、时间以及水湿条件的差异,形成了不同的次生类型,由此产生了不同的演替系列(图 12.9)。

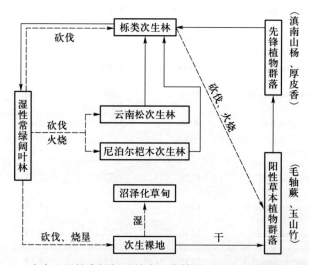

图 12.9　哀牢山湿性常绿阔叶林次生演替系列示意图(邱学忠,1998)

　　火烧后的演替系列:哀牢山湿性常绿阔叶林经砍伐、焚烧、放牧和开垦等人为破坏后,原有的森林植被遭到破坏,取而代之的是各种次生群落。由于水湿条件的差异,在长期积水的地方,难以恢复到森林群落阶段,形成了逆行演替,相反,在坡地上经过较长时间的演替后,向当地的顶极群落方向——湿性常绿阔叶林发展。

砍伐后的演替系列:常绿阔叶林经择伐或皆伐后,由于林地生境未遭到彻底破坏,尤其是伐桩根系依然完好,通过萌生大量的株干而恢复生机。幼林生长异常繁茂,林下草本植物稀少。主要种类为硬壳柯、木果柯和南烛等。灌木以山矾、珍珠花和山柳等种类最为常见;草本层中最常见有毛轴蕨、紫茎泽兰、麦冬、天门冬、长柱头薹草和紫花沿阶草等,但盖度及多度均很小,显然是萌生更新的幼林阶段,只要不再被反复破坏,经过多年的恢复和繁衍,较易发展为常绿阔叶林。

综上,哀牢山湿性常绿阔叶林在被砍伐、火烧后形成的次生植被,无论是何种系列,只要不再经反复的砍伐、火烧和放牧等破坏,将向稳定性的群落发展,在进行人工造林时,营造在物种上高度多样性、与当地立地条件相适应的混交林,也可部分采用人工抚育天然林来达到恢复森林的目的。

12.3.4 亚热带中山湿性常绿阔叶林凋落物动态

森林凋落物是森林生态系统内由生物组分产生,然后归还到林地表面的所有有机物质的总称。森林凋落物在促进森林生态系统正常的物质循环和养分平衡,维持生态系统功能中具有重要作用,在物种更新及可持续发展、养分转移、水分存贮及系统中物种多样性的保育等方面起着无可替代的作用。根据刘文耀等(1995)关于哀牢山亚热带中山湿性常绿阔叶林凋落物动态方面的研究,1991—1993年连续3年的观测结果表明,哀牢山徐家坝地区中山湿性常绿阔叶林年平均凋落物量为 6.77 t·hm^{-2},年变幅为 5.24~8.06 t·hm^{-2},变异系数为 21.0%。其中以落叶、落枝的年变幅较大,分别为 3.56~5.77 t·hm^{-2} 和 0.83~1.33 t·hm^{-2},变异系数分别达 23.5% 和 22.8%。在凋落物组成上,叶、枝分别占凋落物总量的 70.18% 和 16.17%,花果组分占 12.07%,其中落果量较多,其他杂物仅占 1.58%。中山湿性常绿阔叶林在一年中有两个凋落高峰,第一高峰发生在干季的 4—5 月,其凋落物量占年总量的 28.3%;另一高峰则出现于初冬时的 10—11 月,凋落物量占年总量的 25.7%。叶和枝的凋落物量变化与总量基本一致,并决定了总凋落物量的年变化。花凋落主要发生在 2—5 月,果凋落集中于 5—10 月。邓纯章等(1993)对哀牢山原生常绿阔叶林的凋落物动态研究表明,凋落物量最高峰出现在 5—6 月初。杞金华等(2013)的研究发现 2009 年底至 2010 年初西南特大干旱使哀牢山常绿阔叶林森林凋落物组分叶的旱季凋落物量增加。

通过分析哀牢山生态站 1 hm^2 永久监测样地 2005—2014 年的凋落物回收量季节动态月平均数据变化趋势发现,在凋落物各组分中,枯枝干重月变化趋势不明显,在数量上变化也比较均匀。枯叶干重、花果干重、树皮干重、附生干重和杂物干重与总干重的月变化趋势一致,在一年中都出现了两个凋落高峰,第一个高峰发生在干季的 4 月,其凋落物量占年总量的 17.2%;另一个小高峰则出现于初冬时的 11 月,凋落物量占年总量的 8.4%(图 12.10)。

通过分析哀牢山生态站 1 hm^2 永久监测样地 2005—2014 年的凋落物现存量的变化趋势发现(图 12.11),凋落物总量在十年间变化不显著,但与枯枝干重和枯叶干重呈正相关。十年间枯枝凋落物现存量也无显著差异。枯叶干重在 2010 年比前面的年份多一些,这与中国西南地区 2009 年底至 2010 年初的特大干旱有关系。枯叶干重从 2011—2014 年逐年增多,这也可能与之前的干旱有关,但具体原因有待进一步研究。花果干重在 2005 年、2009 年和 2014 年较大,这与该区域优势树种壳斗科的物候有关,这些树种的物候有大小年之分。

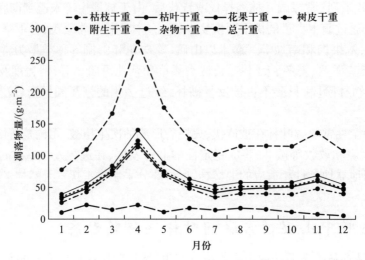

图 12.10 哀牢山生态站 1 hm² 永久监测样地 2005—2014 年凋落物季节动态月平均值变化趋势

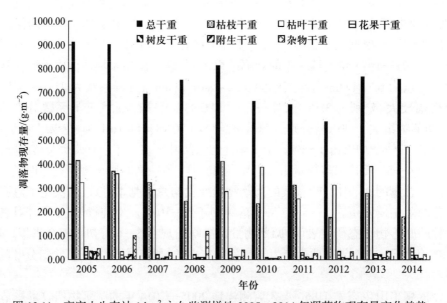

图 12.11 哀牢山生态站 1 hm² 永久监测样地 2005—2014 年凋落物现存量变化趋势

12.3.5 亚热带中山湿性常绿阔叶林土壤微生物生物量动态

地上与地下生物间的物质与能量循环是维持森林生态系统的重要生态过程,土壤微生物是维持这一过程最重要的组分,其生物量 C 和 N 的变化是指示土壤微生物参与生态过程的重要指标。2015 年不同季节对哀牢山 5 种不同森林生态系统土壤微生物生物量 C 和 N 的测定,结果显示,原生中山湿性常绿阔叶林有最高的土壤微生物生物量 C 和 N,而人工茶园最低,其中演替后期的滇南山杨次生林与原生中山湿性常绿阔叶林最为接近,并且各样地在雨季生物生长旺季呈现最高(图 12.12)。

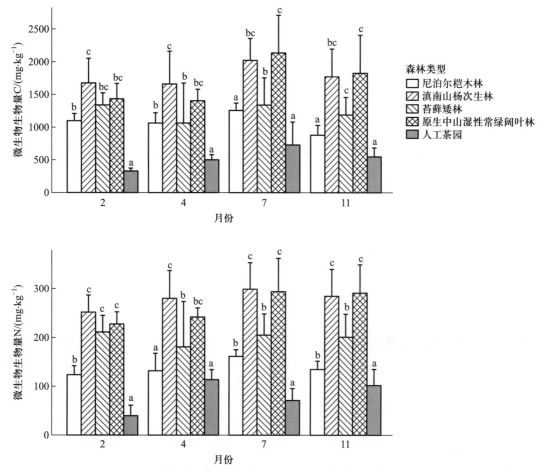

图 12.12　哀牢山不同植被类型土壤微生物生物量季节变化

注：不同小写字母表示相同月份、不同林地间的显著性差异。

采用去除地上凋落物、切根和环割树木韧皮部的处理研究了环境因素、地上和地下碳输入对哀牢山中山湿性常绿阔叶林土壤微生物 C 的影响。结果表明，腐殖质层的微生物 C 并没有随着土壤温度和含水量的季节变化而变化；矿质土层微生物 C 却持续下降，并且随着土壤温度和含水量变化而变化。去除地上凋落物使得未环割样地里矿质土层的微生物 C 减少了 19%，而使得环割样地里的微生物 C 仅减少了 4.0%。腐殖质层的微生物生物量 C 受到切根、环割以及它们相互作用的影响，但矿质土层的微生物 C 并没有受到显著的影响。在对照样地中，矿质土层的微生物 C 与一个月后的凋落物量显著相关，而切根或环割样地中则均未出现显著的相关性。由此表明哀牢山中山湿性常绿阔叶林土壤矿质层的土壤微生物 C 的季节性变化取决于林冠光合作用产物由树干向下转运到土壤的地下碳输入，而非地上新鲜凋落物输入。此外，树木环割后腐殖质层中的线虫密度明显减少，其他各类线虫数量密度，如食细菌类、植食类和杂食、捕食类在对照和环割处理样地间无显著差异，也表明了不同营养类群线虫对地下 C 输入变化的响应特点。

12.3.6　亚热带中山湿性常绿阔叶林土壤动物群落结构及动态

在哀牢山徐家坝地区分布于海拔 2200~2600 m 的原生中山湿性常绿阔叶林、滇南山杨次生林和海拔 2600 m 以上的山顶原生性苔藓矮林,通过对林地森林凋落物和土壤节肢动物群落的调查,我们从林地地表凋落物层和腐殖质层中共获取土壤节肢动物 40059 头,隶属于 6 纲 22 个类群(目)。苔藓矮林类群数最多(22 类),常绿阔叶林次之(21 类),滇南山杨林最少(20 类)。土壤节肢动物群落优势类群均为蜱螨目和弹尾目,二者占群落总数的 90% 以上,构成所调查哀牢山 3 类亚热带森林凋落物层土壤节肢动物群落的主体,并且蜱螨目绝对数量和相对多度远高于弹尾目,其优势度最为显著。双翅目幼虫、鞘翅目和膜翅目蚁类在中山湿性常绿阔叶林中为常见类群,而苔藓矮林中以双翅目幼虫、鞘翅目和同翅目为常见类群,滇南山杨次生林中鞘翅目和双翅目幼虫较为常见,其余类群在 3 林地仅为稀有类群。3 林地凋落物层土壤节肢动物群落相似性系数(S)在 0.927~0.977,表明其群落结构极为相似,并以苔藓矮林和常绿阔叶林的相似性程度最高(0.977)。

凋落物层、腐殖质层土壤节肢动物群落总体及优势类群蜱螨目和弹尾目的密度和相对密度在 3 林地都表现为干季(4 月和 12 月)高于雨季(6 月),其中蜱螨目密度表现为 12 月 > 4 月 >6 月,弹尾目则表现为 4 月 >12 月 >6 月(图 12.13)。同一土壤节肢动物类群在不同林地的相对多度有所差异,如蜱螨目在三林地的相对多度表现为滇南山杨次生林 > 常绿阔叶林 > 苔藓矮林,弹尾目则为苔藓矮林 > 滇南山杨次生林 > 常绿阔叶林。膜翅目蚁类在常绿阔叶林中分布相对较多,而在其他两类林地中则较少;同翅目在苔藓矮林具有较高的相对多度。

凋落物层土壤节肢动物群落总体及优势类群蜱螨目和弹尾目密度(个·m^{-2})分布没有林地间的显著差异,但常见类群双翅目幼虫和膜翅目蚁类密度以中山湿性常绿阔叶林最高,鞘翅目和同翅目则在苔藓矮林中最高。土壤节肢动物相对密度是反映单位质量凋落物中土壤动物个体数的指标。常绿阔叶林和滇南山杨次生林凋落物中土壤节肢动物相对密度显著高于苔藓矮林($F_{2,87}$=5.703,P=0.005)。优势类群蜱螨目和弹尾目、常见类群双翅目幼虫和膜翅目蚁类的相对密度在三林地排列次序为常绿阔叶林 > 滇南山杨次生林 > 苔藓矮林(图 12.13)。

林地凋落物层土壤节肢动物群落各多样性指数无显著差异,总体上呈现为苔藓矮林和常绿阔叶林略高于滇南山杨次生林。不同林地凋落物层土壤节肢动物群落多样性和均匀度指数的季节变化有所不同,表现出干季 12 月最低,雨季 6 月最高(表 12.6)。

土壤动物类群数及数量密度在不同海拔梯度上的分布有极显著性差异(类群数:F=10.557,P<0.001;密度:F=3.596,P=0.015)。土壤动物类群数随海拔梯度上升而下降,群落总体数量分布沿海拔梯度呈先降低后增加的趋势,其中 2400 m 海拔生境中的动物数量显著少于 2000 m 海拔,而 2600 m 海拔的土壤动物个体数最高。形成这一格局的主要原因是由于优势类群蜱螨目和弹尾目数量在 2600 m 海拔分布极高所致(表 12.7)。此外,各海拔梯度生境中凋落物层土壤动物数量高于腐殖质层。沿海拔梯度的上升,腐殖质层中土壤动物数量的变化幅度较小,而凋落物层中土壤动物数量呈现先减少后增加的变化趋势,以海拔 2400 m 生境中土壤动物数量最低,2000 m 和 2600 m 的最多(图 12.14)。

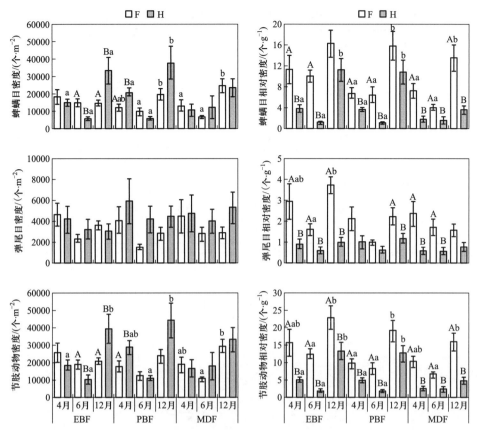

图 12.13 哀牢山不同植被类型土壤节肢动物和优势类群密度的垂直分布（mean ± SE, n=10）（杨赵和杨效东, 2011）

注：EBF, 常绿阔叶林; MDF, 苔藓矮林; PBF, 滇南山杨次生林; F, 凋落物层; H, 腐殖质层。不同大写字母表示同一林地内不同层次间差异显著, 不同小写字母表示同一层次不同月份间差异显著, P<0.05, 没有显著差异未作标注。

表 12.6 林地凋落物土壤节肢动物群落多样性指数和均匀度指数

指数	月份	湿性常绿阔叶林	山顶苔藓矮林	滇山杨次生林
类群数	4	20	21	18
	6	17	19	17
	12	18	19	19
	总计	21	22	20
多样性指数	4	0.950 ± 0.042Aa	0.864 ± 0.024Aab	0.806 ± 0.053ABb
	6	0.902 ± 0.061Aa	1.031 ± 0.080Ba	0.909 ± 0.063Aa
	12	0.837 ± 0.224Aa	0.847 ± 0.140Aa	0.652 ± 0.273Ba
均匀度指数	4	0.406 ± 0.022Aa	0.417 ± 0.027ABa	0.340 ± 0.017ABb
	6	0.410 ± 0.021Aa	0.462 ± 0.036Aa	0.409 ± 0.023Aa
	12	0.353 ± 0.111Aa	0.339 ± 0.051Ba	0.286 ± 0.125Ba

注：引自杨赵和杨效东, 2011。

表 12.7　哀牢山中山湿性常绿阔叶林不同海拔梯度土壤动物群落多样性比较

季节	海拔/m	类群数/目	密度/(个·m⁻²)	C	H	J	E
雨季	2000	25	2075	0.74	1.75	0.54	3.14
	2200	20	2373	0.74	1.75	0.59	2.44
	2400	19	2880	0.71	1.58	0.54	2.26
	2600	21	6393	0.59	1.17	0.39	2.28
干季	2000	27	5532	0.70	1.65	0.50	3.02
	2200	20	2227	0.69	1.61	0.54	2.46
	2400	16	851	0.82	1.94	0.70	2.22
	2600	17	2993	0.65	1.48	0.52	2.00

注：E，Margalef 丰富度指数；C，Simpson 优势度指数；H，Shannon–Weiner 多样性指数；J，Pielou 均匀度指数（秦海浪和杨效东，2014）。

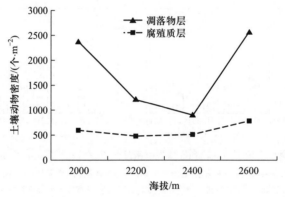

图 12.14　哀牢山常绿阔叶林地表凋落物层和腐殖质层土壤动物密度沿海拔梯度的变化
（秦海浪和杨效东，2014）

　　此外不同类群在海拔梯度上的密度明显不同：蜱螨目密度在海拔 2000 m 和 2600 m 生境显著高于海拔 2200 m 和 2400 m 生境；弹尾目在海拔 2600 m 生境的密度最高，海拔 2200 m 生境最低；双翅目密度则呈现出 2000 m 海拔生境高于其他三个海拔梯度，并与 2600 m 生境有显著差异；鞘翅目密度在海拔 2400 m 生境显著低于其他三个海拔生境；啮虫目密度在海拔 2200 m 生境分布最少，并显著低于海拔 2000 m 和 2600 m 生境；膜翅目密度在海拔 2200 m 生境显著高于海拔 2400 m 生境（图 12.15）。

12.3.7　亚热带中山湿性常绿阔叶林的生产力

　　以哀牢山地区群落样方调查数据为基准，乔木层和灌木层物种多样性沿海拔梯度呈单峰型分布格局，中山湿性常绿阔叶林乔木层树高、胸径和物种多样性最大；灌木层物种多样性最大值出现在中山湿性常绿阔叶林与季风常绿阔叶林和半湿性常绿阔叶林的过渡区域；草本层物种多样性沿海拔梯度呈整体减小的趋势；累加乔、灌、草三层的物种多样性指数，哀牢山地区东、西坡不同海拔梯度植物群落的 Shannon–Wiener 指数和物种丰富度最大值出现在海拔 2000 m 左右。

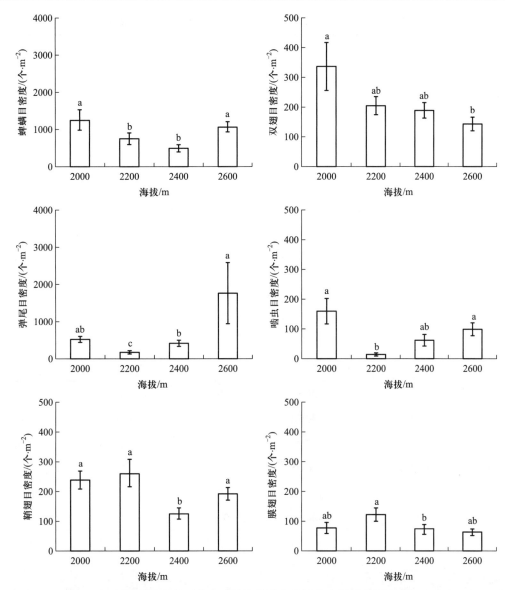

图 12.15　不同类群土壤动物密度沿海拔梯度的变化（秦海浪和杨效东，2014）

注：$n=45$，不同小写字母表示差异显著，$P<0.05$。

相同海拔高度处，西坡植物群落的物种多样性高于东坡，季风常绿阔叶林的物种多样性大于半湿性常绿阔叶林，干热河谷植被的物种多样性最小。群落间相似性沿海拔梯度呈"S"形分布格局，存在两个明显的转换点，其中一个出现在由季风常绿阔叶林或半湿性常绿阔叶林向中山湿性常绿阔叶林转换的过程中，另一个出现在由干热河谷植被向半湿性常绿阔叶林的转换过程中。

为了较全面地了解和掌握哀牢山亚热带常绿阔叶林的生物量动态，根据收获样本的数据建立起的乔木层生物量回归模型，结果表明植株各部分的生物量（W）与胸径的平方（D^2）和树高（H）的乘积呈函数相关，用最小二乘法原理求出各个参量，然后再推算出各树种生物量及林分总生物量（表 12.8 和表 12.9）。

表 12.8 哀牢山常绿阔叶林主要树种密度及地上部分生物量

主要树种	密度 /(株数·hm⁻²)	棵树占总棵树比例 /%	平均胸径 /cm	平均树高 /m	单株最高生物量 /(t·hm⁻²)	生物量 /(t·hm⁻²)	每种生物量占总生物量比例 /%
木果柯	140	16.3	30.6	21.3	2.03	104.24	30.20
硬壳柯	20	2.3	17.1	15.0	0.06	1.17	0.34
变色锥	140	16.3	27.3	16.5	1.64	82.39	23.86
绿叶润楠	200	23.3	28.0	17.3	0.63	87.48	25.34
红色木莲	100	11.6	19.2	16.2	0.43	17.72	5.13
南洋木荷	200	23.3	25.1	18.0	0.22	22.08	6.40
其他	60	7.0	27.0	17.8	0.98	30.13	8.73
合计	860	100				345.21	100

表 12.9 哀牢山常绿阔叶林两个样地生物量组成及其分配

层次		1 号样地		2 号样地	
		生物量 /(t·hm⁻²)	%	生物量 /(t·hm⁻²)	%
乔木层	茎	307.34	60.43	162.24	55.33
	枝	30.74	6.04	11.77	4.01
	叶	7.08	1.39	5.46	1.86
	叶虫食量	0.05	0.01	0.09	0.03
	根	149.45	29.39	63.73	21.74
	合计	494.66	97.26	243.29	82.97
灌木层	茎	4.98	0.98	22.32	7.61
	枝	0.55	0.11	5.09	1.74
	叶	0.79	0.16	1.83	0.62
	根	1.07	0.21	9.11	3.11
	合计	7.39	1.46	38.35	13.08
草本层	茎	0.33	0.06	0.58	0.20
	叶	0.33	0.06	0.61	0.21
	根	0.48	0.09	2.34	0.80
	合计	1.14	0.22	3.53	1.21
年凋落量		5.38	1.06	7.78	2.74
总计		508.57	100.00	293.04	100.00

　　从表12.8可看出,本群落3个建群种(木果柯、硬壳柯、变色锥)无论林分处在哪一级发育阶段,它们的总密度在各自林分中均不超过40%,但其地上部分生物量却都在50%以上,分别占54.4%和62.3%,足以说明它们在群落中所处的地位。又从两个林分生物量情况分析,可看出虽然已发展到相对稳定的顶极阶段的同类型林分,其乔木层生物量仍会出现成倍的差异,显然是与不同发育阶段形成的树种组成比例、林木密度及树龄结构等方面有着密切的关系。

　　哀牢山中山湿性常绿阔叶林乔木层占有生物量的大部分。由于森林发育阶段不同而造成乔木生物量茎枝比的差异,1、2号样地各为10∶1和14∶1,说明成熟林乔木天然整枝更为彻底,在高大的树干上着生的侧枝更接近树梢,枝条的现存量相应减少。2号样地由于一些老树死亡,或因一些老枝条被历年风折、雪断造成大小不一的林窗,使原来已形成连续的林冠层变得不那么连续,为众多的幼树、灌木(特别是箭竹)和草本植物繁茂生长创造了机会,故灌木层和草本层这两个层次的生物量比1号样地高出数倍。凋落物量2号样地也比1号样地高,主要是有较大枯枝量的缘故,还要指出的是凋落物的测定是用回收器接收,没有设置回收样地,往往不能获得凋落的大枯枝量,实际上还是一个偏低值。

12.4　亚热带中山湿性常绿阔叶林生态系统对极端气候事件的响应

12.4.1　亚热带中山湿性常绿阔叶林生态系统对极端干旱的响应

　　干旱是影响生态系统初级生产力和碳汇功能的重要环境因子,也是最主要气象灾害之一。在2009年底至2010年初,我国西南地区遭遇百年一遇的特大干旱,耕地受旱面积达633万 hm^2,使该地区的不少森林生态系统、农业生态系统以及河流和湖泊生态系统受到了较为严重的影响,出现了作物干枯、河道断流等现象,这次事件也被定义为百年一遇的重大干旱事件(Stone, 2010;臧文斌等,2010)。长期的气象观测数据表明位于云南中部的哀牢山中山湿性常绿阔叶林在2009—2010年旱季的降水量为有观测以来的最低。此外2010年初的土壤(特别是浅层土)水分状况和正常年份相比也要差不少,而大气VPD和正常年份相比不管是日平均值还是达到的极值都要高,且2010年旱季有更多的时间维持在高VPD状况。表明哀牢山常绿阔叶林受到了这次地区性降水稀缺事件的一定影响。降水量、土壤平均质量含水量和相对湿度的变化趋势较为一致。2010年旱季是有观测以来降水量最少的,且低降水量的持续时间最长,2010年2月相对湿度也达到有观测以来最低,土壤平均质量含水量则在3—5月达到有观测以来的最低点(图12.16)。

　　2010年旱季,中山湿性常绿阔叶林和毛轴蕨-玉山竹群丛不同层次的土壤水势在3月出现最低值,而4月50 cm以上土层土壤水势有所升高,50 cm以下土层变化不大(图12.17)。表层土在最旱月土壤水势分别为-0.8 MPa(毛轴蕨-玉山竹群丛)和-0.7 MPa(常绿阔叶林)。在1月和2月,常绿阔叶林不同层次的土壤水势均高于毛轴蕨-玉山竹群丛的相应层次。而在

3 月，前者除 0~10 cm 土层土壤水势和后者无差异之外，其他层次土壤水势远高于后者。在土壤水势最低的 3 月，常绿阔叶林在 10~30 cm 及以下各层的土壤水势均不低于 –0.5 MPa，而毛轴蕨 – 玉山竹群丛在 10~50 cm 各层土壤水势在 –0.8 MPa 左右，在 50 cm 以下的各土层其土壤水势均不低于 –0.6 MPa。

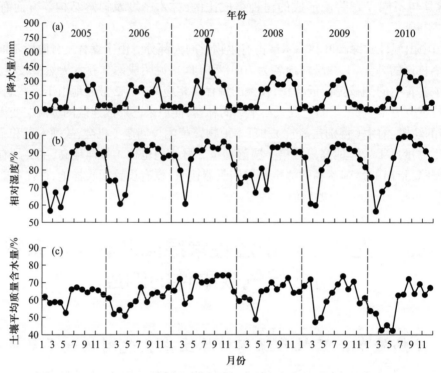

图 12.16　哀牢山中山湿性常绿阔叶林降水量、相对湿度和土壤平均质量
含水量的月动态变化（2005—2010 年）

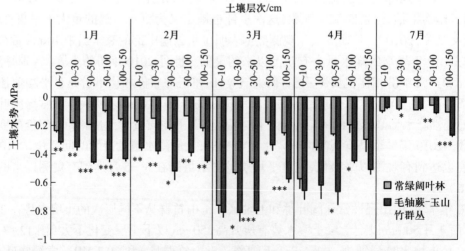

图 12.17　哀牢山 2010 年旱季（1—4 月）和 2011 年雨季（7 月）不同层次的土壤水势

注：平均值 – 标准误，星号表示两种植被类型间差异显著（*，$P<0.05$；**，$P<0.01$；***，$P<0.001$）。

哀牢山常绿阔叶林部分树种在 2009 年底至 2010 年初的西南干旱中表现出比正常年份更缺水，但是并没有达到遭受水分胁迫的程度。在 2010 年旱季，常绿阔叶林 5 个主要树种的叶片凌晨水势介于 –0.2～–0.4 MPa，叶片（凌晨）最大光系统 II 光化学效率介于 0.80～0.84（表 12.10）。

表 12.10　哀牢山常绿阔叶林主要常绿树种 2010 年旱季的叶片凌晨水势和最大光系统 II 光化学效率

	硬壳柯	南洋木荷	红色木莲	大花八角	折柄茶
凌晨水势 /MPa	-0.33 ± 0.06	-0.21 ± 0.03	-0.24 ± 0.05	-0.37 ± 0.04	-0.37 ± 0.05
凌晨最大光系统 II 光化学效率	0.83 ± 0.01	0.80 ± 0.02	0.83 ± 0.01	0.84 ± 0.01	0.80 ± 0.01

主要树种的最大光合能力在 2010 年初旱季和正常年份同期相比并没有显著下降，也表明该降水缺乏事件并没有对这些树种造成干旱胁迫（图 12.18）。哀牢山常绿阔叶林主要树种在 2010 年初地区性降水事件中叶片光合能力也未受到影响，不过不同的水分条件还是影响了其光合水分关系和碳积累。2010 年旱季相较于往年叶片气孔导度的下降，以及光合能力的相对不变，使得叶片水分利用效率显著升高。在中午能维持较好枝条水分状况的树种就能在中午保持较高的气孔导度和光合作用速率。另一方面，树木中午的气孔导度和枝条而非叶片水分状况相关也表明了日间气孔调节可能是为了保护枝条而非叶片的水分运输系统。该研究还进一步揭示了树木在日间保持好的枝条水分状况的能力和其水分储存和运输能力都相关。

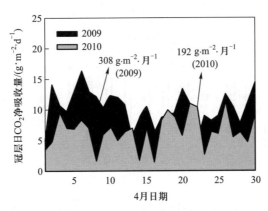

图 12.18　哀牢山常绿阔叶林 2009 年和 2010 年 4 月冠层日 CO_2 净吸收量

哀牢山常绿阔叶林 2010 年总幼苗和丰富度较高的 5 种乔木幼苗死亡率均显著高于往年（$P<0.05$），是 2009 年的 2～10 倍。2008 年总幼苗、黄心树、多花山矾的幼苗死亡率显著低于 2010 年（$P<0.05$）但显著高于其他各年（$P<0.05$）。各树种间，多花山矾幼苗在 2010 年死亡率最高，黄心树次之，大花八角的死亡率最低，多花山矾和黄心树的死亡率显著高于其他三个物种（$P<0.05$；图 12.19）。

年凋落物总量在 2005—2010 年无显著差异（$P>0.05$；图 12.20）。2010 年的叶凋落量为有观测以来最高，但差异并不显著。各年间年枝凋落量也无显著差异。2010 年的年附生苔藓凋落量为历年来最低，2009 年和 2010 年附生苔藓与 2005 年相比凋落量显著降低。2009 年底至 2010 年初旱季凋落物总量为有观测以来最高，但各年间的差异并不显著（$P>0.05$）。各年间旱季枝凋落量无显著差异，而旱季叶凋落量各年间差异显著（$P<0.05$），2005—2006 年和

2009—2010 年旱季叶凋落量明显较大（即落叶较多）。2009—2010 年旱季叶凋落量为历年来最高（3.11 t·hm^{-2}），且比一般年份平均值（2.30 t·hm^{-2}；不包含 2005—2006 年旱季）高 0.81 t·hm^{-2}。2004—2005 年与 2008—2009 年和 2009—2010 年相比，前者旱季附生苔藓凋落量较大；2006—2007 年与 2008—2009 年相比，也是前者的旱季附生苔藓凋落量大于后者（图 12.20）。

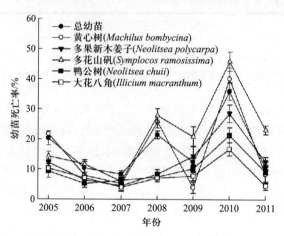

图 12.19　哀牢山常绿阔叶林 2005—2011 年总幼苗和 5 种乔木幼苗死亡率年际变化

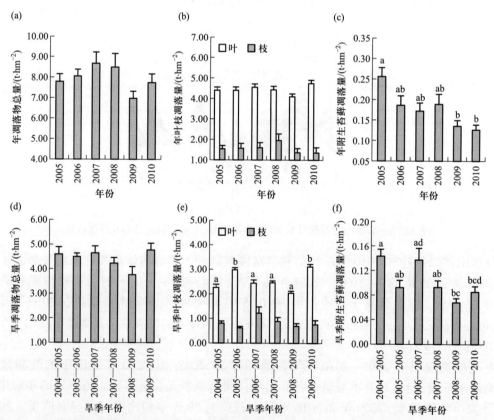

图 12.20　哀牢山常绿阔叶林年和旱季凋落物总量、叶枝凋落量和附生苔藓凋落量的年际动态

注：平均值 ± 标准误，同一图中含有相同小写字母的，表示差异不显著（$P>0.05$）；含有不同小写字母的，表示差异显著（$P<0.05$）。

2010年旱季(最旱月4月)乔木层和灌木层叶面积指数同2005年同期(4月)相比无显著差异(图12.21)。而2010年旱季草本层叶面积指数则极显著地低于2005年同期($P<0.01$)。2009年底至2010年初西南特大干旱使哀牢山常绿阔叶林森林凋落物组分叶的旱季凋落量增大,但是这还不足以影响乔灌木层的叶面积指数。附生苔藓对环境变化反应比较灵敏,2009—2010年旱季自有观测以来最低的空气相对湿度和降水使得附生苔藓的生长和凋落量也为有观测以来最低。尽管林冠所受影响较小,但是表层土壤较低的含水量使林下草本层叶面积指数在旱季大大低于往年。

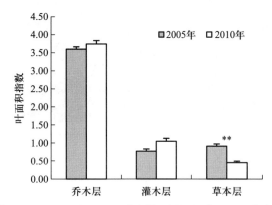

图12.21　2010年最旱月(4月)和2005年同期乔木层、灌木层和草本层的叶面积指数
注:平均值 + 标准误,星号代表差异显著。

综上所述,2010年初旱季哀牢山中山湿性常绿阔叶林的空气和土壤水分状况为有观测以来最差,而之前的研究表明哀牢山常绿阔叶林主要树种却并未遭遇干旱胁迫(杞金华等,2012)。尽管未达到干旱胁迫的程度,比往年更差的水分状况还是使其林冠和凋落物量受到一定影响,2009—2010年旱季凋落物总量和旱季叶凋落量都是有观测以来最高。草本层叶面积指数也显著低于往年(杞金华等,2013),而同草本层一致,林下幼苗也受到了这次干旱事件的较大影响,2010年的西南干旱使林下幼苗死亡率急剧上升,但是不同树种的幼苗表现存在很大差异。地区性干旱虽对哀牢山原生常绿阔叶林树木的影响较小(杞金华等,2012),但可能会通过影响幼苗的死亡率和动态来影响整个森林的更新、演替和组成。

12.4.2　亚热带中山湿性常绿阔叶林生态系统对极端降雪事件的响应

2015年1月哀牢山地区发生严重雪灾,曾经郁闭的林冠破损严重,林下光环境显著改变,哀牢山20 hm²样地开展实验的过程中监测到林下出现了大量入侵植物紫茎泽兰(*Ageratina adenophora*)的幼苗。研究结果表明,在20 hm²样地中,紫茎泽兰的密度和林冠开放程度显著正相关(图12.22)。室内萌发实验也表明,紫茎泽兰的萌发数量和遮光程度显著负相关,说明光照条件是紫茎泽兰入侵的重要因素。林冠的开放促进了紫茎泽兰入侵森林生态系统的过程。空间分析表明,紫茎泽兰的密度呈现显著的空间自相关,说明紫茎泽兰在林内存在一定的扩散限制。之前的研究表明,异质性成分物种(指森林生态系统的外来成分,它们不是这个生态系统的正常组成成分,是来自这个生态系统之外的物种成分,其实际上包括了地理尺度上和生态系统尺度上的外来种)的入侵过程往往先进入其入侵对象的土壤种子库,当外部条件适宜时(例如干扰事件)萌发成幼苗,然后再完成其生活史并扩大其种群。森林群落中,虽然地上植被没有明显变化,但其土壤种子库结构已发生变化,大量外来成分进入当地土壤种子库中。

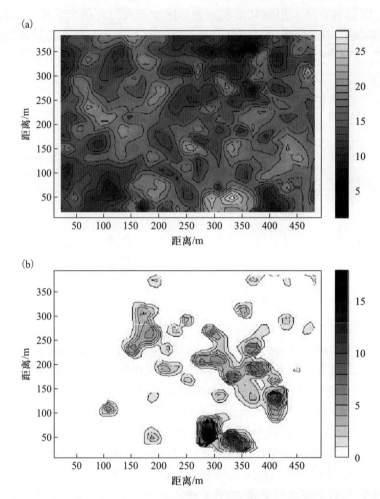

图 12.22　哀牢山雪灾后的林冠开放情况(a)和紫茎泽兰在样地内的分布格局(b)(Song et al., 2017b)

　　之前的研究表明,哀牢山亚热带常绿阔叶林是一个老龄林,具有强大的碳汇能力。2015 年初,哀牢山亚热带常绿阔叶林遭遇了自 1997 年哀牢山生态站有降雪数据以来最强的一次降雪(积雪厚度达 50 cm),森林冠层遭受了严重破坏。利用 2011—2016 年哀牢山亚热带森林碳通量连续观测数据,定量分析了雪灾前后哀牢山亚热带森林的固碳能力变化。与正常年份平均值相比(2011—2014 年),雪灾后,2015 年哀牢山亚热带常绿阔叶林总初级生产力(GPP)下降了 829 g C·m^{-2}·年$^{-1}$,生态系统呼吸下降了 285 g C·m^{-2}·年$^{-1}$,其综合效应是净生态系统 CO_2 交换量(NEE)即固碳量下降了 544 g C·m^{-2}·年$^{-1}$。生态系统固碳量比正常年份平均值下降了 76%。2016 年,NEE 已达到 374 g C·m^{-2}·年$^{-1}$,即生态系统固碳能力恢复到较强水平(图 12.23)。

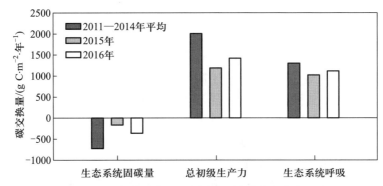

图 12.23 哀牢山 2015 年降雪前后生态系统固碳能力变化（Song et al., 2017a）

12.5 亚热带中山湿性常绿阔叶林附生植物多样性及其对全球变化的响应

12.5.1 亚热带中山湿性常绿阔叶林附生植物多样性

附生植物是指生活于植物活体或残体之上、但并不从宿主内部掠夺营养与水分的特殊生物类群，主要包括种子植物、蕨类、苔藓、地衣、藻类和真菌等，广泛分布于各类森林生态系统特别是亚热带和热带森林中，在群落结构复杂性提升、生物多样性维系、水分和营养循环以及环境监测等方面发挥着十分重要的作用。

哀牢山地区温凉湿润的气候条件使得该区的湿性常绿阔叶林中孕育着极其丰富的附生植物。通过多年研究积累、资料收集以及物种鉴定，目前已记录到附生植物 755 种，包括种子植物 143 种（包括亚种和亚型，下同），蕨类 121 种，苔藓 251 种，地衣 240 种。其中，仅以附生维管植物为例，本地区附生系数（即附生维管植物物种数占维管植物总种数的比例）约为 10.8%，接近邻近的西双版纳地区（11%），但高于世界平均附生系数（9%）。然而，由于附生生境的特殊性，本地区附生植物物种名录尚不完全，特别是大量地衣未知种尚有待鉴定，而种子植物也频频有新种和新分布种被记录。

12.5.2 亚热带中山湿性常绿阔叶林附生植物空间分布特征

哀牢山地区分布着木果柯林和山顶苔藓矮林两种原生群落以及由木果柯林遭受破坏后经次生演替产生的老龄栎类次生林、中龄栎类次生林、滇南山杨次生林、尼泊尔桤木林、云南松林以及厚皮香林。在水平尺度上，不同森林群落中的附生植物物种组成常发生显著改变，而不同附生类群的变化趋势也有明显差异。

附生种子植物的所有物种几乎都仅出现于木果柯林中，苔藓矮林中仅有极少数附生种子植物如毛唇独蒜兰（*Pleione hookeriana*）出现，而在各类次生林中罕见分布。附生蕨类同样多生长于木果柯林中，苔藓矮林则仅有二色瓦韦、棕鳞瓦韦、长柄蕗蕨（*Hymenophyllum polyanthos*）、大果假瘤蕨（*Phymatopteris griffithiana*）等少数物种分布，而次生林中则主要有二色瓦韦、棕鳞瓦韦和汇生瓦韦等分布。

附生苔藓广泛分布于各类森林群落中,木果柯林(118 种)和苔藓矮林(89 种)中附生苔藓植物的物种丰富度和多度都很高,而在老龄栎类次生林(65 种)、滇南山杨次生林(88 种)和尼泊尔桤木林(72 种)中同样有较多分布。虽然不同森林群落附生苔藓优势种有一定的重叠,但差异也很明显,如木果柯林的优势种为西南树平藓、刀叶树平藓和树形羽苔,苔藓矮林为树形羽苔、粗仰叶垂藓(*Sinskea phaea*)和西南树平藓,老龄栎类次生林为西南树平藓和阿萨羽苔(*Plagiochila assamica*),滇南山杨次生林为西南树平藓和树形羽苔,尼泊尔桤木林为尖叶拟蕨藓(*Pterobryopsis acuminata*)、野口青藓(*Brachythecium noguchii*)和皱萼苔(*Ptychanthus striatus*)。另外,还有部分苔藓仅出现于特定森林群落,如野口青藓(*Brachythecium noguchii*)、牛尾藓(*Struckia argentata*)等仅出现于尼泊尔桤木林。此外,5 类森林群落中的附生苔藓 α 多样性指数均无显著差异,但 β 多样性指数却随演替进程从次生群落到原生林不断增加,且在木果柯林中最高。

附生地衣类群约 83% 的物种分布于原生林,97% 分布于次生林。附生地衣物种总丰富度排序为木果柯林(178)>中龄栎类次生林(175)>厚皮香林(166)>滇南山杨次生林(158)>老龄栎类次生林(106)>苔藓矮林(91)>尼泊尔桤木林(49)>云南松林(43)。在 0~2 m 树干,地衣优势种在木果柯林中为高山文字衣、半裂拟文衣和细柔文字衣等,苔藓矮林为高山文字衣、双缘牛皮叶(*Sticta duplolimbata*)、枪石蕊(*Cladonia coniocraea*)、网肺衣和地卷(*Peltigera rufescens*)等;老龄栎类次生林为高山文字衣、天蓝猫耳衣(*Leptogium azureum*)和半裂拟文衣等,中龄栎类次生林为橄榄斑叶(*Cetrelia olivetorum*)、半裂拟文衣和灰条双歧根(*Hypotrachyna pseudosinuosa*)等;滇南山杨次生林为橄榄斑叶、复合鸡皮衣和天蓝猫耳衣等;尼泊尔桤木林为树亚铃孢(*Heterodermia dendritica*)、黄果黄髓叶(*Myelochroa irrugans*)和小点亚瘤衣等;云南松林为灰条双歧根、枪石蕊和大叶梅(*Parmotrema tinctorum*)等;厚皮香林则为灰条双歧根、橄榄斑叶和大叶梅等。28 种附生地衣仅出现于单一森林群落,不同森林群落附生地衣的 α 多样性指数也明显不同。而且,滇南山杨次生林具有最高的 α 多样性指数(77.0),其他依次为中龄栎类次生林(68.8)、木果柯林(59.2)、厚皮香林(56.2)、老龄栎类次生林(49.4)、苔藓矮林(48.0)、尼泊尔桤木林(28.1)和云南松林(21.9)。值得注意的是,记录到的具有显著固氮功能的 30 种蓝藻地衣中,仅有 18 种出现于原生林,如木果柯林和苔藓矮林分别有 17 种和 14 种;但全部出现于次生林,如滇南山杨次生林 28 种、厚皮香林 26 种、中龄栎类次生林 23 种、老龄栎类次生林 11 种、尼泊尔桤木林 11 种和云南松林 7 种。

附生地衣类群的垂直分布模式研究相对深入。不同地衣物种的垂直分布往往会发生显著变化,且受到森林群落类型的显著影响。地衣整体物种的分布在各森林内部均存在明显的垂直分层,并且偏好于森林中层区域。如地衣物种丰富度通常在林冠下层最高,在树干(如木果柯林、苔藓矮林和中龄栎类次生林)或林冠上层(如滇南山杨次生林和厚皮香林)最低。其物种的垂直分层模式虽然同时受到森林类型和宿主特征的影响,但森林类型对其影响程度要远大于宿主特征。

不同的地衣功能群显示出多样化的垂直分层模式(图 12.24)。阔叶地衣类群的物种丰富度常由下至上渐增,主要分布于林冠中层以上;其在木果柯林和滇南山杨次生林中所占各垂直分区地衣总物种的比例分别由 7.7% 增至 18.3% 和由 10.8% 增至 18.9%。壳状地衣在木果柯林和苔藓矮林中主要分布于林冠层,而在次生林中无典型分层现象;但其所占物种比例在木果柯林和厚皮香林中却多随树高增加而降低。蓝藻地衣的物种分布在木果柯林中垂直变化不明显,在中龄栎类次生林和滇南山杨次生林中主要分布于林冠下层以下,但其所占物种比例在木果柯林和滇南山杨次生林中均随树高增加而显著降低。枝状地衣在木果柯林和中龄栎类次生林中均主要分布于林冠各层,在滇南山杨次生林中主要分布于树干上部至林冠中层,在厚皮香林中分布于树干基部,但其在各区所占比例变化不大。狭叶地衣的物种丰富度及其所占各分区物种比例均以林冠层最高。地衣功能的盖度分布变化类似于物种变化,但枝状地衣的盖度在滇南山杨次生林中随树高由树干基部的 0.9% 增至林冠上层的 16.3%。分析地衣功能群盖度所占各垂直分区地衣总盖度的比例发现,阔叶地衣在木果柯林中由下至上由 1.9% 增至 26.5%,而在滇南山杨次生林和厚皮香林中则分别由 46.8% 减至 14.9% 和由 37.9% 减至 14.5%;壳状地衣在木果柯林和中龄栎类次生林中则由 86.6% 减至 14.3% 和由 30.1% 减至 13.7%;蓝藻地衣和狭叶地衣的盖度比例类似其物种比例变化;枝状地衣在木果柯林和滇南山杨次生林中分别由 0 增至 13.2% 和由 5.8% 增至 38.3%。

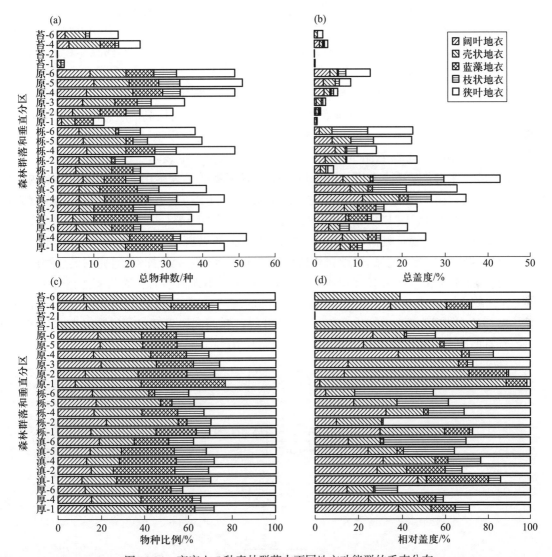

图 12.24 哀牢山 5 种森林群落中不同地衣功能群的垂直分布

注:苔,山顶苔藓矮林;原,原生木果柯林;栎,中龄栎类次生林;滇,滇山杨林;厚,厚皮香林。分区 1,树干基部;分区 2,树干下部;分区 3,树干上部;分区 4,下冠层;分区 5,中冠层;分区 6,上冠层。

12.5.3　亚热带中山湿性常绿阔叶林附生植物对全球变化的响应

附生植物所特有的形态结构特征和生态习性导致了其对周围环境变化的高度敏感性和脆弱性,它们对大范围的全球变化事件非常敏感,并可能从不同角度在不同程度上做出响应。Song等(2011)对该地区原生亚热带湿性常绿阔叶林和110年栎类萌生林中不同径级木果柯树干上的附生苔藓群落的组成和分布等进行了调查和分析。在原生亚热带湿性常绿阔叶林和栎类萌生林所有的调查样方中,共记录到19科32属共65种苔藓,两类森林中记录到共有种28种,其优势种都为网藓(*Syrrhopodon gardneri*)。原生亚热带湿性常绿阔叶林中的附生苔藓物种丰富度和总盖度都显著高于栎类萌生林,这与栎类萌生林内缺乏大径级的老龄宿主树、适宜的微生境等因素有关。本区域受损森林即使有110年的恢复时间,附生植物群落仍尚未完全恢复。环境变量,如树龄、群落类型、树皮pH和取样方位对附生苔藓植物的组成有显著影响,其中,树龄的作用最为明显。原生亚热带湿性常绿阔叶林内有更加多样的林冠结构和大量大径级宿主树的存在,它更适于附生植物的生存和分布。

哀牢山湿性常绿阔叶林内的非维管附生植物可能比陆生树木对干旱做出更快的响应,其中,附生植物多花松萝、皮革肾岛衣和网肺衣对空气温湿度的变化具有极高的敏感性,具有指示气候变化的潜力(Song et al., 2012b; Liu et al., 2017)。全球气候变化模型预测本研究区气候可能变暖变干,这可能对该地区非维管附生植物造成不利影响,甚至严重破坏。

模拟实验结果表明:氮输入增加到一定程度后显著降低了哀牢山亚热带湿性常绿阔叶林中附生苔藓植物群落的物种丰富度和盖度。高氮负荷不利于所研究附生苔藓的生长和健康状况,并导致一些物种组织内K^+、Mg^{2+}浓度的降低和叶绿素的降解(Song et al., 2012a; Shi et al., 2017)。这些证据表明,随着氮输入量持续增加,将导致附生苔藓K^+、Mg^{2+}的吸收受阻,不利于叶绿素的合成,并降低净光合速率,导致机体碳代谢失衡。通过进一步探索,研究人员还利用结构方程模型构建了亚热带湿性常绿阔叶林附生苔藓响应大气氮沉降生理生态机制的概念模型(图12.25),并估算出该区森林附生苔藓植物对氮沉降的临界载荷为$18\ kg \cdot hm^{-2} \cdot$ 年$^{-1}$(Shi et al., 2017)。喜马拉雅鞭苔(*Bazzania himalayana*)、小叶鞭苔和西南树平藓对大气氮沉降具有高度的敏感性,具有监测大气氮污染水平的潜力(Song et al., 2012a)。

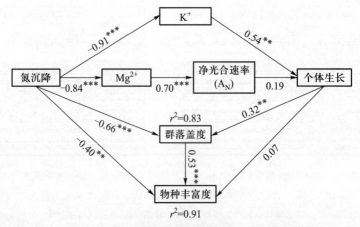

图 12.25　附生苔藓响应大气氮沉降的生理生态机制模型

　　综上所述,区域范围的土地利用/覆盖方式的转变则通过改变微气候因子极大地影响着附生植物的组成和分布(Song et al., 2011)。附生植物作为林冠层中一种特殊的生命形式,它们脱离土壤生活在空中,处于森林与大气之间的界面层,与周围环境因子的相互作用特别剧烈,水热条件的微小改变都可能引起附生植物形态生理等方面的变化,甚至死亡(Song et al., 2012b; Liu et al., 2017)。附生植物通过两种方式吸收营养元素并富集多种离子:一是直接从空气中获取,二是从宿主植物上吸收,而这也来自大气中的沉积,也就是说,附生植物必须直接或间接地从空气中吸收养分离子(Song et al., 2016),因此,它们对周围空气的组分特别敏感,其生理、生长、组成和分布特征能很好地反映大气氮污染情况(Song et al., 2012a; Shi et al., 2017)。因此,附生植物可被用作哀牢山地区亚热带森林健康程度、气候变化或大气污染状况的指示种或监测种。大范围的全球变化事件可能导致亚热带湿性常绿阔叶林附生植物的大量死亡,从而导致整个森林生态系统生物多样性降低,物质循环过程受阻,进而使整个系统陷入危机。

12.6　亚热带中山湿性常绿阔叶林生态系统的碳水循环及其对全球变化的响应

12.6.1　亚热带中山湿性常绿阔叶林的碳循环

　　哀牢山亚热带常绿阔叶林生态系统气象因子和碳交换的结果如图 12.26 所示。

　　总辐射(Rg)和光合有效辐射(PAR):在年内尺度上,总辐射和光合有效辐射均呈现双峰变化(6—9月变小);在年际尺度上,辐射和光合有效辐射之间具有相同的变化趋势,光合有效辐射随总辐射的增减而增减,总辐射和光合有效辐射最大值一般出现在每年的4—5月,而最小值出现月却变化较大,一般在7—12月。

　　气温(T_{air})、土壤 5 cm 温度(T_{soil})和饱和水汽压差(VPD):气温和土壤 5 cm 温度年变化趋势非常一致,但气温最大值一般出现在每年的5—7月,而土壤 5 cm 温度最大值出现时间一般要比气温滞后 1～2 个月;在 7 年观测时段中,气温最小值在12月或1月间波动,但土壤 5 cm 温度最小值均出现在每年的 1 月;饱和水汽压最大值出现时间一般为 3—4 月,其最小值出现月波动较大,一般是介于7—12月;观测时段内气温、土壤 5 cm 温度和饱和水汽压最大值分别为15.8 ℃、15.9 ℃和9.6 hPa,而最小值分别为 4.1 ℃、6.2 ℃和0.9 hPa。

　　降水量(precipitation)、相对湿度(RH)和土壤含水量(SVWC):降水量的年际变化趋势一致,降雨主要集中在雨季,最大月降水总量一般是 6 月、7 月,相对湿度和土壤含水量总体呈现每年5—10月(雨季)较11—4月(干季)大,最大值出现在7—10月,最小值一般出现在2—4月;相对湿度和土壤含水量最大值分别为93.8%和41.7%,最小值分别为46.2%和14.3%。

　　生态系统总初级生产力(GPP)、总呼吸(R_{eco})和净生态系统碳交换量(NEE):在年内尺度上,GPP 和 R_{eco} 一般均呈现单峰曲线变化,总体呈现雨季＞干季;在年际尺度上,R_{eco} 随 GPP增大而增大,它们的最大值一般出现在6—8月;NEE 的季节变化不明显,其干雨季碳汇能力接近,最大值出现时间也是在6—8月;GPP 和 R_{eco} 最大值分别为 2971.5 kg C·hm^{-2}·月$^{-1}$和

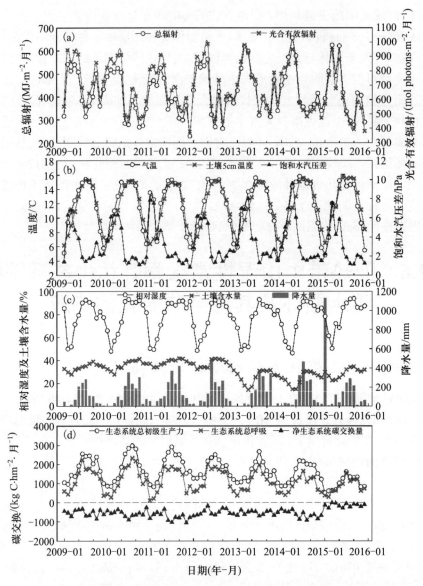

图 12.26   哀牢山亚热带常绿阔叶林生态系统气象因子和碳交换的年际变化特征

2314.1 kg C·hm^{-2}·月$^{-1}$,而最小值分别为 823.0 kg C·hm^{-2}·月$^{-1}$ 和 107.9 kg C·hm^{-2}·月$^{-1}$,NEE 最大值和最小值分别为 –169.7 kg C·hm^{-2}·月$^{-1}$ 和 –1041.7 kg C·hm^{-2}·月$^{-1}$。由于受 2015 年 1 月大雪灾影响,该生态系统冠层受到严重破坏,故碳交换受到很大影响。

哀牢山亚热带常绿阔叶林雨季的总初级生产力(GPP)为 13.37 t C·hm^{-2},总呼吸(R$_{eco}$)为 9.76 t C·hm^{-2},均大于干季的总初级生产力(7.31 t C·hm^{-2})和总呼吸(3.90 t C·hm^{-2})。雨季的净碳交换量(NEE)为 –3.61 t C·hm^{-2},干季的净碳交换量为 –3.41 t C·hm^{-2},可见哀牢山亚热带常绿阔叶林在干季和雨季碳汇能力大小差异不明显。

哀牢山亚热带常绿阔叶林生态系统 GPP 年总量为 20.69 t C·hm^{-2}·年$^{-1}$,R$_{eco}$ 为 13.67 t C·hm^{-2}·年$^{-1}$,而净生态系统碳交换量大小为 –7.02 t C·hm^{-2}·年$^{-1}$。表明哀牢山亚热带

常绿阔叶林虽然处于老年阶段,但仍是一个较大的碳汇。生物调查的数据显示,虽然处于高海拔地区,年平均温度较低,但是在冬季哀牢山亚热带常绿阔叶林的树木仍呈现一定的生长速率(即一年中森林均具有固碳能力)。哀牢山地区"暖冬凉夏"的气候特征和较高的散射辐射比被认为是哀牢山亚热带常绿阔叶林呈现较大碳汇的主要影响因子。

12.6.2　亚热带中山湿性常绿阔叶林的土壤呼吸特征及其对气候变暖的响应

土壤呼吸季节变化显著,从干季到雨季逐渐升高,达到峰值后又逐渐降低;土壤呼吸月平均值2月最低(1.55 ± 0.14 μmol $CO_2 \cdot m^{-2} \cdot s^{-1}$),7月最高(6.21 ± 0.30 μmol $CO_2 \cdot m^{-2} \cdot s^{-1}$),其总均值为3.64 ± 0.17 μmol $CO_2 \cdot m^{-2} \cdot s^{-1}$;土壤呼吸干季显著小于雨季($t=-11.99$, $p<0.001$, $n=4$),干季均值为2.05 ± 0.14 μmol $CO_2 \cdot m^{-2} \cdot s^{-1}$,雨季均值为5.22 ± 0.22 μmol $CO_2 \cdot m^{-2} \cdot s^{-1}$(图12.27)。

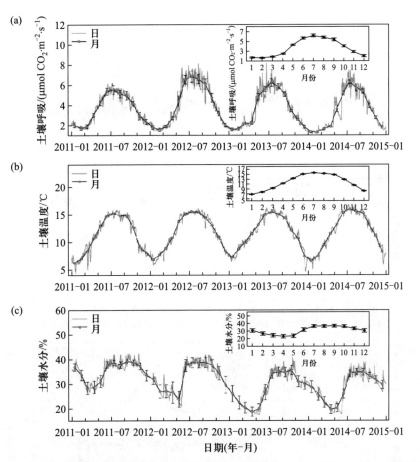

图 12.27　哀牢山亚热带常绿阔叶林土壤呼吸(a)、土壤温度(b)和土壤水分(c)的季节变化

土壤水分同样具有季节动态,但是其变化趋势与土壤呼吸和土壤温度的变化趋势略有不同:四年(2011—2014年)观测期内,土壤水分月平均最低值出现在3—5月,雨季中期(7—9月)土

壤水分变化很小。总体来说 1—5 月土壤水分的变化趋势与土壤呼吸和土壤温度变化趋势相反，从 5 月起变化趋势相同；月平均土壤水分最低值出现在 4 月（23.3%±2.6%），比土壤呼吸和土壤温度滞后了 3 个月；总平均土壤水分为 30.9%±2.0%，干季平均为 28.3%±2.3%，雨季平均为 33.5%±1.7%，两者差异不显著（$t=-1.80$，$p=0.122$，$n=4$）（图 12.27）。

　　增温处理未改变土壤温度、土壤水分和异养呼吸的季节动态（图 12.28）。增温处理增加了土壤温度，但其增温幅度（WE_T）逐年降低，并具有一定的季节变化（图 12.28a）；总体来说土壤温度的增温效应干季略大于雨季，干季和雨季土壤温度分别增加了 2.4 ℃和 2.1 ℃，平均土壤温度增加了 2.2 ℃。增温处理降低了土壤水分（均值为 5.1%），但其降幅（WE_W）季节变化不明显（图 12.28b）；总体来说，土壤水分降低幅度雨季（5.5%）略大于干季（4.7%），但是其降低的相对幅度干季和雨季（13.6% 和 13.7%）基本一致。增温增加了异养呼吸，其增值同样具有明显的季节动态，与异养呼吸的季节动态相同，并在干季出现负值（图 12.28c）。

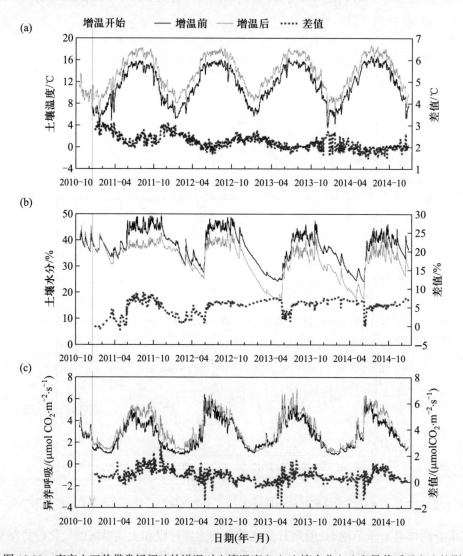

图 12.28　哀牢山亚热带常绿阔叶林增温对土壤温度（a）、土壤水分（b）和异养呼吸（c）的影响

12.6.3 亚热带中山湿性常绿阔叶林的水循环

林内气象观测场的记录显示（图 12.29），林内降水的年总量为 1720.0 mm，低于林外降水量约 180.0 mm，林冠对降水的截留量主要集中在雨季。其中雨季前期的 5 月和雨季后期的 10 月出现林内降水量大于林外的现象，说明林冠层对空气中的水汽具有一定的拦截作用。哀牢山亚热带常绿阔叶林林内相对湿度（*RH*）的年变化表现出和林外相同的特征，但林内的相对湿度要高于林外，其中两者之间差异最大值出现在干季，说明森林冠层的"保湿"功能在干季较强。林内全年有 5 个月相对湿度在 95% 以上，比林外高出 2~4 个百分点，干季林内相对湿度要高于林外，两者相差约 3~6 个百分点。林内蒸发量（*Φ*20 cm）的年总量为 178.0 mm，仅仅相当于林外的 13.8%，雨季林内的蒸发量（*Φ*20 cm）相当于林外的 8.4%，而干季林内的蒸发量相当于林外的 18.3%。

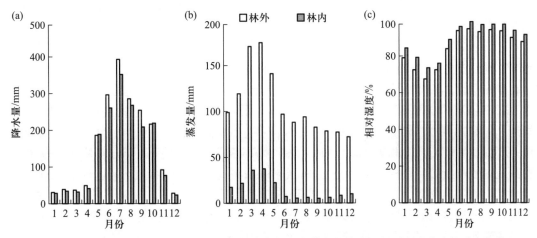

图 12.29 哀牢山亚热带常绿阔叶林林内外降水量（a）、蒸发量（b）和相对湿度（c）的动态变化

哀牢山亚热带常绿阔叶林林内水量平衡与林外存在不同的特征：干季，林外的降水量和水面蒸发量分别为 273.0 mm 和 710.7 mm，而林内的降水量和水面蒸发量分别为 224.6 mm 和 129.9 mm，因此，水量在林外出现亏损（蒸发量 > 降水量）而在林内出现盈余（蒸发量 < 降水量）；雨季，林外的降水量和水面蒸发量分别为 1630.0 mm 和 580.7 mm，林内的降水量和水面蒸发量分别为 1491.2 mm 和 49.0 mm，两地都呈现出盈余。因此，林外在干季出现水分亏缺，而在林内并未出现水分亏缺，这一特点体现出森林冠层具有重要的生态气候功能，对林冠下方幼苗的存活和森林的更新具有重要的意义。

12.7 亚热带中山湿性常绿阔叶林的管理与保护

12.7.1 亚热带中山湿性常绿阔叶林的管理示范模式

受损或退化山地生态系统的退化机理及恢复重建研究是现代生态学研究的重要领域之一，根据国家中长期科技发展纲要，面向国家发展需求，针对我国西南亚热带山地生态退化现状和特点,以哀牢山生态站为依托,联合景东县环境保护局、林业局、科技局和景东力奥林产集团有限公司等地方单位,得到了中国科学院西双版纳热带植物园和景东县委政府的支持,特别是近10 年来,实施了"哀牢山地区植物资源持续利用模式的试验示范""哀牢山生态站景东试验示范基地建设""山苍子矮化丰产高效栽培试验示范""我国西南天然林的受损与更新动态及恢复利用模式研究"等项目;进行了一些配置模式的实验,如"核桃 + 红豆杉"模式:栽种在海拔1470 ~ 1490 m;"桤木 + 金银花"模式:栽种在海拔 1435 ~ 1470 m;"灯台树 + 山乌龟"模式:栽种在海拔 1350 ~ 1420 m。还进行了一种香料植物(山苍子)矮化丰产高效栽培试验示范等生产技术的实验研究与不同条件下的人工控制实验、植被恢复、混合农林业模式实验示范研究及成果推广,取得了一些成效。此外,由哀牢山生态站推动的景东亚热带植物园,具有物种保存、科学研究、旅游观光等功能,是亚热带植被保存完好地区的重要开发模式;由哀牢山生态站指导的景东哀牢红茶花培育中心已经开发出 6 个兰花新品种,也是利用哀牢山保存完好的亚热带森林内的山茶花品种杂交获得的。

在云南省科技厅的科技计划项目"哀牢山地区受损林地生态系统恢复与持续利用模式试验与示范"项目支持下,在哀牢山地区开展了受损林地生态系统恢复与持续利用模式试验示范研究。在景东县境内哀牢山和无量山保护区周边先后建立了 3 个试验示范推广样地:景东县景福镇勐令村三场河的苗圃基地的样地(面积 30 亩);景东县太忠镇三棵桩的纯思茅松林改造基地的样地(面积 70 亩);景东县锦屏镇利月村综合示范点样地(面积 500 亩)。样地内主要是在物种单一(如思茅松)受损林地内采用"林 – 林""林 – 果""林 – 药"等混合农林种植模式,进行生态系统恢复与持续利用模式的示范,并将成果应用在具有相同或相似区域进行示范与推广,以期达到生态系统自然恢复的目的。在推广种植模式的同时,对当地农民和乡土技术人员进行有关实用技术培训,提高当地农民的技术水平和文化素质,为推广不同生态恢复模式和各种经济植物的种植奠定了一定的基础。同时,产生了较好的生态效益、经济效益,实现保护区周边生态效益、经济效益和社会效益的协调统一。

12.7.2　亚热带中山湿性常绿阔叶林的管理与保护建议

西部亚热带常绿阔叶林是我国生态保护与建设规划"西南生态屏障"中的重要森林带,在哀牢山山系不同的小流域区,分布于较高海拔的常绿阔叶林主要以原生植被类型存在,低海拔地区则以针阔叶混交和人工松林为主,并有较多的农业土地利用。哀牢山亚热带常绿阔叶林自然保护区是云南省仅有的典型中山湿性常绿阔叶原始林区之一,保持着完整的原始景观,植物种类繁多,其中在常绿阔叶林生存的长臂猿、灰叶猴、马来熊等是国家一级保护动物,由此使得该森林成为研究森林生态过程及其对全球变化的响应、森林演替、生态平衡、生物多样性保护、改造自然、利用自然的理想基地。该区域无较大的工业企业,人为活动干扰较少,常绿阔叶林生态系统的重要生态功能和价值在于对区域温湿度调节,对局域流域地区的涵养水能力和养分循环保持、生物多样性保护、碳储存功能等方面,随着我国目前加强对生态环境保护和天然林保护工程的实施,原生林有效保护与农业人口生存与脱贫之间的相互依存关系将显得更为密切。如何坚持生态导向、保护优先,推动由利用森林获取经济利益为主的方式转向提供森林生态服务、利用林下经济为主的保护型利用成为西部常绿阔叶林保护区维持和发展所面临的关键问题。

　　从长期的发展来看,全面、深入地了解该系统的生物多样性格局,生态系统过程,以及长期的生态过程动态变化是管理和保护该生态系统的理论依据。在此基础上,根据目前的现状发展森林管理和保护措施,同时依据长期研究成果探索新的方式和规划,从根本上管理和保护这片具有重要价值的森林生态系统。

　　（1）根据 CERN 的基本任务,按统一的规程对哀牢山常绿阔叶林生态系统的重要生态过程和水、土、气、生物等生态系统的组分进行长期监测,深入了解该系统的结构、功能、动态、重要森林生态过程的关键驱动因素及其变化格局和持续利用的途径和方法;同时开展森林生态系统健康调查、诊断和评估,结合森林群落结构、生物多样性和土壤理化性质,探讨森林质量和健康状况及其与人类经营活动的关系。

　　（2）建立开展相关的人工操控试验平台,结合地上地下生物多样性及功能群,探讨维持和驱动重要生态过程的机制,从机理上掌握哀牢山常绿阔叶林的重要生态过程及其对气候变化的响应策略。

　　（3）直至目前哀牢山常绿阔叶林尚有较多的物种资源未能查明。为摸清哀牢山常绿阔叶林自然资源的种类、分布状况,需要组织不同科研单位和学校的专家深入哀牢山进行综合考察,开展全面的生物多样性调查和长期观测,包括大型动物、植物、土壤生物和附生植物,在深入了解重要生物类群及其多样性格局、维持机制的基础上,探明它们对气候变化的响应,包括对极端气候变化的应对策略。

　　（4）要实现保护与利用共同发展,就必须将科学技术研究与试验示范相结合,自然保护区的科学内容比较广泛,必须站在系统的高度进行全面的分析。在保护区周边积极开展土地利用规划和试验示范,提高土地利用率和经济收入,并根据哀牢山系不同小流域区社会、经济、文化、生态等构建适合当地的生态保护措施,如经济林建设、林下经济体系,提升当地民众的福祉和保护意识,这对保护区建设和管理极为重要;自然保护区不能单纯地为了保护而保护,应该将区内的保护和区外的土地利用有机结合起来,如在保护区内严禁任何开发利用性质的活动,但将一些珍稀物种和药材引到区外进行试验示范,最终达到自然资源保护和可持续利用统一的目的。

　　（5）自然环境和野生动植物保护宣传教育是自然保护区建设的经常性工作,对周边农村和社区群众保护意识的宣传和教育是哀牢山常绿阔叶林生态系统保护的重点。具体可考虑广泛开展环境建设和生物多样性保护的环境教育,针对不同年龄、层次的人群进行宣传,提高他们对"绿水青山"就是"金山银山"的深入认识,如水源林保护,生物资源的合理开发和利用等。保护区管理和社区协调发展息息相关,只有紧紧依靠群众,才能有效地保护森林和野生动植物资源,正确处理当前和长远利益,局部和整体利益。随着保护区事业的不断发展,群众的生态保护意识逐步提高,由森林资源的依赖思想转变为发展生态经济的路子,充分规划和做好土地利用与森林保护协调推进工作,缓解或消除保护区与周边社区的矛盾,调动社区参与保护的主观能动性是保护区管理长期和重要的工作。

　　（6）根据国家对保护区建设和规划的指南,结合长期生态研究的成果,划定常绿阔叶林的功能区,在结合科学研究和生产利用的规划框架下,坚持生态系统保护优先、保护与利用协调发展原则,处理森林有效保护与生物资源科学利用协调发展的关系。大力发展保护区周边土地利用模式,提高土地利用的经济和社会效益,发展缓冲区次生林和人工林的林下经济,是更好地保护原生林的主要措施,只有保护区经济得到发展、林农生活得到保障,森林资源才能更好地保护,才能促进生态系统正向进程，才能提高原生林的多种功能。

　　哀牢山常绿阔叶林的管理和保护将依据森林生态学理论，结合长期监测数据和实验结果，制定出完善的保护该生态系统生物多样性、生产力、整体功能的规划和实施方案，最大限度地维持原生林森林生态系统较高的生产率和生产力，较好的水源涵养能力、土壤肥力和水土保持效益，同时具备较强的稳定性、抵抗力和承载力等，提高其生态服务功能。

参 考 文 献

邓纯章,侯建萍,李寿昌,等. 1993. 哀牢山北段主要森林类型凋落物的研究. 植物生态学与地植物学学报, 17(4): 364–370.

甘建民,薛敬意. 1996. 哀牢山木果石栎林降雨过程中的养分循环. 林业科技通讯, 7: 30–31.

巩合德,张一平,刘玉洪,等. 2008. 哀牢山常绿阔叶林林冠的截留特征. 浙江林学院学报, 25(4): 469–474.

李锡文. 1996. 中国种子植物区系统计分析. 植物分类与资源学报, 18(4): 363–384.

刘文耀,谢寿昌,谢克金,等. 1995. 哀牢山中山湿性常绿阔叶林凋落物和粗死木质物的初步研究. 植物学报, 37(10): 807–814.

杞金华,章永江,张一平,等. 2012. 哀牢山常绿阔叶林水源涵养功能及其在应对西南干旱中的作用. 生态学报, 32(6): 1692–1702.

杞金华,章永江,张一平,等. 2013. 西南干旱对哀牢山常绿阔叶林凋落物及叶面积指数的影响. 生态学报, 33(9): 2877–2885.

钱洪强. 1983. 哀牢山徐家坝地区常绿阔叶林结构分析. 见: 吴征镒,曲仲湘,姜汉侨. 云南哀牢山森林生态系统研究. 昆明: 云南科技出版社, 118–150.

秦海浪,杨效东. 2014. 常绿阔叶林土壤动物群落结构及在海拔梯度上的差异. 中国农学通报, 30(19): 66–74.

邱学忠. 1998. 哀牢山森林生态系统研究. 昆明: 云南科技出版社, 119–126.

王金叶,于澎涛,王彦辉,等. 2008. 森林生态水文过程研究. 北京: 科学出版社.

吴征镒,王献溥,刘昉勋,等. 1980. 中国植被. 北京: 科学出版社.

吴征镒,周浙昆,孙航,等. 2006. 种子植物分布区类型及其起源和分化. 昆明: 云南科技出版社.

吴征镒,朱彦丞,姜汉侨. 1987. 云南植被. 北京: 科学出版社.

徐成东,陆树刚. 2006. 云南哀牢山国家级自然保护区蕨类植物区系地理研究. 西北植物学报, 26(11): 2351–2359.

闫丽春,施济普,朱华,等. 2009. 云南哀牢山地区种子植物区系研究. 热带亚热带植物学报, 17(3): 283–291.

杨赵,杨效东. 2011. 哀牢山不同类型亚热带森林地表凋落物及土壤节肢动物群落特征. 应用生态学报, 22(11): 3011–3020.

臧文斌,阮本清,李景刚,等. 2010. 基于 TRMM 降雨数据的西南地区特大气象干旱分析. 中国水利水电科学研究院学报, 8(2): 97–106.

朱华. 2016. 云南中山湿性常绿阔叶林起源的探讨. 植物科学学报, 34(5): 715–723.

Gong H, Zhang Y, Lei Y, et al. 2011. Evergreen broad-leaved forest improves soil water status compared with tea tree plantation in Ailao Mountains, Southwest China. Acta Agriculturae Scandinavica Section B–Soil and Plant Science, 61: 384–388.

Liu S, Liu W, Shi X M, et al. 2017. Dry-hot stress significantly reduced the nitrogenase activity of epiphytic cyanolichen. Science of the Total Environment, 619–620: 630–637.

Shi X M, Song L, Liu W Y, et al. 2017. Epiphytic bryophytes as bio-indicators of atmospheric nitrogen deposition in a subtropical montane cloud forest: Response patterns, mechanism, and critical load. Environmental Pollution, 229 (X): 932–941.

Song L, Brown C, Aaron H J, et al. 2017b. Snow damage to the canopy facilitates alien weed invasion in a subtropical montane primary forest in southwestern China. Forest Ecology & Management, 39 (X): 275–281.

Song L, Fei X H, Zhang Y P, et al. 2017a. Snow damage strongly reduces the strength of the carbon sink in a primary subtropical evergreen broadleaved forest. Environmental Research Letters, 12: 104014.

Song L, Liu W Y, Ma W Z, et al. 2012a. Response of epiphytic bryophytes to simulated N deposition in a subtropical montane cloud forest in southwestern China. Oecologia, 170: 847–856.

Song L, Liu W Y, Ma W Z, et al. 2011. Bole epiphytic bryophytes on *Lithocarpus xylocarpus* (Kurz) Markgr. in the Ailao mountains, SW China. Ecological Research, 26: 351–363.

Song L, Liu W Y, Nadkarni N M. 2012b. Response of non-vascular epiphytes to simulated climate change in a montane moist evergreen broad-leaved forest in Southwest China. Biological Conservation, 152: 127–135.

Song L, Lu H Z, Xu X L, et al. 2016. Organic nitrogen uptake is a significant contributor to nitrogen economy of subtropical epiphytic bryophytes. Scientific Reports, 6: 30408.

Stone R. 2010. Severe drought puts spotlight on Chinese dams. Science, 327 (5971): 1311.

第13章 南亚热带常绿阔叶林生态系统过程与变化*

南亚热带常绿阔叶林生态系统是我国生态关键带重要的常绿阔叶林生态系统类型,其过程与变化的研究是生态系统生态学研究的重点,生态系统过程对全球变化有响应和反馈作用,是阐述全球变化的影响与适应机理的基础。近 20 年来,鼎湖山森林生态系统定位研究站(以下简称鼎湖山站)以鼎湖山国家级自然保护区内有 400 余年保护历史的常绿阔叶林(以下或简称季风林)生态系统为主要研究对象,研究了常绿阔叶林及其演替系列生态系统关键过程及变化趋势、演变机理、自然保护与服务功能的提升等。

13.1 南亚热带常绿阔叶林生态系统概述

常绿阔叶林是亚热带湿润地区由常绿阔叶树种组成的地带性森林类型,中国称常绿栎类林或常绿樟栲林。我国亚热带常绿阔叶林分布的区域可分东、西部亚区域。其中东部分北、中、南亚带;西部分中、南亚带。东部亚区域夏半年受来自太平洋的暖湿气团的影响,气候表现为春、夏季高温多雨,冬季降温显著,但仅稍干燥;西部亚区域包括云贵高原和川西山地等,夏半年主要受来自印度洋的西南季风的影响,构成夏、秋多雨的雨季,冬季受西部热带大陆干燥气团的影响,冬、春干暖的旱季比东部更显著(中国植被编辑委员会,1980)。南亚热带常绿阔叶林是常绿阔叶林向热带雨林过渡的一个类型,分布地区属于亚热带海洋性季风气候。在我国主要分布于亚热带大陆东岸湿润地区,是由常绿的双子叶植物构成的森林群落。由于受季风驱动,季风常绿阔叶林是我国南亚热带的地带性植被,这类森林带有热带雨林的特点,但所在地的气候及占优势的树种仍属亚热带常绿阔叶林的范畴,所以也称之为亚热带雨林。

13.1.1 季风常绿阔叶林生态系统的分布与现状

南亚热带季风常绿阔叶林分布于台湾玉山山脉北半部、福建戴云山以南、南岭山地南侧等海拔 800 m 以下的丘陵山地以及云南中部、贵州南部、喜马拉雅山东南部海拔 1000~1500 m 的盆地和河谷地区。历史上我国季风常绿阔叶林连续分布且面积较大,但由于不断的砍伐和干扰,现存原始林已很少,且呈斑块状分布于福建、广东、广西和云南局部地区。自 20 世纪 80 年代以来,

---

* 本章作者为中国科学院华南植物园周国逸、张德强、李跃林、张倩媚、陈小梅、陈修治、邓琦、刘菊秀、刘效东、鲁显楷、莫江明、唐旭利、张静、朱师丹、邹顺。

由于保护和恢复的原因,现已有一定面积的季风常绿阔叶次生林(彭少麟,1996)。

季风常绿阔叶林是我国特有植被类型,森林茂密,终年常绿,一般呈暗绿色,林相整齐,林冠呈微波状起伏。群落高度一般 15～20 m,总郁闭度 0.7～0.9,各种植物组成层次分明,一般 1～3 层由乔木组成,最高的锥栗等可高达 30 m;第 4 层为灌木;第 5 层为草本及苗木层。上层乔木以壳斗科和樟科的一些喜暖种类如栲(*Castanopsis fargesii*)、厚壳桂(*Cryptocarya chinensis*)为主,还有桃金娘科、楝科、桑科的一些种类。中下层乔木含有较多的热带成分,如茜草科、紫金牛科、棕榈科等一些种类,还会有老茎生花、板根、绞杀植物现象,藤本和附生植物也较多,呈现出向热带森林过渡的特点(彭少麟,1996)。

鼎湖山站位于广东省中部的肇庆市鼎湖山国家级自然保护区内,地处南亚热带北缘,居 23°09′21″N—23°11′30″N,112°30′39″E—112°33′41″E,拥有保存完好的季风常绿阔叶林,是代表本地带最高生产力水平的地带性植被类型。本区属南亚热带湿润型季风气候,冬夏气候交替明显,年平均温度 21 ℃,最热月为 7 月,平均温度为 28.0 ℃,最冷月为 1 月,平均温度为 12.6 ℃。年降水量 1927 mm,4—9 月为主要降水季节。年平均蒸发量 1695 mm,年平均相对湿度 80%,灾害性天气是寒潮和台风,地带性土壤为赤红壤。森林覆盖率为 78%,主要植被类型有季风常绿阔叶林、针阔叶混交林、针叶林(或马尾松林)、山地常绿阔叶林等。季风常绿阔叶林分布于海拔 30～400 m,群落外貌常绿地区,结构复杂,常有高大乔木突出于林冠之上,组成种类复杂而富于热带性,群落内大型木质藤本和附生植物较丰富,板根植物常见,但发育不显著。主要组成成分为樟科、壳斗科、山茶科、桃金娘科、大戟科等热带、亚热带植物区系类型。针阔叶混交林分布于海拔 100～450 m 地区,为本区分布面积最大的植被类型;此外还有分布于海拔 500～900 m 的山地灌木草丛、分布于海拔 30～250 m 的沟谷雨林、分布于海拔 300 m 以下丘陵的针叶林等(Kong et al.,1993)。

鼎湖山素有"活的自然博物馆""绿色宝库""物种宝库""基因储存库"之称,是华南地区生物多样性最富集的地区之一(有关生物多样性具体见 13.4.2.1 节)。区内分布着 23 种国家重点保护野生植物,其中有与恐龙同时代、被称为活化石的古老孑遗植物桫椤,材质坚硬耐腐蚀的格木等。华南特有种及模式产地种有 30 多种。藤本植物 351 种、附生植物 80 种、寄生植物 16 种。各种野生资源植物丰富,其中优良用材树种 320 种、药用植物 1049 种、油脂植物 185 种、保健饮料植物 12 种、淀粉植物 45 种、适于园林绿化观赏的植物 340 种、果蔬 20 多种。在鼎湖山植物名录上能找到以鼎湖命名的植物有 13 种:鼎湖血桐、鼎湖念珠藤、鼎湖杜鹃、鼎湖越桔、鼎湖钓樟、鼎湖合欢、鼎湖耳草、鼎湖山矾、鼎湖紫珠、鼎湖青冈、鼎湖山毛轴线盖蕨、鼎湖冬青、鼎湖白珠树(Kong et al.,1993)。

鼎湖山微生物种类繁多,已鉴定的大型真菌有 601 种,分属 4 纲,19 目,46 科,160 属。包括食用菌 140 多种,药用菌近 100 种,毒菌 40 多种。已发现的最大真菌个体是本乡鹅膏菌,菌盖展开达 30 cm,重 700 g。

多样的生态环境和丰富的植物资源为野生动物提供了良好的栖息环境和充足的食源,因而鼎湖山野生动物种类亦非常丰富,有鸟类 214 种(含亚种)、兽类 38 种、爬行两栖类 75 种,已鉴定的昆虫 980 种,其中蝴蝶类 117 种、白蚁 15 种。属国家重点保护的野生动物有鬣羚、穿山甲和小灵猫等 32 种。另采集的土壤动物标本包括圆型动物门到脊椎动物门,分属于 188 科(线虫纲除外)(彭少麟和任海,1998)。

13.1.2 季风常绿阔叶林生态系统的特点和生态意义

从全球角度看,受副热带高压作用,亚热带区域通常分布着荒漠和半荒漠的植被景观,范围集中在北回归线两侧的狭窄地带;在中国,除了副热带高压作用外,青藏高原的隆起强化了海陆季风效应,使得亚热带范围很广并受季风气候控制,分布着常绿阔叶林。基于中国亚热带形成机理,学术界公认该区域水热环境对全球变化将极其敏感。随着青藏高原冰川的逐步消融,预计海陆季风效应将进一步加强,全年降水变率有可能进一步加大,导致干季土壤水分进一步亏缺。在这种逐步改变的环境下,鼎湖山的常绿阔叶林演替系列群落的响应可为森林生态系统结构、功能和动态研究和区域退化生态系统恢复研究提供重要参考(周国逸等,2017)。

季风常绿阔叶林生态系统服务功能较强。由于人口增长和经济开发,受到的各类干扰日趋严重,面临着丧失和退化问题,保护和恢复季风常绿阔叶林非常迫切,深入理解其维持、演替、恢复的机理是实现区域可持续发展的基础。

13.1.3 季风常绿阔叶林生态系统研究的主要科学问题

鼎湖山站的科学研究先后经历了自然资源综合性本底调查、植被生态学定性和定量研究、生态系统长期定位研究、全球变化对森林生态系统影响的生态因子控制实验研究。在此过程中,从水、土、气、生等角度开展了系列监测与研究,具有代表性的研究包括:植物多样性、群落结构与动态、生物量生产力、生态系统结构与功能关系、生态系统关键过程及其耦合对全球变化的响应与适应、中国季风常绿阔叶林生态系统主要服务功能的动态趋势及演变机理研究等。

始终围绕以生态系统生态学为核心,研究地带性森林演替的动态过程与格局及其与环境变化的相互关系,探讨地带性森林生态系统 C、N、H_2O、P 循环及其耦合等关键过程对全球变化的响应与适应规律,构建南亚热带生物多样性起源、维持和发展机理以及自然资源保护与可持续利用的综合研究平台。为国家生态系统研究积累这一典型地带的基础数据,为南亚热带森林生态系统功能的科学评价与可持续发展提供理论参考,为国家环境保护外交谈判和政策制定提供科学依据。研究自然保护区维护与持续发展规律及生物多样性保护与维持机制,探讨自然保护与开发利用之间的协调发展途径,为我国森林类型的自然保护区提供有效管理的依据与模式。

13.1.4 鼎湖山站的生态系统及其区域代表性与科学研究价值

鼎湖山由于宗教、政府管理和人为重视等历史原因,保存有 400 余年的季风常绿阔叶林以及向它演变的各种各样、丰富多彩的过渡植被类型,是开展森林生态系统及植被演替极为理想的基地,是气候及植被在纬度序列上重要的一幕而不可替代,同属于南亚热带季风湿润型气候并拥有其地带性顶极植被的同类型区域,在地球上绝无仅有(周国逸等,2017)。

此外,鼎湖山最高峰是鸡笼山,海拔 1000.3 m,依山地海拔依次分布着河岸林、沟谷雨林、季风常绿阔叶林、针阔叶混交林、针叶林(马尾松)、山地常绿阔叶林、山地灌丛、高山草甸等垂直谱系植被类型。这些植被蕴含丰富的生物多样性,在南亚热带地带性植被中具有代表性。

　　基于季风常绿阔叶林在全球的分布特征、我国季风常绿阔叶林的全球典型性及鼎湖山站生态系统类型的多样性，鼎湖山站作为季风常绿阔叶林研究站，具有全球森林生态系统类型的代表性和区域代表性。

　　鼎湖山国家级自然保护区于 1956 年成立，1978 年成立鼎湖山站，1979 年联合国科教文组织（UNESCO）人与生物圈计划（MAB）将其列为国际第 17 号生物圈保护区。

13.1.5　鼎湖山站观测实验设施及其科学研究

　　自 1978 年建站以来，根据研究内容的变化，鼎湖山站建立了系统的研究和监测方法体系。早期主要是区域的生物和土壤本底调查；1980 年起，建立了小气候观测和永久样地；1999 年以后，按照中国生态系统研究网络（CERN）的要求，选取鼎湖山处于不同演替阶段的三个代表性森林类型（季风林、针阔叶混交林、针叶林），分别设立了综合观测场、辅助观测场、站区调查点、气象观测场等永久样地，长期进行水、土、气、生各项指标的监测，并逐步建立了一系列的控制实验平台（图 13.1）。自 2002 年成为中国科学院碳通量观测站点、2003 年成为大气本底监测站点等。

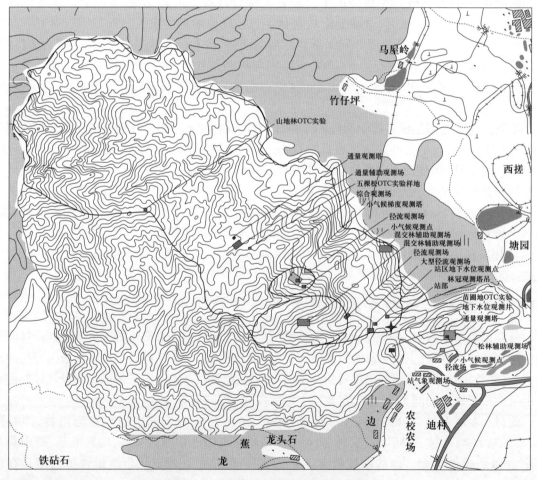

图 13.1　鼎湖山站主要样地设施示意图

在生物多样性形成与维持机制方面：1999 年完善了针叶林、针阔叶混交林（3 个）和季风林群落共 4.8 hm² 永久样地，2005 年建立了 24 hm² 的季风林生物多样性动态监测大样地，每 5 年进行每木调查（Li et al., 2009）。

氮沉降试验：2002 年在三个典型森林分别设置 12 个、9 个、9 个 10 m × 20 m 的样方，其中季风林设置对照、低氮、中氮和高氮 4 个处理，通过每月分别喷加实现 0（对照）、50 kg N·hm⁻²·年⁻¹（低氮）、100 kg N·hm⁻²·年⁻¹（中氮）和 150 kg N·hm⁻²·年⁻¹（高氮）四个处理，马尾松林和针阔叶混交林设对照、低氮和中氮 3 个处理。每个处理 3 个重复。样方之间留有 ≥10 m 的缓冲带。为了植被调查和取样的方便，样方内又分 8 个小样方（5 m × 5 m）编号。开展土壤氮素转换、温室气体通量、水文学过程中氮动态、植物生长、土壤动物群落等方面的研究。对照处理喷洒同样多的水但不加任何氮，以减少处理间因外加水不同而造成对森林生物地球化学循环的影响（Lu et al., 2010）。

氮、磷耦合实验：2007 年在氮沉降样地上，继续增加 3 个 N–P 交互控制实验 3600 m²，主要用于研究不同演替阶段森林生态系统碳、氮、磷过程及其相互作用机制（Liu et al., 2012）。

酸沉降实验：2008 年在三个典型森林分别设置 12 个 10 m × 10 m 样方，模拟酸雨 pH 分别为 3.5、4.0、4.5 和对照 4 个处理，每个处理 3 个重复。研究酸化对土壤有机碳积累过程的影响（丘清燕等，2013）。

增温实验：2012 年建立森林生态系统垂直移位试验平台，研究气温上升对南亚热带主要森林类型结构和功能的影响。选取位于海拔 600 m 的山地林、300 m 的针阔叶混交林和 30 m 的季风林为研究对象，分别建立 3、6、12 个内径深 0.8 m、长 3 m、宽 3 m 的开顶箱（open top chamber, OTC）。土壤分别采自山地林、混交林和季风林，按照土壤对应层次（0 ~ 20 cm、20 ~ 40 cm、40 ~ 70 cm）收集和填埋。顶部和底部各有 1 个出水孔收集地表径流和土壤渗透水。OTC 内种植 6 种年龄、基径和树高一致的各林型共有种或优势种。利用海拔梯度下降模拟气温上升是增温方式之一，人为增温法模拟气温上升是辅助实验（刘菊秀等，2013）。研究内容包含：气温改变对模拟森林生态系统植物生长动态的影响、水文过程的影响、土壤碳动态的影响、化学计量学方面的影响等。

降水改变实验：经历了 3 次变动：2006 年在三个典型森林同时设置去除降水、自然降水和加倍降水 3 种处理（Huang et al., 2011a；Deng et al., 2012；Jiang et al., 2013）；2012 年在季风林设置 9 个 10 m × 5 m 样方，包括降水量不变但降水次数增加；降水量减少 50% 和自然降水（对照），每个样方内再设置保留和去除凋落物处理（Deng et al., 2018）。2018 年在季风林重新建设 12 个 10 m × 10 m 样方，包括干旱和氮添加双因素完全随机处理。主要研究干旱和氮添加如何交互影响土壤生物地球化学过程等。

集水区：2008 年，在三个典型森林分别设置面积约 1500 m² 的封闭型功能集水区，在旁设立高出林冠 5 m 的雨量杆，雨量杆顶端放置自记雨量计，进行大气降水的测定。定量研究不同演替阶段森林生态系统结构、生物量、生产力与水文学过程及养分循环过程的关系。

树干液流：2010 年，在季风林、五棵松针阔叶林、客座公寓后针阔叶林中，选择 3 ~ 4 个优势树种，按照同一树种不同胸径大小的系列选择一定数量的个体安装树干液流探针进行测定（Otieno et al., 2014, 2017），2017 年又在季风常绿阔叶林增加了小个体优势树种的树干液流监测。探讨树种在不同生境的蒸腾耗水特征及其水分利用效率，揭示树种个体或种群对生境变化的适应策略。

全球碳循环研究：2016 年开始进行森林凋落物分解和同位素示踪实验，试图揭示和阐明在森林群落演替过程中土壤有机碳的积累机制。选取不同演替阶段的主要优势物种幼苗,利用连续标记法进行 ^{13}C 添加标记,待植物体 $\delta^{13}C$ 值稳定后,收集温室内的凋落物,摘取植物叶片和枝条,按种类分开,将不同种类的凋落物置于对应的林地进行分解,通过观测分解过程中各碳组分(凋落物、土壤、土壤呼吸及土壤溶液等) $\delta^{13}C$ 值的变化,定量分析凋落物分解过程中碳素的三个流向。

与上述监测与研究内容相配套,鼎湖山站建立了完备的远程数据采集系统以及信息管理系统。根据站的数据管理和信息化实践,结合信息化的发展趋势,建设基于互联网技术的数据监测与管理、信息服务与管理以及基于 3S 技术的数字化台站建设等(张倩媚等,2015)。

鼎湖山站联合 CERN 和 CNERN 的 13 个森林站,开展热带、亚热带季风常绿阔叶林结构与功能对气候变化的响应与适应的联网观测研究。对中国热带、亚热带季风常绿阔叶林的长期观测数据进行分析发现:自 1978 年以来,热带、亚热带生物群系中灌木和小乔木的个体数和物种数显著增加,而在同一时期乔木的个体数和物种数减少。随着该生物群系所有个体平均胸径的减小,物种组成也发生了变化。区域尺度的全球变暖和干旱胁迫很可能是造成该生物群系群落重组的原因。以上的研究结果表明,热带、亚热带季风常绿阔叶林的个体大小和种类组成正在向小型化和小乔木方向过渡。这个转化将深刻地影响该生物群系对生物多样性的保育功能。该研究弄清了季风常绿阔叶林群落结构变化对全球环境变化的响应机理,阐明在这种群落结构的变化趋势下,地带性季风常绿阔叶林碳贮量、固碳功能和水资源调蓄功能的变化趋势及其与群落结构的相互联系,探索地带性季风常绿阔叶林结构功能的趋势性变化对该区域陆地生态系统关键生态过程的调控作用,量化全球环境变化对该区域森林生态系统服务功能的影响大小(Zhou et al., 2014)。

从 2013 年起,在南亚热带的鼎湖山、中亚热带的韶关英德以及亚热带与温带交错区的鸡公山,布置了大型的增氮试验平台,研究氮沉降对森林群落结构、固碳和水资源调节过程的影响。以上实验条件及科研基础均为深入季风常绿阔叶林的科学研究提供了有利条件。

13.2 季风常绿阔叶林及其演替系列
生态系统关键过程及变化趋势

在森林生态系统演替进展中其结构和功能特征会发生明显变化,季风常绿阔叶林及其演替系列生态系统关键过程对环境变化的适应性研究有重要科学价值。生态系统的各个过程(土壤碳组分的构成、微生物结构组成、种群动态、群落组成、碳、氮、水耦合等生物地化循环过程等)会通过生态系统内部调整而适应外界的干扰,从而维持系统各阶段的相应功能,降低外部环境变化带来的不利影响,生态系统的适应性均是生态系统过程产生适应的结果。以下阐述季风常绿阔叶林及其演替系列生态系统关键过程及变化趋势。

13.2.1 该区域的全球气候变化特征及趋势

13.2.1.1 广东南亚热带地区气候特征

广东属于东亚季风区,从北向南分别为中亚热带、南亚热带和热带气候,是我国光、热和水资源最丰富的地区之一。其中南亚热带地区年平均气温在 22.0 ℃左右,年总降水量为 1770 mm, 其中干季(10月至次年3月)、湿季(4—9月)分别占 1384 mm(78.2%)和 386 mm(21.8%)。从 1950—2006 年的长期监测数据分析发现,近半个世纪以来,南亚热带地区年平均降水量、潜在蒸散量,以及干季、湿季平均降水量、潜在蒸散量均没有发生显著的改变(图 13.2)。

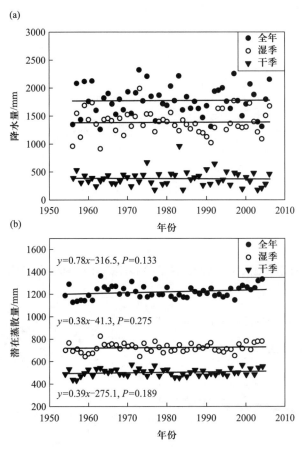

图 13.2 广东南亚热带地区降水量和潜在蒸散量变化趋势(Zhou et al., 2010)

13.2.1.2 鼎湖山地区气候特征及趋势

自 20 世纪 50 年代以来,鼎湖山地区年平均气温($P<0.001$)、平均最高气温($P=0.003$)以及平均最低气温($P<0.001$)在年际尺度上显著升高,约为 1.0 ± 0.1 ℃。此外,年平均气温、平均最高气温以及平均最低气温的升高速率不同,表现为年平均最低气温的增速最高,约为平均最高气温升高速率的 2 倍,达 0.23 ℃·10 年$^{-1}$(图 13.3)。就干、湿季尺度而言,平均气温升高分别为 1.3 ± 0.6 ℃和 0.6 ± 0.2 ℃,平均气温、平均最低气温在时间序列上增温趋势均达到极显著水平($P<0.001$),均表现为干季增温速率显著高于湿季。平均气温在干季升高速率为湿季的 2.4 倍,平均最低气温干季增速是湿季的 3 倍,而平均最高气温干、湿季增速没有显著差异($P>0.05$)。此外,大气相对湿度无论在年际尺度,还是在干、湿季尺度上都表现为显著的降低($P<0.001$),而且干季降低速率略大于湿季(图 13.4)。其中部分原因也可能是由于温度升高引起的空气饱和含水量的值增加引起(刘效东,2015)。

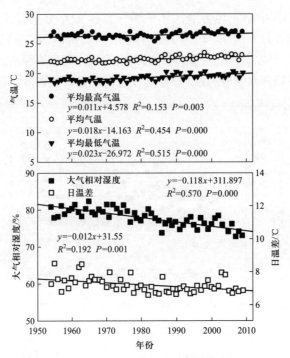

图 13.3   鼎湖山地区气温、大气相对湿度和日温差的年际变化（刘效东，2015）

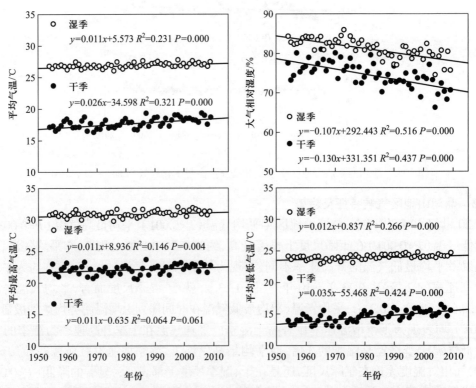

图 13.4   鼎湖山地区干季（10 月至次年 3 月）、湿季（4—9 月）平均气温、大气相对湿度、
平均最高气温和最低气温在时间序列上的趋势性变化（刘效东，2015）

13.2.1.3 季风常绿阔叶林林内气候变化趋势

季风常绿阔叶林林内气温无论全年还是干、湿季尺度上均无显著趋势性变化（$P>0.05$），其林内空气的相对湿度却在显著降低（$P=0.021$），且表现为湿季（$P=0.001$）较干季（$P>0.05$）更为明显。对于土壤湿度而言，季风常绿阔叶林林下土壤水分（上层 50 cm）在全年、干季和湿季尺度上均表现为显著降低趋势（$P<0.001$），且土壤含水量下降速率均表现为：湿季 > 干季。季风常绿阔叶林凋落物含水率在全年（$P=0.003$）和湿季（$P=0.012$）尺度上显著降低，而在干季下降趋势并不显著（$P=0.090$），这与其林内相对湿度在时间序列上相关格局一致（图 13.5）（刘效东等，2014）。

13.2.2 土壤有机碳组成随演替阶段的变化

处于不同恢复演替阶段的森林土壤有机碳组成不一致（陈小梅等，2016）。不同演替阶段森林土壤活性有机碳（颗粒有机碳、易氧化有机碳）含量差异并不显著（图 13.6），主要原因是来源于植物残体的土壤有机碳的输入与输出平衡。活性有机碳，主要来源于植物残体，周转周期短（Rovira et al., 2010）。虽然处于演替后期的季风林的年凋落物量和细根生物量高于松林，有利于土壤活性有机碳的积累，但是季风林和混交林的土壤湿度和微生物碳含量高于松林，高的土壤湿度和微生物活性促进活性有机碳的分解，不利于其积累。因此，高分解速率抵消了高植物碳源输入速率导致了三个林型活性有机碳含量差异不显著。另外，虽然松林的年凋落物量低于季风林和混交林，但是其新鲜凋落物层的含氧烷基碳（O–alkyl C）相对含量（57.03 %）高于季风林（49.10 %）和混交林（54.50 %）（图 13.7）。含氧烷基碳主要包括多糖，属于易氧化分解的碳水化合物（Alarcón-Gutiérrez et al., 2008）。松林新鲜凋落物含有更高浓度的含氧烷基碳，表明其可为土壤提供的活性有机碳组分也高。因此，在南亚热带森林植被恢复演替过程中的土壤活性有机碳含量差异不显著。森林由松林向季风林演替，土壤活性有机碳占总有机碳的比例下降（表 13.1）。活性有机碳占总有机碳的比例可以反映土壤有机碳的稳定性，在森林植被由松林向季风林演替过程中，土壤活性有机碳占总有机碳的百分比含量下降，这说明恢复演替后期的森林土壤有机碳的稳定性大于前期的森林。

处于演替后期的季风林和演替中期的混交林的惰性有机碳（不易氧化有机碳、可浸提腐殖质碳）含量显著高于松林（图 13.6），这与凋落物的 ^{13}C 核磁共振分析结果相符合（图 13.7 和表 13.2）。惰性有机碳对环境变化响应缓慢（Blair et al., 1995），其形成与凋落物碳形态结构密切相关。随着凋落物分解进行，凋落物的惰性指数增高（表 13.2）。惰性指数高意味着分解速率较慢的烷基碳（Alkyl C）和芳香基碳（Aromatic C）含量较高。在半分解层和已分解层，季风林和混交林的惰性指数高于松林，这表明随着森林恢复演替进行，微生物数量与活性增加，对容易获得的碳源需求更大，间接导致惰性碳比例的增加或者说在某种程度上保护了惰性有机碳。凋落物分解速率较慢的烷基碳和芳香基碳含量较高（Ostertag et al., 2008），有利于惰性有机碳对矿质土壤层的供给。季风林和混交林土壤具有更高的惰性有机碳含量，研究表明演替后期土壤惰性有机碳的持续积累有利于土壤总有机碳的积累。

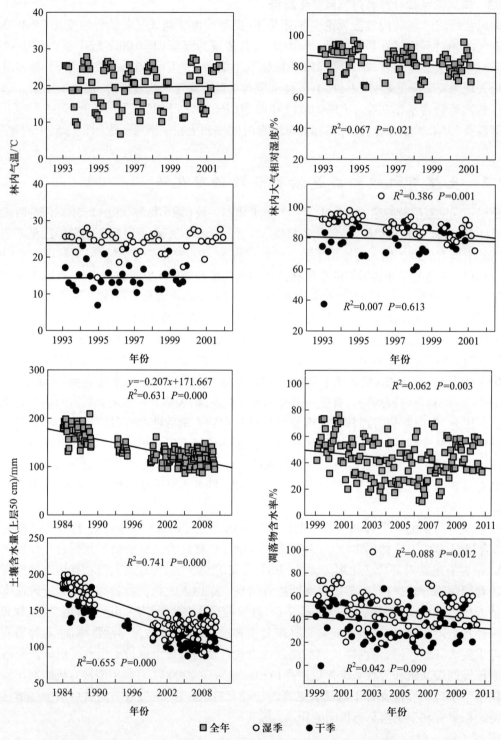

图 13.5　季风常绿阔叶林林内全年、干季（10 月至次年 3 月）、湿季（4—9 月）平均气温、大气相对湿度、
土壤含水量（上层 50 cm）和凋落物含水率在时间序列上的趋势性变化（刘效东等，2014）

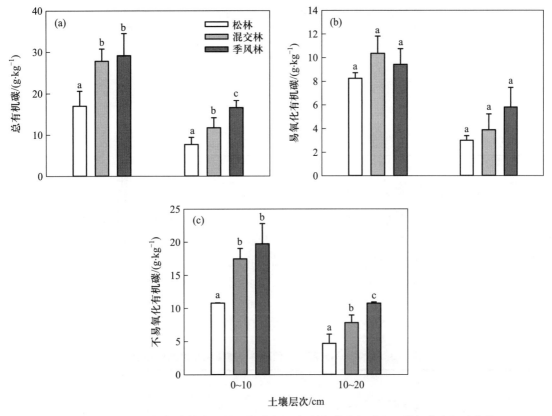

图 13.6 森林植被恢复演替序列的土壤总有机碳、易氧化有机碳和不易氧化有机碳含量

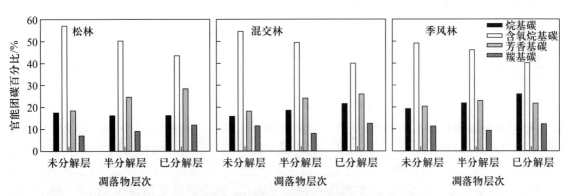

图 13.7 森林植被恢复演替序列的凋落物官能团碳百分比

表 13.1 森林植被恢复演替序列的土壤易氧化有机碳（ROC）占总有机碳（TOC）比例（%）

	松林	混交林	季风林
0~10 cm	41.60（3.87）a	37.12（1.60）ab	32.45（3.10）b
10~20 cm	39.62（6.73）a	32.47（5.76）a	34.55（5.34）a

注：括号内数字代表标准差；同行不同字母表示差异显著（$P<0.05$），相同字母表示差异不显著（$P<0.05$）。

表 13.2　鼎湖山森林植被恢复演替序列的凋落物惰性指数

凋落物层次	惰性指数 /%		
	松林	混交林	季风林
未分解层	56.18	51.64	65.56
半分解层	68.88	74.23	80.85
已分解层	80.60	90.29	90.68

13.2.3　土壤微生物组成结构随演替阶段的变化

　　土壤微生物是陆地生态系统中最活跃的部分,担负着分解动植物残体的重要使命,促进养分的循环和生物有效性,且其代谢产物也是植物的营养成分(Jenkinson, 1988)。森林土壤微生物群落主要包括细菌、真菌和放线菌三大类群,它们的数量和比例受到土壤成分和植被种类的影响。在鼎湖山不同演替阶段的森林土壤中,其微生物总数随着演替增加(周丽霞等,2002),三大菌类中细菌所占的比例最高,为总数的 81.39%~93.67%,其中季风常绿阔叶林中细菌所占比例最高(93.67%),真菌所占比例最低(3.17%),而放线菌则无显著差异(表 13.3)。

表 13.3　鼎湖山不同演替系列森林土壤微生物区系的组成

植被类型	微生物总数 /[10^6 个 $\cdot$ g^{-1}(干土)]	细菌		真菌		放线菌	
		数量	百分比 /%	数量	百分比 /%	数量	百分比 /%
马尾松林	1.168	1.034	88.53	0.0973	8.30	0.0369	3.17
混交林	1.365	1.157	84.76	0.122	8.94	0.0862	6.30
季风林	2.085	1.953	93.67	0.066	3.17	0.066	3.17

注:数据来源于周丽霞等(2002)。

　　氯仿熏蒸法是测定土壤微生物生物量碳(C_{mic})的一种研究方法,研究表明,在鼎湖山地区,微生物生物量碳随着演替而增加,演替顶极阶段的季风林表层土壤(0~10 cm)微生物生物量碳为(603.76 ± 46.18)g $\cdot$ kg^{-1},分别是演替中期混交林和演替早期马尾松林的 1.24 倍和 2.94 倍(Liang et al., 2013),且各林型中,微生物生物量碳随着土层的加深而降低。表层土壤的 C_{mic} 分布均匀,变异系数较小(15.7%~25.7%),而深层土壤 C_{mic} 的变异系数则高达 32.1%~53.1%,这主要是受根分布的影响,表层土壤根分布均一,而深层根的生物量变化较大,从而导致深层根际微生物变异较大(易志刚等,2005)。C_{mic}/SOC 是衡量土壤有机碳(SOC)积累或者损失的一个重要指标,该比值越高表示土壤碳越处于积累状态(Insam and Domsch, 1988; Mao et al., 1992)。处于演替顶极阶段的季风林,C_{mic}/SOC 为 1.95%(邓邦全和吕禄成,1986)。三种林型该值为 1.46%~5.92%,土壤碳素均处于积累之中。且随着土层的加深,C_{mic}/SOC 增加,说明深层土壤碳累积速率高于表层土壤,土壤有机碳逐渐由表层向土壤深层转移(易志刚等,2005)。

　　磷脂脂肪酸(phospholipids fatty acid, PLFAs)研究结果表明,鼎湖山不同演替阶段森林土壤微生物群落组成具有显著差异:总 PLFAs 随着森林演替而增加,位于演替顶极阶段的季风常绿阔叶林其表层 0～10 cm 总 PLFAs 为（38.2±6.2）nmol·g^{-1}，分别为混交林和马尾松林的 1.55 倍和 2.43 倍，深层土壤（10～20 cm 和 20～40 cm）也具有相似的趋势（张静，2014）。总 PLFAs 在湿季显著大于干季（$P<0.05$），这可能是因为在干季，土壤温度和湿度都较低，植物的光合作用较低，生长较慢，微生物活性受到了一定的抑制（Devi and Yadava，2006）。真菌和细菌的 PLFAs 变化趋势和总 PLFAs 的变化趋势一致，季风林中高的土壤有机质含量可能是其细菌、真菌 PLFAs 高的原因。但真菌/细菌在混交林中最高，这可能与混交林中高的土壤 C∶N 有关（Bailey et al.，2002）。其次，表征丛枝菌根真菌 16∶1ω5 也随着森林演替增加，AMF 能够促进植物对 N、P 吸收（Smith and Read，2008），而在南亚热带地区，P 极度缺乏，尤其是在演替顶极阶段的季风林（Huang et al.，2013），因此随着演替增加的丛枝菌根在一定程度上缓解了土壤 P 元素的匮乏。而革兰氏阴性菌在马尾松林含量最低，革兰氏阳性菌则正好相反，使得革兰氏阴性菌/革兰氏阳性菌在马尾松林显著低于季风林和混交林，而革兰氏阴性菌/革兰氏阳性菌是用来指示有机质中微生物群落的营养状况，其比值降低意味着微生物从富营养环境转变到贫营养环境（Kourtev et al.，2002）。本研究中，该比值与凋落物初始 C∶N 显著负相关，季风林和混交林该比值较高，说明演替中后期土壤微生物群落营养状况良好。

微生物对环境响应敏感，环境因子微小的变化都会引起微生物群落结构的巨大调整。研究表明，鼎湖山不同演替阶段森林施 P 后，总 PLFAs、细菌 PLFAs 和真菌 PLFAs 在成熟林显著增加，但是在混交林和马尾松林对磷添加响应不明显（Liu et al.，2014）。而施 N 则增加了真菌的 PLFAs，降低了一些革兰氏阴性菌（如 16∶1ω7 和 18∶1ω7），同时代表 NH_4 氧化和 NO_2 氧化的革兰氏阴性菌 16∶1ω7c 和 18∶1ω7c 的相对丰度也降低了。革兰氏阳性菌在同时施加氮磷样地要显著高于对照和施氮样地。另一方面，革兰氏阴性菌在对照样地显著高于施氮和同时施加氮磷样地。革兰氏阴性菌的变化主要表现在单一不饱和脂肪酸 16∶1ω7c 和 18∶1ω7c 的相对百分比在施氮后显著降低。在本研究区域，酸沉降严重，当加酸处理后，降低了季风林和混交林土壤中总的微生物量，但对马尾松林微生物生物量碳则影响不显著（Liang et al.，2013）。微生物对环境变化的响应为预测环境变化对生态系统的影响提供了指示。

13.2.4 生态系统碳循环与碳库动态过程变化趋势

森林生态系统的碳库可以分为植被、植物残体和土壤三部分。以永久样地监测为对象，对鼎湖山森林生态系统碳库及其动态进行了系统的研究（周国逸等，2005；Zhou et al.，2006；唐旭利等，2003；唐旭利和周国逸，2005；官丽莉等，2004；Zhou et al.，2007）。采用涡度相关和静态箱法，对鼎湖山典型森林生态系统碳通量进行了研究（王春林等，2006，2007a，2007b；周存宇等，2004；张德强等，2006；Yan et al.，2009，2013a，2013b）。

13.2.4.1 森林生态系统 CO_2 通量

采用开路涡度相关方法，对南亚热带常绿针阔叶混交林进行生态系统尺度的 CO_2 通量长期定位观测。利用连续观测资料，分析 CO_2 通量时间变化特征及其受环境因子的制约关系，并估算了生态系统碳收支动态。

（1）碳通量日变化和季节动态

光合作用由光能驱动，呼吸作用主要受土壤温度和气温影响，CO_2 净生态系统交换（net ecosystem exchange，NEE）日变化受光合有效辐射（PAR）、土壤温度（T_{s05}）、冠层气温（T_a）共同控制（图 13.8；王春林等，2006）。

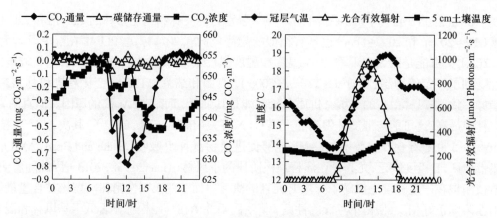

图 13.8　鼎湖山常绿针阔叶混交林冠层上方 CO_2 通量和环境因子的日变化（王春林等，2006）

白天 CO_2 通量与 PAR 的关系如图 13.9，NEE 随着 PAR 的增加呈增大的趋势。根据 Michaelis–Menten 模型拟合，发现光能利用效率 α 介于 0.001~0.004 mg $CO_2 \cdot \mu mol^{-1}$ Photons，且未出现明显的季节变化特征。

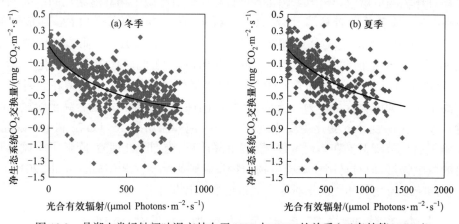

图 13.9　鼎湖山常绿针阔叶混交林白天 NEE 与 PAR 的关系（王春林等，2006）

由 Michaelis–Menten 模型反演常绿针阔叶混交林的平均生态系统呼吸 R_{eco} 为（0.13 ± 0.06）mg $CO_2 \cdot m^{-2} \cdot s^{-1}$，与静态箱法得出的结果（周存宇等，2005；Tang et al.，2006）相符。由 R_{eco}、NEE 计算生态系统总初级生产力（GPP），从图 13.10 可以看出，R_{eco} 变化范围为 65.4 ~ 130 g $C \cdot m^{-2}$，最低值出现在 1—2 月，最高值出现在 7—8 月，R_{eco} 的季节变化趋势与土壤温度的季节动态一致。月平均 NEE 为（-43.2 ± 29.6）g $C \cdot m^{-2}$，9—11 月 NEE 较强，而在 7 月、8 月由于气温高，导致生态系统呼吸作用加剧，且对光合吸收 GPP 产生一致作用，因而 CO_2 净吸收能力反而不高。一年中，绝大多数月份 NEE 为负值，表明南亚热带常绿针阔叶混交林全年具有较强的碳汇功能，2003 年、2004 年 NEE 总量分别为 -563 g $C \cdot m^{-2}$，-441.2 g $C \cdot m^{-2}$（王春林等，2006）。

（2）森林生态系统 CO_2 通量年际动态

利用连续通量观测数据，我们发现生态系统呼吸（ER）具有很强的季节性，2003—2009 年期间雨季平均 ER 为（652 ± 32）g $C \cdot m^{-2}$，是旱季（323 ± 28）g $C \cdot m^{-2}$ 的 2 倍多。雨季平均土壤呼吸（SR）比旱季高 136.4%。雨季、旱季的平均 GPP 分别为（790 ± 48）g $C \cdot m^{-2}$ 和（575 ± 39）g $C \cdot m^{-2}$，雨季 GPP 比旱季高 37.5%（图 13.11）。

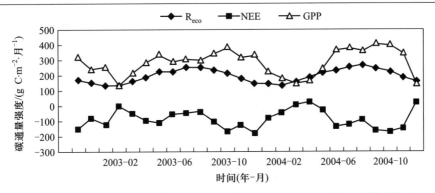

图 13.10 鼎湖山常绿针阔叶混交林逐月生态系统呼吸（R_{eco}）、CO_2 净生态系统交换（NEE）、
初级生产力（GPP）的年变化（王春林等, 2006）

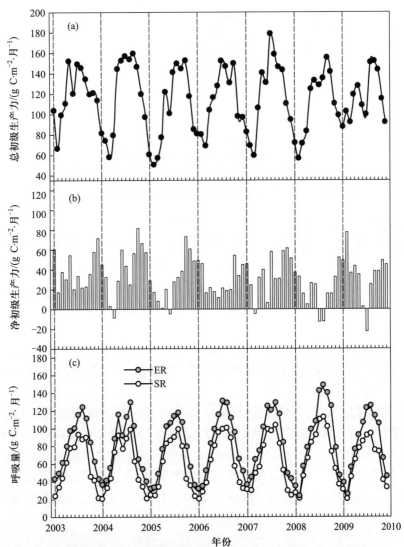

图 13.11 鼎湖山森林生态系统 2003—2009 年总初级生产力（a）、净生产力（b）、
生态系统呼吸（ER）和土壤呼吸（SR, c）的动态变化（Yan et al., 2013b）

2003—2009 年,年均生态系统呼吸变化介于 905(2003 年)~1075(2008 年)g C·m^{-2}·年$^{-1}$,生态系统总初级生产力介于 1254(2005 年)~1431(2003 年)g C·m^{-2}·年$^{-1}$,生态系统净生产力(NEP)介于 230(2008 年)~489(2004 年)g C·m^{-2}·年$^{-1}$。旱季 NEP 比雨季 NEP 高 81.4%。湿润年份生态系统呼吸 ER 较强,而总初级生产力 GPP 较弱。反之,干旱年份 ER 较弱 GPP 较强(图 13.12),因而干旱年份系统的固碳能力更强。GPP 和生物量增长不是本地区成熟森林 NEP 的决定因素,而受降水驱动的生态系统呼吸和土壤呼吸决定了南亚热带成熟森林 NEP 的大小。

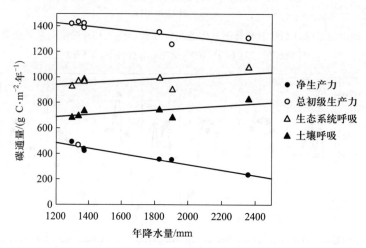

图 13.12　2003—2009 年生态系统碳通量与降水的关系(Yan et al., 2013b)

13.2.4.2　森林生态系统碳库动态

以鼎湖山站永久样地为基础,在长期监测资料的基础上,系统地分析了季风常绿阔叶林及其演替系列森林植被、凋落物、土壤的碳储量及动态,并对生态系统固碳趋势进行了分析。

三种不同演替状态森林生态系统有机碳在植被、枯死有机物和土壤碳库中的分配格局相似,土壤 > 植被 > 枯死有机物质(表 13.4),土壤是各演替阶段森林碳库的主体。

(1)植被碳库

鼎湖山森林植被碳密度高于全国的平均水平(方精云和陈安平,2001;周玉荣等,2000),阔叶林的植被碳密度接近我国热带阔叶林的平均碳密度 115.30~128.10 Mg C·hm^{-2}(王绍强等,1999)。

植被碳密度因样地而异,总体上呈季风常绿阔叶林 > 针阔叶混交林 > 马尾松林的趋势(表 13.5)。从数量上看,个体数量随径级的增大而减少,而碳密度则随径级的增大而增加。小径级(DBH<10 cm)个体占有绝对优势,在各样地中所占的数量比都超过 90%。但是它们对碳密度的贡献较小,在 3.2%~7.4%。大径级个体数量虽少,但在整个群落的碳密度上却起着举足轻重的作用,如在阔叶林中,胸径超过 40 cm 的个体仅 37 株,但它们的碳密度占整个群落碳密度的 71%。

表 13.4　2004 年季风常绿阔叶林演替系列三种主要森林生态系统碳密度（唐旭利，2006）

	马尾松林	混交林	阔叶林
地上部分植被碳密度 /（mg C·hm⁻²）			
树干	26.14 ± 2.53	31.30 ± 1.7 ~ 54.26 ± 6.2	70.93 ± 13.08
树枝	13.29 ± 1.55	14.77 ± 0.91 ~ 29.63 ± 4.32	39.01 ± 8.81
树叶	2.24 ± 0.19	2.72 ± 0.13 ~ 4.44 ± 0.40	2.62 ± 0.19
地下部分植被碳密度 /（mg C·hm⁻²）			
根系	10.80 ± 1.17	12.06 ± 0.71 ~ 23.35 ± 3.17	24.83 ± 4.74
枯死有机物质碳密度 /（mg C·hm⁻²）			
凋落物（落叶和直径 <2.5 cm 的细枝）	2.97	3.70	2.99
细木质残体（2.5 cm≤直径 <10 cm）	0.03 ± 0.01	0.39 ± 0.09 ~ 3.02 ± 0.44	1.24 ± 0.12
粗死木质残体（直径 >10 cm）	0.22 ± 0.07	3.65 ± 1.46 ~ 16.07 ± 4.3	17.15 ± 2.76
土壤有机碳密度 /（mg C·hm⁻²）			
表层土壤（0 ~ 20 cm）	57.96	52.01	78.67
深层土壤（20 ~ 80 cm）	42.05	53.53	86.53
生态系统碳密度 /（mg C·hm⁻²）	155.68	173.74 ~ 231.2	323.96
植被碳密度 / 生态系统碳密度 /%	33.7	35 ~ 48.2	42.4

表 13.5　季风常绿阔叶林演替系列不同森林植被碳密度及径级结构（唐旭利，2006）

径级 /cm	密度 /（株·hm⁻²）	平均胸径 /cm	平均碳密度 /（Mg C·hm⁻²）
	马尾松林样地		
1≤DBH<10	2975	2.7 ± 1.5	4.65 ± 3.39
10≤DBH<20	265	15.6 ± 2.8	15.60 ± 8.22
20≤DBH<30	159	24.0 ± 2.9	23.64 ± 14.76
30≤DBH<40	140	33.5 ± 2.8	41.51 ± 19.92
DBH>40	1	43.3	58.22
	旱坑混交林样地		
1≤DBH<10	3750	2.8 ± 2.1	8.89 ± 3.17
10≤DBH<20	542	14.1 ± 2.4	24.28 ± 11.82
20≤DBH<30	167	24.7 ± 2.2	26.42 ± 11.17
30≤DBH<40	125	33.9 ± 2.8	45.95 ± 27.23
DBH>40	17	43.3 ± 2.1	58.38 ± 7.65

径级 /cm	密度 /(株·hm^{-2})	平均胸径 /cm	平均碳密度 /(Mg C·hm^{-2})
五棵松混交林样地			
1≤DBH<10	3475	3.6 ± 2.2	12.33 ± 4.06
10≤DBH<20	400	13.7 ± 2.9	17.58 ± 9.48
20≤DBH<30	275	23.7 ± 2.6	36.28 ± 17.77
30≤DBH<40	100	33.5 ± 2.8	39.64 ± 15.38
DBH>40	33	42.7 ± 2.3	75.14 ± 40.20
飞天燕混交林样地			
1≤DBH<10	3290	2.9 ± 2.0	7.70 ± 4.20
10≤DBH<20	434	14.2 ± 2.8	21.39 ± 13.62
20≤DBH<30	157	23.9 ± 2.8	24.75 ± 15.22
30≤DBH<40	33	33.0 ± 2.4	31.32 ± 12.40
DBH>40	7	42.5 ± 2.3	55.55 ± 8.26
阔叶林样地			
1≤DBH<10	3062	3.4 ± 2.2	10.35 ± 3.38
10≤DBH<20	178	13.6 ± 2.7	10.63 ± 4.39
20≤DBH<30	58	24.4 ± 2.9	9.16 ± 6.67
30≤DBH<40	33	33.9 ± 2.9	13.56 ± 12.87
40≤DBH<50	21	44.0 ± 2.6	16.12 ± 2.37
50≤DBH<60	2	50.9 ± 0.9	10.87 ± 1.49
60≤DBH<70	5	64.8 ± 2.7	6.45 ± 2.23
70≤DBH<80	2	74.8 ± 1.7	4.29 ± 1.68
80≤DBH<90	2	86.5 ± 4.9	12.30 ± 2.61
DBH>100	5	115.6 ± 20.9	49.39 ± 3.82

（2）凋落物碳库动态

鼎湖山季风常绿阔叶林、针阔叶混交林、马尾松林的多年平均凋落物产量分别为 849 g·m^{-2}、861 g·m^{-2}、356 g·m^{-2}。凋落物产量差异体现了森林演替和生长格局的变化趋势。受降水和气温的影响，凋落物输入存在明显的季节性，雨季（4—9 月）凋落物产量高于旱季（10 月至次年 3 月）（Zhou et al., 2007；官丽莉等，2004）（图 13.13）。

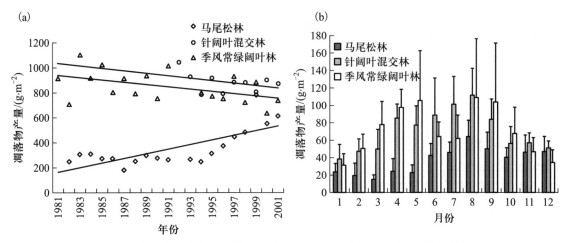

图 13.13　鼎湖山季风常绿阔叶林及演替系列的马尾松林、针阔叶混交林凋落物产量
年动态（a）和季节动态（b）（Zhou et al., 2007）

（3）土壤碳动态

以土壤有机质的长期监测资料为基础，周国逸等（2005）估算出 1978—2002 年季风常绿阔叶林、针阔叶混交林和马尾松林的土壤有机碳的年平均增长速率分别为（383 ± 97）$g \cdot m^{-2} \cdot$ 年 $^{-1}$、（193 ± 85）$g \cdot m^{-2} \cdot$ 年 $^{-1}$ 和（213 ± 86）$g \cdot m^{-2} \cdot$ 年 $^{-1}$（周国逸等，2005）（图 13.14）。针阔叶混交林和马尾松林土壤有机碳储量增长速率加快；季风常绿阔叶林自 1996 年后有机碳增长速率逐渐减小，逐步接近土壤有机碳储量饱和值（周国逸等，2005）。

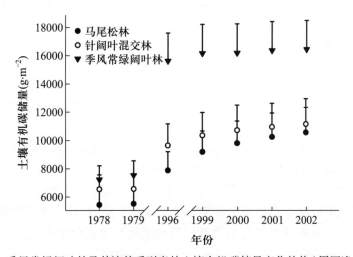

图 13.14　季风常绿阔叶林及其演替系列森林土壤有机碳储量变化趋势（周国逸等，2005）

碳库动态和通量监测的结果均证明鼎湖山季风常绿阔叶林及其演替系列森林具有较强的固碳能力（Yan et al., 2013a, 2013b；Zhou et al., 2006），处于演替顶极的季风常绿阔叶林植被固碳速率趋于稳定，生态系统净初级生产力（NEP）受呼吸调控（Yan et al., 2013a, 2013b），但成熟森林土壤具有丰富的碳源，植物输入土壤的碳比例增加（Zhou et al., 2007, 2008；Yang et al., 2010；唐旭利和周国逸，2005），因此，成熟森林土壤持续积累有机碳（Zhou et al., 2006）。

13.2.5　生态水文过程变化趋势

气候变化与土地利用／覆盖变化的生态水文响应是生态水文学中的重要研究内容，也是致力于解决流域经济、社会和环境可持续发展的基础科学问题之一（程国栋等，2010）。在流域尺度上，气候及土地利用／覆盖变化对水文过程影响的结果，就会直接导致水资源供需关系发生变化，从而对流域生态、环境以及经济发展等产生重要的影响（王根绪等，2005）。基于定位站前期已发表成果，本节从气候变化影响下的生态水文响应以及森林演替过程中的生态水文响应两个方面进行总结。

13.2.5.1　气候变化影响下的生态水文响应

气候变化影响下的流域生态水文响应是水文学、生态学等学科研究的前沿课题。气候变化通过改变降水、气温、蒸散以及植被状况等对陆地水文循环产生重要影响（Ficklin et al., 2009；Wu et al., 2012），并最终导致区域水热环境及潜在水资源状况发生深刻变化。然而，长期以来，由于气候变化和土地利用变化的耦合作用，使得在没有排除土地利用变化背景下单独量化气候变化影响水文过程的相对贡献比较困难（Koster and Suarez, 2003；Qiu, 2010；Wei and Zhang, 2010；Zhou et al., 2010）。鼎湖山自然保护区分布着南亚热带地带性顶极群落季风常绿阔叶林，其在过去的 60 年间未受任何扰动。在排除了土地利用变化干扰条件下，通过对鼎湖山流域大气降水、气温、土壤水分、径流以及地下水位等的长期监测，结合 SWAT 模型在流域水文过程方面的模拟，系统阐明了气候变化尤其是气温升高和降水格局变化如何影响该区域土壤水分动态及其他水文变量（图 13.15）。1950—2009 年，年降水量在时间序列上尽管无明显变化，但流域土壤水分含量显著降低。2000—2009 年，月最低 7 日径流量显著降低，同时湿季最大日径流量以及浅水层地下水位显著升高。土壤水分含量以及小流量径流的显著降低态势表明该流域总体向干旱化趋势发展。湿季暴雨形式降水的增加以及干季无雨日数的增多会同时导致干旱和洪涝发生概率的增加。气候变化加剧了该流域极端水文事件的发生（如干旱、洪涝）（Zhou et al., 2011）。

13.2.5.2　森林演替过程中的生态水文响应

森林植被通过根系吸水和气孔蒸腾对水文过程产生直接作用，同时也通过其垂直方向的冠层结构和水平方向的群落分布对降雨、下渗、产汇流以及蒸散过程产生间接影响，形成了森林植被对水文过程的复杂作用（杨大文等，2010）。不同演替阶段的森林类型结构、组成不同，进而表现为生态水文过程响应、水资源调控及水文服务功能的差异。

林冠层是降水进入生态系统后的第一作用层，经过林冠层截留，降水量、强度及分布等发生显著变化，进而影响水分在生态系统中的整个循环过程。此外，林冠层截留蒸发作为生态系统蒸散的重要组成部分，在森林水热过程及其生态功能研究等方面历来受到较多关注（Li et al., 2016）。鼎湖山主要森林类型的林冠层截留方面研究开展较早，连续性较好。吴厚水等（1998）报道了 1985—1986 年南亚热带地带性顶极群落季风常绿阔叶林林冠层年平均截留率为 25.5%。黄忠良等（1994）和闫俊华等（2003）报道了 1989—1990 年和 1993—1999 年季风常绿阔叶林年平均截留率分别为 24.7%、31.8%。基于实测数据，周传艳等（2005）对鼎湖山 3 种不同演替阶段的森林类型截留率进行了估算，演替初期阶段马尾松人工林、演替中期马尾松针阔叶混交林、顶极群落季风常绿阔叶林林冠层年平均截留率（1998—2003 年）分别为 14.7%、25.2% 和 31.8%（表 13.6）。

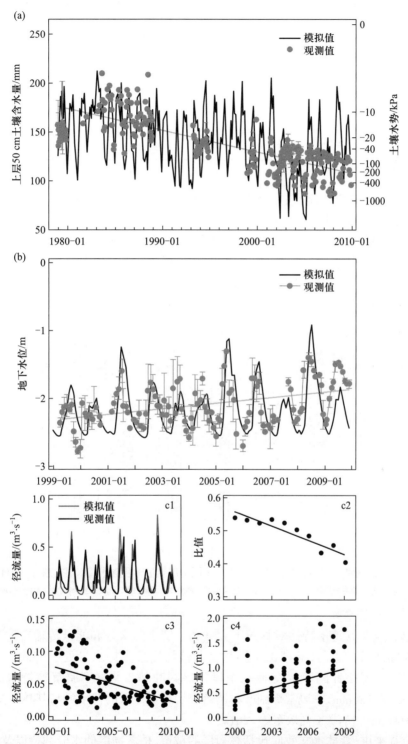

图 13.15　土壤含水量（a）、地下水位（b）以及径流统计指标（c1–c4）的变化趋势：c1: 径流量；c2: 干季径流量与降水量的比值；c3: 月最低 7 日径流总量；c4: 5—6 月最高 10 日的日径流量（Zhou et al., 2011）

表 13.6   鼎湖山 3 种不同演替阶段的森林类型降水的林内分配状况（1998—2003 年）

森林类型	马尾松人工林	马尾松针阔叶混交林	季风常绿阔叶林
降水量 /%	100.0	100.0	100.0
穿透雨 /%	83.4 ± 9.2	68.3 ± 8.6	59.9 ± 3.5
树干茎流 /%	1.9 ± 1.1	6.5 ± 1.6	8.3 ± 1.1
林冠层截留 /%	14.7 ± 9.3	25.2 ± 8.7	31.8 ± 3.7

注：周传艳等，2005。

土壤是森林生态系统水分的主要蓄库（周国逸，1997）。基于鼎湖山 3 种不同演替阶段森林土壤含水量的长期监测数据显示：由演替初期阶段马尾松人工林→演替中期阶段马尾松针阔叶混交林→演替顶极阶段季风常绿阔叶林的 3 种林分，虽然相距很近且有关环境因子一致，但林型间不同土层的土壤体积含水量差异显著，伴随演替进程森林土壤含水量逐步增加（图 13.16），季风常绿阔叶林 0~40 cm 土壤具有最高的饱和含水量，且在相同基质吸力条件下不同类型土壤含水量亦表现为演替后期林型较高（刘效东等，2011；Zhou et al.，2004）。

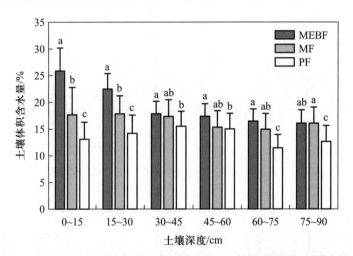

图 13.16   3 种不同演替阶段的森林类型不同土层土壤体积含水量（刘效东等，2011）

注：平均值 ± 标准偏差，同一土层具有不同字母的差异显著（$P<0.05$）。MEBF，季风常绿阔叶林；MF，马尾松针阔叶混交林；PF，马尾松人工林。

森林凋落物层及其持水特性对林冠下大气和土壤之间水分和能量传输有重要影响（任海等，1998）。伴随演替的进行，鼎湖山不同林型凋落物层最大持水量处于 13.68~50.10 t·hm^{-2}，马尾松人工林、马尾松针阔叶混交林和季风常绿阔叶林 3 种林型凋落物持水深分别约为：5.0 mm、2.8 mm 和 1.4 mm，季风常绿阔叶林凋落物层相对最低的持水量与其林下凋落物的最小现存量（10.40 t·hm^{-2}）有关（刘效东等，2013）。

从发生过程来讲，森林水文效应包括林冠层的截留、枯落物层的水分截持以及土壤层产流、下渗等作用过程，并深刻体现于森林生态系统的产流过程及产水量特征。Yan 等（2015）对鼎湖山 3 种不同演替阶段林型径流量监测数据的分析表明：2009—2012 年，马尾松林、针阔叶混交林和季风常绿阔叶林监测年径流量分别为（746±162）mm、（754±130）mm 和（776±214）mm，随演替的进行森林径流量呈上升趋势，但林型间差异不显著（图 13.17）。不同林型间干、湿季径流差异达到显著水平，季风常绿阔叶林与马尾松林相比，前者干季径流总量达到后者干季径流总量的 9 倍。从不同林型径流变异系数来看，马尾松林、针阔叶混交林和季风常绿阔叶林月径流量变异系数分别为 127%、103% 和 81%，径流变异系数随演替的显著降低趋势表明了顶极群落季风常绿阔叶林生态系统优越的水分调蓄功能。

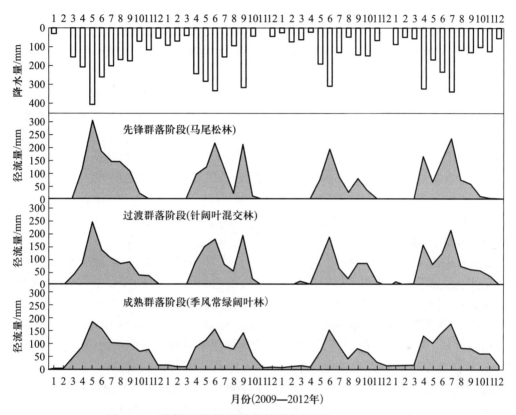

图 13.17　鼎湖山不同演替阶段林型径流量（Yan et al.，2015）

　　气候变化（尤其是增温和降水格局的改变）通过改变水分的输入、输出过程与通量直接或间接影响着地表生态水文过程，引发洪水和干旱峰值和强度的变化，并最终引起流域其他相关生态过程的变化。在气候变暖与降雨格局"极端化"背景下，鼎湖山小流域水热环境趋于"干热化"，并引发该地区顶极森林群落系统结构的深刻性改变（Zhou et al.，2013）。气候变化与植被覆盖变化能从多个层次上影响降水、蒸散和径流，对水资源进行再分配从而影响水文循环全过程。整体上，伴随自然演替的进行，森林系统水热环境逐步"中生化"，生态水文功能不断增强。

13.2.6　生态系统氮、磷循环过程变化趋势

　　氮、磷作为植物生长必需的大量矿质元素，是陆地生态系统初级生产力最主要的限制性因子（Güsewell，2004）。在全球变化加剧的背景下，生态系统碳、氮、磷等关键元素的生物地球化学循

环已成为当前生态学研究的热点问题。生态系统氮、磷循环的速率过程和格局各有其特点,并受气候、植被、土壤以及系统自身发展与演替等因素的影响。季风常绿阔叶林作为中国南方最重要的地带性森林,其氮、磷循环过程一直倍受关注,对它们循环过程的理解有助于深入了解生态系统功能与服务。

13.2.6.1　氮循环

由于氮素通常被认为是生态系统中最容易耗竭和植物正常生长不可缺少的必需元素,其生物地球化学循环过程一直是被关注的焦点,特别是有关森林土壤的氮素转化与循环过程。森林土壤作为森林生态系统中最重要的氮库,其氮素转化与循环不仅是氮素生物地球化学循环的重要组成部分,也是系统中最重要和最活跃的过程(陈伏生等,2004)。鼎湖山的氮循环研究基本上可以分为两个阶段,即传统氮循环研究阶段和新时期氮循环研究阶段。

传统氮循环研究阶段(1960—2000 年):本阶段氮循环研究进展缓慢,到了后期才得到了较系统的关注。对森林系统氮循环的关注最早起始于对氮素转化的生化活性研究。如陈家平和陈晓雯(1963)发现,自然林的土壤氮素转化强度要高于人工林的强度,与土壤总氮含量密切相关;另外,随着土层加深,转化强度减弱。在 20 世纪 90 年代初,莫江明等对鼎湖山三个不同演替阶段森林的氮素有效性进行了较系统的研究,他们发现季风林总氮状态最高,依次是混交林和针叶林;季风林和混交林土壤的有效氮(NH_4^+-N 和 NO_3^--N,以 NH_4^+-N 为主)显著高于处于人为干扰下的针叶林(收获林下层和凋落物);最后得出森林演替 / 恢复可以显著提升土壤有效氮水平的结论(Mo et al., 2003)。

随后氮素的水文学过程开始受到关注,大气降水、穿透雨、树干茎流、地表水和渗透水中的氮素动态变化受到关注(黄忠良等,1994,2000;周国逸和闫俊华,2001)。这些研究表明,鼎湖山自然保护区至少自 20 世纪 90 年代开始就经历了高氮沉降输入,如 1989—1990 年和 1998—1999 年的降水氮沉降分别为 35.6 kg N·hm^{-2}·年$^{-1}$ 和 38.4 kg N·hm^{-2}·年$^{-1}$(黄忠良等,1994;周国逸和闫俊华,2001)。与此同时,氮素的生物地球化学过程也受到重视,即氮素由植被 – 凋落物 – 土壤 – 植被的循环流动过程(翁轰等,1993;莫江明等,1994,1999),以及凋落物分解中的氮素归还过程(莫江明等,1996;张德强等,2000)。如莫江明等(1994)研究了鼎湖山亚热带季风常绿阔叶林优势群落 20 种主要植物中氮素的分布、积累和生物循环特征后发现,该植物群落总贮氮量是 1021 kg N·hm^{-2},群落中植物吸收氮量为 216 kg N·hm^{-2}·年$^{-1}$,归还量 172 kg N·hm^{-2}·年$^{-1}$,存留量 43 kg N·hm^{-2}·年$^{-1}$;氮素循环系数为 0.80,周转期 5.9 年。这些结果表明,处于演替顶极阶段的常绿阔叶林氮素归还量大,循环系数高,周转期短,反映了南亚热带地区物质循环快速旺盛的特点,也表明了群落处于生长盛期。相反,处于演替初级阶段的马尾松林的氮素利用系数低(0.16),循环系数大(0.83)、周转期长(7.8 年)(莫江明等,1999)。

新时期氮循环研究阶段(2001 年至今):为鼎湖山氮循环研究的快速发展阶段,特别是在全球变化背景下,在该阶段生态学者们充分掌握了国际上的最新研究进展和动态。20 世纪 90 年代初(1989—1990 年),鼎湖山森林生态系统地球化学循环中氮素输入量每公顷每年就高达 35 公斤(35 kg N·hm^{-2}·年$^{-1}$)。如此高的大气氮沉降量竟与欧美工业发达地区的高氮沉降水平相当,而且也远远超出温带和北方森林植被变化的临界负荷值:10 ~ 20 kg N·hm^{-2}·年$^{-1}$(Bobbink et al., 2010),但是在当时并没有引起足够重视。直至 2002 年,氮沉降全球化的问题才开始受到关注。莫江明研究员及其团队在鼎湖山建立了我国首个野外森林生态系统长期氮沉降研究样地,极大地推动了鼎湖山森林生态系统的氮循环研究(Mo et al.,2006,2008;Liu et al.,2011;Lu et al.,2014,2015)。该阶段研究的一个明显特征是具有氮沉降的印记,涉及氮循环方面的主要研究内容包括土壤氮素矿化与转换(Fang et al.,2006;欧阳学军等,2007)、氮素淋失动态(Fang et al.,2008,2009a,2009b;Lu et al.,2009,2013)、凋落物分解(Mo et al.,2006,2007a,2007b)、温室气体 N_2O 排放动态(Tang et al.,2006;Zhang et al.,2008),以及 ^{15}N 同位素去向(Koba et al.,2010;Gurmesa et al.,2016)等。凋落物分解研究表明,鼎湖山季风林由于经历了长期高氮沉降的输入以及森林本身的发育(成熟林),已达到"氮饱和"(N-saturated);然而处于演替初期阶段的针叶林和中期阶段的混交林,由于先前的土地干扰历史等人为原因则处于相对"氮限制"(N-limited)阶段(Mo et al.,2006)。有关氮沉降的实验研究表明,氮输入增加显著增加了土壤有效氮,促进了氮素流失和 N_2O 的排放,"氮饱和"的成熟林比低氮状态针叶林和混交林的森林响应更加敏感。最近的 ^{15}N 同位素示踪研究表明,"氮饱和"的成熟林生态系统仍然是不可忽视的"氮汇",该研究并进一步完善了热带亚热带森林生态系统氮素循环理论,对于全球或区域的碳、氮评估具有重要意义(Gurmesa et al.,2016)。未来氮循环的研究,正逐渐由现象和格局深入到过程和机制方面。

13.2.6.2　磷循环

关于磷素循环,相关的研究比较少,前期研究主要关注水文学过程中磷素的动态(黄忠良等,2000;周国逸和闫俊华,2001),以及系统各组分中磷素的含量(翁轰等,1993;莫江明,2005;莫江明等,1999,2000,2003)。鼎湖山磷素的输入和输出都远远低于氮素,如1993—1995年期间黄忠良等(2000)发现大气降水中磷素的输入为 4.79 kg P·hm^{-2}·年$^{-1}$(氮素为 35.29 kg N·hm^{-2}·年$^{-1}$),地表径流中的磷输出通量为 2.09 kg P·hm^{-2}·年$^{-1}$(氮素为 28.35 kg N·hm^{-2}·年$^{-1}$)。鼎湖山土壤的磷含量为 0.15~0.3 mg·g^{-1}(刘兴诏等,2010),低于我国总磷含量的平均值 0.56 mg·g^{-1}(Han et al.,2005)。莫江明等(2000)对植物元素含量分配格局的分析表明,鼎湖山植物叶片磷含量的平均水平只相当于该气候带总平均水平的43%,并提出磷很可能是限制南亚热带常绿阔叶林植物生产力的最重要营养元素之一。

随着氮沉降的加剧,氮、磷耦合研究成为新时期磷循环研究最显著的特征。一个重要的科学问题就是大气氮沉降增加如何影响磷素有效性进而影响生态系统的健康和服务功能。Lu等(2012)通过对鼎湖山针叶林和混交林土壤有效磷和凋落物分解的研究,提出磷素增加可能在缓和未来氮饱和进程中扮演着重要角色。此间,氮、磷计量化学方面的研究也受到重视(刘兴诏等,2010;Liu et al.,2013)。刘兴诏等(2010)研究了南亚热带森林不同演替阶段植物与土壤中氮、磷的化学计量特征,发现鼎湖山不同演替阶段的森林土壤中氮含量和氮磷比随演替进行而增加,植物各器官中氮磷比随演替的进行也呈增加趋势。这些发现进一步表明磷可能是南亚热带森林生态系统生物生长和重要生态过程的限制因子。另外,侯恩庆(2012)从微生物学角度研究了鼎湖山森林生态系统磷素矿化特征,发现微生物和细根分别是表层凋落物和土壤中磷酸酶的重要来源,并提出氮富集可能是这些生态系统潜在磷限制的主要驱动因子。

氮、磷耦合研究的一个重要节点就是2007年莫江明研究员及其团队在鼎湖山三种森林类型建立的"长期氮、磷交互作用研究样地"（Zhang et al.，2011；Liu et al.，2012；Mao et al.，2017）。未来氮、磷循环方面的研究，除了加强过程和机制方面的研究外，还应该重视其他全球变化因子（如 CO_2 浓度升高、全球变暖、O_3 浓度增加等）的交互作用影响。

13.2.7 常绿阔叶林群落结构与物种多样性变化趋势

森林群落结构是指植物在环境中的分布及其与周围环境之间相互作用所形成的组分和构造（戈峰，2008）。广义上森林群落结构包括群落的物种组成、物种数量特征、物种多样性、种间结合、层片、生活型、生态位、群落空间结构和时间结构等。群落结构是生物和环境长时间作用下的结果（宋永昌，2001）。群落结构受环境因素决定，环境条件的变化改变了温度、水分和营养元素可利用性等生态因子。而生态因子控制着从个体到森林群落的生长、发育和繁殖。所以，环境条件的变化将改变个体的生长与死亡，种群的进展与衰退，森林群落的结构和多样性（Chapin III et al.，2002）。大量的观测和研究已经证实与工业革命以前相比，在全球尺度上大气成分、气温、降水格局、氮沉降发生了重大变化，模型模拟结果表明这种全球环境条件的改变在未来还将持续和加强（IPCC，2014）。尤其是气温上升和降水量减少或极端化诱发的干旱已经引起了包括北方森林、温带森林和热带森林的群落树木个体死亡率上升（Allen et al.，2010，2015）和森林的大面积衰退（Breshears et al.，2009；Williams et al.，2010）。

南亚热带常绿阔叶林是我国南亚热带地区的地带性植被类型，该地区是全球环境变化的敏感区域（参见13.1.2节），气候愈加干热（参见13.2.1节）。为了解在气候条件变化下南亚热带常绿阔叶林的群落结构，通过对5个南亚热带地区CERN森林生态系统野外定位研究站（包括鼎湖山站、西双版纳生态站、哀牢山生态站、会同森林站和天童站）的常绿阔叶林永久样地历史调查数据的分析，发现我国的常绿阔叶林在过去30多年的时间里正朝着灌丛化的方向演替，该趋势表现为：① 群落中大个体数量显著下降，小个体数量显著上升，群落的总个体数量显著增加，群落平均个体大小显著减小；② 群落中年龄在50年以下的个体显著增加，而年龄大于50年的个体显著下降；③ 群落中大乔木与乔木的物种数和个体数都显著减少，小乔木与灌木的物种数和个体数都显著增加（Zhou et al.，2013，2014）。鼎湖山季风常绿阔叶林群落总生物量下降或维持不变，但小个体、小乔木与灌木生物量，以及叶、根和小枝生物量都显著增加（Xiao et al.，2014）。并且通过对过去气象数据的分析，发现气温上升和降水极端化和常绿阔叶林群落个体死亡率、更新率、胸径生长速率等发生趋势性变化密切相关（Zhou et al.，2013，2014），且这种变化在功能群之间、物种之间及大小不同的个体之间是非均衡性的，这种非均衡性很可能导致了地带性常绿阔叶林向着灌丛化发展。同时，对植物功能性状的分析表明具有快速生长以及与抗旱策略相关的功能性状的植物类群个体数显著上升，从机理上解释了在气候条件变化下南亚热带常绿阔叶林植物群落结构的变化趋势（参见13.3.2节）。

而在物种多样性变化机理方面，鼎湖山站也进行了一系列的实验。鲁显楷等通过在常绿阔叶林中五年（2003—2008年）不同浓度梯度的氮添加实验，发现高氮添加（150 kg N·hm^{-2}·年$^{-1}$）显著改变了土壤pH等土壤性质，并降低了物种多样性，尤其是在林下树木幼苗和蕨类功能群（Lu et al.，2010）；黄文娟等结合增加二氧化碳浓度和氮添加的实验，发现速生种与非速生种对处理的响应并不一致,包括水分利用效率,氮、磷利用效率与植物幼苗的元素化学计量学(Huang et al., 2015a, 2015b;Li et al., 2015b);而在沿海拔梯度移位实验中,发现六种代表性物种光合作用对温度升高的响应并不一致,这种差异性与不同物种植物叶片气孔导度和光合作用能力有关(Li et al., 2016a)。这些实验都表明了常绿阔叶林植物物种对全球环境变化的响应具有差异性,这种差异性很可能引起常绿阔叶林物种多样性和群落结构的趋势性改变。总之,常绿阔叶林植物物种对全球环境变化的响应差异及机理,常绿阔叶林植物物种多样性变化对常绿阔叶林结构的影响,以及常绿阔叶林结构变化对碳固定、水循环、元素利用与循环等关键生态系统过程的影响等问题的研究有待继续深入。

13.3 季风常绿阔叶林及其演替系列生态系统关键过程演变机理分析

季风常绿阔叶林及其演替系列(马尾松林,针阔叶混交林)生态系统过程包含着许多关键过程,其中土壤有机碳的积累是陆地生态系统碳循环关键过程,季风常绿阔叶林演替过程中,鼎湖山季风常绿阔叶林(成熟林)表现出了持续积累有机碳的作用;在物种多样性的变化趋势方面,全球环境变化可能导致物种变迁,其中全球气候变化有可能使物种减少;森林演替过程或造林活动植被覆盖改变如何影响水资源,其中植物与河川径流量的关系在过去200年里一直饱受争议。以下鼎湖山站从森林生态系统进展演替过程中物种的变化、森林残体的分解、森林自氧、异氧呼吸等入手,分析了成熟森林土壤持续积累有机碳的内源驱动机制;从水热环境的改变、生物地球化学循环改变,分析了成熟森林土壤持续积累有机碳的外源驱动机制。从森林土壤环境变干、温度上升、氮沉降加剧方面,阐明了环境变化驱动功能性状改变的机理。结合多站点的长期定位观测,阐明了植被覆盖与产水量的理论机理。

13.3.1 生态系统土壤有机碳积累的驱动机制

13.3.1.1 生态系统演替对土壤有机碳积累的贡献

通过对永久样地生物量、凋落物产量、粗死木质残体、土壤有机碳等长期监测资料的分析,采用生物统计的方法(Biometric)比较不同演替阶段森林生态系统碳累积方式。结果表明,在1978—2004年,幼龄林(马尾松林)生物量增加152%,老龄林(季风常绿阔叶林)的生物量减少15%。马尾松林的个体密度增加近10倍,其变化由小乔木和灌木的数量变化决定;季风常绿阔叶林个体密度相对稳定,其变化由乔木的数量变化决定(图13.18;Tang et al., 2011;Liu et al., 2009)。

马尾松林的净初级生产力(NPP)持续增长,季风常绿阔叶林的NPP则在一定范围的波动(图13.19)。当马尾松林与季风常绿阔叶林NPP总量相当的时候,二者的NPP组成存在显著差异:马尾松林NPP主要由生物量和凋落物产量构成;粗死木质残体(CWD)对常绿阔叶林NPP的影响占地上部分NPP的11%~70%。马尾松林中38%~49%的NPP分配到地下,在常绿阔叶林该比例达到60%(图13.20, Tang et al., 2011)。受NPP分配影响,马尾松林碳累积主要集中在植物体内,常绿阔叶林则表现出土壤的净碳累积(图13.21)。

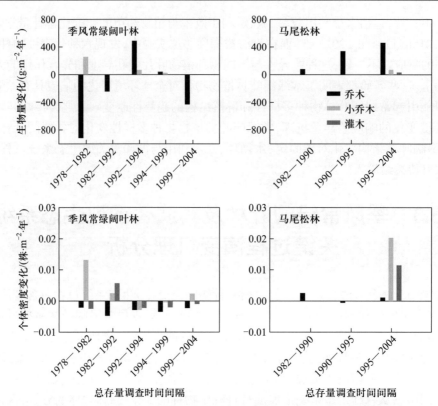

图 13.18　季风常绿阔叶林和马尾松林乔木、小乔木、灌木生物量及个体密度的变化趋势
（Tang et al., 2011）

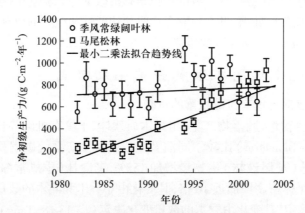

图 13.19　1982—2004 年季风常绿阔叶林和马尾松林的净初级生产力动态变化
（Tang et al., 2011）

　　对森林残体分解后的三个去向（呼吸、可溶性有机碳和碎屑）所占比例的研究发现，凋落物以呼吸的形式归还至大气的比例随森林演替的正向进行而降低，呼吸占残体总量的比例分别为马尾松林 46.5%，混交林 34.4%，季风常绿阔叶林 23.8%，与之对应，分别有 53.5%、65.6% 和 76.2% 的凋落物通过可溶性有机碳（DOC）和碎屑（fragments）的形式进入土壤中，碎屑是凋落物分解后碳流向土壤的主要形式（Huang et al., 2011a）。

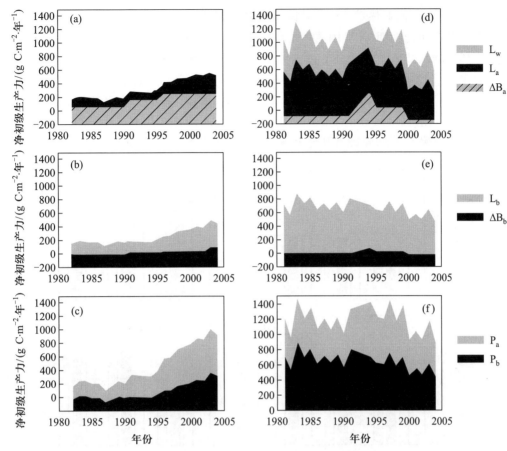

图 13.20 1982—2004 年马尾松林（图 a—c）与季风常绿阔叶林（图 d—f）
净初级生产力（NPP）及其组成成分的变化趋势（Tang et al., 2011）

注：L_w、L_a、ΔB_a、L_b、ΔB_b、P_a、P_b 分别表示粗死木质残体输入量、凋落物产量、地上部分生物量变化量、根系凋落物输入量、根系生物量变化量、地上部分 NPP、地下部分 NPP。

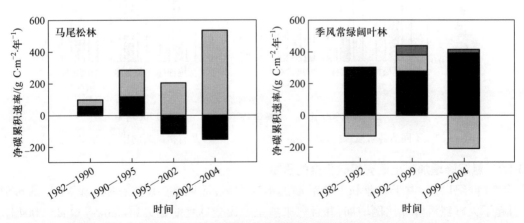

图 13.21 马尾松林和季风常绿阔叶林碳累积方式比较（Tang et al., 2011）

注：正值表示净碳累积，负值表示净碳损失。图中浅灰色、深灰色和黑色分别代表生物量、粗死木质残体和土壤。

　　以上的研究表明,南亚热带不同演替阶段森林生态系统的碳累积方式存在明显的差异。马尾松林的个体数量迅速增加,NPP 因植物生长而迅速增加,生态系统的碳固定在植物中。处于演替顶极的季风常绿阔叶林中,小乔木和灌木生长引起的生物量增加不足以抵消因大乔木死亡引起的生物量降低,但凋落物、粗死木等森林残体在分解过程中通过可溶性有机碳或碎屑的形式输入土壤的比例增加(图 13.22, Huang et al., 2012; Yang et al., 2010; Zhou et al., 2007, 2008)。季风常绿阔叶林土壤有更丰富的碳源(Huang et al., 2011b; Yang et al., 2010; Zhou et al., 2007, 2008),因此在 NPP 趋于稳定的情况下,季风常绿阔叶林土壤仍然持续积累有机碳(Zhou et al., 2006)。

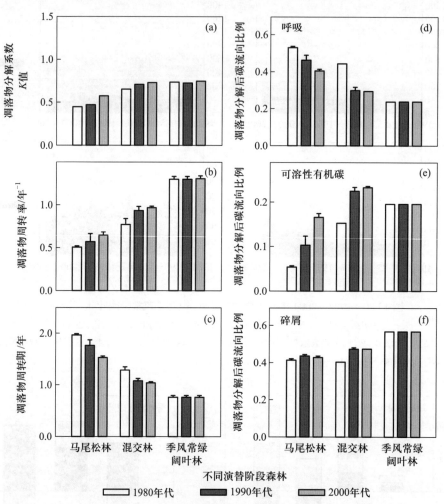

图 13.22　不同演替阶段森林凋落物的分解(图 a ~ c)及有机碳去向比例(图 d ~ f)

13.3.1.2　氮沉降增加对土壤有机碳积累的贡献

　　自 20 世纪以来,由于农业和工业活动的迅速发展,活性氮(主要是 NO_x 和 NH_y)的排放激增,引起了大气氮沉降成比例增加,并且愈来愈呈现出全球化的趋势(Galloway et al., 2004)。目前中国已成为世界上活性氮产生和排放量最大的国家,特别是近三十年来(Cui et al., 2013)。Lü 和 Tian(2007)对中国的网络监测数据研究后发现,中国中南部是氮沉降的高发区域,最高值达到 65 kg N·hm^{-2}·年$^{-1}$,平均值为 19 kg N·hm^{-2}·年$^{-1}$。广东鼎湖山自然保护区近三十年来的大气降水中氮沉降量高达 34~38 kg N·hm^{-2}·年$^{-1}$(黄忠良等,1994;周国逸和闫俊华,2001;Fang et al.,2008),此数值远高于严重威胁欧美森林生态系统健康和安全的氮沉降临界负荷值(Bobbink et al.,2010)。因此,亟须评估大气氮沉降对该区域森林生态系统的影响。

氮沉降如何影响生态系统碳循环的科学问题已成为全球变化生态学研究的前沿和热点内容之一,特别是在生态系统碳吸存的潜力方面。作为生态系统碳循环的重要组成部分,土壤有机碳积累潜力取决于生态系统碳素的输入与输出平衡。

2002 年在鼎湖山三类森林类型建立了长期氮沉降研究样地,为探讨氮沉降对生态系统碳循环的影响提供了良好的平台。这些森林类型包括马尾松针叶林(简称马尾松林或针叶林)、马尾松针叶阔叶混交林(简称混交林)和季风常绿阔叶林(简称阔叶林或成熟林)。目前鼎湖山有关碳循环的研究主要集中在土壤呼吸、凋落物分解、碳素流失、微生物量碳等方面。

在成熟林,莫江明等研究发现氮沉降输入没有影响到凋落物输入量,但是抑制土壤 CO_2 的排放(Mo et al.,2008),并减缓凋落物的分解速率(Mo et al.,2006)。对土壤微生物量碳研究表明,随着氮沉降增加成熟林土壤微生物量碳减少,但可浸提有机碳含量则增加(王晖等,2008)。这些研究表明氮沉降增加可能提高成熟林土壤有机碳的固持能力,并驱使土壤有机碳的积累。有关土壤呼吸的发现还意味着在氮沉降背景下,成熟林土壤在减缓大气 CO_2 浓度增加过程中将扮演重要的角色。上述碳过程的变化都与微生物相关,其变化的机制主要是由于过量氮沉降诱导的土壤酸化效应导致。

此外,由于可溶性有机碳(DOC)在连接生物圈—水圈—土壤圈,以及在有机碳的矿化、运输和吸存过程中均扮演着重要角色。鲁显楷等进一步开展了长期氮沉降对森林土壤碳输出动态的研究,发现长期氮沉降降低成熟林"富氮"生态系统 DOC 输出,从而可能增加土壤系统的碳吸存量(Lu et al.,2013)。这些研究深化了对热带森林碳循环的理解,并且为老龄林近 30 年来持续的碳吸存提供了新的机理解释(Zhou et al.,2006)。

由于 20 世纪的土地干扰历史,混交林和针叶林的土壤氮状态显著低于成熟林,处于相对"氮限制"(N-limited)状态(Mo et al.,2003,2006)。前期研究发现土壤呼吸对氮沉降的响应依赖于土地干扰程度:即在处于长期恢复过程中的混交林,氮沉降显著降低土壤呼吸速率;但是在一直遭受人为干扰的针叶林,却没有任何氮处理效应(Mo et al.,2007a)。有关凋落物的研究发现,混交林凋落物量在氮处理样方中有增加的趋势,但对针叶林没有明显影响(Mo et al.,2007);然而外源氮输入在一定程度上刺激了两种森林类型中凋落物的分解,从而反映了生态系统的氮限制性(Mo et al.,2006;Lu et al.,2012)。然而,氮沉降增加对马尾松林和混交林土壤微生物量碳和可浸提有机碳含量的影响在短期(3 年)内都不显著。另外,对根基区 DOC 淋失动态的研究表明,短期(2 年)氮添加促进了针叶林 DOC 流失,但对混交林没有任何影响,尽管氮处理增加了两种森林类型的氮素流失(Fang et al.,2009a,2019b)。

综上所述,到目前为止,还没法确切回答氮沉降对鼎湖山森林土壤有机碳积累的贡献,因为土壤有机碳库相对稳定以及其他全球变化因子的干扰,所以需要更长时期的追踪研究。有关长期氮沉降对土壤有机碳库及其稳定性影响的研究工作,正在进行和长期监测中。

13.3.1.3　全球气候变化对土壤有机碳积累的贡献

受人类活动影响,地球表面平均温度持续升高,同时全球或者区域的降水格局也发生了巨大改变(IPCC,2013)。以鼎湖山为例,该地区近三十年来的增温趋势为 0.019 ℃·年$^{-1}$;虽然区域降水量年际间变化并不明显,但有雨日数显著减少,单个降水事件越趋增强(Zhou et al.,2011)。相应地,该区域季风常绿阔叶林土壤湿度下降了 36%~41%(Zhou et al.,2011)。区域水热环境的改变很可能对南亚热带季风常绿阔叶林土壤碳储量平衡产生巨大影响。

气候变化对土壤碳储量产生影响主要通过以下两方面:① 影响植物生长,从而改变每年加入土壤的植物残体输入量;② 通过改变微生物的生存条件进而改变植物残体和土壤有机碳的分解速率。

应用生态系统不同海拔移位实验平台进行研究,结果表明增温背景下鼎湖山木荷、马尾松、短序润楠和山血丹的净光合速率显著升高;相反,在增温背景下红锥净光合速率显著下降。其主要原因,一方面是由于增温对叶片最大羧化速率(V_{cmax})和最大电子传递速率(J_{max})的影响,另一方面是因为蒸气压亏缺(V_{pdL})改变对气孔导度的影响。在增温下植物光合速率总体升高使得在生态系统水平上的凋落物产量、地上部分生物量与根系生物量增加,在一定程度上有利于土壤有机碳的积累(Li et al.,2016a)。然而,在增温背景下单位微生物量碳的土壤 CO_2 排放速率也在增加,微生物量碳利用效率显著下降,导致总的土壤 CO_2 排放增加,表层土壤有机碳累积产生下降趋势(Li et al.,2016b)。因此,全球变暖对南亚热带森林土壤有机碳的积累表现为负贡献。

除了温度,降水或者土壤湿度是影响土壤 CO_2 排放另一个主要因子。Huang 等(2011b)应用土壤呼吸模型模拟发现,土壤湿度的明显降低对土壤 CO_2 排放的负效应可以抵消该区域气温轻微升高的正效应,最终抑制土壤 CO_2 排放,很可能促进鼎湖山季风常绿阔叶林土壤有机碳的积累。通过人工模拟单个降水事件发现,鼎湖山季风常绿阔叶林土壤 CO_2 排放对降水极为敏感,其速率在雨后均表现出快速升高的现象(Deng et al.,2011)。进一步分析表明,旱季雨后土壤 CO_2 排放速率升高主要是由于降水增加了土壤湿度,而雨季雨后土壤 CO_2 排放速率升高是由于降水过程中大量凋落物淋溶有机碳的输入(Deng et al.,2017)。雨后淋溶有机碳的输入能改变土壤微生物群落组成,刺激微生物活性,进而增加土壤 CO_2 排放(Deng et al.,2017)。应用长期的野外降水控制平台——移除降水模拟干旱条件和加倍降水模拟洪涝条件进行研究,结果也表明干旱显著降低鼎湖山季风常绿阔叶林土壤 CO_2 排放(Jiang et al.,2013)。然而,加倍降水对土壤 CO_2 排放影响不大,还可能抑制土壤 CO_2 排放对气温升高的响应(Deng et al.,2012)。这些研究均表明全球变暖、干旱、降水格局改变对南亚热带森林土壤有机碳的积累应该具有显著贡献,但对其定量的分析仍需要进一步研究。

13.3.2　全球环境变化对物种变迁的影响机制

13.3.2.1　物种功能性状对物种变迁的贡献

植物功能性状(functional traits)是指在个体水平上测定的能够影响植物生长、繁殖和生存,进而间接影响物种适合度(fitness)的一系列形态学、生理学和物候学特征(Violle et al.,2007)。植物的不同性状之间普遍存在紧密的联系,在自然筛选的作用下,经过相互权衡(tradeoff)而形成的性状组合,称之为“生态策略”(ecological strategy),这是对当地生物因子和非生物因子长期进化适应的结果（Ackerly et al., 2000）。基于以往关于植物叶片经济学谱系（Wright et al., 2004）和木材经济学谱系（Chave et al., 2009）的研究结果，Reich（2014）提出了"植物经济学谱"的概念，认为植物不同器官以及利用不同资源（碳、养分和水分）的策略方面具有很大的关联性。例如，快速策略的物种具有高效的水分传导能力、低的木材密度、短的寿命，并且在各个器官以及个体水平上拥有快速的资源获取和运转能力；而慢速策略的物种则相反。

基于植物功能性状的研究涉及从个体到生态系统水平多个层次，并延伸到生态学研究的各个领域，如：个体存亡、种群动态、群落构建与演替以及生态系统功能等（Liu and Ma, 2015）。全球变化已经显著地影响了森林群落的结构和组成（Van Mantgem et al., 2009；Feeley et al., 2011；Fauset et al., 2012；Zhou et al., 2014），然而导致这种变化的植物生理生态响应机制却不甚清楚。因此，如何有效预测未来气候变化背景下森林生态系统植物群落结构的动态变化是一个重要的生态学研究课题（Van Bodegom et al., 2012）。植物的功能性状表征植物对环境因子的适应策略，基于植物功能性状来探讨植物对全球气候变化的响应，不仅可以更深入地了解驱动群落物种丰富度变化的关键因子，还能为预测未来森林群落组成的动态变化提供重要的基础和依据（Soudzilovskaia et al., 2013）。

鼎湖山站 1 hm^2 的永久观测样地的长期群落调查（1978—2010 年）结果表明，在气候变化背景下，近几十年来南亚热带季风常绿阔叶林群落结构已经发生了显著的变化（Zhou et al., 2013）。基于此，鼎湖山站的研究人员选择该季风常绿阔叶林样地的 48 个优势树种（占样地个体总数的92%），测定一系列表征植物资源获取策略（光合速率、水分传导率、叶片氮磷含量等）和抗旱性（枝条抗空穴化能力、枝条安全系数、膨压丧失点等）的功能性状，结合这些树种 32 年间个体数和植物胸径的动态变化数据以及环境因子参数，分析结果发现植物的一些关键功能性状与南亚热带季风常绿阔叶林物种丰富度的变化显著相关：即具有较高比叶面积、叶片氮磷含量、水分传导率、光合速率和气孔导度的树种物种丰富度在增加，而具有相反特征树种的物种丰富度在减少（图 13.23；Li et al., 2015a）。研究表明南亚热带季风常绿阔叶林中具有快速生长策略和较强耐旱策略的物种会更加占有优势，是对该地区气候变化（温度升高、氮沉降加剧、森林土壤变干等）的一种响应和适应。虽然该研究结论需要在整个亚热带森林区域进行广泛的验证，但是至少表明对植物功能性状的研究能够为解释并预测森林群落物种丰富度的动态变化提供有效的手段。

13.3.2.2 氮沉降增加对物种化学计量特征的影响

随着人类活动不断加剧，未来全球大气氮（N）沉降仍将持续增加。N 沉降已造成许多陆地和水域生态系统 N 饱和，给生态环境带来了严重的冲击，植物生长受到限制，物种化学计量特征发生改变（Dijkstra et al., 2012；Yuan and Chen, 2015）。

李德军等（2005）研究了鼎湖山两种优势树种木荷（*Schima superba*）和黄果厚壳桂（*Cryptocarya concinna*）幼苗的元素含量对模拟 N 添加的响应。施 N 量为 0、50 kg N·hm^{-2}·年$^{-1}$、100 kg N·hm^{-2}·年$^{-1}$、150 kg N·hm^{-2}·年$^{-1}$ 和 300 kg N·hm^{-2}·年$^{-1}$。结果发现，两种幼苗叶、枝干和根的 N 含量随处理水平的增加而升高，但 P、K、Ca 和 Mg 含量与对照相比则下降。荷木幼苗的单株 N 贮量除 50 kg N·hm^{-2}·年$^{-1}$ 处理外，其他处理样方均高于对照，但以 100 kg N·hm^{-2}·年$^{-1}$ 处理样方最高；黄果厚壳桂幼苗的单株 N 贮量随处理水平增加而增加，在 150 kg N·hm^{-2}·年$^{-1}$ 处理的样方达最大值。N 处理引起两种幼苗体内的 N 分配到枝干的比例增加，但分配到叶中的比例下降。

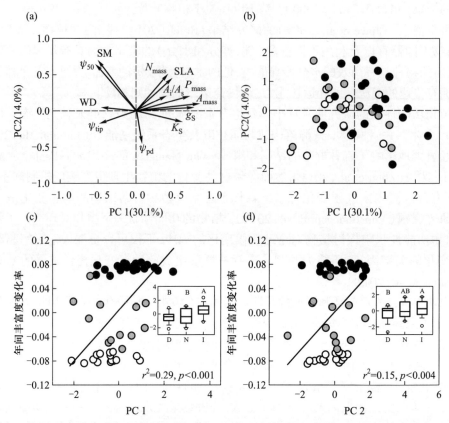

图 13.23　鼎湖山南亚热带季风常绿阔叶林 1 hm² 永久观测样地 48 个主要树种的
12 个功能性状的主成分分析结果（Li et al.，2015a）

注：（a）和（b）分别为功能性状和树种在前两个主轴的得分分布图；（c）和（d）分别为每个物种 32 年间的丰富度变化率与其在前两个主轴得分的相关性分析。性状：N_{mass}，叶片氮含量；P_{mass}，叶片磷含量；WD，木材密度；SLA，比叶面积；A_{mass}，最大净光合速率；g_s，气孔导度；K_S，边材比导率；A_l/A_s，叶面积 / 边材面积；Ψ_{tlp}，膨压丧失点；Ψ_{50}，木质部栓塞脆弱性；Ψ_{pd}，凌晨水势；SM，水分安全系数。符号：●丰富度增加的树种；◐丰富度无显著变化的树种；○丰富度减少的树种。插图：物种丰富度减少（D）、增加（I）和不变的物种（N）在前两个主轴上得分的单因素方差分析结果，不同字母的表示存在显著性差异（$P < 0.05$）。丰富度不同变化趋势的物种在第一、二主轴上可以显著地分为不同类群，表明贡献于前两个主轴的功能性状的差异是导致物种丰富度变化趋势不同的原因。

　　鲁显楷等（2007）研究了施 N 量为 0 kg N·hm⁻²·年⁻¹、50 kg N·hm⁻²·年⁻¹、100 kg N·hm⁻²·年⁻¹ 和 150 kg N·hm⁻²·年⁻¹ 对季风常绿阔叶林林下层 3 种优势树种香楠（*Aidia canthioides*）、黄果厚壳桂和厚壳桂（*Cryptocarya chinensis*）叶片 N 含量的影响，结果发现，N 添加显著增加了林下层 3 种植物叶片 N 含量，但对 P 含量没有明显影响。

　　李义勇等（2012）运用开顶箱（open-top chamber）系统，研究了在添加 100 kg N·hm⁻²·年⁻¹ 后南亚热带主要乡土树种木荷、红锥（*Castanopsis hystrix*）、肖蒲桃（*Acmena acuminatissima*）、红鳞蒲桃（*Syzygium hancei*）和海南红豆（*Ormosia pinnata*）叶片元素含量的变化。结果发现，在高 N 处理下，木荷 K、Mg 和 Mn 含量，红锥 K 含量，红鳞蒲桃 Ca 和 Mg 含量以及海南红豆 K 和 Pb 含量都显著下降，但木荷 Na 含量，肖蒲桃 Na、Mn、Al 和 P 含量以及红鳞蒲桃 Na 含量在高 N 添加下显著上升。不同树种叶片元素含量对 N 添加处理的响应不同。Huang 等（2012）则研究了该实验中 N 添加后对各树种叶片 N 和 P 含量的影响。结果发现,除了木荷反应不积极外,N 添加显著增加了其他树种的 N 含量。同时,N 添加显著增加了海南红豆和红鳞蒲桃叶片的 P 含量。对于非豆科树种,N 添加对 N/P 没有显著影响,然而,对于豆科树种海南红豆,N 添加显著降低了叶片中 N/P。刘菊秀等(2013)在黄文娟等(2012)研究的基础上,进一步指出,N 添加尽管增加了部分植物 N 浓度,但是 N 添加并没有增加肖蒲桃、红锥和红鳞蒲桃体内 N/P。实验期间,N 添加显著降低了海南红豆体内(根、茎)N/P,N/P 降低的原因归因于植物体内 P 含量的上升。

上述结果表明,N 沉降增加对植物物种化学计量特征产生显著影响。一般来说,N 添加都会增加植物体内 N 含量,但对其他物质元素含量的影响与植物种类、N 添加量以及添加时间等相关。

13.3.2.3　全球气候变化对物种变迁的贡献

全球气候变化是指在全球范围内,气候平均状态统计学意义上的巨大改变或者持续较长一段时间的气候变动。气候变化的原因可能是自然的内部进程,或是外部强迫,或是人为持续对大气组成成分和土地利用的改变。所有的证据研究都倾向于气候变化尤其是变暖,但是也存在很多不确定的疑问(Reilly et al., 2001)。在全球气候变化背景下,物种的变化趋势是生态学过程研究的重点,特别是由 CO_2 等温室气体浓度升高引起的全球变暖对生物多样性的影响已成为现在和今后全球变化研究的重点。"物种"(species)来源于拉丁文中表示性状或现象的一个词(Offenberger, 1999),物种是生命存在与繁衍的基本单元,它既有相对的稳定性,又有绝对的变化性(谢平, 2016)。地球上现存的植被是植物与其环境长期相互作用的结果,环境包括气候、物理环境等。气候变化改变着有机体的物理环境,气温和水分条件的改变使植物物种处于某种环境压力下,从而直接和间接地改变着植物与立地的适应关系以及植物种间的竞争关系。在气候变化上的一些小小改变,可能对很多植物物种造成伤害。高山植物和极地植物特别容易受到全球变暖的影响,因为当冰在这些地区融化,地面温度变得比植物适应的平常温度更温暖,植物将遭到危害,其中一些植物能够适应这种温度的改变,而大多数植物不能适应(Thuiller et al., 2005)。目前的研究已经表明,气候带北移、两极冰山退缩,植物向高纬度地区迁移,高山生态系统的植物向高海拔山地移动,植物种类的变迁正变得明显,表现在组成、结构和多样性等方面的变化(周广胜等, 2004; Li and Kraeuchi, 2003; Seidel et al., 2008)。全球气候变暖对山区植物种类的变迁具有明显的影响,就物种本身而言,由于不同物种迁移速度不同,在全球气候变暖情形下,高山物种的种间关系可能被打乱,使整个高山生态环境的构成和功能发生变化,这可能导致一些物种走向灭绝(Randin et al., 2009; Hoffmann and Sgrò, 2011; 黎磊和陈家宽, 2014)。

在我国南亚热带地区丘陵山地森林生态系统,虽然没有像青藏高原、西北内陆、内蒙古和东北地区植被一样,对气候变暖响应早、敏感度高,但植物群落组成和结构也在发生着改变,过去 30 年常绿阔叶林向着灌丛化方向演替(Zhou et al., 2014)。鼎湖山气候变化的特征,近 50 年来正发生着变化,如前面章节陈述,鼎湖山近 50 年来的气温及降水的变化(Zhou et al., 2011)表现为:全年年平均增温 0.019 ℃,干季年平均增温 0.026 ℃,湿季年平均增温 0.011 ℃。该地区虽然降水量没有显著改变,但是土壤含水量显著减小,全年无雨日增加,暴雨的频率增加。因此鼎湖山的气温变化和全球气温变化趋势基本一致,最主要的特征是冬季最低气温和年最低气温的上升。气候变化将引起物种多样性分布格局改变,同时一些物种在自然保护区的分布也将改变

（Araújo et al.，2004；Chen et al.，2011）。对鼎湖山物种变化与气候变化的分析发现：在气温上升情形下，鼎湖山物种变迁对气候变化的响应，归结起来主要表现在森林植物多样性对气候变化的变迁。为了长期观测季风常绿阔叶林的群落结构与动态及相应的生态系统服务功能，鼎湖山于1982 年建立了 1 hm² 的永久样地，对该永久样地从相隔 2 年到 5 年不等，进行了详细的植被调查及定位跟踪，其中 1992—2010 年样地内记录到 111 个物种，对物种个体生长状况的分析结果表明，近 20 年来，永久样地内个体数量增加种有近 40 种，主要有：白楸（*Mallotus paniculatus*）、白颜树（*Gironniera subaequalis*）、柏拉木（*Blastus cochinchinensis*）、鼎湖血桐（*Macaranga sampsonii*）、褐叶柄果木（*Mischocarpus pentapetalus*）、厚壳桂（*Cryptocarya chinensis*）、华润楠（*Machilus chinensis*）等。样地内个体数量降低种有 26 种，主要有：锥（*Castanopsis chinensis*）、山蒲桃（*Syzygium levinei*）、笔罗子（*Meliosma rigida*）、粗叶木（*Lasianthus chinensis*）、鼎湖钓樟（*Lindera chunii*）、光叶红豆（*Ormosia glaberrima*）、光叶山矾（*Symplocos lancifolia*）、红枝蒲桃（*Syzygium rehderianum*）、广东金叶子（*Craibiodendron scleranthum* var. *kwangtungense*）、黄果厚壳桂（*Cryptocarya concinna*）等。样地内消失种有 10 种，包括：笔管榕（*Ficus subpisocarpa*）、薄叶红厚壳（*Calophyllum membranaceum*）、苍叶红豆（*Ormosia semicastrata* f. *pallida*）、黑柃（*Eurya macartneyi*）、褐毛秀柱花（*Eustigma balansae*）、白花苦灯笼（*Tarenna mollissima*）、网脉山龙眼（*Helicia reticulata*）、微毛山矾（*Symplocos wikstroemiifolia*）、越南山矾（*Symplocos cochinchinensis*）、小果山龙眼（*Helicia cochinchinensis*）。区域范围的变暖和季节性干旱胁迫很可能是造成该鼎湖山季风常绿阔叶林生物群落物种多样性发生变迁的重要原因。对鼎湖山植物多样性变迁的总趋势分析表明，鼎湖山季风常绿阔叶林乔木、灌木、草本的总数呈现增加趋势，其中胸径大于 1 cm 以上的群落个体平均大小显著减小，小个体（1 cm<DBH<10 cm）胸径生长率增加，大个体（DBH>10 cm）胸径生长率下降（Zhou et al.，2013）。

　　基于目前在鼎湖山观测和研究的结果，可以发现鼎湖山气候变化，尤其是气温变化和树种的变迁之间具有明显的相关性。考虑到全球气候变化对植物物种变迁的影响具有很大的不确定性。鼎湖山树种变迁作为珠三角地区气候变化的一个植物学和生态学的佐证有待继续深入观测和研究。

13.3.3　季风常绿阔叶林的水资源效应及其调控机制

13.3.3.1　降雨格局的调控机制

　　南亚热带季风常绿阔叶林年、干季和湿季平均降水量在近 50 年来没有发生显著变化，然而其降水格局却发生了显著变化。特别是 1980 年以来，无雨日在年尺度水平和干季显著增加（$P<0.005$），小雨日则在年尺度和干季显著减少（$P<0.01$），大雨日在干季显著降低（$P<0.01$），而在年尺度和湿季则显著增加（$P<0.005$）（图 13.24）。

　　无雨日增加、小雨日减少导致土壤水分的亏缺无法得到及时的补给，被认为是南亚热带季风常绿阔叶林年尺度和干季土壤水分显著降低的主要原因。虽然湿季大雨日显著增加，但这种降水格局使得降水大部分直接以液态水形式转化成河川径流，也无法长期弥补无雨日增加、小雨日减少导致的土壤水分亏缺。因此，研究认为，无雨日增加、小雨日减少等降水格局的改变是导致南亚热带季风常绿阔叶林土壤水分显著降低的主要原因，这也可能是该地区陆表实际蒸散显著降低的主要原因之一。

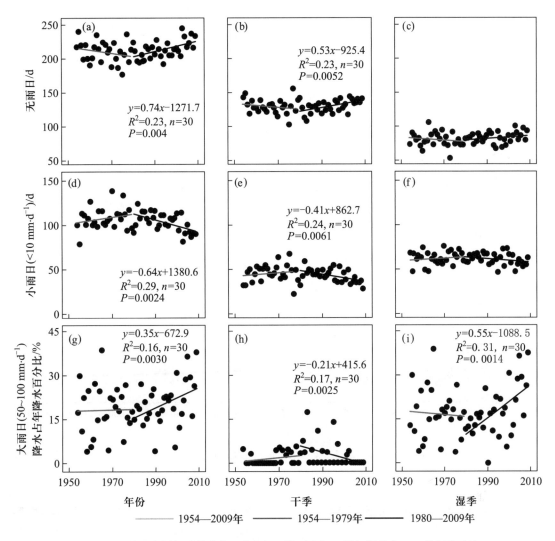

图 13.24　季风常绿阔叶林全年、干季（10月至次年3月）、湿季（4—9月）无雨日、
小雨日（<10 mm·d⁻¹）和大雨日（50~100 mm·d⁻¹）变化趋势

13.3.3.2　集水区性状的调控机制

植被覆盖面积、集水区面积、坡度等是调控集水区产水量的主要因素。综合研究发现，森林面积的砍伐通常会显著增加集水区的水资源，相反，植树造林则通常会降低集水区的产水量（图 13.25）（Brown et al., 2005）。在面积越大、坡度越平坦的集水区，植被覆盖的变化对其水资源的响应越小，而在集水区越小、坡度越大的集水区，其水资源则会显著受到植被覆盖变化的影响。这也就间接说明为什么在面积较大、地形平坦、湿润的大流域（如广东地区），观测结果往往没有发现土地覆盖变化对其水资源产生影响，甚至还发现正作用关系。

另外，近期的理论研究也证明了该结论（Zhou et al., 2015），在气候比较干旱的地区，生态系统产水量对集水区特征参数的变化有显著的响应，而在比较湿润的南亚热带地区，集水区性状的变化对其产流量的影响将会明显降低，甚至不显著（图 13.26）。

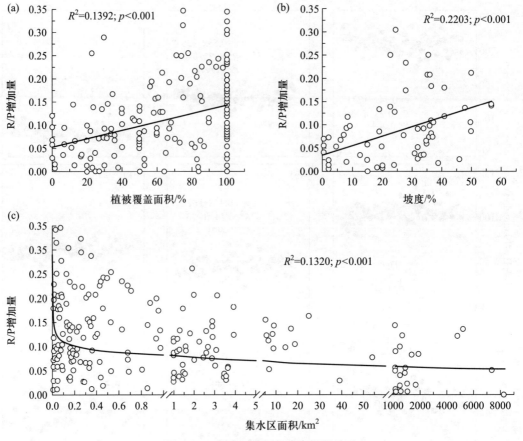

图 13.25 集水区特征与水资源的关系

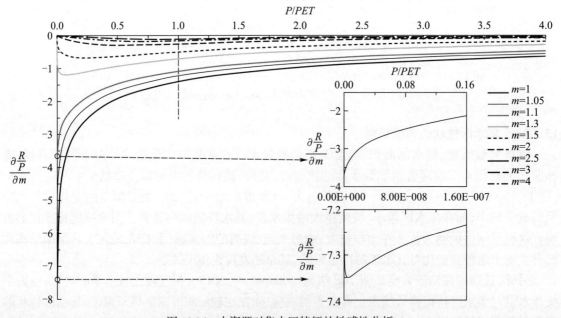

图 13.26 水资源对集水区特征的敏感性分析

13.3.3.3.3 气候变化和土地覆盖变化的贡献量

气候因素和土地覆盖变化是影响南亚热带地区水资源的两个主要因素。研究表明植被改造对南亚热带地区水资源产生的不利影响,差不多刚刚被气候变化带来的正作用所抵消;另外,南亚热带干季水资源对气候和土地覆盖变化会产生显著的响应,相比而言,湿季水资源对气候和土地覆盖变化响应的敏感性很低,基本不显著(图 13.27,表 13.7)。

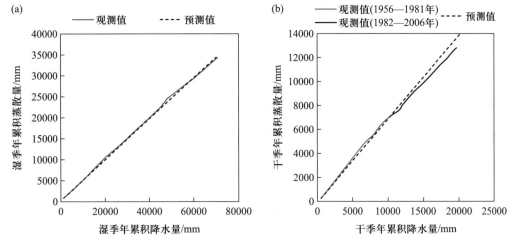

图 13.27 降水和陆表蒸散的双累积曲线

表 13.7 气候变化和土地覆盖变化对陆表蒸散的贡献量

组分	年贡献/(mm·年$^{-1}$)	湿季贡献/(mm·年$^{-1}$)	干季贡献/(mm·年$^{-1}$)
土地覆盖变化	31.03	3.78	27.25
气候变化	−34.02	−5.84	−28.18
总计	−2.99	−2.06	−0.93

13.4 自然保护与季风常绿阔叶林及其演替系列服务功能的提升

13.4.1 鼎湖山自然保护区不同森林类型的历史变迁

据《鼎湖山志》记载,鼎湖山造林历史可追溯至唐仪凤三年(公元 678 年)白云寺(公元 1611 年重修)的修建,周边佛教兴起,寺庙僧侣开展植树造林,并对寺庙附近的山林实施管护,严令禁伐,开启了鼎湖山部分区域山林保护的历史。随着另一寺庙——庆云寺(公元 1633 年)等的建立,山林保护区域进一步扩大(魏平等,1999)。

1930 年,广东省建设厅农林局在高要鼎湖山设鼎湖第四模范林场(后改名为西区鼎湖风景林场)。林场分为风景林和经济林区,经济林区以生产营利为目的,每年均有造林,风景林区则就地保护,主要分布在白云寺和庆云寺周边区域。

新中国成立后,广东省农林厅接管了西区鼎湖风景林场,后改名为"广东省农林厅鼎湖林场",1955 年再改名为"国营高要林场",造林种类有马尾松(*Pinus massoniana*)林、杉木(*Cunninghamia lanceolata*)林、桉(*Eucalyptus robust*)林、青皮竹(*Bambusa textilis*)林、南山茶(*Camellia semiserrata*)林等。

鼎湖山自然保护区(面积 1155 hm²)现有林地面积 1140 hm²,以自然林为主(马尾松林归自然林),人工植被只占极少部分。鼎湖山各类型森林面积如表 13.8。

表 13.8　鼎湖山自然保护区各类型森林面积

森林类型	针阔叶混交林	季风常绿阔叶林	山地常绿灌丛	山地常绿阔叶林	河岸林/沟谷雨林	山地灌草丛	人工植被	马尾松林
面积/hm²	556.2	218.8	144.2	82.0	60.2	34.9	21.9	21.8
占比/%	48.79	19.19	12.65	7.19	5.28	3.06	1.92	1.91

本节侧重阐述鼎湖山三个不同演替阶段的代表性森林类型:处于演替后期的季风常绿阔叶林(BF)、演替中期(过渡类型)的针阔叶混交林(MF)和演替早期的马尾松针叶林(PF)。

季风常绿阔叶林是该区域最典型的地带性植被类型,大部分是由寺庙周边的风水林保存下来,还有部分是由针阔叶混交林因马尾松逐渐退出群落演替而来,主要分布在海拔 50~500 m,面积也在不断扩大。季风常绿阔叶林群落外貌终年常绿,结构复杂,一般由 2~3 个乔木(亚)层、1 个灌木层和 1 个草本层组成,还有许多层间植物,物种多样性丰富,生物量和生产力高。由于分布区域、生境条件及发育阶段的差异,该植被有不同的群落类型,其中锥 – 黄果厚壳桂 – 云南银柴(*Castanopsis chinensis – Cryptocarya concinna – Aporosa yunnanensis*)群落最具代表性,接近地带性的顶极状态,有近 400 年的历史。

针阔叶混交林是鼎湖山自然保护区分布面积最大的植被类型。20 世纪 50 年代初种植的马尾松(*Pinus massoniana*)林(部分在 30 年代种植)由于受到较好的保护,阔叶树种不断侵入演替,形成这种过渡型植被类型。针阔叶混交林的乔木层多由锥栗、荷木和马尾松组成。由于区域和受保护程度的差异,形成了具有不同优势种的多个群落类型。目前,该植被类型分布面积还有不断扩大的趋势。

马尾松林属热带性针叶林,主要是 20 世纪 50 年代鼎湖山为林场时种植,仅有的一层乔木层几乎全由马尾松组成,林下灌木和草本以桃金娘(*Rhodomyrtus tomentosa*)和芒萁(*Dicranopteris dichotoma*)占绝大多数。马尾松林林冠相对稀疏,由于受到较好的保护,阔叶树种不断入侵,部分马尾松林逐渐演变成针阔叶混交林,目前仅在保护区外围边界有少量分布。随着附近居民柴薪需求的减少,林下植物得以保存和生长,该类型植被的面积将会不断减少。

13.4.2　不同演替阶段生物多样性、生物量、土壤碳贮量

13.4.2.1　鼎湖山保护区生物多样性

鼎湖山自然保护区物种多样性非常丰富,全区共有高等植物 244 科,1098 属,2291 种(包括

亚种、变种、变型、栽培变种,下同)。其中,自然分布的有 217 科,843 属,1778 种。从生活型来分,乔木有 490 种,占总数的 20.06%,灌木有 515 种(21.08%),藤本有 317 种(12.98%),草本有 1121 种(45.88%)(部分种兼有两种生活型)。植物区系以热带性质为主。

根据多年的调查和复核,已鉴定出鼎湖山大型真菌数量为 836 种,以担子菌门真菌占绝对多数,约占总数的 94.38%(章卫民等,2001;黄忠良等,2016)。

13.4.2.2　鼎湖山不同演替阶段森林生物量

鼎湖山三个不同演替阶段的森林(BF、MF、PF)由于种类组成和结构的差异,具有不同的生物量与分配格局。据不同时期调查与研究结果显示,随着森林正向演替的进行,生物量生产力不断增加。处于演替后期的季风常绿阔叶林(锥 – 黄果厚壳桂 – 荷木群落),已接近地带性顶极植被类型,有较高的生物量和生产力(表 13.9),但由于群落中一些特大个体消亡(暴风雨、雷击等原因),近年该群落生物量呈下降趋势。针阔叶混交林和马尾松针叶林仍处于演替过渡阶段或早期阶段,尤其是马尾松针叶林,随着阔叶树种的入侵和生长,生物量和生产力将会有较快的积累。可见,随着森林正向演替的进行,森林碳汇功能不断增强。

表 13.9　鼎湖山不同演替阶段森林生物量和总初级生产力

森林类型 / 演替阶段	马尾松针叶林 演替早期	针阔叶混交林 演替过渡期	季风常绿阔叶林 演替后期
代表群落总生物量 /(t·hm^{-2})	142.302[a]	261.13[b]	295.64[c]
地上部分生物量 /(t·hm^{-2})	117.194[a]	176.263[b]	241.772[c]
地下部分生物量 /(t·hm^{-2})	25.108[a]	84.867[b]	53.868[c]
总初级生产力 /(t·hm^{-2}·年$^{-1}$)	5.707[d]	11.764[d]	15.081[d]

注:a. 引自方运霆等(2002);b. 引自彭少麟等(1994);c. 引自温达志等(1997);d. 引自彭少麟和方炜(1995)。

从生物量的分配格局来看,演替过渡阶段的森林地下生物量占有较大的比例,随着演替的进行,生物量将更多分配到地上部分,尤其是树干部分(彭少麟和方炜,1995)。

13.4.2.3　鼎湖山不同演替阶段森林土壤碳贮量

由于森林土壤有机碳的积累主要来源于枯枝落叶残体的分解和淋溶,因此,土壤碳贮量与地上植被类型密切相关。基于长期监测和研究结果显示,鼎湖山三个不同演替阶段的森林(BF、MF、PF)土壤无论是有机碳含量还是贮量均处于持续积累的过程。从图 13.28 和图 13.29 可以看出,处于演替后期的季风常绿阔叶林,森林土壤有机碳含量和贮量均远高于演替过渡期和演替早期的森林土壤。由于季风常绿阔叶林郁闭度高,林下生境相对稳定,土壤形成与发育过程优于演替过渡期和早期的森林土壤,土壤结构和微生物活性也优于后两者,凋落物分解速率更高,养分周转更快,使得该群落森林土壤有机碳积累速率更高,长期监测结果显示,演替后期(BF)、过渡期(MF)和早期(PF)森林土壤 0~20 cm 有机碳积累速率分别为 61 g C·m^{-2}·年$^{-1}$、33 ± 5 g C·m^{-2}·年$^{-1}$ 和 26 ± 4 g C·m^{-2}·年$^{-1}$(Zhou et al.,2006;Huang et al.,2011b),与地上部分相同,演替后期的森林土壤具有更高的碳汇功能。

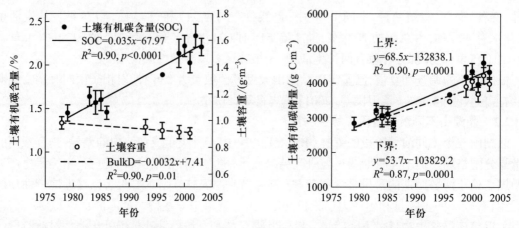

图 13.28   鼎湖山季风常绿阔叶林 0～20 cm 土壤有机碳含量和贮量的积累（Zhou et al., 2006）

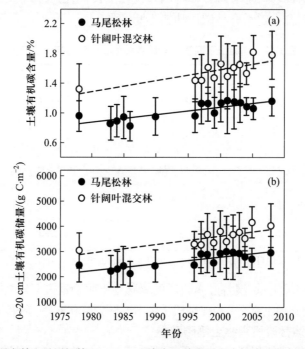

图 13.29   鼎湖山针阔叶混交林和马尾松林 0～20 cm 土壤有机碳含量（a）与贮量（b）的积累（Huang et al., 2011b）

13.4.3 不同演替阶段水源涵养与水土保持

生态系统的水分结构是生态系统健康的一个重要量度指标,随着生态系统的进展演替,在其空间结构和营养结构越来越复杂的同时,水分结构也将越来越复杂并趋向于稳定（周国逸等,2002）,生态系统的服务功能趋于优化。图 13.30 和图 13.31 分别是鼎湖山不同演替阶段森林土壤 0～50 cm 储水量和凋落物储水量月动态,从图中可以看出,随着森林演替的进行,森林土壤和凋落层的储水功能无论在雨季（4—9 月）或旱季均显著增加（周国逸等,2002）。

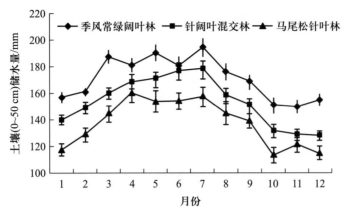

图 13.30　鼎湖山不同演替阶段森林土壤 0～50 cm 储水量月动态（周国逸等，2002）

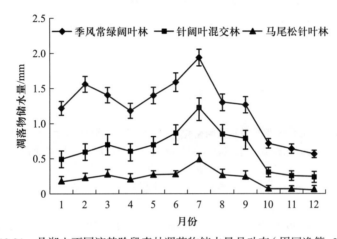

图 13.31　鼎湖山不同演替阶段森林凋落物储水量月动态（周国逸等，2002）

　　周国逸等（2002）根据森林冠层、林下灌木草本层及根部的生物量和年平均（12 个月）含水量计算得出，鼎湖山季风常绿阔叶林、针阔叶混交林和马尾松针叶林植被总储水量分别为 29.7 mm、21.4 mm 和 8.0 mm，生态系统（含土壤和凋落物层）储水量则分别为 201.9 mm、175.1 mm 和 154.9 mm，随着森林演替的进行，生态系统水源涵养功能显著增加。

　　随着森林演替的进行，郁闭度不断增加，空间结构特别是冠层结构更加复杂，对降水的截留效果更加明显。研究结果表明，鼎湖山季风常绿阔叶林、针阔叶混交林和马尾松针叶林的林冠层对降水的截留率分别为 31.8%（闫俊华等，2003）、28.2%（尹光彩等，2004）和 17%（莫江明等，2002），演替后期的季风常绿阔叶林林分郁闭度大，冠层结构复杂，降水经过多层拦截，从时间上延缓地表径流产生，降低洪峰系数并提高水分利用效率，从空间上改变降水的运动方式，有效减小雨滴对地面的溅蚀（Zhou et al.，2002）。

　　实际上，鼎湖山自然保护区的森林由于受到较好的保护，林下地被层盖度较大，加上凋落物层的保护，如果不发生滑坡或局部坍塌，林下土壤极少产生侵蚀。

　　鼎湖山自然保护区的森林，随着正向演替的进行，森林结构趋于复杂，系统趋于优化，服务功能得到不断提升。

致谢：感谢国家自然科学基金重点项目（41430529）、面上项目（41773088、31670453）、中科院重点部署项目（QYZDJ-SSW-DQC003）及鼎湖山站运行服务项目等提供资助。

参 考 文 献

陈伏生, 曾德慧, 何兴元. 2004. 森林土壤氮素的转化与循环. 生态学杂志, 23（5）: 126-133.

陈家平, 陈晓雯. 1963. 广东鼎湖山森林红壤氮素变化的生化活性. 中山大学学报（自然科学版）, 3: 99-105.

陈小梅, 闫俊华, 林媚珍, 等. 2016. 南亚热带森林植被恢复演替中土壤有机碳组分及其稳定性. 地球科学进展, 31（1）: 86-93.

程国栋, 肖洪浪, 陈亚宁, 等. 2010. 中国西部典型内陆河生态—水文研究. 北京: 气象出版社.

邓邦权, 吕禄成. 1986. 鼎湖山自然保护区不同林型下土壤微生物生物化学过程强度的研究: Ⅰ. 不同土壤含碳物质的矿化与土壤微生物的代谢活性和生物量. 热带亚热带森林生态系统研究, 4: 53-63.

方精云, 陈安平. 2001. 中国森林植被碳库的动态变化及其意义. 植物学报, 43（9）: 967-973.

方运霆, 莫江明. 2002. 鼎湖山马尾松林生态系统碳素分配和贮量的研究. 广西植物, 22（4）: 305-310.

戈峰. 2008. 现代生态学. 北京: 科学出版社.

官丽莉, 周国逸, 张德强, 等. 2004. 鼎湖山南亚热带常绿阔叶林凋落物量 20 年动态研究. 植物生态学报, 28（4）: 449-456.

侯恩庆. 2012. 鼎湖山森林生态系统营养限制及磷矿化特征. 北京: 中国科学院大学, 博士学位论文.

黄忠良, 丁明懋, 张祝平, 等. 1994. 鼎湖山季风常绿阔叶林的水文学过程及其氮素动态. 植物生态学报, 18（2）: 194-199.

黄忠良, 孔国辉, 余清发, 等. 2000. 南亚热带季风林水文功能及其养分动态的研究. 植物生态学报英文版, 24（2）: 157-161.

黄忠良, 欧阳学军, 宋柱秋, 等. 2016. 中国第一个自然保护区在鼎湖山诞生. 人与生物圈,（6）: 10-17.

黎磊, 陈家宽. 2014. 气候变化对野生植物的影响及保护对策. 生物多样性, 22（5）: 549-563.

李德军, 莫江明, 彭少麟, 等. 2005. 南亚热带森林两种优势树种幼苗的元素含量对模拟氮沉降增加的响应. 生态学报, 25（9）: 2165-2172.

李义勇, 黄文娟, 赵亮, 等. 2012. 大气 CO_2 浓度升高和 N 沉降对南亚热带主要乡土树种叶片元素含量的影响. 植物生态学报, 36（5）: 447-455.

刘菊秀, 李跃林, 刘世忠, 等. 2013. 气温上升对模拟森林生态系统影响实验的介绍. 植物生态学报, 37（6）: 558-565.

刘效东. 2015. 南亚热带森林演替过程中水热环境的改变机理及对气候变化的响应. 北京: 中国科学院大学, 博士学位论文.

刘效东, 乔玉娜, 周国逸. 2011. 土壤有机质对土壤水分保持及其有效性的控制作用. 植物生态学报, 35（12）: 1209-1218.

刘效东, 乔玉娜, 周国逸, 等. 2013. 鼎湖山 3 种不同演替阶段森林凋落物的持水特性. 林业科学, 49（9）: 8-15.

刘效东, 周国逸, 陈修治, 等. 2014. 南亚热带森林演替过程中小气候的改变及对气候变化的响应. 生态学报, 34（10）: 2755-2764.

刘兴诏, 周国逸, 张德强, 等. 2010. 南亚热带森林不同演替阶段植物与土壤中 N、P 的化学计量特征. 植物生态学报, 34（1）: 64-71.

鲁显楷, 莫江明, 李德军, 等. 2007. 鼎湖山主要林下层植物光合生理特性对模拟氮沉降的响应. 北京林业大学学报, 29（6）: 1-9.

莫江明.2005.鼎湖山退化马尾松林、混交林和季风常绿阔叶林土壤全磷和有效磷的比较.广西植物,25(2):186–192.

莫江明,Sandra Brown,孔国辉,等.1999.鼎湖山马尾松林营养元素的分布和生物循环特征.生态学报,19(5):635–635.

莫江明,布朗,孔国辉,等.1996.鼎湖山生物圈保护区马尾松林凋落物的分解及其营养动态研究.植物生态学报,20(6):534–542.

莫江明,丁明懋,张祝平,等.1994.鼎湖山黄果厚壳桂、鼎湖钓樟群落氮素的积累和循环.植物生态学报,18(2):140–146.

莫江明,方运霆,冯肇年,等.2002.鼎湖山人为干扰下马尾松林水文生态功能.热带亚热带植物学报,10(2):99–104.

莫江明,张德强,黄忠良,等.2000.鼎湖山南亚热带常绿阔叶林植物营养元素含量分配格局研究.热带亚热带植物学报,8(3):198–206.

莫江明,周国逸,彭少麟,等.2003.鼎湖山黄果厚壳桂、鼎湖钓樟群落主要营养元素的分配和生物循环.热带亚热带植物学报,11(2):99–103.

欧阳学军,周国逸,魏识广,等.2007.南亚热带森林植被恢复演替序列的土壤有机碳氮矿化.应用生态学报,18(8):1688–1694.

彭少麟.1996.南亚热带森林群落动态学.北京:科学出版社.

彭少麟,方炜.1995.南亚热带森林演替过程生物量和生产力动态特征.生态科学,第2期:1–9.

彭少麟,任海.1998.南亚热带森林生态系统的能量生态研究.北京:气象出版社.

彭少麟,张祝平.1994.鼎湖山针阔混交林的第一性生产力研究.生态学报,14(3):300–305.

丘清燕,陈小梅,梁国华,等.2013.模拟酸沉降对鼎湖山季风常绿阔叶林地表径流水化学特征的影响.生态学报,33(13):4021–4030.

任海,彭少麟,刘鸿先,等.1998.小良热带人工混交林的凋落物及其生态效益研究.应用生态学报,9(5):458–462.

宋永昌.2001.植被生态学.上海:华东师范大学出版社.

唐旭利.2006.季风林演替系列碳平衡及其动态模拟.北京:中国科学院大学,博士学位论文.

唐旭利,周国逸.2005.南亚热典型森林演替类型粗死木质残体贮量及其对碳循环的潜在影响.植物生态学报,29(4):559–568.

唐旭利,周国逸,温达志,等.2003.鼎湖山南亚热带季风常绿阔叶林C贮量分布.生态学报,23(1):90–97.

王春林,于贵瑞,周国逸,等.2006.鼎湖山常绿针阔叶混交林CO_2通量估算.中国科学(D辑:地球科学),36(增刊I):119–129.

王春林,周国逸,唐旭利,等.2007b.鼎湖山针阔叶混交林生态系统呼吸及其影响因子.生态学报,27(7):2659–2668.

王春林,周国逸,王旭,等.2007a.鼎湖山针阔叶混交林冠层下方CO_2通量及其环境响应.生态学报,27(3):846–854.

王根绪,张钰,刘桂民,等.2005.马营河流域1967—2000年土地利用变化对河流径流的影响.中国科学(D辑:地球科学),35(7):671–681.

王晖,莫江明,鲁显楷,等.2008.南亚热带森林土壤微生物量碳对氮沉降的响应.生态学报,28(2):470–478.

王绍强,周成虎,罗承文.1999.中国陆地自然植被碳量空间分布特征探讨.地理科学进展,18(3):238–244.

魏平,温达志.1999.宗教文化对鼎湖山森林资源保护的影响.生物多样性,7(3):250–254.

温达志,魏平,孔国辉,等.1997.鼎湖山锥栗+黄果厚壳桂+荷木群落生物量及其特征.生态学报,17(5):497–504.

翁轰,李志安,屠梦照,等.1993.鼎湖山森林凋落物量及营养元素含量研究.植物生态学报,17(4):299–304.

吴厚水,刘慧屏,黄大基. 1998. 鼎湖山自然保护区季风林对降水截留的影响. 热带亚热带森林生态系统研究, (8): 146-149.

谢平. 2016. 浅析物种概念的演变历史. 生物多样性, 24(9): 1014-1019.

闫俊华,周国逸,张德强,等. 2003. 鼎湖山顶级森林生态系统水文要素时空规律. 生态学报, 23(11): 2359-2366.

杨大文,雷慧闽,丛振涛. 2010. 流域水文过程与植被相互作用研究现状评述. 水利学报, 41(10): 1142-1149.

易志刚,蚁伟民,周丽霞,等. 2005. 鼎湖山主要植被类型土壤微生物生物量研究. 生态环境, 14(5): 727-729.

尹光彩,周国逸,刘景时,等. 2004. 鼎湖山针阔叶混交林生态系统水文效应研究. 热带亚热带植物学报, 12(3): 195-201.

于贵瑞,张雷明,孙晓敏. 2014. 中国陆地生态系统通量观测研究网络 ChinaFLUX 的主要进展及发展展望. 地球科学进展, 33: 903-917.

张德强,孙晓敏,周国逸,等. 2006. 南亚热带森林土壤 CO_2 排放的季节动态及其对环境变化的响应. 中国科学 (D辑: 地球科学), 36(增刊Ⅰ): 130-138.

张德强,叶万辉,余清发,等. 2000. 鼎湖山演替系列中代表性森林调落物研究. 生态学报, 20(6): 938-944.

张静. 2014. 南亚热带森林土壤球囊霉素相关蛋白含量及其对土壤碳固持的影响. 北京: 中国科学院大学,硕士学位论文.

张倩媚,张德强,李跃林,等. 2015. 鼎湖山森林生态系统智慧型野外台站建设. 生态科学, 34(3): 139-145.

章卫民,李泰辉,宋斌. 2001. 广东省大型真菌概况. 生态科学, 20(4): 4-58.

中国植被编辑委员会. 1980. 中国植被. 北京,科学出版社.

周传艳,周国逸,闫俊华,等. 2005. 鼎湖山地带性植被及其不同演替阶段水文学过程长期对比研究. 植物生态学报, 29(2): 208-217.

周存宇,周国逸,王迎红,等. 2005. 鼎湖山针阔叶混交林土壤呼吸的研究. 北京林业大学学报, 4(4): 27-31.

周存宇,周国逸,张德强,等. 2004. 鼎湖山森林地表 CO_2 通量及其影响因子的研究. 中国科学(D辑: 地球科学), 34(增刊Ⅱ): 175-182.

周广胜,王玉辉,白莉萍,等. 2004. 陆地生态系统与全球变化相互作用的研究进展. 气象学报, 62(5): 692-707.

周国逸. 1997. 生态系统水热原理与应用. 北京: 气象出版社.

周国逸,黄志宏,张倩媚,等. 2002. 南亚热带常绿阔叶林及其森林演替系列的水分结构探讨. 热带亚热带森林生态系统研究, (9): 82-91.

周国逸,闫俊华. 2001. 鼎湖山区域大气降水特征和物质元素输入对森林生态系统存在和发育的影响. 生态学报, 12(12): 2002-2012.

周国逸,张德强,李跃林,等. 2017. 长期监测与创新研究阐明森林生态系统功能形成过程与机理. 中国科学院院刊, 32(9): 1036-1046.

周国逸,周存宇,Liu S G,等. 2005. 季风常绿阔叶林恢复演替系列地下部分碳平衡及累积速率. 中国科学(D辑: 地球科学), 35(6): 502-510.

周丽霞,蚁伟民,易志刚,等. 2002. 鼎湖山保护区垂直分布的不同植被下土壤微生物特性. 热带亚热带森林生态系统研究, (9): 169-174.

周玉荣,于振良,赵士洞. 2000. 我国主要森林生态系统碳贮量和碳平衡. 植物生态学报, 24(5): 518-522.

Ackerly D D, Dudley S A, Sultan S E, et al. 2000. The evolution of plant ecophysiological traits: Recent advances and future directions. Bioscience, 50: 979-995.

Alarcón-Gutiérrez E, Floch C, Ziarelli C, et al. 2008. Characterization of a Mediterranean litter by ^{13}C CPMAS NMR: Relationships between litter depth, enzyme activities and temperature. European Journal of Soil Science, 59: 486-495.

Allen C D, Breshears D D, McDowell N G. 2015. On underestimation of global vulnerability to tree mortality and forest die-off from hotter drought in the Anthropocene. Ecosphere, 6(8). doi: 10.1890/es15-00203.1.

Allen C D, Macalady A K, Chenchouni H, et al. 2010. A global overview of drought and heat-induced tree mortality reveals emerging climate change risks for forests. Forest Ecology and Management, 259(4): 660–684.

Araújo M B, Cabeza M, Thuiller W, et al. 2004. Would climate change drive species out of reserves? An assessment of existing reserve-selection methods. Global Change Biology, 10(9): 1618–1626.

Bailey V L, Smith J L, Bolton H. 2002. Fungal-to-bacterial ratios in soils investigated for enhanced C sequestration. Soil Biology & Biochemistry, 34: 997–1007.

Beer C, Reichstein M, Tomelleri E, et al. 2010. Terrestrial groass carbon dioxide uptake: Global distribution and covariation with climate. Science, 329: 834–838.

Blair G J, Lefroy R B, Lisle L. 1995. Soil carbon fractions based on their degree of oxidation, and the development of a carbon management index for agricultural system. Australian Journal of Agricultural Research, 46: 1459–1466.

Bobbink R, Hicks K, Galloway J, et al. 2010. Global assessment of nitrogen deposition effects on terrestrial plant diversity: A synthesis. Ecological Applications, 20(1): 30–59.

Breshears D D, Myers O B, Meyer C W, et al. 2009. Tree die-off in response to global change-type drought: Mortality insights from a decade of plant water potential measurements. Frontiers in Ecology and the Environment, 7(4): 185–189.

Brown A E, Zhang L, McMahon T A, et al. 2005. A review of paired catchment studies for determining changes in water yieldresulting from alterations in vegetation. Journal of Hydrology, 310: 28–61.

Chapin III F S, Matson P A, Mooney H A 2002. Principles of Terrestrial Ecosystem Ecology. the United States of America: Springer-Verlag New York, Inc.

Chave J, Coomes D, Jansen S, et al. 2009. Towards a worldwide wood economics spectrum. Ecology Letters, 12: 351–366.

Chen I C, Hill K, Ohlemüller R, et al. 2011. Rapid range shifts of species associated with high levels of climate warming. Science, 333: 1024–1026.

Cui S, Shi Y, Groffman P M, et al. 2013. Centennial-scale analysis of the creation and fate of reactive nitrogen in China (1910–2010). Proceedings of the National Academy of Sciences, 110(6): 2052–2057.

Deng Q, Hui D F, Han X, et al. 2017. Rain-induced changes in soil CO_2 flux and microbial community composition in a tropical forest of China. Scientific Reports 7: 5539.

Deng Q, Hui D F, Zhang D Q, et al. 2012. Effects of precipitation increase on soil respiration: A three-year field experiment in subtropical forests in China. PLoS One, 7(7): e41493.

Deng Q, Zhang D Q, Han X, et al.2018.Changing rainfall frequency rather than drought rapidly alters annual soil respiration in a tropical forest. Soil Biology & Biochemistry, 121: 8–15.

Deng Q, Zhou G Y, Liu S Z, et al. 2011. Responses of soil CO_2 efflux to precipitation pulses in two subtropical forests in southern China. Environmental Management, 48: 1182–1188.

Devi N B, Yadava P S. 2006. Seasonal dynamics in soil microbial biomass C, N and P in a mixed-oak forest ecosystem of Manipur, North-east India. Applied Soil Ecology, 31: 220–227.

Dijkstra F A, Pendall E, Morgan J A, et al. 2012. Climate change alters stoichiometry of phosphorus and nitrogen in a semiarid grassland. New Phytologist, 196: 807–815.

Fang Y T, Gundersen P, Mo J M, et al. 2008. Input and output of dissolved organic and inorganic nitrogen in subtropical forests of South China under high air pollution. Biogeosciences, 5(2): 339–352.

Fang Y T, Per G, Mo J M, et al. 2009a. Nitrogen leaching in response to increased nitrogen inputs in subtropical monsoon forests in southern China. Forest Ecology & Management, 257(1): 332–342.

Fang Y T, Zhu W, Gundersen P, et al. 2009b. Large loss of dissolved organic nitrogen from nitrogen-saturated forests in subtropical China. Ecosystems, 12(1): 33–45.

Fang Y T, Zhu W X, Mo J M, et al. 2006. Dynamics of soil inorganic nitrogen and their responses to nitrogen additions in three subtropical forests, South China. Journal of Environmental Sciences, 18(4): 752–759.

Fauset S, Baker T R, Lewis S L, et al. 2012. Drought-induced shifts in the floristic and functional composition of tropical forests in Ghana. Ecology Letters, 15: 1120–1129.

Feeley K J, Davies S J, Perez R, et al. 2011. Directional changes in the species composition of a tropical forest. Ecology, 92: 871–882.

Ficklin D L, Luo Y, Luedeling E, et al. 2009. Climate change sensitivity assessment of a highly agricultural watershed using SWAT. Journal of Hydrology, 374(1–2): 16–29.

Galloway J N, Dentener F J, Capone D G, et al. 2004. Nitrogen cycles: Past, present, and future. Biogeochemistry, 70(2): 153–226.

Gurmesa G A, Lu X, Gundersen P, et al. 2016. High retention of(15)N-labeled nitrogen deposition in a nitrogen saturated old-growth tropical forest. Global Change Biology, 22(11): 3608–3620.

Güsewell S. 2004. N: P ratios in terrestrial plants: Variation and functional significance. New Phytologist, 164(2): 243–266.

Han W X, Fang J Y, Guo D L, et al. 2005. Leaf nitrogen and phosphorus stoichiometry across 753 terrestrial plant species in China. New Phytologist, 168: 377–385.

Hoffmann A A, Sgrò C M. 2011. Climate change and evolutionary adaptation. Nature, 470(7335): 479–85.

Hoover C M. 2008. Field measurements for forest carbon monitoring. Netherlands: Springer.

Huang W J, Liu J X, Wang Y P, et al. 2013. Increasing phosphorus limitation along three successional forests in southern China. Plant Soil, 364: 181–191.

Huang W J, Zhou G Y, Deng X F, et al. 2015a. Nitrogen and phosphorus productivities of five subtropical tree species in response to elevated CO_2 and N addition. European Journal of Forest Research, 134(5): 845–856.

Huang W J, Zhou G Y, Liu J X, et al. 2015b. Mineral elements of subtropical tree seedlings in response to elevated carbon dioxide and nitrogen addition. PLoS One, 10(3): doi: 10.1371/journal.pone.0120190.

Huang W J, Zhou G Y, Liu J X, et al. 2012. Effects of elevated carbon dioxide and nitrogen addition on foliar stoichiometry of nitrogen and phosphorus of five tree species in subtropical model forest ecosystems. Environmental Pollution, 168: 113–120.

Huang Y H, Li Y L, Xiao Y, et al. 2011a. Controls of litter quality on the carbon sink in soils through partitioning the products of decomposing litter in a forest succession series in South China. Forest Ecology and Management, 261: 1170–1177.

Huang Y H, Zhou G Y, Tang X L, et al. 2011b. Estimated soil respiration rates decreased with long-term soil microclimate changes in successional forests in southern China. Environmental Management, 48: 1189–1197.

Insam H, Domsch K H, 1988. Relationship between soil organic-carbon and microbial biomass on chronosequences of reclamation sites. Microbial Ecology, 15: 177–188.

IPCC. 2013. Climate Change 2013: The Physical Science Basis. In: Contribution of Working Group I to the Fifth Assessment Report of the Intergovernmental Panel on Climate Change. Cambridge: Cambridge University Press.

IPCC. 2014. Climate Change 2014: Impacts, Adaptation, and Vulnerability. Part A: Global and Sectoral Aspects. Contribution of Working Group II to the Fifth Assessment Report of the Intergovernmental Panel on Climate Change. Cambridge: Cambridge University Press.

Jenkinson D S. 1988. Determination of microbial biomass carbon and nitrogen in soil. Advances in Nitrogen Cycling in Agricultural Ecosystems, 368–386.

Jiang H, Deng Q, Zhou G Y, et al. 2013. Effects of precipitation on soil respiration and its temperature/moisture sensitivity in three subtropical forests in Southern China. Biogeosciences, 10: 3963–3982.

Jobbagy E G, Jackson R B. 2000. The vertical distribution of soil organic carbon and its relation to climate and vegetation. Ecology Applications, 10: 423–436.

Koba K, Isobe K, Takebayashi Y, et al. 2010. Delta ^{15}N of soil N and plants in a N-saturated, subtropical forest of southern China. Rapid Communications in Mass Spectrometry Rcm, 24 (17): 2499–2506.

Kong G H, Liang C, Wu H M, et al. 1993. Dinghushan Biosphere Reserve, Ecological Research History and Perspective. Beijing: Science Press.

Koster R D, Suarez M J. 2003. Impact of land surface initialization on seasonal precipitation and temperature prediction. Journal of Hydrometeorology, 4: 408–423.

Kourtev P S, Ehrenfeld J G, Haggblom M. 2002. Exotic plant species alter the microbial community structure and function in the soil. Ecology, 83: 3152–3166.

Lavigne M B, Ryan M G, Anderson D E, et al. 1997. Comparing nocturnal eddy covariance measurements to estimates of ecosystem respiration made by scaling chamber measurements at six coniferous boreal sites. Journal of Geophysical Research, 102: 28977–28985.

Law B E, Ryan M G, Anthoni P M. 1999. Seasonal an dannual respiration of a ponderosa pine ecosystem. Global Change Biology, 5: 169–182.

Li L, Huang Z L, Ye W H, et al. 2009. Spatial distributions of tree species in a subtropical forest of China. Oikos, 118 (4): 495–502.

Li M H, Kraeuchi N. 2003. A method for estimating vegetation change over time and space. Journal of Geographical Sciences, 23 (4): 447–454.

Li R H, Zhu S D, Chen H Y H, et al. 2015a. Are functional traits a good predictor of global change impacts on tree species abundance dynamics in a subtropical forest? Ecology Letters, 18: 1181–1189.

Li X, Xiao Q, Niu J, et al. 2016. Process-based rainfall interception by small trees in northern China: The effect of rainfall traits and crown structure characteristics. Agricultural and Forest Meteorology, 218: 65–73.

Li Y Y, Liu J X, Chen G Y, et al. 2015b. Water-use efficiency of four native trees under CO_2 enrichment and N addition in subtropical model forest ecosystems. Journal of Plant Ecology, 8 (4): 411–419.

Li Y Y, Liu J X, Zhou G Y, et al. 2016a. Warming effects on photosynthesis of subtropical tree species: A translocation experiment along an altitudinal gradient. Scientific Reports, 6: 24896.

Li Y Y, Zhou G Y, Huang W J, et al. 2016b. Potential effects of warming on soil respiration and carbon sequestration in a subtropical forest. Plant and Soil, 408: 247–257.

Liang G H, Liu X Z, Chen X M, et al. 2013. Response of soil respiration to acid rain in forests of different maturity in southern China. PLoS One, 8: e62207.

Liu J X, Huang W J, Zhou G Y, et al. 2013. Nitrogen to phosphorus ratios of tree species in response to elevated carbon dioxide and nitrogen addition in subtropical forests. Global Change Biology, 19 (1): 208–216.

Liu L, Gundersen P, Zhang T, et al. 2012. Effects of phosphorus addition on soil microbial biomass and community composition in three forest types in tropical China. Soil Biology & Biochemistry, 44 (1): 31–38.

Liu L, Gundersen P, Zhang W, et al. 2014. Effects of nitrogen and phosphorus additions on soil microbial biomass and community structure in two reforested tropical forests. Scientific Reports, 5: 14378–14378.

Liu S, Li Y L, Zhou G Y, et al. 2009. Applying biomass and stem fluxes to quantify temporal and spatial fluctuations of an old-growth forest in distrubance. Biogeosciences, 6: 1839–1848.

Liu X J, Duan L, Mo J M, et al. 2011. Nitrogen deposition and its ecological impact in China: An overview. Environmental

Pollution, 159 (10): 2251–2264.

Liu X J, Ma K P. 2015. Plant functional traits-concepts, applications and future directions. Scientia Sinica Vitae, 45, 325–339.

Lü C Q., Tian H Q. 2007. Spatial and temporal patterns of nitrogen deposition in China: Synthesis of observational data. Journal of Geophysical Research-Atmospheres, 112: D22S05.

Lu X K, Mo J M, Gundersern P, et al. 2009. Effect of simulated N deposition on soil exchangeable cations in three forest types of subtropical China. Pedosphere, 19 (2): 189–198.

Lu X K, Frank S. Gilliam, Yu G R, et al. 2013. Long-term nitrogen addition decreases carbon leaching in a nitrogen-rich forest ecosystem. Biogeosciences, 10: 3931–3941.

Lu X K, Mao Q G, Gilliam F S, et al. 2014. Nitrogen deposition contributes to soil acidification in tropical ecosystems. Global Change Biology, 20 (12): 3790–3801.

Lu X K, Mao Q G, Mo J M, et al. 2015. Divergent responses of soil buffering capacity to long-term N deposition in three typical tropical forests with different land-use history. Environmental Science & Technology, 49 (7): 4072–4080.

Lu X K, Mo J M, Gilliam F, et al. 2012. Nitrogen addition shapes soil phosphorus availability in two reforested tropical forests in southern China. Biotropica, 44 (3): 302–311.

Lu X K, Mo J M, Gilliam F S, et al. 2010. Effects of experimental nitrogen additions on plant diversity in an old-growth tropical forest. Global Change Biology, 16 (10): 2688–2700.

Mao D M., Min Y W, Yu L L, et al. 1992. Effect of afforestation on microbial biomass and activity in solls of tropical tropical China. Soil Biology & Biochemistry, 24: 865–872.

Mao Q G, Lu X K, Zhou K J, et al. 2017. Effects of long-term nitrogen and phosphorus additions on soil acidification in an N-rich tropical forest. Geoderma, 285: 57–63.

Mo J M, Brown S, Peng S L, et al. 2003. Nitrogen availability in disturbed, rehabilitated and mature forests of tropical China. Forest Ecology and Management, 175 (3): 573–583.

Mo J M, Brown S, Xue J H, et al. 2007a. Response of nutrient dynamics of decomposing pine (*Pinus massoniana*) needles to simulated N deposition in a disturbed and a rehabilitated forest in tropical China. Ecological Research, 22 (4): 649–658.

Mo J M, Brown S, Xue J H, et al. 2006. Response of litter decomposition to simulated N deposition in disturbed, rehabilitated and mature forests of subtropical China. Plant and Soil, 282: 135–151.

Mo J M, Zhang W, Zhu W X, et al. 2007b. Response of soil respiration to simulated N deposition in a disturbed and a rehabilitated tropical forest in Southern China. Plant and Soil, 296 (1): 125–135.

Mo J M, Zhang W, Zhu W X, et al. 2008. Nitrogen addition reduces soil respiration in a mature tropical forest in Southern China. Global Change Biology, 14: 403–412.

Offenberger M. 1999. Von Nautilus und Sapiens. Einführung in die Evolutionstheorie. Deutscher Taschenbuch Verlag GmbH & Co. KG, Munich, Germany.

Ostertag R, Marín-Spiotta E, Silver W L. 2008. Litterfall and decomposition in relation to soil carbon pools along a secondary forest chronosequence in Puerto Rico. Ecosystems, 11: 701–714.

Otieno D, Li Y L, Liu X D, et al. 2017. Spatial heterogeneity in stand characteristics alters water use patterns of mountain forests. Agricultural and Forest Meteorology, 236: 78–86.

Otieno D, Li Y L, Ou Y X, et al. 2014. Stand characteristics and water use at two elevations in a sub-tropical evergreen forest in southern China. Agricultural and Forest Meteorology, 194: 155–166.

Qiu J. 2010. China drought highlights future climate threats. Nature, 465: 142–143.

Randin C F, Engler R, Normand S, et al. 2009. Climate change and plant distribution: Local models predict high-elevation persistence. Global Change Biology, 15(6): 1557–1569.

Reich P B. 2014. The world-wide 'fast-slow' plant economics spectrum: A traits manifesto. Journal of Ecology, 102: 275–301.

Reilly J, Stone P H, Forest C E, et al. 2001. Climate change uncertainty and climate change assessments. Science, 293(5529): 430–433.

Rovira P, Jorba M, Romanyà J. 2010. Active and passive organic matter fractions in Mediterranean forest soils. Biology and Fertility of Soils, 46: 355–369.

Seidel D J, Fu Q, Randel W J, et al. 2008. Widening of the tropical belt in a changing climate. Nature Geoscience, 1: 21–24.

Smit S E, Read D J. 2008. Mycorrhizal Symbiosis. New York: Academic Press.

Soudzilovskaia N A, Elumeeva T G, Onipchenko V G, et al. 2013. Functional traits predict relationship between plant abundance dynamic and long-term climate warming. Proceedings of the National Academy of Sciences of the United States of America, 110: 18180–18184.

Tang X L, Liu S G, Zhou G Y, et al. 2006. Soil-atmospheric exchange of CO_2, CH_4, and N_2O in three subtropical forest ecosystems in southern China. Global Change Biology, 12(3): 546–560.

Tang X L, Wang Y P, Zhou G Y, et al. 2011.Different patterns of ecosystem carbon accumulation between a young and an old-growth subtropical forest in southern China. Plant Ecology, 212: 1385–1395.

Thuiller W, Lavorel S, Araújo M B, et al. 2005. Climate change threats to plant diversity in Europe. Proceedings of the National Academy of Sciences of the United States of America, 102(23): 8245.

Van Bodegom P M, Douma J C, Witte J P M, et al. 2012. Going beyond limitations of plant functional types when predicting global ecosystem-atmosphere fluxes: Exploring the merits of traits-based approaches. Global Ecology and Biogeography, 21: 625–636.

Van Mantgem P J, Stephenson N L, ByrneJ C, et al. 2009. Widespread increase of tree mortality rates in the western United States. Science, 323: 521–524.

Violle C, Navas M L, Vile D, et al. 2007.Let the concept of trait be functional! Oikos, 116: 882–892.

Wei X H, Zhang M F. 2010. Quantifying streamflow change caused by forest disturbance at a large spatial scale: A single watershed study. Water Resources Research, 46, doi: 10.1029/2010WR009250.

Williams A P, Allen C D, Millar C I, et al. 2010. Forest responses to increasing aridity and warmth in the southwestern United States. Proceedings of the National Academy of Sciences of the United States of America, 107(50): 21289–21294.

Wright I J, Reich P B, Westoby M, et al. 2004. The worldwide leaf economics spectrum. Nature, 428: 821–827.

Wu Y P, Liu S G, Abdul-Aziz O I. 2012. Hydrological effects of the increased CO_2 and climate change in the Upper Mississippi River Basin using a modified SWAT. Climatic Change, 110(3–4): 977–1003.

Xiao Y, Zhou G Y, Zhang Q M, et al. 2014. Increasing active biomass carbon may lead to a breakdown of mature forest equilibrium. Scientific Reports, 4, doi: 10.1038/srep03681.

Yan J H, Li K, Wang W T, et al. 2015. Changes in dissolved organic carbon and total dissolved nitrogen fluxes across subtropical forest ecosystems at different successional stages. Water Resources Research, 51(5): 3681–3694.

Yan J H, Liu X Z, Tang X L, et al. 2013a. Substantial amounts of carbon are sequestered during dry periods in an old-growth subtropical forest in South China. Journal of Forest Research, 18: 21–30.

Yan J H, Zhang Y P, Yu G R, et al., 2013b. Seasonal and inter-annual variations in net ecosystem exchange of two old-growth forests in southern China. Agricultural and Forest Meteorology, 182–183: 257–265.

Yan J H, Zhou G Y, Li Y L, et al. 2009. A comparison of CO_2 fluxes via eddy covariance measurements with model predictions in a dominant subtropical forest ecosystem. Biogeoscience, 6: 2913-2937.

Yang F F, Li Y L, Zhou G Y, et al. 2010. Dynamics of coarse woody debris and decomposition rates in an old-growth forest in lower tropical China. Forest Ecology and Management, 259: 1666-1672.

Yuan Z Y, Chen H Y H. 2015. Decoupling of nitrogen and phosphorus in terrestrial plants associated with global changes. Nature Climate Change, doi: 10.1038/nclimate2549.

Zhang T, Zhu W, Mo J M, et al. 2011. Increased phosphorus availability mitigates the inhibition of nitrogen deposition on CH_4 uptake in an old-growth tropical forest, southern China. Biogeosciences, 8 (9): 2805-2813.

Zhang W, Mo J M, Yu G R. 2008. Emissions of nitrous oxide from three tropical forests in southern China in response to simulated nitrogen deposition. Plant and Soil, 306 (1): 221-236.

Zhou G Y, Guan L L, Wei X H, et al. 2008. Factors influencing leaf litter decomposition: An intersite decomposition experiment across China. Plant Soil, 344: 61-72.

Zhou G Y, Guan L L, Wei X H, et al. 2007. Litterfall production along successional and altitudinal gradients of subtropical monsoon evergreen broadleaved forests in Guangdong, China. Plant Ecology, 188: 77-89.

Zhou G Y, Houlton B Z, Wang W T, et al. 2014. Substantial reorganization of China's tropical and subtropical forests: Based on the permanent plots. Global Change Biology, 20: 240-250.

Zhou G Y, Liu S G, Li Z A, et al. 2006. Old-growth forests can accumulate carbon in soils. Science, 314: 1417.

Zhou G Y, Morris J, Zhou C Y, et al. 2004. Hydrological processes and vegetation succession in a naturally forested area of Southern China. Eurasian Journal of Forest Research, 7 (2): 75-86.

Zhou G Y, Peng C H, Li Y L, et al. 2013. A climate change-induced threat to the ecological resilience of a subtropical monsoon evergreen broad-leaved forest in southern China. Global Change Biology, 19: 1197-1210.

Zhou G Y, Wei X H, Chen X Z, et al. 2015. Global pattern for the effect of climate and land cover on water yield. Nature Communications, 6: 5918.

Zhou G Y, Wei X H, Luo Y, et al. 2010. Forest recovery and river discharge at the regional scale of Guangdong Province, China. Water Resources Research, 46, doi: 10.1029/2009WR008829.

Zhou G Y, Wei X H, Wu Y P, et al. 2011. Quantifying the hydrological responses to climate change in an intact forested small watershed in Southern China. Global Change Biology, 17 (12): 3736-3746.

Zhou G Y, Wei X H, Yan J H. 2002. Impacts of eucalyptus (*Eucalyptus exserta*) plantation on soil erosion in Guangdong Province, Southern China. A kinetic energy approach. Catena, 49: 231-251.

第 14 章　南亚热带森林植被恢复的 生态系统过程与变化[*]

14.1　概　　述

森林生态系统是指森林生物群落与环境在物质循环和能量转换过程中形成的功能系统,也就是以乔木树种为主体的生态系统(沈国舫,1989)。受季风气候的强烈影响,我国南亚热带地区拥有丰富的森林动植物种类和资源,植物区系、植被类型以及稀有濒危植物的分布也存在着地带分异性(贾小容等,2004)。除地带性的季风常绿阔叶林外,我国南亚热带也有大面积的各种人工林和次生林。人工林的主要造林树种以马尾松(*Pinus massoniana*)、杉木(*Cunninghamia lanceolata*)、马占相思(*Acacia mangium*)、桉(*Eucalyptus robusta*)、木麻黄(*Casuarina equisetifolia*)及竹子等(《广东森林》编辑委员会,1990)。

14.1.1　南亚热带森林生态系统的现状与问题

以鹤山站所在的广东省为例,2014—2018 年,广东省森林面积达 1082.8 万 hm²,森林蓄积量达 5.01 亿 m³,森林覆盖率达 53.5%。按照优势树种统计,桉树林、杉木林和马尾松林较多。桉树林面积最大,占乔木林面积的 23.9%,蓄积量占 10.6%;杉木林面积占 10.3%,蓄积量占 8.9%;马尾松林面积占 5.0%,蓄积量占 5.7%。因此形成按种植面积以桉树林为主、蓄积量则以针叶林为主的结构格局。从乔木林林龄结构来看,幼龄林:中龄林:近熟林:成熟林:过熟林的面积比为 51:30:12:5:2,相应的蓄积量比为 32:40:16:8:4。乔木以中幼林为主,面积占 81.5%,蓄积量占 71.8%。广东省森林以人工林较多,面积占 65.1%,蓄积量占 46.2%(国家林业和草原局,2019)。

目前南亚热带森林存在的主要问题包括以下几个方面:① 森林类型配置不尽合理。以针叶林为主,目前我国生态文明建设的一个主要内容是森林生态系统建设,其主要目的是生态环境恢复与生物多样性保护。南亚热带的地带性森林是季风常绿阔叶林,众多研究表明阔叶林在减少土壤侵蚀、增进和保持土壤肥力方面比针叶林优越。因此目前以针叶用材林为主的森林类型不同程度上减少了森林在本地带应发挥的主体生态功能。② 林分结构不尽合理。南亚热带阔叶林主要是以一些阔叶树种(如相思类)为主的先锋林和以一些本地树种为主的次生林。但这些林分大部分比较年轻,30~60 年,结构发育还不够成熟、稳定。尤其是以马占相思等为先锋树种的人工林存在较大的结构问题。这些先锋树种初期(15 年林龄前)生长较快,能累积较

---

*　本章作者为中国科学院华南植物园申卫军、孙聃、刘素萍、林永标、饶兴权、任海。

高的生物量,比较快速地郁闭,从而发挥较好的生态功能。但在 15 年林龄后衰退也快,林冠萎缩,易风倒风折,冠层打开后阳生草本植物或灌木很快入侵占居林下层,进而阻止本地树种(大部分中生或较耐阴)的入侵定居。从而形成了事实上的逆行演替,达不到生态环境保护的目的。③ 如何改造大面积的残次林。以生态环境保护为目的森林生态系统建设目前面临的一个主要问题是林分改造。这包括充分利用一些废弃地(如荒地、尾矿地、侵蚀地等)进行植被恢复,对严重退化的林分进行改造,改造过程中面临一个很重要的问题是如何兼顾生态与经济效益。

由于自然和人为干扰,世界各地形成了大量退化生态系统,这些退化的生态系统会影响到人类的可持续发展,需要进行生态恢复。生态恢复是指帮助那些退化、受损或毁坏的生态系统恢复的过程(SER, 2004)。恢复生态学是研究生态恢复的生态学原理和过程的科学,自 1987 年诞生以来发展迅速(任海和彭少麟, 2001; Ren et al., 2007; 彭少麟, 2007; Van Andel and Aronson, 2012)。生态恢复实践或恢复生态学研究中常用的生态学理论或内容有:生态因子作用(包括主导因子、耐性定律、最小量定律等)、竞争、生态位、演替、定居限制、护理效应、互利共生、啃食/捕食限制、干扰、岛屿生物地理学、生态系统功能、生态型、遗传多样性。从上述理论内容看,定居限制、竞争和演替理论是恢复生态学的基础(Hobbs and Norton, 1996; Young et al., 2005)。近年来,生态型和区域遗传多样性、健康生态系统、植被连续变化准则、异质种群动态、尺度的概念、正反馈在生态恢复中的作用、启动自然恢复的途径等也在生态恢复领域受到重视(Ren, 2013; 任海等, 2014)。当然,恢复生态学在其自身发展过程中也产生一些理论:状态过渡模型及阈值、集合规则、参考生态系统、人为设计和自我设计、适应性恢复等(武昕原等, 2007; 任海等, 2008)。此外,恢复生态学在发展过程中,还形成了从生境、种群、群落、生态系统、景观等不同尺度的一些进展,并把当前的全球变化、人类干扰、生态经济和社会因素纳入生态恢复范畴,促进了理论与实践工作。

从基础森林恢复生态学研究方面,南亚热带森林所面临的主要科学问题有:① 针对南亚热带多丘陵、少平地的地貌特征,多雨但雨量集中的暖湿气候特征,土壤偏酸但有机质含量不高的土壤肥力特征,森林生态系统构建采用什么样的树种配置比较合理,栽植技术与空间配置怎么样才能达到生态与经济效应的同步;② 不同森林类型(如阔叶混交林、针叶混交林、针阔叶混交林等)在恢复过程中碳、氮、水循环特征和规律如何,哪种森林生态系统具有更佳的生态功能;③ 不同森林生态系统恢复过程的群落结构变化有什么特点,哪种森林具有更佳的保育和维持生物多样性功能;人工林群落在生产力和生物量累积方面有什么样的动态特征和规律,对生态系统碳固持有多大的贡献;④ 森林恢复过程中地上 – 地下过程是如何相互作用的。地上植物群落结构如何影响地下生物群落结构和功能过程,两者的动态发育是否同步,地下食物网的形成对维持地上生物多样性和生态过程起什么样的作用。

14.1.2　鹤山站的工作在解决问题中的地位和作用

鹤山站位于广东省中部的鹤山市,22° 41′ N, 112° 54′ E,平均海拔高度 80 m。属南亚热带低山丘陵地区,顶极森林群落是亚热带季风常绿阔叶林。该地区年平均气温 21.7 ℃,七月平均气温 28.7 ℃,1 月平均气温 13.1 ℃,极端最高气温 37.5 ℃,极端最低气温 0 ℃。年平均降水量 1700 mm,年蒸发量 1600 mm。主要土壤类型为赤红壤。鹤山市地貌特征可概括为"七山一水二分田",主要以丘陵山地为主,占总面积的 92.6%。全市林业用地面积 53839 hm², 其中有林地面积 46226.5 hm²。按林种分,生态公益林面积 17024.1 hm², 商品林面积 36814.5 hm², 森林覆盖率

46.4%,林木栽植率 53.5%,活立木总蓄积量 230 万 m³。

鹤山站所代表的地区历史上植被茂密、物种繁多,但过度的人类活动影响导致植被退化、水土流失,形成了大面积的丘陵荒坡。1984 年鹤山站系统地开展了丘陵荒坡退化生态系统的植被恢复与重建工作。以自然集水区为基本单元,利用固氮作用或耐贫瘠或生长快的树种作为先锋树种,构建了六种人工林生态系统类型:马占相思林、针叶混交林、桉林、针阔叶混交林、豆科树种混交林、乡土树种混交林,总面积约为 166 hm²。针对 20 世纪 70—80 年代广东造林主要以针叶林为主,森林病虫害危害非常严重的现状,鹤山站构建了针阔叶混交林模式,在周边连片推广 1.53 万 hm²,成为广东省最大的连片混交林,对防治病虫害、改善区域生态环境起到了重要的作用,为广东省完成 "十年绿化广东" 的目标做出了重要的贡献。广东鹤山丘陵地区 "热带亚热带植被恢复生态学研究" 于 1999 年获得中国科学院科技进步一等奖,2004 年被国家环保总局列为中国丘陵和山地综合利用模式三大典型实例之一。

鹤山站是国内较早开展植被恢复研究与示范的野外定位监测研究站,森林植被恢复和可持续利用可总结为三个阶段:① 构建先锋群落。选用速生、耐旱、耐贫瘠树种进行植被快速恢复。② 配置阔叶树种,进行林分改造。模拟地带性森林群落演替过程的种类组成和群落结构特点,对先锋群落进行林分改造,即对先锋林间伐后插入乡土树种。③ 发展经济作物,构建复合农林业生态系统。按生态学物质循环和能量流动的原理,构建多种适合当地的复合农林业生态系统,为丘陵山地恢复及综合开发利用提供样板。

主要研究方向定位如下:① 生态系统格局、过程与演变规律研究。着重于演替过程生态系统能量流动与物质循环的耦合、生态系统过程的生物协同演变与时空尺度转换、生态系统稳定性与维持机制研究。② 生态系统退化过程、机理与恢复技术研究。着重于生态系统退化机制、恢复理论和技术研究,构建森林植被、城市植被和农林复合生态系统的示范模式,探索生态恢复对全球变化的贡献。③ 区域生态系统管理与可持续利用研究。着重于生态系统功能和健康的评价,在景观尺度上强调自然、社会和经济协调,构建区域环境优化的生态系统格局和城市植被景观。

鹤山站的主要研究方向是恢复生态学。主要作用包括如下三个方面:① 研究生态系统退化机理并对恢复过程提供理论支持和实践指导,针对华南地区低效能人工林(如针叶林)、各种退化生态系统(如湿地、矿区、外来种入侵林、裸地等)和城市化进程中的生态问题。在各类生态环境因子调查分析的基础上,应用群落生态学、生理生态学、土壤生态学、化学生态学、分子生态学等的理论和方法,进行交叉研究,探索不同生态系统的退化特征,阐明退化生境中物种的响应方式和途径,由此揭示生境退化的宏观、微观机理。同时比较研究不同类型生态系统恢复过程中的异同,提出区域不同退化生态系统恢复的方法和步骤,为生态恢复提供理论支持和实践指导。② 选育植被恢复物种并对其生态安全进行评价,通过对不同植被生态系统的调查,系统研究物种生存维持机理、生态学特征、生物迁地适应策略。结合全球变化的影响,研究不同尺度下的生境和物种分布,筛选不同类型的适生物种。在环境模拟的基础上,研究它们的繁育方法与技术。结合室内和野外控制实验,对所筛选的有市场前景的物种(如能源植物)进行生态安全评价,并进行产业化技术集成,为区域生态恢复提供优良植物种源。③ 构建复合农林业生态系统示范区,建立管理评价体系。通过不同生态系统退化机理和恢复过程研究,选用适生优良物种,探索高效物种配置模式,构建新型农林复合系统。在此基础上建立生态系统健康指标体系和管理评价体系,拟定实施对策和方案,为华南地区社会、经济和环境的可持续发展,全面实现小康社会做出贡献。

14.2　南亚热带气温与降水变化趋势

南亚热带地区处于对气候变化敏感的南海季风区,在全球气候变化背景下,该区域的气候也发生了显著变化(杜尧东等,2004;黄雪松等,2005;陈新光等,2006;吴胜安和吴慧,2009)。近年来,华南地区由极端温度变化引起的高温热浪、低温寒害等频繁发生,给经济和社会发展造成严重危害(纪忠萍等,2005;杜尧东等,2006;唐力生等,2009)。本小节通过对鹤山站近 30 年气象数据的总结分析,以期反映所在南亚热带地区气温和降水的变化特征。

14.2.1　气温变化

图 14.1 显示鹤山站 1985—2015 年平均气温、平均最高气温与平均最低气温的距平序列变化。从图中可看到,近年来平均气温趋于平稳(图 14.1a),2002 年以前温度逐渐由正距平转为负距平,2003 年开始逐渐由负距平转为正距平,历年平均气温为 21.8 ℃,距平最大值出现在 1987年(1.3 ℃),当年平均气温为 23.1 ℃,最小值出现在 2002 年(−1.7 ℃),当年平均气温为 20.1 ℃。

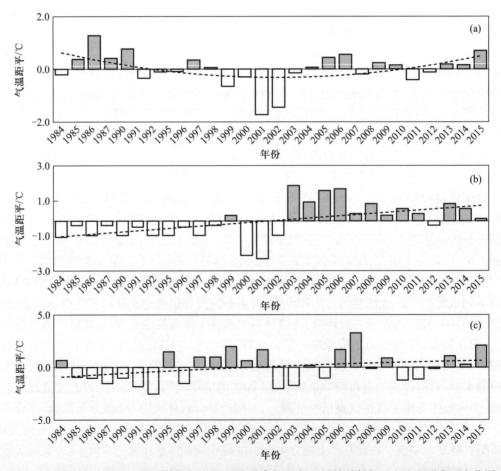

图 14.1　鹤山站 1985—2015 平均气温(a)、平均最高气温(b)、平均最低气温(c)距平序列变化图

2002 年以前最高气温基本低于年平均最高气温(图 14.1b),2002 年以后年最高气温多数高于年平均最高气温,历年平均最高气温为 37.0 ℃,距平最大值出现在 2003 年(2.1 ℃),当年最高气温为 39.1 ℃;最小值出现在 2001 年(-2.4 ℃),当年最高气温为 34.6 ℃。

过去 30 年,平均最低气温逐年呈现上升的趋势,这与全球变化模型预测的全球年平均最低气温的上升趋势一致。年际间有波动,历年平均最低气温为 3.5 ℃,距平最大值出现在 2003 年(3.3 ℃),当年最低气温为 6.80 ℃;最小值出现在 1992 年(-2.5 ℃),当年最低气温为 1.0 ℃。

南亚热带的平均气温也干、湿季呈现出不同的变化趋势(图 14.2)。过去 30 年(1985—2015 年)湿季平均气温要高于干季 8.9 ℃,干季平均气温的波动更大。干季平均最低气温出现在 2002 年(14.7 ℃),平均最高气温为 1987 年(19.4 ℃);湿季平均最低气温为 2003 年(24.3 ℃),平均最高气温为 1986 年(27.1 ℃)。

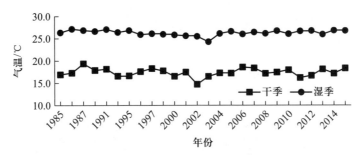

图 14.2　鹤山站 1985—2015 年干湿季平均气温变化

14.2.2　降水格局变化

气温的变化会影响大气层湿容量,进而会影响全球水循环。已有不少研究表明全球和区域降水格局会发生明显变化,如在华南地区呈现"干季更干、湿季更湿"的特点。同时,也有很多模型预测到极端降水事件出现的频率会增加。因此,认识和了解在极端降水条件下的森林生态系统响应机制可以帮助人们采取合理的森林经营措施,从而避免森林生态系统的衰退并最大化地提高其服务功能。

14.2.2.1　降水量变化

根据鹤山站观测 20 余年(1993—2015 年)降水记录,年降水量未呈现出显著的线性变化趋势,年际波动明显(图 14.3a)。年平均降水量均值为 1547.8 mm,降水量距平高值年前三位分别是 2012 年(2196.8 mm)、2014 年(2191.4 mm)和 1997 年(1999.7 mm),降水量距平低值年前三位分别是 2004 年(965.3 mm)、2006 年(998.4 mm)和 2003 年(1004.4 mm)。

从月平均降水量来看(图 14.3b),鹤山地区降水主要集中在 4—9 月,其中 5 月、6 月、8 月降水量分列前三位,降水量分别为:5 月(272.3 mm)>6 月(265.7 mm)>8 月(226.0 mm),而 7 月降水量较 5 月、6 月、8 月相对较小。降水最少的月份为 1 月、2 月、12 月,降水量分别为:12 月(31.7 mm)<2 月(37.3 mm)<1 月(39.3 mm)。

14.2.2.2　降水季节分配变化

从鹤山站近 20 年的降水记录来看(图 14.4),湿季降水量的波动明显大于干季(图 14.4a)。相对来说,2003—2006 年期间湿季降水量较少。1993—2003 年间有一定的起伏,但总体降水量

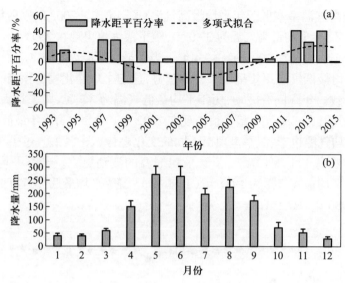

图 14.3　鹤山站 1993—2015 年降水量距平百分率（a）和月平均降水量（b）的变化

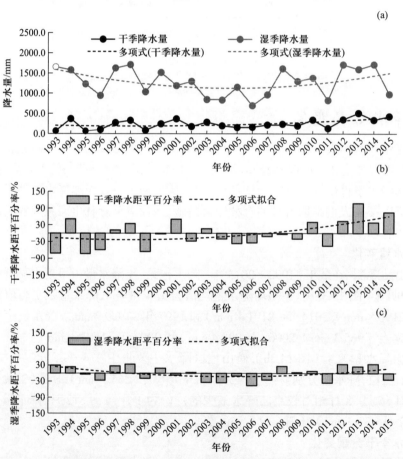

图 14.4　鹤山站 1993—2015 年干湿季平均降水量距平变化:（a）干湿季降水量;
（b）干季降水量距平百分率;（c）湿季降水量距平百分率

呈下降趋势;2007—2015 年湿季降水量波动较大,但呈现出增多的趋势(图 14.4a,c)。干季降水量波动总体上与湿季波动有一定的相似性,但过去 20 余年间呈微弱增加趋势,其中 1993—2003 年与湿季不同的是没有出现下降的趋势,2004—2009 年降水量非常平缓,2009 年以后出现干季降水量增加的趋势(图 14.4b)。

14.2.2.3 降水强度、极端降水事件的频率

1993—2015 年,鹤山站年降水日数呈增加趋势,均值为 131 天。年降水日数最多的是 2012 年,达 192 天,最少的是 1999 年,仅有 86 天(图 14.5a)。23 年来鹤山站年暴雨降水量在呈小幅上升趋势(图 14.6b),上升速率为 4.12 mm·年$^{-1}$。年暴雨降水量最大值出现在 2000 年(900.3 mm),最小值出现在 2004 年(119.8 mm)。历年平均暴雨降水量为 473.8 mm,其中 1993—2001 年和 2007—2013 年间波动较为剧烈,2001—2007 年年暴雨降水量维持在一个低位平稳状态。

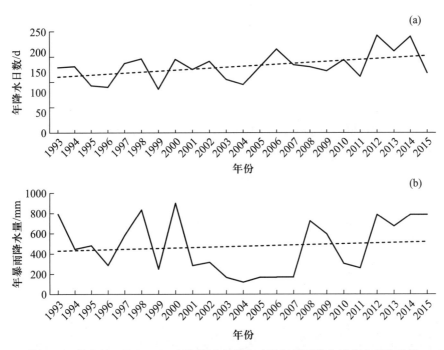

图 14.5 鹤山站 1993—2015 年年降水日数(a)及年暴雨降水量(b)变化趋势

按降雨强度(24 小时降水总量)指标,我国把降雨分为小雨(0.1~9.9 mm)、中雨(10.0~24.9 mm)、大雨(25.0~49.9 mm)、暴雨(50.0~99.9 mm)、大暴雨(100.0~249.9 mm)和特大暴雨(≥250 mm)。从暴雨次数上来看各年均出现暴雨以上降雨。暴雨次数最多的年份为 1998 年、2000 年、2008 年,有 10 次暴雨以上降雨,最少的年份有 1999 年、2004 年、2005 年、2006 年,只有 2 次暴雨以上降雨。从暴雨强度来看,只有 1993 年出现了特大暴雨,降雨量达到了 257 mm。其中还有 9 年无大暴雨,有大暴雨的年份中 2009 年和 2015 年出现了 3 次大暴雨(表 14.1)。

整体上来看,鹤山近 20~30 年的气温和降水变化显示,干季气温波动较大,而湿季降水波动较大。最低气温呈现明显的上升趋势,降水量年际变化不大,2003—2006 年暴雨次数较少。

表 14.1   1993—2015 年不同降雨强度分布情况　　　　（单位：次数）

年份	小雨	中雨	大雨	暴雨	大暴雨	特大暴雨	总降雨次数
1993	81	28	12	6	1	1	129
1994	83	21	21	5	1		131
1995	57	18	11	7			93
1996	63	15	8	4			90
1997	78	33	18	8			137
1998	98	23	15	8	2		146
1999	50	26	8	1	1		86
2000	100	23	12	8	2		145
2001	87	27	7	3	1		125
2002	89	34	14	3	1		141
2003	67	31	4	3			105
2004	64	21	8	2			95
2005	87	28	13	2			130
2006	142	13	8	1	1		165
2007	103	22	6	3			134
2008	81	24	15	9	1		130
2009	79	27	9	4	3		122
2010	95	28	17	3	1		144
2011	76	22	9	4			111
2012	131	38	14	8	1		192
2013	12	37	13	9			71
2014	129	38	14	8	1		190
2015	71	28	10	6	3		118
占总降雨次数 /%	65.63	20.65	9.08	3.93	0.68	0.03	2930

14.3　南亚热带森林恢复过程的植物群落结构动态

　　植物群落组成、结构、功能在不同时间尺度上随着环境变化而不断改变的过程与规律为植物群落结构动态。在变化过程中,群落的生物量、各成分的数量比例、群落的外貌与结构、优势种的重要值也会发生相应的变化。

14.3.1 不同森林恢复类型生物多样性变化

分层现象在森林群落表现最为明显,在南亚热带一般按生长型把森林群落从顶部到底部划分为乔木层、灌木层、草本层和地被层(苔藓地衣)四个基本层次,本节主要探讨的是乔木层、灌木层和草本层。

14.3.1.1 物种多样性变化

图 14.6 显示鹤山站 5 种森林类型 20 年(1994—2015 年)间乔木物种 Shannon 指数的变化;在 2003 年以前较低,因为生长旺盛的时期,各优势树种对养分、水分等竞争能力较大,导致一些物种的消亡;而 2003 年之后随着优势种的退化,以及优势种之外的物种的定居,种类数量和多样性也逐渐增加。其中荷木林和桉林增加较大,乡土树种荷木林较适宜其他物种定居;速生树种桉林后期给其他物种提供了生存空间;豆科混交林和马占相思林变化不明显,可能跟凋落物覆盖和化感作用有关。

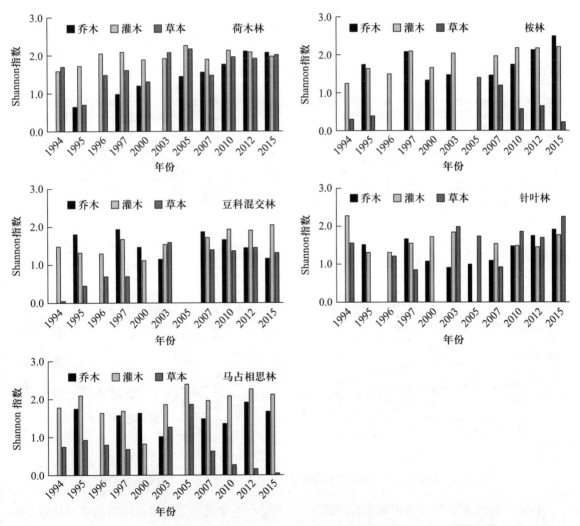

图 14.6 鹤山站 5 种森林类型 20 年(1994—2015 年)乔木物种 Shannon 指数变化

从灌木层的各指数可以看出,桉林灌木层多样性指数增幅要明显高于其他林型,原因与退化有关;荷木林一直保持了较高的多样性水平,也有上升的趋势;针叶林在 2003 年 Shannon 指数有一个较大增幅,之后维持平稳走势;豆科混交林和马占相思林趋势基本一致,期间 Shannon 指数有一定起伏,但总体还是微幅上升的趋势。

从草本层多样性来看,各林型差异较大。桉林和马占相思林草本层生物多样性较小,而荷木林较大。桉林 2003 年和马占相思林在 2005 年出现一个多样性高峰以后,之后逐渐降低。两种先锋树种林草本生物多样性小的主要原因是冠层打开后,芒萁大量生长造成其他草本植物逐渐消失。针叶林中多样性呈现一些周期性的波动。荷木林在 1995 年出现一个多样性低值以后,后面基本趋于稳定,有一些波动但波动不大。

14.3.1.2　胸径、树高及密度变化

从鹤山站近 20 年的植被调查数据进行总结发现,乔木的胸径和树高在 1995—2003 年均呈现上升趋势,马占相思林上升趋势最大且延续到了 2005 年,之后所有林型均出现了不同程度的下降,树高也和胸径呈现了相同的趋势(图 14.7)。个别林型中大乔木密度随着时间推移呈现下降的趋势,特别是针叶林较为明显;荷木林和马占相思林趋势不明显,小乔木数量在 2003 年后各林型中均有明显的增加趋势;而马占相思林和桉林增加较为缓慢,说明在随着林龄进入成熟林后,大乔木逐渐出现了退化(枯死、倒伏),而各种小乔木逐渐定居和生长。

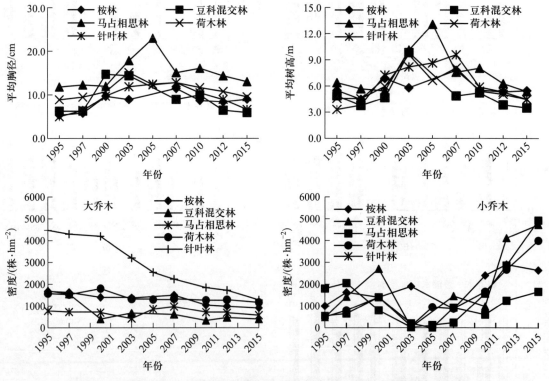

图 14.7　鹤山站 5 种不同林型平均胸径、平均树高以及大小乔木密度变化趋势

1995—2003 年顶层乔木正常生长的情况下,下层小乔木波动更新而且定居状态不稳定(有大量幼苗新增,但幼苗生长一段时间后却又出现大量死亡);到后期 2005—2015 年顶层乔木出

现大量衰退现象,小乔木定居逐渐稳定,呈现出上升趋势,乔木层平均胸径呈下降趋势,顶层乔木已经进入衰退期,林下小乔木密度增加也在较大程度上使该值降低。

14.3.2　不同森林恢复类型群落组成20年变化

14.3.2.1　群落优势种/建群种动态

不同林型的优势种及建群种中个体密度、生物量变化各有特点(图14.8)。豆科混交林中优势种为大叶相思和马占相思,个体密度是逐年下降,而生物量上升;2007年前大叶相思是建群种,而后期马占相思占优。桉林中个体密度也是呈下降趋势,生物量呈上升趋势,2010年生物量下降而后继续上升指示在老树枯倒后新生的树苗在后期继续成长。马占相思林在2005年和

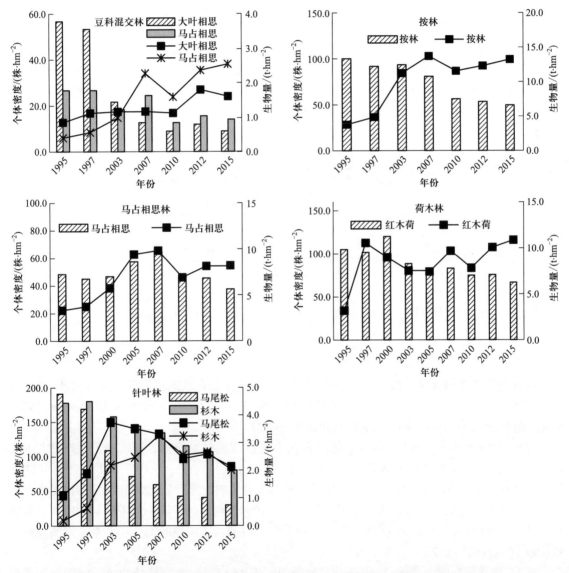

图14.8　鹤山站5种不同林型乔木层优势种个体密度和生物量动态变化

注:图中柱体代表个体密度,折线表示生物量。

2007 年个体密度上升较快,生物量也上升很明显,而到了 2010 年均出现了较大的回调,之后个体密度降低,生物量趋于稳定。荷木林个体密度基本处于下降的趋势,但速率较慢,生物量历年间有往复,早期有一个快速增长,之后总体变化不明显。针叶林个体密度一直呈现下降的趋势,马尾松下降较杉木明显很多,而生物量方面早期 1995—2003 年是马尾松的一个快速生长期,杉木生长较马尾松林要长,一直延续到 2007 年之后 2 个树种生物量均缓慢下降。

14.4　南亚热带森林恢复地上生态系统过程及变化

14.4.1　不同恢复类型群落生物量、生产力变化趋势

　　5 种不同林型乔木生物量从 1995—2015 年均呈现上升的趋势(图 14.9),上升最快的是桉林,1995—2015 年生物量增加了近 150 t·hm^{-2};豆科混交林几乎没有太大的变化;荷木林的生物量累积次于桉林但高于其他林型,且后期维持了较为强劲的生长势头,体现了乡土树种在生长后期的优势;针叶林和马占相思林在后期呈下降趋势。

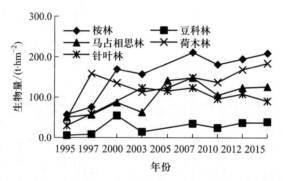

图 14.9　鹤山站 1995—2015 年 5 种不同林型乔木生物量动态

14.4.2　不同森林恢复类型凋落物产量、养分回收和分解动态

　　森林凋落物维持土壤养分库、影响初级生产力、调节生态系统能量流动与养分循环(Waring et al., 1985),凋落物转化形成的土壤腐殖质可大幅提高土壤的阳离子交换量(Jordan, 1982; Klinge and Herrera, 1983),提高土壤有效养分供应能力。

　　鹤山站 1998 年人工林凋落物量,排序依次为马占相思林 > 松林 > 荷木林 > 大叶相思林 > 桉林。马占相思 14 年林凋落物量比 4 年林时增加了 1 倍(Li et al., 1990)。2002—2003 年凋落物量排序依次为:马占相思林 > 大叶相思林 > 松林 > 荷木林(邹碧等, 2006)。马占相思林达到过海南尖峰岭山地雨林凋落物量的上限(Wu et al., 1994),超过处于同一地带的鼎湖山季风常绿阔叶林(7~9 t·hm^{-2})(Weng et al., 1993)。有研究通过凋落物中枝叶的比例关系来判断森林成熟阶段(Gosz et al., 1972)。

　　通常,凋落物在落叶之前,植物还具有显著的营养转移机能,即在枝叶凋落前将营养转移到成长部位,这一机能大大减少了植物对环境中不确定的营养资源的依赖(Boerner, 1984),不少研

究还发现营养转移极可能是植物适应不利生境的重要机制（Flanagan and van Cleve, 1983）。由表 14.2 可以看出，马占相思林每年回归土壤的养分量除了 Mn 均高于其他林型。相思树种 Na 含量较高，而松林与荷木林未检出 Na 却有大量的 Mn，桉林除了 Na 和 Mn（也是较低水平）其他也均低于其他林型。

表 14.2　鹤山站 5 种林型 1998 年通过凋落叶回归土壤养分量　（单位：kg·hm⁻²）

林型	N	P	K	Na	Ca	Mg	Fe	Mn
马占相思林	160.28	5.1	33.97	12.31	7.11	17.37	1.82	2.42
大叶相思林	55.53	0.79	11.5	4.58	4.32	7.04	0.8	0.47
桉林	19.54	0.72	4.28	0.14	2.46	4.01	0.36	0.81
松林	33.22	1.14	6.17	0	5.75	7.16	1.67	4.18
荷木林	39.53	1.24	23.01	0	3.79	8.72	1.33	8.25

从表 14.3 可以看出，植物在落叶前均大量转移养分。总的来看，马占相思林和大叶相思林 P、K 转移率高于 N 转移率，可能是豆科树种获得了较充足 N 的供应形成转移 P、K 的压力。这与其他报道吻合（Chapin and Kedrowski, 1983; Chapin, 1991; Ostman and Weaver, 1982）。

表 14.3　鹤山站 5 种林型营养转移率　（单位：%）

月份		N	P	K	Na	Ca	Mg	Fe	Mn
马占相思林	1	36.40	73.20	81.50	−173.80	−83.28	−6.97	−6.68	12.01
	4	20.53	24.98	65.91	−442.67	8.00	2.94	−71.36	23.77
	7	50.69	75.64	50.39	−344.88	−19.46	2.60	13.76	−27.22
	10	28.23	72.99	70.75	−244.10	3.79	−9.33	−120.97	16.30
大叶相思林	1	40.20	57.60	58.30	−66.23	−38.94	17.90	−28.55	2.02
	4	39.43	67.88	78.93	−207.43	43.59	18.33	−73.53	5.81
	7	63.17	84.60	68.18	−46.66	−63.18	14.94	−1.16	15.09
	10	37.85	85.01	70.00	−174.64	−24.71	51.33	−33.73	−72.83
桉林	1	42.10	53.32	0.55	10.24	−25.65	−20.31	−33.12	13.24
	4	45.53	64.09	90.51	−	−0.26	37.31	−46.83	45.31
	7	35.32	63.84	55.02	45.93	12.39	−34.23	−35.27	−115.14
	10	31.44	14.90	35.18	100.00	8.38	0.61	−23.22	−47.02
松林	1	47.03	55.14	67.14	−	−68.86	13.35	−53.16	−80.65
	4	54.84	42.34	67.61	−	−210.29	−12.82	−493.09	−142.38
	7	42.00	62.67	52.74	−	−17.52	21.76	5.10	−131.96
	10	72.88	87.12	85.51	−	1.29	33.32	−74.44	−4.88
荷木林	1	40.09	66.36	53.01	−	5.07	36.07	−121.23	−135.24
	4	37.70	24.03	67.35	−	17.21	28.43	−182.58	21.95
	7	42.45	68.90	22.21	−	51.75	47.09	−192.77	−253.23
	10	49.41	64.34	20.98	−	10.84	38.62	12.11	35.09

从季节动态看(表 14.4),各个元素转移量的格局并不总是一致的,马占相思林在 7 月转移了最多的 N,在 1 月转移了最多的 P 和 K,转移量最少的是 4 月。大叶相思林亦在 7 月转移了最多的 N,但却在 10 月转移了最多的 P 和 K。桉林在 10 月几乎没有实际的营养转移,各个元素的转移高峰均在 4 月。松林各个元素的峰值在 10 月,而且远高于其他月份,一般在数倍以上。荷木林最大转移量在 1 月。转移量的大小格局主要是落叶生物量的差异决定。

表 14.4　鹤山站 5 种林型各季度养分转移量　　(单位:kg·hm^{-2})

林型		春季	夏季	秋季	冬季	全年总计
马占相思林	N	16.93	9.78	50.09	19.53	96.33
	P	3.18	0.46	2.92	2.41	8.97
	K	26.99	12.58	13.08	17.55	70.2
大叶相思林	N	6.31	6.64	23.64	13.06	49.66
	P	0.24	0.28	0.92	1.28	2.72
	K	2.76	4.45	7.29	10.81	25.31
桉林	N	2.26	7.23	3.12	0.83	13.44
	P	0.18	0.51	0.34	0.02	1.04
	K	1.43	6.49	2.44	0.41	10.77
松林	N	2.19	5.07	17.3	28.31	52.88
	P	0.17	0.18	0.74	2.08	3.17
	K	1.95	1.42	2.8	14.89	21.05
荷木林	N	10.89	3.85	5.77	8.39	28.89
	P	0.78	0.09	0.46	0.45	1.77
	K	10.89	4.07	1.38	1.85	18.18

14.4.3　林下层对生态系统整体功能的贡献

林下层在森林生态系统中作用于生态系统的性质和过程,影响了树种更新、森林演替、物种多样性组成和林地生产力,还包括根系凋落物分解、土壤养分循环和土壤水资源保护等地下过程(Yarie,1980;Nilsson and Wardle,2005;Souza et al.,2010)。

林下层植被影响诸多地上(乔木更新、森林演替、乔木生产力)和地下生态过程(土壤温湿度、土壤养分循环、凋落物分解、土壤动物区系)(Nilsson and Wardle,2005)。目前的研究主要采用去除林下层植被的方法,分析林下层植被在森林生态系统中所发挥的作用(Bardgett and Wardle,2010)。鹤山站目前的研究主要集中在 5 个方面:① 对土壤温湿度的影响;② 对土壤养分的影响;③ 对细根生物量的影响;④ 对微生物的影响;⑤ 对温室气体排放的影响。

14.4.3.1　林下植被对土壤温湿度的影响

去除林下层植被后,会引起与植被特征相关的太阳辐射能、地表蒸发散、地表空气流动速度等因子在系统内的重新分配,导致土壤温度和湿度的分布特征发生变化。李海防等(2007)在鹤山共和样地进行了灌草去除实验,4 种不同人工林在去除灌草后土壤温度均有不同程度提高(0.2~1.5 ℃),这与国际上一些学者的结论相吻合(Matsushima and Chang, 2007;Hogg and Lieffers, 1991)。Wu 等(2011)后期也在鹤山站开展了相关实验,发现不同林龄间也存在同样的趋势。鹤山站去除林下层植被后,土壤含水量在不同林型均有不同程度的降低(李海防等,2007),这与在鹤山区域其他样地的研究结果一致(Wang et al., 2014a;Wan et al., 2014)。

国际上有些研究结果与此相反,去除林下层植被可以有效增加土壤水分含量(Takahashi et al., 2003;Lambert et al., 1971;O'ren et al., 1987)。因为去除林下层植被减小了蒸腾作用(Kelliher and Black, 1986)。鹤山站的情况有可能是因为在林下处于主导地位的蕨类为浅根性植物,拥有致密的根系,在一定程度上保持了土壤水分(Wan et al., 2014)。

14.4.3.2　林下植被对土壤质量的影响

李海防等(2007)的实验结果表明,土壤中各个指标在处理间均无显著差异(图 14.10),但 pH 除了马占相思林外均出现了下降;去除灌草后硝态氮出现了上升,而铵态氮在纯林(桉林、

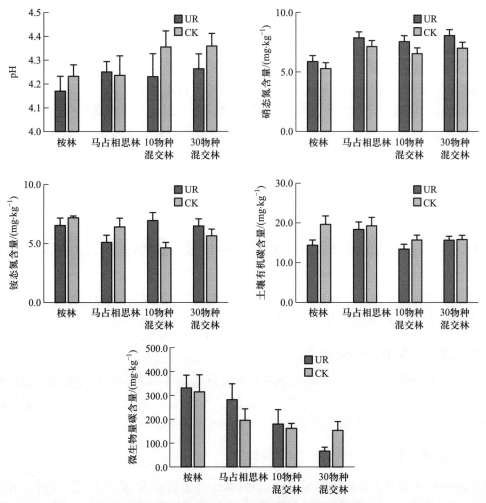

图 14.10　不同森林类型林下层剔除对土壤理化性质的影响

注:UR,林下层剔除后;CK,林下层剔除前。

马占相思林）中出现了下降，混交林（10 物种混交林、30 物种混交林）中出现了上升；各林型的土壤有机碳（SOC）含量均出现了下降；微生物量碳（MBC）除了 30 物种混交林外均出现了上升。结果与鹤山站其他研究者不同时期的结果一致（Xiong et al., 2008）。Zhao 等（2011）在同一区域开展的研究也发现，去除林下层植被 1 年后，没有引起土壤化学性质的显著性变化。Wang 等（2014b）通过去除尾叶桉人工林和厚荚相思人工林的林下层植被发现，对土壤总氮含量、pH、无机态氮（NH_4^+-N, NO_3^--N）含量、活性 P 含量、阳离子交换量（K^+、Ca^{2+}、Mg^{2+}）没有影响。

其他地区的研究者得出了与华南地区不同的研究结果，如 Tripathi 等（2005）的研究发现，去除林下层植被后，土壤总有机碳、总氮、微生物生物量碳和氮、无机态氮含量都显著增加。其中的原因可能是：亚热带地区人工林处于 N 缺乏状态，而林下层植被对土壤养分库的贡献远小于乔木层（Nilsson and Wardle, 2005）；所以乔木层能够迅速吸收去除林下层植被引起的速效养分含量的变化（Wang et al., 2010）。在鹤山地区（Wang et al., 2014b）发现在厚荚相思人工林和桉林中，剔除灌草显著降低了表层 0～5 cm 土壤的氮矿化量和硝化量，但是，在 5～10 cm 层土壤中灌草去除并没有显著影响氮矿化和硝化量，这与在其他（寒带、暖温带、寒温带）区域结果相反（Wardle et al., 2003; Aerts, 1997, Huang et al., 2010）。

研究观察到灌草去除导致了细根生物量的大量减少。由于细根在分解过程中可以直接释放有机氮，所以细根生物量的降低可能是导致其氮矿化速率降低的一个重要因素。另一方面，土壤氮矿化过程是一个微生物过程，底物浓度和质量也是影响土壤氮矿化速率的重要因素（Bengtsson et al., 2003）。灌草去除导致了土壤有机质浓度的显著降低，而且土壤总氮含量和土壤碳氮比也有所降低，这也是导致土壤氮矿化速率较低的一个重要因素。桉凋落物中可溶性有机碳的释放能导致土壤氮固化的增加（Aggangan et al., 1999; Corbeels et al., 2003），也可能是尾叶桉人工林中净氮矿化水平比较低的一个重要原因。

14.5　南亚热带森林恢复地下生态系统过程及变化

土壤动物是森林生态系统的重要组成部分，随着植被快速恢复，其赖以生存的环境（植被、小气候、土壤）发生改变，土壤动物种群、数量、群落结构也将改变。

14.5.1　土壤生物群落动态

对鹤山站不同植被恢复类型土壤动物早期演替研究表明，不同植被恢复类型土壤动物类群数没有明显变化，年度变化也不大。但是个体数量、生物量变化较大，随着人工林植被的发展，土壤动物种类在增加，总个体数和生物量也呈上升的趋势（表 14.5）。

14.5.2　土壤有机质、元素含量动态

从鹤山站几种林分土壤化学组成分析来看（表 14.6），造林 30 年来土壤的主要养分指标有机碳（TOC）、总氮（TN）、有效磷（AP）和有效钾（AK）均有不同程度的增加。有机碳含量 30 年来平均增加了 1 倍；总氮增加了 66%；有效磷含量增加超过 1 倍；有效钾近十几年在年际间有小

的波动,总的来说比 1986 年的含量增加了 51% ~ 83%。而土壤 pH、总磷(TP)、总钾(TK)的含量变化保持稳定。土壤 pH 从造林初期以来,表现出先下降再上升最后下降的趋势。土壤总磷、总钾含量则在 1990 年最低,之后也呈现先增加后降低的趋势。

表 14.5　鹤山站各植被恢复类型土壤动物的类群数、总个体数和生物量变化

项目	类群数		个体数			生物量 /(g·m^{-3})		
	1988 年	1993 年	1988 年	1993 年	增幅 /%	1988 年	1993 年	增幅 /%
草坡	17	17	31481	62823	100	4.307	7.562	76
桉林	19	23	27798	73954	166	4.866	6.511	34
针叶林	19	25	38488	45477	18	10.186	13.973	37
马占相思林	20	26	41313	47393	15	5.382	16.370	204
豆科混交林	22	26	31745	73772	132	6.186	13.556	119
荷木林	20	20	33701	61049	81	8.857	13.575	53

表 14.6　鹤山站造林 30 年时间对土壤养分的影响

年份	pH	TOC/(g·kg^{-1})	TN/(g·kg^{-1})	TP/(g·kg^{-1})	TK/(g·kg^{-1})	AP/(mg·kg^{-1})	AK/(mg·kg^{-1})
1986	4.24b	10.53bc	0.86c	0.41a	20.81b	1.34c	24.00b
1990	3.90c	9.68c	1.11ab	0.098c	11.76d	1.91c	—
1994	3.92c	12.58bc	1.08b	0.19b	20.45b	1.79bc	—
2002	4.49a	16.41b	1.14ab	—	—	1.99c	44.02a
2005	4.19b	14.60b	1.15ab	0.20b	30.42a	1.95c	36.32ab
2010	3.82c	21.08a	1.35a	0.37a	17.54c	4.23a	37.91ab
2015	3.87c	20.10a	1.43a	0.20b	19.17bc	2.96b	39.55ab

注:不同字母代表差异显著($P<0.05$)。

对比 6 种林分发现(表 14.7),30 年的时间长度内不同植被类型对土壤 pH、TOC、TP 没有显示出明显差异。从不同植被类型对 TN 的影响来看,马占相思林、针叶林和次生林显著高于桉林,荷木林和大叶相思林 TN 含量居中,和其他林分差异不明显。从土壤 TK 数据分析得到,针叶林最高,桉林最低。针叶林 TK 显著高于马占相思林和桉林;除马占相思林和次生林外,其他林分都显著高于桉林。在不同植被类型中,马占相思林 TOC 和 TN 最高,但 TK 却很低。

造林初期(1986 年)时各种林分下的土壤 pH、TOC、TN、TP、TK 和 AK 均无显著性差异;只有 AP 在大叶相思林中显著高于马占相思林和桉林。说明造林起始时,不同植被类型的土壤养分含量除 AP 外变异不大,为后 30 年数据变化排除了本底值的影响。造林 5 年后(1990 年),TN 和 TP 仍然没有显著性差异。pH 荷木林显著高于次生林和桉林,其他林分间无显著差异。TOC 针叶林显著高于马占相思林,其他林分间无显著差异(注:马占相思林 TN 这里只有 2 个重复)。

从数值上看,针叶林 TOC 的含量比 1986 年略微下降。TK 含量上,桉林除和马占相思林无明显差异外,显著低于其他林分。AP 也是桉林显著低于其他林分,而在 1986 年时,桉林和马占相思林的 AP 无显著性差异,但 4 年后马占相思林已经高于桉林,说明马占相思树种对土壤有效磷的积累快于桉林。造林大约 10 年后(1986 年),土壤 pH 马占相思林和大叶相思林显著高于桉林和次生林,其他林分间无显著差异。说明造林前期(1990 年和 1994 年)桉林和次生林的 pH 持续低于其他林分。TOC、TN 和 TP 各林分间无显著差异,这可能与前期各树种凋落物产量低有关,植被来源的养分还未明显影响到土壤养分总量的变化。在有效磷(AP)含量上,荷木林和针叶林显著高于桉林和次生林。

表 14.7　鹤山站近 30 年不同植被类型下土壤养分动态

植被类型	pH	TOC/($g \cdot kg^{-1}$)	TN/($g \cdot kg^{-1}$)	TP/($g \cdot kg^{-1}$)	TK/($g \cdot kg^{-1}$)	AP/($mg \cdot kg^{-1}$)	AK/($mg \cdot kg^{-1}$)
AM	4.04a	17.12a	1.26a	0.23a	18.10c	2.23ab	29.83ab
NS	4.20a	13.73a	1.13ab	0.28a	22.85ab	2.45a	42.05ab
MC	4.15a	15.5a	1.20a	0.23a	28.05a	2.87a	34.61ab
EE	4.02a	13.45a	0.99b	0.24a	13.95c	1.43b	21.5c
AA	4.11a	13.74a	1.11ab	0.30a	20.38ab	2.68a	45.03a
SF	4.05a	16.30a	1.22a	0.20a	19.77abc	2.63a	34.37b

注:AM:马占相思林;NS:荷木林;MC:针叶林;EE:桉林;AA:大叶相思林;SF:次生林(早期为草坡)。不同字母代表差异显著($P<0.05$)。

造林 16 年后(2002 年),土壤 pH 由高到低的排序为:荷木林 > 针叶林、大叶相思林、次生林 > 马占相思林、桉林。土壤的总有机碳开始出现显著性差异,马占相思林最高,显著高于其余各林分,次生林次之。说明砍伐再种植之后 16 年,地上部分以及根系的归还物转化为土壤的一部分,这两种植被条件下土壤累积有机质的速率高于其他林分。桉林和针叶林有机碳含量居中,荷木林和大叶相思林有机碳含量最低。总氮含量各个林分没有显著差异,但能看出马占相思林的总氮数值略高于其他林分。土壤 AP 由高到低的排序为:针叶林 > 马占相思林、荷木林 > 次生林 > 桉林、大叶相思林。土壤 AK 由高到低的排序为:大叶相思林 > 荷木林 > 马占相思林、针叶林、次生林 > 桉林。

造林约 20 年后(2005 年),土壤 pH 由高到低的排序为:荷木林、针叶林、大叶相思林显著高于马占相思林、次生林,桉林和其他林型都没有显著性差异。土壤有机碳 TOC 与 3 年前相比,在数值上略有增加,其中增加最快的是马占相思林、针叶林以及次生林。TOC 马占相思林显著高于荷木林和大叶相思林,其他林分间无明显差别。土壤 TN 仍然在不同植被类型间没有显著差异,虽然没有达到显著水平,但可以看出次生林 TN 含量增加较快,其他林分与 2002 年相比变化不大。荷木林 TP 含量显著高于除针叶林外的其他林分,其余林分无明显差异。土壤 TK 由高到低的排序为:针叶林、大叶相思林 > 荷木林 > 次生林 > 桉林,马占相思林低于针叶林、大叶相思林和荷木林,但与次生林、桉林无明显差异。土壤 AP 含量针叶林显著高于桉林,其他林分间无明显差异。土壤 AK 由高到低的排序为:荷木林、大叶相思林 > 针叶林 > 次生林 > 桉林,马占相思林低于大叶相思林和荷木林,但与次生林、针叶林无明显差异,这个趋势和土壤 TK 的表现基本一致。

2010 年的统计分析表明,土壤 pH 荷木林仍然最高,显著高于除针叶林外的其他林分,针叶林也显著高于次生林和桉林,其他林型都没有显著性差异。土壤有机碳 TOC 各林分间无明显差别。土壤 TN 含量桉林显著低于其他各个林分,其余林分间无明显差异。土壤 TP 含量由高到低的排序为:大叶相思林、荷木林、次生林 > 桉林 > 马占相思林,针叶林显著高于马占相思林,其余林分无明显差异。土壤 TK 由高到低的排序为:针叶林、荷木林 > 马占相思林、大叶相思林 > 桉林,次生林明显高于桉林,但其他林分间无明显差异。土壤 AP 含量由高到低的排序为:大叶相思林、次生林 > 马占相思林、针叶林 > 桉林,荷木林低于大叶相思林、次生林,其他林分间无明显差异。土壤 AK 由高到低的排序为:马占相思林 > 荷木林、针叶林、次生林 > 桉林,大叶相思林 > 针叶林、次生林 > 桉林,其余林分间无显著差异。

2015 年时,土壤 pH 马占相思林和桉林显著低于其他林分,这一点可以从交换性酸总量以及交换性 H^+、Al^{3+} 的数据得到支持。土壤有机碳含量排序依次为:次生林 > 荷木林、大叶相思林 > 桉林,而含量高的三个林分即次生林、马占相思林和针叶林间无显著差异,而后两者也显著高于大叶相思林和桉林。土壤 TN 含量桉林显著低于其他各个林分,其余林分间无明显差异,这与 5 年前的结果一致。土壤 TP 含量大叶相思林、荷木林、针叶林 > 桉林、次生林,其余林分无明显差异。土壤 TK 由高到低的排序为:荷木林 > 马占相思林 > 桉林,这个趋势从 2010 年延续未变,桉林低于其他任何林分。土壤 AP 含量次生林最高,桉林最低,其他 4 个林分居中,且 4 个林分间无明显差异。土壤 AK 由高到低的排序为:马占相思林 > 桉林,大叶相思林 > 针叶林 > 桉林,最高含量的马占相思林、荷木林、大叶相思林间无显著差异。

14.5.3 土壤温室气体排放

不同学者在鹤山站几种林分发育的不同阶段对土壤呼吸(或 CO_2 排放)、甲烷(CH_4)和氧化亚氮(N_2O)排放进行了测定分析。通过对比分析,大体上可以看出这些林分或不同土地类型下土壤温室气体排放的特征和主要影响因素。Wei 等(2015)报道了鹤山站荷木林和针叶林 2010—2011 年土壤 CO_2 排放速率的变化。土壤呼吸速率呈现明显的季节变化,湿季 5—9 月明显高于干季(11 月至次年 2 月)。土壤呼吸的季节变化主要受温度的影响,与可溶性有机 C 含量也有关,湿季时也与微生物生物量有关。整体上这些南亚热带森林土壤呼吸季节变化受湿度影响不大。从林分比较来说,针叶林明显比荷木林土壤呼吸速率低。针叶林年呼吸速率约为 7.9 Mg C·hm^{-2}·年$^{-1}$,荷木林约为 8.8 Mg C·hm^{-2}·年$^{-1}$,比地带性的鼎湖山季风常绿阔叶林土壤呼吸还稍高(8.6 Mg C·hm^{-2}·年$^{-1}$)。但荷木林异养呼吸速率(4.9 Mg C·hm^{-2}·年$^{-1}$)占总呼吸速率的比例明显比季风常绿阔叶林低(5.9 Mg C·hm^{-2}·年$^{-1}$),这也反映出年轻人工林自养呼吸比较旺盛。

刘惠等(2008)报道了鹤山站针叶林和龙眼园土壤三种温室气体(CO_2、CH_4 和 N_2O)两年的排放速率。发现这两种生态系统都是弱的 CH_4 汇,但却是 CO_2 和 N_2O 排放源。从生态系统类型看,龙眼园 CO_2 和 N_2O 排放显著高于针叶林,但两地 CH_4 排放差异不大。他们的研究发现,CO_2 和 N_2O 排放主要受温度和湿度的影响,CH_4 主要受土壤湿度影响,CO_2 和 N_2O 排放在雨季显著高于干季,但 CH_4 排放/吸收的季节变化不明显。此研究还发现去除凋落物可使龙眼园与针叶林 CO_2 排放下降 17% ~ 25%,N_2O 排放下降 34% ~ 31%;但也因年季而异。有无凋落物覆盖对

CH_4 排放影响不大,说明 CH_4 排放主要来自矿质土。

Zhang 等(2012)报道了大叶相思林与桉林的 CH_4 排放(2010 年 8 月—2011 年 8 月)。发现大叶相思林 CH_4 吸收明显比桉林强,这主要与土壤孔隙度有关,孔隙度越大,含水量越少,CH_4 吸收越多。大叶相思林年 N_2O 排放速率(2.3 ± 0.1 kg N_2O - N·hm^{-2}·年$^{-1}$)比桉林(1.9 ± 0.1 kg N_2O-N·hm^{-2}·年$^{-1}$)高。N 添加可刺激大叶相思林 N_2O 排放,但 P 添加没有。对于桉林来说,P 添加显著降低 N_2O 排放,但 N 添加或 N、P 同时添加均不会影响桉林 N_2O 排放。他们的研究结果说明未来大气氮沉降增加背景下豆科林的 N_2O 排放可能会增加,而施 P 肥有可能减缓 N 沉降对 N_2O 排放的刺激作用。

Chen 等(2009)测定了厚荚相思和尾叶桉的根系呼吸作用,发现根的直径及 N 含量与根呼吸之间存在较好的相关性,而且随季节和树种变化。他们也估算了两种人工林的细根动态与细根呼吸,结果表明厚荚相思和尾叶桉细根的年增加量为 43 g DW·m^{-2} 和 32 g DW·m^{-2},粗根为 107 g DW·m^{-2} 和 163 g DW·m^{-2};利用根系呼吸和根系生物量之间的关系,得出厚荚相思和尾叶桉林地水平的根呼吸占土壤呼吸的 14% 和 19%。他们运用原位根箱的方法测定根呼吸,并推演到林地水平发现尾叶桉人工林具有很强的碳汇能力(1866 g C·m^{-2}·年$^{-1}$),是厚荚相思碳汇能力(196 g C·m^{-2}·年$^{-1}$)的 4 ~ 9 倍,但其碳汇能力随林龄逐渐减弱(Chen et al., 2010a, 2010b)。

在尾叶桉人工林、厚荚相思人工林、10 树种混交林和 30 树种混交林中,添加翅荚决明显著增大了土壤 CO_2 排放通量。在尾叶桉人工林和厚荚相思人工林中,灌草剔除促进土壤 CO_2 的排放;在 10 树种混交林和 30 树种混交林中,灌草剔除却使得土壤 CO_2 排放通量降低。对于 CH_4 通量,在 4 个林型中剔除灌草降低了 CH_4 排放通量;在尾叶桉人工林和厚荚相思人工林中,添加翅荚决明降低了 CH_4 排放通量,在 10 树种混交林和 30 树种混交林中却增加了 CH_4 排放通量。灌草剔除使地表 N_2O 排放通量略提高,添植翅荚决明则显著提高了 N_2O 排放通量(Li et al., 2011)。

整体上看起来,龙眼园、荷木林和相思林 CO_2 排放与 N_2O 排放速率要高于其他林分。CH_4 在这些系统中均表现为吸收,尤其是在干季土壤通气状况比较好时。从一些 N、P 添加实验的结果来看,在 N 沉降速率增加的背景下,适当施 P 肥可以一定程度上减缓 N_2O 的排放。

14.6 南亚热带植被恢复与生态系统管理措施

对于受损或者退化的生态系统仅仅进行生态恢复或重建是不够的。生态恢复后,还应该按照生态学上的食物网理论、协同共生原理去系统规范和调节生态系统的各种开发、利用和保护活动,使生态系统的结构和功能得以优化,生态系统才能达到最好的综合效益并得以可持续发展。鹤山站建立了国际上森林管理措施最多的森林生态系统研究样地之一,目的就是为了对传统的"刀耕火种"的森林经营方式以及对颇受争议的外来树种引进进行科学评价,实现科学的生态系统管理。

14.6.1 不同恢复类型及管理措施评价

人工速生树种不但能快速恢复植被,而且有效地减少土壤氮素的流失(Wang et al., 2010);

同时,速生树种具有很强的碳汇能力。20 世纪 80 年代在华南丘陵荒山植被恢复中大量采用纯林种植的方法,但随后大面积人工纯林的弊端也逐渐暴露出来。如桉树纯林存在明显的化感作用,并且这种化感作用的树种特异性较强;另外,根系分泌物的化感作用比凋落物强(Zhang and Fu,2009)。相思类纯林有明显的致酸现象,豆科植物纯林和混交林土壤的无机氮形态以硝态氮为主,非豆科类以铵态氮为主。随着时间推移,外来树种组成的先锋群落其小气候和水文功能逐渐减弱,而乡土树种维持其功能的时间更长(林永标等,2003)。乡土树种群落具有更大的 C、N 累积潜力(申卫军等,2003)。乡土树种种源的缺乏是限制本地区人工林向次生林发展的关键因子,人工进行林分改造是加快植被恢复的主要途径(Wang et al.,2010)。

炼山是传统林业造林前的整地措施之一,沿用几十年,作为一种管理方式对森林生态系统的影响相当复杂,对地下生态系统的影响差异较大且很难预测。在火烧迹地植被恢复过程中,引起的土壤温度升高造成土壤微生物群落结构发生变化,对真菌和细菌群落都存在负面作用,而且对真菌的影响更大;对土壤微生物生物量的影响在湿季要比干季强(Sun et al.,2011);火烧 3 年后桉林人工林土壤有机碳、总氮、pH、速效钾含量显著降低,而草坡火烧迹地土壤交换性钙显著增加(孙毓鑫等,2009)。火烧还同时影响了土壤的氮素转化速率。火烧 2 年后土壤的氨化水平相对于对照样地显著降低。这可能是由于在火烧 2 年后,土壤不稳定氮库耗尽,而没有新的氮的补充所致(Wang et al.,2013)。

在传统森林经营中,为了提高木材生产力,减少目标树种与其他植物种类的资源(光、营养、水分)竞争,通常把除目标树种以外的种类清除掉,简称为砍杂。一般砍杂主要针对林下植被。但从维护生态系统整体结构和功能来说,林下植被是森林生态系统的一个重要组成部分,在维护人工林的多样性、生态功能稳定性和持续立地生产力方面具有独特的功能和作用,砍杂其实是对天然植被的破坏过程。林下植被去除改变土壤微环境,使土壤地表温度升高和水分下降,土壤微生物量和植食性线虫密度显著降低,减缓了凋落物分解和养分归还(Zhao et al.,2011),导致 0~5 cm 层土壤氮矿化速率的显著降低。同时,砍杂也导致了土壤有机质浓度的显著降低,而且土壤总氮含量和土壤碳氮比也有所降低,这是导致土壤氮矿化速率较低的一个重要因素。

14.6.2　林分提质增效措施

对人工纯林进行林分改造,不但有利于原来优势种的生长,而且有利于林下植被的更新和生态效益的提高,是南亚热带丘陵山地植被恢复的主要途径之一。

14.6.2.1　纯林林分改造模式的评价

林分改造后的马占相思林或大叶相思林,树高、胸径和冠幅均高于未改造林分的马占相思林或大叶相思林,说明改造林分有利于原生优势树种的生长(表 14.8);并且通过人工种植乡土树种,马占相思林和大叶相思林的乔木层物种数显著增加(图 14.11),更利于物种的更新。林分改造后地下部分的草本植物也增加迅速,对减少水土流失有一定作用。

林分改造也会改变土壤 C、N、P 状况,马占相思林土壤的 TOC 和 DOC 下降,大叶相思林土壤的 TOC 和 DOC 提高,而土壤 TN 无明显变化,但增加了土壤 TP 含量,表明林分改造不会降低土壤总氮含量,而且可以促进总磷的积累。

林分间伐促进栽植的乡土树种幼苗生长和更新,间伐和补种降低土壤有机质、土壤总氮、土壤水分和土壤容重,但是增加了总磷和总钾。间伐在一定程度上增加了乡土树种的建植。间伐后,由于某些栽植的乡土树种生长迅速,而且大多数已经郁闭并且产生较厚的凋落物,在一定程度上又限制了乡土树种的更新如种子的萌发和幼苗的建立。因此,乡土树种的耐阴性是决定其对不同处理响应的最重要特征(Yuan et al., 2013)。

表 14.8 四种人工林中优势树种以及乡土树种的树高、胸径、冠幅比较

	树高 /m		胸径 /cm		冠幅 a/m		冠幅 b/m	
	原种类	增加种类	原种类	增加种类	原种类	增加种类	原种类	增加种类
马占相思林 改造前	15.7 ± 3.8		5.5 ± 3.0b		2.9 ± 2.8b		2.7 ± 0.9b	
马占相思林 改造后	16.5 ± 5.3	7.3 ± 1.3	7.8 ± 9.5a	4.9 ± 2.9	6.7 ± 1.0a	2.8 ± 0.5	7.5 ± 0.9a	3.0 ± 0.6
大叶相思林 改造前	15.5 ± 3.3		5.4 ± 1.7b		4.3 ± 1.9b		4.2 ± 1.8b	
大叶相思林 改造后	16.3 ± 1.5	5.7 ± 0.8	6.6 ± 2.3a	5.3 ± 1.3	7.0 ± 1.6a	2.4 ± 0.2	6.6 ± 1.5a	2.6 ± 0.1

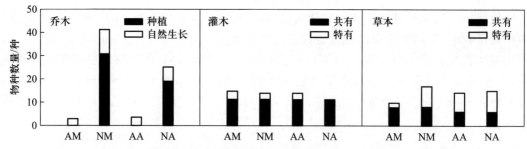

图 14.11 改造与未改造马占相思林、大叶相思林总乔木、灌木和草本物种数
注:AM,NM 分别代表未改造和改造马占相思林;AA,NA 分别代表未改造和改造大叶相思林。

14.6.2.2 林分改造与提质增效

对现有退化的残次人工林进行改造是目前本地带林业和生态恢复建设的一个主要论题。鹤山站在这方面开展了近 30 年的研究,在具体改造、树种选择和提质增资措施方面积累了一些经验。

林分改造时的树种选择应遵循因地制宜、适地适树、乡土树种为主、外来树种为辅、景观生态功能与经济效益兼顾的原则,选择最适宜的树种。采取地带性建群种,优势、长寿树种与速生树种、伴生树种、慢生树种相结合,耐阴树种与中性树种、喜光树种相匹配,深根与浅根性树种组合,上层与下层树种相配套,进行树种的选择。一些比较适宜于本地带的用于林分改造的树种举例如下:醉香含笑(*Michelia macclurei*)、浙江润楠(*Machilus chekiangensis*)、华润楠(*Machilus chinensis*)、红锥(*Castanopsis hystrix*)、黄樟(*Cinnamomum porrectum*)、乐昌含笑(*Michelia chapensis*)、小果山龙眼(*Helicia cochinchinensis*)、闽楠(*Phoebe bournei*)、木荷(*Schima superba*)、红花荷（*Rhodoleia championii*）、鼠刺锥（*Castanopsis fissa*）、枫香树（*Liquidambar formosana*）、罗浮栲（*Castanopsis fabri*）、锥（*Castanopsis chinensis*）、南洋楹（*Albizia falcataria*）、灰木莲（*Manglietia glauca*）、山杜英（*Elaeocarpus sylvestris*）、壳菜果（*Mytilaria laosensis*）、格木（*Erythrophleum fordii*）、黄桐（*Endospermum chinense*）、红鳞蒲桃（*Syzyglum hancei*）、山蒲桃（*Syzygium levinei*）、土沉香（*Aquilaria sinensis*）、石笔木（*Tutcheria championi*）、团花（*Nelamarckia cadamba*）、云南石梓（*Gmelina arborea*）、铁冬青（*Ilex rotunda*）、竹节树（*Carallia brachiata*）等。

以松、杉、相思类为主的林分的改造：改造时宜采用阳性先锋树种，半耐阴树种，如灰木莲、醉香含笑、浙江润楠、华润楠、罗浮栲、红锥、荷木、大头茶（*Polyspora axillaris*）、鹅掌柴（*Schefflera heptaphylla*）、枫香树、鼠刺锥、铁冬青（*Ilex rotunda*）、山乌桕（*Sapium discolor*）、秋枫（*Bischofia javanica*）、长芒杜英（*Elaeocarpus apiculatus*）、山杜英、壳菜果等。次生阔叶林的改造：改造时宜增加阔叶树种、耐阴树种，例如蕈树（*Altingia chinensis*）、水翁（*Cleistocalyx operculatus*）、杜英（*Elaeocarpus decipiens*）、海南红豆（*Ormosia pinnata*）、竹柏（*Podocarpus nagi*）、竹节树、毛黄肉楠（*Actinodaphne pilosa*）等。人工疏林地的改造：主要从景观效果考虑，宜增加乡土花灌木树种，例如桃金娘（*Rhodomyrtus tomentosa*）、假鹰爪（*Desmos chinensis*）、秤星树（*Ilex asprella*）等。

林分改造之前一定要做好充分的调查与规划：按照因地制宜、适地适树的原则，在进行林分改造时，首先要对改造的林分进行充分调查，摸清所改造林分现状、立地条件。造林地的立地条件对造林树种的选择、人工林的生长发育和产量、质量都起着决定性的作用，不同立地条件的造林地必须采用不同的造林技术措施。

林分改造方法归纳起来主要有重新造林（全面改造）、抚育改造（补植、密度调整、树种调整等）和封山育林等。皆伐后重新再造林进行改造适用于采用任何辅助措施都不能恢复的林分，并分为全面改造和块（带）状改造这两种，此法适用于地势平坦或植被恢复快不会引起水土流失的地方。全面改造的最大面积一般在 10 hm^2 以下。采伐带宽，光照条件充足，萌条、灌木和杂草的生长就较繁茂，适宜栽植阳性树种；反之，采伐带窄（一般在 5 m 以内）适宜栽植中性或阴性树种。在采伐带上最好选择适宜该立地条件的阔叶树进行混交。

间伐后进行抚育改造适用于采用间伐、补植、补造等林业管理或抚育措施的林分。通过调整树种组成和林分结构，提高林分质量，培育较高生产力的林分。间伐补植作业时，应保留生长健壮、中幼龄级的树木作为目标树种，间伐生长较差并出现明显衰退，或是受损比较严重、无培育前途的林木，在林冠下或林中空隙进行。对经常遭受人、畜破坏，导致林木不能正常生长，但已有一定数量目的树种的幼苗、幼树的林分，采取封禁措施，使其恢复林分正常生长。最后通过在林间天窗、空地上进行人工补植适宜树种，达到科学经营森林的目的。

14.6.3 多功能生态公益林构建启示

我国现有人工林面积约 6900 万 hm^2，其中南方人工林占 46%，是我国森林资源的重要组成部分。在广东省的生态林中人工林占 74%，并多为桉属、相思类、松属等单一树种纯林。其种类单一、结构简单、抗逆性差；地力衰退、森林生产力差、生物多样性低；森林质量差，蓄积量远低于世界平均水平。在新一轮的绿化广东大行动中，如何提高森林质量尤为关键。

借鉴"近自然林业"理论，在新一轮绿化广东大行动中，促进人工林质量提升。首先要明确发展思路：加强森林经营，保护天然近熟和成熟林，使其成为保育物种的基因库；改造次生林，使其成为高生产力的近自然林;发展人工林,使其成为高度集约化经营的木材和林副产品的生产基地。充分运用自然生产力和森林的自我恢复能力,尽量减少非自然因素和人为因素对森林生长的干扰,大力开展封山育林。对已经郁闭的人工针叶纯林,通过间伐抚育、保留林下自然植被和补植乡土阔叶树种的方式加以改造。最终达到近自然林的状态,以充分发挥其生态、社会和经济效益。

要大力推广发展优质阔叶乡土树种。国内外在林业建设的树种选择上有过很深刻的教训,前期主要考虑森林的木材生产能力和经济效益,从而忽视了森林生态效益和社会效益,不断砍伐生长缓慢的山毛榉、橡树等乡土树种,大力发展云杉和冷杉等人工纯林。后期慢慢意识到阔叶林具有更好的稳定性,抗灾能力强,生态效益好,木材使用价值也大大高于针叶材,因而着力恢复和发展乡土树种。目前,南亚热带造林树种仍然集中在速生、经济价值较高的几个树种上,如桉、速生相思类等,林分生态效能较低。为此,今后要按照林业分类经营的要求,坚持适地适树及生态效益优先的原则,对已界定为生态公益林的林分以发展乡土阔叶树种为主,如鳝蕈锥、醉香含笑、深山含笑、木荷、仪花、樟、南酸枣、壳菜果等,多营造混交林,促进南亚热带植物群落的恢复;对于商品林基地,也要鼓励发展乡土树种,以提升森林的稳定性和抗灾能力,更好地发挥森林的三大效益。

参 考 文 献

陈新光,钱光明,陈特固,等.2006.广东气候变暖若干特征及其对气候带变化的影响.热带气象学报,22(6):547-552.

杜尧东,李春梅,毛慧琴.2006.广东省香蕉与荔枝寒害致灾因子和综合气候指标研究.生态学杂志,25(2):225-230.

杜尧东,宋丽莉,毛慧琴,等.2004.广东地区的气候变暖及其对农业的影响与对策.热带气象学报,20(3):302-310.

《广东森林》编辑委员会.1990.广东森林.广州:广东科技出版社,北京:中国林业出版社.

国家林业和草原局.2019.2014—2018中国森林资源报告.北京:中国林业出版社.

黄雪松,周惠文,黄梅丽,等.2005.广西近50年来气温、降水气候变化.广西气象,26(4):9-11.

纪忠萍,林钢,李晓娟,等.2005.2003年广东省夏季的异常高温天气及气候背景.热带气象学报,21(2):207-218.

贾小容,苏志尧,陈北光,等.2004.广东省自然保护区DCA排序与UPGMA聚类研究.华南农业大学学报,25(2):75-79.

李海防,夏汉平,熊燕梅,等.2007.土壤温室气体产生与排放影响因素研究进展.生态环境,16(6):1781-1788.

林永标,申卫军,彭少麟,等.2003.南亚热带鹤山三种人工林小气候效应对比.生态学报,23(8):1657-1666.

刘惠,赵平,林永标,等.2008.华南丘陵区2种土地利用方式下地表 CH_4 和 N_2O 通量研究.热带亚热带植物学报,16(4):304-314.

彭少麟.2007.恢复生态学.北京:气象出版社.

任海,刘庆,李凌浩,等.2008.恢复生态学导论(第二版).北京:科学出版社.

任海,彭少麟.2001.恢复生态学导论.北京:科学出版社.

任海,王俊,陆宏芳.2014.恢复生态学的理论与研究进展.生态学报,34(15):4117-4124.

申卫军,彭少麟,邬建国,等.2003.南亚热带鹤山主要人工林生态系统 C、N 累积及分配格局的模拟研究.植物生态学报,27(5):690–699.

沈国舫.1989.林学概论.北京:中国林业出版社.

孙毓鑫,吴建平,周丽霞,等.2009.广东鹤山火烧迹地植被恢复后土壤养分含量变化.应用生态学报,20(3):513–517.

唐力生,杜尧东,陈新光,等.2009.广东寒害过程温度动态监测模型.生态学杂志,28(2):366–370.

吴胜安,吴慧.2009.海南岛气温年际变化与海温的关系.气象研究与应用,30(4):38–41.

武昕原,刘峰,Whisenant S G.2007.恢复生态学进展——北美视角.见邬建国主编.现代生态学讲座(III)学科进展与热点论题.北京:高等教育出版社,285–306.

邹碧,李志安,丁永祯,等.2006.南亚热带 4 种人工林凋落物动态特征.生态学报,26(3):715–721.

Aerts R. 1997. Climate, leaf litter chemistry and leaf litter decomposition in terrestrial ecosystems: A triangular relationship. Oikos, 79: 439–449.

Aggangan R T, O'Connell A M, McGrath J F, et al. 1999. The effects of *Eucalyptus globulus* Labill. leaf litter on C and N mineralization in soils from pasture and native forest. Soil Biology and Biochemistry, 31: 1481–1487.

Bardgett R D, Wardle D A. 2010. Aboveground-belowground linkages: Biotic interactions, ecosystem processes and global change. Oxford, UK: Oxford University Press.

Bengtsson G, Bengtson P, Masson K F. 2003. Gross nitrogen mineralization, immobilization and nitrification rates as a function of soil C/N ratio and microbial activity. Soil Biology and Biochemistry, 35: 143–154.

Boerner R E J. 1984. Foliar nutrient dynamics and nutrient use efficiency of four deciduous tree species in relation to site fertility. Journal of Applied Ecology, 21: 1029–1040.

Chapin F S .1991. Effects of multiple environmental stresses on nutrientavailability and use. In: Mooney H A et al. eds. Response of Plant to Multiple Stresses. San Diego, California: Academic Press, 68–88.

Chapin F S, Kedrowski R A. 1983. Seasonal changes in nitrogen and phosphorus fractions and autumn retranslocation in evergreen and deciduous taiga trees. Ecology, 64: 376–391.

Chen D M, Zhang Y, Lin Y B, et al. 2009. Stand level estimation of root respiration for two subtropical plantations based on in situ measurement of specific root respiration. Forest Ecology and Management, 257(10): 2088–2097.

Chen D M, Zhang Y, Lin Y B, et al. 2010a. Changes of belowground carbon in *Acacia crassicarpa* and *Eucalyptus urophylla* plantations after tree girdling. Plant and Soil, 326: 123–135.

Chen D M, Zhou L X, Rao X Q, et al. 2010b. Effects of root diameter and root nitrogen concentration on in situ root respiration among different seasons and tree species. Ecologial Research, 25: 983–993.

Corbeels M, O'Connell A M, Grove T S, et al. 2003. Nitrogen release from eucalypt leaves and legume residues as influenced by their biochemical quality and degree of contact with soil. Plant and Soil, 250: 15–28.

Flanagan P W, Van Cleve K. 1983. Nutrient cycling in relation to decomposition and organic matter quality in taiga ecosystems. Canadian Journal of Forest Research, 13: 795–817.

Gosz J R, Likens G E, Bormann F H. 1972. Nutrient content of litter fall on the Hubbard Brook experimental forest, New Hampshire. Ecology, 53(5): 770–784.

Hobbs R J, Norton D A. 1996. Towards a conceptual framework for restoration ecology. Restoration Ecology, 4: 93–110.

Hogg E H, Lieffers V J. 1991. The impact of *Calamagrostis canadensis* on soil thermal regimes after logging in northern Alberta. Canadian Journal of Forest Research, 21: 387–394.

Huang Y M, Yang W Q, Zhang J, et al. 2010. Response of soil faunal community to simulated understory plant loss in the subalpine coniferous plantation of western Sichuan. Acta Ecologica Sinica, 30(8): 2018–2025.

Jordan C F. 1982. The nutrient balance of an Amazonia rain forest. Ecology, 61: 14–18.

Kelliher F M, Black T A. 1986. Estimating the effects of understory removal from a Douglas-fir forest using a two-layer canopy evapotranspiration model. Water Resources Research, 22: 1891–1899.

Klinge H, Herrera R. 1983. Phytomass structure of the Amazon Caatinga ecosystem in Southern Venezuela 1.Tall Amazon Caatinga. Vegetatio, 53: 65–84.

Lambert J L, Gardner W R, Boyle J R. 1971. Hydrologic response of a young pine plantation to weed removal. Water Resources Research, 7: 1013–1019.

Li H F, Fu S L, Zhao H T, Xia H P. 2011. Forest soil CO_2 fluxes as a function of understory removal and N-fixing species addition. Journal of Environmental Sciences, 23: 949–957.

Li Z A, Weng H, Yu Z Y. 1990. On the litterfall of two types of man-made highly productive forests in South China. Tropical Subtropical Forest Ecosystems, 7: 69–77.

Matsushima M, Chang S X. 2007. Effects of understory removal, N fertilization, and litter layer removal on soil N cycling in a 13-year-old white spruce plantation infested with Canada blue joint grass. Plant and Soil, 292: 243–258.

Nilsson M C, Wardle D A, 2005. Understory vegetation as a forest ecosystem driver: Evidence from the northern Swedish boreal forest. Frontiers in Ecology and the Environment, 3: 421–428.

O'ren R, Waring R H, Stafford S G, et al. 1987. Twenty-four years of ponderosa pine growth in relation to canopy leaf area and understory competition. Forest Science, 33: 538–547.

Ostman N L, Weaver G T. 1982. Autumnal nutrient transfers by retranslocation, leaching and litter fall in a chestnut oak forest in southern Illinois. Canadian Journal of Forest Research, 12: 40–51.

Ren H. 2013. Plantations: Biodiversity, Carbon Sequestration, and Restoration. New York: Nova Science Publishers.

Ren H, Shen W, Lu H, et al. 2007. Degraded ecosystems in China: Status, causes, and restoration efforts. Landscape and Ecological Engineering, 3: 1–13.

Society for Ecological Restoration International (SER). 2004. The SER primer on ecological restoration. http://www.ser.org/content/ecological_restoration_primer.asp.

Souza L, Belote R T, Kardol P, et al. 2010. CO_2 enrichment accelerates successional development of an understory plant community. Journal of Plant Ecology, 3: 33–39.

Sun Y X, Wu J P, Shao Y H, et al. 2011. Responses of soil microbial communities to prescribed burning in two paired vegetation sites in southern China. Ecological Research, 26: 669–677.

Takahashi K, Uemura S, Suzuki J I, et al. 2003. Effects of understory dwarf bamboo on soil water and the growth of overstory trees in a dense secondary *Betula ermanii* forest, northern Japan. Ecological Research, 18: 767–774.

Tripathi S K, Sumida A, Shibata H, et al. 2005. Growth and substrate quality of fine root and soil nitrogen availability in a young *Betula ermanii* forest of northern Japan: Effects of the removal of understory dwarf bamboo (*Sasa kurilensis*). Forest Ecology and Management, 212: 278–290.

Van Andel J, Aronson J. 2012. Restoration Ecology: The New Frontier. Second edition. Wiley-Blackwell.

Wan S Z, Zhang C L, Chen Y Q, et al. 2014. The understory fern *Dicranopteris dichotoma* facilitates the overstory eucalyptus trees in subtropical plantations. Ecosphere, 5: 1–12.

Wang F M, Li J, Wang X L, et al. 2014a. Nitrogen and phosphorus addition impact soil N_2O emission in a secondary tropical forest of South China. Scientific Reports, 4: 5615.

Wang F M, Li J, Zou B, et al. 2013. Effect of prescribed fire on soil properties and N transformation in two-vegetation types in South China. Environmental Management, 51, 1164–1173.

Wang F M, Li Z A, Xia H P, et al. 2010. Effects of nitrogen fixing and non-nitrogen fixing tree species on soil properties and nitrogen transformation during forest restoration in southern China. Soil Science and Plant Nutrition, 56: 297–306.

Wang F M, Zou B, Li H F, et al. 2014b. The effect of understory removal on microclimate and soil properties in two subtropical lumber plantations. Journal of Forest Research, 19: 238–243.

Wang J, Li D Y, Ren H, et al. 2010. Seed supply and the regeneration potential for plantations and shrubland in southern

China. Forest Ecology and Management, 259 (12): 2390–2398.

Wardle D A, Nilsson M C, Zackrisson O, et al. 2003. Determinants of litter mixing effects in a Swedish boreal forest. Soil Biology & Biochemistry, 35: 827–835.

Waring R H, Schlesinger W H. 1985. Forest Ecosystems: Concepts and Management. New York: Academic Press, 115–160.

Wei H, Chen X, Xiao G, et al. 2015. Are variations in heterotrophic soil respiration related to changes in substrate availability and microbial biomass carbon in the subtropical forests? Scitific Reports, 5: 18370.

Weng H, Li Z A, Tu M Z. 1993. The production and nutrient contents of litter in forests of Dinghushan mountain. Journal of Plant Ecology, 17 (4): 299–304.

Wu J P, Liu Z F, Wang X L, et al. 2011. Effects of understory removal and tree girdling on soil microbial community composition and litter decomposition in two eucalyptus plantations in South China. Functional Ecology, 25: 921–931.

Wu Z M, Lu J P, Du Z H. 1994. Litter production and storage in the natural and regenerated tropical montane rain forests at Jianfengling, Hainan Island. Acta Phytoecologica Sinica, 18 (4): 306–313.

Xiong Y M, Shao Y H, Xia H P, et al. 2008. Selection of selective biocides on soil microarthropods. Soil Biology & Biochemistry, 2706–2709.

Yarie J. 1980. The role of understory vegetation in the nutrient cycle of forested ecosystems in the mountain hemlock biogeoclimatic zone. Ecology, 61: 1498–1514.

Young T P, Petersen D A, Clary JJ. 2005. The ecology of restoration: Historical links, emerging issues and unexplored realms. Ecology Letters, 8: 662–673.

Yuan S F, Ren H, Liu N, et al. 2013. Can thinning of overstory trees and planting of native tree saplings increase the establishment of native trees in exotic acacia plantations in south China? Journal of Tropical Forest, 25 (1): 79–95.

Zhang C L, Fu S L. 2009. Allelopathic effects of eucalyptus and the establishment of mixed stands of eucalyptus and native species. Forest Ecology and Management, 258 (7): 1391–1396.

Zhang W, Zhu X M, Liu L, et al. 2012. Large difference of inhibitive effect of N deposition on soil methane oxidation between plantations with N-fixing tree species and non N-fixing tree species. Journal of Geophysical Research, 117: G00N16.

Zhao J, Wang X L, Shao Y H, et al. 2011. Effects of vegetation removal on soil properties and decomposer organisms. Soil Biology and Biochemistry, 43: 954–960.

第15章 热带雨林生态系统过程与变化[*]

15.1 概　　述

15.1.1 中国热带雨林的概况

中国的热带地区位于西藏东南部、云南南部、广西西南部、海南岛、台湾岛南部等几处基本上互不相连的区域,植被区划上这些区域属于热带雨林、季雨林区域。相应地,中国的热带雨林总体上呈斑块状不连续分布格局,主要分布于上述区域低山丘陵的盆谷地段(陈灵芝等,2015)。目前,中国仅拥有大约 633800 hm² 的热带雨林,仍覆盖着较大面积热带雨林的地区主要是云南南部的西双版纳和海南岛,热带雨林发育面积最大的区域为云南南部的西双版纳地区(21° 09′ N—22° 36′ N, 99° 58′ E—101° 50′ E)(Cao et al., 2006)。

中国热带雨林属亚洲印度 – 马来雨林群系的范畴,主要包括湿润雨林、季节雨林和山地雨林等类型。因为纬度偏北,中国热带雨林处于亚洲热带北缘并受季风气候影响,仅在局部湿润环境呈片段分布,林相出现季节性变化,雨林特征逊色于亚洲赤道地区的雨林。中国热带雨林植物组成丰富,以热带植物区系成分为主,科、属构成近似于东南亚的赤道雨林成分,然而作为东南亚赤道雨林的特征植物——龙脑香科树种,在中国热带雨林中显得十分贫乏(中国科学院中国植被图编辑委员会,2007)。

15.1.2 西双版纳热带雨林的成因和生态特征

西双版纳地区位于横断山脉南端无量山脉和怒山山脉的余脉山原、山地区域,分布许多河谷、盆地,海拔最高处 2429.5 m(澜沧江西岸的滑竹梁子),最低处 475 m(南腊河与澜沧江交汇处)。西双版纳地区位于东南亚大陆的北缘,地理上属于热带的北缘。本区典型热带地区为海拔900 ~ 1000 m 的低山、河谷和坝区(朱华等,2015)。本区的热带雨林主要分布于 pH 在 4.5 ~ 5.5 的由花岗岩和片麻岩等硅酸盐类母岩发育而来的砖红壤上。

西双版纳地区主要受印度洋季风控制,属于典型的西部热带季风气候。年均日照时数为 1858.7 h,年平均气温为 21.8 ℃,年积温 7600 ~ 7800 ℃,年平均降水量 1500 mm 左右(数据来自中国科学院西双版纳热带雨林生态系统研究站,海拔 565 m),每年 5 月至 10 月间,来自印度洋

---

[*] 本章作者为中国科学院西双版纳热带植物园林露湘、邓晓保、陈辉、李玉武、邓云、秦海浪。

的西南季风输送来丰富的降水,占全年降水的80%左右,形成明显的雨季。月平均降水量高于200 mm的月份为6月、7月和8月。在旱季(11月至次年4月),夜里和早晨的雾水为分布于低丘和沟谷的热带雨林补充了大量水分,本区的雾日可以达到一年146天,由雾水输入的水分占了林冠下层所有水分输入的三分之一以上,这为缓解旱季发生的水分胁迫起到重要的作用(Liu et al.,2004),以致在西双版纳这一旱季(11月至次年4月)降水小于200 mm的地区可以允许热带雨林在此发育(Liu et al.,2008)。可以说,西双版纳地区是在纬度和海拔都较高的条件下在某些局部区域形成了适合热带雨林发育的温暖湿润的小生境。西双版纳无论是地理还是气候上都已位于热带亚洲的北缘区域,其水热条件已经处于热带雨林分布的极限,随着海拔的升高,温度和水分的梯度变化十分明显。本区的热带雨林通常分布于低丘沟谷地段(通常海拔900 m以下),故呈现片段化分布的特征,并与热带山地常绿阔叶林(Zhu,2006;朱华等,2015)一起呈现相互镶嵌分布的格局。

西双版纳存在热带雨林很大程度是由于横断山脉在冬天阻隔了来自北方的寒冷空气,而横断山脉直到新近纪才抬升形成,在新近纪中新世以后喜马拉雅山脉隆升到一定高度,同时季风气候形成。由此可以推断西双版纳的热带雨林最早是从新近纪才开始发育的,是在新近纪之后伴随着东亚季风气候的形成发育起来的(Zhu,2008)。简而言之,西双版纳的热带雨林是在新近纪后青藏高原强烈隆升到相当高度且东亚季风气候形成以后才逐渐演化到现代,并在西南季风气候条件下持续发育。同时,西双版纳的热带雨林分布主要受制于局部生境,是在水分、热量均达到极限条件下发育起来的。

喜马拉雅–青藏高原的隆升影响到晚新生代以来的全球气候变化,包括南亚低空发生的西南季风,对印度、中南半岛和中国西南热带植被的发育具有决定性作用(刘东升等,1998;施雅风等,1999)。在始新世晚期,约45 Ma以前,印度板块与欧亚板块碰撞并融合成一体,此后经历了一个漫长的抬升与夷平过程,直到第四纪初才强烈隆升达到现在的高度(潘浴生等,1998),并导致东亚现代季风气候的形成。云南南部西双版纳地区在中生代仍以海洋环境为主,与古近纪始新世开始的喜马拉雅–青藏高原演化相呼应,形成了近南北向的褶皱带,随着第四纪青藏高原的剧烈隆升,云南南部地壳处于间歇性的隆升阶段,河流下切,逐步形成现代山脉和地势的轮廓。

由于印度板块与欧亚板块的碰撞挤压,印度支那板块向东南亚逃逸,导致热带亚洲成分渗入本区,逐渐演化成以热带亚洲成分为主的热带植物区系(Zhu,2012)。根据孢粉学研究结果(Liu et al.,1986),白垩纪晚期到第三纪早期,云南南部地区的代表植被是偏干性的亚热带常绿阔叶林;中新世到上新世,是偏湿性的亚热带常绿阔叶林;在晚更新世,是亚热带性质的湿性针阔叶混交林与干性松栎林交替出现。云南南部现在的热带雨林是当喜马拉雅山脉隆升到一定高度且季风气候形成以后才发育起来的(朱华等,2015)。

西双版纳地区是南喜马拉雅到东亚,以及东南亚热带到中国亚热带的生物区系过渡地带,同时也是冈瓦纳古陆的印度和缅甸板块与劳亚古陆的欧亚板块的连接区域,贯穿西双版纳的澜沧江被认为是一条冈瓦纳古陆与劳亚古陆的缝合线,本区很可能是两个古陆区系成分的交汇地带(Zhu,1997)。从地理元素上说,西双版纳热带雨林的区系成分主要来自马来西亚、南喜马拉雅、印度–中国和中国植物区系(Zhu,1997)。西双版纳拥有超过5000种维管植物,占全中国的16%(李延辉等,1996;Cao,2006),是印–缅生物多样性热点地区的一部分(Myers et al.,2000),属于印度–马来西亚植物区系。西双版纳地区具有种子植物4150种(包括亚种和变种),1240属和183科(Zhu,2012)。和东南亚大陆、马来西亚植物区系比起来,80%的科和

64% 的属都是一样的,大多数优势科也是一样的(Zhu, 2008；Zhu and Yan, 2009)。例如,龙脑香科(Dipterocarpaceae)、番荔枝科(Annonaceae)、玉蕊科(Lecythideaceae)、藤黄科(Guttiferae)、肉豆蔻科(Myristicaceae)等。西双版纳热带植物区系具有的典型热带成分相对较少,但这并不影响它与热带亚洲植物区系具有很强的关联性。西双版纳热带植物区系属于古热带植物界印度 – 马来西亚植物亚界的一部分(Takhtajan, 1988),更准确地说是印度 – 马来西亚植物区系的北部边缘类型(Zhu, 2008)。

世界上的热带雨林,无论是南美洲亚马孙河流域的热带雨林、东南亚的热带雨林,还是非洲刚果盆地的热带雨林,绝大部分是与海洋连接在一起的,它们受海洋环境影响异常明显。而西双版纳的热带雨林,由于与海洋相距甚远,在某种程度上,海洋的温湿效应所带来的干扰程度比其他热带雨林小,四周高、中间低的地势造成了全年基本上是静风的环境。和世界上主要热带雨林分布区比起来,西双版纳具有相对较低的年平均气温和年降水量。过去很长一段时间,对于西双版纳是否存在热带雨林是有争议的(Richards, 1952)。长期以来许多外国专家都断言这里没有真正的热带雨林,并习惯地认为这里的森林应是热带雨林与季节雨林之间的一种过渡类型,或是一种在很多方面与真正热带雨林存在区别的亚热带雨林类型。中苏联合考察队对西双版纳植物区系的描述真正开启了西双版纳热带雨林研究序幕(Zhu et al., 2006)。直到 1974 年,作为东南亚热带雨林的特征种类龙脑香科树种——望天树(Parashorea chinensis)在该区域的发现才终结了此争议(Zhu, 1997)。中国科学院和云南大学等对西双版纳热带雨林进行了大量的调查工作(吴征镒, 1980, 1987；金振洲, 1983；Zhu, 1992；Zhang and Cao, 1995；金振洲和欧晓昆, 1997),充分肯定了西双版纳的热带雨林属于印度 – 马来西亚类型的亚洲热带雨林,为西双版纳热带雨林生态系统的研究奠定了坚实的基础。

西双版纳的热带雨林乔木高大、多层,板根、茎上花、绞杀、藤本、林冠附生和寄生植物丰富,乔木层可分 3~4 层,在最上层主要是一些高出密集林冠的散生巨树,在 20~30 米高的空间内略低一些的乔木排列密集,树冠连接,形成森林的主要林冠层。云南西双版纳热带雨林具有与赤道低地热带雨林几乎相同的群落结构和生态外貌特征,表明西双版纳热带雨林是真正热带雨林的一种类型,这个论点也被 Whitmore 教授在两次对云南热带森林考察后给予肯定(朱华等, 2015)。由于西双版纳热带雨林发生在热带雨林植被所要求的最少降水量和最低热量的极限条件下,其林冠层中有一定比例的落叶树种存在,大高位芽植物和附生植物相对较少而藤本植物和叶级谱上的小叶植物更丰富,这些特征不同于赤道低地的热带雨林,同时也说明处于相对较高的海拔和纬度上的西双版纳热带雨林受到季节性干旱和热量不足的影响。

通过 17 个 0.25 hm² 热带雨林样地的统计资料来看,在群落外貌、单位面积上的物种丰富度、径级分布等生态特征上,西双版纳的热带雨林和东南亚典型热带低地雨林十分相似,不同之处在于具有一些落叶的冠层树种,更少的附生植物,更多的藤本植物(Zhu, 1997)。西双版纳热带雨林大约 80% 的科、94% 的属和超过 90% 的种是热带分布,其中 38% 的属和 74% 的种是热带亚洲分布。与东南亚低地热带雨林相比,西双版纳的热带雨林具有几乎相同的科和属,并且前十个优势科的优势等级(物种丰富度和个体数量)也几乎相同。可以说,西双版纳热带雨林的植物区系就是东南亚热带植物区系的一部分。然而,大多数热带科和属在西双版纳已经达到它们分布的最北界,大多数的分布中心在马来西亚,更典型的热带科属在西双版纳具有相对较低的物种丰富度(Zhu, 1997)。可以说,西双版纳热带雨林植物区系是热带亚洲植物区系的北缘部分(朱华等，2015）。西双版纳热带雨林远离赤道且处在一个相对较高的海拔范围内，其虽不是热带雨林的最北类型，因为在缅甸曾记录到分布在北纬 27° 30′ 地区的热带雨林类型，但西双版纳热带雨林不仅在热带雨林生态学和生物地理研究上，而且在探讨东南亚热带植物区系与中国亚热带植物区系及东喜马拉雅植物区系的关系上，均有较高的研究价值。

15.1.3　西双版纳热带雨林生态系统所面临的问题

西双版纳热带雨林的保护事业始于 20 世纪 50 年代后期，经过近 50 年的发展，特别是近十年保护意识的不断提高，有了长足的发展。然而，随着本地区人口的增长、交通条件的改变、经济的发展，生物多样性保护也面临着很多的挑战。

人口膨胀导致自然森林植被覆盖率的减少和生物多样性丧失，是西双版纳生态系统和自然资源保护面临的最大问题。西双版纳已经有近 50 年的橡胶种植历史，目前已经发展成为我国重要的橡胶种植基地。通过对西双版纳 1976—2003 年的遥感数据分析，首次定量化地测定了当地森林面积与橡胶林面积 30 年来的互动关系，证明了当地天然林覆盖率从 1976 年的约 70% 降到了 2003 年的 50% 以下，共损失了约 40 万 hm^2 的热带季节雨林，其中很大一部分是被转换为单一种植的橡胶林（图 15.1）。由于国内对天然橡胶的需求量不断增加，目前的橡胶种植已经开始向 900 m 以上的高海拔地区发展，进一步导致山地雨林和南亚热带常绿阔叶林面积的减少。基于上述研究结果，建议当地政府制订科学的发展计划，平衡经济需求和生物多样性保护的关系，抑制橡胶林向高海拔地区发展的趋势（Li et al.，2007，2008）。

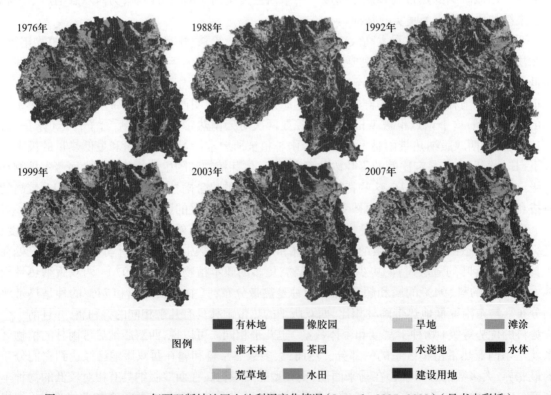

图 15.1　1976—2007 年西双版纳地区土地利用变化情况（Li et al.，2007，2008）（见书末彩插）

15.1.4　中国科学院西双版纳热带雨林生态系统研究站的定位及其在区域热带雨林生态系统监测与研究中的作用

中国科学院西双版纳热带雨林生态系统研究站（以下简称版纳站）的定位如下：中国热带雨林生态系统长期动态监测研究的成果产出基地，中国热带森林生态学创新人才的培养基地，以及中国热带可持续农林业优化示范模式的展示基地。版纳站的发展目标是建设成为设备精良、成果一流、人才辈出、高度开放的热带生态学合作研究及学术交流基地。

作为热带生态学研究的重要支撑平台，版纳站在建站 60 年（1958—2018 年）来，在开展长期的监测、研究和示范过程中，每年按规范积累了水文、土壤、气象、生物、碳通量以及热带雨林生物多样性等方面的观测数据近 3 亿条。版纳站以多种模式开展了热带森林生态系统恢复与重建的研究和实践，建立了数十种混合农林实验示范模式，其中橡胶＋固氮绿肥植物＋药用植物、橡胶＋固氮绿肥植物＋珍贵树种、橡胶＋固氮绿肥植物＋特种经济林木等模式已在当地逐步扩大示范面积，为地方经济建设与发展提供了重要的科技支撑。

15.2　西双版纳热带雨林生态系统关键要素的长期变化趋势

15.2.1　气候因子

（1）气温

1959—2015 年，版纳站年平均气温为 21.9 ℃，气温上升率为 0.142 ℃·10 年$^{-1}$。20 世纪 60 年代平均气温显著低于 20 世纪 80 年代及之后各个年代（$p<0.05$）。年平均气温在 2000 年达到 50 余年来的峰值 22.0 ℃（图 15.2，表 15.1）。

（2）降水

1959—2015 年，版纳站年平均降水量为 1488.8 mm，年平均蒸发量 1456.7 mm。多年间降水量有一定下降趋势但并不显著（表 15.2），而蒸发量在 20 世纪 60 年代显著偏高（表 15.3），进入 80 年代后基本保持稳定。总体而言，本地区的水量平衡基本保持稳定。

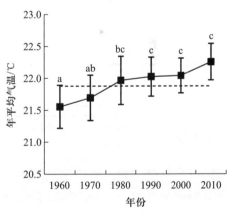

图 15.2　版纳站年平均气温（10 年区间）变化
注：图中虚线为 1959—2015 年平均气温值。

表 15.1　版纳站各年代区间的年平均气温和季节平均气温　　　（单位：℃）

年代区间	年平均气温	春季平均气温	夏季平均气温	秋季平均气温	冬季平均气温	旱季平均气温	雨季平均气温
1961—1970 年	21.6 ± 0.3a	22.7 ± 0.4a	25.1 ± 0.3a	22.1 ± 0.4a	16.3 ± 0.7a	18.6 ± 0.6a	24.5 ± 0.2a
1971—1980 年	21.7 ± 0.4ab	23.0 ± 0.6a	25.4 ± 0.3b	22.1 ± 0.6a	16.3 ± 0.8a	18.6 ± 0.6a	24.8 ± 0.3ab
1981—1990 年	22.0 ± 0.4bc	23.0 ± 0.6a	25.6 ± 0.3b	22.6 ± 0.5b	16.8 ± 0.7ab	18.9 ± 0.5ab	25.1 ± 0.4b
1991—2000 年	22.0 ± 0.3c	23.4 ± 0.7b	25.4 ± 0.2b	22.3 ± 0.5ab	16.9 ± 0.9ab	19.2 ± 0.7b	24.9 ± 0.2b
2001—2010 年	22.0 ± 0.3c	23.1 ± 0.4a	25.6 ± 0.3b	22.4 ± 0.3ab	17.1 ± 0.4b	19.1 ± 0.3b	24.9 ± 0.3b
2011—2015 年	22.3 ± 0.3c	23.3 ± 0.6a	25.6 ± 0.3b	22.8 ± 0.5b	17.3 ± 0.7b	19.5 ± 0.4b	25.0 ± 0.3b
1959—2015 年	21.9 ± 0.4	23.0 ± 0.6	25.4 ± 0.3	22.3 ± 0.5	16.8 ± 0.8	18.9 ± 0.6	24.9 ± 0.3

注：表中不同字母代表不同年代区间存在显著差异。

表 15.2　版纳站各年代区间年平均降水量和季节平均降水量　　　（单位：mm）

年代区间	年平均降水量	春季平均降水量	夏季平均降水量	秋季平均降水量	冬季平均降水量	旱季平均降水量	雨季平均降水量
1961—1970 年	1503.8 ± 207.9a	263 ± 109.7a	904.8 ± 131.4ab	265.6 ± 134.1a	69.7 ± 55.6ab	237.9 ± 116.0a	1268.2 ± 168.7abc
1971—1980 年	1451.4 ± 207.7a	282.8 ± 98.9ab	815.9 ± 151.5ab	290.7 ± 118.7a	66.6 ± 46.8ab	236.8 ± 133.2a	1215.0 ± 207.7abc
1981—1990 年	1392.3 ± 246.4a	272.1 ± 76.2ab	761.2 ± 180.0a	308.3 ± 142.2a	44.9 ± 28.0a	247.1 ± 93.9a	1147.1 ± 247.3ac
1991—2000 年	1581.5 ± 227.9a	281.3 ± 74.1ab	906.1 ± 176.3b	326.0 ± 99.7a	70.4 ± 44.3ab	234.8 ± 49.3a	1345.9 ± 224.6b
2001—2010 年	1522.0 ± 277.7a	350.0 ± 117.1b	820.3 ± 175.3ab	290.2 ± 63.8a	68.9 ± 65.7ab	239.6 ± 99.1a	1277.2 ± 253.0abc
2011—2015 年	1405.4 ± 246.9a	272.6 ± 70.7ab	736.6 ± 125.2ab	263.2 ± 79.3a	112.5 ± 71.8b	315.7 ± 103.8a	1074.9 ± 165.1ac
1959—2015 年	1503.8 ± 207.9	263.0 ± 109.7	904.8 ± 131.4	265.6 ± 134.1	69.7 ± 55.6	237.9 ± 116.0	1268.2 ± 168.7

注：表中不同字母代表不同年代区间存在显著差异。

表 15.3　版纳站各年代区间的年平均蒸发量和季节平均蒸发量　　　（单位：mm）

年代区间	年平均蒸发量	春季平均蒸发量	夏季平均蒸发量	秋季平均蒸发量	冬季平均蒸发量	旱季平均蒸发量	雨季平均蒸发量
1961—1970 年	1535.8 ± 67.4a	523.2 ± 29.3a	393.2 ± 34.7a	344.8 ± 20.4a	272.8 ± 24.8ab	700.8 ± 59a	837.5 ± 48.8a
1971—1980 年	1478.2 ± 53.8ab	482.3 ± 36.9b	396.5 ± 17.5a	325.0 ± 23.9ab	273.0 ± 22.1ab	681.8 ± 46.8ab	797.5 ± 26.5b
1981—1990 年	1433.5 ± 44.6bc	491.9 ± 30.7ac	374.1 ± 33.1ab	305.6 ± 17.9b	264.8 ± 27.7ab	653.0 ± 31.6b	783.1 ± 45.6bc
1991—2000 年	1400.5 ± 57.5c	478.3 ± 37.6bc	356.4 ± 30.5b	312.6 ± 29.1b	250.8 ± 28.1ab	648.7 ± 40.8b	749.4 ± 37.7c
2001—2010 年	1429.6 ± 98.6bc	457.2 ± 45.1b	379.5 ± 32.4ab	311.4 ± 23.4b	281.4 ± 30.4a	659.8 ± 56.4b	769.7 ± 50.6bc
2011—2015 年	1386.7 ± 73.4c	450.4 ± 55.3bc	361.1 ± 12.7ab	303.6 ± 11.4b	234.2 ± 99.2b	644.0 ± 45.1b	745.9 ± 34.9c
1959—2015 年	1456.7 ± 88.9	483.2 ± 42.4	382.5 ± 38.3	320.8 ± 28.4	266.8 ± 39	666.6 ± 49.8	783.7 ± 50.7

注：表中不同字母代表不同年代区间存在显著差异。

15.2.2　水文特征

西双版纳热带雨林是在水热和海拔均达到极限条件而形成的热带北缘季节雨林群落,由于地处山原地貌和季风气候特点的热带北缘,森林有明显的季相变化,而地表水系的水文时空分布规律则主要取决于大气降水(Zhu, 1990, 1992)。西双版纳热带雨林生态系统研究站长期水环境观测包括降水、地表水、土壤水、植物水等各个水的载体,也包括水溶液的各种溶质。

（1）地表径流

版纳站自1995年开始通过测流堰对热带季节雨林和橡胶林集水区的径流量进行监测。由于径流监测样地所选的季节雨林属当地顶极群落,群落结构和树种组成基本达到稳定;所选橡胶林也属达到旺产期的成熟林,森林郁闭度和人工管理措施基本多年保持不变,因此当地的水文特征变化主要取决于大气降水,而非生物要素变化。1995—2016年监测数据表明,季节雨林年径流系数为35.20% ± 9.36%,显著高于橡胶林年径流系数21.94% ± 12.62%(成对样本 t 检验结果, t=4.703, p<0.01)。

对径流深度与降水量进行线性回归分析后发现,随年降水量的增加,季节雨林中年径流深度的增加斜率(0.6931)大于橡胶林(0.5139)(图15.3),这可能与橡胶林下植被稀少,土壤含水量偏低,人工修筑的台地结构相对有利于地表水下渗有关。

进一步区分雨季和旱季后可发现,橡胶林内旱季和雨季的径流深度随降水量变化的斜率相似(旱季0.4359,雨季0.4358,表15.4),而季节雨林中径流深度随降水量增加而增加的变化斜率在雨季(0.5577)时大于旱季(0.2069),这说明相对结构简单的人工橡胶林,季节雨林对地表径流的调控作用更加明显:森林能够在旱季降水不足时持续向外输出径流,而雨季时则由于土壤饱和,产流量相对较高。

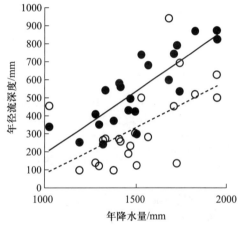

图15.3　年径流深度与年降水量拟合关系

注:图中●表示季节雨林年径流深度,○表示橡胶林年径流深度。图中实线为季节雨林中年径流深度(y)与年降水量(x)线性拟合曲线。

表15.4　径流深度(y)与降水量(x)线性拟合结果

	季节雨林			橡胶林		
	旱季	雨季	全年	旱季	雨季	全年
降水量 /mm（均值 ± 标准差）	254.5 ± 92.9	1254.5 ± 225.6	1509 ± 239.8	254.5 ± 92.9	1254.5 ± 225.6	1509 ± 239.8
径流深度 /mm（均值 ± 标准差）	108.5 ± 43.7	434.5 ± 182.2	543 ± 206	40.2 ± 68.1	299.5 ± 171.6	339.7 ± 212.4
截距	55.8393	−265.2003	−502.8730	−70.8072	−247.1569	−435.8180
斜率	0.2069	0.5577	0.6931	0.4359	0.4358	0.5139
调整后 R^2	0.163	0.516	0.666	0.359	0.266	0.274
F	5.088	23.340	42.920	12.750	8.604	8.909
p	0.035	0.000	0.000	0.002	0.008	0.007

注:因径流观测开始时季节雨林和橡胶林旁的辅助雨量观测点尚未设立,因此表中统一使用园部气象观测场降水数据进行比较。

（2）穿透雨

林外降水穿透林冠后,主要以穿透雨和树干茎流的形式到达地面。根据版纳站 2003—2016 年监测结果,当地季节雨林和橡胶林内的树干径流量仅占降水量的 0.95%±0.57% 和 0.40%±0.10%,贡献量极低。因此,在此主要讨论穿透雨量随降水量的长期变化趋势。

与地表径流类似,在成熟林中的穿透雨量主要受大气降水的影响,而由于森林结构和郁闭度的差异,又导致了不同群落类型中的穿透雨量随降水的变化呈现出各自不同的趋势。通过对比 2005—2016 年的穿透雨量监测数据发现,西双版纳热带季节雨林中的穿透雨量(1067.7±194.8 mm)显著低于橡胶林中穿透雨量(684.4±161.4 mm)(成对样本 t 检验,$t=9.292$,$p<0.01$)。线性回归结果(表 15.5)表明,橡胶林全年和雨季时的穿透雨量(y)与降水量(x)斜率已接近为 1,即表示此时橡胶林对降雨的截留效果为定值截距,雨季时定量截留 260.4 mm,全年定量截留约 286.6 mm,之后余下雨量几乎全部到达地面;旱季时橡胶林内截留效果相对雨季要好,斜率降为 0.501,但仍高于季节雨林同期水平,仅与季节雨林雨季时的穿透斜率(0.503)相当。结构单一的橡胶林对穿透雨的截留效果在全年(图 15.4a)、雨季(图 15.4b)或是旱季(图 15.4c)均低于季节雨林。

表 15.5 穿透雨量(y)与降水量(x)线性拟合结果

	季节雨林			橡胶林		
	旱季	雨季	全年	旱季	雨季	全年
降水量 /mm (均值 ± 标准差)	251.8±114.5	1190±228.4	1441.8±253	277.4±104.6	1073.6±182.5	1350.9±178.1
穿透雨量 /mm (均值 ± 标准差)	121.0±44.1	563.3±146.6	684.4±161.4	277.4±104.6	847.6±203.2	1067.7±194.8
截距	43.112	−35.401	42.572	81.164	−260.369	−286.557
斜率	0.310	0.503	0.445	0.501	1.032	1.003
调整后 R^2	0.611	0.576	0.436	0.749	0.844	0.824
F	18.290	15.960	9.491	33.780	60.710	52.360
p	0.002	0.003	0.012	0.000	0.000	0.000

注:表中所用降水量为版纳站设于季节雨林和橡胶林旁的辅助雨量观测点所采集数据。

（3）土壤含水量

土壤含水量烘干法最为经典,也是观测土壤含水量最准确的方法。2006—2015 年在西双版纳热带雨林生态系统研究站长期观测样地取样监测数据显示,西双版纳热带季节雨林土壤平均质量含水量为 23.055%,高于西双版纳热带橡胶林(21.331%)(图 15.5)。西双版纳热带季节雨林中的土壤质量含水量多年来虽有一定波动,但整体保持稳定,平均年变化率仅为 −0.1348%·年$^{-1}$(图 15.6)。

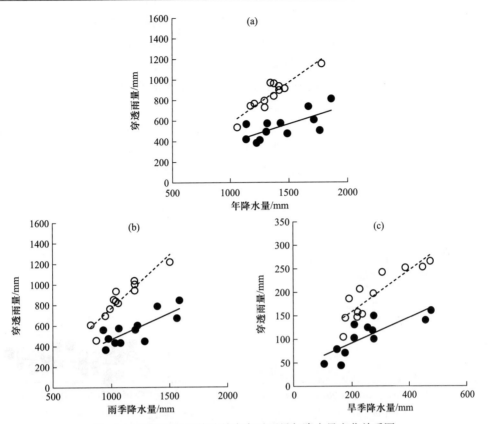

图 15.4 季节雨林和橡胶林中穿透雨量与降水量变化关系图

注：图中●表示季节雨林穿透雨量，○表示橡胶林穿透雨量。图中实线为季节雨林中穿透雨量(y)与降水量(x)线性拟合曲线，虚线为橡胶林中穿透雨量(y)与降水量(x)线性拟合曲线，方程参数见表 15.5。

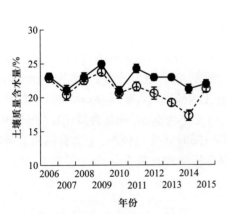

图 15.5 西双版纳热带季节雨林和
橡胶林土壤质量含水量年际动态
（●：季节雨林；○：橡胶林）

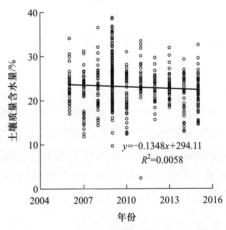

图 15.6 西双版纳热带季节雨林土壤质量含
水量随时间的变化趋势

（4）森林水质

2004—2015 年，版纳站在西双版纳热带季节雨林内设置集水区监测水质，监测项目包括水温、pH、钙离子、镁离子、钾离子、钠离子、氯化物、硫酸根离子、磷酸根离子、硝酸根离子、水中溶解氧、总氮和总磷等。pH 为监测水质的重要项目之一。热带季节雨林集水区溪水年平均 pH 为 6.83，与当地橡胶林集水区溪水（6.90）相差不大，但低于海南尖峰岭热带雨林集水区（7.27）（陈步峰等，1998）。西双版纳热带季节雨林中集水区溪水 pH 多年来虽有一定波动，但整体保持稳定，平均年变化率仅为 −0.0182·年$^{-1}$，但当地橡胶林集水区溪水 pH 年均增加 0.050·年$^{-1}$（图 15.7）。水源中总氮含量也是监测水质的重要项目，热带季节雨林集水区溪水年均总氮含量为 0.340 mg·L^{-1}，低于当地橡胶林（0.913 ± 0.155 mg·L^{-1}）。西双版纳热带季节雨林中集水区溪水总氮含量随时间总体变化不大，以每年 0.012 mg·L^{-1} 增加，而当地橡胶林以每年 0.092 mg·L^{-1} 增加（图 15.8）。

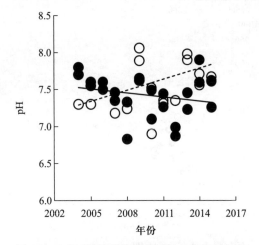

图 15.7　西双版纳热带季节雨林和橡胶林集水区溪水 pH 随时间变化趋势（●、实线：季节雨林；○、虚线：橡胶林）

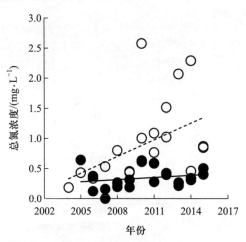

图 15.8　西双版纳热带季节雨林和橡胶林集水区溪水总氮含量年度动态（●、实线：季节雨林；○、虚线：橡胶林）

15.2.3　土壤理化性质

土壤理化性质监测频率为 5 到 10 年一次。西双版纳热带雨林土壤速效养分（铵态氮和硝态氮）存在明显的季节动态变化（图 15.9）。热带季节雨林土壤硝态氮含量显著高于橡胶林（$p<0.001$），而铵态量含量趋势相反（$p=0.047$）。西双版纳热带季节雨林土壤硝态氮含量随时间增加达到稳定状态，而热带橡胶林随时间增加而降低；土壤铵态氮含量随时间变化趋势与硝态氮含量相反（图 15.9）。

西双版纳热带季节雨林土壤养分（总氮、总磷和总钾）随时间变化较小，土壤有机质含量有明显季节变化（图 15.10）。西双版纳热带季节雨林土壤有机质和总氮含量均显著高于橡胶林，而土壤总磷和总钾含量显著低于橡胶林。

15.2.4　生物要素

2005—2015 年西双版纳国家级自然保护区勐仑子保护区内鸟类和兽类的物种数量呈下降趋势（图 15.11 和图 15.12）。2005—2015 年，仅监测到国家二级保护动物亚洲黑熊 1 头、红隼 1 只、栗头八色鸫 1 只，白鹇 2 只；1 hm² 综合观测场内仅发现 4 种国家 Ⅱ 级重点保护植物，分别是土沉香、合果木、千果榄仁、红椿，十年间这 4 种物种尚存活于样地内。

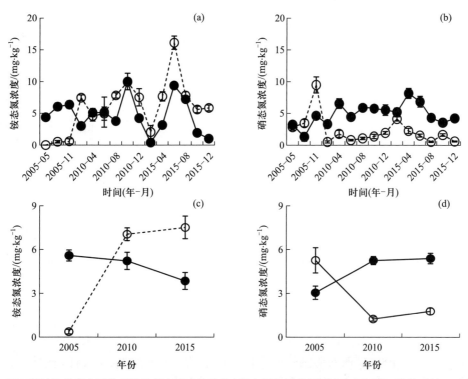

图 15.9 西双版纳热带季节雨林和橡胶林土壤速效养分（铵态氮和硝态氮）年季动态（●：季节雨林；○：橡胶林）

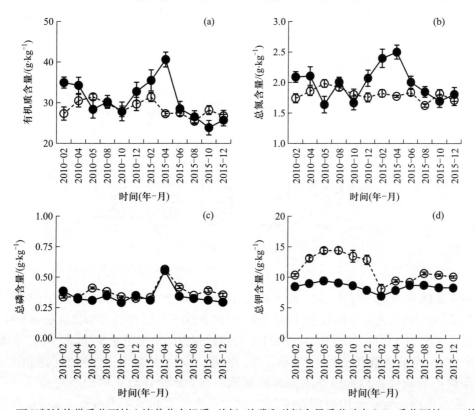

图 15.10 西双版纳热带季节雨林土壤养分有机质、总氮、总磷和总钾含量季节动态（●：季节雨林；○：橡胶林）

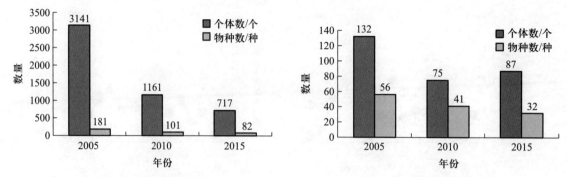

图 15.11　西双版纳自然保护区勐仑子
保护区鸟类监测动态

图 15.12　西双版纳国家级自然保护区
勐仑子保护区兽类组成动态

由 1995—1997 年对西双版纳地区的亚洲象数量和分布进行调查,发现西双版纳现有亚洲象 170~200 头,分属于 17~19 个群体,群体平均大小为 10(2~27)头。2003—2005 年的调查发现,西双版纳有亚洲象 150~200 头(张立等,2003;冯利民和张立,2005)。2014 年西双版纳有亚洲象 227~281 头。

1995—2015 年西双版纳 1 hm² 热带季节雨林动态样地内乔木物种从 141 种上升到 173 种。样地内胸径≥5 cm 的乔木树种的个体数量自 1995 年一直上升到 2010 年,2015 年略微下降到 964 棵(图 15.13)。1994 年西双版纳经历了比较严酷的低温干旱期,导致样地建设初期样地内乔木物种数和个体数相对较低,随着温度上升呈现逐渐增加的趋势。

1995—2015 年,样地内先锋性质的山黄麻、白楸、椴叶山麻杆、浆果乌桕等逐步退出,顶极性质的蓝树、山香圆、红椿、阔叶蒲桃、云南臀果木等相继进入。

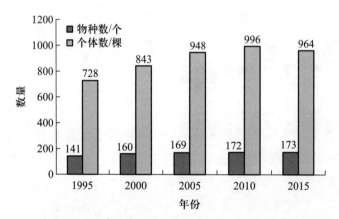

图 15.13　西双版纳 1 hm² 热带季节雨林动态样地乔木物种数与个体数动态

1995—2015 年,样地内胸径≥5 cm 的新增乔木个体从 2000 年的 162 棵一直下降到 2015 年的 82 棵。样地内死亡乔木个体数,总体呈上升趋势,2010—2015 年死亡个体数最多(图 15.14)。对比期间的气候变化事件发现,1998—2004 年处于比较强的厄尔尼诺期,降水丰沛,新增个体较多;2009—2013 年云南省遭遇大旱(胡学平等,2014),新增个体减少,死亡个体急剧增加。

样地内所有胸径≥5 cm 的乔木胸高断面积和与乔木个体数量的动态趋势基本一致(图 15.15)。胸高断面积排名前 10 的树种在 20 年间没有改变顺序,说明群落基本保持稳定状态。

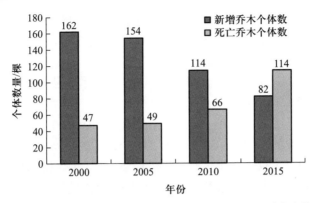

图 15.14　西双版纳 1 hm² 热带季节雨林动态样地新增与死亡乔木个体数量动态

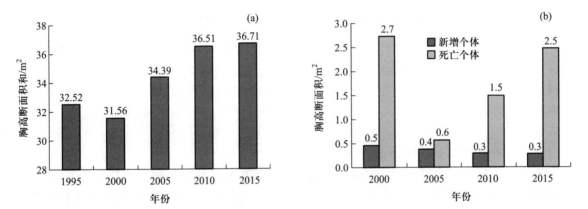

图 15.15　西双版纳 1 hm² 热带季节雨林动态样地乔木胸高断面积和新增与死亡乔木胸高断面积动态

15.3　热带雨林群落构建与树种多样性维持

15.3.1　西双版纳热带雨林群落的树种多样性格局

西双版纳的热带雨林主要为分布于沟谷和低丘(通常为海拔 900 m 以下)的热带季节雨林,还包括于石灰岩湿润沟谷这一特殊生境下发育的热带季节雨林,以及少量分布于较高海拔(例如 900~1600 m)湿润生境中的热带山地雨林(Zhu et al., 2006)。热带雨林是当地树种多样性最高的生态系统,在一块 1 hm² 的热带季节雨林样地中共存的树种可以达到 120 个(DBH ≥ 5 cm)(Cao et al., 1996),然而共存的树种之间存在多度分布上显著的不均衡性,即具有少数优势树种与大量稀有树种共存的格局(Cao and Zhang, 1997)。朱华等(2004)描述了两个西双版纳热带山地雨林的两个群落类型的生态特征,即八蕊单室茱萸(*Mastixia euonymoides*)-大萼楠(*Phoebe megacalyx*)林和云南拟单性木兰(*Parachmeria yunnanensis*)-云南裸花(*Gymnanthes remota*)林,研究发现,其在单位面积植物种数上并不比该地区的热带季节雨林低。

2007 年,在中国科学院生物多样性委员会的支持下,中国科学院西双版纳热带植物园和西双版纳国家级自然保护区管理局共同在西双版纳傣族自治州勐腊县的望天树林中建立了一块面积为 20 hm² 的动态监测样地,即西双版纳 20 hm² 热带季节雨林动态样地(后面简称版纳大样地),在该样地共存着 468 个可识别的树种,分属于 213 个属和 70 个科(2007 年树种清查数据)。在该样地中平均 1 hm² 面积内可以共存 217 个木本植物(DBH ≥ 1 cm)(兰国玉等,2008)。和亚洲赤道附近的热带雨林比起来,这里树种丰富度相对较低,但是和世界上其他地区的热带雨林比起来,树种丰富度并不低(Lan et al., 2012)。有 13 个优势种的个体数量超过 1000 个(DBH ≥ 1 cm),占总数的 56.36%;同时又有 230 个树种的平均密度低于 1 个·hm⁻²,其中有 69 个树种在整个样地中只出现 1 个个体(Lan et al., 2012)。望天树(*Parashorea chinensis*)和假海桐(*Pittosporopsis kerrii*)是个体数量最多的两个树种,分别统治林冠上层和林冠下层(Lan et al., 2012)。

15.3.2 西双版纳热带雨林树种多样性维持机制

热带雨林生态系统中极其丰富的生物多样性是其区别于其他生态系统的主要特征,在局域尺度上(<1 km²)为什么会有如此高的树种多样性? 这一问题一直是生态学研究的热点。版纳大样地建设的初衷和世界上其他大型森林样地的建设目的是一致的,都是为了回答这一困扰生态学家多年的问题。下面将从三个方面来论述在该样地平台上开展的一系列围绕这一主题的研究成果。

(1)从树种空间分布格局解析树种共存机制

不同生活史阶段的树种个体空间分布格局是理解树种共存机制的一个重要视角。Lan 等(2009)采用 Ripley 单变量和双变量函数来分析 131 个共存于版纳大样地中的树种不同生活史阶段的空间分布格局和种间的空间关联格局。研究发现,109 个树种的幼树具有显著的聚集分布格局,126 个树种的成树具有随机的空间分布格局。总体而言,在幼树阶段,大多数种类呈现空间聚集分布格局,随着径级的增长,聚集程度越来越弱并趋于随机分布,推测负密度制约导致了该格局的出现,即负密度制约导致空间分布格局从幼树的空间聚集转向成树的空间随机分布。研究还发现 95 个树种在较小空间尺度上(0 ~ 10 m)幼树和成树之间具有中性或负的空间关联,表明在成树周围幼树存在明显的补充限制,这也表明了从幼树到成树周转时密度制约的存在,该机制将抑制同种个体的存活,而为异种个体腾出定居的空间,从而维持树种的多样性。

树种个体的空间分布格局很大程度上由地形的变化来决定,Lan 等(2011)采用典范对应分析(canonical correspondence analysis, CCA)和邻体矩阵主坐标分析(principal coordinates of neighbor matrices, PCNM)模型对版纳大样地 13 个优势树种个体的空间分布格局进行分析,发现凹凸度和海拔是决定树种空间分布格局的最主要地形因子,而地形总体上解释了幼树空间分布变异的 20% 和成树的 5%,表明地形虽然是决定树种空间分布格局的重要因素,但仍然还有其他因素同时在影响树种个体空间分布格局。

生境异质性和散布限制被认为是两个决定树种空间分布格局的主要驱动力。然而,很少有研究定量化二者的相对重要性,特别是针对树种不同生活史阶段。Hu 等(2012)预测决定树种空间分布的驱动力会随着生活史阶段的变化而变化,例如,散布限制主要决定早期生活史阶段的空间分布,而环境过滤则决定了后期生活史阶段的空间分布。为了检验这一假设,Hu 等(2012)使用了版纳大样地 500 个 20 m × 20 m 的样方中所有 DBH ≥ 1 cm 的树种个体数据,并将其划分为 4 个径级来代表不同的生活史阶段。该研究还计算了一个邻体指数来反映中心的空间自相关效应,将其与其他环境变量(地形和土壤)一起作为自变量,来解释每个目标树种的空间分布。研究发现,中性邻体干扰指数在小径级树种个体(1 cm ≤ DBH<10 cm)的空间分布上发挥最重要的作用,而环境变量则次之;然而环境变量在较大径级上(10 cm ≤ DBH)则发挥最重要的作用。该研究从生活史阶段的差异上更新了以往研究对中性和生态位过程在树种空间分布格局形成中的相对重要性的认识。

空间点格局分析是研究树种空间分布格局的有效方法,同时以空间点格局为基础对种间空间关联的分析,是理解物种共存格局维持机制的重要手段。Lan 等(2012)对版纳大样地中的 20 个优势树种进行了空间关联分析,发现在幼树阶段,42.6% 的物种对表现为正空间关联,即使成树阶段,也有 29.5% 的物种对表现为正空间关联,表明种间的正相互作用也是热带雨林树种共存的一个重要机制。

在热带雨林中,许多同属树种可以在局域尺度上共存。同属树种的共存格局是否由生物与环境的相互作用或者生物之间的相互作用塑造的? Lan 等(2016)通过对该样地中共存的 17 属中的 48 个树种的空间分布格局进行分析,解析了上述两个作用的重要性。研究发现其中 34 个树种至少与一个地形因子(例如海拔、坡度、坡向和凹凸度)表现出显著的关联性,表明地形的空间异质性在树种空间分布上的重要性。空间隔离和部分重叠是种间关联的两种最普遍的方式,分别占物种对数量的 36.6% 和 34.8%。总的来说,环境与生物作用同时塑造了同属树种间在局域尺度上的共存格局。

(2)从系统发育与功能性状维度解析树种共存机制

物种共存机制是群落生态学研究核心内容之一,物种共存既可以建立在物种间生态位分化的基础上,也可以基于物种多度随机漂变的基础上,生态位过程和中性过程在物种共存中的相对作用已经成为群落生态学研究的焦点问题。基于群落中共存物种进化历史和功能性状上的差异,分析生态位过程和中性过程在群落物种共存中的相对作用,已成为探讨物种共存机制的重要方法。

① 系统发育维度

系统发育群落生态学(phylogenetic community ecology)是近年来新兴的群落生态学和进化生物学的交叉学科,该学科的特色在于从系统发育维度探讨群落构建和物种共存的机制。当前利用系统发育分析方法进行群落生态学研究的一个重要前提是种间的系统发育距离可以代替种间的生态非相似性。

种面积关系是理解物种多样性空间分布的一个常用方法。以种面积关系(species-area relationships,SARs)为基础发展而来的个体种面积关系(individual species-area relationships, ISARs)可以定量化评价目标物种周围不同空间尺度内的物种多样性是否显著高于或低于随机条件下的期望值。基于此,目标物种可以被划分为物种多样性的累积种或排斥种,从而进一步评价非中性的物种相互作用与中性过程的相对重要性。传统的种面积关系及其衍生出来的个体种面积关系没有考虑物种之间的系统发育关系,而已有大量研究表明局域尺度上共存的物种往往表现出非随机的系统发育结构。为了从系统发育维度拓展个体种面积关系的研究,并以此探讨物种共存机制,Yang 等(2013)从个体角度出发,基于群落系统发育研究的方法,以个体种面积关系为基础发展了个体系统发育面积关系(individual phylogenetic area relationships,IPARs)的新方法,研究表明,版纳大样地系统发育的累积种和排斥种主要作用于较小的邻体尺度内;物种多样性的累积种和排斥种均表现出显著的系统发育信号。该研究支持竞争、互助等非中性过程可以影响物种多样性在局域尺度上的空间分布格局,同时强调了系统发育维度的物种多样性格局的研究可以帮助我们理解物种共存机制,并表明了过去的进化历史对当今可观察的物种相互作用的重要性(Yang et al.,2013)。与上述研究一样,Mi 等(2012)利用系统发育关系作为生态相似性的替代,然而通过整合系统发育关系与物种多度分布这一群落水平的格局特征,分析稀有种与常见种之间的系统发育关系,以及稀有种对群落总体系统发育多样性的贡献,发现稀有种与常见种之间的生态位分化是版纳大样地树种共存格局的重要机制。

② 功能性状维度

功能性状在空间上的变化格局可以反映驱动群落构建的生态过程,这可以用来检验关于功能性状与环境是如何驱动这些生态过程的假说。Bartlett 等(2016)定量测定了版纳大样地43 个共存树种耐旱性方面的性状、其他生理性状和通用性状,比较了其在解析生境关联、基于生态位重叠的竞争和等级竞争这三个群落构建生态过程时的能力。本研究应用小波(wavelet)分析方法在排除大尺度的生境关联的效应后定量化评价 0~20 m 邻体尺度上的竞争作用。树种的干旱耐受性与反映土壤水分供应的生境变量是树种生境关联的强驱动力,并且干旱耐受性反映出显著的影响竞争作用的空间信号。总体来看,多元模型的定量结果显示,与生境最相关的性状为叶片密度、叶片膨压丧失点(叶片耐失水能力)和茎干导水性。在邻体尺度上,物种间的空间关联与物种间的叶片耐失水能力的相似性呈正相关关系,这与等级竞争的预测结果相符。虽然叶片耐失水能力与种间空间关联的关系较弱,但仍然反映了干旱耐受性对邻体相互作用与群落构建的持续影响效应。定量化性状对竞争作用的影响效应需要进一步整合种内个体间的性状可塑性,特别是不同生活史间的性状变异,并从单一性状扩展到多重性状对植物整体表现与资源需求的作用上来(Bartlett et al.,2016)。

高度多样化的同一属内的树种如何共存一直令生态学家感到困惑。Lasky 等(2014)测定了版纳大样地榕属 22 个树种 335 个个体(DBH ≥ 10 cm)的六个功能性状(叶面积、叶片含水量、比叶面积、最大胸径、果实大小和乳汁渗出量),从个体水平的功能多样性解析榕属树种的共存机制,结果发现生态位分化是主导版纳大样地榕属树种间共存的重要机制(Lasky et al.,2014)。

群落由许多稀有种和少数常见种组成是生态学中的普遍法则之一。基于性状的物种多度分布研究通常只关注物种水平的性状均值。Umaña 等(2015)应用幼苗个体水平上的性状,基于来自西双版纳和波多黎各两地的热带树种幼苗动态数据,分析性状的种内变异和幼苗生长与其常见性和稀有性的关系。研究发现,常见种的性状和生长具有相对较小的种内变异程度,常见种在群落性状空间里占据核心位置,即能够更好地适应可利用的生境条件;而稀有种则占据性状空间的边缘位置,即更可能是对于可利用生境的暂时性成功定居。本项研究强调了种内变异在基于性状的生态学研究中的重要性,并且阐明了种内变异强度在物种间的非对称性,本研究对理解物种在群落中的多度分布,即常见性和稀有性具有重要意义(Umaña et al.,2015)。

③ 系统发育与功能性状双重维度

生态学家通常假设功能性状可以作为局域尺度生态位的替代,通过分析功能性状的系统发育信号来判断种间的系统发育距离是否可以替代生态非相似性。但是,很少有研究对功能性状和生态位的关系进行实证。Yang 等（2014a）利用版纳大样地的树种个体分布及环境数据来度量树种在局域尺度上的环境生态位，测定在生境选择或竞争能力中起重要作用的关键功能性状；基于 DNA 条形码所构建的群落系统发育树，应用系统发育比较方法和系统发育信号的检测方法，分析局域群落中共存树种功能性状与环境生态位在物种水平上的共变关系，并探讨生态位过程和中性过程在群落构建中的相对作用。研究支持局域群落中树种功能性状与环境生态位在物种水平上存在共变关系，本研究建议功能性状和生态位之间的关系检验应作为系统发育群落生态学研究的前提条件（Yang et al., 2014a）。

热带树种群落系统发育与功能性状维度的分析目前仍然存在一个挑战：将跨空间尺度、径级尺度和生境的功能性状和系统发育结构整合到一个分析中。Yang 等（2014b）利用版纳大样地 400 多个树种的 10 个功能性状和分子系统发育树，对 6 个空间尺度、3 个径级尺度和 6 类生境的功能和系统发育结构同时进行分析。研究发现，小径级和中等径级的系统发育聚集转变为大径级的系统发育发散；在较小的空间尺度上，随着径级的增加功能聚集转变为功能发散，而在较大的空间尺度上，功能聚集普遍发生于所有的径级和生境。研究结果支持群落物种共存的环境过滤机制发生于较大的空间尺度，而种间竞争发生于较小的空间尺度这一假说（Yang et al., 2014b）。

物种间的共存机制一直存在诸多争议和假说。尽管已有大量研究通过整合生态位理论和中性理论共同探讨物种的共存机制，但仍缺乏定量化的证据来评估二者在物种共存中的相对作用。Beta 多样性能够综合反映物种对环境的适应和扩散能力对群落周转的作用，为探讨生态位过程和中性过程在物种共存中的相对作用提供了有效的解决手段。为了量化环境过滤（environmental filtering）和扩散限制（dispersal limitation）在物种共存中的相对重要性，Yang 等（2015）在版纳大样地开展了连续的空间和环境梯度上的功能性状和系统发育 Beta 多样性研究。研究发现，环境距离对功能性状或系统发育 beta 多样性的解释力度均比空间距离的解释力度大，且环境距离的解释力度随空间尺度的增大而增大；生境间的功能性状和系统发育 beta 多样性大于生境内。本研究结果支持基于生态位的非随机过程在西双版纳热带森林树种共存中具有比中性过程更重要的作用（Yang et al., 2015）。

（3）从邻体效应解析树种共存机制

密度制约效应在热带森林中比较常见，它被认为是一种维持树种多样性的重要机制。然而，对于密度制约在波动环境中是如何变化的仍然所知甚少。在西双版纳 20 hm² 热带季节雨林动态样地中，以 453 个 1 m² 的幼苗样方两年的观测数据，采用广义线性混合模型对幼苗存活的密度制约效应进行了分析，特别对其在雨季和旱季的分异进行了探讨。研究发现，在群落水平上，无论是旱季、雨季还是两年的区间内，同种成树邻体对幼苗存活都具有强烈的负效应。同种幼苗邻体仅在旱季对幼苗存活具有显著的负效应。在物种水平上，同种成树邻体和幼苗邻体的负效应在旱季具有显著的种间差异，并且与种群基面积具有显著的正相关关系。相反地，同种成树邻体和幼苗邻体的负效应在雨季没有表现出明显的种间差异。群落和物种两个水平上的结果都表明局域尺度上负密度制约的强度在旱季要强于雨季。在 20 hm² 的样地尺度上，无论是旱季还是雨季都存在群落补偿趋势，即稀有种的幼苗存活率显著高于常见种。潜在负密度制约（单个邻体的负密度制约效应与最大局域同种邻体密度的乘积）与种群基面积的正关联预示着群落补偿趋势来源于局域尺度上的负密度制约，特别是来自于同种成树邻体的负效应。研究结果表明，幼苗存活的密度制约强度可以发生季节分异和种间变异,未来的研究还需要进一步评价密度制约在时间和物种两个层面上变异的驱动力及其产生的对物种共存和群落组成的效应(Lin et al.,2012)。

以西双版纳 20 hm² 热带季节雨林动态样地内 500 个 2 m × 2 m 幼苗样方中的树种为研究对象,利用该动态样地间隔 5 年的 2 次树种普查数据和共 5 次(每年 1 次)的幼苗样方调查数据,从系统发育维度出发,探讨物种共存和群落构建的生态学机制。在同种负密度制约假说的基础上,有研究发现幼苗存活随着邻体与其系统发育相似性的升高而降低,形成系统发育负密度制约机制(phylogenetic negative density dependence, PNDD)。然而同种和系统发育距离较近的邻体对生境具有相同或相近的需求,产生系统发育正密度制约,从而影响同种负密度制约或系统发育负密度制约的强度和可检测性。为了检测以上 3 种机制在幼苗存活中的相对重要性,利用广义线性混合模型分析影响 10000 多株幼苗存活的邻体和环境因子。通过比较具有和不具有环境因子的模型,探讨环境因子是否会影响同种负密度制约和系统发育负密度制约。最优模型表明同种负密度制约和环境因子是影响幼苗存活的重要因素,但并没有发现系统发育负密度制约。环境因子会降低可检测到的同种负密度制约的强度,但对系统发育密度制约并没有影响。结果表明在研究中忽略环境因子和系统发育密度制约机制会模糊同种和异种邻体对幼苗存活的作用(Wu et al., 2016)。

15.3.3　当代人类活动对西双版纳热带雨林群落物种多样性的影响

半个世纪以来,西双版纳大面积单一种植的橡胶园不断扩张,在 21 世纪的前十年达到了高潮,2010 年西双版纳大约 18.3% 的国土面积已经被橡胶林所覆盖,保守估计大约 424000 hm²(Xu et al., 2014)。由于橡胶林种植需要占据热带雨林发育的地段,因此橡胶林的不断扩张意味着热带雨林的不断萎缩。1976 年,西双版纳地区有大约 70% 的面积由森林覆盖,而到了 2003 年,则降到了 50% 以下。对橡胶林扩张最为敏感的热带雨林在西双版纳占据的面积比例已经不足 3.6%(Li et al., 2009)。橡胶林在西双版纳的不断扩张导致最为严重的生态后果就是加剧了热带雨林生物多样性的丧失及其生态系统功能的不断退化。西双版纳的热带雨林植被半个世纪以来已经发生了巨大的变化。

随着橡胶林的扩张,西双版纳原本呈片段化分布的热带雨林变得更加破碎化。森林片段化程度加剧同样给热带雨林的生物多样性带了一系列的负面影响。在一个 13.9 hm² 的热带雨林片段里,从 20 世纪 60 年代初,在经历了大约半个世纪的动态变化后(2008 年),种子植物虽然从 258 种增加到 332 种,但是原先 27.1% 的种类已经消失,而有 43.4% 的种类是后来迁移进入的。在统计区间的最后十年里,由于周边橡胶林植被的快速扩张,热带雨林片段物种组成也同步呈现快速转换趋势。顶极种的数量不断减少,而先锋种的数量不断增加。虽然多样性得到了维持甚至有所增长,但是生态成分却发生了质的变化,阳性和先锋植物种类增加,耐阴和阴生植物种类减少,具有较小种群的树种在热带雨林片段中将首先消失。另外,热带雨林片段中藤本植物相对增加,而附生植物相对减少;热带雨林性质不断朝着热带次生林的方向转换(Zhu et al., 2010)。胡跃华等(2010)对非片段化的一个 1 hm² 的热带季节雨林进行了动态分析,发现从 1993 年到 2007 年间,树种数量(DBH ≥ 5 cm 的乔木个体)由 145 种增加至 179 种,而其中先锋种增加的数量不超过 5 个,但是仅有 1~2 个个体的稀有种比例从 54% 降到 51.1%。总体而言,物种成分的组成格局没有明显变化,处于动态平衡过程中。

限制橡胶林的扩张成了保护西双版纳热带雨林生态系统的当务之急。在这种形势下,当地政府也采取了许多保护策略,例如成立新的布龙自然保护区以抵御当地迅猛发展的橡胶林种植(Zhu et al., 2015);在残存的热带雨林片段之间进行生态修复以构建物种交流的廊道(Li et al., 2007)等。目前,如何权衡开发利用与生态保护之间的关系仍然是西双版纳地区经济和社会可持续发展的一个重要战略科学问题。

15.4 热带雨林生态系统的碳循环

全球森林面积约为 39.99 亿 hm^2,占陆地面积的 30.6%,是陆地生态系统的主体(FAO, 2015)。全球森林贮存的碳总量约为 296 Pg(FAO, 2015),贮存了陆地生态系统中地上部分有机碳的 80%,地下部分的 40%(Malhi et al., 1999),是大气碳总量的 3 倍(Rollinger et al., 1998)。森林绿色植物通过光合作用吸收大气中的 CO_2,形成重要的碳汇;同时,森林中的动物、植物和微生物的呼吸及枯枝落叶的分解氧化等过程以 CO_2、CO 等形式向大气排放碳,形成重要的碳源。热带雨林是生产力和生物量最大的陆地生态系统,由于其巨大的净初级生产力(NPP),是全球 CO_2 循环除海洋外的一个最重要的碳源和碳汇。全球热带雨林的面积约为 5.4 亿 hm^2,占全球森林面积的 13.5%(FAO, 2015),但其净初级生产力却占全球陆地生产力的 32% ~ 43%(Field et al., 1998),其植被碳贮量占全球植被活体碳库的 46%(Dixon et al., 1994),土壤碳贮量占全球土壤碳库的 11% ~ 21%(Houghton, 2010)。近年来,随着全球大气 CO_2 浓度的持续升高,热带雨林在全球碳循环中的重要作用已引起了广泛关注(Malhi et al., 1999)。如何正确认识热带雨林生态系统的碳循环过程和变化规律,已成为全面认识热带雨林生态系统在全球碳平衡作用中的关键问题之一(赵双菊和张一平,2005)。

热带雨林生态系统的碳库主要包括森林生物量碳库、土壤有机碳库和枯落物碳库等。热带雨林因其生物量巨大而贮存了大量的有机碳;土壤作为植物根系生长发育和凋落物分解的主要载体,也贮存了大量的碳。热带雨林因其高温高湿的自然环境,其碳循环过程很快,一般在树干中是 6.4 ~ 6.8 年,在土壤中是 3 ~ 8 年,而在树冠和凋落物中分别为 0.92 ~ 1.5 年和 0.2 年(张洪波等,2001)。针对西双版纳地区热带季节雨林等典型森林的碳循环,国内外学者已经开展了长期的观测研究。

15.4.1 固碳作用及贮量分布

热带雨林具有巨大的碳固定能力,而生物量增量是贡献热带季节雨林生态系统净碳吸收的主要因子(Lugo and Brown, 1992;谭正洪,2011[①])。吕晓涛等(2006)对西双版纳热带季节雨林的碳贮量及其分配格局研究发现,西双版纳热带季节雨林生态系统的总碳贮量在 220.49 ~ 260.56 t·hm^{-2},其中植物生物量中的碳贮量为 128.10 ~ 180.46 t·hm^{-2},土壤为 80.10 ~ 81.85 t·hm^{-2},粗死木质残体为 5.708 t·hm^{-2},凋落物为 4.835 t·hm^{-2}。占总贮量的比例分别为植物活体部分

---

① 谭正洪 . 2011. 西双版纳热带季节雨林生态系统碳平衡研究 . 北京:中国科学院大学,博士学位论文 .

58.10%~69.30%、土壤 30.70%~37.12%、植物死体部分 4.78%。沙丽清（2008）[1]通过对比发现西双版纳热带季节雨林植物生物量中的碳贮量随海拔不同差异较大，海拔为 720 m 的热带季节雨林长期定位样地植物生物量中的碳贮量为 180.46 t·hm^{-2}，而邻近该定位样地但海拔更低的季节雨林生物量中的碳贮量为 346.30 t·hm^{-2}。

西双版纳热带季节雨林群落植物活体碳贮量的层次分配以乔木层占绝对优势（97.23%），其他层次所占的比例很小，层次分配的大小顺序为：乔木层 > 灌木层 > 木质藤本 > 草本层。在季节雨林乔木层中，碳贮量主要分布于大径级树木之中。乔木层的碳贮量随径级而变化，并在 30 cm<DBH ≤ 40 cm、70 cm<DBH ≤ 80 cm 及 DBH>100 cm 范围内形成三个碳贮量高峰。样地中 DBH>70 cm 的大树的个体数量虽然仅占乔木层个体总数的 0.68%，但其碳贮量高达 49.896 t·hm^{-2}，占群落乔木层总碳贮量的 40.06%。乔木层的总碳贮量集中分布于少数优势树种中，其中绒毛番龙眼（*Pometia tomentosa*）的碳贮量占乔木层 24.70%。正是由于这些大树的存在，使得热带季节雨林能够贮存大量的碳（吕晓涛等，2006）。

热带雨林土壤贮存着大量的碳。李红梅等（2004）发现西双版纳热带森林土壤碳贮量主要分布在表层的 0~20 cm，占总贮量 47.02%。表层各亚类土壤有机碳密度的变化范围在 2.12~25.88 kg·m^{-2}，表层各土壤亚类碳贮量所占比例在 22.74%~68.40%。Li 等（2015）通过结合土壤容重数据将具有一定历史转化关系的不同土地利用类型下的土壤参比深度（100 cm）进行了标准化，得到新的可参比深度 D$_{SR}$，然后进一步计算和比较西双版纳四种具有一定历史转化关系的土地利用类型（热带季节雨林、撂荒地、热带次生林和橡胶林）土壤碳贮量发现，热带季节雨林的土壤碳贮量为 157.8 t·hm^{-2}；撂荒地为 141.5 t·hm^{-2}，与热带季节雨林并无明显差异；热带次生林的土壤碳贮量为 235.5 t·hm^{-2}，明显高于热带季节雨林；而橡胶林的土壤碳贮量高达 223.4 t·hm^{-2}，同样明显高于热带季节雨林，而且与热带次生林接近。

15.4.2　碳循环中的归还作用

热带雨林碳循环中归还的物质形式是 CO_2 和 CH_4 及一些芳香烃化合物。归还途径主要有两种：一是生物的呼吸作用，它包括两个方面，即热带雨林植物自身的呼吸作用和经食物链消费者与分解者的呼吸作用；二是土地利用变化等过程引起的贮存碳的氧化或发酵释放，也包括碳燃料的燃烧和分解者的有氧和厌氧分解等。为了探讨西双版纳热带季节雨林植物自身的呼吸过程，宋清海等（2008）采用叶室法和涡度相关法分析了西双版纳热带季节雨林优势树种冠层及其叶片的光合和暗呼吸过程，发现热带季节雨林优势树种冠层最大净光合速率在 7.60~12.95 μmol·m^{-2}·s^{-1}，平均为 10.64 μmol·m^{-2}·s^{-1}，而暗呼吸速率为 1.14~5.52 μmol·m^{-2}·s^{-1}，平均为 2.85 μmol·m^{-2}·s^{-1}。严玉平（2006）[2]采用活体原位 CO_2 红外气体监测法对西双版纳热带季节雨林优势树种树干呼吸进行了为期 1 年的研究，发现季节雨林树干年平均呼吸速率在 0.823~2.727 μmol·m^{-2}·s^{-1}。树干南北方向差异不明显，但存在明显的季变化和日变化，雨季高于旱季；生长季呈双峰模式，午后呼吸为主高峰，午夜后还有一次高峰。

① 沙丽清. 2008. 西双版纳热带季节雨林、橡胶林及水稻田生态系统碳储量和土壤碳排放研究. 北京: 中国科学院大学, 博士学位论文.

② 严玉平. 2006. 西双版纳热带季节雨林、橡胶林土壤 CH_4、N_2O 通量及树干呼吸研究. 北京: 中国科学院大学, 硕士学位论文.

　　土壤呼吸（即土壤 CO_2 排放）作为碳归还的一个重要过程,是生态系统碳循环中的一个重要因子,也是陆地生态系统的第二大碳通量过程（Song et al., 2013）。在大多数陆地生态系统中,土壤呼吸的碳通量仅次于光合作用的碳通量（Davidson et al., 2002）。沙丽清等（2004）研究了西双版纳热带季节雨林土壤碳排放规律及土壤碳排放与温度和湿度等主要环境因子的相互关系发现,土壤呼吸速率年变化在 12 月至次年 2 月呼吸速率最低,7 月出现明显的呼吸高峰,4 月和10 月还分别存在两个小高峰。由于西双版纳热带季节雨林温度日变化不大,土壤呼吸速率日变化不明显。

　　虽然根系占总生物量的 10%～20%,但其生长量可占森林初级生产力的 50%～75%,其生长、死亡、分解和周转过程需要消耗 30%～50% 的初级生产力。为了探讨西双版纳热带季节雨林生态系统中根系呼吸对土壤呼吸的贡献,卢华正（2009）[①] 等采用"挖壕沟法＋红外气体分析法"进行了为期 1 年多的野外实验发现,根系呼吸对西双版纳热带季节雨林土壤呼吸的贡献率平均为29%,根系呼吸贡献率波动范围较大,为 6%～51%。

　　为了进一步了解和探讨复杂地形条件下土壤呼吸特征,准确把握生态系统的碳平衡,Song等（2013）通过利用西双版纳 20 hm^2 热带季节雨林动态样地,随机设置 151 个样点进行了雨季和旱季热带季节雨林土壤呼吸过程的对比研究,发现土壤呼吸的变化及其环境控制因子等在不同地形条件、不同季节均具有明显的异质性。热带季节雨林的土壤呼吸空间分布为偏态分布（对数正态）,产生偏态分布的主要因子是土壤呼吸存在呼吸热点。良好的土壤水分条件可能是产生土壤呼吸热点的主要原因（谭正洪,2011）,而热带季节雨林林下常见的白蚁堆不能解释该研究中土壤呼吸热点的问题（谭正洪,2011;Song et al., 2013）。

15.4.3　碳循环的影响因素

　　影响热带雨林碳循环的不同因素将调节碳素的输入和输出过程,并最终影响整个系统的碳循环（沙丽清,2008）。影响西双版纳热带雨林碳循环的因素主要包括碳通量的时间动态、凋落物输入和分解、水文过程、人类活动等。

　　（1）碳通量的时间动态

　　西双版纳热带季节雨林碳通量具有明显的季节性碳源/碳汇转换过程（张一平等,2005;张雷明等,2006）。张一平等（2005）发现,西双版纳热带季节雨林林冠上方碳通量旱季（11 月至次年 4 月）为负值,呈现碳汇效应,而雨季（5 月—10 月）多为正值,表现出弱碳源效应。这主要是由于西双版纳地区在雨季时降水量较大,光合有效辐射不足所致（张雷明等,2006）。西双版纳热带季节雨林林冠上方碳通量在不同季节呈现不同的汇/源效应,一年内的整体表现为碳汇效应（张一平等,2005）。

　　西双版纳热带季节雨林还存在季节性变化的"碳湖"现象。"碳湖"在 4 月—9 月出现频率较高（>63.0%）,6 月最强（82.8%）,2 月最弱（19.3%）。西双版纳热带季节雨林的"碳湖"深度可达 20 m。CO_2 分布特征为坡下高于坡上,最大 CO_2 堆积浓度出现在坡下方较缓位置,堆积浓度以 6 月最高,3 月最低。热量条件是影响 11—12 月（雾凉季）、3—4 月（干热季）、9—10 月（雨季后期）"碳湖"的主要气象条件。水分条件是影响 6—7 月（雨季前期）"碳湖"的主要气象条

[①]　卢华正.2009.西双版纳热带季节雨林和橡胶林根系呼吸对土壤呼吸的贡献率.北京:中国科学院大学,硕士学位论文.

件（姚玉刚，2011）。

热带季节雨林碳通量具有明显的昼夜变化特征。在林冠上方，昼间碳通量值为负，绝对值数值较大，呈现碳汇效应；夜间多为正值，呈现碳源效应。西双版纳热带季节雨林的夜间净 CO_2 交换过程还存在较大的不确定性，在干热季和雾凉季前半夜数值较大。在林内近地层，各季节的碳通量基本上为正值，昼间数值较大，显示了林内 CO_2 多是向上传递，其效应雨季明显大于旱季（赵双菊，2005）[①]。

（2）凋落物输入和分解

森林生态系统凋落物的输入是森林生态系统碳、氮回归的主要形式之一，在森林生态系统碳循环以及养分循环中发挥着关键作用。为掌握西双版纳不同热带森林生态系统中凋落物的产生及其分解过程，Tang 等（2010）以西双版纳热带季节雨林、热带次生林和多层多种的人工橡胶林为研究对象，通过长达 10 年的定位监测发现，热带次生林的年平均凋落物量最高，热带季节雨林和人工橡胶林的年平均凋落物量无显著差异，但两者均显著地低于热带次生林。凋落物的年平均分解速率以次生林最快，热带季节雨林次之，人工橡胶林最慢。

地表凋落物分解后，土壤可能是其碳、氮等分解产物的重要贮存或周转的库。因此凋落物分解过程必然对土壤可溶性有机碳和可溶性有机氮动态具有直接或间接的影响。为明确热带森林凋落物分解过程中土壤可溶性有机碳和可溶性有机氮的动态及决定因子，Zhou 等（2015）通过对西双版纳热带雨林凋落物分解过程中的凋落物和土壤的理化性状以及气候因子的动态进行长期野外原位连续观测，发现表层土壤可溶性有机碳动态的主控因子是凋落物输入的总碳量，而可溶性有机氮动态的主控因子是凋落物输入的半分解纤维素的量。

（3）水文过程

热带雨林内通过凋落物的分解和淋溶进入土壤层和水体的碳素以及其他营养物质，可以通过微生物快速再利用。然而，尚有大量的碳被流水带出本系统之外，这是一个不可忽视的碳循环过程（Lugo and Brown，1992）。为明确源头溪流在区域的碳平衡中的作用、不同碳组分的动态及其贡献，Zhou 等（2013）通过对西双版纳热带季节雨林集水区溪流水不同形态碳的长期观察，结合版纳站的水文资料，发现由于不同形态碳组分的碳源输入的季节性波动，导致热带雨林生态系统不同形态碳组分对溪流水水量和溪流水水温的响应存在差异；而碳源和水量对不同形态碳组分的影响以及不同形态碳组分的分配特征决定了各形态碳组分在热带森林生态系统碳平衡中的地位。

西双版纳热带雨林表现出高度的水分敏感性，水分既通过热带季节雨林生态系统集中换叶的方式间接影响生态系统的碳水交换，也可以通过影响气孔导度等生理过程直接影响碳水交换（谭正洪，2011）。通过对西双版纳热带季节雨林生态系统碳平衡的研究发现，水分条件的季节差异既是导致热带季节雨林碳通量形成独特季节动态（4—8 月热带季节雨林生态系统为碳源；9 月至次年 3 月为碳汇）的主要原因，也是调节热带季节雨林生态系统碳水交换年间动态的主控因子（谭正洪，2011）。

水文过程输送的可溶性有机碳（dissolved organic carbon，DOC）是森林生态系统较为活跃的碳存在形态，参与了森林生态系统碳循环的各过程，进而对森林生态系统碳排放与碳固存有显

---

① 赵双菊．2005．西双版纳热带季节雨林碳通量特征研究．北京：中国科学院大学，硕士学位论文．

著影响。西双版纳热带雨林表层土壤为 DOC 的汇,截留了自凋落物层输送 DOC 的 94.4%;穿透雨与凋落物淋洗液输送的 DOC 量分别相当于热带雨林净生态系统碳交换量(NEE)的 6.81% 和 7.23%,表明穿透雨是热带雨林水文过程输送到土壤的 DOC 主要源;土壤和水文过程输送的 DOC、植物的 ^{13}C 同位素丰度特征证明了水文过程输送的 DOC 对地表碳排放具有直接的作用;热带雨林地表碳通量对水文过程输送的 DOC 通量的敏感性,显著高于对温度和土壤湿度的敏感性(Zhou et al., 2016)。

(4)人类活动

在由人类活动驱动的土地利用变化影响下,西双版纳地区的植被碳贮量总体呈下降趋势(李红梅,2005)[①]。西双版纳热带季节雨林面积在 1976—2003 年减少 1.4×10^5 hm^2,占西双版纳热带季节雨林总面积的 67%(Li et al., 2007),而植被碳贮量在 1988—2003 年共减少了 9.57×10^6 t(李红梅,2005)。由于热带雨林具有较高的单位净初级生产力,因此,破坏后的热带雨林如果通过科学合理的管理或人工植被恢复,构建热带人工林和热带自然次生林,也可以促进碳的净积累,可成为潜在的碳汇(Li et al., 2015)。如农田的弃耕还林可使土壤有机碳年积累率高达 2×10^6 g·hm^{-2}(Brown and Lugo, 1990)。在西双版纳地区开展的对比研究也表明热带人工林和热带自然次生林的土壤碳累积能力甚至可以超过处于顶极演替阶段的原生热带季节雨林(Li et al., 2015)。

15.4.4　碳循环对气候变化的响应

伴随全球变暖,极端气候事件呈现频发趋势,特别是干旱事件发生的频率和强度都有明显增加。云南省在 2009—2010 年发生了秋—冬—春连旱,是云南省有气象记录以来同期最严重的干旱事件(Zhang et al., 2015)。在全球气候变化的大背景下,西双版纳热带雨林地区近几十年的气候也发生了明显变化。根据版纳站 1954—2008 年气象观测数据,西双版纳热带雨林地区呈现温度升高,降水量减少,相对湿度降低的趋势,即西双版纳地区气候有向干热型转变的趋势(刘文杰和李红梅,1996;马友鑫等,2000;李红梅,2004;何云玲等,2007;Li et al., 2015)。

土壤呼吸是森林生态系统碳循环的重要组成部分之一,由全球变化导致极小土壤呼吸变化,其产生的大气中 CO_2 增加可以与每年由于化石燃料燃烧产生的 CO_2 量相提并论(Jenkinson et al., 1992;Raich and Schlesinger, 1992;沙丽清等,2004)。若干旱导致土壤呼吸等碳排放减少,则会在一定程度上减缓全球变暖;相反,若干旱导致土壤呼吸增加,则会形成正反馈,加剧全球变暖。为了探究在未来降水减少对西双版纳热带季节雨林土壤呼吸、细根生物量、生长量、细根分解及周转和凋落物分解过程的影响,董丽媛(2012)[②]通过设置人工水分控制实验发现,穿透水减少后热带季节雨林土壤呼吸作用增强,土壤将会向大气中释放更多的 CO_2,土壤则有可能会由碳库转变为碳源;穿透水减少还会导致 0~10 cm 土层活细根生物量显著降低,死细根生物量增加,凋落物分解速率减慢,影响碳的周转。西双版纳地区气候干热化的趋势可能引起本地区热带森林土壤有机碳的流失(李红梅,2004)。气候变化还能通过间接影响热带雨林生态系统其他的过程来影响碳循环过程,例如,Liu 等(2014)

---

① 李红梅.2005.西双版纳地区土地覆被变化对植被碳贮量影响研究.北京:中国科学院大学,硕士学位论文.

② 董丽媛.2012.穿透水减少对西双版纳热带雨林土壤呼吸、凋落物分解和细根生物量及周转的影响.北京:中国科学院大学,硕士学位论文.

研究发现,干旱将改变土壤动物的数量和群落结构,影响蜘蛛对凋落物分解速率的级联效应。

15.5　热带雨林生态系统的水文过程

西双版纳热带雨林地处热带北缘,且有显著季相变化,水文过程与其他气候带的森林生态系统相比有显著差异(Zhu, 1990, 1992;张一平等, 2003)。西双版纳热带雨林 1959—2003 年年平均降水量为 1492.9 ~ 1555.1 mm(西双版纳热带森林生态研究组, 2002;王馨和张一平, 2005), 45% 的年份(1959—2006 年)为平水年(高富等, 2011)。西双版纳热带季节雨林集水区年径流量为 368 mm,雨季径流量为 300 mm,占全年径流量的 81.5%,径流量与降水呈显著正相关关系[①]。径流过程表现为,总径流深年间差异明显,与降水量年间变化趋势相比,具有滞后现象,而地表径流深年间差异不明显,水量比较稳定,径流指数为 0.322(高富等, 2009),高于当地橡胶林(0.235)(周文君等, 2011)。热带雨林可以吸收大部分降水形成壤中流,从而阻止形成地表径流,而橡胶林在降水后快速形成地表径流。热带雨林可以有效长时间保存各种形式输入的水,雨水可以在热带雨林中存留 341 天,而在橡胶林中只能存留 193 天(Liu et al., 2011)。

林冠层是森林水分输入过程的开始,林冠截留量是对输入森林生态系统水分调节的起点(程根伟等, 2004;王馨等, 2006;周文君, 2013)。1996—2001 年观测结果显示:热带季节雨林林冠年平均截留为 660.6 mm,远超过当地同期橡胶林林冠截留量(393.5 mm),分别占同期降水量的 41.43% 和 24.68%;林冠截留率随郁闭度的增加而增大;林冠截留降水后,附生植物、大型藤本、板根、不定根等热带雨林特有现象又对水量和降水输入的化学元素进行分配(张一平等, 2003)。

树干径流是森林林冠层内水分分配的重要组成部分(张一平等, 2003)。虽然西双版纳热带季节雨林年均树干径流量仅占降水量的 5.24%,甚至小于同期当地橡胶林年均树干径流量(104.1 mm),但其携带养分元素浓度很高,对树木生长起着相当重要的作用(张一平等, 2003;周择福等, 2004)。

穿透雨和林冠截留同时发生,穿透雨随截留量增大而减少,受植被类型、郁闭度、降水强度、降水量等多种因素的影响(王金叶等, 2008)。1996—2003 年西双版纳热带季节雨林年平均穿透雨量 853.2 ~ 919.5 mm,占同期降水总量的 53.74% ~ 56.4%,小于当地同时橡胶林穿透雨量(1076.9 ~ 1096.8 mm;66.2% ~ 67.85%)(王馨和张一平, 2005)。西双版纳热带季节雨林年均穿透雨量占总降水量的百分比远低于当地橡胶林(周文君, 2013)。

森林凋落物水文过程是森林生态水文过程的重要组成部分(王金叶等, 2008;Breure et al., 2012)。降水经过森林林冠截留进入凋落物及土壤层,凋落物表面能减缓降水的冲击,具有明显的截持降水、调节径流和维持土壤结构的功能,使其成为调节森林水分分配的第二作用层(Song et al., 2012;胡晓聪等, 2016;Liu et al., 2017),并且枯落物在化解雨滴溅蚀力、消减水土流失的过程中发挥着重要作用(Liu et al., 2017)。西双版纳热带雨林凋落物有效拦蓄能力为 7.06 ~

---

① 周文君 . 2013. 热带季节雨林生态系统小流域内水输送的碳通量研究 . 北京:中国科学院大学,博士学位论文 .

27.37 t·hm^{-2},最大持水率为124.2%(胡晓聪等,2016)。我国其他地区研究发现枯枝落叶持水可达自重的2~4倍,最大持水率平均为309.54%(王金叶等,2008),可能是因为西双版纳热带雨林温暖、潮湿、土壤动物丰富,凋落物分解速率较快,凋落物地表现存量较少(Yang and Chen,2009;胡晓聪等,2016)。

土壤水是森林生态水文过程中最重要的环节,土壤层水分运输受自身物理结构和水文特征影响(王金叶等,2008)。西双版纳热带雨林土壤质量含水量在20.9%左右,土壤含水量与降水量、地温、相对湿度、气温均显著相关(高举明,2008)。壤中流是坡地径流的重要组成部分,对流域径流产生、养分流失等都有直接影响(Anderson and Mcdonnell,2005)。西双版纳热带雨林壤中流仅在雨季产生,表层土壤对上级凋落物淋溶水文过程的截留率高(周文君,2013)。土壤层水分运输还受到土壤水分蒸散的影响,包括土壤蒸发、植物蒸腾、地被物蒸发、植物截留的蒸发等(刘文杰等,2006)。热带雨林在雨水偏多的2002年和雨水偏少的2003年的蒸发散分别为1186 mm和987 mm,明显低于世界其他热带雨林的蒸发散值(刘文杰等,2005)。2003—2006年在干热季西双版纳热带雨林蒸散主要由可利用性土壤水分含量决定,在雨季前期主要受控于森林叶面积指数,在雨季中期和雾凉季天气条件起主导作用(Li et al.,2010)。

雾在西双版纳热带雨林的旱季成为植被利用水分的另一个重要来源(Liu et al.,2004;高富等,2011;Fu et al.,2016)。热带季节雨林林冠最上层是雾形成的重要层,林下雾是由上层雾变浓下沉而来,雨林内平均全年雾日数可达258天,频繁、持久的辐射雾为季节雨林带来了额外的水分(89.4 mm·年$^{-1}$)和养分(占全年的10%~25%)输入(刘文杰等,2004;Liu et al.,2004,2010),且86%的雾水发生在旱季。热带雨林木本植物在干季对雾水均有一定的利用,雾水占植物木质部的比例为15.7%~41.1%(Fu et al.,2016)。在雨水极其稀少的雾凉季(11月至次年2月)和干热季(3—4月),为应对水源短缺,雨林林冠半附生的斜叶榕表现出较高的可塑性,吸收来自最近沉降后被林冠腐殖质截留的雨水(82%~89%)和雾水(11%~18%)(Liu et al.,2014)。浓雾不仅在旱季带来了必要的水分,还减弱了冬季低温强度,对森林起到了一定的保温作用,为热带雨林植物度过热量偏低、水分不足的冬季创造了有利条件(刘文杰等,2004;Liu et al.,2004,2010)。

15.6 西双版纳热带雨林生态系统的管理

15.6.1 西双版纳热带雨林生态系统利用与示范模式

西双版纳地区位于亚洲热带雨林区的北缘,生物多样性极其丰富(Zhu,1990,1992)。尽管西双版纳仅占我国国土面积的0.2%,但却有着全国16%的植物物种和23%的动物物种(Zhang and Cao,1995;Cao and Zhang,1997)。随着社会经济的快速发展、人口的剧增,人类对森林资源的需求量也在增加。砍伐木材、采集森林产品、农业垦殖、工程建设等都对森林造成了巨大破坏,传统刀耕火种的农业方式也对西双版纳热带雨林的保护造成了巨大压力(Cao and Zhang,1996)。由于2000年以来天然橡胶价格走高,使得西双版纳的橡胶种植面积快速增加,导致当地热带森林的面积急剧减少和严重的片段化。从1988年和2003年的遥感资料对比来看,有

25.42% 的天然林转变成了橡胶林,有 16.68% 转变成了灌木林,现存的天然林正在逐步被橡胶林、灌木林和果园等蚕食(刘文俊等,2005),自然森林覆盖率从 1976 年的 69% 减少为 2007 年的 43.6%(李增加等,2008),从而导致西双版纳热带森林作为碳库的功能也大大降低(Li et al.,2008)。残余的热带雨林(约 4 万 hm²)仅有一半多些位于保护区范围内,其余被分割为大量不连续的森林片段(覃凤飞等,2003)。

　　针对西双版纳地区热带雨林减少和生物多样性丧失,中国科学院西双版纳热带植物园(以下简称"版纳园")长期致力于西双版纳地区的自然保护工作,经过近 60 年的努力,尤其是 1999 年开展万种植物园项目、2004 年热带稀有濒危植物迁地保护中心建设及 2012 年物种零灭绝计划实施以来,版纳园共收集植物 1 万余种,为热区植物保护工作做出了巨大贡献。版纳园在老一辈科学家蔡希陶、吴征镒、曲仲湘、朱彦臣等的指导下,从 1962 年开始在版纳园的橡胶园内套种木奶果及催吐萝芙木,开展人工复合生态系统的构建工作,于 20 世纪 70 年代至 90 年代陆续种植 84 科、176 属,共计 216 种经济植物,1992 年起停止一切人为管理措施,至 2007 年该实验样地仍存有 58 科、98 属、107 种植物,群落外貌接近自然雨林生态系统(冯耀宗,2007),该实验的结果和经验对目前西双版纳地区热带雨林的恢复工作具有重要的指导意义。另外,在版纳园开展的人工控制实验证明,土壤种子库迁播技术能够提高木本植物种子的可利用性,加速植被恢复过程,将次生林下表土迁播至柚子园废弃地后,大量的先锋木本植物在雨季萌发成苗并参与到植被恢复过程中,促进了样地中的植被从草本群落向木本群落的转变[①]。

　　目前西双版纳的热带雨林管理与保护主要依托西双版纳国家级自然保护区的管护,在保护区内的季节雨林、山地雨林、半常绿季雨林、石灰山季雨林的面积分别为 6359 hm²、3182 hm²、6417 hm²、3138 hm²,合计 19096 hm²,仅占保护区总面积的 7.9%(王战强和熊云翔,2006)。即使是这不足 2 万 hm² 的热带雨林也面临着诸多威胁,保护区内及周边社区经济发展滞后,生物多样性依然遭受多方面的威胁,人和野生动物的矛盾愈发突出,森林片段化倾向严重,管理水平有待提高。针对严峻的热带雨林保护形势,保护区制定管理规划和法制建设、保护生境和物种、巡护管理、社区参与共管等主要管理与保护措施。

　　1983—2005 年依据保护区建设目标开展保护区总体规划和阶段性管理计划的编制共计四次,明确了保护区的长远和宏观发展方向、目标与措施。在国家和云南省的相关法律框架下,总结保护区管理实践中取得的经验,制定了《云南省西双版纳傣族自治州自然保护区管理条例》《云南省西双版纳傣族自治州森林资源保护条例》,1997 年西双版纳傣族自治州人民政府颁布了全州"长期禁猎"和"收缴枪支"的通告。2000 年保护区管护局制定了"西双版纳自然保护区资源管理巡护制度",强化了保护区管理与执法的严肃性、权威性,有效震慑非法盗猎、盗伐、开荒等活动。通过构建多样化的社区共管组织形式,最大程度调动当地社区群众参与生态环境保护,积极协调资源开发和生态保护的矛盾,处理好野生动物肇事赔付,促进自然生态系统与人类社会可持续发展(吴兆录,2008)。

15.6.2　西双版纳热带雨林生态系统经营管理存在的问题

　　西双版纳国家级自然保护区建立以来,各项保护措施的建立和实施取得了显著成效,但是也

---

① 陈辉. 2011. 西双版纳柚子园废弃地植被恢复实验研究. 北京:中国科学院大学,博士学位论文.

存在着大量的问题。

（1）保护区内人类活动剧烈。西双版纳自然保护区内土地利用变化的最大驱动因素是人类活动。根据《西双版纳国家级自然保护区总体规划（2005—2015）》记载，西双版纳国家级自然保护区范围内有 122 个村寨，周边涉及 138 个村寨，涉及社区人口 48129 人，其中保护区内 18415 人，周边社区 29714 人，合计有近 5 万人口生活在西双版纳国家级自然保护区内及周边。其中，人类活动频繁区域主要集中在版纳保护区成立前即存在的社区生产生活用地以及集体所有的 35792 hm² 范围内，保护区与社区林权交织情况复杂，林权管理困难（杨宇明和唐芳林，2008）。

（2）保护区内天然林覆盖度明显减少。西双版纳国家级自然保护区成立之初，社区群众世代耕种的土地就零星分布在保护区当中。保护区林权划定时，为保障保护区的完整性和统一性，该类土地划定在保护区的林权范围内，因当时特定的历史原因，这类土地由社区群众一直耕种使用至今。随着社会经济的发展，农户世代耕种的这类土地大部分由原来的短期经济作物改种植为橡胶、茶叶等长期经济作物。保护区二期总规划中，保护区总面积 278302 hm²，由两部分组成：一是保护区林权证范围的 242510 hm² 面积［含天然林 225388 hm²，人工林（经济林）1001 hm²，灌木林地 5700 hm²，无林地 5896 hm²，农地 4322 hm²，道路、村庄水域等其他用地 203 hm²］；二是保护区周界以内分布的集体所有的 35792 hm² 面积［含天然林 13554 hm²，人工林（经济林）2748 hm²，灌木林地 1449 hm²，无林地 604 hm²，农地 17147 hm²，其他用地 290 hm²］（杨宇明和唐芳林，2008）。由此可见，保护区林权内及周边存在大量的农地、经济林地、道路、村庄、水域等用地。

（3）大量非重点保护物种数量减少。由于土地利用覆盖剧烈变化，天然林覆盖度减少，且大量天然林片段化，必然导致大量物种的生境质量下降，甚至丧失。再者，世居少数民族同胞固有狩猎传统，如基诺族、拉祜族等民族在新中国成立前尚处于原始狩猎采集部落阶段，其生活习惯尚在逐步改变中（王战强和熊云翔，2006）。最后，社会上风行的炫耀性、猎奇性消费野生动物的巨大需求，也严重加剧了保护区非重点保护动物的保护难度。

（4）旗舰物种数量稳中有升。西双版纳国家级自然保护区内的旗舰物种望天树监测数据表明其幼苗种群正处于动态平衡中，亚洲象种群数量逐步增长。然而，望天树被分割在大小不一的 22 块片段化斑块内，部分望天树林被农地包围，斑块间的基因交流受阻。近年来亚洲象与人类冲突逐步恶化升级，1991—2010 年有 201 人受到大象攻击，其中 30 人死亡。野生亚洲象的主要食物源为竹林、野芭蕉及热带高草灌丛，人象冲突主要是由于人类活动引起的（陈明勇，2008）。一方面是人类活动强度增加，导致大量本来连接的生境片段化，使得象群难以迁徙；另一方面将原有刀耕火种轮耕地全部转化成了长期作物，压缩了大象的生存空间和食物源；再者保护区内执行严格的国有天然林保护政策，导致大量原有的次生植被演替为森林，造成象群食物源进一步匮乏。由于野外自然食物源的匮乏，亚洲象开始转向取食人类种植的农作物，尤其是甘蔗、玉米等，这加剧了亚洲象肇事事件发生的概率（陈明勇等，2006）。

（5）人类自身的发展与管理。人类自身是西双版纳自然保护工作中最不能忽视的问题。人类既是自然的保护者，又是自然的开发者，西双版纳国家级自然保护区建立初期保护范围内及周边仅有居民点 16 个和 23 个，随着原有居民的增加、分化以及外来人口的迁入，1995 年居民点分别增加到了 56 个和 49 个。保护区内移民居民点占 52%，原有居民分化占 43%，原有居民点仅占 5%（吴兆录，2008）。人口发展的压力加之粗放式的经济发展模式导致人均开发土地的面积巨大，保护区大界线范围内的非天然植被区共计 33762.76 hm²，而保护区内人口仅 18415 人，人均开发土地面积达 27.5 亩。

15.6.3　西双版纳热带雨林生态系统经营管理的建议

鉴于目前西双版纳热带雨林的主要管理与保护单位为自然保护区管护局，其各项保护措施的建立、实施，取得了显著成效，但是也存在许多问题。现针对这些问题，提出如下建议：

（1）摸清家底，登记造册。汇聚多方力量，联合国土、林业、交通、住建、农业、乡镇政府及相关科研机构共同建立保护区内土地、植被、重点物种、社区、人员、作物、道路等的动态监测及数据库，为保护区内其他工作的开展打下坚实的基础。

（2）守土有则。通过改进工作方法、增加科技含量，提高保护区土地确权和土地执法的精度和效率，与地方政府积极沟通，结合国土普查、土地确权换证等工作，利用高精度卫星影像、地面标识物、无人机巡护、高精度 GPS 等技术逐步完善土地确权、界限巡护工作。

（3）护林有方。在土地确权的基础上，结合社区共管、地面巡护、资源卫星监控、无人机巡护等多种技术手段，做到精确快速甄别林地变化。

（4）打击非法采伐狩猎，保护森林物种。长期坚持广泛宣传，开展科普教育、普法教育，宣传生态文明建设；深入推进缉枪治爆工作，收缴非法枪支弹药，坚持严厉打击涉枪涉爆的非法狩猎活动。

（5）科学管理，保障物种生境和栖息地安全。尽量避免简单封山育林的工作方法，在全面保护森林生态系统的前提下，协调配置各种生境，在有条件的前提下试验性维持部分次生森林、高草灌木、草丛、湿地等，创造适宜多物种共同生存繁衍的栖息地。

（6）社区管理。在建立保护区内土地、植被、重点物种、社区、人员、作物、道路等的动态监测及数据库的基础上，构建精准保护体系，通过对人员活动及其活动后果的动态监测，逐步反馈给当地政府及相关管理部门，通过定向宣传教育及发展激励措施逐步纠正保护区及周边的人类活动行为。

（7）转变发展思路，加快市场化进程。积极引导保护区内及周边社区因地制宜，发挥本地优势，通过试验示范发展模式引导其他乡村转变发展思路，尽量在不破坏原有天然植被的前提下，通过发展特色高价值农产品、生态旅游、劳动密集型加工等方式，积极引导保护区内的居民点进行新农村与美丽乡村建设。加快市场化进程，通过政策调控和市场配置，充分发挥土地价值，将粗放型低附加值的土地生产模式转变为绿色可持续的高附加值经营模式。

参 考 文 献

陈步峰，林明献，曾庆波，等 . 1998. 尖峰岭热带林集水区一组水质背景值及水质生态效应 . 林业科学研究，11（3）：231–236.

陈灵芝，孙航，郭柯 . 2015. 中国植物区系与植被地理 . 北京：科学出版社 .

陈明勇 . 2008. 中国野象 . 昆明：云南科技出版社 .

陈明勇,吴兆录,董永华,等.2006.中国亚洲象研究.北京:科学出版社.

程根伟,余新晓,赵玉涛.2004.山地森林生态系统水文循环与数学模拟.北京:科学出版社.

冯利民,张立.2005.云南西双版纳尚勇保护区亚洲象对栖息地的选择.兽类学报,25(3):229-236.

冯耀宗.2007.人工群落.昆明:云南科技出版社.

高富,周文君,张一平.2011.日雨量数据估算西双版纳勐仑区域降雨侵蚀力动态.黑龙江农业科学,12:56-60.

高富,张一平,刘文杰,等.2009.西双版纳热带季节雨林集水区基流特征.生态学杂志,28(10):1949-1955.

高举明.2008.热带季节雨林地温和土壤含水量变化特征及其对林内近地层 CO_2 浓度影响研究.北京:中国科学院大学,硕士学位论文.

何云玲,张一平,杨小波.2007.中国内陆热带地区近40年气候变化特征.地理科学,27(4):499-505.

胡晓聪,黄乾亮,金亮.2016.西双版纳热带山地雨林枯落物及其土壤水文功能.应用生态学报,28(1):55-63.

胡学平,王式功,许平平,等.2014.2009—2013年中国西南地区连续干旱的成因分析.气象,40(10):1216-1229.

胡跃华,曹敏,林露湘.2010.西双版纳热带季节雨林的树木组成和群落结构动态.生态学报,30(4):949-957.

黄玉仁,沈鹰,黄玉生,等.2001.城市化对西双版纳辐射雾的影响.高原气象,20(2):186-190.

金振洲.1983.论云南热带雨林和季雨林的基本特征.云南大学学报,1-2:197-207.

金振洲,欧晓昆.1997.西双版纳热带雨林植被的植物群落类型多样性特征.云南植物研究,4(增刊):1-30.

兰国玉,胡跃华,曹敏,等.2008.西双版纳热带森林动态监测样地——树种组成与空间分布格局.植物生态学报,32(2):287-298.

李红梅.2004.西双版纳勐仑地区40余年气候变化.气象,27(10):20-24.

李红梅,马友鑫,郭宗峰,等.2004.西双版纳土壤有机碳储量及空间分布特征.推进气象科技创新加快气象事业发展——中国气象学会2004年年会论文集(下册),3(1):466.

李延辉,裴盛基,许再富.1996.西双版纳高等植物名录.昆明:云南民族出版社.

李增加,马友鑫,李红梅,等.2008.西双版纳土地利用/覆盖变化与地形的关系.植物生态学报,32(5):1091-1103.

刘东升,张新时,袁宝印.1998.高原隆起对周边地区的影响.见:孙鸿烈,郑度.青藏高原形成演化与发展.广州:广东科技出版社.

刘文杰,李红梅.1996.勐仑地区气候特征、变化趋势及对热带作物的影响.热带植物研究,38:16-22.

刘文杰,李红梅,张一平,等.2005.热带季节雨林土壤蒸发的稳定性同位素分析.中国气象学会2005年年会论文集,4934-4944.

刘文杰,李鹏菊,李红梅,等.2006.西双版纳热带季节雨林林下土壤蒸发的稳定性同位素分析.生态学报,26(5):1303-1311.

刘文杰,张一平,李红梅,等.2004.西双版纳热带季节雨林内雾特征研究.植物生态学报,28(2):264-270.

刘文俊,马友鑫,胡华斌,等.2005.滇南热带雨林区土地利用/覆盖变化分析——以西双版纳勐仑地区为例.山地学报,23(1):71-79.

吕晓涛,唐建维,于贵瑞,等.2006.西双版纳热带季节雨林的C贮量及其分配格局.山地学报,24(3):277-283.

马友鑫,郭萍,张一平,等.2000.西双版纳地区气候变化与森林片断化.生物多样性保护与区域可持续发展——第四届全国生物多样性保护与持续利用研讨会论文集,46:262-269.

潘浴生,孔祥儒,熊绍柏,等.1998.高原岩石圈结构、演化和动力学.见:孙鸿烈,郑度.青藏高原形成演化与发展.广州:广东科技出版社.

沙丽清,郑征,唐建维,等.2004.西双版纳热带季节雨林的土壤呼吸研究.中国科学(D辑:地球科学),34(增刊Ⅱ):167-174.

施雅风,李吉均,李炳元,等.1999.晚新生代青藏高原的隆升与东亚环境变化.地理学报,54(1):10-21.

宋清海,张一平,于贵瑞,等.2008.热带季节雨林优势树种叶片和冠层尺度二氧化碳交换特征.应用生态学报,19(4):723-728.

孙朝阳,邵全琴,刘纪远,等.2011.城市扩展影响下的气象观测和气温变化特征分析.气候与环境研究,16(3):337-346.

覃凤飞,安树青,卓元午,等.2003.景观片碎化对植物种群的影响.生态学杂志,22(3):43-48.

谭应中,高锡帅,黄文龙,等.2002.西双版纳州低温寒害基本特征及减灾对策.中国农业气象,23(2):44-48.

王金叶,于澎涛,王彦辉,等.2008.森林生态水文过程研究.北京:科学出版社.

王馨,张一平.2005.西双版纳勐仑地区降雨特征及变化趋势分析.热带气象学报,21(6):658-664.

王馨,张一平,刘文杰.2006.Gash模型在热带季节雨林林冠截留研究中的应用.生态学报,26(3):722-729.

王战强,熊云翔.2006.西双版纳国家级自然保护区.昆明:云南教育出版社.

吴兆录.2008.西双版纳国家级自然保护区管理成效评价.北京:科学出版社.

吴征镒.1980.中国植被.北京:科学出版社.

吴征镒.1987.云南植被.北京:科学出版社.

西双版纳热带森林生态研究组.2002.西双版纳勐仑地区气候特征.热带植物研究,47:62-65.

杨宇明,唐芳林.2008.西双版纳国家级自然保护区总体规划研究.北京:科学出版社.

袁媛,高辉,贾小龙,等.2016.2014—2016年超强厄尔尼诺事件的气候影响.气象,42(2):532-539.

张洪波,管东生,郑淑颖.2001.热带雨林的碳循环及其意义.热带地理,21(2):178-182.

张雷明,于贵瑞,孙晓敏,等.2006.中国东部森林样带典型生态系统碳收支的季节变化.中国科学(D辑:地球科学),36(增刊I):45-59.

张立,王宁,王宇宁,等.2003.云南思茅亚洲象对栖息地的选择与利用.兽类学报,23(3):185-192.

中国科学院中国植被图编辑委员会.2007.中国植被及其地理格局:中华人民共和国植被图(1:1000000)说明书.北京:地质出版社.

张一平,王馨,王玉杰,等.2003.西双版纳地区热带季节雨林与橡胶林林冠水文效应比较研究.生态学报,23(12):2653-2665.

赵双菊,张一平.2005.热带森林碳通量研究综述.南京林业大学学报(自然科学版),29(4):96-100.

周文君,张一平,沙丽清,等.2011.西双版纳人工橡胶林集水区径流特征.水土保持学报,25(4):54-68.

周择福,张光灿,刘霞,等.2004.树干茎流研究方法及其述评.水土保持学报,18(3):137-140.

朱华,王洪,李保贵,等.2015.西双版纳森林植被研究.植物科学学报,33(5):641-726.

朱华,王洪,李保贵.2004.滇南勐宋热带山地雨林的物种多样性与生态学特征.植物生态学报,28(3):351-360.

Anderson M G, Mcdonnell J J. 2005. Encyclopedia of Hdrological Sciences. Chichester: John Wiley & Sons.

Balling R C, Skindlov J A, Phillips D H. 1990. The impact of increasing summer mean temperatures on extreme maximum and minimum temperatures in Phoenix, Arizona. Journal of Climate, 3: 1491-1494.

Bartlett M K, Zhang Y, Yang J, et al. 2016. Drought tolerance as a driver of tropical forest assembly: Resolving spatial signatures for multiple processes. Ecology, 97: 503-514.

Breure A M, De Deyn G B, Dominati E, et al. 2012. Ecosystem services: A useful concept for soilpolicy making. Current Opinion in Environmental Sustainability, 4: 578-585.

Brown S, Lugo A E. 1990. Effects of forest clearing and succession on the carbon and nitrogen content of soil in Puerto Rico and US Virgin Islands. Plant and Soil, 124: 53-64.

Cao M, Zhang J. 1996. An ecological perspective on shifting cultivation in Xishuangbanna, SW China. Wallaceana, 78: 21-27.

Cao M, Zhang J H. 1997. Tree species diversity of tropical forest vegetation in Xishuangbanna, SW China. Biodiversity and Conservation, 6: 995-1006.

Cao M, Zhang J, Feng Z, et al. 1996. Tree species composition of a seasonal rain forest in Xishuangbanna, Southwest China. Tropical Ecology, 37: 183-192.

Cao M, Zou X, Warren M, et al. 2006. Tropical forests of Xishuangbanna, China. Biotropica, 38: 306-309.

Davidson E A, Savage K, Verchot L V, et al. 2002. Minimizing artifacts and biases in chamber-based measurements of soil respiration. Agricultural and Forest Meteorology, 113: 21–37.

Dixon R K, Brown S, Houghton R A, et al. 1994. Carbon pools and flux of global forest ecosystems. Science, 263: 185–190.

FAO. 2015. Global Forest Resources Assessment 2015: How Have the World's Forests Changed? Rome, Italy.

Field C B, Behrenfeld M J, Randerson J T, et al. 1998. Primary production of the biosphere: Integrating terrestrial and oceanic components. Science, 281: 237–240.

Fu P, Liu W, Fan Z, et al. 2016. Is fog an important water source for woody plants in an Asian tropical karst forest during the dry season? Ecohydrology, 9: 964–972.

Houghton R A. 2010. Land-use change and the carbon cycle. Global Change Biology, 1: 275–287.

Hu Y, Sha L, Blanchet F G, et al. 2012. Dominant species and dispersal limitation regulate tree species distributions in a 20-ha plot in Xishuangbanna, Southwest China. Oikos, 121: 952–960.

Jenkinson D S, Harkness D D, Vance E D, et al. 1992. Calculating net primary production and annual input of organic matter to soil from the amount and radiocarbon content of soil organic matter. Soil Biology and Biochemistry, 24: 295–308.

Lan G, Getzin S, Wiegand T, et al. 2012. Spatial distribution and interspecific associations of tree species in a tropical seasonal rain forest of China. PLoS One, 7: e46074.

Lan G, Hu Y, Cao M, et al. 2011. Topography related spatial distribution of dominant tree species in a tropical seasonal rain forest in China. Forest Ecology and Management, 262: 1507–1513.

Lan G, Zhang Y, He F, et al. 2016. Species associations of congeneric species in a tropical seasonal rain forest of China. Journal of Tropical Ecology, 32: 201–212.

Lan G, Zhu H, Cao M, et al. 2009. Spatial dispersion patterns of trees in a tropical rainforest in Xishuangbanna, Southwest China. Ecological Research, 24: 1117–1124.

Lasky J R, Yang J, Zhang G, et al. 2014. The role of functional traits and individual variation in the co-occurrence of *Ficus* species. Ecology, 95: 978–990.

Li H, Aide T, Ma Y, et al. 2007. Demand for rubber is causing the loss of high diversity rain forest in SW China. Biodiversity and Conservation, 16: 1731–1745.

Li H, Ma Y, Aide T M, et al. 2008. Past, present and future land-use in Xishuangbanna, China and the implications for carbon dynamics. Forest Ecology and Management, 255: 16–24.

Li H, Ma Y, Liu W, et al. 2009. Clearance and fragmentation of tropical rain forest in Xishuangbanna, SW, China. Biodiversity and Conservation, 18: 3421–3440.

Li Y, Xia Y, Lei Y, et al. 2015. Estimating changes in soil organic carbon storage due to land use conversions using a modified calculation method. iForest-Biogeosciences and Forestry, 8: 45–52.

Li Z, Zhang Y, Wang S, et al. 2010. Evapotranspiration of a tropical rain forest in Xishuangbanna, Southwest China. Hydrological Processes, 24: 2405–2416.

Lin L, Comita L S, Zheng Z, et al. 2012. Seasonal differentiation in density-dependent seedling survival in a tropical rainforest. Journal of Ecology, 100: 905–914.

Liu J, Tan L, Qiao Y, et al. 1986. Late Quaternary vegetation history at Menghai, Yunnan province, Southwest China. Journal of Biogeography, 13: 399–418.

Liu W, Liu W, Li P, et al. 2010. Dry season water uptake by two dominant canopy tree species in a tropical seasonal rainforest of Xishuangbanna, SW China. Agricultural and Forest Meteorology, 150: 380–388.

Liu W, Liu W, Lu H, et al. 2011. Runoff generation in small catchments under a native rain forest and a rubber plantation in Xishuangbanna, southwestern China. Water and Environment Journal, 25: 138–147.

Liu W, Luo Q, Lu H, et al. 2017. The effect of litter layer on controlling surface runoff and erosion in rubber plantations on tropical mountain slopes, SW China. Catena, 149: 167–175.

Liu W, Meng F, Zhang Y, et al. 2004. Water input from fog drip in the tropical seasonal rain forest of Xishuangbanna, Southwest China. Journal of Tropical Ecology, 20: 517–524.

Liu W, Wang P, Li J, et al. 2008. The importance of radiation fog in the tropical seasonal rain forest of Xishuangbanna, Southwest China. Hydrology Research, 39: 79–87.

Liu W, Wang P, Li J, et al. 2014. Plasticity of source-water acquisition in epiphytic, transitional and terrestrial growth phases of Ficustinctoria. Ecohydrology, 7: 1524–1533.

Lugo A E, Brown S. 1992. Tropical forests as sinks of atmospheric carbon. Forest Ecology and Management, 54: 239–255.

Malhi Y, Baldocchi D D, Jarvis P J. 1999. The carbon balance of tropical, temperate, and boreal forests. Plant, Cell and Environment, 22: 715–740.

Mi X, Swenson N G, Valencia R, et al. 2012. The contribution of rare species to community phylogenetic diversity across a global network of forest plots. The American Naturalist, 180: E17–E30.

Myers N, Mittermeier R A, Mittermeier C G, et al. 2000. Biodiversity hotspots and conservation priorities. Nature, 403: 853–858.

Raich J W, Schlesinger W H. 1992. The global carbon dioxide flux in soil respiration and its relationship to vegetation and climate. Tellus, 44B: 81–99.

Richards P W. 1952. The Tropical Rain Forest. Cambridge: Cambridge University Press.

Rollinger J L, Strong T F, Grigal D F. 1998. Forested soil carbon in landscapes of the Northern Great Lakes Region. In: Lal R, Kimble J M, Follett R F, Stewart B A. Management of Carbon Sequestration in Soil. Boca Raton, CRC Press, FL.

Song Q, Tan Z, Zhang Y, et al. 2013. Spatial heterogeneity of soil respiration in a seasonal rainforest with complex terrain. iForest-Biogeosciences and Forestry, 6: 65–72.

Song X, Yan C, Xie J, et al. 2012. Assessment of changes in the area of the water conservation forest in the Qilian Mountains of China's Gansu Province, and the effects on water conservation. Environmental Earth Sciences, 66: 2441–2448.

Takhtajan A. 1988. Floristic Regions of the World. Beijing: Science Press.

Tang J, Cao M, Zhang J, et al. 2010. Litterfall production, decomposition and nutrient use efficiency varies with tropical forest types in Xishuangbanna, SW China: A 10-year study. Plant and Soil, 335: 271–288.

Umaña M N, Zhang C, Cao M, et al. 2015. Commonness, rarity, and intraspecific variation in traits and performance in tropical tree seedlings. Ecology Letters, 18: 1329–1337.

Wu J, Swenson N G, Brown C, et al. 2016. How does habitat filtering affect the detection of conspecific and phylogenetic density dependence? Ecology, 97: 1182–1193.

Xu J, Grumbine R E, Beckschafer P. 2014. Landscape transformation through the use of ecological and socioeconomic indicators in Xishuangbanna, Southwest China, Mekong Region. Ecological Indicators, 36: 749–756.

Yang J, Swenson N G, Cao M, et al. 2013. A phylogenetic perspective on the individual species-area relationship in temperate and tropical tree communities. PLoS One, 8: e63192.

Yang J, Swenson N G, Zhang G, et al. 2015. Functional and phylogenetic beta diversity in a tropical tree assemblage. Scientific Reports, 5: 12731.

Yang J, Zhang G, Ci X, et al. 2014a. Functional traits of tree species with phylogenetic signal co-vary with environmental niches in two large forest dynamics plots. Journal of Plant Ecology, 7: 115–125.

Yang J, Zhang G, Ci X, et al. 2014b. Functional and phylogenetic assembly in a Chinese tropical tree community across size classes, spatial scales and habitats. Functional Ecology, 28: 520–529.

Yang X, Chen J. 2009. Plant litter quality influences the contribution of soil fauna to litter decomposition in humid tropical forests, southwestern China. Soil Biology and Biochemistry, 41: 910–918.

Zhang J, Cao M. 1995. Tropical forest vegetation of Xishuangbanna, SW China and its secondary changes, with special reference to some problems in local nature conservation. Biological Conservation, 73: 229–238.

Zhang X, Zhang Y, Sha L, et al. 2015. Effects of continuous drought stress on soil respiration in a tropical rainforest in Southwest China. Plant and Soil, 394: 343–353.

Zhou W, Lu H, Zhang Y, et al. 2016. Hydrologically transported dissolved organic carbon influences soil respiration in a tropical rainforest. Biogeosciences, 13: 5487–5497.

Zhou W, Sha L, Schaefer D A, et al. 2015. Direct effects of litter decomposition on soil dissolved organic carbon and nitrogen in a tropical rainforest. Soil Biology and Biochemistry, 81: 255–258.

Zhou W, Zhang Y, Schaefer D A, et al. 2013. The role of stream water carbon dynamics and export in the carbon balance of a tropical seasonal rainforest, Southwest China. PLoS One, 8: e56646.

Zhu H. 1990. The tropical rain forest vegetation in Xishuangbanna. Tropical Geography, 10: 233–240.

Zhu H. 1992. The tropical rainforest vegetation in Xishuangbanna. Chinese Geographical Science, 2: 64–73.

Zhu H. 1997. Ecological and biogeographical studies on the tropical rain forest of south Yunnan, SW China with a special reference to its relation with rain forests of tropical Asia. Journal of Biogeography, 24: 647–662.

Zhu H. 2006. Forest vegetation of Xishuangbanna, South China. Forestry Studies in China, 8: 1–58.

Zhu H. 2008. The tropical flora of southern Yunnan, China, and its biogeographical affinities. Annual Missouri Botanical Garden, 95: 661–680.

Zhu H. 2012. Biogeographical divergence of the flora of Yunnan, southwestern China initiated by the uplift of Himalaya and extrusion of Indochina block. PLoS One, 7: e45601.

Zhu H, Yan L. 2009. Biogeographical affinities of the flora of southeastern Yunnan, China. Botanical Studies, 50: 467–470.

Zhu H, Cao M, Hu H. 2006. Geological history, flora, and vegetation of Xishuangbanna, southern Yunnan, China. Biotropica, 38: 310–317.

Zhu H, Wang H, Zhou S. 2010. Species diversity, floristic composition and physiognomy changes in a rainforest remnant in southern Yunnan, China after 48 years. Journal of Tropical Forest Science, 22: 49–66.

Zhu H, Yong C, Zhou S, et al. 2015. Vegetation, floristic composition and species diversity in a tropical mountain nature reserve in southern Yunnan, SW China, with implications for conservation. Tropical Conservation Science, 8: 528–546.

索　引

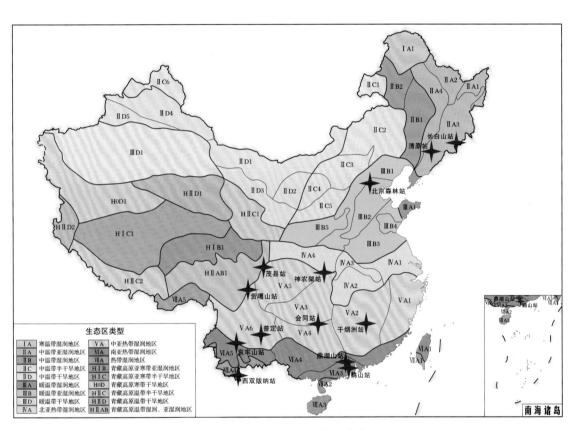

图 2.1　CERN 森林生态站分布

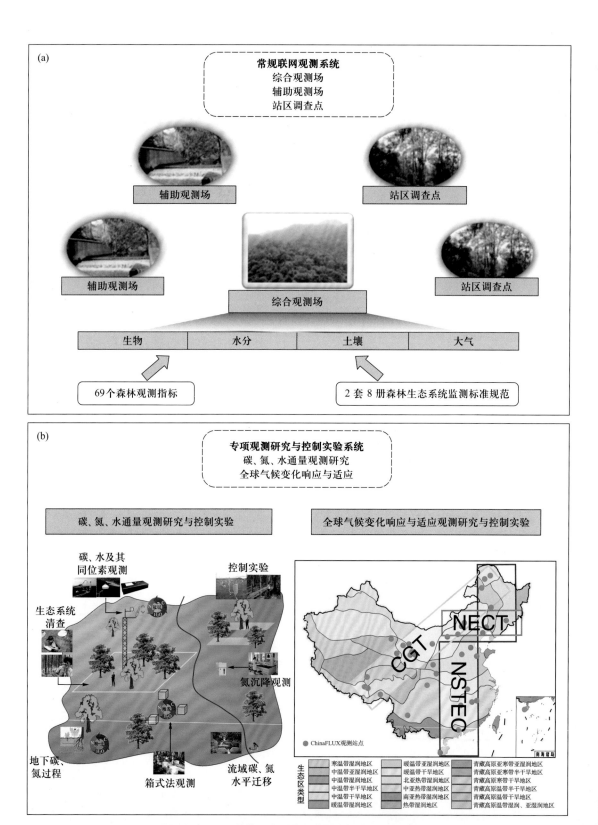

图 2.2　CERN 森林生态系统长期监测指标及样地分布

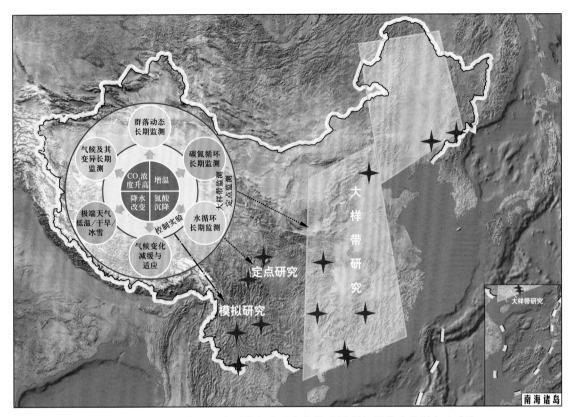

图 2.5　CERN 的森林生态系统与全球变化的观测研究样带及控制实验系统

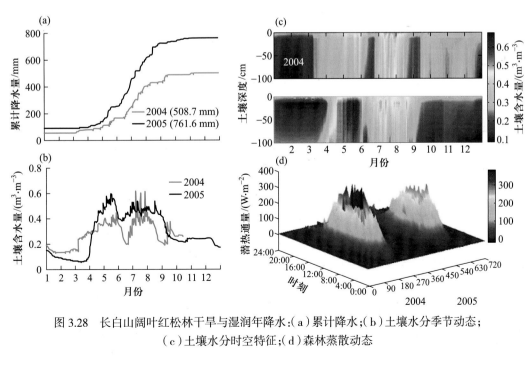

图 3.28　长白山阔叶红松林干旱与湿润年降水：（a）累计降水；（b）土壤水分季节动态；
（c）土壤水分时空特征；（d）森林蒸散动态

图 5.1　野外大型穿透雨转移控制实验平台和开顶人工气候温室

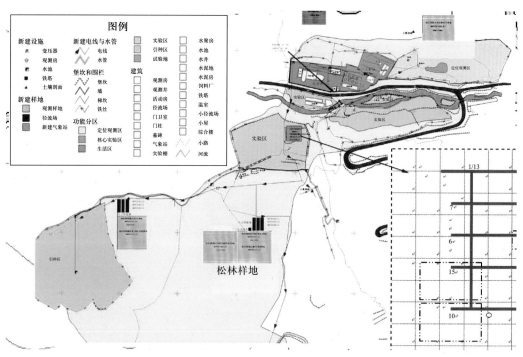

图 6.1　中国科学院茂县山地生态系统定位研究站监测管理设施布局图

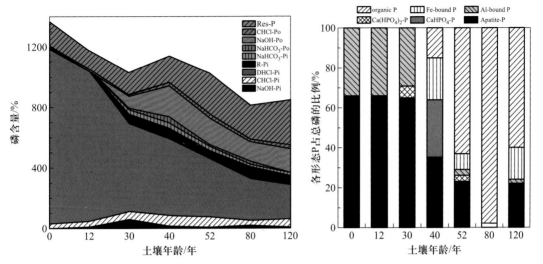

图 8.7　海螺沟冰川退缩迹地土壤中 P 的形态分布特征

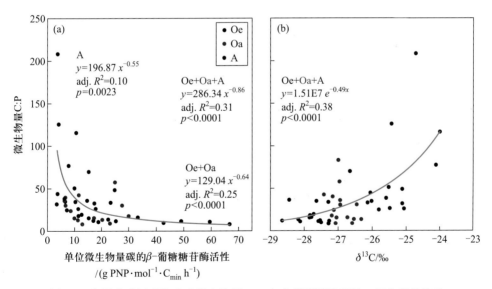

图 8.8　海螺沟冰川退缩迹地微生物量 C:P 与土壤酶活性以及 C 同位素的关系

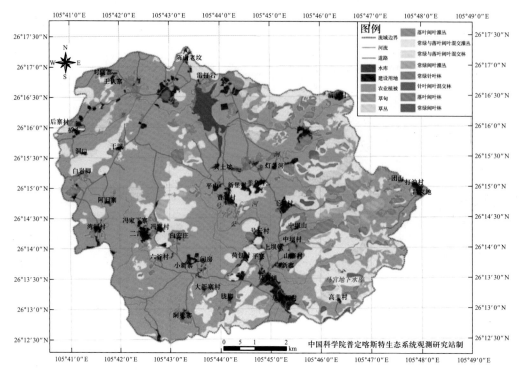

图 11.1　后寨河流域植被分布图

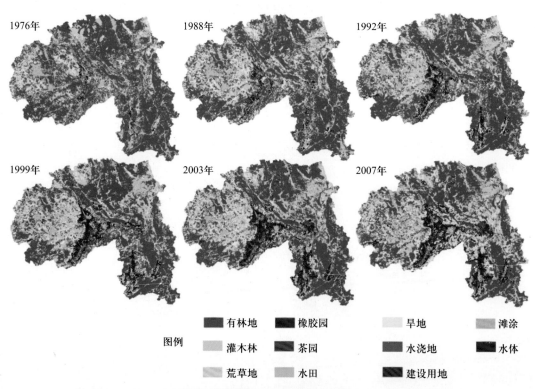

图 15.1　1976—2007 年西双版纳地区土地利用变化情况（Li et al., 2007, 2008）